1,000,000 Books

are available to read at

www.ForgottenBooks.com

Read online
Download PDF
Purchase in print

ISBN 978-0-282-44462-4
PIBN 10517542

1 MONTH OF
FREE
READING

at

www.ForgottenBooks.com

By purchasing this book you are eligible for one month membership to ForgottenBooks.com, giving you unlimited access to our entire collection of over 1,000,000 titles via our web site and mobile apps.

To claim your free month visit:
www.forgottenbooks.com/free517542

GEROGLIFICI
MORALI
DEL P. FRA VINCENZO RICCI
Da S. Seuero Teologo, e Predicatore della Prouincia di S.
Angelo di Puglia di Min. Ofser. di S. Francefco.

Opera nuoua, hora mandata in luce fopra molte
virtù da feguirfi, e vitij da fuggirfi, vtile a'
Predicatori, Oratori, ed altri ftudiofi.

Oue vedranno tutte le cofe ridotte al fenfo della Scrittura, ed
approuate con quella, con dottrine di Santi Padri, con molti
concetti parimente di Scrittura all' vfo de' moderni, e
con molte hiftorie, fauole, dottrine fpeculatiue, e
morali, tutte applicate; oue fi poffono cauar
penfieri di molta eruditione, ed vtile.

Arricchita con cinque Tauole vtiliffime.

La prima de Geroglifici.
La feconda de' luoghi della Scrittura più principali.
La terza delle cofe più notabili.
La quarta de' concetti.
E la quinta d'Animali, Vccelli, Pefci, Piante, e Fiori recati
nell'Opera.

IN NAPOLI, Per Gio. Domenico Roncagliolo 1626.

CON LICENZA DE' SVPERIORI.

D. FRANCESCO
BVON COMPAGNO
CARDINALE DI S· EVSTACHIO,
ED ARCIVESCOVO DI NAPOLI
DIGNISSIMO.

 I è parfo fotto 'l dorato tetto del fuo nome
eccelfo (Illuftrifsimo Prencipe) ricourar'
i piccioli fiorini de' Geroglifici , raccolti
nel campo delle Scritture Sacre con le
mani altresì picciole dell' ingegno mio,
drizzate dalla fcorta felice della diuina
gratia, onde ferbandofi in ficuro albergo,
non altrimenti (recandofi alla vifta di
tutti, ed al publico grido) oferanno alcuni fcemi di carità, che
non iftimano, nè appreggiano l'altrui fatiche, cenfurargli, e fe
pure non drizzaranno le luci, ò non barranno mira a quel , che
fparto fi troua di buono infra cotai fiori, che quanto a chi volle
d'orargl' il crine, languifcono, e all'ingiù fi coɩicano ; barranno
nientedimeno riguardo all'Eccellenza del perfonaggio di V. S.
Illuftrifsima, a cui vengono confecrati, all'altezza della fua Dignità, alla fublime grandezza della Voftra Famiglia, e al grado,
ch'ogn'altro eccede di Voftra Cafa. E fe pure il dono, che rozze
mani accolfero, per condurlo inanzi alla Gɩandezza Voftra,
fi è picciolo, e di ftima pur troppo baffa, fi degni rammentare del

† 2 pic·

picciolo prefente d'vna fola melagrana co'l rotto velo, co'l feno aperto, e colle pendenti vifcere purpuree, offerto da poueto
fantaccino al grande Artaferfe Re di Perfi, quale con alegro
volto il prefe, e appreggiollo di valore fmifurato; parimente recando io all'augufte mani di Prencipe così grande vn mazzetto
di fiori, benche di lode, e di valore fcarfi, sò che gli guarderà
benignamente,degnandofi accettargli, e tal fiata co'l leggergli,
darà gufto allo'ntelletto fuo rariffimo,con che fublimerà quefti
fiori,recandogli riguardeuoli a chiunque gli vagheggiarà; onde
non da campo ordinario, com'è l' ingegno mio, fembraranno
recifi, mà da horto regale di qualche perfona ricca di lumi di
tutte fcienze; rimarrò dunque cheto, e ficuro, e a douitia colmo di gioie, hauendo prefentato quefti miei parti a V. S. Illuftriffima, e ricourato forto'l fuo gloriofo nome, a cui fan larga
ftrada le molte virtù, la magnificenza dell'animo, la grandezza della magnanimità, e l'altezza della profapia, a' titoli, a'gradi, a corone, e ad imperi ; fupplicheuolmente pregandola fi degni accettargli con faccia allegra, e benigna, riguardando nel
picciol dono l'animo grande, e diuoro del donatore, ed io
indegno feruo del Signore fpargerò prieghi, acciò fi compiacci
tenerlo longamente in vita, con che me gli dedico,e confacro
per Seruidore diuotiffimo. Di Napoli a di.8.di Luglio 1626.

Di V. S. Illuftriffima

                              Humiliffimo feruidore

          Frà Vincenzo Ricci da Sanfeuero
               di Minori Offeruanti.

A' LETTORI.

ON altronde ſpinto (benigniſſi-
mi Lettori) che da fraterno affet-
to, hò dato in luce queſt' Opera
de' morali Geroglifici, e confeſſo
eſſer quelli mancheuoli in alcune
coſe, il che deuo attribuire alla
baſſezza dell'ingegno, ed altresì
gli priego a ſcuſarmi per lor carico dell' officio,
in che mi ſon ritrouato, nel comporla, che ſenza
fallo harrei poſſuto vſarui maggior ſtudio, ed eſſer
più copioſo ne' concetti, e recargli di miglior forma; tutta fiata hauendo il tutto motiuo dalla carità, hò ſperanza, ch'in guiſa altre tale ſeranno accettati, pregandogli a far'oratione per me, che reſti au-
ualorato, acciò poſſa in beneficio de' ſtudioſi driz-
zarmi ad altre compoſitioni, come ſpero fra brieue
ſpatio d'alcune impreſe ſacre, il che non è mai poſſibile, ſenza il fauor particulare del Signore, a' cui
piedi proſtrato, rendo infinite lodi.

Del Padre Frà Matteo da Nola di Minori Osſer-
uanti Accademico Errante, il Stabile
in lode dell'Autore.

Librar picciola man queſt'ampia sfera,
   E rinſerar l'abiſſo in picciol giro
   Ombrar ſereno il Ciel caldo ſoſpiro,
   E render Giuno hor manſueta, hor fera,
Temprar la forza impetuoſa, e altera
   De'venti in una rete, e quant'uſciro
   Acque dal centro lor diſparſe in giro
   Ridurle al centro iſteſſo innanz'a ſera.
Lieti ſcherzar nel fluttuoſo ſeno
   D'Anfritite i Leoni, e i Cignali
   E tra boſchi guizzar l'Orcha, e'l Delfino.
Poſſibil più che di lodarui a pieno
   Fora, che le virtù voſtr'immortali
   Son coſe da ſtancare Athene, Arpino.

Del Padre Frà Clemente da Napoli Accademico
Errante di Minori Ofleruanti in lode
dell'Autore de' Geroglifici.

I Sacri fatti di quel gran Motore,
   Mentre spieghi fra noi in dolci accenti,
   Gloriofo Vincenzo; a l'alme auenti
   Strali infocati d'amorofo ardore,
E qual Cetra del Ciel l'alto dolciore
   Haue per corde armonici portenti,
   E de' Concetti i limpidi torrenti
   Sono al miftico fuon voci canore.
Col tuo vago cantar Anfion gentile
   Traggi da l'ime ftanze, erme, e filueftre
   L'Anime a Gioue ne l'eterno Aprile;
Onde la fama tua co'l'ali deftre
   N'andrà dicendo ogn'hor da Battro à Tile
   Fatt'è Mufa di Dio Cetra terreftre.

TAVOLA
DE' GEROGLIFICI.

TAVOLA
DE' LVOGHI

Più principali della Scrittura, oue l'espositioni di Padri si si trouano con questo segno *

2 *Sub*

Ad

Ad

IL FINE.

TAVOLA DELLE
COSE PIV NOTABILI.

TAVOLA DELLE COSE

d

Man.

TAVOLA DELLE COSE

TAVOLA DELLE COSE

e   Pi-

TAVOLA DELLE COSE

Non

Chi

Ti-

TAVOLA DE'
CONCETTI FORMATI,
SPARTI NE' GEROGLIFICI.

A

Micitia vera deu'esser scambieuole, come quella, che si dee hauer
con Christo, c'hau'amato noi coll'
affetto, coll'opre, e col patire, come dobbiamo ancor noi far a lui; si
proua cô la Caht. Pone me vt signac.
super cor tuum, & vt signac. super
&c. Cant. 8. g. 7   fol. 13

Amicitia del mondo è nelle cose buone, e nelle prosperità, nô nell'auuersità; si proua co'l Sauio ne' Prouerbi,
Dens putridus, & pes lassus, qui sperat &c. 25. E con la Scrittura dell'
Ecclesiastico. Sicut in percussura
cribri, &c. 27. g. 8   16

Anima creata da Dio simile a se, quanto all'vnità dell'essenza, e trinità delle persone, e quanto all'esser pietoso, e misericordioso; si proua con la
Genes. Faciamus hominem ad imaginem, & similitudinem nostram,
Genes. 1. g 9   21

Anima giamai chiamata, e tenuta giusta da Dio, se non risiuta il tutto per
amor suo, e lui preggia più d'ogn'
altra cosa; si proua co'l fatto d'Abramo, nomato giusto, quando volle sacrificar il proprio figlio nel monte,
Genes. 22. g. 10   24

Anima, che s'arma contro il peccato,
e si fà difesa con le virtù contro quel
lo, adiuiene bella, e adorna in tutto;
si proua colla Cant. Collum tuum
sicut monilia. Cant. 1. si proua di più
coll'istessa Cant. Sicut turris Dauid
collu tuu &c. Cant. 4. g. 44   98 e 99

Anima, che si mostra incorata contro
le tentationi di satanasso, Iddio an-

cora le presta forza, e le dà fauori; si
proua colla Cant. 8 Quid faciemus
sorori nostræ in die, quando &c. Si
murus est &c. g. 44   100

Anima incostante tosto suanisce i buoni
propositi, e ad ogni picciolo venticciolo di tentatiõe toglie via tutti
buoni pensieri, c'hauea di far bene,
e cessa nell' incominciate imprese;
si proua con Naum Profeta. Omnes
munitiones tuæ sicut ficus cum gros-
sis suis, &c. Nahum 3. g. 90   217

Anima dopo lasciata la bellezza dell'
innocenza, e la sua simplicità, con
che se ne staua nella sua bontà, non
è conosciuta dal Signore con la scie-
za, con che suole approuar l'anime
giuste; si proua colla Cant. Quæ est
ista, quæ ascendit per desertum, sicut
virgula fumi ex aromatibus mirræ
&c. Cant 3. g. 101.   242

Anima giamai può venire in strettezza
co'l Signore, ed esser con fissi guardi
ammirata da quello, se non risiuta
il tutto, e del tutto toglie via l'amore
dal suo cuore, solo rimanendoui
quello di Dio; si proua con Dauide,
Obliuiscere populum tuum, & domum patris tui, & concupis, rex decor. tuum. Ps. 44. g. 130   311

Anima è tutta ricca di beni naturali,
accompagnata da molti doni, e signora, ell'è di molte cose, ma dicesi
pouera, sola, ed in tutto miserabile
senza Dio, e le buon opre, e virtù; si
proua con Geremia. Quomodo sedet sola Ciuitas plena popul. &c.
g. 151   363

Ani-

Anima benche fia bella, e adorna, quãto alle gratie naturali, ftando fcema di virtù, e meriti, fi rende in tutto deforme; fi proua con Geremia, Filij Syon incliti, & amicti auro primo, quomodo reputati funt in vafa teftea, &c. Tren. 4, ibid.

Anima ftà co' fpaffi a diporti fotto la protettione del Signore, non potendo effer oltraggiata da' nemici d'inferno, e i frutti della redentione_ perciò fe le rendono ficuri; fi proua con la Cant. Sub vmbra illius, quem defideraueram fedi, & fructus illius, &c. Cant. 2. g. 157 380

L'Anima fpirituale è amica di caftità; fi proua con la Cant. Quam pulcra es amica mea, quam pulcra es, oculi tui columbarum. Cant. 1. g. 30 67

B

Eni di quefta vita non fatiano giamai, e quanto più fi guftano più accendono il defio al bramarne; fi proua con Dauide. Fuerunt mihi lacrimæ meæ panes die, ac nocte, &c. Pfal. 41. g. 187 454

C

Hrifto fù molto magnanimo, e grande di cuore, hauendo penfiefiero d'ingrandir gli altri, nè curò vfcir di Cielo, e venir in terra a patir cotanto, per folleuar il mondo, ed ingrandir le genti; fi proua con la Cant. Caput eius aurum optimum. Comæ eius ficut elatæ palmarum_. Cant. 5. g. 114 272

Correttione fraterna douerfi fare da' Chriftiani, effendo precetto di Chrifto, ed altresì cofa proffima al Paradifo; fi proua con quel fatto del Saluatore, che dianzi afcendeffe colafsù la fè a' difcepoli. Et exprobrauit incredulitatem eorum, & duritiam cordis, quia his, qui vid. eum refurrexiffe non credid. &c. Marc. 6. Prouafi di più con la correttione, che fè il buono al cattiuo ladro in Croce, g. 41

Cuori de' Chriftiani, acciò fieno ricchi dell'amor di Dio, è miftieri ineftargli nella molta carità di quello; fi proua con Dauide. Ponite corda veftra in virtute eius &c. pfal. 47. gero. 27 61

D

Elitie mondane fono alberghi di ferpi velenofi di vitij, e fono belli nell'apparenza, mà vccidono gli huomini; fi proua co'l fatto di Giona, a cui il Signore fè apparire quella pianta d'edera, per ripofarfi, ma tofto diuenne fecca. Preparauit Dominus Deus hederam, & afcendit &c. Ion 4. g. 49 113

Demonio hà mira non folo d'ingannar i peccatori, e procacciargli la_ dannatione, ma anco a' giufti; fi proua col paciente. Ecce abforbebit fluuium, & non mirabitur, & habet fiduciam, quod influat Iordanis in os eius. Iob. 40. g. 95 226

Demonio è ingannatore a merauiglia, facendo apparir belle, e ricche le cofe laide, e fceme di ricchezze, e'l mondo così malaggio, che niente contiene di bene, egli l'abbellifce, per ingannar gli huomini; quindi parue moftrar tutti regni del mondo al Saluatore, e gli moftrò quafi niente; fi proua con S. Matteo. Et Oftendit ei omnia reg. &c. & glor. eorum &c. g 81 193

Detrattione è peccato infra molti maggiore; fi proua con S. Paolo. Timeo ne forte cum venero, &c. 2. Corint. e con S. Pietro. Deponentes igitur omnem malit. &c. 1 Pet. 2 g 50 116

Digiuno dee accoppiarfi con l'opre_ virtuofe, con orationi, e penfieri buoni, per effer meritorio, e di valore; fi proua con S. Matteo. Tu autem cum ieiunas, vnge caput tuum, & fæciuã laua. Matt. 6. g. 53. 119

F

Igliol di Dio, prendendo la noftra carne nel ventre di Maria, fi veftì
f d'ha-

d' habito di clemenza, ou' in Cielo era veſtito di qualche rigore, e terribiltà; ſi pruoua con la Cant. Dilectus meus deſcendit in ortum ſuum ad aureol. arom. vt paſ. in hor. & lil. coll. cant. 6. g. 34.   76

Figliol di Dio, venendo in terra, recò ſembianti amoroſi, e ricco n'apparue di pietà, e miſericordia; ſi proua con l'apocaliſſe. Et conuerſus vidi in med. ſeptem candelabrorum aur. &c. Apoc. 1. g. 55   131

G

Giudici, che miniſtrano rettamente la giuſtitia, riſerbano l'anime chriſtiane da' vitij, ed è più accetta al Signore la lor attione, che 'l far oratione, e che i câti, e ſacrificij ſi proua con Eſaia. Super muros tuos conſtitui cuſtodes, tota die, & nocte non tacebunt laud. nom. dom. Iſ. 61. ger. 79   186

Giuſti ſono perſeguitati per la giuſtitia, per la defenſione della fede, e confeſſione del lor Signore, e 'l tutto ſe gli rende faciliſſimo, per eſſer fatti forti, e reſi qual rocche ineſpugnabili da quello; ſi proua con la Cant. Soror noſtra parua, & vbera non habet. Quid faciemus ſorori noſtræ in die, quando alloquenda eſt, &c. Cant. 8. g.   148

Giuſti ſono le viſcere di Santa Chieſa, che per mantenerſi tali, hanno tenuto ſempre rimembranza della morte, dandoſi ſouente alle mortificationi; ſi proua con la Cant. Venter tuus ſicut aceruus tritici vall. lil. Cant. 7. g. 127.   303

Giuſti amanti il Signore, purche lo poſſino godere, come vbbriachi, ò incantati dall'amor ſuo, non curano ſi deſtrugga l'vniuerſo, pregando venghi in terra a dargli piacere; ſi proua con la ſcrittura d'Eſaia. Vtinam Cælos diſrumperes, & deſcender. Iſ. 64 g. 4   8

Giuſto dall'affanni, e dal molto patire

caua i meriti, e per ciò riceuè la gratia; ſi proua con Dauide. Iuſtus vt palma florebit. Pſal. 91. g. 78.   185

Giuſto ad altro non attende, ch'a far coſe, che ſiano in piacere del Signore, nè ſi diſtoglie punto dalla ſua volontà; ſi proua con la Cant. Pulcra es amica mea, ſuauis, & decoa. cant. 6. g. 77   183

Giuſto, qual Leoneſſa, dopo commeſſo l'adulterio co'l Leopardo, per ſmorbar la puzza del fallo, dianti che compariſchi auant' il Leone, ſi bagna in vn fonte; come fà quegli ne' peccati commeſſi, toſto ſi bagna di lagrime, per duolo, acciò il Signore non ſenta la puzza di quelli; ſi proua con Oſea. Ego quaſi Læena Ephraim, & quaſi catulus leonis. Oſ. 5. g 77   183

Giuſtitia piace più al Signore di qual ſi uoglia ſacrificio, e maggior lodè ſe gli da, in eſſercitandoſi quella, che facendoſi ogn' altr' oratione; ſi proua co'l ſauio. Initium viæ bonæ facere iuſtitiam, accepta eſt aùt apud Deum mag. quam immolar. Hoſt. prouerb. 1 6. g. 79   187

Glorie mondane, contenti, e piaceri di queſto mondo ſono finti, e ſimulati, e ſolo beni apparenti, mà nel vero ſono altrimenti da quel, che ſi veggono; ſi pruoua con S. Giouanni. Et mulier erat circundata purpura, & coccino., & inaurato auro, &c. habens poculum aureum in manu ſua, &c. Apoc. 17. g. 81.   193

Gola è vitio grande, e porta, per cui s'entra negli altri, ed è qual ſtrometo infauſto, al cui tocco corriſpondono grandi ſceleragini; ſi proua con Eſaia. Vè terræ Cymbalo alaru, quam eſt trasflumina Ethiopiæ, qui mictit, &c. Iſ. 18. g. 82   196

Grandezæ mondane riſiutate da Dio, come coſe di niun valore, facendo ſaper a gli amadori di quelle, in quata poca ſtima debbon tenerſi, e ſolo

quelle

quelle di cielo appreggiarſi; ſi proua con la viſione di S Gio. nell'apocaliſſe, quando ll Signore apparue
con tanta Maeſtà, a cui piedi ſtauano que' 24. vecchi, e v' apparuero
baleni, ſi ſentirono tuoni, e s'au-
uentorono ſaette; &c. Apoc.4.gero.
57   141
Gratia Iddio ſempre la dona, e la giu-
ſtificante ancora, quando v'è diſpoſitione nel ſoggetto; ſi proua con la
cant. Fugge dilecte mi, & aſſimilare capreæ, hinnulloq; &c. cant.8. g.
83   199

H

Hipocriti ne'ſembianti paiono virtuoſi, e ſanti, e che voglino leggiermente volar nel cielo, mà non
poſſono muouerſi di terra; ſi proua
col paziente. Penna ſtructionis ſimilis eſt pennis herodij, & accipitris.
Iob.39.g.84   203
Hipocriti ſono ſimili al ſtruzzolo, che
coua l'oua con gli occhi ſolo, e tal
fiata sbalordito le calpeſtra co' piedi, così eglino ſolo mirano il bene,
e lo predicano, mà no'l fanno, dando di calci alla virtù; ſi proua col
paziente. Quando dereliquit oua ſua
in terra, tu forſitan in pul. &c.Iob.17
84   103
Huomini del mondo, che ſieguono i
ſuoi beni fallaci, ſono qual dormiente, che ſi ſogna hauer grandezze, e
e gradi, e poſcia nel riſcuoterſi nulla ſi troua; anzi ritrouaſi beffato; ſi
proua con Dauide. Velut ſomnium
ſurgentium domine, in ciuitate tua
imaginem iſorum ad nihilum redi-
ges.pſal.72.g.123   293
Huomo hà molte chimere per la mente, mà infra l'altre, di far penitenza
all'vltimo della vita, e fra táto vuol
viuere a ſuo modo, il che non gli
riuſcirà così facilmente, come ſi per
ſuade; ſi proua con la cant. Comę
capitis tui ſicut purpura regis iuncta canalibus. cant.7.g.144 345

Huomo, che pecca, e ſpecialmente di
peccato di ſuperbia, volendo conten
der con Iddio, commette gran peccato, maggiore di quello de gli angioli; ſi proua con Gerem. 14. Onagri ſteterunt in rupibus, traxerunt
ventum quaſi dragones g 48 111
Huomo pigro ſente difficultà nel ben
oprare, e ſouente rapreſentanſegli
difficili le coſe, mà ciò è ſu'l principio, mà ogni coſa l'adiuiene facilmente, quando ſi riſolue; ſi proua
còn quel, ch'auuenne ad Elia, volendo fauellar col Signore, ch' vdì le
voci. Non in commotione Dominus,
non in igne Dominus. 3 Reg. c. 19.
g. 149   359
Humiltà virtù, che corona tutte l'altre,
ed è baſo, oue quelle ſi ſoſtentano,
nè fia poſſibile farne hauuta niun'
anima, ſe dianzi in lei non fiammeggi vn'ardente carità; ſi proua con la
Cant. Deſcendi in hortum meum, vt
viderem poma conuallium, & inſpi-
cerem ſi flor. &c. Cant. 6. g. 86 209

I

IDDIO ſi moſtra tutto ſdegnato, e
colmo d'ira, e furore contro' rubbatori di beni altrui, e ſucchiatori di
ſangue di poueri; ſi proua con la
Cant. Naſus tuus ſicut turris Libani,
quæ reſpicit contra Damaſcum.
cant.7.g.176   424
Iddio gaſtica i ſuperiori molte fiate,
per l'errore commeſſo da' ſudditi,
per cauſa del male eſſempio dategli;
ſi proua co'l fatto di Dauide, qual
fù moſſo ſdegnoſamente da Dio.
Cômouit Deus Dauid in eos. 2. reg.
24 g.154   373
Iddio ſi moſtra vago d'vdir la voce
dell'anima, o'l ſuono, che fà ne raggionamenti ſpirituali, e in quelli della predicatione; ſi proua colla
Cant. Sonet vox tua in auribus meis:
vox enim tua dulcis. &c. cant. 2. g.
170   168
Inganno chiaro ſi troua nelle coſe del

TAVOLA D'ANIMALI,

Vccelli, Pesci, Piante, e Fiori sparti nell'Opera.

Il fine delle Tauole.

Donna, qual fede colla mano fu'l vifo, con vefte tarlata,
tenghi in terra vna colonna rotta, due libri, ed i pater noftri, e vicino quantità di neue, ò grandini ; dall'altra parte vna tauola, sù la quale vi fiano molti danari, ed appa-
rifchi in difparte vn palaggio.

L'Accidia non è altro, folo vn certo tedio nell'oprare, e certa freddezza, e tepidezza di fpirito, fecondo S. Tomafo, ò vero,
fecondo S. Bernardo, è vn certo languore, ò infermità dell'animo, che
non

B Tho. 1.2
q.23.

A

non le piace leggere, nè diletta l'orare, nè attende a' meditationi, nè ad altro; essendo dunque l'accidia peccato contro natura, laquale inchina l'huomo alle fatiche, tanto maggiormente si dee abborrire. Gli Romani tutti i Dei, c'haueano cura della Republica, e ch'indrizzauano all'affari, gl'introdussero dentro Roma, solamète la Dea della quiete, a cui serno vn tempio fuora, per segno che non gli gradiua, dispiacendogli l'otio ricco fonte, onde sgorgano a douitia gli errori; in guisa altre tale questo vitio si dee torre via fuora da chiunque, essendo in maniera grande, e vie più d'ogn'altro odiato dal Signore, ed altresì i negligenti, e pigri, a cui molto aggrada. Cassiodoro dice, che la natura adiuiene balorda, e stolta nell'otio, ed instrutta, e sagace nelle fatiche, e nell'opre. E Seneca diuisò; *In mille facinorum furias mens otiosa discurit.* E qual male non è per addossare altrui quest'errore dell'accidia, tutti inuero, onde se nomarollo campo fertilissimo, non serò fuora del vero, oue surgono non fiori di virtù, mà cespugli ruidi, e spinosi di vitij; se luogo diroccato, e scosceso, oue sono i dirupi d'inferno, si è pur vero; Egl' è fiero mostro tartareo, che qualunque huomo è per tranguggiar nell'abisso Oceano, e Vasto Pelago, oue nel più profondo abisso de' sceleraggini piombano l'inauedute genti; strale acutissimo auuentato dalle più crude mani, e scoccato dall'arco infausto di sbalordite mèti, e profanati cuori, oue a mille a mille rampollano i vitij, sgorgan gli errori, raccolgonsi le miserie, mietons' i più gran mali, si tracciano le più malageuol strade, ed alpestri sentieri della dannatione. Grandissimo senza fallo è 'l vitio dell'accidia, quale dee il Christiano distoglierlo da sè, e chieder' il diuino aiuto, che l'auualori, egli dij possa contro qsto

Cassiod. in Epistola.

Seneca in Prouerb.

nemico dell'anima sì ricco di mali; quindi la santa sposa diceua, *Trahe me post te;* Distèdam' il braccio ò mio Signore, acciò venghi tolta dalla pigritia, e dall'accidia, con che potria pericolar grauemente nella salúte, e dopo tratta; *Curemus in odorem vnguentorum tuorum;* Negli odori de'sacri vnguenti delle vostre virtù, e poscia in quelle di Paradiso, fissando i pensieri colassù solamente; intanto ch'il Christiano ritrouandosi fornito di giacci, e colmo di nébi accidiosi, dee far ricorso al bruggiante Signore, che lo scaldi, e lo rinforzi, per rendersi robusto a tutti còtrari del mòdo, e siasi pur freddo, e retinente al bene, che tocco, ch'egli sarà da sì amoroso braccio, ed approssimato a tal fuoco, tosto adiuiene in guisa de' Santi amorosi di Dio pieni di fiamme d'amore. Quindi Ezzecchiello sù la prima soglia delle sue reuelationi vidde la carozza di Dio, tratta da quattro animali, dall'Aquila, dal Leone, dall'Huomo, e dal Bue, che possiamo dire esser le quattro cose principali dell'huomo, oue per l'Aquila intendiamoui l'anima, per lo Leone, le sue potenze superiori, per l'huomo, la parte vitale, o'l cuore, e per lo bue, la parte sensitiua, mà notisi vn fatto in cotesti animali, ch'altri sono veloci al moto, ed altri tardi, velocissima è l'aquila al volo co' suoi spediti vanni, veloce nel corso, ed altresì forte è 'l Leone; mà tardi l'huomo, e'l bue, tutta fiata dice, che tutti in vna guisa medema giuano in maniera d'vn fulmine bruggiante, qual'è velocissimo nel moto, *Et animalia ibant, & reuertebantur in similitudinem fulgoris corruscantis;* Come s'accordorono così tutti, e s'vniformorono nella velocità? mercè, che stauano accostati al Signore, tirando la sua carrozza, qual è tutto fuoco d'amore, e que' adiuennero an che bruggianti carboni; *Et similitu-*
do

Ezzecch.1 B. 5.

do animalium aspectus eorum, quasi car-bonum ignis ardentium; Siche s'acce-fero qual bruggianti carboni, e sfa-uillorono qual fiamme; vuol dunq; quest'huomo accidioso espellere ogni giaccio da se, ed ogni negligen-genza nell'opre buone, s'appressi al Signore, e si scaldi nel fuoco amoro-fo di lui, ch'al sicuro diuerrà caldis-simo, ed insieme celere, e spedito in tutte l'attioni buone, de' quali que-gli è per gustarne sempre.

Si dipigne dunque sedente questa donna, che rapresenta l'Accidia, ma-dre onde al mondo si recano infau-ste proli de'sceleragini. Stà colla ma no su'l viso, p far mostra del suo te-dio, e rincrescimèto, e colla veste tar lata, simboleggiando la naturalezza del tarlo, e della tigna, quali nella guisa che rodono il legno, e'l vesti-mento; altretanto la tristitia, e l'ac-cidia ruinano l'anima, e'l cuore. V'è la colonna rotta per terra, quale stando dritta in alto è simbolo della fortezza, ed anche dello splendore della gloria, secondo il Principe de' Geroglifici, dinotando così rotta in terra, che l'accidia fà apparir l'ani-ma sneruata nelle virtù, e colle smar-rite forze spirituali, ed in tutto inua-leuole nel seruigio di Dio, ed anche che l'huomo negligente, non solo nò appreggia illustrarsi co' fatti heroi-ci, e da grádi, mà per l'attioni sue in-degne, oscura tal volta i fatti, e l'im-prese eccellenti de' progenitori, ed antinati della sua famiglia. I libri, ed i pater nostri, ch'anche sono per ter-ra, ciò si è perche non appreggia diuotione veruna, nè può accomo-darsi all'orare, nè meditare l'accidio-fo, nè a' studi, nè ad altro di bene. La neue, c'hà appresso mostra la sua pur troppo freddezza nelle cose del-lo spirito, in che giamai vi ●●● pie-ga. I danari, che dauanti le stanno, dan segno chiaro, che se pur quello

s'adopra in qualche maniera, non in cose lungo il seruigio del suo Signo-re, e la propria salute, mà a cose del mòdo, come all'acquisto, a' negotij, giochi, ed altro di male. E'l Palaggio per fine dimostra, che costoro volen-lentieri dási a terrene cure, chè sono più tosto vanità, che attioni di virtù, come a fabriche, ò altro, e molte fia-te a cose illecite, e dānenoli, ne'quali si mostrano colmi di possāze, e caldez za grande; allo 'ncontro ne' seruiggi della salute, freddezze mai più senti-te, recādosi volentieri in luoghi, oue si rappresentano atti di comedie, oue si veggono risi, e burle, e tal'hora ne' balli, ed altri spassi sensuali, veleno pur troppo fiero vccisore dell'ani-me.

Aueriamo il tutto con la scrittura sacra. Stà sedente l'accidia, per la tristitia, che sente, occupandosi più tosto in male cogitationi, ch' in altro di bene; *Multam enim malitiam do-cuit otiositas .* Diuisò l'Ecclesiasti-co. La veste tarlata, e tignata è se-gno, che stà tignata l'anima, e'l cuo-re; *Sicut tinea vestimento, & vermis ligno, ita tristitia viri nocet cordi .* La colonna per terra rotta, per la poca potenza, che si mostra in ben fare; *Confregisti facile potentiam ipsorum, & gloriosos de lecto suo .* Tiene i libri, ed i pater nostri per terra, perche gli rin-cresce in gran maniera il leggere, e l'orare, dandosi più tosto all'otio, ed al sonno; *Vsquequo piger dormies, quan-do consurges è somno tuo?* La quantità di neue d'appresso è per la sua freddez-za, della quale ombreggiò il Sauio; *Frigidus ventus Aquilo flauit, & gela-uit crystallus ab aqua, super omnem congregationem aquarum requiescet .* E finalmente il Palaggio, perche la mente di costoro è sempre in pensar cose del mondo, che gli possono recar male; *Mens eius est, vt perdat eam.*

Ecclesiast. 33. D. 29.

Prou. 25. C. 20.

Ecclesiast. 48. A. 6.

Pro. 6. A. 9.

Ecclesiast. 43. C. 22.

Hier. 51. B. 11.

A 2   Adu-

ADVLATIONE. G. 2.

Donna veſtita con doppio veſtimento, il diſopra bianco, e'l
diſotto negro, tenghi nella deſtra mano vna quantità
d'api, e nell'altra vn ſcorpione, a' piedi da vna parte le ſia
l'Elefante, e dall'altra la Lamia.

Aug. ſuper
Pſalm.

B.Th. 2.2.
q.115.ar. 1

L'Adulatione, ſecondo il P. S.
Agoſtino, è vna ſedottione con
lode fallace; e ſecondo il Dottor Angelico, è vn ecceſſo di dilettare altrui
in fatti, ò in parole; è vitio ſenza fallo molto abomineuole quello dell'
adulatione; prendendo per aſſonto
di voler coprire il male con parole
melate, e lodare quel, che dee ſempre vituperarſi, coſa, ch'al parer mio
hà del ſcelerato, ed empio, nè crede-
rei errare ſe la nomaſſe balia diuitij,
ma.

materia ch'amminiſtra mantenimē-
to al fuoco, madre d'errori, zizania
nel bel campo di verità, nubbe, che
cela i lucidi rai della carità, ed errore, ch'alberga ne' petti d'inſidioſi, di
buggiardi, di maligni, e doppi, per
far preda di più ſaui, e grandi del
mondo. Dui generi di perſecutori ri
ug. ſuper trouāſi (dice Agoſtino) vno di que',
ſal. 59 che vituperano, e di quei, ch'adulano l'altro, mà più perſegue crudelmente la lingua dell'adulatore, che
la mano del perſecutore. Sicome
Idem lib. 9 gli amici adulatori peruertono (di-
in feſ. ce l'iſteſſo) coſì l'inimici litiganti, e
combattenti al più corregono.

Non è coſa, che coſì facilmente
ier.ſuper corrompa l'humane menti, come
ſal. 17 l'adulatione; impercioche noce più
la lingua dell'adulatore, che la ſpada
del perſecutore, dice Girolamo.

Ciaſcheduno, ch' adula que', che
reg.ſuper viuono male, nō altro fà, che porgli
ʒʒecch. ſott'il capo vna morbida piuma, ò
rof.hom.ij ſoaue coſſino; perche quello, che
douea eſſer corretto per la colpa, fà
che ſe ne rimāga in ripoſo, ed aggio
cō ſimulata lode, dice Gregorio Pap.

Egl'è vitio queſti dell'adulatione,
che raguna volentieri i peccati nella
perſona adulata, e la lega in maniera, che non poſſa diſciorſi, ed aſſai
ben farebbe non credere, e molto
meglio non voler ſentire coloro,
ch'oprano ſì maligno officio; E dicaſi d'acconcio.

Lingua aſſentatrix vitium peccantis
aceruat
Et delectatum crimine, laude ligat.
Nulla ſit vt lapſo reparāda cura ſalutis,
Blanditur ſonti, dum male ſuaſus
honor.
Libera ſit potius vox correctoris amici.
Serpere nec fibris caca venena ſinat.
Nec credi medici verbis fallacib' ager
Noxia laudata vulnera peſtis amet.

Si dipige l'adulatione da donna
veſtita con doppio veſtimento, in ſegno della doppiezza d' adulatori,

ch'in preſenza d'alcuni raggionano
di coſe, che gli piacciono, dandogli
lode dell'opre loro, e benche foſſero
cattiue, e cōtro il volere del Signore,
quelli le lodano, e gli animiſcono a
ſeguirle; non ad altro fine, ſolo per i
lor diſegni, per hauer la gratia di
quegli, ed eſſergli ſtretti amici, acciò
ne poſſino hauer danari, fauori, ò
altro: ſapendo quāto ciaſcuno ſi cō-
piace nella lode dell'opre proprie,
ed iſpecialmente di quelle, che ſono
conforme alle lor ſenſualità; talche
q̄ti fà mal'officio, poich'incambio di
correggergli fraternamēte, gli lodano co'l danno dell' anima d'ambe le
parti. Quindi il veſtimēto è vario, dī
ſotto negro, per la peruerſa intētio-
ne, c'hanno, nō fundata ſu'l candore
della carità; è di ſopra bianco, per
la piaceuolezza delle parole; laonde non poſſo far di non molto ma-
rauigliarmi de' grandi del mondo,
di cui è proprio dilettarſi di ſentir
adulatori, come ſi faccino coſì ſcioc
camente ingannare da gente cotanto maluaggia, eſſendo loro coſì accorti, giuditioſi, ſcaltri, prudenti, e
verſati nelle coſe del mondo. Hā
l'api in mano, quali ſe per iſuentura ſi bagnano con l'oglio, moiono
toſto, mā ſe s'aſpergono con aceto, ſi
rauuiuano; hor queſto è l'oglio della dolcezza dell' adulatione, ſopra
poſto alle pecchie de' grandi, quali
s'iſtimano eſſer accorti d'ingegno, in
guiſa di quelle, che gli trattiene ne'
lodati vitij, morendo per ciò molte
fiate nella colpa; douerebbono ſe bene eſſer più toſto aſperſi dall' aceto
della correttione (ſe foſſero auuedu-
ti,) e de'buoni racordi, con che ne
verrebero viuificati, e deſti nell'opre
ſpirituali, e nella gratia del Signore.
O quanto fù male ad Herode il fuggire l'aceto fortiſſimo della correttione di Giouanni, appreggiando
l'vntione dell'oglio dell' adulatione
di quelli (ne credo ne mancaſſero)
che

che gli diceuano effer bene goder la cognata, e come a Rè, ch'egl'era, ftauagli bene. Nell'altra mano è lo fcorpione, il quale colla bocca alletta, e cò la coda morde, ed auuelena; com'apunto fanno gli adulatori, che co'l dolce delle finte parole fi rendono piaceuoli, e con la coda dello 'ngàno auuelenano, animãdo al mal fare, tirano al proprio intereffe, come dice Alano. *Quid (inquit) eft adulationis vnctio, nifi donorum emunctio;* che per hauer doni, imprédano a far queft'officio, e paionmi quegli douerfi raffembrare alla falce, ch'in vn tempo fteffo, ch'abbraccia le biade, le tronca, e tira a fe; altretanto coloro con le buggiarde lodi, par ch'abbraccino, mà allora recidono il bene dell'anima altrui, ed infieme tirano a fe doni, ò altro, c'hanno ne'lor difegni. L'Elefante ftà a' piedi, il quale (s'al filofofo crederemo) s'in vn deferto foffero due giouanette, che dol cemente cantaffero, quegli fentendo il dolce canto, fe ne và da quelle, lafciãdo ogni fierezza, e le lambifce le poppe, e dilettandofi del lor cantare, vien'oppreffo da graue fonno, ed all'hora quelle ne fanno miferabil preda, con qualche arma, che di nafcofto tengono, e di quel fangue fe ne tingono le porpore; hor talmente adiuiene a' feroci Elefanti de'grandi nel deferto di quefta vita, che fentendo cantare gli adulatori, vi fi compiaccino, lambendogli, ed accarezzandogli, e così rapiti da' lor voci adulatrici, s'adormentano ne' vitij, e co'l ferro dell'oftinatione reftano miferamente vccifi. La Lamia, che pur v'è per vltimo, è animale, che comincia da huomo, hauendo l'effigie humana, mà fi termina in beftia, tenendo i piedi da cauallo, nè è altro che moftro ordinario; in fembianza tale fono gli adulatori, che ne'fem-

Alanus de comparat. natura.

bianti, e nel principio del fauellare paiono huomini benigni, modefti, e caritatiui, mà pofcia fono beftie mordaci, effendo detrattori iniqui, hauendo gli effetti beftiali, e velenofi. E Seneca diceua; *Malum hominem blandè loquentem agnofce tuum venenum effe, habet, & infitum venenum blanda oratio.*

Aueriamo il tutto colla Scrittura Sacra. L'Adulatione fi dipigne co'l doppio veftimento, ch'è ne'domeftici adulatori; *Oës domeftici eius veftiti funt duplicibus.* Co'l color bianco della piaceuolezza; *Loquimini nobis placentia, videte nobis errores.* E co'l negro della cattiua doppiezza di coftoro, de'quali parlaua Naum Profeta; *Facies omniü ficut nigredo olla.* Hà l'api in vna mano, che moiono cõ l'oglio del l'adulatione, e fi viuificano con l'aceto di correttione, in guifa che diceua il Sauio; *Melius eft à fapiente corripi, quam ftultorü adulatione decipi.* Il Scorpione, ch'alletta con la faccia, e colla coda punge, come diceua Giouanni nelle fue reuelationi, parlando di quelle locufte mezzi fcorpioni; *Et facies earum tanquam facies hominum, & habebant caudas fimiles fcorpionum, & aculei erant in caudis earü.* Ed Efaia letteralmente parlaua di quefti mordaci fcorpioni coduti; *Longauus, & honorabilis ipfe eft caput, & propheta docens mendacium, ipfe eft cauda: & erunt, qui beatificant populum iftum feducentes.* Il che è proprio d'adulatori, de' quali diuifo l'ifteffo; *Qui te beatum dicunt, ipfi te decipiunt.* Vi ftà l'Elefante adulato, ingannato, ed vccifo dalle voci dell'amico ingannatore, allettante con quelle; *Vir iniquus lactat amicum fuum, & ducit eum per viam non bonam.* Vltimamente la Lamia moftruofa; *Lamia nudauerut mammam, lactauerunt catulos fuos.*

Seneca in Epiftola.

Prou. 31. C. 21
If. 30. B. 19

Naum 2. C. 10.

Pro. 7. A. 6

Apoc. 9. B. 10

If. 9. c. 15.

Idë 3. c. 12.

Prou. 16. D. 29.

Tre. 4. A. 3.

A D V.

ADVLATIONE. G. 3.

Donna,che tēghi il deto alle labra,in mano harrà vna rete,e
due saette,le stij a'piedi vna capra,ed vna quātità di vermi.

SI dipigne l'adulatione co'l deto alle labra, dando segno in quelli esser'il veleno dello'ngāno delle parole adulatorie , e così par ch'auisi qualūq; huomo a guardarsene,e spe cialm. i grādi, a cui si suol dar sì fat to pasto velenoso.Hà la rete in mano, có che si prēdono i pesci,in qual gui sa vēgon presi le genti colle parole adulatorie;e le saette,secódo Pier.so no geroglifico di pestilenza,sēbrā̃do quelle auuétate a' Greci da Apollo, come diuisò Homero ; E Sebastiano il saettato fù fatto auuocato cōtro la peste,superando le saette,nō essendo altro l'adulatore,che cōtagiosa peste del mōdo. V'è la capra,la cui lingua lābendo,rōpe, e ricide,e s'a Plinio si crede , 'ābendo l'oliua, la fà diuenir secca,come l'adulator degno d'esser cōnumerato infra le capre vili,colla lingua,allettādo altrui,l'offende, ed vccide colle buggiarde lodi.Il Prēcipe de'Geroglifici intese per la trōba ò sāpogna l'adulatore, dal cui suono allettato il ceruo,resta stupido,ed incātato, e così è fatto d'altrui pda; in qual maniera rimāgon quasi incātati alcuni de'grandi dal finto suono

*Pier.lib.*24

d'adulatori.E Crate Tebano ombreg giò i Signori dati a sentir gli adulato ri có vn fico in alte rupi piātato,i cui frutti non da'huomini,mà da vccelli di rapina eran diuorati; in guisa che le lor ricchezze son trāguggiate da', parabolani,quali p cattarsi beneuolē za,gli dicono mille métite. E p fine i molti vermi sēbrano ql rodere , che fāno l'adulatori nelle vigne dell'entrate de'grandi colle lor finte bugie.

Alla scritt. sacra. Si tocca le labra l'adulatione,p mostrar il duolo,ch'el la cōtiene, come del falso adulatore si diuisò ; *Labijs suis intelligitur inimicus,cū in corde tractauerit dolos: quando submiserit vocē suam,ne credideris ei.*La rete nelle mani ; *Homo, qui blandis fictisᶜᷱ sermonibus loquitur amico suo, rete expādit pedibus suis.* Le saette di pestilēza,di che fauellò Dauide; *In cathedra pestilentiæ non sedit.*V'è la capra,la cui lingua reca male , in guisa della lingua d'adulatori nella Città;*Cōsurgetis de insidijs,&vastabitis Ciuitatem.* Ed in fine i vermi , ch'il tutto ruinano nella vigna de'beni altrui;*Vineam plantabis, & fodies,& vinum non bibes, quoniam vāstabitur vermibus.*

Prou. 26. *D.*25.

*Id.*29.*A.* 5

*Ps.*1.*A.* L.

Iob 8 *B.*7.

*Deut.*28. *D.*39.

AMORE VERSO IDDIO. G. 4.

Huomo con la faccia riuolta al cielo, hà nelle mani vn cor̄
no di douitia,oue sono molte gioie,danari,collane,ed altre cose preggieuoli; sotto vn piede tiene vn serpe,e sotto
l'altro vna palla rotonda, e vicino a lui in alto v'è vna
lucerna accesa.

L'Amore verso Dio,che si deue hauer da ciascheduno,è quello, quando l'huomo non ama il mondo, nè altre cose,ma'l tutto spreggia per amor suo, perche oue annida il vero

amore d'esso Signore,non vi può esser amor mondano,e conforme dice il filosofo,due contraditorij non possono star' insieme ad vn'hora in vn soggetto;com'è l'esser mondano, e'l

non

non effer tale ; *Cum de quolibet dicatur effe, vel non effe.* S'il petto del chriſtiano è occupato dall'amor del vero Dio, ch'è 'l tutto, non può eſſere albergatore di quello sì frale del mondo, e delle coſe terrene, che ſono il puro niente, sì che ne ſiegue per conſequenza, ch'oue è amor di lui, non può regnaruene altro. O ſanto amore del Signore, ch'a douitia fù ſparto ne'petti di beati amanti ſuoi amadori, e ſerui, perloche eran diuenuti tutti bragie, e tutti fiamme; quindi oprorno con tanto affetto coſe, ch'appariuano al mondo, più toſto effetti da pazzi, e ſcemi, che da ſaui, com'era no; diuenendo il tutto da vna incantagione, che gli rapiua in tutto all'amor del ſourano facitore dell'vniuerſo, in tanto ch'vna fiata, sfauillando ne'cuori d'antichi Patriarchi sì bramoſo affetto, mandorono voci colaſ-

sù infra ſoſpiri ardenti ; *Vtinam Cælos diſrumperes, & deſcenderes* ; Deh piaceſſe alla Maeſtà voſtra ſquarciar il velo delle ſpere, e romper le porte de'cieli, e mandar allo'ncontro qual che auiſo d'amor ſcambieuole al noſtro, e deſcendeſſe in terra a far, che gli occhi noſtri ſi colmaſſero di gioie in rauiſando colui, ch'a noi ſembra cotanto vago, e bello, ed è da noi có ſuperchiante amor deſiderato. *Vtinā cælos dirumperes, & deſcenderes.* Mà le parole ſono del ſolleuato Eſaia in perſona di tant'altri, con cui vò raggionare, come Santo Profeta Vangelico in sì fatta guiſa fauellò, bramando, che i cieli ſi diuideſſero, acciò vi faceſſe vſcita il voſtro cotáto amato bene, non ſai, che i Cieli ſono incorruttibili, ed incapaci di peregrina impreſſione, e ſe quegli, come filoſofò Ariſtotile, ed altri, c'hebber cótezza de' ſegreti della natura, patiſſero picciola alteratione, toſto ſi redureb be a diſtruttione l'vniuerſo, come dunq; brami ſtragge cotáta in sì fatta dimádaʔ ah ch'egli riſponde in pſona

di tutti, noi ſiamo sì accesi d'amore del noſtro Dio, però non curiamo di nulla, rompasi pur i cieli, e ſi ruini il tutto; è alla guiſa della madre di Nerone Imperadore fauellò, ch'eſſendo grauida di parto sì empio, andoſſene all'Oracolo, per ſaper l'eſito della ſua grauidezza, e'l futuro euento della prole, a cui fù riſpoſto, che farebbe felice, e rizzata allo'mpero, mà che farebbe morir la genitrice; replicò la madre colma d'affetto, ed io non iſtimo il proprio male, pur che regni; *Regnet, & pereám.* Hor sì adiuiene a gli antichi amoroſi di Dio, quali benche haueſſero ſcienza del male, che caggionarebbe la rottura de' cieli, non v'abbadauano; quaſi voleſſero dire, ò Signore pur che venghi il tuo figliolo in terra da noi grandemente amato, per poter isfogare le noſtre voglie sì acceſe, in vagheggiarlo, rompi, e fracaſſa i Cieli, che ſi diſtrugga l'vniuerſo, e che ſi facci ſcempio crudo del mondo, purche venga a regnar in terra il noſtro amato oggetto. *Vtinam cælos diſrumperes, & deſcenderes.* Inenarrabili ſono i deſij amoroſi de' ſerui del Signore, ed ineſtinguibili le fiamme amoroſe, che null'appreggiano, e di niente tengon cura tratti da sì amor guſteuole.

O Amor felice del Signore tanto commendato da Santi Padri ; il gran Padre Agoſtino diſſe; Niente è più preggieuole di Dio, in virtù dell'amore; e niente è più deſiderabile del diauolo, nel ſpegnere della carità.

Il modo d'amar'Iddio (dice l'iſteſſo) è, che s'ami, quanto ſi può amare, e quanto più s'ama, tanto la dilettione è migliore. Coſtante, e perfetto deu'eſſere il noſtro amore (dice il medemo,) acciò ſe ſia neceſſario, moriamo per amor di quello, a cui gra dì la morte per noſtro amore. Sogliono molti nella proſperità amar' Iddio, mà nell'auuerſità flagellan-
te

Greg lib.2.
moral.

Bafil. in
Hafamerò

Bernar. in
tract. de
dilif.Deum.

te, l'amano meno, dice Gregorio Papa. Chi vuol guftar la vera dilettione infegni d'amar Chrifto foauemente, perche egli è vero amore, così dice Bafilio.

Prima Iddio hà amato noi con tanto amore, e gratiofo, che fiamo sì picciioli, e da niente, e noi dobbiamo fcambieuolmente amarlo, dice Bernardo Santo.

Dipingafi dunque l'amor di Dio da vn huomo, che ftà con la faccia riuolto al cielo, perche colà folamente riguarda, colà sù afpira, ou' hà ferbato ogni fua fpeme, fiche ne' beni tranfitori punto v'abbada, e vi penfa; mà li ributta, come danneuoli, quindi tiene fotto d'vno de' fuoi piedi la palla rotonda, ch'ombreggia il mondo, pofto in contraditterio, e difpregiato affatto fott'i piedi, e reputato vn niente; Il corno di do-

Pier. Vale.
lib. 56.

uitia, fecondo il Principe di Geroglifici, fembra liberalità, felicità, abbondanza, hilarità, vitto, concordia, pace, ed ogn'altra cofa di contento, e gioia; è dunque l'amorofo del Creatore liberaliffimo in donar ogni cofa, fin il proprio cuore, e null'appreggia al pari di quello, accenna altresì felicità, c'hà da goder in Cielo, abondanza di fpirito, e deuotione, allegrezza, e gaudio di feruire a tal Signore, e non ad altro vitto, e cibo parco pe'l corpo, mà abondantiffimo per l'anima, concordia, e pace in fe fteffo, e finalmente l'augura ogn'altro gufto, e folàzzo in terra, ed in Cielo. Il ferpe che tiene fotto il piede è tipo del peccato, che fcaccia, e odia fommamente chi ama cotanto bene, com'è il Signore della Meftà. La lucerna accefa è Geroglifico di vigilanza, e di cu-

ftodia, e quello, ch'è immerfo in sì beato affetto, lo cuftodifce con ogn'isforzo poffibile, ed egli altre tale è cuftodito, e vagheggiato dal fuo amato oggetto, fenza che giamai habbi difaggio veruno.

Alla fcrittura facra. Si dipinge l'amor inuerfo Dio da huomo, che ftà con la faccia verfo il Cielo, perche quello cerca Dio, e nè altro giamai, come la fpofa ne' cantici fpirituali tutta bramante il chiedea; *Quæfiui, quem diligit anima mea.* Il corno di douitia, accenna molte felicità, s'è in prima la mifericordia; *Et faciens mifericordiã in multa millia diligentibus me, & cuftodientibus præcepta mea,* fe la pace; *Pax multa diligentibus legem tuam,* fe l'abbondanza; *Et abundã tia diligentibus te,* fe le ricchezze; *Vt Ditem diligentés me.* La Corona di vita, come diffe San Giacomo; *Accipiet coronam vita, quam repromifit Deus diligentibus fe,* e per fine quefto felice corno di douitia à que', ch'amano il Signore gli è auguro, e fegno infallibile di tutti beni, che l'adiuengono; *Scimus autem, quoniam diligentibus Deum, omnia cooperantur in bonum.* Il ferpe, che denota il male, odiato da cotal amante, come diu sò Dauide; *Qui dil giss Dominum odite malum* La pia retonda del mondo peranche dà odiarfi, come predicò San Giouanni; *Nolite diligere mundum, neque ea, quæ funt in mundo, fi quis diligit mundum non eft charitas Patris in eo.* La lucerna per fine, e fimbolo della vigilanza, c'hà Iddio di chi l'ama; *Oculi Dei in diligentes fe,* o pure fi è per la gran cuftodia, ch'egli ne tiene; *Cuftodit Dominus omnes diligentes fe; & omnes peccatores difperdet.*

Cãt.3.A.1

Deut 5.
A. 10.

Pfal. 118.
X. 165.
Id 121.B.6
Prou. 8.
C. 21.
Iacob. 1.
B. 12.

Rom. 8.
E. 28.

Pfalm. 96.
B. 10.

I.Ioan. 2.
B.15.

Ecclefiaft.
34 B 15.

Pfal. 144.
D. 20.

B   Amor

AMOR DI VIRTV. G. 5.

Vn Giouane vago, o bello sopra vn carro tirato da due leoni, tiene vna corona, ò ghirlanda di fiori in vna mano, e co' l'altra coglie vaghe rose, e fiori vari da certe spalliere, che tutto lo circondano; Tiene vna catena al piede; ed in disparte del carro stà vn luogo ameno, ò ameno poggio.

L'Amor delle virtù è santo amore, come l'amor de'vitij è iniquo, e scelerato, questo dee schiuarsi, e quello abbracciarsi al possibile, come tale, che facilmente conduce al desiato fine del Paradiso, nè si può raccontare quanto bramosi erano i Santi di questo amore, e con quanta istanza orauano al Signore gl'innestasse nel petto questo si diuoto affetto, quale và annesso con l'amor suo, è ben mistieri, che l'huomo, ch'è così inchinato al male, facci viue forze per indursi all'amor sì felice delle virtù; Qual si dipinge da giouane bello, perche, è bellissimo, hauendo la mira a cose belle, e vaghe, come sono le virtù. Il carro sù'l quale trionfa, possiamo dire, che sia il preggio douuto alle virtù, nè mai niuno trionfò senza l'acquisto di quelle, ed i Romani quando voleano far trionfare alcuno, prima lo faceano passare pe'l tèpio delle virtù, e poscia lo recauano alla gloria, ed all'applauso del trionfo, è tirato da due leoni, la forza di cui vi bisogna per hauer cotale amore, e far violenza alla natura mal'inchinata, e corrotta. Coglie vari fiori, che sono le varie opre virtuose, in che s'esercita, come zelofo, ed amante di Dio, quali per esser perfette deuono andar'

insieme. La catena, che tiene al piede, sembra, che chi ne fà acquisto, si lega cō Iddio inseparabilmente. Il poggio, ò luogo ameno, che stà da parte, sembra la felice terra del Paradiso d'acquistarsi da' virtuosi, essendo il lor bramato fine, per cui cotanto s'affaticano, è quella, ou' hoggi tanti Santi di Dio godono il premio delle lor fatiche, e dell'acquisto beato delle buon'opre.

Alla scrittura Sacra. Si dipinge l'amor delle virtù da giouane, che trionfa sopra vn carro, che quì hebbe l'occhio Geremia; *Et collidam in te currum, & ascensorem eius;* E Nauum disse; *Ignea habena currus in die praeparationis eius.* E'tirato da leoni per la forza, che richiede quest'amore, e la fatica, che sempre staua auanti gli occhi di Dauide; *Hic labor est ante me,* E la Sapienza diuisò; *Et quae in prospectu sunt inuenimus cum labore;* La ghirlanda di vaghi fiori, e pompose rose nella primauera della gratia; *Quasi flos rosarum in diebus vernis,* Le spalliere piene di fiori, che circondano, ed egli ne fà raccolta, come diuisò lo Spirito Santo; *Flores apparuerunt in terra nostra.* La catena, che lo fà inseparabile da Dio, in guisa che dicea l'Apostolo; *Quis nos separabit à charitate Christi? tribulatio, an angustia, an fames?*

Hier. 51.
C. 22.
Nauum 1.
A. 3.

Psalm. 87.
C. 16.
Sap. 9.D.16

Ecclesiast.
50. A. 8.

Cant. 2.
C. 12.

Rom. 8.
G. 35.

fames? &c. Perche era sì ricco di quest' amore; E per fine il poggio felice della terra beata del Cielo, ch'è il douuto fine di sì santo amore; *Fac bonitatem, & inhabita, terram, & pasceris in diuitijs eius.* **Ps.36.A.3.**

AMOR DEL MONDO. G. 6.

Vn fanciullo piccolo con vna palla in terra, sù la quale vi poggia la destra mano, stà tutto leproso, ed immondo, tiene vn legno secco nell' altra mano, ed a piedi haurà vn vaso, dalla cui bocca vsciranno serpi, rospi, ed altri animali velenosi.

L'Amore del mondo egl'è cattiuo amore, perche è contrario all'amor di Dio, per esser suo nemico, ed odioso, com' egli disse a'suoi Apostoli; *Nolite mirari fratres si odit vos mundus, quia me priorem vobis odio habuit.* Nè giamai lo conobbe il mondo; *Et mundus eum non cognouit.* Dunque per esser tale l'amor suo, non può esser buono, essendo ancora inganneuole in ogni maniera, demostrando, e promettendo molte cose a gli huomini, mà non attende niuna, il contrario di Dio, ch'è tanto vero nelle sue promesse come disse Geremia; *Dominus autem Deus verus est,* e Gio. nelle sue reuelationi anco disse; *Hac dicit Sanctus & Verus, qui habet, &c.* Pazzo mondo, e buggiardo, e mondo che ne' sembianti è mondo, e bello; mà nel vero egl' è imondissimo. Miseri, ed infelici mondani distolti dal camino ageuole della giustitia, e trauiati dal dritto sentiero della salute, che puntualment' il seguono, abbandonando le vere strade del Signore, de i quali tanti hoggi n' albergano, ed amaramente piangono nell' abissi infernali, per hauer voluto in tutto caminargli dietro, ed abbracciar l'opre sue male, come disse l'Euangelista; *Quia opera eius mala sunt.* Hà per proprietà dimostrar cose grandi, e permetterle a mortali, mà in fatti son picciole, e da niente. Quindi si dipinge l'amor suo da picciolo fanciullo, che non è ancora perfettionato nell'vso della ragione, quale suol fare cose da pazzo, e cose disdiceuoli in segno, ch'è amore verso cosa picciola quello del mondo, e pazzo, e stolto è insieme, chi cotanto l'ama. La palla rotonda ombreggia il mondo stolto che tanto siegue con amore, toccandolo con la mano per segno, che gli è cosa rara, e l'huomo il tiene in molta stima. Stà leproso tutto il fanciullo, sembrando i molti difetti, gli errori, e peccati, che contiene quest' iniquo amore. Il legno secco in mano è tipo di male, e difetto del verde di vera speme, e carità, perche non hà speranza di goder i veri beni, chi ama il mondo, nè può hauer carità con Do. Il vaso per fine, ond'escono tant' animali velenosi, è appunto la mercede, che dona a mortali questo falso amore, nomato vaso giustamente d'iniquità, per i molti mali, che contiene, ed

B 2 è per

Ioan. 15. D. 18.

Idi 1.B.10

Gier. 10. B. 10.
Apoc. 3. B. 7.

Ioa.7.A.7.

è per recare a' fuoi infelici amadori.

A'la fcrittura facra. Si dipinge il vano, ed inutile amor del mondo, da picciolo fanciullo, che fouente fà cofe da ftolto; *Stultitia* Prou. 22. C. 15. *colligata eft in corde pueri, & virga difciplinæ fugabit eam;* Ed'vn tale il usò Abdia; *Ecce paruulum de-* Abdia 1. A. 2. *di te in gentibus, contemptibilis tu es valde,* ed il Sauio minacciò guai a quella terra il cui Rè è fanciullo, che da fanciullo opra; *Væ tibi* Ecclef. 10. C. 16. *terra, cuius Rex puer eft.* La palla del mondo amato con tutte le fue iniquità, ch'a nulla poffono mai gionare, come diffe Efaia; *Aman-* Ifa. 44. B. 9 *tiffima eorum non prodierunt eis.* E tutto leprofo, ed immondo per i mali, che contiene il mondo, e l'amor fuo; *Totus mundus in mali-* 1. Ioan. 5. D. 19. *gno pofitus eft.* Tiene il fegno fecco pe'l defetto della carità di Dio; *Si quis diligit mundum, non eft cha-* 1. Ioan. 8. C. 16. *ritas Patris in eo.* Il vafo per fine pieno d'animali velenofi, ch'è colmo d'in quità, come diffe l'Apoftolo San Pietro; *Mercedem ini-* 2. Petr. 8. C. 16. *quitatis amauerunt: correctionem vero habuit fua vefania.*

AMICITIA. G. 7.

Donna d'allegro volto veftita di ricchiffimo manto, in capo haurà vn'Adamante finiffimo, in vna mano tiene vn ramo mezzo fecco, e mezzo verde, e con l'altra moftra il cuore, a'piedi vi ftà vna zappa, con che moftra hauer trouato co'l zappare, vn gran Teforo, dall'altra parte tiene l'arcipendolo, e vn cagnolo.

L'Amicitia è di due forti, naturale, ed acquifita, la naturale, è quella, ch'è fra parenti, e l'acquifita è quella, che s'acquifta di nuouo fra alcune perfone; e queft'amicitia deu'effer reciproca, e fcambieuole fra gli amici, ficome è infra i membri del corpo, ch'vno reputa il bene dell'altro, ed vn membro defende l'altro, come la mano non cura punto i colpi a fe fteffa, purche renda falui gli altri membri, così deu'effer frà veri amici, vno reputare il bene dell'altro, come fuo proprio, già che *amicus eft alter ego* (dice l'Adaggio,) Et *amicorum omnia communia;* deue il vero amico non curare il proprio male, per defender l'amico, come fà la mano, e quando vn' amico è nella profperità, e ricchezze, e l'altro in pouertà, e miferie, e quello non fente dolore, è ben fegno, che non vi è vera amicitia frà loro, come vn filofofo vedendo doi, che fi publicauano per amici, vno ricco, e l'altro pouero, vno andaua ben veftito, e l'altro nò, giudicò non effere bona amicitia, mentre non ammetteua egualità; quindi Iddio benedetto vedendo queft'huomo, di cui è tanto amico, nelle terrene miferie, ed egli ftaua nel trono delle fue grandezze, volle dunque venire a participarne, e veftirfene per dar fegno di vero amico, come Chrifto anche fè

nella

nella morte di Lazzaro, che volle andarui, e participare delle sue miserie facendo pianto, e lutto, per dar segno di vero amico, come diuisò; *Lazarus amicus noster dormit.* è l'amicitia conforme a' filosofi, vna scambieuole beneuolenza frà gli amici, caggionata dall' vniformità di costumi, ò complessioni.

L'amicitia deu' esser fondata in amor cordiale, che non permette niun male all' amico, anzi patir molto per quello, e se nell' interno vi sarà vero amore, soffrirà dolcemente il patire nell' esterno, andianne nelle canzone spirituali, oue lo sposo vero amico dell' anima cò parole amicheuoli, le fauella dicendo; *Cant. 8. B. 7.* *fub arbore malo fufcitaui te;* Io hò fatto molto per te ò anima, t' hò folleuato da difotto l'Albero infaufto della morte, oue giaceui languente per lo peccato originale, hor vegga, che buon amico fon Io, e con quanto affetto amo l'amici, che per rauuiuargli, non hò curato punto del morire con morte mio fcorno, horsù *Idem ibid.* dice il diletto; *Pone me vt fignaculum fuper cor tuum, vt fignaculum fuper brachium tuum;* ed affegna la *Id. 8. B. 6.* caggione; *Quia fortis eft, vt mors dilectio, dura ficut infernus æmulatio:* Che volea quì dire lo fpofo? volendo effer pofto fu'l braccio, e fù'l cuore della fpofa come fugello? Santo fpofo, che quì volefti dire? come fia poffibile quefta tua dimanda? Io non ti capifco; Altiffimo è il facramento, chè quiui fcuoprefi, (benche quefto paffo fia altroue in altra guifa efpofto) pure è largo molto il campo, oue fparge i fuoi doni lo Spirito fanto: Volea dire lo Spofo, anima mia diletta, tu fai in quanto ftretto vinculo d'amicitia

fiamo, che ben lo confeffafti vna fiata; *Dilectus meus mihi, & ego illi;* *Cant. 2.* *D. 16.* Grandiffimo è il nodo della caritatiua, ed amorofa amicitia infra noi, ed Io quanto a me hò moftrato i veri, e naturali fegni dell' amico tù fai quanto per tè hò fofferto in veftirmi di fpoglia mortale, e così Rè come fono, non hò curato apparirne da feruo, e con vilipendio morire, di vna morte così infame, hor lafciami vederdi gratia qualche contrafegno d' amicitia, e qualche cofa allo 'ncontro fomiglieuole; che vuoi, ch'io faccia, rifpofe la diletta, oh te l'infegnarò, Io vò che tu facci non altrimente fe non come vuole la legge d'amicitia, che, *Amicorum omnia funt communia,* e quel, che fia vn amico per vn' altro, dè far quello per quefti; tù fai bene quanto hò fatto per tè, e quanto t' hò amato, non folo di dentro con l'affetto, co'l cuore, e co'l penfiero fchetto, non moffo da intereffe, mà folo d'amore; mà di fuora di più con l'opre; co' l'effetti, co'l foffrire, e co'l patire, hor fcambieuolmente vorrei, che tù facefti per me; e così: *Pone me vt fignaculum fuper cor tuum.* Prendi quefto fugello del mio cuore, ou' è impreffa la vera amicitia, il vero amore, e ftampalo nel tuo cuore, amami con l'ifteffa amicitia, che fia conforme alla mia, che t' hò amato fchettamente; così fammi ancora; mà non mi bafta quefto folo, l'amico non vuol effere folamente amato co'l cuore, mà co'l effetti, e co'l agiuti efterni; *Vt fignaculum (di più) fuper brachium tuum,* sù vò efperimentar fe la tua amicitia è buona meco, pongafi quefto fugello della mia carne piagata, infanguinata, appaffionata, ed afflitta in Croce, nella

nella tua Carne, comincia a patire ancora tù per mè, e trauagliare, com' Io hò fatto per tè, e se così farai, ò buona amicitia correspondente, della quale non vi sarà megliore; *Quia fortis est v mors dilectio.* Ardens charitas;(legge l' hebreo) nè potrai sgomentarti se t'inuito a grand' imprese, non, perche l'amore dell' amicitia è vn ardente carità molto grande, e molto forte; *Valida v mors charitas,* (leggono i settanta) e s'eguaglia alla fortezza della morte, la quale sicome non perdona a niuno, cosl quest' amore d'amicitia non perdona a niuna fatica, per amor dell' amico, e questo è il pensiero dello Spirito santo; *Pone me vt signaculum super cor tuum;* Per approuar la vera amicitia, che deu'esser scambieuole, e con simigliante amore ne gli amici.

Hebr.

L'Amicitia nell' hebreo si dice A haba *à verbo Aba,* che vuol dire; *amauit, dilexit* è l' amicitia vn sommo consenso con ogni beneuolenza, e carità di tutte le cose diuine, ed humane, così la diffinisce il Padre Sant' Agostino, ò vero secondo Cicerone. L'amicitia è vna volontà inuerso alcuno delle cose bone di quello, per causa di quell' istesso, qual ama con volontà eguale dell' amato.

Aug. epist. 45. & Cic. lib.de Ami. Idem 1. de inuen. Rect.

Dice Agostino, non sò sè si deuono reputar amicitie christiane, ne' quali più vale il vulgaro dire; *Obsequium amicos veritas odium parit,* e l'Ecclesiastico; *Meliora sunt vulnera diligentis, quam fraudulenta oscula odientis.* Sicome (diceua l'istesso.) l'amici ch'adulano peruertono, e danneggiano; così l'inimici, che litigano danneggiano, e correggono. Non ogn' vno che ti fà carezzi è amico, nè ciascheduno che ti percote è inimico.

Aug. epist. ad Hier.

Prou. 27. A. 6.

Idem 9. confessionam,

Idem ibid.

E miglior riprendere con seuerità, che con piaceuolezza ingannare, dice l'istesso. E gran solazzo di questa vita, che tù habbi doue dimostrare, ed aprir il tuo petto, ed vno, a cui tù possa communicar i tuoi secreti, e che sia vero amico, che si rallegri delle tue prosperità, e ti compatischi nelle cose auuerse, e nelle persecutioni t'esorta, così dice S. Ambrogio.

Ambros. de offic. lib. 3.

L' amicitia, che potè mancare mai fù vera (dice l'istesso) perche era caggionata da qualche motiuo estrinseco (volea dire) non per caggione dell' amico.

Id. de offic. lib. 1.

Quella è la vera amicitia (dice Gerolamo) la quale è accoppiata co'l glutino di Christo, che non viene da vtilità di cose famigliari, nè per la presenza di corpi, nè per caggione d'adulatione, mà dal timor di Iddio, e da ottimo fine.

Hieron. io epist. ad Paulin.

Non sono fedeli nell' amicitia quelli, che le mani, non le gratie li congiungono, e sempre che non receueranno, tosto mancheranno l'amore che si stringe co'l dono, tolto via quello, si dissolue (così dice Isidoro.)

Isid. lib. 3. de summo bono.

Cassiodoro dice, ch'è vero amico quello, ch'in ogni tempo ama, nè il patire lo separa, nè la fatica lo stanca, il tesoro no'l supera, nè l'occupa altr' amore, e quanto è più vecchia l'amicitia, tanto è più certa.

Cassiod. in epist.

Non si può dare niente di meglio, e di maggiore nelle Città dell'amicitia. (dice il filosofo) ed altroue dic' il medesimo la dissomiglianza de'costumi suolseparar gli amici. Quindi si dipinge con allegro volto, perche sempre l'amico dee mostrarsi tale all'altro. Tiene l' adamante in capo,
gemma

Arist. lib. 2 de Rep. c. 2. Idem lib. ouonom. c. 4.

gemma più forte, più lucente, e di più preggio di tutte l'altre, ch'è tipo del vero amico migliore di tutti, a cui non è comparatione. Stà co'l ricco manto, perche le lor ricchezze deuono esser communi, ch'ognun di loro ne partecipi. Mostra con vna mano il cuore, per segno, che deu'esser la perfetta amicitia schietta, sincera, cordiale, senza fintion veruna, nè per niun disegno; ma solamente per virtù, e ragione naturale, e per affetto, che però ancora tiene il ramo secco, e verde, che sembra la prosperità, e auuersità, ch'in tutti doi questi stati l'amico sempre deu'essere vniforme tanto nel bene, quanto nel male, se si rallegra l'amico nella fortuna prosperà, e partecipa del bene, deue attristarsi nell'auuersa, e participarne ancora, ed esser fedele all'amico, come dice l'Ecclesiastico; *In tempore tribulationis illius permane illi fidelis*, E far il possibile per solleuar l'amico, e ridurlo al pristino stato, altrimenti non è vera amicitia. La zappa le stà a' piedi in segno, c'hà ritrouato vn gran tesoro, e chi troua vn tale amico ritroua in vero ricchissimo tesoro, e pochi si trouano così sinceri a tempi nostri. Vi stà l'arcipendolo ch'è vna misura, con che si rapresenta il tempo, ch'è misura del moto (conforme al filosofo) in segno, che la vera amicitia è diuturna, e sempiterna, durando sempre nel bene, e nel male, nelle prosperità, e auuersità, di lontano, ed appresso, in vita, ed in morte. Vi è per fine il cagniolo il quale, secondo il principe di Geroglifici, sembra la vera amicitia per l'amor grande, che porta al padrone, pe 'l quale non sà più che oprare, per com-

Ecclesiast. 11.D.29.

Pier. Vale. lib. 6.
Ibi de Cam.

piacerlo, e leggonsi casi rarissimi occorsi di cotali animali in defensioni de' padroni, e n'addurò alcuni tocchi dall'istesso. Vna sta ta trè fanciulle di Leutricania stuprate da certi giouani Spartani, e poscia vccise dall'istessi, e buttate dentro vn pozzo, nè scedato suo Padre possea giamai ritrouarle, s' vn cane, ch'era di quelle, non correa latrando in verso il pozzo, oue le ritrouò il dolente padre. Occorse di più vn'altra siata, ch'vn Cittadino Romano fù posto dentro vna fossa, ne posseano i suoi nemici troncargli il capo, perche vn cane lo difendea, nè mai vinsero finche non l'vccisero. E 'l Padre Sant' Ambrogio riferisce che in Antiochia fù ammazzato vn soldato, c'haueua vn cane seco, quale con gran mestitia se n'andò alla casa, e per i molti gesti, e motiui, che facea indusse le genti a veder il cadauero, e infra tanti andò a ritrouar l'vccisore in presenza del quale facea gran lamenti, onde si scouerse, finche n'hebbe il condegno castigo, hor notisi la grande amicitia, e fede del cane.

Alla scrittura Sacra. Stà d'allegro volto l'amicitia co'l Adamante in capo, ch'è gioia incomparabile all'altre, e tipo del vero amico, e fedele; *Amico fideli nulla est comparatio*. Il ramo verde, e secco per segno, ch'il vero amico è sempre stabile, e fisso nel bene, e nel male; *Amicus si permanserit fixus erit tibi quasi coæqualis, & in domesticis tuis fiducialiter aget*. Mostra il cuore per la sincerità dell'amicitia, e di cuore, che l'Ecclesiastico la chiamò amicitia adorna, e bella; *Beati sunt qui te viderunt, & in amicitia tua decorati sunt*; Nella quale si diletta l'altro amico;

Ecclesiast. 6.B.15.

Idem ibid.

Id.48.B.5.

Sapient. 8.
D. 18.

Ecclesiaſt.
B. 16.

amico; *In amicitia illius delectatur dilectio bona*. La zappa con che ritroua il teſoro, che tal coſa ritroua, chi s'abbatte in vn vero amico; *Amicus fidelis protectio fortis, & qui inuenit amicum inuenit theſaurum*. L'Arcipendolo pe'l tempo, ch'il

vero amico è ſempre tale; *Omni tempore diligit qui amicus eſt*; E per fine vi è il cane ſimbolo dell'amicitia fedele, come diceua l'Eccleſiaſtico; *Dilige proximum, & coniungere fide cum illo*.

Prou. 17.
C. 17.

Ecclesiaſt.
27. C. 18.

AMICITIA FALSA. G. 8.

Doi huomini riuoltati con la faccia l'vn co'l'altro, vno, de quali terà vna borſa aperta in mano appreſtando certi denari al compagno, quale tiene vn Aſtore nelle mani, ed vna Rondinella, a'piedi vi ſaranno due volpicelle che lattano alla riua d'vn fiume ſecco, nel cui letto appariſcono ſterpi, e ſaſſi.

LA falſa amicitia, e per diſegno è quella, che non hà riſpetto alla ſincerità, e reciproca beneuolenza, mà all' vtile, ed intereſſe, e coſì non s'ama l'amico come ſi deue per ſe ſteſſo, mà per quell' vtile, che ſe n' hà, quindi mancando l'vtile mancarà l'amicitia, e non durerà, il che è d'eſſenza della perfetta amicitia, il ſempre durare. E Seneca dice, che l'amico che per vtilità propria ama l'altro, tanto ſi compiacerà nell'amicitia, quanto durerà l'vtile. Ed il Padre Sant' Agoſtino in vn ſermone dice, che non ſi deue amare l'amico, acciò t'habbi da dar alcuna coſa, perche tu all' hora non ami l'amico per l'amicitia e beneuolenza, mà ami ed affetti quel dono. La vera amicitia deu' eſſer ſchetta ſenza niun intereſſe, e non fondata in qualche diſegno, ch'all'hora ſi dirà eſſer falſa, e non vera amicitia. Deue mantenerſi tanto nel bene, quanto nel male, e l'amicitia di quelli, nel bene, e non nel male, può raſſembrarſi al dente guaſto, che ſtà in bocca ſerrato, e tenuto in ſtima con tutti gli altri, mà quando ſe ne vuol ſeruire, per mangiare comincia a muouerſi, e dar dolore, nè ſerue a coſa nulla, coſì ſono gli amici falſi, che volentieri vogliono del tuo bene, mà quando ſi tratta hauer biſogno di loro non puoi hauerne pur vn piacere da niente, il concetto è del Sauio; *Dens putridus, & pes laſſus, qui ſperat ſuper infideli in die anguſtia, & amittit pallium in die frigoris*. Mi pare in oltre douergli raſſembrare al criuo, ch'il grano butta giù, e la paglia, ed altre immonditie le trattiene ſopra; coſì ſono i falſi amici, il grano di riceuuti benefici lo fan deſcender ſotto, ponendolo in obliuione, ſolo rapreſentano la paglia dell'ingratitudine e l'immonditia del male, e dell'incarità: Il che mi par ſia tolto dall' Eccleſiaſtico litteralmente; *Sicut in percuſſura cribri remanebit puluis, ſic aporta hominis in cogitatu illius*. La vera amici-

Auguſt. in ſermone,

Prou. 25,
C. 19.

Ecclesiaſt.
27. A. 4.

tia

Ioachimi.
Camer, lib.
fab. pag.
237.

tia dunque è quella, che soueni-
sce l'amico ne' bisogni, e s'vniforma con quello. Quindi finsero i
fauolisti, ch'vna tal fiata andossene la Rondinella alla madre, e
gli disse hauer ritrouato vn buon
amico, chi è rispose quella, disse
la Rondinella è il tordo, rispose
la madre, figliola hai ritrouato
vn mal amico, il quale è differente dell'esser tuo, tu sei inimica del
freddo, e quello del caldo, non
conuenete bene insieme. è fauola, mà mi par che sia verità, ch'è
mala l'amicitia, quando frà gli
amici non vi è concordanza, ed
vnione, ch'vno voglia esser ricco,
e permetta, che l'amico sia pouero, e patiichi, non è bona amicitia, ch'egli voglia sollazzare, e
non curarsi del male dell'amico,
non è amicitia vera, il che s'auera nella scrit ura ;

Pron. 17.
C. 17.

*Omni tempore
diligis qui amicus est, & frater in
angustijs comprobatur,* Etiandio dopo morte dee durare, com'altri
disse ingegnosamente con vn
emblema.

Alci. emb.
159.

Arentem senio, nudam quoq; frontibus vlmum
Complexa est viridi vitis opaca
coma:
Agnoscitq; vices natura, & grata
parenti
Officij reddidit mutua iura sua.
Exemploq; monet, tales nos querere
amicos
Quos neque disiungat foedere
summa dies.

Quindi la falsa amicitia si dipinge con vna borza in mano ad
vno, che sembra dare all'altro,
perche è fondata sù quell'interesse, e tanto dura, quanto dura il
donare. L'Astore è tipo della falza
amicitia, che tanto è accarezzato,
e pasciuto nelle proprie mani de
gli huomini, finche vale alla pre-

da, quando non val più nò è visto. La Rondine similmente è tipo di falsi amici, nel tempo dell'estate stà cò noi, e nelle borrasche d'inuerno n'abbandona, e
Pitagora diceua non douersi amar, nè ricettar in casa le rondini,
perche vogliono star nel dolce
dell'estate, ma non nell' inuerno,
sono tipo di mal'amici, e quell'
vccelli del mare, quando stà in
bonacia vi scherzano nell'onde, e
si pascono di pesci, quando le veggono spumanti, ed horride fuggono alle selue, sichè son tratti
dall' vtile, com'i falsi amici dal
bene, che se gli fà. Le Volpicelle, che lattano sembrano, che fin
c'han latte succhiano allegramente, mà finito il latte co' denti
scraffiano le poppe della madre,
e la reputano per istrana, quando
non han da bere come fanno i falsi
amici, finche possono hauere dall'amico, gli stanno auanti ridenti, e succhiano di loro beni, quali
finiti, non solo non gli sono più
amici, mà molte fiate gli sono contrari, e gli deuengono inimici. Il
fiume secco tipo dell'amicitia
falsa, che nel tempo d'inuerno
ha acqua, quando la sete non
trauaglia i passagieri, mà nell'estate, che s'ha la sete, stà secco,
così è proprio di buggiardi amici, quando tù non hai bisogno,
all'hora ti mostrano, e t' offeriscono, e crescono ancora, conforme
cresce la fortuna bona, mà nell'
estate secca di tuoi bisogni ti fuggono, e non ti mostrano altro
che sterpi, e sassi d'ingratitudine,
ed insieme mancano, e diminuiscono.

Alla scrittura Sacra. La borza,
che tiene l'amicitia falsa, è segno,
che però vi è l'amicitia per quel
dono, che se gli fa, mà finito non

vi farà come ombreggiò il Sauio; *Est autem amicus menfa, & non permanebit in die neceffitatis.* L'Aſtore, e la Rondinella, ſembrano l'amicitia ſecondo il tempo proſpero, mà non nelle neceſità, tribulationi; *Est autem amicus ſecundum tempus ſuum, & non permanebit in die tribulationis.* Le Volpicelle piccole, che mordono le poppe della maare, quando non vi è latte, ſono ſimbolo di falſi amici, ch'in tempo dell'auuerſità più toſto danneggiano, ch'altro aſpramente mordendo; *Qui ſeducunt populum meum, qui mordĕt dentibus ſuu, & prædicant pacem,* e più chiaro; *Capite nobis vulpes paruulas, quæ demoliuntur vineas.* Il fiume ſecco è tipo di falſi amici, che moſtrano ſterpi, e ſaſſi d'ingratitudine, come diſſe Giobbe querelandoſene molto; *Fratres mei præterierunt, ſicut torrens, qui raptim tranſit in conuallibus.*

Ecclefiaſt. 6. B. 10.

Idĕ 6. A. 8.

Mich. 3. A 5.

Cant. 2. D. 15

Iob. 6. C. 15

ANIMA RAGIONEVOLE. G. 9

Donna di vago aſpetto, ſnella nel corpo, e vagamente
veſtita, in vna mano haurà vn ſparuiero, ò falcone,
e nell'altra vna carta di numeri, a' piedi le ſarà vna
tortore ſù vn ramo.

L'Anima è vna ſoſtanza ſemplice, incorporea, ſpiri-
tuale, raggioneuole, ed
immortale, atta a mouere, e viuificare il corpo, eſſendo atto primo, ò forma ſoſtantiale (ſecondo

C 2 il

il filofofo) del corpo fifico orga-
nico, c' hà vita in potenza, hauendo il corpo totalmente da lei
l'effere vitale, e 'l poterfi mouere,
e fentire, fenza la quale è inhabile
a tutte quefte, ed altre cofe.
Ella non è altrimenti tutto l'huomo, come diffe Platone, e'l corpo
vn organo, ò vna foftanza ; mà
folamente vna parte fuperiore, e
più nobile dell' altra, ciò è del
corpo, ch' infieme coftituifcono
il compofito di tutto l'huomo. Fù
creata da Dio da niente, nè fia
pofsibile produrfi dalla materia, ò
dalla carne, ò altro, mà folamente
da quello, come nella creatione
del primo huomo fatto di terra
quanto al corpo, ma douendo dargli l'anima con che fi viuicaffe, la
creò di nuouo da niente, come
s'auuera dalla fcrittura Sacra; *In-*
fpirauit in faciem eius fpiraculum Gen.2.A.7
vitæ, & factus eft homo in animam
viuentem. Nè è coeterna con Iddio
conforme all' argomento di Platonici . Nè è differente in fpecie
l'anima del fauio da quella de gli
altri, come differò l'iftefsi ; Nè fi
crea dalla foftanza d'Iddio, come
afferifcono i Manichei, e Prefcil-
lianifti, nè dall'atomi, nè dopo la
morte fi rifolue in quelli, come
diffe Lucretio, Nè i creatori di
lei fono gli Angeli, come tennero
i Seleuciani ; mà è creata in tempo dal fourano artefice creator
del tutto. è queft' anima ridotta
all'effere da cofa nulla, ed è continente tutti gradi dell' effere, co-
m'il femplice delle pietre, il ve-
getare delle piante, il fentire co'
bruti animali, e l'intendere con
gli Angeli, effendo in quanto a fe
incapace dell' effer diuino, ed infinito ; folamente hà la potenza
pafsiua di vedere Iddio infinito,
mà fi fà habile, e proportionata

mediante il lume della gloria, con
che fi folleua a vederlo, come di-
uisò il Profeta ; *In lumine tuo vi-* Pf.35.B.8.
debimus lumen . Qual lume mira-
colofamente fe l' infonde, e dopo
infufole, fi dice pur attiuamente
concorrerui al vedere, facendo
l'attione fua naturale l' intelletto
infieme con quel lume folleuante.
è minore della natura dell'Ange- Idem 8.
lo, mà molto poco, come l'ifteffo A. 6.
Dauide ne dà contezza ; *Minuifti*
eum paulo minus ab Angelis, Solo
quanto all' intendere fenza tanto
difcorfo, e per effer quello crea- Alexan.de
tura folamente fpirituale, e più Ales P. 2.
agile nell'attioni, e la lor differen- collat. de
za non è per il diuerfo grado d'in- fub. Ang.
tendere conforme Aleffandro de 9.5.
Ales. Nè per lo diftinto modo d'in- Th.P.P.58
tendere, ciò è l'Angelo fenza di- art. 3. &
fcorfo, e l'anima col difcorfo fe- Henr.quol.
condo San Tomafo, nè perche 9.8. S.Bon.
quefta fia vnibile alla materia, lib.2.d p in
e quello nò, fecondo San Bona- 2.& 3.art.
uentura ; ma perche furon creati 9. I.
da Dio di natura, d'effere differente, ed effendo quella di tal natura particolare, e parimente quefto conforme filofoforno i fottili.
Nè dee tenerfi quel, che affermò Scot.2.fen,
Platone dicendo, che l'anime tut- dift.
te furon create da Dio sù'l principio del mondo, e che pofcia conforme fi genera il corpo vi fe n'accoppia vna, creandofi fempre di
nuouo apunto all' hora quando
s'infondono. Ne l'opinione di Pi-
tagorici fù mai vera, che l'anima
vfcendo, ò feparandofi da vn
corpo entra in vn'altro, effendo
tofto determinata, oue habbi da
ftare, ò nel Cielo, ò nel purgato-
rio, ò nell'inferno, nè fia pofsibile più facci ritorno nel proprio corpo fin al giorno del giu-
ditio, nè in altro, come dice la Sa- Sap. 16.C,
pienza ; *Cum exierit fpiritus non re-* 15
uers .

uertetur, nec reuocabit animam , quæ recepta eft.. Ne Auerroe fù verace in dir, ch' vn' intelletto numero foffe in tutte l'anime, ed in tutti gli huomini, hauendo ciafcheduna l'intelletto fuo. co' la volontà, e memoria, che fono le fue potenze identificate. co' l'effere dell'anima; ed in quefto fono differenti l'Animo, e l'Anima, fecondo Nonio Marcello, che l'animo è quello con. che fappiamo le cofe, e l'anima .con che viuiamo, L'Animo è del configlio, e l'anima della vita .,:Anzi differo i filofofi, ch'etiandio fenza l'animo ftà in piedi la vita, e fenza la mente può durar l'anima conforme diffe Ifidoro. L'Animo di più con altri diffe è qualità del viuente huomo, e l'Anima è caufa della vita, benche direi, che fenza l'animo l'Anima è molto debole, hauendofi il fapere con quello, e 'l gufto e piacere con quefta, ed anco il fruire.

Creatura è l'anima vie più nobile di tutte, quanto alla natura (benche de gli Angeli folo quanto alla gratia) sì per effer fatta ad inag ne, e fimilitudine del fattore, come s'ha nella Genefi ; *Faciamus hominem, ad imaginem, & fimilitudinem noftram*; Com'anco per effer fignora, e padrona di tutte le creature, e tutte deuonfi piegare fotto l'impero fuo ; *Præfit pifcibus maris, & volatilibus cæli, & beftys vniuerfæq; terræ ;* Mà fpecialmente per la molt' eguaglianza, c'hà con Dio fuo fattore, qual è sì piaceuole, ed inchinato al perdonare, ed vfar mifericordia, quindi m'inforge difficoltà, perche dica Mosè ; *ad imaginem, & fimilitudinem noftram*, Baftaua dire folamente, *ad imaginem*, effendo in noi l'imagine di Dio, con-

ciofiache com'egli tiene vn' effenza, e trè perfone, parimente è vn'anima, e trè potenze, fe quelle formalmente diftinte dall'effenza, così l'anima, benche la real diftintione infra le perfone fe non pofs' auuerarfi nelle potenze dell' anima, almeno negli atti realmente diftinti da quella, e frà di loro ; dunque mi pare foffe bafteuole dire, *Ad imaginem*, e non *ad fimilitudinem*. Oue rifpondeno Vgone Cardinale, e Ruberto Abbate e dicono che fi dice, *ad imaginem* quanto alla cognitione, in che fi raffembra a Dio, *non ad fimilitudinem*, quanto alla potenza d'amare, ò pur dirò, che l'imagine dice la raffembranza dell' vnità della natura, trinità delle perfone, e'l modo d'intendere; mà *ad fimilitudinem*, quanto alla pietà, e mifericordia, che fon opre particulari di Dio, ch' opra fua la chiamò Bfaia ; *Vt faciat opus fuum.* Quindi peccando Adamo nel terreftre paradifo non venne colà furiofo, nè adirato, nè in tempo atto a far giuftitia, mà in tempo di fpafsi, e piaceri, che fi fuol ftar a' diporti nel merigio ; *Et cum audiffent vocem Domini Dei deambulantis in paradifo ad auram poft meridiem,* Quafi volendo moftrare venir a piaceri, non per caftigare il peccato d'Adamo, hor quefta fimilitudine d'amore, e pieta dè hauer l'anima, ch' è creatura cotanto nobile, colma di tant' eccellenze, ricca di tante fublimità, ed adorna d' altifsime magnificenze, ed honori : Ella è fignora di fenfi, padrona della carne, domatrice dell' l'appetiti, fonte d'amore, teatro della cognitione, largo campo di delitie, diporto del Signore, ricettacolo di tutte le gratie, albergo di fourani penfieri, ftanza beata,

Nonius Marcellus C. 5.

Ifid. lib. ij C.1.origin.

Cornel. Front.

Gen. 1. C. 26

Ibidem.

Vgo inGen. enarr.ar 1 Rub. Abb. hic.

If.28.F.21

Gen.3.B.8

ta, oue gode habitarui il Fattòre, beltà emulata fin da spiriti Angelici, e riposo, oue si ricoura, e fortifica l'huomo, ed onde sgorga ogni suo bene; ella è rara ministra del Signore, intendente gli occulti arcani dell'oceano infinito della Deità, Acquedotto per doue scorrono l'acque di fauori diuini, e fonte vitale, oue si rauuisano i christallini humori de' doni dell'alma madre Natura, que qualunque si sia è mistieri stupischi per marauiglia delle sue eccelse grandezze.

Lib. de opific. Dei capis.17
è l'anima di difficilissima cognitione (dicendo Lattantio) che non conuiene, nè conuerrà mai frà filosofi tenerne disputa, per hauerne cognitione. L'anima (dice Agostino) è sostanza creata,

Augu. lib. de diffinit. anima.
inuisibile, incorporea, immortale, similissima a Dio, hauendo l'imagine del suo Creatore. Si come

Idè Genes. addit.
Iddio (dice l'istesso) precede tutte le creature nella dignità della natura, parimente l'anima; Ed ogn'anima, ò è sposa di Christo, ò adultera del demonio, dice l'istesso.

Gregor. in homel. 26. moralium.
Se è mercè (dice Gregorio Papa) liberar la carne dalla morte, benche sia mortale, quanto è di merito più liberar l'anima, ch'è per viuere eternamente in Cielo.

Eterna. ser. dedicatio.
Bernardo disse, l'anima esser fatta ad imagine di Dio; e si può occupare in tutte le cose, nè può in tutto rempirsi, nè empierà la minor cosa, ch'è in Dio.

Se l'anima dispreggiamo, non potremo saluare nè anco il corpo. Perche non è fatta l'anima

Chrisost. de recuperat. lapsi.
pe'l corpo, ma'l corpo per l'anima, così dice Chrisostomo.

L'anima è immortale, nè perche non si vede dopo la morte dè dirsi esser mortale, perche Iddio

nè anco si vede, per esser altresì senza corpo, inuisibile, ed eterno, così dice Lattantio Firmiano. Verità conosciuta fin da profani.

Lat. Firm. M. L. 7 diui. insti. cap. 9

Morte carent anima, semper priorem relicta

15 met. Ouid.

Sede, nouis domibus viuunt, habitanq; recepta

Ipse ego, nam memini, Troiani tempore belli

Panthoides euphorbus eram.

Deue inoltre mentr'è in questa vita darsi ad opre, che piacciono al Signore.

E dell'Anima nel corpo esistente, che dee ben viuere si dichi.

Ancilla inseruit domina quicumq; relicta

Ecquis eū sani pectoris esse putet?

Non sani magis est anims, qui mollia querens

Carni animam lenta tabe perire sinit.

Ille miser memori prorsus tollatur ab euo,

Nec videat quæ sunt præmia certa pijs,

Qui viduæ seuus neglexit commoda: verum

Huic omnis sterilem pascere cura fuit.

Si dipinge dunque l'anima da donna di bell'aspetto co'l vestimento vago per esser creatura vie più d'ogn'altra bella, colma di gratie, e doni. Si dipinge snella di corpo per l'agilità, e velocità delle sue potenze in far le loro attioni. Tiene in vna mano il falcone ch'è vccello veloce al volo, ed ispedito, sembrando l'agilità di lei in muouere il corpo, ed in oprar l'attioni spirituali, ed altresì perch'egli è vccello di rapina, rassembrandosi all'anima, che tosto, ch'intende alcuna cosa, che li piace l'apprende, quasi rubbandola, e per tal animale Pierio Valeriano

Pier. Vale, lib 56

leriano dice, gli Eggittij intendef-
fero l'anima raggioneuole. La carta di numeri per fegno, ch'in lei
fi numerano tutti gradi dell' effere, come s'è detto di fopra, e tutte
le perfettioni, ed eccellenze di tutte l'altre creature. Vi è per fine la
tortore vccello folitario, quale
fecondo riferifce Ifidoro, ed altri
indagatori della Natura, ama
grandemente il compagno, e fe
per cafo il perde, non fi fà mai vedere, nè s'accoppia più con altro,
denotando l'inchinatione grande,
ch'è frà l'anima, e'l corpo, e che
quando fi feparano è con gran
dolore, nè giamai quella s' vnifce
con altro corpo, ed è tale l'inchinatione, ch'etiandio quella fia
beata in cielo, nè anco totalmente
fi dice beata, ed in vera quiete, fe
non quando dopo 'l giorno del
giudicio infieme co'l corpo vnita,
goderà Iddio.

Alla fcrittura Sacra. Si dipinge
così bella, adorna, fnella, e vagamente veftita l' Anima raggioneuole, che di lei diuisò l' Ecclefiaftico; *Pulchritudinem candoris eius* Ecclefia?.
admirabitur oculus, Ed è tale la bel- 43.C.20.
lezza ch'accende defio al Signore;
Et concupifcet rex decorem tuum. E Pſ 44.C.12
leggiera, e vola velocemente co-
me il falcone, fi che Efaia chiama
l'anime volanti com'vccelli; *Et*
dimittam animas, quas vos capitis, Iſa.13.D.4
animas ad volandum. La carta di
numeri nell'altra mano, per fegno
de' gradi dell'effere, che fono nel-
l'huomo per caufa dell'anima, che
infra benefici fpirituali Dauide
inuitaua qualunque timeua il Signore, a vagheggiar per anche i
doni naturali; *Venite, & audite, &* Pſ.65.C.16
narrabo omnes, qui timetis Deum,
quanta fecit anima mea. E per fine
la tortore piangente, a cui raffembrò la fauella dell' anima dolente
lo Spirito fanto ne' cantici fpiri-
tuali; *Vox turturis audita eft in terra* Cant, 2.Cˌ
noftra, che per duolo del perduto 12
fpofo fi lamentaua, co'l quale hà
tant' affetto, e ftrettezza in guifa
dell'anima co'l corpo.

ANIMA GIVSTA. G. 10.

Donna giouane di vaghiffimo afpetto, tenghi innanzi
più corone, sù le quali fia vna Croce, hà d' appreffo
vn campo tutto infiorato, ed ifpecialmente con vna
pianta di Nardo, in vna mano tiene vna bilancia, e
nell'altra vna chiaue d'oro, facendo fegno di voler
aprire alcun luogo ferrato.

L'Anima dell'huomo giufto è
felicifsima, appreggiando
cotanto il fommo bene, e fpreggiando, ogn' altra cofa fuora di
quello, hauendo mira effer guider-
donata allo'ncontro di fomma pa-
pace, e quiete; felicifsima dirò, ch'
ella fi fia, mentre hà per patria, e
luogo di diporti l'ifteffo Iddio
fommo Monarca dell' vniuerfo
(conforme diffe il Padre S. Agofti- *Auguſ.*
no) per poggio il Paradifo, per
tetto il Cielo Empireo, per follazzi, e contenti gli augufti piaceri
di-

di colàsù. L' anima benedetta_
dell' huomo giusto amadore del
Signore à douitia vien fatta partecipe di beati meriti del Salua-
dore, ed annouerata infra-beati
eletti, e collocata sù l'eminenze
di chiostri beati, quindi il Serenissimo Rè Dauide, di lei fauellando, in guisa tale diuisò; *Et*
Psal. 34.
*Glos. e de_*
Lira hic.
*exaltabuntur cornua iusti:*Oue conforme allo 'ntendimento della
Chiosa ordinaria, e di Nicolò di
Lira, per le corna del giusto vengono intesi i doni, e meriti di
Christo, de' quali ne partecipa il
Aug. super
*psal.*74.
giusto, ò pure con Agostino per
cotal corna vengono intesi i doni di Christo con che l' arrichi-
sce di prosperità celesti; ò pur
con l'istesso, vi s'intendono i gradi, e le sublimità, per hauerlo ad
honorare co' titoli pur troppo
altieri, ed eccellenze sourane nel-
l'altra patria. E quella parmi esser l'anima giusta, ch'il tutto isde-
gna,solo appreggiando Iddio, ed
in tutto si sente isposata per seguir il mondo, mostrandosi colma di potenza, e ardire per seguir la traccia del suo Signore,ed
infraporselo nel cuore,come cosa
vie più d'ogn'altra cara, e degna
di sì beato amore; nè sì glorioso
Creatore appreggia giamai niun'
anima, rè l' approua per giusta,
sè dianzi nõ habbi rifiutato il tutto,e calpestrato, solo appagandosi
di lui, ed a tal proposito fra cento luoghi,che potrebbono occorrere con acconcie maniere, bellissimo è quello, che souuienmi
nella sacra Genesi del Patriarca
Abramo, il quale non mancò in
tutta sua vita oprar'attioni di giustitia, e di far ricetto dell' amore
del suo Signore, e del timore
l'amante suo cuore, tutta fiata solo nella vecchiaia par, che l' ap-

prouasse per giusto, e timoroso
di Sua Diuina Maestà, quando fù
ridotto sù l'alto monte per sacri-
ficargli il proprio figlio, oue apparue il messaggiero celeste, che
gli trattenne il braccio, dicendo;
Ne extendas manum tuam super pue- *Genes. 22.*
rum,neque facias illi quicquam,nunc *B.11.*
cognoui, quod times Deum. Come Signore sì al tardo t'auisasti della
bontà d'Abramo, della giustitia,
e del timore,c'haueua della Maestà
vostra? non egli fù sempre dotato, e ricco di cotal cose? non gli
cambiasti il nome d'Abramo, facendolo chiamare Abraamo, per
segno dell'accrescimento della_
tua bontà, e meriti? non egli fù
tosto obediente al vostro precetto
in partirsi dalle paterne riue, to-
gliendosi in paesi stranieri con disaggi, ed affanni? non è egli quest'Abramo, il cui seme promette-
sti multiplicar più che le stelle del
Cielo, e l'arene del mare, con_
esser padre di grandissima moltitudine de' genti; come dunque_
nel sacrificio del figliolo vien fatto degno d'esser canonizato per
giusto, e timoroso di voi, e non
in tant'altri, ch'e' con amor grande v'offerse? certo, ch'il pensiero
è colmo di dubbi, e ricco di sacramenti, e per hauerne contezza
vò che sappiamo, ch'vna tal fiata
si compiacque l'istesso Signore_,
ch'Abramo si partisse dal proprio
paese, come habbiam detto, per
andar in lontane parti; ed;iscor-
gendo la pronta volontà di quello in eseguir il suo commanda-
mento, gli fauellò così; *Noli time-* *Genes. 15.*
re Abraham, ego protector tuus sum, *A. 1.*
& merces tua magna nimis. Per guiderdone di sì pronta vbidienza, e
di disaggi, c'hai a patire,'Io m'of-
fro d'esser tuo protettore, ed Io
istesso la tua mercede, il che non
fù

fù molto ponderato da Abramo, nè par che faceffe ftima del Signore, e d'vna fua cotanto larga promeffa, mà gli foggiunfe; *Domine Deus, quid dabis mihi ? ego vadam fine liberu ;* Se n'andaua fconfolato, e mefto,quafi non foffe cõtento folo del Signore, nè appreggiando molto l'amor fuo,moftradofi vago d'hauer figlioli; fù notato quefto fatto da Dio, e dopo datc ghene vno,che fù Ifaac,il quale volle,gli foffe offerto in facrificio dal padre Abramo,non per altro, folo per far efperienza dell'amor fincero di lui, e s'appregiaffe più il figlio, che Iddio fteffo, quindi dice il tefto; *Tentauit Deus Abraã,* volle tentarlo, per efperimentar l'amor fuo, e così fè che'l recaffe nel monte, per vcciderlo, ed effendo per efeguir' il tutto Abramo, nulla ftimando il figlio al pari di Dio, all'hora diffe; *Nunc cognoui, quod times Deum, & non pepercifti vnigenito filio tuo propter me,* Adeffo sì che ti côuiene il nome di giufto,di timorofo del tuo Creatore, d'eletto, e di predeftinato, perche appreggiafti più l'amor mio d'ogn'altra cofa,etiandio del proprio figlio, e di tanto amato, fiche è chiaro il penfiero dello Spirito fanto, che giamai l'huomo vien fatto degno del vero nome di giufto, e di vero amante del cielo,s'egli non tien più conto del Facitor di quello, che d'ogn' altra creatura; e miferabile chiamerò quell'anima, che non appreggia il fuo Dio, e che da lui fi diftoglie, per darfi all'amor' frale delle cofe terrene. Guai all'anima audace (dice il gran Padre Agoftino) fe'da fe parte il Signore, a che cofa fpera, forfi ritrouar cofa migliore, ah mifera, che quì giù fe fi volge nel tergo, ne'lati, e

Auguft.lib. 6.confefs.

nel ventre, ed in tutti luoghi,non ritroua durezza, egli folo è la pace,il ripofo,e la quiete di lei.

All'anima amorofa frettolofo corre il Signore, tutto fparfo di ruggiada celefte, e gratie, ed vnto con ottimi vnguenti, per recrear quella tutta faticata, così dice Bernardo. Quefta è la fuauiffima quiete, la confcienza monda, il ficuro ripofo, la confcienza pura, il cofsino, la tranquillità dell'animo, là ficurtà, è la couertura, oue ripofa, come in gratiofo letto, dice l'ifteffo. Trè cofe non ceffa d'inueftigare l'anima curiofa, e giufta (dice il medefimo)la giuftitia di Dio,il giuditio, e'l luogo della gloria; acciò fia fatta bella colla giuftitia, accorta, e giuditiofa dalla notitia del giuditio, cafta, e monda co'l defio della futura gloria.

Felice dunque l'anima giufta trabboccante nell'amore del fuo Signore, qual fi dipigne da giouane di vaghiffimo afpetto, per fegno della molta beltate, che le reca la giuftitia, e'l buen oprare: è giouane, il che embreggia la venuftà, e la forteza dello fpirito, e l'imprefe magnanime, ch'opra, per piacere al fuo Signore, nè fi fgomenta di cofa veruna. Tiene più corore auanti, ch'accennano le fue molte virtù, quali la rendono degna di regni, e d'imperi. La Croce dinota la particular beredittiere, che le dà il fuo Dio, ò pur la viuacità della fede, e fperanza del Cielo, che verdegeiano in lei, V'è il can'oo infiorato colla vaga pianta del Nardo, che fono fimbolo dell'aura foave di profumat'odore, che fpira vn'anima tale, fcendofi infra tutt'i fiori, del nardo pregiatifsimo vnguento, di che vra

Bern. fup. Cant.

Id. fer.106

Idem in Cant.

D fiata

fiata degnoſſi il Redentore vn-
gerſene i piedi, per le mani di Madalena. La bilancia, con che ſi fà
il giuſto peſo, è per ſegno, che
l'anima giuſta ſi va contrapeſan-
do giuſtamente in tutte le coſe, ed
iſpecialmente pondera di quanta
grădezza, e maeſtà ſia il ſuo Iddio,
ed ella quanto ſia picciola, e vile.
La chiaue, per fine, che tiene in
mano facendo ſegno d'aprire, ſi è,
perche l'anime giuſte per mezzo
della gratia, con che ſi rendono
grate al lor Fattore, ſon fatte por-
tinaie del Cielo, potendo aprirlo
al lor volere.

Alla ſcrittura ſacra. Si dipinge
l'anima giuſta da giouane d'aſpetto vago, e di faccia adorna, di cui
Căt.2.D 14 fauellò lo Spirito ſanto; *Vox enim
tua dulcis, & facies tua decora*, E'l
Sauio raſembrò cotal beltate al-
Eccleſiaſt. l'altezza d'vn firmamento; *Altitu-
43. A. I.* *dinis firmamentum pulchritudo eius
eſt;* Si raſembra da giouane, per
Idem 47. l'età virtuoſa, quando riceue la_
B. 16. dottrina del Signore; *Quemadmodum eruditus eſt in iuuentute ſua, &*

*impletus eſt quaſi flumen ſapientia:
& terram retexit anima ſua.* Il campo infiorato co'l prētioſo nardo,
ch' in ſimigliante maniera ella_
manda ſoaue odore d'opre, e d'eſ-
ſempi; *Dum eſſet rex in occubitu ſuo,* *Căt.1.C.ij.*
nardus mea dedit odorem ſuum. Vi
ſono le molte corone, a' quali era
chiamata la ſanta ſpoſa, per coro-
narſi le tempie; *Veni de libano ſpon-* *Idĕ 4. B. 8.*
*ſa mea; veni de libano, veni: corona-
beris de capite Amana, de vertice ſa-
nir, & Hermon, de cubilibus leonum,
de montibus pardorum.* La Croce,
che dinota la benedittione del
giuſto, ò pur la viuace fede, e ſperanza di lei, e qual altra Madalena *Luc.7.C.*
la rende ſalua; *Fides tua te ſaluam* *50.*
fecit. La bilancia, per la rettitudine
del peſo, e del giuſto oprare, di
che fauellò l'Apoſtolo; *Supra mo-* *2.C.4 D.17*
*dum in ſublimitate aternum gloria
pondus operatur in nobis.* E per fine
la chiaue, ch'apre il Cielo, di che
nelle ſue riuelationi diuisò Gio- *Apoc.3 B.7*
uanni: *Hac dicit ſanctus, & verus,
qui habet clauem Dauid, qui aperit, &
nemo claudit: claudit, & nemo aperit.*

ANIMA PENITENTE. G. 11.

Donna con ammanto negro, e luttuoſo, tutta piangente
in atto di camino, da vn lato tenghi vn'horto con_
vari ruſcelli d'acque, che l'inaffiano, che per ciò vi
germogliano belliſſime piante, e dall'altro vn albero
ſecco, da' cui piedi rampolla vn verde ramuſcello.

L'Anima penitente è quella,
che volentieri per amor del
ſuo caro Signore abbraccia la penitenza, come il digiuno, l'aſprezza, i cilitij, le mortificationi, ed
ogn'altra coſa afflittiua della carne, acciò deſiſta da' guerre contro

lo ſpirito, nè ſtia deſta per poter-
gli cagionar ruina, come ſouente
occorre ne gli huomini poco au-
ueduti, e queſta è penitenza, che
ſtà bene non ſolo a' peccatori, mà
a' giuſti; V' è di più la penitenza,
in che dè impiegarſi il chriſtiano,
per

per cancellare le colpe commeffe contro la diuina legge , che fuppone il duolo , il pentimento , e la confeffione di quelle , onde originafi l'edificio delle virtù, del merito, e profitto fpirituale, come diffe il gran Padre Agoftino;

Auguf. *Principium bonorum eſt confeſſio malorum.*

Penitenza cotanto neceffaria , per indrizzarfi al Regno de'Cieli, come predicaua la fapienza increata;

Matth.3. d. 2. *Pænitentiam agite: appropinquauit enim Regnum Cælorum :* Nè dee il chriftiano giamai defiftere da attione sì profitteuole , non hauendo contezza fe l'effercitij fpirituali, ch'egli opra, fiangli bafteuoli per la falute ; in fembianza delle Verginelle prudenti del Vangelo, c'hauendo colme le lampadi d'oglio , nè perciò arreftauano a douitia farne più raccolta, negandolo alla richiefta delle

Matt.25. d. 9. fceme, e pazze,dicendo ; *Ne forte non ſufficiat nobis,& vobis,* Ed hora fon fatto confapeuole, in vegendo le molte , e molt'opre , che faceano i Santi del Signore,come Francefco sì giufto , e mondo d'ogni colpa , recauafi in cotante afprezze, in digiuni , in auftere penitenze, ed in feuere afflittioni del corpo,perche sì opraua, mentr'era cotanto giufto , e fcemo d'errori? parmi , ch'ogni picciol bene gli fuffe baftante ; nò dicea il fauiffimo Padre;*Ne forte non ſufficiat,*Chi sà, fe l'oprar mio fia fufficiente alla falute in guifa tale debbon far'i mondani , giamai defiftere dal bene,non fapendo,fe quel, che fanno , fia in proporzionato alla falute, quanto al congruo,però.

Afcendi ò chriftiano (dic'Ago-
Aug.in lib. de vtilit. agen.pæn. ftino) nel tribunale della tua mente , coftituendoti reo auanti di te, ne vogli poner te dopo te , acciò

Iddio non ponghi te auanti di te. Non vogliate (diceua l'ifteffo) Idem ibid. ftatuene faldi , perche Iddio vi foffre ne' peccati, che quanto più lungamente afpetta , acciò v'emendiate, tanto più grauemente giudicarà, fe voi in ciò farete negligenti. La penitenza (diceua l'ifteffo) fana l'infirmità , cura i Idem lib. de pænit. leprofi, fufcita i morti, abbonda la fanità, conferua la gratia , da il camino al zoppo, l'hauere a'bifognofi , il vedere a'ciechi, toglie via i vitij,orna le virtù, robora, e fortifica la mente.

Più fedele fù fatto Pietro Apoftolo, pofcia che pianfe sì amaramente, per hauer perfa la fede , Ambrof. in ſerm.ad vincul. che perciò ritrouò maggior gratia, che dianzi, così dice Ambrofio.

Fuggite (diceua Gregorio) dal Gregor. in quodà ſer. mezzo di Babilonia , per faluar l'anime voftre , ed alzateui a volo alle città di refugio , acciò poffiate far penitenza delle commeffe colpe , e nel prefente ottener la gratia,e nel futuro chiedere con ogni fiducia la gloria.

Dee dunque ogni diuoto fpirito pentirfi del male , ed accelerar la fua conuerfione al Signore . E però diciamo.

Conuerti ad rectos mores, & viuere
   ſancte
   In Chriſto meditans, quod cupit,
   acceleret,
Cedant virtuti vanarum obſtacula
   rerum
   Ne perdat voti tępora lenta fides.
Quid iuuat in longum cauſas producere morbi ?
   Cur dubium expectat cras hodierna ſalus ?
Scimus correctis veniam non eſſe
   negandam,
Sed nulli noſtrum eſt vltima nata dies.

Grand'errore parmi il procrastinar la penitenza da giorno in giorno, douendo l'huomo valerfi dell'eſempio di molti, c'han voluto far l'ifteſſo, e non gli è riuſcito, e così ſono morti, e andati all'eterne pene, *Felix* (dice l'Adagio) *quem faciunt aliena pericula cautum* Sij però accorto, e penſi ad vn tanto negotio.

Si dipigne, dunque, veſtita di manto negro l'anima penitente, facendo lutto d'hauer perſo il ſuo diletto ſpoſo Chriſto. Butta ancora lagrime, per duolo di cotal perdita, acciò adiuenghi degna farne di nuouo acquiſto, ſtà caminando, perche laſcia l'otio del peccato, e la falſa quiete ne' vitij, drizzandoſi nel camino del Signore, per ritrouarlo. Tiene da vn lato vn horto, oue ſcorrono riuoli d'eque, per irrigar le piante, ch'ombreggiano le buone operationi, che fan creſcere ogn'hor i deliuoſi arboſcelli delle virtù L'albero ſecco accena l'eſſer inaridita p lo poco cultiuato a Dio, e per lo già caldo della cócupiſcéza, onde ſorge, per fine, verde rápollo di gratia, e virtù

tù, per cagione del ſuo pentimentò
Alla ſcrittura ſacra. Veſtita è l'anima penitente di negro, che coſì dicea la ſpoſa; *Nigra ſum*, Mà   *Cant.1 B.4* poſcia veſtita co'l ſplendido, e adorno veſtimento, per la penitenza; *Sed formoſa filia Hieruſalem*, Luttuoſa, e piangente; *Luctum   Hier.6.G.* Vnigenitis fac tibi planctum amarum.* 27 Stà in atto di camino, alzandoſi dal peccato, come anelante giua la ſpoſa cercando il ſuo diletto; *Surgam*, *& circuibo ciuitatem*. *per   Căt.2.A.3 vicos, & plateas, quaram quem diligit anima mea.* V'è in vn lato vn horto, che tale la nomò lo ſpoſo; *Hortus concluſus ſoror mea ſponſa &c.   Id.4.C.12* Tutto irrigato d'acque, come la diuiſò Eſaia; *Eris quaſi hortus irriguus; & ſicut fons aquarum*, *cuius   Iſ.58.C.13 non deficient aqua*, ed inaffiato con lagrime di penitenza, e della gratia di Dio. Reca diuerſe piante, e da terra inculta faſſi horto di piaceri; *Terra illa inculta, facta   Ezzech. eſt vt hortus voluptatis.* È da ſecco   *26.G.35.* legno, e morto, ch'ell'era, vien fatta albero verdeggiante di ſpeme, di ſalute, di vita, e di meriti; *Fru-   Prou. 11, ctus iuſti lignum vita.*   D.35.

ANIMA CONTEMPLATIVA. G. 12.

Donna, c'habbi vna chioma d'oro accommodata con vago artificio, tengh' in braccia varie coſe, come vna corona, vna teſta di morte, vna croce, vna lancia, chiodi, martelli, ed altri ſtromenti, quali racchiude caramente nel petto: haurà dauanti vna ſede, e ſotto 'piedi ſcettri, corone, ed altre coſe da piaceri, come leuto, argento, ed oro, terrà nella veſte molte mani, e piedi depinti, e le voli vicino vna colomba.

L'Anima côtemplatiua è quel-   derar con grande attentione le la, ch'in tutto ſi dà a conſi-   grandezze del S. gn ore; i ſempi-   terni

terni beni dell'altra vita, ed ogn'
altro, da che ella ne spera giouamento spirituale; e cosi i contem-

B.Tho. 22.
q.81.art. 1
platiui (secondo il Dottor Angelico) sono quelli, che non solamente contemplano in qualche
meniera ordinaria, mà in tutto si
danno ad esercitio tale, occu-
pandouesi in tutta la lor vita.
Idem 22 q.
180.art.3.
Sono differenti (dice l'istesso) la
cogitatione, la meditatione, la
contemplatione, e la consideratione, imperoche la cogitatione è
vn rispetto dell'animo prono, ed
inchinato alle vagationi. La meditatione è vn certo riguardo, occupato in cercar la verità. La
contemplatione è vn libero riguar
do, fisso nelle cose; ma la consideratione è ogni operatione dello'n-
telletto, ò ogni processo di raggione, circa la contempla.ione della
verità, in guisa della meditatione.
Sichè la contemplatione non è altro, che riguardar fissamente le
cose, alla maniera, c'han fatto i
Santi del Signore, che spogliati
di tutte le cose di questa vita, senza punto abbadarui, si recorno in
tutto nelle cose celesti, e nel sommo Facitor di quelle, onde attinse-
ro a gran diuitia lo spirito, la diuotione, e l'amore di sì beato Signore, ed insieme fur veri spreg-
giatori d'ogni terrena cura.

è cosa di tanta perfettione, ed
oratione di tanto valore quella,
che si fà con la mente, e co' l'occhio dello'ntelletto, che di gran
lunga eccede in perfettione, in
nobiltà, ed eccellenza ogni miglior' oration vocale, e tanto,
quanto è più nobile l'istromento,
con che si fà, ch'è lo 'ntelletto, di
quello dell'oratione vocale, ch'è
la bocca, ed io nomarò cotal beata oratione, solleuation di mente, che ratto si gira inuerso i su-

perni beni del Paradiso, pozzo
abbondantissimo d'acque di gratie, onde traggono cotanti fauori
i giusti; fiume inondantissimo di
piaceri, che sboccano nell'anima
raggioneuole; campagna aprica,
e bella, oue raccolgono odorosis-
simi fiori di virtù gli eletti, riposto,
oue celansi i secreti diuini; imba-
sceria celeste, oue suelansi a' mortali le sourane beatezze; augusto
palaggio, oue l'anime elette vagheggiano varii tesori, gloriose
bellezze, e sempiterni gusti; sentiero, per cui si fa ageuolissimo
camino, per giungnere al bramato
fine della salute; tempio diuino,
oue scorg esi il sourano Artefice
con tutte le schiere celesti; e conuito spirituale, in fine, oue, come
in lautissima mensa, s'ammirano
sedenti il Padre, il F glio, e lo Spirito santo, co 'l beato corteggio
d'amorosissimi Serafini; e quiui
(senza che mal m'auisi) hebbe gli
occhi il gran Profeta di Dio Esaia,
quando diuisò; *Pone mensam, con-*
templare in specula: comedentes,
Isa.21 B.6
bibentes; surgite principes, arripite
clypeum, Santissima contemplatione, di cui è sì vaga l'anima
giusta, per cui si rende ricca di
meriti, colma di fauori, adorna di
gratie, e freggiata con viuace
speme di goder l'ultimo fine di
quella: e n'è sì vago il Signore,
ch'ardisco di dire, ch'egli sembra
ritroso ad esaudir le preghiere,
quando non gli vengon fatte per
la strada di lei, nè punto lasciami
mentire il patiente; *Et cum inuo-*
cantem exaudierit me, non credo,
Iob 9.B.16
quod audierit vocem meam, Oue
par, ch'ammetta contrarietà nel
fauellare, affermando, ch'il Signore l'esaudì, mentre gridò ad alta
voce, mà che non sentisse il suo
fauellare, ò la voce istessa; come
Giob.

Giobbe tu gridasti, e ne venesti esaudito, e poscia tu dici, che non fosti sentito dal tuo Dio? quasi volesse dire, in hò mandato voci al Signore, non ordinarie, ch'escono dalle labra, ma voci, ch'eran pensieri, e affetti del cuore, e della mente, a che ratto diede l'orecchie il mio Signore; nè certo haurebbe fatto così alle mie semplici voci; ed vn fatto tale leggesi esser successo al gran Mosè d'appresso al mar rosso, mentre menaua seco il popolo di Dio dall'Egitto, il quale in ueggendo i nemici Eggittij, che pieni di rabbia, e colmi di sdegno sfauillauano morte contro loro, si riuolsero a Mosè, dicendo; *Forsitan non erant sepulcra in Egypto, ideo tulisti nos, vt moreremur in solitudine,* Ed altre parole di sdegno, che gli diceuano, come sono notate nel sacro testo, a' quali respondeua Mosè, facendogli animosi, e rendendogli speranti nel diuino aiuto, ed in vn tratto, mentr'egli fauellaua co'l popolo, fù sentita voce nell'aria; *Quid clamas ad me Moyses, loquere filys Israel, v proficiscantur:* Ilche non dee recare picciola marauiglia, non iscorgendosi colà, che Mosè fauellasse co'l Signore altrimenti, mà solo ragionaua col popolo fuggitiuo, animandolo, e rendendolo incorato alle nemiche forze, come dunque, par che si sentisse annoiato Iddio dalle voci, che gli mandaua Mosè, s'egli in niun conto gli ragionò per all'hora? Altissimo è in vero il sacramento, velato sotto lettera sì oscura, ed è che Mosè, benche fauellasse co'l popolo con voci humili, tutta fiata, ad vn' hora stessa staua colla mente solleuata in Dio, contemplando la sua mirabil potenza, con che suol dar aiuto

Exod. 14. c. ij.

a'suoi amadori, ed instantemente 'l pregaua, non volesse mancar d'aiuto a quel popolo, nè far tarde le sue promesse, sichè non mandaua voci colla bocca, mà colla mente, il cui rimbobo giunse sù l'alto Olimpo all'orecchie della Maestà di Dio, che tosto furono esaudite; conchiudasi dunque, che la contemplatione è cosa molto gradita al gran Signore della maestà, e souente per lei vengono esaudite l'anime christiane, essendo nobilissima infra tutte l'orationi.

La contemplatione (dice il gran Padre Agostino) è quella specie, che rapisce ogn'anima nel suo desiderio tanto mondo, e brugiante, e tanto più mondo, quanto sorge alle cose spirituali del cielo. Quelli (dice l'istesso) c'hanno insegnato da Christo Signor nostro d'esser pietosi, ed humili di cuore, più profittano co'l cogitare, ed orare, che co'l leggere, e sentire.

La vita contemplatiua meritamente è maggiore dell'attiua, perche questa è versata nell'vso dell'opera presente, ma quella coll'interno sapore gusta il futuro riposo, dice Gregorio Papa. è la vita contemplatiua (dice l'istesso) il riten la carità di Dio, e del prossimo, riposandosi da ogni attione esteriore, accostandosi co'l desio solamente al Creatore, dispreggiate, però, tutte le cure di questa vita.

La contemplatione della diuina soauità, e della felice gloria, si concede solamente a que', che sono puri di mente, e di corpo, dice Bernardo il deuoto. L'accessi della contemplatione sono due (dice l'istesso) vno nello'ntelletto, l'altro nell'effetto, vno nel lume, l'altro

August. de Trinit.

Idem Epist. ad Paulin.

Greg. super Exxecch.

Idem ibid.

Bernard. in Cant. ser. 67

Id ser. 46.

tro nel feruore, vno nell'acquifto, e l'altro nella diuotione.

Quello, il quale dianzi fà profitto nella vita attiua, con ogni ageuolezza afcende alla contemplatiua, meritamente dunque s'eftolle in quefta quello, che fè prodezze in quella, onde ne riceuè cotanto vtile, così dice Ifidoro. Oratione dunque di molto valore, e atto di gran perfettione è la contemplatione, rendédo l'anima sì nobile, ed altiera.

Si dipigne l'anima côtemplatiua colla chioma d'oro, drizzata con artificio, che fembra i dorati penfieri, e cogitationi dell'anima contemplatiua, qual s'eftolle ad altre cofe, ch'alle corruttibili di quefta vita. I vari ftromenti, che tiene in braccia, come la corona in prima, per fegno del regno de' cieli, qual contempla con fiffi guardi. La tefta di morte, per la contemplatione della morte, qual fa lunge l'anima dal peccato. La Croce, lancia, chiodi, e martelli, che fono ftromenti della Paffione di Chrifto, quali ftringe caramente nel petto, per lo grand'amore, che fembra moftrare a Chrifto, c'hà patito per noi. La fede, che l'è vicino, dinota il giuditio vniuerfale, cotanto horrendo, e fpauentofo, che fogliono confiderare l'anime fpirituali. Hà fotto' piedi fcettri, corone, ed altre cofe da piaceri, con argento, ed oro, perche vna tal'anima difpreggia affatto i beni di quefto mondo, e folo fi dà alla meditatione d'eterni beni, a che fpera, ed eterni mali, che con ogni ftudio chiede fuggire. Tiene nella vefte molte mani, e piedi depinti, con che s'opra, e fono fimbolo dell'attioni noftre nel corfo della vita, che contempla l'anima, dolendo-

fi molto dell'offefe fatte al Signore con amarezza grande. La colomba, che le vola vicino, il cui proprio è fempre meditare, come fà vna tal'anima contemplatiua, quale fempre s'inalza a que' fourani beni.

Alla fcrittura facra. Si dipigne colla chioma d'oro l'anima contemplatiua, in fegno, ch'i penfieri fignificati per i capelli, fono d'oro, per l'eccellenza della meditatione, effendo così nomato il capo del meditante fpofo; *Caput eius aurum optimum*, e la chioma della fpofa fimile alla porpora regale, contefta di fila d'oro; *Coma capitis tui ficut purpura Regis, vincta canalibus*, Tiene in braccia vari ftromenti, come la corona d'oro in prima, folleuandofi a contemplare il regno de' cieli, e gli eterni beni l'anima amorofa del Signore, della quale parlaua Giobbe; *Quam ob rem elegit fufpendium anima mea*, e quefta era l'ottima parte di Maddalena; *Maria optimam partem elegit*. Contempla il Paradifo, così indicando Dauid l'anima fua; *Conuertere anima mea in requiem tuam, quia Dominus benefecit tibi*, Effendo quello il verace ripofo dell'anime noftre. La tefta di morte fi è, per la confideratione di quella, che fi diftoglie con facilezza dal peccato, com'auisò il Sauio; *Memorare nouiffima tua, & in æternum non peccabis*. Gli altri ftromenti amari della Paffione, che nel petto racchiude, meditandogli fouente, qual fanta, e amorofa fpola; *Fafciculus myrræ dilectus meus mihi, inter verba mea commorabitur*. La fede, c'hà dauanti, accenna il gran tribunale del giuditio vniuerfale, che deuefi ogn' hor confiderare, che però diceua Dauide; *Confige timore tuo carnes meas*,

Ifider. de ben.lib.3.

Cät.5.C.ij

Idē 7.A.5.

Iob.7.B.15

Luc.10.G. 42

Pfal.114. A.7.

Ecclefiaft. 7.D.40.

Cant.2.C. 12

Pfal.118. P.120.

meas,à iudicijs enim tuis timui ; Che saranno que' rigorosi esami, ch'all'hora si fanno . Hà poscia sotto' piedi le corone, i scettri , ed altri piaceri , reputando il tutto immonditie, per far glorioso acquisto di Dio con Paolo ; *Omnia arbitror vt stercora, v Christum lucrifaciam.* Le mani,e' piedi depinti nel-

Philipp. 3. B. 8,

la veste, accennano il corso della vita, e l'opre fatte, come sì diligentemente contemplaua Esaia ; *Recogitabo tibi omnes annos meos in amaritudine animæ meæ.* E per fine vi vola vna colomba, c' hà proprietà di meditate ; *Sicut pullus hirundinis sic clamabo , meditabor vt colomba.*

*Is.*38.C.18
Idem ibid.

ANIMA DANNATA. G. 13.

Donna ignuda couerta nelle parti pudende , stanca , e lassa, in mano tenghi vna cartoscina, che dichi; *Amisimus omnia ,* Stà circondata di fiamme , in vn lato tenghi vn leone colle fauci aperte , e denti insanguinati, habbi d'appresso vn vaso di creta cotta spezzato in più pezzi, dall'altra parte vi siano balzi, e rupi precipitose , e sopra vn legno secco , insieme con molti animali velenosi.

L'Anima dannata è quella , che partendosi da quella vita, stà in peccato mortale,e senza gratia del Signore, il che aduiene, per i molti peccati, ne' quali visse ostinatamente,di che nè anco se ne dolse in fine , nè hebbe verace pentimento , che per ciò è destinata nell'eterne fiamme ad esser tormentata in eterno , e se in questa vita visse con poco , ò null'amor di Dio , nell'altra trauagliarà colma di tormenti , priua della faccia del suo Creatore,e del consortio Angelico, nè ad altro attenderà colà giù la misera, ch'a bestemmie , disperationi , e continoui dolori,senza consolation veruna; Che per ciò si depigne da donna stanca , e lassa con vna cartoscina in mano col detto ; *Amisimus omnia ,* perche la misera hà perso Iddio , ch'è 'l tutto , e la

dannatione non è altro , ch'vna priuation di Dio , e questa è la pena del danno,che dicono i Teologi, esser la maggior pena ; hà perso tutte le fatiche fatte in questa vita , essendo tutti i meriti di Christo persi per lei . Stà ignuda per la perdita della gratia , e priuatione di Dio. Stà di fiamme circondata, ou'hà d'andare in sempiterno a piangere i suoi errori. Il Leone colle fauci aperte , che mostra i denti insanguinati, accenna la voragine dell'inferno, e l'esser' insanguinati i denti, dinotano l'ira di Dio contro lei,mostra l'ira il sangue,non essendo altro, che *Accensio sanguinis circa cor.* Il vaso di creta cotta , spezzato in più pezzi , sembra le varie rotture , ò varie pene,c'hà nell'inferno, ò vero si come vn vaso di creta cotta non può più accomodarsi, nè è atto to più a feruire, per perui licori; così è irreuocabile il giuditio, che fi fà contro quell'anima. Le rupi, e' balfi, e animali velenofi ombreggiano la diuerfità delle creature, c'hanno a tormentaila, e fe in quefta vita s'accoftò a quelle, pofcia permette Iddio, che quelle, per le quali perdè la fua amicitia, quell'ifteffe l'habbino a tormentare eternamente. Il legno fecco, che non più germoglia, dinota, che mai più è per diuenire nel verde della gratia l'anima dannata.

Auueriamo il tutto colla fcrittura facra. Si dipigne ftanca, e laffa l'anima dannata, per le fatiche, ch'in darno hà hauuto, e' trauagli nel peccare fteffo, dicendo così la Sapienza in perfona de' *Sap.5.A.7* dannati. *Laffati fumus in via iniquitatis, & perditionis.* Stà ignuda, e fpogliata della gratia di Dio, del-*Iob 19.B.9* la quale è già priua; *Spoliauit me gloria mea, & abfulit coronam de capite meo*, e Michea in perfona *Mich.1.C8* d'vn tal dannato diuisò; *Vadam Spoliatus, & nudus.* Stà circondata *Ecclefiaft.* di fiamme; *Stuppa collefla finagoga* *21.B.10.* *peccantium, & confumatio illorum flamma ignis*, Ed altroue letteralmente parlando del dannato, dif-*Id 36 B.12* fe; *In ira flamma deuoretur*, e Da-

uide; *Flamma combuffit peccatores.* *Pfal.105.* Il leone, che fembra lo fdegno del *C.18.* peccatore, e'l fremere nell'inferno; *Peccator videbit, & irafcetur den-* *Id.iij.A.x.* *tibus fuis fremet, & tabefcet, &c.* O che farà diuorato dalle fauci infernali; *Deuorant plebem meam*, *Id.52.B.5.* *v cibum panis*, O' fembra l'ira di Dio contro quello; *Quoniam ira* *Pf.29.A.6* *in indignatione eius, & vita, &c*, ed Efaia; *Calcaui eos in furore meo, &* *If.63.A.3.* *conculcaui eos in ira mea.* Il vafo rotto irreparabilmente, fi è per lo giuditio irreuocabile di Dio; *Num-* *Iob 40.A 3* *quid irritum faciam iudicium meum.* Le rupi, balfi, ferpi, e varie creature, da' quali farà tormentato; *Via peccantium complanata* *Ecclefiaft.* *lapidibus, & in fine illorum inferi,* *21.B.11.* *tenebre, & pana*, E'l Regio Profeta anco v' alluse; *Virum iniuftum* *Pfal.139.* *mala capient in interitu.* E perche *C.11.3* fono accoftati alle creature in vita i peccatori, in morte faranno tormentati da quelle; *Vt fcient,* *Sap.ij.C.17* *quia per qua peccat quis, per hac, &* *torquetur.* Il legno fecco, che mai verdeggiarà, in guifa di cui i dannati mai vedranno lume di gloria, allegorando così Ezzecchiello; *Ecce plantata eft: ergò ne profpe-* *Ezzecch.* *rabitur? nonne cum tetigerit eam* *17.C.10.* *ventus vrens, ficcabitur, & in areis* *germinis fui arefcet.*

ARROGANZA. G. 14.

Vna donna cieca colla benda sù gli occhi, quale vna mano appoggia in vn monte alto, mà diuifo per mezzo, e coll'altra tiene vn ferpe deforme, ed abomineuole; le farà vn Elefante vicino, ed vna colonna forte di marmo.

L'Arroganza è mal vitio, ed è fpecie della fuperbia; nè è   altro, che conofcere effer di poco valore, e prefumere effer di molto,

to, ed ingerirſi in brighe difficul-
toſe, ed in impreſe d'importanza;
è coſa diſpiaceuole a Dio,iu vero,
il volerſi attribuire la perſona
quel, che non hà; Queſto fù il
male di Lucifero, che volle attri-
buirſi que' gradi, quali non gli
conuenuano,come l'agguagliarſi
a Dio, e'l volergli porre la ſede al
paragone, e quindi nacque il ſuo
douuto premio d'eterne pene.;
Adiuiene coteſto vitio dell'ignoranza, perche non ſi conoſce il
proprio ſtato, nè ſi veggono le
proprie miſerie, e nè ſi preueggo-
no le difficulta, che ſieguono.
Vitio ſenza fallo abomineuole è,
che la perſona voglia preſumere
eſſer più di quello ch'è, far più
di quello, che può, e riputarſi degno di tutt' i carichi, ed offici poſ-
ſibili ad hauerſi, ſenza che mai ne
rifiuti niuno: certo ch'è arroganza grande, degna di molta ripren-
ſione. Ne' Giudici vna fiata anda-
rono tutte le piante da diuerſi alberi, com'al fico (infra gli altri)
all'oliua, ed alla vite, ſe voleſſero
accettare il dominio, o'l regnare
ſopra di loro; riſpoſero non poſ-
ſerlo fare; mà non tantoſto andorono dalla ſuperba ſpina, che di
repente l'accettò; *Si verè me re-*
Iud. 9. B.
15
gem vobis conſtituitis, venite, & ſub
vmbra mea requieſcite: Mà vorrei
fauellare con queſta ſpina, a cui
baſta l'animo regger l'altezza dell'
impero ſù tutti gli alberi; oue per
tua fè allogareſti il Cedro sì alto,
la Palma, e'l Pino, per raccoglier
tutt' i ſudditi; ò pouerella non vedi, che l'officio,e'l carico,ch'accet-
ti non è per tè, rifiutalo pure ad
altro più meriteuole.; non (dice)
io voglio accettarlo, e ſarà mio il
penſiero d'eſercitarlo bene, e gouernar i vaſſalli; ritratto verace
dell'ambitione, e dell'arroganza

d'vn tal ſuperbo, ed altiero, ch'in
tutte le coſe s'iſtima habile, e degno, ah m fero non iſcorge, ch' il
tal officio non gli ſtà bene, nè deue eſercitarlo in conſcienza, no'l
conoſce il forſennato, e pazzo, ed
in tutto inuelato, e cieco; e credo, che giunge a termine coteſto
vitio sfacciato in alcuni,che ſi giu-
dicarebbono valeuoli per tutt' i
gouerni del mòdo, per tutt'i regni,
ed imperi,nè credo ſi ritrarebbero
mai in dietro; ſuperbia in vero, ed
arroganza ſcelratiſſima, ch'altrò-
de ſtimo non ſgorgare, che dal fonte miſerabile dell'ignoranza,ò dal
poco lume, c'hanno del Cielo. Nel
giorno ſi guardano bene tutte le
coſe della terra, per lo lume, che
v'è del ſole, mà in quel tempo non
poſſono vagheggiarſi le bellezze
del cielo, delle ſpere, e di quelle
ardenti faci, per eſſer ricouerte,
ed occupate a noi, per caggione
del maggior lume; nel tempo della notte poi adiuiene
altrimenti, quelle del Cielo ſi mirano bene, e quelle della terra appaiono in tutto velate,Oue Filone *Filon. tra*
de Sole.
Hebreo dice, che la total cagione
n'è il ſole,che di giorno ſoſpignendo i ſuoi raggi,moſtra le coſe terreſtri, e naſconde quelle del Cielo, couerdole col ſuo maggior
lume, nella notte poi, celando i
ſuoi raggi, moſtra quelle del cielo, velando quelle di terra; tanto
auiene al pecca ore arrogante,
che per cauſa del lume naturale,
ch'egli hà ſolamente,qual ſiegue,
e nè anco bene, con che ſcorge
queſt'oggetti di terra,queſte grandezze, e queſte vorrebbe godere,
e dominare,ſenza che ſe ne vegga
giamai ſatio a baſtanza; mà perche quelle del Cielo ſe gli vela-
no, non giungendo colaſsù la ſua
cognitione, per non ſeruirſe del
lume

lume del vero fole Iddio, non vi corre colla mente, nè vi fi folleua ; quindi è fi prono a' beni terreni, non hauendo niun freno dalla cognitione di maggior cofe, come fono quelle immortali, ed eterne, che farebbero baſteuoli a raffrenargl' il deſio, quando vi s'aggiraſſe con gli occhi della mente, però corre qual indomito, ed isfrenato cauallo. Quindi fi dipigne da cieca errante, e da ſtolta, e pazza l'arroganza, ch' vna mano appoggia in vn alto monte, tipo della ſuperbia, di cui è figlia, mà 'l monte ſtà diuiſo, perche Iddio ſempre ſuol humiliare, e confondere i ſuperbi arroganti ; atteſo i monti, che fono tant'alti, ſogliono hauere i terremoti, i quali gli diuidono, e gli sbaffano ; coſì loro, che fi fan gràdi più che ſono, ſouente vègò sbaſſati ; e fi come vn bel monte dimoſtra eſſer deforme, mentre fi và sbaſſando, e ſmortando, ò per mezzo fi diuide, eſſendo per battere in terra ; coſì l'arroganti reſtano atterrati ne'loro orgogli, e tutte le loro pertinaci impreſe gli rieſcono in male, e in disfauore, non eſſendo fondate sù 'l giuſto, e dritto ; perche la ſuperbia, ed arroganza nò ſan molto conoſcere il vero. Il ſerpente, che tiene nell'a ltra mano, ch'è animale nemiciſſimo dell' huomo, e conſeguentemente gli è abomineuole, e da lui in gran maniera fuggito, è Geroglifico dell'arroganza, coſì deteſtata da gli huomini, e da Dio, poſciache vno di coſtoro non può eſſere da niuno riguardato con buon' occhi. L'Elefante, benche ſia forte animale, e atto alle pugne, non piega mai le ginocchía, non hauendo giunture ; e a tal proprietà m' hà parſo raſſem-

brare la pertinace opinione dell' arrogante, che ſia pur falſa, ch'egli la vuol difendere, nè mai cede a veruno, nè mai baſſa l' orgoglio ſuo, nè fi rimette a parere d'huomini ſauij ; il che fi raſſembra altresì alla durezza della colonna di marmo, che prima fi ſpezza, che non fi piega, cc m' apunto fà vno di queſt'arroganti, che prima biſogna ſpezzarlo colle parole da ſcorno, e colla sferza, che fi pieghi a miglior' opinione altrui.

Alla ſcrittura ſacra. Si dipigne cieca l'arroganza, per l'ignoranza, da doue naſce ; *Superbus, & arrogans vccatur indoctus, qui in iram operatur ſuperbiam, & vir, qui errauerit à via doctrina in catu gigantum.* (*ideſt ſuperborum*) *commorabitur.* Tocca con vna mano la ſommità d'vn monte, per ſegno, che l'arrogante è ſuperbo, e cerca le coſe grandi, nomandolo monte peſtifero il Signore per Geremia ; *Ecce ego ad te mons peſtifer, ait Dominus, qui corrumpis vniuerſam terram: & extendam manum meam ſuper te, & euoluam te de petris, & dabo te in montem combuſtionis,* Poiche queſto male corrópo il mòdo. E' rotto il monte, e diuiſo, perche Dio humila queſto vitio ; *Diſperge ſuperbos in furore tuo, & reſpiciens omnem arrogantem humila,* E Daniello ; *Gradientes in ſuperbia poteſt humiliare,* E 'l Sauio ancora ; *Arrogantiam, & ſuperbiam, & viam prauam, & os bilingue deteſtor.* Tiene nell'altra mano il ſerpe, perche à abomineuole l'arrogante ; *Abominatio Domini eſt omnis arrogans: etiam fi manus ad manum fuerit, non eſt innccens.* E per fine l'Elefante, e la colonna di marmo, che rõ fi piegano, come l'arrogante ; el e mai cede ; *Quando autem eleuatum eſt cor eius, & ſpiritus illius olfirmatus*

Prou. 21.
D. 24.

& ibidem
C. 16.

Hier. 51.
C. 25.

Iob 41. *A.* 6

Dan. 4. *G.*
34
Pro. 8. *E.* 13

Id. 16. *A.* 4

Dan. 5. *E.*
10

matus est ad superbiam, depositus est de solio regni sui, & gloria eius ablata est. &c, E 'l Patiente a questo proposito altresì disse; *Cunctis diebus suis impius superbit, & numerus annorum incertus est tyrannidis eius.* Iob 15 C. 20

ASTINENZA DAL MALE. G. 15.

Donna, quale sotto' piedi tiene varie cose, come serpi, testudini, e spine, terrà in capo vna corona di fiori, ò ghirlanda, e di lato le saranno vn Camelo, ed vn'Oringe.

L'Astinenza dal male è grandissima perfettione del Christiano, e vi si richiede grandissima prudenza, in andar considerando, che cosa gli possa adurre di disaggio il male, che perciò con ogni studio deue ritrouar il modo d'euitarlo, ed i mezzi, in guisa che ferno i Santi del Signore, ch'oue i mondani pongono ogni lor studio in acquistar honori, ricchezze, e grandezze; quelli in ritrouar ma uere, humore potessero far' acquisto di virtù, fuggir gli errori, ed esser grati al sommo Iddio.

Si dipigne l'astinenza dal male, da donna coronata, ò ghirlandata, ch'è geroglifico di trionfi, e di vittorie, che riceue, per l'acquisto delle buon'opre, e virtù, contrar. al male, che schifa, e dal quale s'astiene. I serpi sono geroglifico del peccato in generale, che dee schiuare vno, che professa christianesmo. Le testudini sono simbolo del peccato della libidine, dinotando ciò appò gli antichi; e sì come vno di quest'animali fà cent'oua; così cento, e mill'errori partorisce questo vitio. Le spine sono le ponture de' litigi, che dona l'interesse a' cupidi, qual si dè schiuar' altresì da ogn' huomo. La ghirlanda di fiori, ò corona è simbolo dell'opse virtuose, che rendono l'huomo degno di gloria, e corona. V'è N Camelo, ch'è tanto astinente nel mangiare, e bere, per segno dell' astinenza dalla crapula, ch'è effetto di quelli, essendo souente cagione di grand'errori. E per fine v'è l'Oringe animal simile alla capra, quale (come dice Pierio) appresso gli Egittij era geroglifico della sobrietà, per hauere vn'humore nel corpo, valeuole ad estinguere la sete, alludendo al fatto de' Christiani, che debbono estinguere la brama de' mondani desideri, e di piaceri, e'l desio di quelle cose, ch'offendono la diuina legge, ed essere in tutto sobrij.

Alla scrittura sacra. Si dipigne l'astinenza dal male, da donna coronata, ò ghirlandata, come lo Spirito santo haueua affetto di coronar d'anima sacra piena di virtù; *Veni: coronaberis de capite Amana, de vertice Sanir, & Hermon.* Sotto' piedi tiene i serpi, simbolo del peccato; *Quem ab infantia timere Deum docuit, & ab omni peccato abstinere,* Così insegnò al suo figliolo Tobia. Le testudni, per i peccati carnali, come diceua S. Paolo; *Vt abstineatis vos à fornicatione,*

Pier. Vale. lib. 10.

Cât. 4. C. 8

Tob. 1. B. x.

1. Tess. 4. A. 3.

1. *Pet.* 2.
B. 11.

Ecclesiast.
28. 10.

1. *Tess.* 5.
G. 22.

tione, e'l Principi de gli Apostoli Pietro; *Abstinete vos à carnalibus desiderijs.* Le spine, per li litigi, come raccordaua il sapientissimo; *Abstine te à lite, & minus peccata;* O pure sembrano ogn'altro male, dal quale si deue astinere, secondo dice San Paolo; *Ab omni specie mala abstinete vos.* Il Camelo per l'astinenza della crapula

Cauteriatam habentium suam conscientiam; prohibentium nubere, abstinere à cibis, quos Deus creauit ad percipiendum cum gratiarum actione fidelibus, E per fine l'Oringe, ch'è simbolo della sobrietà, come dice l'istesso; *Iuuenes hortari, vt sobrij sint,* e'l Principe della Chiesa; *Fratres sobrij estote, & vigilate.*

1. *Timot.* 4
A. 3.

Tit. 2. B. 6.
1. *Petr.* 5.
G. 8.

AVANZO DELL'ANIMA A' NEMICI
temporali, e spirituali. G. 16.

Donna con vn scudo in braccio, e in mano vn arco di bronzo, tiene vna cinta di bellissimo ornamento, e vaghissimo freggio, insieme con vna pelle di leone; vicino le farà vn ceruo, ed vn'albero di palma.

L'Anima nostra creata ad imagine di Dio, e capace di lui, e della sua gloria, a fine della quale hebbe l'essere, e per douerla conseguire, dee con ogni studio attendere al seruigio di sua Diuina Maestà, e all'osseruanza della sua diuina legge, Nè giamai haurà ingresso colà, senza fatiche, e trauagli, ch'oltre l'esser propij dell'huomo (conforme al fauellare di Giobbe) *Homo nascitur ad laborem, & auis ad volandum,* Per necessaria conuenienza se le deuono; acciò per la strada di quelle s'acquisti la beatezza, alla quale è drizzata, e quegli saranno come mezzi, ed esercitio, insieme con tante tentationi, che da' nemici visibili, ed inuisibili se le preparano; è felice dunque quell'anima, che sà superare, e vincere tutte l'oppositioni, che potrebbono impedirla; Che perciò vna tal'anima giusta dipingesi co'l scudo, con che si ripara i col-

Iob 5. B 8.

pi, che fortemente se l'auentano, specialmenta in verso il capo, per redurla al peccato principale della superbia, e d'ambitione; e gli nemici inuisibili han mira particulare di colpire inuerso il capo, per farle perdere la fede, capo, e fundamento di tutte le virtù; Imbraccia dunque animosamente cotesto scudo, con che attende alla difesa del rimanente, e co'l forte braccio, con che tiene l'acco di fortissimo metallo. Hà vna pelle di leone cinta, con che fà bellissima mostra, quale sembra la viuacità delle virtù, superati i vitij, conforme dice Pierio, essendo questo animale d'inuittissime forze, ed Hercole Egittio insieme con Osiride, dopo c'hebbe liberata l'Italia dal giogo di Giganti, fù chiamato leone, il che era geroglifico viuace delle sue forze, come a punto l'anima vincitrice deue adornarsi col segno, e veste, oltre del nome di sì Rè coraggioso

Pier. Vale. lib. 1. *ibi. de leone.*

raggiofo d'animali . Il ceruo, che l'è vicino fuggitiuo , e velocifsimo al corfo, accenna richiederfi ad vn'anima , per vincere il male, il fequeftrarfi dall'occafioni. L'albero di palma di natura fortifsimo , che non cede al pefo, è fimbolo, e geroglifico della fortezza, e del coraggio d'vn anima giufta, quale è forte alla pugna co' nemici , nè cede al graue pefo de' lor tentationi.

Alla fcrittura Sacra . Tiene l'anima, che fupera i nemici lo fcudo, per riparars' i colpi, di che fauellò Dauide ; *Scuto bona voluntatis tuæ coronafti eum* . Tiene vn arco di bronzo; *Pofuifti v arcum*

aereum brachia mea , E fi fà coraggiofa alle battaglie; *Qui docet manus meas ad pralium, & digitos meos ad bellum* , E s'infuria di più contro loro, dicendo; *Perfequar inimicos meos, & comprehendam illos* , Nè s'arrefta punto dall' imprefa; *Et non conuertar donec deficiant* . Hà la cinta adorna, e la vefte leonina , ch' ombreggia la fortezza delle virtù ; *Deus ; qui precinxit me virtute, & pofuit immaculatam viã meam* . Il feruo fugace, a cui ella fi raffembra, in fuggendo l'occafioni ; *Qui perficit pedes meos, tanquam ceruorum*. E v'è la palma ben forte, a cui fi paragona l'anima eletta; *Quafi palma exaltata fum in cades.*

Pf.5.C.15.

Idê 17. E. 37

Idem 143. A. I.

Id.ib F.41

Id.ibid.35

Id.ibid.36

Ecclefiaft. 24.B.18.

AVARITIA. G. 17.

Huomo vecchio co'l capo fcouerto , nel cui veftimento fono depinti molti rofpi, vomiti dalla bocca queft' huomo vna quantità di danari, tenghi le mani gionte, in fegno di riuerenza , fotto' piedi haurà vn compaffo, auanti lui v'è vn altare, oue fono certi Idoli , e quantità di danari, e gioie; da vna parte vi fia il vento, che foffia, e in vn de' lati vn albero fradicato, le cui radici ftiano riuolte in sù.

L'Auaritia (dice S. Tomafo) è vn appetto difordinato, ò affetto d'hauere ; Ouero l'auaritia è vn defio di retinere il fuo illecito, e defiderare ello, ch'è d'altrui.

L'auaritia è il più grau'errore, che fia da farfi da l'huomo in terra, trahendolo a qualfiuogha fceleragine, fin Jo riduce ad vn incantaggione di non conofcere la Maeftà di Dio , dandos' in tutto al profano culto dell'acquifto, e quafi non diffi, ad adorar il danaio per, Iddio ; non lafciandomi

mentir l'Apoftolo: *Auaritia eft idelorum feruitus :* E diffe ben dunque il Sauio ; *Nil eft iniquus , quam amare pecuniam , hæc enim , & animam fuam venalem habet,* Facendo mercadantia l'auaio col diauolo, ed vn mutuo cambio , quello gli dà ricchezze , ed egli l'anima, diuifandofi: *Da mihi animas , catera tolle tibi.* Pazzo dui que'è l'auaio, cosi diuifato dal Sauie ; *Auaro nil eft fceleftius;* L'auaritia (dice Gregorio Papa) prefa nella fua larghezza, non folo è della pecunia,

Thom.2.2. queft.118. Ecclefiaft. 10.B. 10,

Ecclefiaft. 10.B. 10.

Gen.14.D, 21 Ecclefiaft. 10, ibid, Gregor. in homel.

mà

Aug. lib 3.
de lib. arbi.

mà della scienza, e grandezze, ed Agostino disse, l'auaritia esser nomata nel greco, Philargyria, non consistente nella cupidigia solo d'argento, e d'oro, mà di tutte le cose, ch'immoderatamente si desiderano; e così è peccato generale, nè è solo vno de' sette vitij; Vitio è l'auaritia il più di tutti profano, veneno de' cuori humani, calamità traente negli errori, zizania, che corrompe il bel campo dell'anima, ferreo dente, che strugge ogni virtù, arco, ch'auuenta acute saette a' mortali, albero de' più infetti pomi, che 'l mondo hauesse, altare su'l quale satanasso v'erge profano culto, sentiero, per cui si sdrucciola più il piè, per non giungere alla salute, voragine atta ad ingoiar i più spiriti eletti del Christianesmo, laberinto di tutti vitij, ed errori, aspro deserto, oue sono tutte le spine, ed i cespugli de' tentationi, mostro d'inferno il più fiero, ed horribile, che mai fosse fra'demoni, epilogo di tutti mali possibili, e ritratto, in fine, vie più d'ogn'altro viuace, e malageuole stampato coa infausto pennello, e da tartarea mano; è questo vitio capitalissimo, che ben nomarollo catena, per cui la maggior parte de' miseri viuenti son tratti infra le furie infernali, ch'a lui (senz'auuisarmi male) si dee il trionfo, e la palma, di satiar l'ingorde voglie di quelle.

Auguſt. in ſermone.

L'auaro (dice Agostino) auanti che guadagni, perde se stesso, ed auanti, che prenda, resta preso. L'auaio è simile allo 'nferno (dice l'istesso) perche quegli, per quanti, e quanti n'habi diuorato, giamai si satia; così sono i tesori nel possesso dell'auaio, non sentendosene mai pieno. S'infiam-

ma co'l lucro l'auaritia, mà non s'estingue, e quanto più ascende, più desidera salir in alto, onde n'adiuiene grandissima ruina, così dice Ambrogio.

Ambro. de Namproth. Iſraelita.

All'auaio (dice Girolamo) tanto gli manca quel, che hà, quanto quel, che non hà; credendosi tutt' il mondo esser ricchezze, e così gli manca fin' a vn picciolo danaio. E 'l medemo dice, non esser altro l'auaio, che borsa de' Prencipi, camera de' ladri, rissa de' parenti, e fischio sentito da tutti gli huomini.

Hieron. ad Paulin. Idem ibid.

Idem ibid.

Quindi si dipigne l'auaritia da huomo vecchio co'l vestimento pieno di rospi, che sono insatiabili di terra, ed a quelche dicono i naturali, molte fiate non mangiano, per tema non gli manchi la terra; come a punto sono i maledetti auari; Si dice l'auaritia; *Ab aueo aues, quod idem est, quod cupio cupis,* perche; *Auarus semper cupit, & auaritia quasi auens aurum,* E secondo Isidoro; *Auarus dicitur quasi auidus aris, idest pecunia.* Si dipigne vecchio, in cui al più suol'esser corretto vitio, come dice San Girolamo; *Omnia vitia in sene senescunt, sola auaritia iuuenescit.* Quindi si riduce il misero a star col capo scouerto, e colle mani gionte in atto di riuerenza, adorando gl'idoli sù vn'altare, e i danari, che veramente l'adora, e gli dà culto come Dei; e qual altro Dio conosce l'auaio, ch'il danaio? per lo quale cotanto stenta, e fatica, quanto vn huomo giusto per Iddio, e si riduce a tal termine che non sà più che fare, per l'acquisto di quello, nè lascia opra di tentare, per farne busca; siche ben disse il Principe de' Poeti,

Iſidor. in lib. Eſhym.

Hieron. in quod. ſer.

Fas omne obrumpit: Polydorum obtruncat, & auro,

Virgil. lib. 3. Æneid,

Ouid. Me-
tamorph.
lib. 1. fab. 4

Vt potitur . Quid non mortalia
pectora cogis
Auri ſacra fames?
Ed altri diſſe.

Effodiuntur opes , irritamenta ma-
lorum.

Iamque nocens ferrum , ferroq;
nocentius aurum.

Prodierat prodit bellum , quod pu-
gnat vtroq;

Quante ingiuſtitie, quant'eſtor-
fioni di leggi ſi commettono, quà-
te buggie ſi dicono, e quanti per-
giuri ſi fanno , per l'acquiſto del
danaio, quanti torci , quante crudeltà s' vſano a' mortali per tal
miſtiero , che giuſtamente coſtoro poſſonſi raſſembrare a' Grifo-
ni , quali dalla parte dinanzi ſono
aquile , e da dietro leoni ; così
gli auari del mondo, quelli dico,
in cui tanto hoggi regna queſta
maledetta cupidigia , ſono aquile
ſuperbe, c' han tanto deſio d'ingrandirſi , per giungnere a' titoli,
a' gradi di nobiltà , a' grandezze,
ed eccellenze, che perciò i miſeri
diuengono leoni , che ſgraffiano,
che ſbranano , e diuorano l'hauer
de' poueri , che di loro ſi fauellò
ſecun. Reg.
1. D. 23.
nelle real' impreſe ; *Aquilis ve-*
lociores , & leonibus fortiores. Sono
ancora ſimili all'Orſo , che s'ac-
cieca col ferro infocato , poſtogli
vicin' a gli occhi ; parimente col
ferro, e metallo dell' oro , ed argento s'occecano coſtoro , facendo mill'errori, ed eſtorſioni . Vomita dalla bocca molti danari , in
ſegno ch'il miſerabil ricco auaio,
che ingiuſtamente hà diuorato
tan'e ricchezze in vita, nella
morte a forza di fiamme, fuochi,
e terribiliſſimi tormenti le vomi-
tarà , altro non reſtandogli , che
miſerie, e calamità eterne . Il
compaſſo ſotto' piedi, qual'è miſura, che ſi può aſſai allargare , in

ſegno che queſto vitio , s'allarga
per tutto, e tutti ſi ſeruono della
miſura dell'auaritia, come ben
allegerò Geremia ; *Omnes auari-* *Hierem. 6.*
tie ſtudent, ed altroue il mede- *C. 13.*
mo ; *Omnes auaritiam ſequuntur.* *Id. 8. B. 10.*
Il vento , che ſoffia di lato ,
perche acquiſta per niuno ; e ſi
come ſogliamo dire d'vno di queſti, che non ſi sà , per chi fatica,
che fatica al vento, ed iſpecialmente quando di tal fatica non è
per riceuerne guiderdone niuno.
L'albero ſuelto con le radici in alto dinota che l'auaritia è radice,
e fonte , principio , ed origine di
tutti mali, e que', che l'han ſeguitata, ſono incorſi in tutti gli errori,
fin n'appoſtatorno molti dalla fede, conforme diſſe di ſopra l'Apoſtolo ; *Auaritia eſt idolorum ſeruitus.*

Alla ſacra ſcrittura . Si rapreſenta l'auaritia da huomo col veſtimento pieno di roſpi , per l'in-
ſatiabiltà , della quale parlò Da- *Pſal. 100.*
uide ; *Superbo oculo , & inſatiabili* *A. 5.*
corde cum hoc non edebam, e ne' pro- *Prou. 27.*
uerbi ; *Oculi hominum inſatiabiles*, *C. 20.*
E l'Eccleſiaſtico; *Inſatiabilis oculus* *Eccleſiaſt.*
cupidi in parte iniquitatis . Vomita *14. B. 9.*
molti danari, onde il patiente
diſſe ; *Diuitias , quas deuorauit ,* *Iob 20. B. 15*
euomet , & de ventre illius extrahet
eas Deus, E verranno gli auari in
tal calamitoſa , e rabbioſa fame,
come quella de cani ; *Famem pa-* *Pſal. 58. B.*
tientur vt canes ; & circuibunt ciui- *7. & 15.*
atem. Tiene il capo ſcouerto colle
mani gionte, per adorare i danari , ſuoi falſi dei , come apunto
Paolo Apoſtolo diuiſo; *Hoc autem* *Epheſ 5. A.*
ſcitote intelligentes; quod omnis forni- *5.*
cator , aut immundus , aut auarus,
quod eſt idolorum ſeruitus , non habet
hereditatem in Regno Chriſti , & Dei.
Il vento , che ſoffia di lato , per
che l'auaro fatica per lo vento,
teſorizza, e non sà a chi . *The-* *ſan-*

Pf.38.E.7. *faurizat , & ignorat , cui congregabit* *ea .* Le rad.ci in alto dell'albero *fuelto, in fegno , che la concupi-* fcenza del danaio è radice di tut. ti mali ; *Radix omnium malorum eft* *cupiditas.* 2.*Thim.*6 *B.*7:

BATTESMO G. 18.

Huomo veſtito di verde, tutto pieno di gemme, terrà in
 mano vn bóccale d'oro, con che verſa acquá dentro
 vn baccino , ſtà in piedi ſopra vna pietra , ò baſe, ſia
 auanti lui vna porta , sù la quale è vna corona , e da
 parte vna pianta d'Iſſopo.

Magistr.
sent dist. 3

IL Battesmo è vn lauatoio esteriore del corpo, fatto sotto la
forma delle parole prescritte da
Santa Chiesa, così dice il Maestro
de e sentenze.

Il battesmo dicono Damasceno,
e'l Dottor Angelico, è quello, per
lo quale recevumo le primitie
dello spirito, e principio dell'altra vita acciò sia a noi regenera-
tione, suggello, custodia, ed illu-
minatione.

Ioann. Da-
mas 4. dist.
B Thom.
sent. dist 4.
q. 1, art 1.

Fù allegorato questo diuino
sacramento, per quell'acque vagheggiate dal santo Ezzecchiello,
ch'vicin vno di sotto la porta, in
vers' il nascente sole, ch'ombreggiaua la porta dell'Oriente del
Paradiso; *& conuertit me ad portam*
domus, & ecce aqua egrediebantur
super limen domus, ad orientem; Nè
fia possibile saluarsi niuno, se non
sarà lauato in quest'acque bene-
dette del Battesmo, oue si riceue
là fede, e vi s'infonde la gratia,
e la carità, diuisando così il Saluatore; *Nisi quis renatus fuerit ex*
aqua, & Spiritu Sancto non potest in-
troire in Regnum Dei.

Ezzecch.
47. A 1,

Ioa. 3. A. 5.

Tanto vale il Battesmo (dice
il gran Padre Agostino) dato per
vn huomo di poco valore, guan-
to per vn'Apostolo, non essendo
nè di quello, nè di questo, mà di
Christo Saluatore. Fù Battizzata
(dice l'istesso) la carne di Christo,
qual era senza colpa, per darn'
esempio d'imitatione, quanto più
si dè battizzar la carne dell'huomo, morto per lo peccato, e per
euitar l'eterna pena.

August. de
vnic. Batt.
& hab. de
confess. dist.
4. cum sä-
tum.
Idem ibid.

Hauete riceuto per lo Bte-
smo (dice Ambrosio) i candidi
vestimenti acciò vi fosse inditio
d'esser spogliati da' mondani piaceri, e da' peccati, e vestirui le
vesti d'innocenza. Senza penitenza (dice l'istesso) sono i doni, e

Ambros. de
initiandis
rudibus.

Ambr. sup.

la vocatione di Dio, perche la
gratia non richiede nel battesmo
nè gemito, nè pianto, nè altro, mà
la sola fede, è tutte l'altre cose
dona gratiosamente.

Epistol. ad
Rom.

Muore al mondo, e nasce al
Signore quel, che riceue l'acqua
del santo Battesmo, receuendo
ad vn'hora nuoua vita, come diciamo,

Si mundo moritur diuino fonte
   Renascens,
   Fitque nouus vita, qui sepelitur
      aqua:
Non sunt fraudati sacro batismä-
te Christi.
   Fons quibus ipsa sui sanguinis
      vnda fuit.
Et quidquid sacri fert mystica for-
ma lauacri,
   Id totü impleuit gloria martyrij.

E'il Battesmo vno de' sette sacramenti della Santa Madre Chiesa, e'l primo, e necessario alla
salute, instituito da Christo Signor
nostro, quand'egli voll'esser Bat-
tezzato da Giouanni, e battizzarlo
ancora, santificando l'acque del
Giordano, insegnando i Santi
Apostoli d'vsarlo, e predicarlo
ardentemente, quando gli disse;
Euntes ergo docete omnes gentes bapti-
zantes eos in nomine Patris, & Fily,
& Spiritus Sancti Grandissimi sono
i doni, che riceue l'anima nel battesmo, prima vien monda dalla
macchia originale, quindi tiene
il vaso d'acqua, che versa, in segno, che fassi per mezzo della lo-
tione, e del buttar l'acqua sù'l
capo del battizzato, salla maniera, che volle si facesse a lui il Saluatore da Giouanni. Stà vestito
co'l ricco vestimento di color
verde, e adorno di tante gemme,
perche da pouera, ch'è l'anima, e
mal vestita, per la macchia del
peccato, si rende bella, adorna, e
ricca

Maith. 18
D. 19

ricca di virtù, riceuendo la fede in fusa, sembrata per lo verde della speranza, e carità, andando insieme cotefte virtù. Il ramo dell'Iffopo, ch'è herba valeuole a torre via le macchie a'veftimenti, facendo queft'effetto il Battefmo, quale è la bafe di tutte le cofe, per riceuerfi la fede in lui verace, bafe, fondamento, e foftanza di tutte l'altre virtù, fundádofi tutte in lei, senza la quale niuna fe ne riceue; e'l battefmo fi dice bafe, perche; *Baptifmus eft quafi bafis totius Catholica difciplina*. La porta dinota, ch' il battefmo communemente da' Santi Padri chiamafi; *Ianua omnium facramentorum*. La corona, che vi è fopra, ombreggia il Regno de' Cieli, a cui non è poffibile farues'ingreffo, fe non per quefta porta felice di sì eccellente facramento.

Alla fcrittura facra, Il Battefmo fi rapprefenta in forma d'huomo riccamente veftito, delle qual ricchezze fauellò Salomone; *Vt ditem diligentes me*, Riceuendofi la carità. L'acqua, che butta col bocale ricchiffimo dono fi è, perche monda l'anime dalle macchie, allegorando così Ezzecchiello; *Et effundam fuper vos aquam mundam, & mundabimini ab omnibus inquinamentis veftris &c.* Stà fopra la bafe, perche è fondamento della fede, ch' iui fi riceue; *Eft autem fides, fperandarum fubftantia rerum, argumentum non apparentium*, E vn'anima battizzata hà fondati i piedi sù quefta bafe del battefmo; per hauer fundamento, e ingreffo alle virtù; *Et erunt tibi compedes eius in protectionem fortitudinis, & bafes virtutis, & torques illius in ftolam gloria*. La porta dinota, ch'egli è tale a gli altri facramenti, ed è virtù con Chrifto, che fi riceue nel battefmo, oue tutti fi fanno fuoi figlioli, per ottener la falute; *Ego fum oftium fi quis introiuerit per me falua bitur* La corona del Regno de'Cieli è, perche quello nò può hauerfi altrimenti fenza quefto, nè per altra ftrada; *Nifi quis renatus fuerit de nuo non poteft videre Regnum Dei.* Ii ramo dell' Iffopo, per fine, herba, che monda, ombreggiando la mondicia, che riceue l'anima, fauellandone allegoricamente Dauide; *Afperges me Domine byffopo & mundabor, lauabis me, & fup niuē dealbabor.*

Proter. 8. C. 21

Ezzecch. 31. E. 25

Heb.ij A.1

Ecclefiaft. 6. C. 30

Ioa. x. B. 9.

Ioa. 3. A. 3

Pf. 50. A 9

BEATITVDINÉ. G. 19.

Donna di belliffimo, e vaghiffimo afpetto, veftita di bianco, tenghi vn facco rotto fotto' piedi, è vicino vna menfa, sù la quale v'è gran teforo di gioie, e molte viuande da mangiare, tiene in vna mano vn belliffimo, e candidiffimo fiore fcelto infra tanti, e gialli, e perfi, e cremefini, e di vari colori, che fmaltano vn bel campo d'appreffo a lei.

L A beatitudine è quella felice forte, a quale fon predefti- nati gl' eletti; che cosà haueua forfe gli occhi il gran Dauide,

F 2 men-

*Pf.*30 C.61

mentre diuisò ; *In manibus tuis sortes mea*: Procedendo da quelle superne mani vn cotal bene, quale è regno felice, regno beato, ed eterno, di cui l'istesso cantaua;

Idem 144. C. 13

Regnum tuum Regnum omnium seculorum, Egl'è palaggio Regale, e celeste magione, qual contiene cotanti Chiostri diuini, alberghi altieri, superne stanze, e gloriosi tabernacoli, ch'eccedono di chiunque l'affetto al desiargli, come quelli, de'quali sì colmo d'amore

Id. 88 *A.* 2.

fauellò il Profeta; *Quàm dilecta tabernacula t'ua Domine virtutum, concupiscit & deficit anima mea in atria Domini.* La beatitudine (secondo il

rh. 4. *sent. lis.* 49 *ar.* 2

Dottor Angelico) è sommo bene, ed vltimo fine solamente della ragioneuol creatura. E' la beatitudine tutte le cose ; quindi dicea il

Aug. super Ioan. 17.

gran P. Agostino, ò infelice, chi conosce il tutto, e non conosce te, ò Signore ; e chi conosce te insieme con quelle, non è beato altrimenti per quelle, mà solo per te. Beati

Idem super Psal. 118.

i viatori senza macchia (disse l'istesso) quasi volesse dire ; Io sò, che cosa vuoi tu Christiano, tù cerchi la beatitudine, se vuoi dunque esser beato, sij senza macchia alcuna. La beatitudine vera non

Id. lib. 2. *de aeternit. Dei.*

è quella, della cui eternità si dubita, dice il medemo.

Che cosa migliore v'è di questo bene, e qual più felice di questa

Amb. de off.

felicità, com'è viuere con Dio, e viuere da Dio stesso, dice Ambro-

Cassiod. in epistola.

Il Beato (dice Cassiodoro) è quello, della cui altezza si da piacere a gli amici, pena a gl'inuidiosi, gloria a' posteri, incitamento a' pigri, ed esempi ad allegri, e vigorosi giusti.

Dunq; non senza caggione si dipigne la beatezza della gloria Celeste da bellissima donna, perche è la più bella cosa, c'hauesse mai

fatta il Signore ; e 'l Padre San Tomaso dice, quattro cose hauer fatte Iddio maggiori di tutte l'altre cose del mondo di tanta bellezza, ch'egli stesso coll'infinita potenza non può farne altre più belle, ò maggiori, vna delle quali è l'eterna gloria. Stà vestita di bianco vestimento, tanto gradito a Dio, come dice Cicerone,

Cicer. lib. 2. *de legibus.*

esser' il color bianco specialmente grato a Dio; ed a quel, che riferisce Varrone, mentre Flaminia sacrificaua al Dio Gioue,

Varron.

si vestiua di bianco, perche molto gli dilettaua tal colore: E Pierio Valeriano narra, che i Maggi

Pier. Vale. lib. 40.

nella Persia diceuano, Iddio non dilettarsi, se non in vn tal colore; ò pure, perche di bianco debbono vestirsi quelli, che son fatti degni d'esser condotti a cotai felici beni, per segno del candore della vita, de'costumi, e purità di coscienza. Il sacco rotto sotto' piedi sembra il corpo, che rinserra l'anima, capace di quella gloria, che mai si gode, se non si rompe, e si sepera colla morte. La mensa, ou' è il tesoro, ch'è inestimabile, ed oue si racchiudono tutti beni; è quello del paradiso ; ed i Poeti pur fauoleggiorono di Danae giouane bellissima, che gli piouesse quantità d'oro nel grembo, il che fù preso per Geroglifico

Hierogli. cuiusd viri erud. ibi de Erudic.

de' Celesti beni, e di bellezza d'animo, che così si richiede per vagheggiargli, e godergli. O pure v'è la mensa lautissima, oue si gustano tutt' i cibi, ed oue si satiano l'anime elette, ed i sapori, in che si dilettano tutte le potenze di quelle. E per fine v'è 'l bel fiore scielto infrà tanti, dinotando, che cotesto bene, e'l più speciale, e'l più eccellente frà tutti, e que', che l'hanno a godere, sono sceltissime, ed ed elettiffime perfone, amate cotanto dal Rè fourano del tutto.

Alla fcrittura facra. Si dipigne da donna di belliffimo afpetto la beatitudine, ò gloria di D.o; poiche quafi in vn còpendio racchiude Salomone la bellezza del Cielo in quella della gloria; *Species Cæli in vifione gloria.* Hà il veftiméto biàco, per la purità di que', che la fruifcono, come diuisò il medemo; *In omni tempore fint veftimenta tua candida,* Ed Efaia all' ifteffo alluse; *Si fuerint peccata veftra, vt coccinnum, quafi nix, dealbabuntur, & fi fuerint rubra, quafi vermiculus, velut lana alba erunt.* Il facco rotto del corpo fembra, ch' all' hora i buoni giungono a quella fuprema letitia, dicendolo Dauide; *Confcidifti faccum meum, & circumdedifti me lætitia.* La menfa co'l teforo, a cui

Ecclefiaft. 43.A,1.

Ecclefiaft. 9.B.8.

Ifa.1,E,18

Pf.29C.12

fi raffembrò da Chrifto il regno de' Cieli; *Simile eft regnum Cælorum thefauro abfcondito in agro,* a quale fiamo inuitati noi altri, di farne acquifto; *Thefaurizzate vobis thefauros in Cælo.* Le viuande di cotal menfa beata, allegorata per quella del padre di fameglia; *Homo erat pater familias, qui fecit cœnam magnam.* E per fine tiene il candidiffimo fiore nelle mani, eletto infra tanti, e tanti, come quel bene è fcelto ancora frà tàti, de quali parlò Dauide; *Credo videre bona Domini in terra viuentium,* e l'ecclefiaftico; *Et requiefcent in cafula illius bona per eum, O' pure fembra, qual fiore eletto, la beata generatione, che fi fà degna goderlo; *Beata gens cuius eft dominus Deus eius, populus, quem elegit in hæreditatem fibi.*

Matth.13. F.44

Id.6,D.20

Luc. 14. C.16.

Pf.26.D,19

Ecclefiaft. 14.D.25.

Pf.32.C12

BEATITVDINE G. 20.

Donna giouane di belliffimo afpetto, nella vefte, (ch'è femplice molto) tiene dipinti cert'occhi, hà in vna mano vn ramo di dolce mela, ed in vn'altra vn mazzo di fpiche; hà vn velo in faccia, che la ricuopre, tiene i piedi alla riua d'vn rapidiffimo torrente, quale sbocca in molte ftrade, oue doi giouanetti riempono certi vafi, e beuono dolcemente.

LA beatitudine altro non è che la gloria di Dio, che fi degna moftrare a' Santi fuoi, da' quali non fi merita per l'opere loro, fe non de congruo, non de condigno, e la dona per pietà, e mifericordia fua. Quefta beatitudine fi prende in due modi (dicono i facri Teologi) ò quanto al termine, ch'è l'ifteff' Iddio, qual' è oggetto della beatitudine, tri-

no, ed vno, che tanto fi fà vedere da' beati, nè può vn beato vedere l'effenza fua, fenza le perfone, ed vna perfona fenza l'altra; fauellando della diuifione precifiua, non diuifiua, potendofi per potenza di Dio particulare, mà ordinariamente non è poffibile; ò quanto alla formalità, ch'è il modo co'l quale s'apprende quefta beatitudine, ch'è finito, per ap-

pren-

prenderſi l'infinito, nel modo finito; ſolamente Iddio è vero co'npren-
ſore, ch' apprende l'oggetto
infinito, nel modo infinito, e quanto ſia apprenſibile, mà i beati ſo-
lament' il veggono, quanto vuole eſſer' viſto, eſſendo ſpecchio
volontario; quindi diſſero i ſacri
Teologi; *Eſt ſpeculum voluntarium,*
videtur ſi vult , & quantum vult.
Queſta gloria, ò beatitudine altro non è, ſecondo il Padre Sant'
Agoſtino, che; *Gaudium de verita-*
te, Non eſſendo allegrezza di coſa
apparente, ò finta, mà vera, e
reale.

La Beatitudine è coſa, che non
può ſpiegarſi con lingua, quindi
l'Apoſtolo S. Paolo ſolleuato vna
fiata al goderla, reſtò in tutto mu-
tolo, e ſolamente diceua; *Et ſcio*
2. Cor. 2.
A.12
huiuſmodi hominem ſiuè in corpore,
ſiuè extra corpus neſcio , Deus ſcit :
quoniam raptus eſt in Paradiſum , &
audiuit arcana verba, quæ non licet,
homini loqui. Il Padre Sant' Am-
Ambroſ.de
off.
brogio dice, quella beata vita
conſiſtere in altezza di ſapienza,
ſoauità di coſcienza, ſublimità di
virtù, ed eſſere ſenza paſſione, e
Idem ibid.
quelche la vince, egl'è beato. Beato (diceua l'iſteſſo) è quello, che
la ſapienza l'hà decorato, la virtù l'hà tratto, e la giuſtitia l'hà
Idem ibid.
riceuto. E beato (diceua l'iſteſſo)
non è, ſe non, chi è ſenza colpa.

Aug.lib.12
& dē epiſt.
3.ad Prob.
Il beato dic' Agoſtino) non
può eſſere da ſè ſteſſo; e beato
non è, chi hà quelle coſe, che
vuole, ſe quelle ſon coſe male.

Si dipigne, dunque, da giouane,
la Beatitudine, perche ſempre ſi
rinuoua e dura la gloria, creſcen-
do accidentalmente; è ſemplice,
ch'è proprio della verità, non
eſſendo altro la beatitudine, ch'allegrezza d'oggetto vero, che

veramente rallégra, non come le
coſe terrene, che ſimulatamente
dan piacere. Hà gli occhi nella
veſte, ſcorgendoſi con gli occhi
dello'ntelletto, che la moſtra alla
volontà, la quale gode, e fruiſce,
nè è atto tutto dello 'ntelletto, ſe
non. *Initiatiuè,* mà *completiuè,* è della volontà, che gode quel ſom-
mo bene, moſtratoſegli. E' di bel-
l'aſpetto, perche belliſſima è la
gloria di Dio, che dinota queſta
beatezza; e'l veſtimento è ſchet-
to, e ſemplice, perche queſta beatitudine è fondata sù la verità
dell' oggetto beatificante, ch'è
Iddio ſempliciſſimo. Hà vna
mano vn ramo di dolce mela, per
la dolcezza grande, e per i conten-
ti-incomparabili; che godonſi da'
beati in Cielo. Il mazzo di ſpiche
ombreggia la raccolta della gloria, oue s'aduna Il felice grano
del Signore. Il velo in faccia, che
la cuopre, per eſſer la gloria naſcoſta a tutti di queſta vita, nè i
beati, che la godono ſi veggono
da noi, ſe non per fede. Tiene i piedi dentro il torrente rapidiſſimo,
ch'inonda a gran douitia, e ſuper-
chia d'ogni bene; in guiſa che
tal'hora ne ſcorre alcuno sì colmo d'acque; colà in quel torrente ſourano han deſio naturalmente
affettuarſi tutte le genti. Hà molte
ſtrade il torrente, per le molte,
e varie ſtanze, che ſi godono da'
beati; *In domo Patris mei manſiones* Ioa.14 A.ſ
multæ ſunt. Que' giouaretti, ch'em-
piono i vaſi ſono per ſembianza,
che tutti beati beuono di quell'ac
que felici della gloria; ed i vaſi ſon
pieni, perche ciaſcheduno ne riceue conforme alla ſua gratia, ed
i ſuoi meriti, ed cgn'vno gode del
ſuo bene, ſenz' inuidia dell' altro,
in guiſa, che due vaſi amendue
colmi, vno non tien miſtiere del-
l'altro,

l'altro, nè punto le 'nuidia, reftando contenti in eguaglianza,
benche vno foffe dell'altro più
grande, nè vn Santo, che più gode, è inuidiato da vn'altro, che
meno gode, perche tutti gioifco-
no de' loro meriti, e della gloria,
che conuiene a' lor gradi.

Alla fcrittura facra. Si dipigne
la beatitudine da giouanetta, perche è vita, che rinuoua l'anima in
gloriofa giouanezza, qual'aquila
nella vecchiaia, come diceua Da-
*Pfalm.*102 uide; *Renouabitur vt Aquila iuuen-*
A 5, *tus tua* E' di bell ſſimo aſpetto, per
la bellezza della gloria, da farſi
fomiglieuole ad vn bel campo
fmaltato di vaghi fiori; è bellezza, ch'ogn' vno fe ne marauiglia,
la cui p oggia di tutte le gratie, fà
Ecclefiafi. ſtupir' il cuor'humano; *Pulchritu-*
13, C. *dinem candoris eius admirabitur ocu-*
lus, & fuper imbrem eius expauefcet
cor, E per bocca dell'iſteſſo al roue-
Id. 43 D.1 ue. è altezza di firmamento; *Alti-*
tudinis firmamentum pulchritudo eius
eſt. E' femplicißima, e bianchiſ-
ſima la veſte, che coſi fono veſti-
ti que', che godono la beatitudi-
*Apoc.*3, *A.* ne, come fauellò lo Spirito Santo;
4. *Qui non inquinauerunt veſtimenta*
fua, & ambulant mecum in albis,
quia digni funt, E queſt'era la
veſte, di che s'haueano a veſtire
i beati vincitori, per fenenza del
Idem ibid. medemo; *Qui vicerit veſtietur ve-*
ſtimentis albis. Tiene gli occhi dipinti al veſtimento, poiche co'i ve

dere initiatiuamente, fi partecipa
di queſta beatitudine, come diſ-
fe San Giouanni; *Hac eſt autem vi-* *Io,* 17.*A.*3
ta æterna, v cognofcant te folum
Deum verum, & quem miſiſti Iefum
Chriſtum. Il ramo delle mela
dolce, per la dolcezza della gloria, e dell'oggetto di lei, ombreggiando la fpofa; *Sicut malus in-* *Cät,*2.*A.*3
ter ligna fyluarum, fic dilectus meus;
E queſte poma fur ferbate a lui
ſteſſo; *In portis noſtris omnia poma:* *Idē*7,D.13
noua, & vetera, dilecte mi feruaui
tibi. Hà le ſpiche dinotanti la
felice meſſe del Cielo, della qua-
le parlò Chriſto; *Meſſis quidem-* *Matth.*9.
multa, operarij autem pauci. Rogate D.38,
ergo Dominum meſſis, v mittat ope-
rarios in meſſem fuam. Il velo in
faccia, che la nafconde; *Quam* *Pf.*30C,20
magna multitudo dulcedinis tuæ Do-
mine: quam abfcondiſti timentibus
te, E nafcoſti fono quegli, che la
godono da ciafcheduna malage-
uolezza; *Abfcondes eos in abfcondito* *Idē*35 B.4,
faciei tuæ conturbatione hominum.
Il torrente dell'acque dell'eterno
piacere, con che vbbriaca d'amo-
re i giuſti; *Inebriebuntur ab vberta-* *Idē* 33 B.ij.
te domus tuæ, & torrente voluptatis
tuæ potabis eos. I vaſi pieni, in fine,
fembrano, ch'alla guifa loro ogn'
vuo fi quieta allegramente della
fua beatitudine, e di quanto fi cō-
piace il Signore, fargli godere;
Latatus fum in his, quæ dicta funt *Pf.*122.*A.*1
mihi in domum Domini ibimus.

BVON GOVERNO G. 21.

Huomo con vefte verde tutta piena d'occhi, e d'orecchie, co'l petto a botta, ftà con gli occhi fiffi ad vn libro, che tiene aperto in vna mano, e nell'altra haurà vna pietra dura, vicino gli farà vn timone di naue, à cui è ligata vna catena, è d'appreffo ad vna voragine, mà egli ftà ricourato, nè può cafcarui.

IL buon gouerno non è altro, che far le cofe con diligenza grande, ed attendere con prudenza a gouernar'i fudditi, e mantener la verga della giuftitia, punire gli empi, e premiar' i buoni, nè moftrar odio, nè paffione ad alcuno, mà tutti egualmente trattargli, nè farfi corrompere da intereffe, nè da rifpetto humano; quando vno, che gouerna, haurà quefte conditioni, farà buon gouerno, e fenza dubio veruno farà premiato dal Signore, meritando molto vno, che gouerna conforme al voler di Dio, e della giuftitia. Si dipinge, dunque, il buon gouerno da huomo veftito di verde, che fembra la fperanza, che deue porre in Dio vn'officiale, qual gouerna, che l'habbi d'aiutare nell' officio, che tiene, e non confidarfi nelle proprie forze, e che l' habbi da pafcere conforme al fuo ftato, e non negli huomini del mondo, che così non corromperà le leggi per intereffe, penfando non poter viuere, e ch'il ftipendio, che tiene fia molto poco; perche Iddio fempre prouede, ed aiuta coloro, c'han zelo della fua legge. Hà la vefte piena d'occhi, ed orecchie, gli occhi per ben guardare gli andamenti de' fudditi, e con ogni sforzo offeruargli, per

poffer prouedere a quanto gli fà miftiere, e gli occhi ancora fono geroglifico de' moti dell'animo, parte del cuore, che manifeftano ciò, che vi è di dentro, come dice Pierio Valeriano, e per fignificarci i motiu zelofi d'vn, che gouerna, e l'animo virtuofo, in defiderar, ch' i fudditi, quali fono fotto il fuo gouerno, viuano bene. L'orecchie fembrano, ch' il buon gouernatore deue hauer più orecchie, nè effere di prima informatione, e quando haurà fentito vna parte, lafcii l'altr' orecchia, per fentir' l'altra, ch'all' hora giudicarà bene. Il petto a botta dinota, ch' il gouernatore deue hauer gran petto, per eftirpar i vitij, per refiftere a quelli, che vogliono impedir' il ben public, e la giuftitia, e refiftere alla molta inchinatione naturale di riceuer prefenti, per i quali fi corrompe il giufto; Che perciò tiene gli occhi fiffi ad vn libro, ch' è quello della legge, oue deue hauer mira, chi gouerna, per far le cofe, fecondo quella comanda, e non badare ad altro, e fia chi fi voglia. La pietra, c'hà nelle mani, è geroglifico della priuatione de' parenti, fin di Padre, e Madre, come fogliamo dire, quand' vno non hà nullo, nè padre, nè madre, quefto è nato d'vna pietra; così

Pier. Vale, lib.3.

deu'

deu' essere quello che gouerna, come se non hauesse nullo, per trattare vniformemente senza passione. Vicino v'è vn timone di naue, quale (secondo Pierio Valeriano) è geroglifico del gouerno, essendo, che mantiene, e drizza la naue del mare, come disse Giouenale; *Aut de timone Britanno decidit Aruiragus,* Che fù per presaggio del dominio, qual douea hauere Domitiano nella Bertagna, toltone via Aruirago: e Suetio dice, ch' a Nerone l'apparue in sogno vna naue co'l timone riuoltato, e che da Ottauia era tirata in densissime tenebre, ilche sugli da'indouini augurato, per la perdita dello 'mpero, e della vita, sì che il timone ombreggia il gouerno. La catena sembra, ch' il timone non può sdrizzarsi dal gouerno della naue, nè torsi via, per star incatenato, dinotando, ch'il gouernatore deue star fisso su'l buon gouerno, e sù 'l giusto; ò vero la catena è simbolo di patienza, qual deue hauer vn che stà ligato, in segno che flemma grande altresì vi si richiede, e patienza ne gli officij, e ne' gouerni, per maneggiargli bene, conforme la purità della conscienza, e'l decoro della propria riputatione. Per fine stà riparato dalla voragine, perche gran pene stanno riserbate a chi mal gouerna, ed a chi bene, se gli dà sicuro scampo da quelle.

Alla scrittura sacra. Si dipigne vn buon gouernatore vestito di verde con bella veste, per la speme, che deue hauer in Dio, e non nel proprio ingegno, ò nella

remuneratione de gli huomini, come speraua Dauide, che gouernaua l'Israele: *In te Domine sperani non confundar in æternum,* Ed altroue esortaua qualunque altro officiale al sperare in Dio, per far bene; *Spera in Domino, & sac bonitatem..* Vi sono tant'occhi, per vedere gli andamenti de' sudditi, che perciò Geremia vidde vna verga ricca de' luci, per geroglifico del gouerno pieno d'occhi; *Virgam vigilantem ego video.* Il petto a botta significa la virtù, e forza del gouernatore, per resistere al male, e per destruggerlo affatto; *Noli querere fieri Iudex, nisi valeas virtute irrumpere iniquitates,* E la Sapienza così diuisò al proposito; *Induet pro thorace iustitiam, & accipiet pro galea iudicium certù.* Hà gli occhi fisi nel libro della lege, per la quale si guida chi ben gouerna, in guisa, che facea Dauide; *Ego vero legem tuam meditatus sum,* E di più; *Scrutabor legem tuam in toto corde meo.* La pietra dura, perche deu' esser fuora d'ogni passione, ed interesse, come hauesse origine d'vn insensata pietra, alla guisa, che fù allegorato il Messia vie più d'ogn'altro senza interesse, e passione humana; *Emitte agnum Domine dominatorem terra, de petra deserti ad montem filia Sion* Il timone di naue fù ombreggiato per lo gouerno, e la catena, per la flemma, e patienza; *Qui patiens est multa gubernatur prudentia.* E per fine la voragine d'inferno, onde fà scampo chi fà come si deue gli officij, alla guisa di Dauide, *Liberasti me Domine ex inferno inferiori.*

Pier. lib. 45

Iuuenal.

Suet. in Neron. cap. 46

Ps. 30. A. 1.

Id. 36. A. 3

Hierem. 1. C. 12

Ecclesiast. 7. A. 6.

Sap. 5. A. 6

Ps. 118, 1, 70 Idem ibid.

Is 16. A. 1.

Prov. 14. D. 29

Psal. 85. C. 13

B. V O N A   V I T A.   G. 22.

Donna vagamente veſtita, con vn ſole in teſta, nel veſtimento haurà dipinte certe mani, e piedi, nella deſtra mano terà vn'Elitropio, e nella ſiniſtra il fiore
dell'amaranto, ſotto' piedi vn leone, di lato le ſara
il libro della legge poſto in alto, e vicino vn albero
di Platano.

L A buona vita, ò la vita ſpirituale, e Chriſtiana, non è altro, ſolo il ben viuere, e virtuoſo
del Chriſtiano, quale s'ingegna
caminarè al p ù che può conforme alla legge del Signore, e cerca
vniformarſele, per quanto ſia poſſibile ; nè ſtima diſaggi, trauaglj,
ed affanni, che perciò ſi ſoſtengo-
no, per non macchiar la conſcienza, e per non far coſe abomineuoli al Signore; nè cura punto eſſer qui giù, diſpreggiato, tenuto.
da vile, abandonand' il mondo, e
le ſue falſe glorie, e da codardo,
in rimetter le 'ngiurie riceuute ;
da malinconico, ò ſeluaggio, ò
di poco animo, ò poco ſapere ;
aborrendo l'altrui conuerſationi
oue ſouente adiuengono l'offeſe
di Dio ; da huomo di poco ſenno,
e pazzo, non facendo conto di
ricchezze, e beni di queſta vita,
tanto da gli huomini tenuti in
preggio, dandogli volentieri per
amor di Dio; da huomo crudo,
ſenza pietà, e di rozza compleſ-
ſione, impiegandoſi a' digiuni,
aſtinenze, vigilie, diſcipline, ed a
tante ſolitudini ; da huomo d'animo baſſo, ò da plebeo, piacendo-
gli più conuerſar con poueri, che
con ricchi, più con vili, che con
nobili, e più cò perſone religioſe,
che con grandi del mondo ; e finalmente da huomo d'ogni baſſa

ſtima, non hauendo gli occhi al
ingrandirſi, a' ſolleuar la caſa
ſua, a far' i figli nobili, ed ingran-
dirgli, nè erger palaggi, nè fa
poderi, nè fondar' intrate, nè la
ſciar memoria veruna di sè nel'
coſe mondane, mà ſolo a mira
le grandezze celeſti, e aſpirara
beni glorioſi dell'altro ſecolo
per obedire al noſtro Chriſto; *Ne-*
lite theſaurizare vobis theſauros in **Matth. 5.**
terra, theſaurizate autem vobis the- **D, 16**
ſauros in Cœlo: O pur ſtima le co-
ſe terrene. peſo, non ſuſſidio, nè
vtile al pari de' beni del' Cielo,
come diſſe San Gregorio ; *Terre-* **Gregor. ho-**
na'namque ſubſtantia ſuperna felici- **mel. 37. in**
tati comparata, pondus eſt non ſubſi- **Euang.**
dium.

Depigneſi, dunque, la buona
vita, ò vita ſpirituale, e Chriſtiana da donna vagamente veſtita,
per la bellezza dell'honeſtà, che
ſi ritroua in vno, che mena cotal
vita, e per la vaghezza dell'opre
virtuoſe. Hà il ſole ſu'l capo, ch'è
pianeta lucido ; e di molto ſplendore, ſopignendo ſplendida luce
coll'opre ſpirituali, che dan lume a tutti gli altri. Le mani, e
piedi dipinti nella veſte accer
nano l'opre, conforme s'è det
altroue, le quali ſempre ſieguono l'operante, ſi come la veſte
camina ſempre co'l corpo ; così
l'opre accompagnano l'anima

ſi o

fino auanti Dio. dopo quefta vita, per riceuer il douuto guiderdone, e perche ancora loro quando fon buone, fono il fenriero, per
lo quale fi mâtiene tal ben viuere,
e da chriftiano. Il fiore chiamato appreffo i Greci Elitropio,
ad appò noi girâfole, qual fiegue
puntualmente i moti del gran
pianeta, che fe quello chiaro, e
lucido appare, egli a fua fimiglianza ftà bello, allegro, e giuli-
uo; fe quello fi corriça all'Occafo; egli fmorto, e chino allo 'ngiù
altre tale fi piega, quafi per duolo della perdita, di chi tanto offerua, e mira; fe pofcia fu'l matino quegli appare lucido, infiorato, e bello; quefti s'alza colmo
di gioie, fi drizza, e ridente colà fi
riuolge, ou' il fuo amato oggetto
pôpeggia, onde reca ogni fuo bene, e d'onde fgorga ogni fua robu-
ftezza; hor sì, nò altrimenti s'incontra nell'huomo di buona vita,
ch'altro non fiegue, ch'il gran fole di giuftitia Chrifto, Signor noftro, e a lui riflette i fuoi guardi,
vagamente il mira, ed allegro il
gioifce, e lo contempla nel regal
trono della fua gloria; mà languifce per duolo, fe lo confidera
nell' occafo della fua dolorofa
morte, hauuta per i peccatori, mà
s'alza, e giubila, pofcia che fi
rammenta, che riforfe a gloriofa
vita, riportando vittoria della
morte, e gloriofo trionfo del diauolo, e del peccato. L'Amaranto, ch'ancor tiene in mano, è vna
fpica, la quale ftà fempre fiorita,
ed oue gli altri fiori fubito marcifcono, il fior di lei fempre fi mantiene defto, e frefco nell' iftefla
beltade, il che è fimbolo di ftabilità, e preheminenza, perche
chi mena buona vita, è miftieri
continuamente la meni tale, nè fi

muti, mà vadi chiedendo cota'
mezzi, per poflerfi mantenere nella fua bontà, e adunar maggior
forze di fpirito, e diuotione. Il
leone fiero fotto' piedi ombreggia, che chi vuol darfi alla vita
fpirituale, bifogna calpeftrare la
fierezza de gl'indomiti fenfi, ed
oftare alle forze dell' infellonito
leone del diauolo, qual brama, e
bruggia di rabbia, per farlo cam-
biare dal bene al male. Il libro
della legge, ch'è in alto, fi è, perche
alla legge del Signore ha mira,
per offeruarla, e colà vagheggia
ogn'hora chi vuol piacere a Dio.
il Platano per fine è albero bello,
che fà pompofa moftra, eflendo pompofiffima quella, di chi
mena vita buona, ed efemplare.
Quindi Serfe Rè inuaghito cotanto di quefta pianta, fè attac-
care ne' fuoi rami collane, ed
armi d'oro, come raconta
Eliano.

*Elian. lib.
2. C. 13*

Alla fcrittura facra. E' vagamente veftita la buona vita, da dôna con vn fole in tefta, per lo
fplendore dell'opre; *Qui autem
diligunt te ficut fol in ortu fuo fplen-
det, ita rutilent.* Le mani, e' piedi
dipinti fono per l'opre, che fieguono la vita; *Opera enim illorum fe-
quuntur eos.* Diffe nelle fue reuelationi Giouanni l'Euangelifta.
V'è l'Elitropio fiore, che fiegue
il fole, fembrando la fequela
di Dio, qual deue hauer vn
giufto di buona vita, onde
n'acquifta gloria grande; *Gloria
magna eft fequi Dominum.* Il fore
dell'amaranto, che mai marcifce,
del quale forfe diuisò Dauide; *In
atrys domus Dei noftri florebit.* Habitando nell'atrio felice dell'albergo dipino l'huomo di buona,
e di fiorita vita. Il leon fiero, e
forte fotto' piedi, ombreggia

*Iudic. 5. D.
31*

*Apocal. 14
C, 13.*

*Ecclefiaft.
23 D. 38.*

Pf 91. C. 14

G 2   i fenfi

Hiere. 23.
B. 10.

Psal. 118.
m. m. 39.

i senfi foggiogati , che cosi fauellò allegoricamente Geremia; *For-*
titudo eorum diffipata est . Il libro
della legge, perche la mira, e
l'ama, qual altro Dauide, *Quomo-*
do dilexi legem tuam Domine , tota
die meditatio mea est. E per fine v'è

il platano bello , per la beltade di
quefta vita buona , come vantof-
fene fpiritualmente l'anima eletta con vna moftra pompofa auan-
t' Iddio ; *Quafi platanus exaltata*   *Ecclefiaft.*
fum iuxta aquas in plateis.   *14. B. 19.*

B V O N A   F A M A   G. 23.

Donna veftita di bianco, terà vna tromba nelle mani,
e l'ali a gli homeri, ftarà in atto di caminare velocemente, e dietro haurà copia d'argento, ed oro, ed
vn albero di Cipreffo.

LA buona fama è vn rumore, ò
opinione bona, ed vn buon
nome, che fi diffonde d'alcuno,
qual mena buona vita, e buoni coftumi, fiche ogn'vno se non foffe
fpinto da altro, gli batterebbe
quefto motiuo folo d'hauer buon
nome, e buona fama, per farlo ben
viuere, e rettamente caminare
nell'offeruanza della legge, e nel
decoro dell'honeftà ; laonde molti, per non offendere la fama loro,
e'l buon nome, s'han lafciato più
tofto vccidere, che farfi condurre
a' fatti vituperofi appreggiando
più quella, che l'ifteffo viuere,
ch'al fine è meglio il morire, che
viuer con cattiua fama, procedendo quefto dalle virtù, che
fono nella perfona; quindi i Santi eletti del Signore moftrauanfi
così zelofi dell'honore, e fama buona, che più tofto eligeua-
no la morte, ch' affentife a que'
mali, in che erano perfuafi sì im-
modeftamente da' tiranni, e'l morire l'iftimauàno vn niente apunto, per fegno, che faceàno tanto
conto del Signore, della propria
fama, e di non lafciar macchia

veruna al mondo, riputando infamia grande il male, che fi commette contro il Signore. Siane
dunque gelofo ogni Chriftiano,
che fà profeffione d'honore, e
d'effer vero feruo di Dio.

Si deue appreggiare molto la
buona fama (dice Agoftino) fi chè   *Auguft. lib.*
fi deuono guardar gli huomini da'   *confeff.*
ogni probabile fofoettione, che fi
può figurare, ò dirfi.

Il falfo rumore tofto fuanifce,
e la vita feguente moftra quella
dianzi ; fe l'anno paffato fù mentita la fama, ò pure fi diffe il vero,
cefsì il vitio, e ceffarà il rumore,   *Idem fuper*
dice Girolamo. L'opre della fa-   *illud Matth*
lute (dice l'ifteffo) fenza la fama   *4 Abyt opi-*
del buon' odore, non rilucono   *nio eius.*
molto a gli vditori, nè la fama
fenza l'opra fà profitto.

D'vn'animo inclito è certo fe-
gno l'amar' il commodo della fa-   *Caffiod. lib.*
ma, e difpreggiar i guadagni de'   *1. epift. 3.*
negóti), imperoche chi brama il
commodo, e'l decoro della fama,
difpreggia l'aumento della pecu-
nia, dice Caffiodoro. Certo che nõ   *Idem ibid,*
fuggè la fatica (diffe il medemo)   *epift. 20.*
chi defidera la gloria della virtù.
                    Quefta

Alanus de complant. natura.

Questa è la gloriosa proprietà della vera fama, che disprezzi i brami sì di lei, e brami que', che la dispreggiano, e così l'huomo conseguisce la fama, fuggendo, la qual perderebbe, seguendo, così dice Alano.

Quindi si dipigne con veste bianca, per la candidezza dell'opre virtuose; onde come da vero fonte sgorga la buona fama. La tromba, c'hà nelle mani, sembra che si come la voce, e 'l suono d'vna tromba si diffonde per molte parti, così il buon' nome risuona per tutto, e se il sono di quella fà arditi i soldati, ed i caualli nelle battaglie; il buon nome rende valorosi gli huomini, ed incorati, per imitare i virtuosi, facendosi colmi di brame d'esser anch'eglino così portati inanzi con honore, e gloria. Ha l'ali la buona fama, che vola etiandio per parti remote, e non è cosa, che più velocemente scorra, e voli, quanto quella, che in vn tratto giunge da vna parte del mondo all'altra, che però camina velocemente questa donna: E'l Principe de' geroglifici, per la fama depigne il Cauallo Pagaseo, conforme in molte medaglie fù costumato anticamente, e gli antichi Eggittij, per la fama buona, diffusa per tutto, poneano vn fulmine, che quando s'auuenta dal Cielo, si sente il muggito per tutto con suono horribile. E'l grande Apelle, quando dipignea l'imagine d'Alessandro, gli ponea il fulmine in mano, per segno della sua ottima fama, ch'era diffusa, per tutto l'vniuerso, oltre gli altri significati, come Lisippo Statuario scolpì in mano del detto Rè, per segno della futura fama, vn Asta. Dietro haurà vn tesoro

Pier.Vale. lib. 4. ibi de fama.

Idē lib. 43. ibi de fulm.

d'argento, e d'oro, ed ella il rifiuta, standogli co'l tergo riuoltato, scorre inanzi, sembrando, che fà più conto del suo nome illustre, che d'ogni tesoro. E per fine v'è l'albero di Cipresso, che dona odore, mà è legno forte, ed incorruttibile, e di fuori ancora profuma le narici altrui, sembrando, ch'a vaghi di buon nome fà mistieri esser buoni nella vita, e costumi, e così senz'altro hauran buona fama, nè si dia a credere alcuno, che voglia hauer tal bene co'l viuere malamente, sotto pretesto, che sia cauto, e prudente nelle sue attioni, ch'il parlare di Christo non può mentire; *Nil enim est opertum, quod non reueletur: & occultum quod non sciatur:* Dinota il Cipresso altresì la mortificatione, e la penitenza, che paionmi efficaci mezzi, per far acquisto di buon nome, e fama, e conseruargli.

Matth. 10. C. 26

Alla scrittura sacra. Si dipigne la buona fama colla veste bianca, per l'innocenza, e candidezza delle virtù, della quale diuisò Giobbe; *Non recedam ab innocentia mea,* e Dauide, vaghissimo di buon'odore, e nome, così disse; *Iudica me Domine. quoniam ego in innocentia mea ingressus sum,* ed altroue; *Perambulabam in innocentia cordis mei:* La tromba sembra la diffusione per tutto della fama buona, come quell'ottima di Christo; *Et fama exijt per vniuersam regionem de illo.* Il suono della fama buona di Salomone giunse a' confini della Sabea all'orecchie della Regina Sabba; *Non credebam narrantibus, donec ipsa venissem, & vidissent oculi mei & probassem, vix medietatem sapientia tua mihi fuisse narratam: vicisti famam virtutibus tuis.* Camina velocemente, ed ha l'ali

Iob 27 A.5

Pf.15.A.1

Idem 110. A. 2.

Luc.4.C.14

2.Par.9.D, 9.

a gli

a gli homeri, perche così scorre, e vola la fama; *Velox apud cunctos fama percrebuit.* L'oro, l'argento, ed altre ricchezze, perche non gli stima, nè appreggia, però gli tiene da dietro, e ne' piedi; *Melius* *est nomen bonum, quà diuitia multa: super argentum, & aurù gratia bona.* E, per fine l'odoroso Cipresso; *Quasi Cypressus* *in monte Sion.* Ch'

vno di questi Cipressi, frà gli altri, era San Paolo, che daua soaue odore nella vita di dentro, e di fuori nella fama; *Quia Christi bo-* *nus odor sumus Deo in ijs, qui salui fiunt,* e per conseruarlo si mantenea in vna rigorosa mortificatione; *Semper mortificationem Iesu in* *corpore nostro circùferentes, vt & vita Iesu manifestetur in corporibus nostris.*

B V G G I A G. 24.

Vn fanciullo con faccia velata, e nascosta, hà vicino vna pica, ed vna bestia formidabile colle corna in capo, tiene in vna mano la statera, sù la quale stà vna banderola da fanciulli, e nell'altra mano l'arco, colla faretra alla cinta, piena di strali, e di lato vi sarà la tauola della legge.

LA buggia si dipigne da fanciullo picciolo, vicino ad vna formidabile bestia, essendo quella parto del diauolo, ed egli prima ne fù grauido, partorendola nel mondo, recandou' insieme la morte; il buggiardo si può dire realmente figliuolo di satanasso, come disse Christo all'Hebrei, quando gli predicaua la dottrina vera del Padre, e che lo conosceua per tale, ed eglino nol voleano, nè conoscere, nè confessare; *Si dixero quia non noui eum ero similis vobis mendax,* e come buggiardi chiamolli figlioli del diauolo; *Vos ex patre diaboli estis;* fi come que', che dicono la verità, sono figliuoli di Dio. E' dunque la buggia da lui originata, e di lui si fà maledetto figliuolo, chi suol dir delle buggie. Hà faccia nascosta, e velata, per due raggioni, prima, perche la buggia si nascon-

de sotto certe parole colorite, ed apparenti, e colà si ricopre; ò vero per la vergogna, ed obbrobrio, che patisce vn buggiardo, ch'è stimato molto vituperoso appresso gli huomini. La pica (secondo Pietro Valeriano) è geroglifico della buggia, e simulatione, essendo dalla parte dauanti bianca, e da dietro negra; come quella, che ne' sembianti sembra bella, e adorna, e da dietro è negra, e deforme, in guisa ch'è nell'esser proprio, e in fatti. V'è la bestia formidabile, ch'in maniera tale si trasforma vn mentitore, ed è somiglieuole a quella, benche vadi sotto sembiante di bellezza. La statera nelle mani del buggiardo dinota, che'l suo proprio è voler contrapesar il falso colla verità, e far ch'apparischi tale, e tanto l'abbellisce, finche gli dà il peso apparente di vero, ed è statera tanto

com-

commune, che tutti quaſi gli huomini vi peſano la parte loro, chi meno, e chi più. La banderola, traſtullo di fanciulli, ſignifica, ch'il buggiardo è inſenſato, e pazzo, mentre ſi parte dal vero, e nel parlare repugna alla mente propria, di cui oggetto è la verità; ſi dè dir dunque mentecato, ſenza fallo. L'Arco, ed i ſtrali ſono le parole del mentitore, con che feriſce, più che non feriſcono le ſaette ſteſſe. La tauola della legge gli ſtà in diſparte, per non rauuiſarla, perche queſti tali la diſpreggiano, nè vogliono ſentirla, ſtando quella fundata sù la verità, tanto da loro poſta in oblio.

Alla Scrittura ſacra. La buggia è figliuola del diauolo, ed i buggiardi ancora; *Semen mendax, qui conſolamini in dijs ſubter omne lignū frondoſum.* E Giouanni dice; *In hoc manifeſt: ſunt filij Dei, & filij diaboli.* Hà la faccia naſcoſta, e velata, per la vergogna; *Opprobrium nequam in homine mendacium, & in.*

ore indiſciplinatorum aſſidue erit. La Pica, geroglifico della buggia, ritenendo vari ſembianti. Ch'a tal propoſito fauellò l'Eccleſiaſtico; *Noli velle mentiri omne mendacium: aſſiduitas enim illius non eſt bona.* Hà la beſtia vicino, ch'è il diauolo; *Diabolus ſtat à deſtrii eius,* Quale fù allegorata, per quella, che vidde Daniello; *Poſt hoc volui diligenter diſcere de beſtia quarta, qua erat diſſimilis valde ab hominibus, & terribilis nimis.* La ſtatera de' buggiardi; *Veruntamen vani fily hominū, mendaces fily hominum in ſtateris,* Statera di buggia, ch'ogn'vno vi peſa; *Ego dixi in exceſſu meo: omnis homo mendax.* La banderola, in ſegno, ch'è ſtolto, e pazzo il buggiardo; *Vana ſpes eſt mendacium. viro inſenſato.* L'Arco, c'hà nelle mani; *Et extenderunt linguam ſuam, quaſi arcum mendacij, & non veritatis.* E la tauola della legge da parte, non veggendola, nè hauendola, nè piacendogl' il ſentirla; *Filij mendaces, nolentes audire legem Dei.*

Ecclesiaſt 7.B.14.
Pſ.108.A.6
Daniel. 7. E. 19.
Pſ.61.A.x.
Pſal. 150 A. 2.
Ecclesiaſt. 24.A.1, Ier.9.A.8.
If.30.C.9.

If.57.A.5.
Ioa.3.B.x.
Ecclesiaſt. 20.C.16.

B. V. G. G. I. A.   G. 25.

Huomo con vna vipera in capo, è tirato con vna fune, ed egli fà forza ſtabilirſ' in terra co' piedi, dalla bocca gl'vſcirà vna fiamma ardente, haurà ſott' il mantello vna ſpada naſcoſta, con che ſe ſteſſo, ed altri feriſchi, riuolgendo con vn piè vna ruota da cretaio.

LA buggia è vitio della lingua, qual deuia dalla rettitudine della mente, e l'etimologia della parola, mentiri, viene da, mens mentis; ed, eo is, ſi che, mentiri idem eſt, quod contra mentem ire, è vn'andare contro quel, che la mente ſominiſtra, appreſentand' il ve-

ro; e'l buggiardo dice mentita, e par che dicendola, contrari sè ſteſſo, ed in manierà grande ſi violenta di fuori, moſtrando coſa, che non incontra all' interno con cetto, e coſì il mentire, e dir buggia è peccato contro la natura, perche gli altri peccati ſi fanno o, *Con-*

ſcien-

scientia consentiente, màla buggia, *Conscientia repugnante*, Facendo forza di dire quel,che non è vero, essendo quello cosa adequata allo 'ntelletto nostro; la buggia non hà essere, e s'infinge hauerlo, che questo mostra il buggiardo di fare; cioè c'habbi l'essere quel,che non l'hà, ed apparischi co' sembianti quel,ch'ammette repugnanza nel-

Augu. lib. de mend. la soffistenza. E' la buggia (dice il Padre Sant'Agostino) vna falsa sig-nisicatione di voce, co'l intento

Idem sup. Ioa. d'ingannare. In guisa, che Dio Padre hà generato il figlio, ch'è verità,così il diauolo hà generato il figlio, ch'è la buggia, conforme dice il medemo.

Gregor. lib. Molte fiate (dice Gregorio) è
18.mor. più peggio l'imaginar la buggia, ch'esprimerla con parole; perche così souente è cagione di precipi-tarsi; màtenerla nel cuore, è cosa d'vn insidioso, e scelerato ingan-no.

E' concesso al diauolo dir alcu-na verità, acciò che la sua buggia

Chrisost. la lodi con qualche rara verità,
sup.Matth. dice Chrisostomo. Chi occulta la verità, e chi proferisce la buggia, l'vn',e l'altro è reo, quegli perche non hà voluto giouare, e questi,

Ans in epi. perche è bramoso di nocere, dice
ad Cor. Anselmo.

Quindi si dipigne la buggia da huomo,ch'è tirato, ed egli fà for-za al contrario, perche la con-scienza, c'hà mira al vero,il com-batte, per arrestarlo, acciò non diuisi il falso. Si dipigne con vn serpe, ò vipera su'l capo, per gli acuti,e viperei morsi, ch'altrui dà la lingua del perfido menti ore,ed empio buggiardo, ch'offende vie più colle sue menzogne, che mai velenoso serpe co' denti,che tosto vccidono, spargendo a gran diui-tia il veleno,e molte fiate s'incon-

tra più dell'angue pestifero, altre tale dannosa morte altrui, per sua caggione; con giusta maniera, dunque, si rauuisa co'l serpe in capo, la cui forma prese il primo seminatore di sì falsa zizania, che seminolla nel campo felice, infra nouelle piante, poco dianzi ram-pollate dalle diuine mani nel pa-radiso terrestre, che viuacemente immita il mentitore, e si fà figio-lo d'vn gran padre di buggie,ch'è satanasso, quale con volto virgi-neo apparue colà a' nostri ceppi, pur troppo deboli, e semplici al-le sue false astutie, che tal sempli-cità,e mentita santità mostrahauere il buggiardo.La fiamma,che l'esce di bocca, è la lingua di lui,quale fa più incendio, e caggiona più stragge nelle genti, che mai fiam-me accese nelle folte selue, poiche gran parte degli homicidij, delle distintioni, risse, e nemicitie s'ac-cendono per lo fuoco della men-tita, ch'esce di bocca. Il misero vccide se stesso colla spada, ch'è la graue colpa, ch'e' commette, e souente si suela la buggia,c'hà il piè zoppo,come si dice per Adag- *Adag.* gio, e'l male s'addossa sopra lui medemo, ombreggiando ciò la nascosta spada, ch'egli hà la men-tita buggia, che con velate, e na-scofte parole dice, colla quale altrui offende, ad vn'hora stessa; Ed Agostino dice, che l'Hebrei, *Augstin.in* vccisero Christo altresì colla *Psal. 63.* mentita spada delle lingue. La ruo-ta, qual volge co'l piè il cteraio, hà gran mistero, ed a punto, che tutte l'infamie,quali nel mondo nascono, e tutte le cose, che bu-giardamente si dicono, non senza detrimento graue di molti, e mol-ti, riescono dalle mentite; impe-roche la ruota volgendosi da quello, fà, ch'vna massa picciola

vadi

vadi pian piano crescendo, finche si riduch' il vaso nella sua vltima perfettione, e grandezza; hor altre tale adiuiene nelle cose mondane, per sorte dirà alcuno, il tale mi pare, ch'oprì la tal cosa, il che non altronde ne tien contezza, solo da sè il sospetta; è inteso dal mentitore, e porta innanzi l'vdita fauella, e vi mentisce, dicendo, non in maniera, ch' vdì, mà trasformandola; il tale si dice, che facci la tal cosa, agiungendoui non sò che d'affirmatione, lasciando di dire esser sospetto d'vn tale; è sentita questa falsa nouella, si reca innanzi, e di nuouo s'altera, ò la il tale fà la tal cosa, affirmandola da sè, senza dire, che così s'intende, e corre più auanti, da vn'altro mentitore si dice, il tale è ben cosa certa, ed hà del notorio, e publico, che facci la tal cosa, che rubbi, che godi la tale, che tenghi la tal prattica, c'habbi commesso il tal'eccesso, ò altro, e così quel misero resta con quell' infamia, quale sì facilmente dal mondo iniquo si tiene, e crede, e'l principio di quella fù vna semplicissima suspettione, e'l fatto non sarà nè anco immaginato, mà essendo stato portato in bocca con queste fabriche di buggia, alla guisa, ch'il cretaio co'l volgere, e riuolgere della ruota, reduce a compimento il vaso, così quegli co'l me-

narsi, per bocca vna picciola cosa di sospetto, fanno vn gran vaso d'infamia vituperosa, che cresce cotanto e certo ben m'auuiso, che la maggior parte delle cose, c'hoggi si dicono del tale, e della tale, esser talmente auuenute, ed originate da debolissimo principio, come vn muro, che pian piano si fabrica da pietra sopra pietra.

Andianne alle sacre carte, per auuerar' il tutto. Si dipigne la buggia da huomo colla spada nascosta, con che se stesso ferisce; *Os, quod mentitur occidit animam.* E' spada la lingua bugiarda; *Lingua eorum gladius acutus,* E ne' prouerbi si parla del medemo; *Lingua eius gladius acutus,* Qual la sfodrano, per vccidere ancora gli altri; *Exacuerunt v gladium linguas suas.* La vipera su'l capo, perche il bugg ardo morde, ed vccide; *Occidet eum lingua vipera.* La fiamma, che sembra l'incendio, e ruina, che fà l'istessa lingua; *Ecce quantus ignis, quam magnam siluam incēdit; & lingua ignis est vniuersitas iniquitatis.* La ruota del cretaio, simile alla quale è la buggia, di che fauellò Geremia; *Descende in domum figuli, & ibi audies verba mea. Et ascendi in locum figuli, & ecce, ipse faciebat opus super rotam,* E Giobbe parlando di tai fabricatori di buggia; *Ecce* (disse) *ostendam vobis fabricatores mendacij.*

Sap.1.C.ij.

Ps.56.A.5.

Id.63.A.4

Iob 20. C. 16
Iacob.3. B. 6,

Ierem. 18. A.2.

Iob 13.A.

H   C A:

CAPITANO G. 26.

Huomo ardito, vestito d'armi bianchi, con spada a cinto,
vicino haurà vn'elefante, ed vn leone con vn freno in
bocca, haurà d'appresso vna lancella d'acqua, con vn
paro di ferri, ed egli si terrà il dito al cuore.

IL Capitano è quello, che reg-   esser' il primo a dar di piglio all'
ge, e gouerna l'esercito, egli   armi, nè deue ritirarsi nelle bat-
precede in tutte le cose, douendo   taglie, perche gli altri dell'esser-
                                                           cito

sito suo faranno peggio; Quindi si dipigne da huomo sardito, e di cuore, e chi non si conosce di tal' ardire, non dee prendere tal carica. E' vestito d'armi bianchi colla spada, che sono le fattezze d'vn valoroso Capitano. L'elefante sembra la fortezza dell'animo, e'l leone altresì, quale si come non si spauenta per la vista di niun' altro animale; così il capitano non dee sbigottirsi mai, etiandio se s'incontrasse con qualunque valoroso, si fosse. Il leone tiene il freno, ed vn vaso d'acqua vicino, il che si raccoglie da quel, che d'Ateniesi si legge, i quali volendo combattere con i Cartaginesi, portauano frà l'altre cose ne' lor arnesi vna quantità di pietre di marmo, ed altre; venendo poscia a' fatti d'arme insieme con quelli, restorno perditori, e infra l'altre cose, che i Cartaginesi ritrouorono nel sacco dato ad Ateniesi, fur le sudette pietre; s'informorono, a che fine le portauano, gli fù detto, acciò n'ergessero per trionfo della vittoria vn colosso grande, e per trofeo: sdegnati di ciò i Cartaginesi, le diedero a Fidia Statuario, il quale nè formò la Dea Nemesi (come narra il Cartario) Dea delle vendette, con vn freno in bocca, ed vn vaso d'acqua in mano, il freno sembraua, che la superbia d'Ateniesi fù frenata da Dio, poiche non ancora haueano combattuto, e s'assicurauano della vittoria, e faceano poco conto de' nemici. Il vaso d'acqua si era, per ricordo de' Capitani, che debbono sempre far conto di lor contrari, e non stimargli poco, per non restar poscia confusi, ed ingannati, e mai tenersi la vittoria nelle mani: e si come tal'hora vno, prendendo vn vaso di cristallo nelle

mani pieno d'acqua, per bere al meglio, che vuole accostarselo in bocca, si staccano le maniche, e casca in terra, ed egli resta settibóndo, e beffato; così auuiene a' capitani poco accorti, e superbi, iquali confidati nelle lor forze, non fanno stima de'nemici, e nel precinto, che s'imaginano hauer la vittoria nel campo, restano confusamente perditori, perche non fanno conto di quelli, nè si sforzano quanto deuono, e così superbi restano perditori con perpetua ignominia. Il vaso d'acqua dinota di più la poca sicurtà della vittoria, che però bisogna far cóto di tutti, e star sempre vigilante. I ferri di piedi sono tipo della patienza, che si richiede nelle battaglie, de' patimenti, ed affanni, che colà auuengono. Il dito al cuore da segno dell'amicitia, che dee tenere con ogn' vno, nè far poco conto di nullo, come han fatto tanti valorosi capitani, che si son forzati tener corrispondenza, ed amicitia con tutti, il che sempre l'hà giouato, nè deue per ogni picciola cosa venire a' fatti d'armi, ed alle zuffe, e specialmente quando non hà ragione.

Nelle Diuine scritture si ritrouano tutte coteste metafore. Si dipigne il capitano vestito d'armi bianchi colla spada al fianco, che mostra l'ardire, e l'animo d'vn valoroso capitano, qual si troua pronto a combattere co'nemici, che disturbano la pace, qual'altro Giuda Maccabeo; *Et dilatauit gloriam populo suo, & persecutus est iniquos perscrutans eos, qui conturbabant populū suum.* Il leone, e l'elefante ombreggiano la fortezza, che dee hauer vn capitano, come quella di Arfaxad; *Arfaxad itaq̄ Rex Medorum subiugauerat multas gentes Imperio suo,*

fuo, come quella di Nabucodono-
for, c'hauea pèfiero d'impadronirfi del tutto; *Volauit, omnes maiores*
natu, omneſ, duces, & bellatores ſuos
&c. Dixit cogitatione ſuà in eo eſſe,
vt omnem terram ſuo ſubiugaret impe-
rio, e come la fortezza de'Romani;
Et audiuit Iudas nomen Romanorum,
qui ſunt potentes viribus, & acqueſ-
cunt ad omnia &c, Il freno, e'l vafo d'acqua, per rafrenare la fu-
berbia, e per far conto di tutti
ancora, come Dauide, quando
andò a combattere contro il gi-
gante, non fi confidò nelle próprie
forze, mà al nome del S'gnore;

Ego autem venio ad te in nomine Do-
mini exercituum Dei agminum Iſrael,
quibus exprobraſti. I feiri, per la
patienza; *Et audiuit Iudas nomen*
Romanorum, &c. & poſſederunt om-
nem locum conſilio ſuo, & patientia.
E per fine il dito al cuore, ch'accenna l'amicitia, che dè tenere
con tutti vn capitano, come fè il
valoroſo Giuda Maccabeo, qual
volle farla co'Romani, bench'egli
foſſe fortiſſimo, e pontentiſſimo;
Et hoc reſcriptum eſt quod reſcripſe-
runt in tabulis aereis, & miſerunt in
Hieruſalem, vt eſſet apud eos ibi me-
moriale pacis, & ſocietatis.

Idd 2 A.2.

1. Mac. 8.
A.2.

1. Reg. 17.
F.45.

1. Mach.8.
A. 1.

1. Mach.8.
C.22.
Idem ibid.

CARITA' G. 27.

Donna di belliſſimo aſpetto, veſtita di porpora, freggiata di preggiatiſſime gemme, coronata d'oro, co'piedi ſopra vn foudamento, ò fabrica, tiene in vna mano vn ramo di melo granato, e l'altra la tenghi pòg-
giata ſu'l capo d'vn picciolo fanciullo, a'piedi le farà
vn corno di douitia pieno di ricchezze, danari, gioie,
ed altre coſe, e vicino vn ſcudo, ou'è dipinta vna teſta,
ſopra di cui è il pellicano, le ſcorri vicino vn fiume,
che vadi a sboccare in vna fiamma grande, e non la
ſmorzi, mà più l'accendi.

LA carita è vna rettiſſima affettione dell'arimo, colla
quale s'ama Iddio per fe ſteſſo,
è 'l proſſimo, per l'dio; coſì la
diffiniſce S Agoſtino; *Charitas di-*
citur, quaſi càre vnitas; quia facit
hóminem Deo carum: O' pure, ſecondo il Dottor Angelico, è vn reci-
proco amore dell'huomo a Dio,
e di Dio all'huomo, fondato sù la
cómunicatione della beatitudine,
oggetto dellaquale è Iddio, amato
p ſe ſteſſo, e'l proſſimo, per Iddio.

La carità è perfettione grandiſſima nel Chriſtianeſi o, è virtù
sì rara, ed eccellente, che di tutte trionfa, e reca la palma, ch'in
eguaglianza dell'altre farà, com'
il Padre de' lumi inuerſo le ſtel e,
il Cielo inuerſo la terra, l'ampietà
del mare inuerſo vn picciòl riuo,
ed vn'alto monte al pari d'vn picciol colletto. E' la carità virtù sì
heroica, e ſoblime, che nè dourebbono far raccolta i mortali, e
a gran diuitia, per eſſer quella, che
rende

Auguſtin.

Dius Tho.
22. q. 3.
art. 1.

rende l'anime colme di gioie, ricche di freggi, adorne di beltadi, dorate di fine gemme di meriti, fmaltate có'l fino fmalto della gratia, trapunte con fila d'oro di gloria, e d'argento di beatezza, e pace, ch'altronde l'origin non trahe, fol che da quel fonte inefauftiffimo della verace carità di Dio, onde tutte le virtù hanno principio, ed origine; quind' il fanto Profeta di Dio, tutto rapito in fpirito, vna fiata fauellando à mortali, per infegnargli oue poteffero attigner la radice de' lor meriti, ed eſſer colmi, di che poſſea rendergli ogn'hor felici, e beati, diſſe; *Ponite corda veſtra in virtute eius, & diſtribuite domos eius: vt enarretis in progenie altera.* O Santo Dauide sì ricco de' fegreti diuini, che coſa voleui auuiſar'a gli homini in sì oſcure parole, che diuiſi; che recaſſero i lor cuori nella virtù di Dio, e dilataſſero i lor ricetti, p poterne poſcia dar contézza infra l'altre genti; in vero il tuo raggionare non è ſenza altiſſimo miſtero e forſe, per virtù tale, voleſt' intendere con Attanagio la Vangelica Dottrina, onde i cuori po' eſſer riceuere ogni piacere, e guſto ſpirituale, ò la potenza di Chriſto come parue à Cirillo, e ad Vgone Cardinale, ò del fuo nome auguſto, per quáto ſpoſe l'Incognito, ò a tal virtù ſembra la potéza de' Prelati, come filoſofò Eutimio, ò pure lo Spirito ſanto come parue al Dottor Angelico; mà, erna più d'acconcio, per intender l'eninma ſottile, lo 'ntendimento d'Agoſtino, Caſſiodoro, e della Chioſſa ordinaria, che virtù cotale ſia la carità del gráde Dio, a cui nó pareggia niun'altro bene, p r eſſer ella inuincibile, imméſa, infinita, e ſuperchiáte tutte quelle de' Santi, hor colà bramaua il Pro-

feta. inneftaffimo i'noſtri cuori, per diuenirgli ricchi dell'amor fuo, e dell'ineffabil carità, doué do altresì dilatar le fue caſe, ed habitationi, che fono l'anime, e noſtri petti, quali dobbiamo ampliare, per moſtrar le viſcere à lui, da noi cotanto amato; *Vt enarretis in progénie altera;* Acciò nel giorno dell' vniuerſal giuditio, alla preſenza d'altre nationi, ſpecialmente di quelle di Cielo, che ſeco terráno pompa, quando faranno eſame, ſe gli huomini han moſtrato queſt'amore a lui, ed a' poueri, che col ſembiante fuo fur rauuiſati, come propriamente dirà; *Quandiu vni ex his fratribus meis minimis feciſtis, mihi feciſtis.* Hor queſto è 'l ſegreto di Dauide, d'infraporre i noſtri cuori alla virtù di Dio, per accendergli al fuoco della molta carità ſua; *Ponite corda veſtra in virtute eius.*

Carità virtù grandiſſima, quale (diceua il gran P. Agoſtino) eſſer quella, che vince tutte le coſe, ſenza la quale niente vagliono, ed ouunq; farà, tirarà a ſè tutte qualunq; coſa. La radice (dice l'iſteſſo) di tutti beni è la carità, e di tutti mali la cupidigia, ed inſieme tutte due non poſſono eſſere, perche s'vna di quelle non ſi ſuellerà, non potrà piantarſi l'altra. Vn triſto (dice lo ſteſſo) può hauer tutt'i Sacramenti, mà non la carità, la quale è incompoſſibile col vitio.

La carità (dice Caſſiodoro) è moderatrice d'errori, virtù di combattenti, palma di vitij, concordia d'elementi, compagnia d'eletti, parto della fede, alla qual corre la ſperanza, ed a quale ſerue il profitto di tutti beni.

La mente, di cui vna fiata s'impoſſeſsò la carità, ella non laſcia così volontieri il ſuo dominio, e ſi follecita al poſſibile di ritenerſi

Pſ. 46 B. 14

Atanaſ. &

Thom. hic

Auguſt. &
Caſſiod. hic

Auguſt. de doct. Chriſt.

Id. homil. 6 ſuper Ioan.

Idem de laude char.

Caſſiod. ſuper Pſal.

Greg in Epiſt.

il possesso, così dice Gregorio Papa. La carità è quella, che fà conoscere i veri Christiani da' finti, e buggiardi.

Serica cum spectas indutum palæ Regem,
Qua Regem agnosces, non tamen inde liquet.
An caput eximio cinctum diademate cernens.
Regis habes certum, iam diadema, decus
Non mihi Christiculas ieiunia longa, laborq;
Non mihi cum lacrymis vota, precesq, notant
Christiculà est aliud signum, quod prodet aperte:
Christicus vero exprimit vnus amor.

La Carità è principalissima virtù infra tutte, e niuna altra può esser giamai di valore; se non và innestata, ò è in lei fondata ben bene, ed ella è regina di tutte l'altre. Quindi da tale, n'appar' vestita di ricchissimo màtose di reggia porpora, freggiata di pregiatissime gemme, ed ispetialmente di molti diamanti, e carbonchi, che tal'è il vestimento di Rè, per esser regina dell'altre virtù, che però stà coronata, e per le molt'eccellenze sue; e come l'Adamanti traggono il ferro, così questa trahe i cuori humani. Il carbonchio, c'hà color di fuoco, è in segno, ch'ella fà soffrire con patienza le tribolationi di questa vita; v'è la corona, per lo dominio grande, che tiene nel mondo; e'l Padre Sant'Agostino dice, che la carità è radice di tutt'beni. E Gregorio Papa altresì, come da vna radice procedono molti rami, parimente dalla carità molte virtù, nè hà alcuna cosa di verde niun ramo di buon opra, se non è fondato nella radi-

Augustsu- per Ioann. homel. 8. Greg. Pap. in Homel.

ce di sì preggieuol virtù, laquale è fonte di tutti beni, radice di tutte l'opre Christiane, e fondamento d'ogni perfetto edificio: Questa è quella, che rende l'huomo caro a Dio, ed a lui l'vnisce con legame, vie più d'ogn'altro stretto, sequestrandolo da ogni cosa mala, conuiene, dunque, il grand'Encomio, a niun'altra cosa conueniente, che del suo cotanto fauorito nome si facci nomar'il sourano Iddio; *Deus charitas est, & qui manet in charitate in Deo manet, & Deus in eo.* E così se l'huomo oprasse ogn'altro bene, finalmente giungesse a bruggiar la propria persona, e dare tutta la sua sostanza a' poueri, distolto, e recato in disparte, ch'egli sia da cotanta virtù beata, a niente gli gioua, come ben lo diuisò l'Apostolo; *Si dedero corpus meum ita vt ardeam charitatem autem non habuero nihil mihi prodest, & si distribuero in cibos pauperum omnes facultates meas, nihil sum.* Tiene il ramo di melo granato, tanto gradito a Dio, ch'il diletto confessa esser a bella posta desceso, per vedere, se fosse fiorito il giardino, e la vigna, e spreggiando tutti gli altri alberi, solo è bramoso di vagheggiar quello; ed hauer contezza, s'hauesse buttato i primi parti, e le prime gemme, e se fosse intiero da' giacci, da' neui, ò rughe; *Descendi in hortum meum, v viderem poma conualium, & inspicerem, si floruit vinea, & germinassent mala punica,* Per ombreggiar col mel granato la carità, che tanto l'aggrada, aprendo, e squarciando la propria cortice, per racchiudere i rampolli, com'ella è appunto vaga di permettere il proprio dâno, per solleuar altrui, in guisa, ch'il glorioso Martino il proprio manto diuise, per ammantarne vn po
uero

I. Ioan. C.16.

I. Cor. 13. B.3.

Can. 6 C.

uero di Chriſto. L'altra mano, con che protege il figliolo,eſſendo próprio di coteſta virtù protegere; è giouare altrui , e far benefici. Il corno di douitia,e i danari a' piedi, perche queſta virtù non fà tener in preggio le coſe del mōdo, per la molta vnione , ed amicitia, c'hà con Dio, mà ſtima sì le coſe del Cielo. Tiene il fondamento, ò fabrica ſotto i piedi , perche ella edifica, ed è principio d'ogni edificio perfetto. Tiene lo ſcudo, con che ribatte i colpi delle tentationi, delle tribolationi , e d'affanni, facendogli parer dolci. La teſta couerta ; ch'è ſegno d'homicidio, e d'altri mali, coprendogli tutti queſta virtù, nè fà coſa di male. Il pellicano è vero ſimbolo della carità , che per auuiuar i propri parti, ſi fora il petto, conforme fè Chriſto ; onde diuisò bell'ingegno, fauellando di lui miſtico pellicano ; *Hic pellicanus adeſt, qui proprio ſanguine vitam, reſtituit pullis effodiendo latus.* E per fine, il fiume, che rapidamente corre alla fiamma,nè la ſpegne, ſembra, che tutte l'acque delle tribolationi del mondo, e di tutti mali, non poſſono ſpegner il fuoco della vera carità, e amor di Dio.

Ecco gli oracoli ſpirituali, ch'auuerano . Si dipigne la carità da donna veſtita di porpora reale,che queſto era il veſtimēto dell'anima Chriſtiana caritatiuā,e predeſtinata; *Biſſus, & purpura veſtis illius.* La corona d'oro; *Corona inclita proteget te ; & corona aurea ſuper caput eius.* Il melo granato,ſimbolo della vera carità,a cui fù paragonata la ſpoſa eletta ; *Malorum punicorum cum pomorum fructibus.* La mano ſu'l figliolo, per lo giouamento, che fà, nè fà coſa di male a nullo; *Charitas non agis perperam.* Il corno di douitia di proprie ricchezze ſotto' piedi , non facendone conto; *Charitas non quærit, quæ ſua ſunt.* Lo ſcudo della tolleranza,e patienza; *Charitas patiens eſt, benigna eſt .* Si cuopre la teſta tagliata dal buſto, per i mali,che cuopre queſta regia virtù; *Vniuerſa delicta operit charitas,& charitas operit multitudinem peccatorum.* Il Pellicano,ch'è ſimbolo della carità, qual fù in Chriſto, che ſe ſteſſo per altrui recò a morte; *Tradidit ſemetipſum pro nobis factus obediens vſq; ad mortem.* E'l fiume, in fine, delle molt'acque, che non poſſono ſmorzare la fiamma di sì eccellente virtù; *Aquæ multæ non potuerunt eſtinguere charitatem.*

Prou.4 B 9
Cant.4. C, 13

1. Cor. 13; B.4.

Idem ibid,

Idem ibid.

Pro.x,B,13

1.Pet.4.B, 8,

Phi.2. A.8

Cắt.8,B.7;

CARNALITA' G. 28.

Donna veſtita di color roſſo , coronata d'edera , con gli occhi roſſi infiammati , ed altieri, che guardano fiſſi, le pende dal capo in giù vn laccio lungo , e tenghi in vna mano vna ſpada con vna morte ancora , ed in vn altra vna teſtudine, ed vn mantice altresì, per ſoffiare, tenghi coteſta donna la ſottana alquanto breue, e ſtia ligata con vn laccio nelle gambe , eſſendole d'appreſſo vn porco immondo.

LA carnalità, ò luſſuria è vn ardente, e isfrenato appetito nella concupiſcenza carnale, trapaſſando ogn'ordine, ogni legge, ed ogni douere, quindi ſi dipigne co'l veſtimento roſſo infiammato, per le molte fiamme infocate, c'hanno i carnali, che ſono gl'incentiui della carne, con che continuamente bruggiano. Si rapreſenta coronata d'edera, di cui diſſe Euſſatio, che fù data a Bacco, per ſegno di libidine. Il laccio, qual pende, ſembra, che queſto vitio allaccia i cuori, e le donne colle lor luſinghe ancora fanno il medemo; *Mulier autem viri pretioſam* *Pr. 6. c. 27. animam capit.* Hà in vna mano la ſpada, ed accenna, che continuamente pugna la carne contro lo ſpirito, anzi infra' maggiori combattimenti, c'hà l'huomo in queſtà vita, ſi numerano quelli della carne, conforme diuiſò il Padre *Auguſt ſer.* Sant'Agoſtino; *Inter omnia certa-* *57. ſuper* *mina Chriſtianorum, duriora ſunt* *Matth.* *prælia caſtitatis, nam ibi continua* *pugna rarior victoria.* Con queſt'armi fortiſſimi combatte ſatanaſſo contro noi, e ben ſpeſſo riporta la palma, eſſendo continua la pugna, mà rara la vittoria, nella qual bataglia ſon reſtati perditori i più grád'huomini del módo, come vn fortiſſimo Sanſone, vn Dauide, vn Sauiſſimo Salomone, vn Magno Aleſſandro, ed altri; ſul principio par, che ſia coſa vincibile tal nemico, mà è rocca fortiſſima, e quaſi non diſſi, ineſpugnabile. Dicono i Naturali del Baſiliſco, ch'è anima le molto picciolo, mà colla forza del fiato tragge gli vccelli grandi dall'aria, che poſcia auuelena, ed vccide; coſì è la carne coſa picciola, nè la ſua ardenza ſembra coſa'grande, mà auuelena lo ſpirito di grandiſſimi huomini, e molte

fiate di perſone, c'han grandemente profittato nella via ſpirituale. V'è la morte, perche queſto vitio vccide. Hà gli occhi roſſi infiammati, in ſegno del bruggiante calore della libidine, e del molto ſangue, che caggiona queſto vitio. La teſtudine (ſecondo Ari- *Ariſt. lib.* ſtotele) non hà cuore, e ſenza *de natur.* quello viue, e muore, ſignificando, *animal.* che chi frequenta queſto vitio, ò ſe gli dà in preda, come ſono queſt'huomini tali, e quelle meretrici ſfacciate, che non han cuore, nè amore a Dio, e parche non habbiano anima le miſere, che coſì viuono inauedutamente; ò pure la teſtudine gli antichi poneuanla, per rapreſentare il peccato della carnalità, facendo cent'oua, che cento, e mille parti infami fà queſto peccato ancora, e quaſi tutt'i mali da lui ſi ſpiccano. La ſottana alzata di terra colle gambe allacciate, ſignifica, ch'i carnali ſtan ſtrettamente ligati dal diauolo, per volergli tirare all'inferno. Il porco dà ſegno dell'audacia di queſto vitio, ed i naturali dicono, ch'il porco, benche ſia animale viliſſimo, pure co'l ſuo grugnito, colla ſua voce, e co'l ſuo ſembiante, che tal fiata è fiero, fà arreſtar in dietro l'elefante dal combattere, ò almeno gli fà perdere l'ardire, tanto gli reca terrore, il che moſtra queſto peccato, ſignificato per lo porco, dominato da tal vitio, ch'atterriſce i valoroſi combattenti, che ſono i Chriſtiani ſpirituali, che perciò ſouente ritiranſi negli heremi, nelle ſolitudini, e nelle religioni per tema di lui.

Alla ſcrittura Sacra. Stà veſtita di roſſo la carnalità, per la fiamma, in che viuono i carnali; *Non* *libe-*

If.47.D.15 *liberabunt animam suam de manu flamma* , E l'Ecclesiastico esortaua a fuggire tal fiamma di libidine; *Ecclesiast.* *Ne incendaris flamma ignis peccatorum illorum* , Che sono i carnali. La corona è d'edera per segno della carnalità, della quale parlò S. *Rom.8.B.9* Paolo; *Qui autem in carne sunt, Deo placere non possunt* . Hà gli occhi lasciui , e vani ;per la fornicatione , della quale parlò Ezzecchiello; *Ezzecch.6* *Oculos eorum fornicantes post C.15.* *Idola sua.* Che sono l'oggetto vani, che si guardano;Sono altieri, dando segno di fornicatione ; *Ecclesiast.* *Fornicatio mulieris in extollentia oculorum, 16.B.12.* & in palpebris illius cognoscetur.* Guardano fissamente , e con lasci-*Iob 40C.19* uia feriscono ; *In oculis suis quasi hamo capiet.* La spada, con che fe-riscono co'vani desideri , della qua-*1.Pet.2.C.* le parlò San Pietro ; *Abstinete vos 11*

à *carnalibus desiderijs , qui militant aduersus animam,* La morte; *Rom 8.B.5* *Quia sapientia carnis mors est.* La testu-dine , per i molti frutti mali di questo vitio , e San Paolo gli nu-*Galat.5.C.* mera a pieno cotai frutti infausti; *19* *Manifesta sunt autem opera carnis, qua sunt fornicatio, immunditia, impudicitia, luxuria idolorum seruitus, veneficia , inimicitia , contentiones, emulationes, ira, rixa, &c.* Stà liga-ta con funi ne'piedi ; *Laqueum pa- Pf.56.B.7.* rauerunt pedibus meis,* ed altroue; *&139.A.6* *Funes extenderunt mihi in laqueum.* Il porco , qual sembra la carne, ch' abbatte, ed atterrisce l'Elefan-te dello spirito, come diceua San *Gal.5.C.17* Paolo ; *Caro enim concupiscit aduer-sus spiritum: spiritus autem aduersus carnem:hac enim sibi inuicem aduer-santur : v non quacumque vultis, il-la faciatis.*

CASTIGO DI DIO. G. 29.

Huomo con faccia seuera , e sdegnata, che sembra far
atti di sdegno,hà vna spada in vna mano , ed vna
falce, e nell'altra vn splendido sole.

IDDIO benedetto è colmo di pietà, e misericordia, tutta fia-ta per le molte , e continue scele-ragini, che commettono gli huo-mini , taluolta s'adira , e manda castighi, come fè nel diluuio vni-uersale, quand'era cotanta la ma-*Gen 6.B.ij.* litia sopra la terra, come si dice nella Genesi; *Corrupta est autem ter-ra coram Deo , & repleta est iniquita-te ,* e più oltre ; *Omnis quippe caro corruperat viam suam super terram,* E come fè altresì a quelle genti *Ibidem 19.* nefande, che bruggiò col fuoco; *V.24.* *Igitur Dominus pluit super Sodomam, & Gomorram sulphur, & ignem à*

Domino de Calo. E gastighi mag-giori si vedranno nella morte de' peccatori,quale pessima si descris-*Pf.33 D.22* se dal Profeta reale ; *Mors peccato-rum pessima ;* Per esser morte eter-na nell'inferno . Hor questo ga-stigo di Dio sì seuero , si dipigne da huomo con faccia seuera , e sdegnata, per i gastighi , ed afflit-tioni, che giustamente il Signore mandarà a' tristi . La spada , c'hà nelle mani, è l'istromento della sua diuina giustitia , di doterlo adoprare contro rubelli di Sua Diuina Maestà, e della sua Santa Legge. La falce sembra il gastigo,

I   per

Pier. lib.
42. ibi de
falce.

per fentenza dèl Principe de' Geroglifici,quale da gli antichi fi ponea in mano del cuftode delle vigne, per guardarle da' ladri,e qui
fembra il gaftigo del Signore , e fi
come quella tronca le fpiche nel
campo ; così troncherà egli il capo a' peccatori ; dandogli eterna
morte. Il fole, per fine, che tiene
nell'altra mano, fi è, perche con
niun' altra cofa fi raprefenta più
Iddio , quanto con quello, effendo vnico al mondo ; lucidiffimo
Rè di pianeti, e gran Duce delle
ftelle; com'egli è folo Dio, fplen-
didiffimo nella fua gloria, Rè potentiffimo infra tutti Regi, Signore delle ftelle di tutti Santi, e di
tutte le creature. I Perfi con niun'
altra cofa raprefentauano Iddio,
che co'l fole, e così tutti gli altri
Dei haueuo abbandonati, folamente adorauano quefto pianeta;
E Pitagora l'hauea in grandiffima
veneratione, fi che dicea , effer
gran male ogni picciola irreue-

renza fe gli faceffe ; Ed Hefiode
fra gli altri precetti, che lafciò, fà
chè con ogni riuerenza s'honoraf-
fe il fole.

Alla fcrittura facra. Si dipigne
con vòlto feuero, degnofo, e adirato il gaftigo di Dio , che così lo
viddc,o lo comò Dauide; *Tu ter-* *Pf.75.B.8.*
ribilis es, & quis refiftet tibi , ex tunc
ira tua. Tiene la fpada, così dicendo il medemo; *Gladium fuum vi-* *Pf.7.D.13*
brabit , E la sfodrarà contro trifti;
Vide ergo bonitatem , & feueritatem *Ad Rom.*
Dei : in eos quidem , qui ceciderunt, *11.C.22.*
feueritatem ; in te autem, &c. La
falce ; per lo gaftigo, così vifto il
figliuol di Dio da Giouanni con
quella in mano ; *Et vidi , & ecce* *Apoc. 14.*
nubem candidam , & fuper nubem *C.14.*
fedentem fimilem filio hominis haben-
tem in capite fuo coronam auream,
& in manu fua falcem acutam E per
fine, il fole nell'altra mano, che
fembra Iddio; *Ortus eft fol, & con-* *Pf.13 C.22*
gregati funt , & in cubilibus fuis col-
locabuntur.

CASTITA'. G. 30.

Donna di faccia molto bella, co'l veftimento candido,
e rifplendente , coronata , con vn giogo in mano, ed
vna sferza alla cinta, nell'altra mano haurà vna
pianta di cinnamomo , tenghi d'appreffo vna torre
formata d'auorio, sù la quale fono molte colombe
feluaggie.

L A caftità (dice il Dottor Angelico) è virtù detta dal ga- *Tho. 2.2.q.*
151.art. I.
ftigo, come caftità, *à caftigatione,*
e prefa in vniuerfale, è ogni virtù;
mà fpecialmente è il contenerfi
folo dalla cofe venerec; è differente dalla pudicitia, che folamente è l'aftinerfi da' fegni venerei,

come toccamenti,bagi,e fimili,mà *Idê 2. 2.q.*
160.art.9.
quella è dalla commiftione carna-
nale, da che s'aftiene ,conforme
dice il medemo.

E' la caftità, infra tutte le virtù,
di rarifsima eccellenza, contenendo la monditia del copo, e quella della mente infieme , onde adiuiene

uiene colma d'ogni beltate, e ricca di tutti freggi, di buona offernanza, non potendo addoffarfi cotanto male, com' è quello di feruire a' vani, ed impudichi appetiti, per lo che non vien fatta foggette a creature sì vili, douendo fofpigner l'amor fuo folamente al fourano Fattore; e l'anima eletta, che gli fù grata, e cara, fi refe cotanto amica di sì rara virtù, che nelle canzone fpirituali infra tanti, e vari pannegirici detti in fua lode, molte fiate fù dallo fpofo fuo diletto diuifata colla fembianza d'vna vaga, ed amorofa colomba, sù la foglia del quarto capo; *Quam pulcra es amica mea, quam pulcra es: oculi tui columbarum;* Ed altroue in que' cafti colloquij, la bellezza di lei viene rafomigliata alle colombe, ò pur le fue belle luci, ch'emolauano a' ricami celefti; mà fe il Signore egl'è tanto vago di sì rifplendente virtù, è ben miftieri, che la fua diletta fpofa ne foffe altresì amante gelofa; hor dunque, fe così è, perche vien paragonata cotante fiate alle colombe, che (s'a' naturali crederemo) fono vccelli lafciui, ed impudichi; nè dobbiamo effer dubbiofi, che lo Spirito Santo fotto tal raffembranza velaffe alto miftero, ed apunto (fenza che mal m'auifi) fi è, che fauellaffe dell'anima fanta, in cui, come in vn ricco freggio dorato, foffero varie gemme pretiofe di virtù, infra quali campeggia vn' ricchiffimo adamante di caftità, e fi degna paragonarla alle colombe, non ordinarie, e domeftiche, mà feluaggie, che fogliono formar ricetti nell'alte rupi d'alpeftri monti, e quefte fono di pochiffimo coito, ed amiche della pudicitia, e caftità, come fenza

Cant.4 D.1.

fallo è l'anima, che defia far cofa grata al Signore.

La caftità (dice Sant' Agofino) raffrena l'empito della libidine, effendo virtù ritenente la carne fotto il giogo. Non dite voi hauer gli animi pudichi, fe hauete gli occhi impudichi, perche l'occhio impudico è nuntio chiaro dell'impudico cuore, dice l'ifteffo.

E' maggior miracolo fradicar dalla carne il fomite della luffuria, che difcacciare da' corpi gli immondi fpiriti, dice Beda.

Acciò la mente fi conferui monda nell' operatione, fi debbono diftogliere, e deprimer gli occhi dalla lafciuia, e dal piacere, in guifa, che i ladri fi debbono gaftigar nella colpa, dice Gregorio Papa.

Non è caftità quella, ch'è forzata da timore, nè honefta quella, ch'è condotta ad offeruanza, per mercede, così dice Ambrogio.

La caftità fenza i fuoi compagni, che fono il digiuno, e la temperanza, tofto fi perde, mà fe da quelli farà aiutata, facilmente fi coronarà, dice Crifoftomo.

Si dipigne di faccia bella, co'l veftimento lucido, e rifplendente la caftità, perche è virtù belliffima, continente la candidezza, e'l fplendore dell' honeftà, della pudicitia, e della fama, che di quefta virtù doueano rifplendere i facerdoti della Dea Cibale madre delli Dei, quali fi doueano caftrare, acciò offeruaffero la caftità, e fi chiamauano Gallinacei, perche caftrauanfi all' vfanza di galli, come raconta Ou idio; parimente debono rifplendere i Criftiani, c'han da feruire il vero Dio. Stà coronata, in fegno della vittoria, che riporta il Chriftia-

Auguft. de definit.

Idem de commoni vita cler.

Beda in collatio. patr.

Gregor. moral. 21.

Ambr. lib. de Virg.

Crifoft. fup. Pf. hom. o.

Ouid lib. 4 de feftis.

no, per vincere l'appetiti della carne, e far soggetti i sensi sboccheuoli, raffrenandogli col freno della raggione. Tiene il giogo, con che doma l'appetiti della sua carne, alla guisa degl'indomiti giouenchi; e'l Padre S. Agostino dice, che la castità è vna virtù, che raffrena l'empito della carne sotto'l giogo della raggione. La sferza dinota il castigo del corpo, con che si mantiene la vera pudicitia. La pianta del cinamomo, c'hà in mano, quale si troua nelle rupi, e ne' monti frà spine, e triboli, e si coglie con gran difficoltà, è per significarne, che la castità si conserua, co'l star fra le spine della mortificatione, ed astinenza - infra i triboli delle discipline, e digiuni, e non nelle delicatezze, negl'otij, e nelle morbide piume; e quella nelle rupi solitarie, conseruandosi nella solitudine, cotal' virtù qual; *Sola fuga coronatur,* Nell'aspre rupi, oue sono fiere indomite, bisognando combatter molto, per mantenerla, come dice Agostino; *Inter omnium Christianorum certamina, duriora sunt pralia castitatis.* Ed Isidoro dice, che sei cose mantengono la castità incorrotta, la sobrietà, l'operatione, ed esercitio, l'asprezza, il ritener cautamente i sensi, l'honestà nel parlare, e la fuga dell'occasione. La torre d'auorio sembra l'incorrottibiltà di questa virtù, e à quel, che dice Plinio, ritrouasi vna sorte d'auorio, che si genera in terra colle pietre, il quale conserua i corpi sepolti nel sepolcro, che si fabrica di lui, e così dice, ch'in vn tal sepolcro fù sepelito Dario Rè di Persi, quest'è

Augu. lib. de diff.

Augu. lib. 3. ser. sup. Matth.
Isid. 2. lib. da sum. bo.

Plin. lib. 36.C.17.

l'auorio incorrotto della castità, il quale conserua dalla corruttione, e dalla morte.

Andianne alle sacre carti. La castità è di molta bellezza, rapresentandosi per vna donna bella, con candido, e splendido vestimento, che così la commendaua la sapienza; *O quam pulcra est casta generatio cum claritate.* E' coronata, in segno di vittoria; ch'in tal guisa fù coronata di gloria, e di fama immortale la santa Giuditta, cotanto amatrice di sì eccellente virtù; *Tu gloria Ierusalem; tu latitia Israel;* Essendo anco colma di special conforto; *Confortatum est cor tuum, eo quod castitatem amaueris.* Tiene il giogo, per don are i sensi, del quale diuisò Geremia; *Bonum est viro, cùm portauerit iugum ab adolescentia sua,* Benchè parlasse in generale, ma si può ristringere al giogo particolare della castità, qual'è difficile porsi a gli appetiti giouenili; La sferza nella cinta, con che si gastiga il corpo; *Sed castigo corpus meum, & in seruitutem redigo.* Il Cinnamomo odoroso, qual sembra tal virtù, che si conserua fra le retiratezze, come quello à ne' luoghi scoscesi, che però la santa sposa, sì ritirata, e casta, diede odor tale; *Sicut Cinnamomum, & Balsamum aromatizans odorem dedi.* La torre d'auorio ombreggia l'incorruttione di questa virtù, rassembrandosi però a lei il collo della castissima sposa; *Collum tuum sicut turris eburnea;* Essendo quello simbolo della fortezza, che bisogna hauere vn'anima casta, per non macchiarsi nella libidine.

Sap.4.A.1

Iud.15.C. 11

Tren.2.C. 17

1.Cor.9.D. 17

Ecclesia. 24. B 20.

Cät.7.B.5

CASTITA' MATRIMONIALE G. 31.

Vna donna d' età matura , vestita di vago vestimento, sopra di cui vi siano tanti fiori smaltati all'vsanza de gigli ; tenghi in vna mano lo scettro, e nell'altra vna tortore, a' piedi le stia vn'Armellino, vno Elefante , ed vna Cerua.

SI dipigne da donna matura la castità matrimoniale , in segno, ch' i gionti in matrimonio non si deuono connumerare più fra' molti giouani, e infra quelli, a cui, ad vn certo modo conuengono le leggierezze, mà han da procedere come maturi, prouidi, accorti, e folleciti alla cura l'vn' dell'altro, della casa, e famiglia; si chè la donna , poco dopo il maritaggio , dicesi matrona , sembrando esser donna matura di gouerno, e di senno, sequestrata dalle vanità dell'altre giouanette ; e de gli huomini altresì il medemo dee dirsi . Tenga il vestimento pieno di fiori, come gigli, essendo cotesti simbolo della pudicitia, e castità, in maniera che si come il giglio stà frà cespugli, così la castità fra l'asprezze della penitenza, oue si mantiene . Lo scettro, c'hà in mano, è quel dominio, c'hanno i maritati, e libertà l'vn con l'altro. La tortore, quale non s'accompagna con altro vccello, che co'l suo proprio compagno, e quello già morto, se ne và sola, per secchi rami, senza mai conoscer altro ; douendo far così gli sposi, non accoppiarsi con altra persona, nè dopo morte , per meritare il vero effetto del primo matrimonio: Orosio, Valerio Massimo, e Plutarco nella vita di Ma-

Oros. 5. lib. *Val Max.*

rio racontano , ch' essendo con grandissima stragge vinti da' Romani i Francesi Allobrogesi le donne di costoro , e le mogli chiesero a' Romani di viuere castamente , e seruire il tempio della Dea Veste , il che essendole negato, elleno con i loro figli, più tosto s'vccisero volontariamente, che volsero corrompere la lor castità matrimoniale, e la fede d'anzi data a' mariti , benche fossero di vita estinti . L'Armellino, ch'è a' piedi , qual'è animale gelosissimo della purità , più tosto lasciandosi morir di fame, ch' imbrattarsi nel fango, all' vscir dal suo ricetto , è simbolo della castità illibata , che dee mantenersi da' congiugati, douendo prima esporre la vita al morire, ch' indurre macchia nella lor castità, e possasegli dir , com' altri disse di sì gentile animale; *Prastat mori quam sadari.* De farsi, in oltre , l'atto matrimoniale da' congiugati con molta honestà, ed a' tempi debiti , tratti dall'essempio dell'Elefante , che mostra a gli altri animali vna pudicitia grande, e mai (s' a' naturali crediamo) si giunge colla compagna, se non di nascosto, e solamente in dui anni, nel quinquennio del mascolo , e decennio della femina, e di raro in tai tempi ; in che debbon specchiarsi i maritati,

lib 6. & *Plut. in vi-* *ta Mar.*

Lactant.

in

in non conoscere altre persone, ed in vsar l'atto del matrimonio di nascosto, con ogni debita honestà, e verecondia, e ne' giorni, e tempi conuenienti, essendo bene astinersi ne' tempi quaresimali, e di penitenza, e quando sono per prender i Sacramenti; e con l'essempio ancora de' Cerui, che giamai s'accostano a quell'atto, se non è ben fatta la purgatione; facendono il contrario molti del mondo.

Alla scrittura sacra Si dipigne la Castità Matrimoniale da Donna matura, che dinota la perfettione de' sensi, e la maturità di questa virtù, della quale parlaua l'Ecclesiastico; *Beatus qui habitat cum mu-* **Ecclesiast.** *liere sensata*, Quasi, ch'in lei era **25.B.10.** per mar.teneis' illibata la castità del matrimonio. Tiene i fiori all' vsanza de' gigli, per la fraganza di tal virtù, come ben diuisò l'Ecclesiastico; *Florete flores, quasi lilium,* **Ecclesiast.** *& datem odorem, & frondete in gra-* **39.B.19.** *tiam*, E dell'anima eletta, che fù sì osseruante di tal virtù co'l suo sposo, altresì disse; *Sicut lilium in-* **Cat.2.A.2.** *ter spinas'; sic amica mea inter filias.* Hà lo scettro in mano, ch'ombreggia il dominio, perchè questa

virtù deue dominare nel petto d'amendue i maritati, della quale fauellò S. Paolo; *Vnusquisque* **2.Cor.7.** *proprium donum habet ex Deo,* Ha- **A.7.** uendo il pensiero a questo dono della castità, ed esortaua per anche a non commetterui frode; *No-* **1.Cor.7.** *lite fraudare inuicem*, Conseruan- **A.5.** dosi co'l dominio, che l'vno hà sopra l'altro, ombreggiato per lo **Idem.** scettro; *Mulier sui corporis potestatë non habet, sed vir. Similiter autem, & v r sui corporis potestatem non habet, sed mulier*. La tortore, allude- la castità, alla quale fù rassembrata la santa Sposa; *Gena tua sicut* **Cät. 1.C.9.** *turturis*. Gli animali, come l'Elefante, il Ceruo, e l'Armellino, sono tipo di questa castità, e mo- ditia; *Nemo adolescentiam tuam con-* **1.Thim. 4.** *temnat: sed exemplum esto fidelium in* **C.11.** *Verbo, & in conuersatione, in chari-tate; in fide, in castitate*, E della sobrietà; in conoscer la moglie ne' statuti tempi, in guisa d'Elefante; ne diedero essempio il gran To- **Tob 8.A.4** bia, e Sara; *Exurge, & deprecemur Deum hodie, & cras, & secundum eras: quia his tribus noctibus Deo iun-gimur: tertia autem tránsacta noste, in nostro erimus coniugio.*

CECITA' DI PECCATORI. G. 32.

Huomo cieco, guidato da vn altro cieco, tenghi su'l capo vna fiamma, e ne' piedi vna catena.

LA cecità di peccatori è lo stato de' miseri occiecati nella colpa, senza rauidersene, del'e sciagure, e miserie, in che ritrouansi, stando in disgra ia di Dio; ò che cecità, per non dir stoltitia grande, che gli huomini creati, per i beni sempiterni, e

fatti capaci di quelli, per la pietà diuina, habbin pensiero goder in terra l'ombra, e'l niente, e rifiutar l'heredità di sì gran Rè, e la figliolanza, per le pene eternali, e per l'infeliciffima seruitù del superbo satanaffo: chi vdì gia mai più strauaganze di queste, in che

che battono gl'inaueduti peccatori, qual ciechi, ftolti, e forfennati nomarò, e paionmi titoli ben
giufti, effendo cotanto in difparte
dal giufto, e dal vero, e lungo all'
errore, ed alle pazzie: quindi
d'acconcio parmi, tal cecità di-
pignerla da huomo cieco, che
mighor nome non le conuiene,
ftando occiecati i miferi peccatori nella colpa, nè veggiono il danno, che gli reca, e'l periglio, a
che fono d'appreffo, nè confiderano lo fdegno del lor Creatore,
c'hà contro loro, mentre non nè
fan conto, nè punto l'vbidifcono.
E' tratto, e guidato queft'huomo
cieco da vn altro cieco, ch' è
l'humana concupifcenza, da cui
vengono quegli menati in mill'
errori, e la carne, che pur gli è
conduttrice infaufta, recando lo
fpirito a gran mali, oltre la fcorta
maledetta di fatanaffo, che cerca
condurgli all'inferno, per caufa de'
mali, che gli foggerifce. La fiamma
fu'l capo è l'ira di Dio, e lo fdegno, che gli fopraftà; qual, fe non
muteranno vita; gli cafcherà fopra. E per fine la catena ne' piedi,
ch'i facri Teologi la prendono
per geroglifico de' peccati, ftando
ligati infieme, inguifa dell'anelli di
quella, ed vno fà ftrada all'altro,
conforme quell'anelli van conca-
tenati, e tirandofene vno, fi tira l'al
tro; e'l Principe de'geroglifici allu
de a tal fatto, che la catena fi pren-

*Pier.lib.48
ibi de cate.*

da per i vitij infieme inanellati.

Auueriamo il tutto colla fcrittura facra. Da cieco fi dipigne il
peccatore, occiecato nel vero lume della raggione, ch'in perfona di ciechi peccatori diuisò
Efaia; *Palpauimus ficut caci parietem, & quafi abfque oculis attrectaui-
mus: impegimus meridie quafi in tenebris; in caliginofis quafi mortui.* E
fe fauelliamo del lume interno,
di che fon quelli fcemi, nè fauellò il medemo; *Qui ambulauit in tenebris, & non eft lumen ei: fperet in
nomine, &c.* E come rubelli, del
fourano lume altresì Giobbe defcriffe i peccatori ottenebrati; *Ipfi
fuerunt rebelles lumini nefcierunt
vias eius, nec reuerfi funt per femitas
eius.* V' è l'altro cieco, che conduce, ch'il Saluatore afferì, ambi douer traboccare nella foffa,
effendo quelli fenza lume; *Cacus
autem fi caco ducatum praftet, ambo
in foueam cadunt.* La fiamma, che
tiene fu'il capo, ombreggia l'ira
di Dio, d'afcender fu' peccatori; *Et ira Dei afcendit fuper eos.* E
per fine la catena, con che ftanno miferamente ligati, alludendo
quì il fauellar del Sauio; *Vna enim
catena tenebrarum omnes erant colligati:* O' pure, fe debba prenderfi,
per la dura feruitù, in che fi trouano per le colpe, ne parlò Profe-
ticamente Geremia; *Et fuccendet
ignem in dolubris deorum Egypti, &
combufet ea, & captiuos ducet illos.*

If.59.B.x.

Id.50.C.x.

*Iob 24.C.
13*

*Matth.21.
B.14.*

Pf 77.D.31

*Sap.17.D.
17*

*Ierem.48.
D.12.*

Chiefa

CHIESA CATTOLICA   G. 33.

Donna di venerando afpetto da matrona, fedente fopra
ftabiliffimo trono di finiffima pietra, oue fiano molti
fcalini, per afcenderui; ftà colla corona d'oro, qual
freggiano varie gemme, come Calcedoni, Adamanti,
Berilli, Smeraldi, Rubbini, ed altre, tiene vn vafo d'oro
in mano pieno d'humor purpureo; ed vn anello grande a vn dito, vicino alla fede v'è vna porta a' piedi
del trono, ne' gradi certe carrafine, ed abbaffo cert'
onde maritime fpumanti, e procellofe, di lato al baffo
fiano tre fanciulle fcalze, fcapillate, e mal veftite
vicino ad vn precipitio.

L A Chiefa Santa non è altro,
che la congregatione di tutti fideli Chriftiani, vniti infieme
fotto l'infigne t andiera di Chrifto Signor noftro, poiche col fuo
pretiofo Sangue fono ftati redenti, e quefta è la Chiefa militante,
della quale al prefente parliamo,
che contiene tutt'i religiofi,
fecolari credenti, e batt zzati col'
acqua del fanto battefmo; benche
vi fia la Chiefa trionfante, ch'è
il Paradifo, ou'è la congregatione di tutti gli eletti faluati, che
godono perpetua quiete, ed eterna pace; La Chiefa, dunque, militante in terra, il cui capo è Chrifto, ed in fuo luogo fù Vicario,
e Principe San Pietro capo de
gli Apoftoli, e tutt'i Sommi Pon-
tefici Romani, quali deftinano
tant'altri Prelati, come Cardinali, Vefcoui, ed altri Superiori nelle Religioni. Queft' è
la vera Chiefa ftabilita fù la pietra ftabile, e folida di Chrifto
fignor noftro, la quale, benche
haueffe molte martellate di perfecutioni, tutta fiata ogn' hor s'è

refa, e rende forte, e ftabile, nè
punto pauenta de' nemici, effendo mantenuta dalla diuina mano,
oue fono ripofte l'anime di tutti
giufti; *Iuftorum anima in manu Dei*   *Sap.3.A.1*
funt: E' qual naue, che nauiga il
mare di quefta vita, e i giufti, dopo lunga nauigatione nell'onde
di pentimenti, e penitenze, gli
ripara nel felice porto delle beate ftanze del Paradifo; mà i trifti,
come indegni di colà, fommerge,
ed abbiffa nell'onde voraci d'inferno. Naue, che fempre hebbe
felice fine de' fuoi viaggi, a cui
più gioua la tempefta de' venti de'
perfecutioni, che la bonaccia. Ed
Hilario dice; *Hoc proprium latatur*   *Hilar. de*
Ecclefia, quia dum perfequitur floret,   *tribul. lib.*
dum opprimitur crefcit, dum contem-   *vltim.*
nitur perficit, dum laditur vincit, &
tunc fuperat, cum fuperari videtur:
E quefto auuenne in fpeciale nelle perfecutioni di tant' Imperadori, che col volerla perfeguitare
colla morte di tanti Santi, più
fucceffe in pace, e quiete, in dominio, e grandezza, e quanto più
pretefero annichilarla, più crebbe;
laonde

laonde i sciocchi, e miseri marti- | po nell'vnità de' membri.

rizzauano vno, e 'l Signore di quello ne faceua seme di Christiani, mentre in quella morte si battizzauano migliaia d'huomini; si che se gli può dar titolo di gloriosa Naue, ridotta al felice porto dell'esser capo di tutte l'altre Chiese; ò felice Naue, le cui procelle, e l'onde spumanti, ed horride de' trauagli procacciaron la bonaccia, e l'impetuose tempeste di tiranni le caggionarono felice auguro di giungere alle sponde stabili d'eterna pace, e d'vniuersal dominio. La Chiesa (dice Ago

August. in Epist. 28.

stino,) quale cresce per tutte le genti, si conserua ne' frumenti del Signore, che forse intende de gli eletti Christiani, ombreggiati per

Idem epist. 166

lo frumento. Nelle scritture hauemo insegnato Christo, ed hauemo imparato la Chiesa, queste scritture l'habbiamo communemente, perche in esse communemente noi riteniamo, e Christo, e la Chiesa, così dice l'istesso.

La Chiesa non consiste nelle

Crisost. in homil.

mura; mà nella moltitudine de' fedeli. Non è luogo di dispute, mà di dottrina, così dice S. Gio. Crisostomo. E' senza fallo traditore

Bernar. in serm.

qualunque huomo si sia, che vorrà produre vitij in questa Santa Casa, e 'l Tempio di Dio vorà far spelonca de' demonij, dice Bernardo.

La Chiesa non s'edifica coll'

Sulpit. ser. dial. 1.

oro, mà più tosto si distrugge, dice Solpitio.

La Santa Chiesa (dice Grego

Gregor. in homil. sup. Ezzech.

rio Papa) ha due vite, vna nella quale si raccoglie la mercede, l'altra, oue si gode de' riceuti doni, ed in ambe le vite offerisce sacrificio, qui di compuntione, e colasù nel

Gregor. 26. moral.

Cielo di lode; E l'istesso dice, che la Santa Chiesa consiste nell' vnita de' fedeli, come il cor

La Chiesa (dice Leon Papa) non diminuisce nelle persecutioni, mà cresce, essendo campo del Signore, qual sempre più dinien ricco di raccolta, e pochi granelli, che cascano, moltiplicati in gran maniera, rinascono.

Ben dunque, mosso da gran ragione, l'hò dipinta da matro

Leo ex ser. 1. in Nat. Apostolorū.

na bella, perche è madre di tutti fedeli, ed è per durare in perpetuo. Stà sedente sopra vn trono stabilissimo di pietra, perche mai più sarà mossa, nè oltraggiata da' nemici, essendo il suo soglio la pietra Christo Signor dell'vniuerso, al cui volere ogni creatura obedisce. Stà coronata, in segno del dominio potentissimo, e reggio, ch'ella possiede, a' cui piedi si curuano le Corone, si pregano i Scettri, si prostrano gl' Imperi, s'humiliano le Monarchie, ed ogni dominio auanti lei deposita l'eccellenze, e le grandezze, nè ad altro stà più bene il titolo di reggia, e Cesaria Maestà, solo a lei, e ch' a lei s'appropij il sopremo encomio di Serenissimo, d'Augustissimo, e di Santissimo. Le gemme, che l'indoraro, e che la freggiano, sono i Santi suoi; e si come le gemme si tengono in preggio, perche di raro si trouano, e per le rare virtù loro; così i Santi, che ràri, ed eletti furono frà gli altri huomini, e le virtù loro sì heroiche, c'hebbero più del celeste, che terrenò, si rassembrano a tante gemme, primo a' Calcedoni gli Apostoli, Patriarchi, e Profeti, essendo gemme di color pallido, che sembrano là mortificatione di costoro; al rosso de' Rubbini, i Santi Martiri bagnati di sangue, ne' loro martiri; a' bianchi Adamanti i Dottori, e Confessori; a'

po nell'vnita de' fedeli, come il cor

K   Be-

Berilli, e verdi Smeraldi, le Sante Verginelle piene di ficura fpeme; ed ecco come freggiano tutto il capo di Santa Chiefa. Il vafo pieno d'humor purpureo, ch'è il Sangue di Chrifto, co'l cui merito è fabricata Santa Chiefa, e con questo diuino Sangue è ftabilito, ed ingrandito il fuo teforo. V'è l'anello, che l'ha pofto Chrifto nel fuo fponfalitio, effendo fua vera fpofa. Le carafine piene d'odori, quali fono ne' gradini, fembrano l'orationi de' Santi. L'onde procellofe a' piedi, in fegno, che fon paffate tutte, e tutte vinte le, tempefte de'tiràni, e nemici fuoi. E per fine le trè fanciulle fembrano l'altre falfe Chiefe, fuora di lei; ftanno fcapigliate per non hauer hauto capo buono; ftracciate nelle vefti, per effer fenza vigore; e meriti; fcalze, per fegno della miferia, e pouertà, che tengono d'ogni virtù; fono vicino ad vn precipitio, perche guidano chiunque le fiegue à quelle d'inferno.

Auueriamo il tutto colla fcrittura facra. Si dipigne la Santa Chiefa da donna matura, feden-te fopra vn trono di pietra, che così diffe Chrifto a San Pietro;

Matth. 16. C 18. *Tu es Petrus, & fuper hanc petram adificabo Ecclefiam meam*, effendo

1. Cor. 10. pietra Chrifto fteffo; *Petra autem*

A.4. *erat Chriftus*. Stà coronata d'oro, e Chrifto è quefta corona, che le freggia le tempie, come fuo vero capo;

Ephef. 1. D. *Dedit eum caput fupra*

22 *omnem Ecclefiam. Et ficut vir eft*

Eph. 5. e 23 *caput mulieris, fic Chriftus caput Ecclefia.* Le varie gemme, ch'ingemmano quefta corona, furono allegorate in quelle, che ornarono le fante mura della celefte Gerufalemme; *Et fundamenta muri*

Ciuitatis omni lapide pretiofo ornata. Il vafo del fangue di Chrifto, co'l quale fù acquiftata la Santa Chiefa, e ftabilita; *Dedit regere Ecclefiam, Dei, quam acquifiuit fanguine fuo.* Tiene l'anello del fponfalitio, con che la fpofò nella camera regale; della croce; *Egredimini, & videte filia Sion regem Salomonem indiade-, mate, quo coronauit illũ mater fua in die defponfationis illius, & in die lati-tia cordis eius, Ed Ofea anco nè fa-uellò; Et defponfabo te mihi in fide,* E San Paolo fcriue quefto eccelfo fponfalitio, e facramento; *Sacra-mentum hoc magnum eft: ego autem dico in Chrifto, & in Ecclefia.* V'è la porta, perche ella fà entrare al cielo, e nõ altro; e come diffe il fuo fpofo di lei, dicafi di lei, poiche fono l'ifteffa cofa; *Ego fum oftium, per me fi quis introieris faluabitur,* E di lei altresì fauellò; *Ecce dedi coram te oftium apertum, quod nemo poteft claudere.* Le carafine, che ftanno ne' gradi, fono l'interceffioni, ed orationi de' Santi; *Habentes finguli cytaras, & phialas aureas plenas odoramentorum, qua funt orationes Sanctorum.* L'onde procellofe delle fue perfecutioni fon ceffate, e conuertite in bonaccia, anzi ella è ridotta è al fermo lido, e sù la ferma pietra; *Fundata eft domus Domini fupra firmam petram.* E per fine vi fono le trè fanciulle, quali fembrano l'altre falfe Chiefe, fuora di lei, tanto odiate, e detettate da Dauide; *Odiui Ecclefias malignan-tium,* Che recono al precipitio; *Vè illis, qui in via Cain aberunt, & errore Balaam mercede effufi funt, & in contradictione cora perierunt;* Che così ancora oraua Dauide; *Pracipita Domine, & diuide linguas eorum, quoniam vidi iniquitatem, & contradictionem in Ciuitate.*

Apoc. 21.
D. 19.

Act. Apoft. F. 20.

Can. 3. D. 5

Of. 2. D 20.

Ephef. 5. G. 32.

Io. 19. B. 9.

Apoc. 5. A. 8.

Ecclefia.

Pf 25. B. 5

Iude. C. y.

Pf 54 B. x.

Cle-

CLEMENZA. G. 34.

Donna di vago aſpetto, coronata, veſtita di porpora
freggiatiſſima, qual ſiede, ſù maeſtoſo trono, terrà
nella deſtra mano vn ſcettro, ſu 'l quale ſarrà vn
giglio, e nella ſiniſtra vna ſpada, haurà vicino molte
piante fruttifere, piene di ruggiada celeſte, fra quali
vi ſarà vn giraſole.

LA clemenza è virtù dell'animo, e virtù humana, colla
quale ſi rimette a chi offende, e cò
eſſa facilmente ſi compatiſce vn
trauaglio, vn errante, ò delinquē-
te. Il Padre S. Tomaſo dice, la clemenza eſſer humana virtù, ed eſ-
ſerl' oppoſta la crudeltà, benche
non la ſeuerità, e ferità, coſe da
beſtia, eſſendo queſte (dice il Filoſofo) oppoſte a più eccellente virtù, chiamata heroica, e da noi, dono dello Spirito Santo, mà la clemenza è ſi bene oppoſta alla crudeltà, ch'è malicia humana; è ſublime virtù la clemenza, per eſſer
appertinente a' ſuperiori, a' Prin-
pie, e Prelati; e Seneca fè vn libro
de clementia ad Neronem, ch'era
Imperadore, a cui conueniua il
far gratie, e'l perdonare. E nel libro ſteſſo dice, *Nullum clementia*
magis decet, quam regimen; Se ben
dice l'iſteſſo, che queſta clemenza
non dee eſſer coſì volgare in perdonar'a tutti, nè perdonar'a nullo,
che ſarebbe crudeltà, mà deue mo
derarſi, e coſì ſi ſuppone, che vadi queſta virtù tanto eccellente
inſieme colla giuſtitia, ch'è premiar' il buono, e gaſtigar' il reo,
mà che ſempre v'appariſchi parte
di pietà, e 'l ſuperiore deu'eſſer
più pronto, ed inchinato a perdo-

Ariſtot 7.
ethicorum
circa princ.

Thom.2.2.
q.159.art.
2.ad prim.

Seneca.

Seneca.

nare, che a condennàre, e punire,
il dè far maturatamente, e con
conſeglio di ſaui, nè correre da
ſè ſenza freno; Di Gioue ſi finſe fauoloſamente, quando mandaua ſaette, che augurauano felicità, ò recauano vtile, lo faceua
da ſè, ſenza nullo, mà quando era,
per mandare ſaette da ferire, e
per ſtragge, raccoglieua dianzi
il conſeglio di tutti Dei; fauola
veramente fondata ſù la verità
legale, e della Sacra ſcrittura;
Cum ſapientibus, & prudentibus tra-
Eta. Quando i ſuperiori, ed i grandi del mondo ſono per far gratie,
il che gl'è di molto debito, e conuenienza, lo faccino da per loro,
mà quando hanno da punire, è
bene conſultarſi con perſone ſa-
uie. La clemenza, dunque, è coſa
humana, che fin i bruti col lume naturale la conoſcono, come
narra Plinio di quel leone nella
Siria, ch'era ferito in vn piede da
vna ſpina, andò allo 'ncontro di
Mentore Siracuſano, acciò lo li-
beraſſe, il quale lo fuggiua, per
terrore, e'l leone tanto più ſe
gli faceua inanzi, quanto più 'l
vitaua, finche ſi reduſſe il ferito
leone a moſtrargl' il piede offeſo,
quale gli fù liberato, e conobbe,
per l'iſtinto naturale, che come

Eccleſiaſt,
9 D.21.

Plin.lib.18
C.16.

K 2   huo-

huomo, ch'era, douesse vsar pietà, e clemenza, mà s'a tutti gli huomini stà bene la clemenza, quale s'accoppia colla pietà, mansuetudice, e misericordia, che concorrono ad vn'istesso effetto di carità; benche con diuersi motiui (come dice il Padre San *Thom.2.2. q.177. art. 4. ad 3.* Tomaso) rendono l'huomo piaceuole a gli altri huomini, e a Dio; specialmente stà bene a' superiori, ed a'grandi; Clemenza virtù rarissima conueniente a grandi, ed a Reggi, ed al supremo Rè viepiù d'ogn'altro conuenne. Andiamne alle canzone spirituali, oue rauuisaremo questo diuino Sacramento, colà sù la prima soglia del sesto colloquio, lo Spirito santo, fauellando in perso *Căt.6.A.1* na della Sposa, disse; *Dilectus meus descendit in ortum suum ad aureolam aromatum, vt pascatur in hortis, & lilia colligat.* Il qual parlare è molto oscuro, che voleua dir la Santa Sposa, ch'il suo diletto fosse desceso nell'orto, oue sono gli aromati, ed iui era vago di pascersi negli horti, e raccoglier i gigli? I Santi Padri espongono varia *Vgo Card.* mente questo passo, Vgone Car *hic.* dinale intese per quest'horto il seno di Mària, oue erano tanti profumi d'odori di virtù, e v'era descesso, per far raccolta nel mondo de'gigli d'huomini mondi, e puri; e variamente l'intendono altri questo luogo. Mà vò farui pia consideratione anch'io, oue p quest'o-to intenderò l'istesso ventre di Maria, horto preggiatissimo tutto ricamato di fiori di gratie, e d'odori d'innocenza, e Santità, già che così nomollo il diletto; *Cant. 4. C. 12* *Hortus conclusus soror mea Sponsa,* Oue discese il Figliuol di Dio, per far raccolta di gigli, che sono simbolo di clemenza, che per

ciò i Reggi di Babilonia, in segno d'esser vaghi di tal virtù, ed esserne ricchi, sù la cima di scettri vi recauano vn giglio, è altresì Geroglifico di Reggi il giglio, essendo regal fiore di Giunone Regina, nato, conforme alle fauole, per lo latte di lei burtato in terra, mentre, si lattaua Hercole, nè solo per questo (dice Pier.) è reg *Pier.lib 55.* gio fiore, mà per altezza reggia, con che supera tutti nella virtù, e forse nella beltate; quindi la Christianissima casa di Reggi Francesi se ne seruono per impresa, come fiore regale, e simbolo di clemenza; hor volea dir lo Spiritosanto, è disceso di Cielo il figliuol di Dio, ou'era vestito di qualche rigore di giustitia, e terribiltà, come diuisò Dauide; *Tu terribilis es, & quis resistet tibi:* Mà disceso, che fù in quest'horto beatissimo di Maria, infra le vaghezze delle gratie, ecco che cambiò sembianti, fè raccolta de'pretiosi gigli di clemenza, e piaceuolezza, nè fù cöteto d'vn solo giglio, mà; *Vt lilia colligat;* Nel più, perche non gli bastaua l'esser clemente nell'ordinario, come forse vi sono trouati Rè terreni, mà nel più, ne volle co pia grande, per volerne a gran duitia far mostra a'mortali; *Vt pascatur in hortis, & lilia colligat;* E *Căt.6.A.1* qual più atti di clemenza di questi, ch'Iddio si facci hunmo, per amor dell'huomo, e per cancellar i suoi peccati, sparghi il proprio sangue nella Croce; *Vt pascatur in hortis, & lilia colligat,* Oue si vegga morire di morte vituperosa, per farlo più ricco di fauori, e maggiormëte inalzarlo nel Cielo.

Clemenza virtù rarissima, vaga d'albergar nelle reggie, e poggiar ne'petti de'più grandi Heroi, e del sourano Rè del cielo, spreggiangiando ogni vil tetto, ed ogni ordinario soggetto, solo è vaga appellarsi virtù, con che si reggono gl'imperi, e si mantengono con perpetua pace, e di freggiar i scudi d'Augustissimi Imperadori, ed infraporsi alle corone, a' scettri, all'Aquile sublimi, a' torri inespugnabili, ad inuincibili leoni, e ad ogn'altro, ch'à gloria di quelli, gloriosamente campeggia.

E i Santi Padri à gara sbracciaronsi, per dar lode à sì gloriosa virtù. Basilio Santo l'estolse sù tutte l'altre, nè (disse) ritrouarsene altra infra tutte, che possa recar il bel parto, e gratioso della sapienza, sola la clemenza poteal' esser degna madre. Ed Ignatio souente diceua, hauer mistiere di lei, con che si dà indietro il falso Principe del diauolo. Cirillo disse, ch'il Saluatore fù viuace ritratto, ed esemelare di clemenza, qual tutti dobiam seguire, in soffrendo cotant'ingiurie, che mentre era trnuagliato, pûto si lamentaua, e mentre patiua, non minacciaua, mà ogni cosa lasciò nell'infinito giuditio del Padre, ch'il tutto con ogni giustitia giudica. Il grande Agostino disse, che l'huomo giusto, pietoso, e clemente dee soffrire con patienza la malitia di quelli, che desia si faccin buoni, acciò abbond'il numero di loro, e non coll'istesso male simigliantemente altri vi s'accoppino insieme.

L'animo clemente si dice esser quello, quando è tenero al compatire, facile a perdonare, e pronto a souuenire, dice Hugone. E Seneca d'Hercule furibondo disse,

Quisque est placide potens
Dominusq; vitæ, seruat innocuas manus,

Basil. apud Anton.

Ignat. ibi.

Cirill. ibi.

August. in ser. de puer.
Cant.

Et incruentum mitis imperium regit
Animoque parcit, longa permensus diu
Feliciter æui spatia, vel cælum petit
Vel læta felix nemoris Elyÿ loca.

Quindi si dipigne la clemenza da Donna di molta bellezza, vestita di porpora, ch'è vestimento regale, per segno, ch'è cosa da Rè l'esser clemente. Tiene la corona medesimamente, perche molti con vsar questa virtù, sono stati degni di tal honore. Hà lo scettro in vna mano, su'l quale v'è vn giglio, ch'ombreggia la clemenza, per esser quello simbolo di purità, onde nasce cotal virtù, dall'esser puro, schietto, e di buon cuore. I reggi di Babilonia sù'l scettro portauono vn gigilo, per segno di clemenza, quale come di sopra hò detto, dee accoppiarsi, per esser perfetta, colla giustitia; però tiene nell'altra mano la spada, che ciò sembra. Stà sedente sù maestoso, e reggio trono, non essendo cosa, che conserui più la sede regale, quanto la piaceuolezza, e clemenza, poiche molti, per la crudeltà, ne sono stati scacciati. E Nerone tosto se ne sbrigò, con esser vcciso, ed altri La clemenza è caggione, che i Reggi sedano a bell'aggio sèza patire, rè habbin disaggi di guerre, e trauagli, quando si seruono di questa virtù. Vi sono le piante piene di ruggiada, e di frutti, perche a quella guisa, che la ruggiada casca in quelle sù'l matino, ed è caggione, che faccino frutto; così la clemenza d'vn Signore, e benignità, rauisando le smorte piante de' sudditi, l'è caggione di molto frutto temporale, e spirituale.

rituale.

rituale. V'è il girasole, che fiegue puntualmente i moti, ed i
raggi del gran pianeta, intanto-
che nell'occaso n'appare smorto, e languido, ed al nascere di
quello, si rauuiua bello, e drizza
viuacemente: così le genti, che
fieguono il lor signore in tutte le
cose, e nel patire, diuengono
smorte, e co' raggi della pietà gli
fà viuaci, e forti di vita temporale, e spirituale ancora, perche
quando gli moſtra queſta ſupre-
ma virtù, che souente è caggione,
che molti, viuendo per lei in pace, e quiete, s'acquiſtino la vita
eterna.

Alla Scrittura ſacra. Si dipigne la clemenza da Donna veſtita
di porpora, perche è proprio di
reggi cotal virtù, che tali erano

Iona 4. A. quelli d'Iſrael; *Quod Reges domus
Iſrael clementes ſunt.* Hà la corona
queſta virtù, che ſtà bene a chi
poſſiede tal virtù, e chi è coronato dee eſſerne colmo, e del Rè. di

3. Reg. 20. Reggi diceſi, *Tu es Deus clemens &*
E. 31. *miſericors,* E quel gran Gioſeffo,
ridotto al trono reale d'Egitto,
l'vsò a' ſuoi fratelli; *A quos clo-*

menter dixit, accedite ad me. Nolite *Gen.45.B.5*
pauere, neque vobis durum eſſe vi-
deatur, quod vendidiſtis me in his re-
gionibus. Tiene lo ſcrettro in vna
mano, eccellente ſimbolo della
clemenza, come ne diè ſegno Aſ- *Eſter 8.*
ſuero ad Eſter; *At ille ex more au-* *A. 4.*
reum ſceptrum protendit manu quo
ſignüm clementiæ monſtrabatur, illaq;
conſurgens ante eum ſtetit. Hà la ſpada nelle mani, ſtromento della
giuſtitia, colla quale è anneſſa la
clemenza; e'l gran Signore, dell'
vniuerſo, oltre ch'egli è clemen-
tiſſimo, volle promulgar legge di
clemenza; *Lex clementiæ in lingua* *Prou.31.*
eius. Eſſendo giuſto ancora; *Iuſtus* *D. 26.*
Dominus, & iuſtitiam dilexit. Le *Pſal.x,B.8.*
piante piene di ruggiada, ſotto
qual ſembiante ſi moſtra la cle-
menza; *Clementia quaſi imber ſe-* *Pr 16.B.15*
rotinus. Stà ſedente nel reggio
tròno, che con queſta virtù ſi fortifica, e fàche ſi mantenghi quel-
lo del Rè; *Roborabitur clementia* *Pr.20D 28*
tronus regis.* E per fine il rauuiua-
to girasole, qual ſembra, che tal
virtù prepara la vita; *Clementia* *Pr. ij C.19*
præparat vitam; & ſceptatio malorum
mortem.*

CONCORDIA. G. 35.

**Donna di vago aſpetto, con vna lira in vna mano, e
nell'altra tenghi due cuori ligati inſieme, e a' piedi le
ſarà vn Pauone.**

LA Concordia è virtù grande,
che vniſce inſieme molte
coſe alle vo'te diſſuguali, e così
il Saluatore co'l ſuo morire, fra
gli altri effetti, che fè, concordò,
ò reconciliò Dio con l'huomo,
che grandemente erano inſieme
diſcordeuoli, per ſtar queſti tutto immerſo nella colpa, e come

bandito dalla preſenza d'eſſo Signore. Si dipigne, dunque queſta
virtù da donna bella, e vaga, che
belliſſima è inuero, rendendo
belle quelle coſe, oue ſi troua, ed
vnite. La l ra, che tiene in mano,
è Geroglifico di concordia, ſecon-
do il Principe de'Geroglifici. per *Pier. Vale.*
quell'accordio, ch'è intra le cor- *lib. 47. ibi*
de, *de Lyra.*

de,

de, che nel toccarsi fanno sì grata armonia. I due cuori, fecondo il medemo, sembrano l'istessa
virtù; imperoche concordia vuol
dire vna concordanza insieme di
cuori, quando sono due huomini, che s'accopiano ne' pensieri,
Idẽ lib. 24. e nel volere; e secondo l'istesso,
dal cuore si dice la concordia,
non dalle corde della ira. E'l Pauone pur fù simbolo di concordia, come si vide nella medaglia
di Domitia Augusta, quale fù re-
bi de Pau. pudiatà dal marito, e poscia di
Id. lib. 34. nuouo receuuta, e forsi si potrebbe affignar raggione, perche co-
testo animale sia significato della
concordia, perche è così vago,
e bello in tutte le penne, e colle parti esteriori s'accoppia la
brama di dentro, c'hà d'esser rauuisato da tale; ò pure per l'vni-

formità, ò concordanza de'colori,
che lo rendono a chiunque vago,
e bello.

   Alla scrittura sacra. La concordia tiene la lira, per segno di concordanza d'animi, e d'affetti; *Con-* *Ecclesiast.*
cordia fratrum, & amor proximorum, *25.A.2.*
& vir, & mulier bene sibi consen-
tientes. I due cuori ligati, per segno d'amore; e di concordia,
com'è quella, ch'il Signore sparge ne' cuori de' grandi, come
disse il Patiente; *Potestas, & terror* *Iob 25 A.2*
apud eum est qui facit concordiam in
sublimibus suis. E'l Pauone si è pure per la concordia, e quella mi
par più bella, quando è nel ben
fare, e nel giusto, e nell'osseruanza della legge, come diuisò la
Sapienza; *Et iustitia legem in con-* *Sap.28B.9*
cordia disposuerunt.

CONFIDENZA IN DIO. G. 36.

Donna riccamente vestita, con vn sole lucido in testa,
haurà in mano vna Croce, sotto' piedi vn fascio di
canne; e di lato certi polli coruini.

LA confidenza non è altro,
ch'vna diligente speranza,
che s'hà ad alcuno, la quale (ha-
uendosi come si deue a Dio) si
chiama confidenza in Dio, Signore, Protettore, e Gouernatore vniuersale, nel cui petto annida la brama, e'l desio di giouare, e
souuenire altrui. Ben saggi, ed
accorti son quelli, ch'in lui confidano, e sono huomini realmente
illuminati di sourano lume, mentre stabiliscono ogni lor speme
in quello, da cui, come n'han
pietosamente receuuto l'essere,
pretendono douerne hauere ogni

bnon'essere, e conseruatione, ogni
aiuto, e fauore, com'altresì con-
fessanlo per vero Iddio, così per
Padre, e Protettore, e come quello, che chiunque in lui confida,
tragge; e scampa da ogni periglio.
Il contrario poscia dee dirsi di
gente folle, pazza, cieca, ed errante, ch'in altro si persuade debba
porsi la cura de' suoi bisogni, ed
in ogn'altro; fuora ch'in Dio, stabilisce i suoi pensieri; Habiamo
certo contezza, ch'il tutto è ombra deficiente al pari dell'irrefra-
gabil fortezza, e sostegno vniuersale del gran Signore: Hor s'è cofi da

sì da douero, perche le sciocche
plebi altroue fissano i guardi, per
esser giouati, e tengon fiducia
d'essere ne' propri bisogni aiutati? Noi sappiamo da' naturali,
ch'i cerui alle riue di fiumi rapi-
di, e scorrenti, mentre si sentono
deboli nelle forze, s'appoggiano, e soprapongono ad altri più
forti, ed animosi, e così passano
all'altra riua; noi mortali deb-
lissimi, a cui resta far passaggio
per lo torrente di questa vita, perche non seruianci del gagliar-
dissimo ceruo del nostro Dio,
ch'in tal sembianza l'allegorò la
sposa; *Fuge dilecte mi, & assimila-*
re Capreæ hinnuloq; ceruorum super
*montes aromatum.*Mà pazzi, e stolti ben dirò a coloro, ch'alla gui-
sà di sporchi, e poco illuminati
Elefanti, s'appoggiano ad alberi
tronchi occultamente da cacciatori, che poscia cascati, e senza
possa di sorgere, restano d'altrui
preda con vergogna, e scorno;
alberi incisi, ed inualeuoli a far
sostegno altrui, sono tutte le cose
fuora di Dio, e' Santi suoi, sia ti a
far piombare in terra ciascun
degno di burla, che vi s'appog-
già, vi si confida, e spera; Che
perciò, parlando della vera confidenza, che s'hà in Dio, si dipigne da donna riccamente vestita,
da Dio riceuendo le vere ricchez
ze chi confida in lui; ò pure questo ricco mantò sembra la ricchez
za del lume, con che sono illuminati i veri Christiani, fondando
là lor speme in quello. Il sole
apunto ombreggia Christo figliol
di Dio, lucido, e risplendente più
del sole, al quale ogn'alma
dè porre la sua fiducia, e drizza-
re i suoi pensieri, ch'oltre tanti
testimoni, che potrebbono adursi
nelle scientie, e nelle scritture di

ciò; il Principe de' Geroglifici
anche afferma, recar 'il sole vero significato di Christo Signor
nostro. La Croce in mano è simbolo della vera fede, qual deue
hauer' il Christiano, in confidare
in Dio, e d'essere aiutato da lui.
Il fascio di canne sotto' piedi,
sembra i terreni oggetti, e l'aiuti mondani voti d'ogni speranza,
come l canne, e sceme di fortezza; le tiene sotto' piedi, perche
non fà conto di quelle, mà solo
di Dio viuo; e vero. E per fine vi
sono i polli de' corui, ch'abbandonati da' progenitori, per caggione delle bianche penne, con
che rauisangli per all'hora, vengono quegli mantenuti dal Signore colla brina, ò con l'aria, il che
deu'esser essempio a tutti di confidare in sì amoroso Padre vniuersale.

Andianne alle sacre carti. Si dipigne da donna riccamente vestita
la confidenza in Dio, perche chi
confida in lui, adiuiene abbondan-
te di tutte cose; come disse il Sauio ne' Prouerbi; *Confidit in ea cor*
viri sui, & spolijs non indigebit, E Dauide; *Beata gens cuius est Dominus*
Deus eius, E Geremia; *Benedictus*
vir, qui confidit in Domino, E Dauide altroue; *Diuites eguerunt, & esu-*
rierunt, inquirentes autem Dominum,
non minuentur omni bono. Il sole in
testa, ch'è Christo, come diuisò
Zaccharia Profeta; *Ecce vir oriens*
nomen eius, qui dominaturus esset su-
per solio suo, Ed altroue; *In quibus*
visitauit nos oriens ex alto, E Dauide, *Ortus est sol, & in cubilibus, &c.*
A lui deuesi sperare, che però si
tiene su'l capo, come faceua Dauide; *In Domino confido, quomodo*
dicitis animæ meæ, E nel Ecclesiastico; *Confide in Deo, & mane in*
loco tuo. La Croce nelle mani è
simbo-

Cant. 8.D.
14

Pro.31.C.if

Ps.31C.12
Ier.17.a.7

Ps.33.B.ij.

Zacch. 6.
C.ij.

Psa.x.A.1.

Ecclesiast.
11. C. 22.

simbolo della viuace fede , che deue hauere il Chriſtiano fermamente in Dio , come fù quella de gli Iſraeliti , con che paſſorno il mar roſſo ; *Fide tranſierunt mare rubrum* ; E' la fede raſſembrata al grano di ſinapo da Chriſto in San Matteo ; *Si habueritis fidem ſicut granum ſinapis, & diceeis monti huic, &c.* Le canne ſotto' piedi dino-

Heb. 11. *E.* 24.

Matth. 17 *C.* 20.

tano le mondaño ſperaňze vote di bene, e l'aiuti frali del mondo; *Quaſi, qui apprehendit vmbram , & perſequitur ventum: ſic, & qui attendit ad viſa mendacia.* E p fine ſonu' i figli di corbi abbandonati , mà paſciuti dal prouiſore vniuerſale ; *Qui dat iumentis eſcam ipſorum: & pullis coruorum inuocantibus eum.*

Eccleſaſ. 34. *A.* 2.

Pſal. 146. *B.* 9.

CONFIDENZA NELLE MONDANE COSE G. 37.

Donna, che tenghi in vna mano vna borſa , ed in vn altra vn criuo di poluere, e con l'iſteſſa mano ſoſtenghi vna canna , le ſia d'appreſſo vn vaſo di poluere, ed vn monte.

LA eonfidenza nelle coſe mondane non è altro, che quella vana ſperanza, c' hanno i ciechi mortali, e poco accorti alle coſe di queſta vita, e non la ſolleuano al Facitor vniuerſale, onde n'adiuiene ogni aiuto , mà a coſe frali, come ricchezze , e fauori; altri confidano a' ſignori terreni , altri alle lettere , altri a gli officij , ed altri a varie coſe . Nè credo (ſe pur non foſſe vn pazzo , ò ſtolto , ch'a pena poſſiede vna dramma ben picciola di ſenno) ſi ritroui huomo , che voglia negare da cotali aiuti , ed oggetti (chiunque vi confida , e ſpera) non poterne traher fauore, e ſe non è priuo di quel vero lume , che la madre natura a ciaſcuno ſomminiſtra , ſt merà ſenza fallo quelle eſſer coſe pur troppo frali, e tranſitorie, pur troppo baſſe , e ſneruate , pur troppo picciole, ed inualeuoli all'altrui rileuo, e coſe caduche, e molte fiate malage-

uoli , che per volerui acquiſtar bene, e volerui trouare appoggio, ò ſoſtegno , vi trouano euidenti danni, ruine , precipitij , e dirupi ſtraordinari . Pazzo, ed indegno d'habitar fra gli huomini, io ſtimo colui, ch'in vna paglia, ò ſtipula, che dal vento toſto ſi tragge all'aria, voglia porre le ſue cure, e indrizzar i ſuoi penſieri; che ſtipola , ò ſecca foglia le chiamò Giobbe ; *Sicut ſtipulam ante faciem venti, contra folium , quod vento rapitur oſtendis potentiam tuam, & ſtipulam ſiccam perſequeris.* Non farebbe ben priuo del caro lume de gli occhi, e di quello più preggiato della mente, chi foſſe vago ſtender'i paſſi nell'ombre oſcure, odià do la cara luce? sì certo, ſenz'auuiſarmi male , e acciò alluſe il Saluatore ? *Qui ambulat in tenebris neſcit quo vadat;* E per sì manifeſti per'igli di trabboccar miſeramente in qualch' oſcura foſſa , ò trabboccar' in qualche ſcoſceſo diru-

Iob 13. *D.* 25

Io. 12. *E.* 32

L   po

po, ò pure dar d'ir colpo in vn muro forte co'l debil capo ? sì certo
souente auuiene a coloro, che,
sì inauedutamente v'occorrono;
parimente accade a chi vuol
fidarsi à' terreni, fugici, ombrosi,
ed inganneuoli oggetti di questa
terra; *Quasi qui apprehendit vm-*
bram, diceuamo sopra; *& perse-*
quitur ventum; sic qui attendit ad
visa mendacia. Sciocco, ed indegno
d'habitar fra gli huomini, nome-
rò quel tale, che poco stima, e
poco pauenta d'vna maledittione
terribile, che per bocca di Geremia accenna il gran Signore, a chi
ne gli huomini confida; *Maledictus*
vir, qui confidit in homine: E chi in
disparte lasciasse il Signore, e
desse dipiglio al peggio, ò vol-
gesse alla luce il tergo, e gli homeri, e s'affacciasse alle tenebre,
ò elegesse la morte, e sdegnas-
se la vita, spreggiasse l'oro,
e le gemme, e ragunasse i sterpi,
e i sassi, succhiasse in cambo
del miele, sì dolce, l'amare veleno; fugisse, in fine, il bene, e
racchiudesse la malce, come migliore; chi non l'appreggiarebbe
vn forsenna o, vn fuora di sé, vn'
appestato da frenesia, vn scelerato, ed empio? sì certo; ecco l'oracolo, che chiaramente il predica;
Melius est confidere in Domino, quam
confidere in homine, nolite confidere
in principibus, in quibus non est salus.
Iddio è la vita; *Ego sum via, veri-*
tas, & vita Iddio è l'oro preggiato, che così diuisò la sposa; *Caput*
eius aurum optimum. Egli è la luce; *Lucem habitat in accessibilem.*
Ego sum lux mundi. Egli è dolce
miele; *Mel, & lac sub lingua eius.*
Egli è il vero, ed a noi bene, ch'
altronde non è possibile ne sgorghi,
e che a tutti ne comparte;
Omne bonum perfectum, & omne

Ecclesiast.
34. A. 2.

Hier. 17.
A. 5.

Ps. 117 A 8.
Io. 1. C. 23.

Cät. 5. D. ij

1. Tim. 6.
D. 16.
Ioä 8 B. 12
Cät. 4. B. ij.

Iacob. I
C. 17.

datum optimum de sursum est, de-
scendens à patre luminum. Ed
ogn'altro, fuora di lui, è male, è tenebra, è sterpo, è sasso, e 'l peggior d'ogn'altro, è
in fine il niente, ch'è ritratto
d'ogni male, come deplorava
Dauid de; *Substantia mea tanquam*
nihilum ante te. E vanità espressa;
Vanitas vanitatum, & omnia va-
nitas.

Si dipigne, dunque, la sciocca
confidenza nell'humane cose'da
donna, che nelle mani hà vna
borsa, perche nelle ricchezze, e
ne' danari confidano gli huomini, è mirabilmente gli stimano.
Hà nell'altra il criuo pieno di
poluere; che tanto auuiene a
chi confida ne' transitori beni,
come a quello, che vuol ritenere la picciola poluere nel
criuo, ch'ad ogni scossa tutta vien sparta in terra, e tali
sono l'appoggi mondani, ogni
scossetta gli riduce al basso, e
così suanisce ogni speme. La
canna vota, e debole, ch'a lei
si può paragonar l'aiuto, ò le
ricchezze, ò la fiducia, che s'hà
ne' ricchi, nelle scienze, ò altro
più voto della canna, e viepiù di
lei frale. Il valo di poluere, che
poluere sparsa da' venti sono gli
huomini appreggiati a' buggiardi aiuti, e hanno i mortali. Ed in
fine v'è il monte, pur troppo sas-
soso, ed alpestre, e quasi non diffi,
inaccessibile, ed è quello de' grandi, de' Prencipi, oue i è pure vn
picciolo fiore d'aiuto vi si ritroua giamai; mà spinosi cespugli
d'ingratitudine, pungenti spine
d'interessi, e sentieri sdrucciolosi
dell'auidezza del proprio bene,
non dell'altrui fauore, colla steri-
lità del poco, ò nulla possanza,
per giouare, a chi vi spera, e confida;

Ps 38. B. 1.
Ecc. 1. A.

fida; Monte dirà, pieno d' ogni bene, ricco d' ogni hauere, smaltato di fiori, c' haue il camino agile, l'afcefa dolce, le ftrade ameniffime, ed abondenti d'ogni bene, effer quello del Signore, oue fono le vere beltati, ed i veri aiuti; *Mons Dei mons pinguis, mons in quo beneplacitum eft Deo habitare in eo.*

Alla fcrittura facra. Tiene la borfa di denari la vana confidenza nelle cofe mondane, perche confida l' huomo nell'honore, e nelle ricchezze, contra quali gridaua Dauide; *Qui confidunt in virtute fua, & in multitudine diuitiarum fuarum glorianntur,* Queft' era l'ombra difettofa d' Egitto, della quale parlò Efaia! *Habentes fiduciam in vmbra Ægypti,* e ne' prouerbi, *Qui confidit in diuitijs fuis corruet,* Ha nell' altra mano il criuo; *Sicut in percuffura cribri remanebit puluis; fic à poria hominis in cogitatu illius.* V' è la canna per foftegno; *Confiditis fuper baculum arundineum confractum iftum fuper Ægyptum, cui fi innixus fuerit homo, intrabit in manum eius.* V' è il vafo pieno di poluere, che fono gli humani fa-

uoti deboli, còme la poluere, e chi vi fi confida altro non vi troua, che poluere del niente; *In domo pulueris, puluere vos confpergite.* E per fine il monte faffofo di fauori di grandi, ed altri monti vani del mondo, oue confidano gli huomini; *Væ vobis, qui confiditis in monte Sammaria.* Il monte della propria virtù, alla quale confidano gli huomini, e ne reftano in ruina; *Deftruct funt confidentes fua virtuti,* il monte della fauiezza humana è troppo pieno di pazzia, che nè fa parte a chi vi fi confida; *Dicentes fe effe fapientes, ftulti facti funt,* Il monte dell' armi è pur troppo fcemo, e fcarfo di beni, a chi vi fpera; *In armis confidunt: nos in omnipotenti Deo,* Ed in fine, per compire l'inualida fiducia de' mortali; v' è il monte delle bellezze, al quale confidano fouente le fciocche, e pazze donne; *Habens fiduciam in pulchritudine tua: fornicata es,* Che quefto è molte fiate il fine della vana bellezza. Solo in Dio fi dè confidare, com'efortaua Dau de. *Virili er agite, & confortetur cor veftrum omnes, qui fperatis in Domino.*

Mich. 1. A. 10

Amos 6. A. 1.

Ecclefiaft. 4. B. 6.

Rom. 1. C. 22.

2 Machab. 8. D 18.

Ezzech. 16. B. 15.

Pf. 3. D 25.

Pf. 48. A. 7

If. 30. A. 2

Pr. ij. A. 28

Ecclefiaft. 24. A. 5.

If. 36 A. 6.

CONFIRMATIONE. G. 38.

Huomo armato d'armi bianche, col'elmo in tefta, e la corazza, tenghi lo fcudo, e la fpada, e facci fegno di combattere, haurà vna pianta di Balfamo a' piedi, vn ramo d'oliua, vna colomba, ed vna tortore.

SI dipigne il Sacramento della confirmatione fotto metafora d' vn' huomo veftito con armi bianche, in fegno della gratia, e del battefmo, che fi fuppone, c' habbi prefo quello, che s'hà da

confirmare; Stà tutto armato, e fembra combattere, perche la confirmatione non è altro, ch'vna roboratione, ò fortezza del Chriftiano nella fede, riceuuta nel battefmo, vna ftabiltà nel ben

L 2   opra-

oprare, ed vn' audacia, che deue hauer' in confessar Christo, combattendo in defensione della fede. La pianta del Balsamo accenna, che quando il Vescouo vsa questo sacramento, lo fà con vntione dell' oglio della cresma, mischiato co'l balsamo, anzi all' hora vi se n'aggiunge di nuouo, perche al Christiano, ch'è battizzato, ed hà riceuuto la gratia, all'hora l'adiuiene nuoua gratia, di più il balsamo si prende, per lo buon odore, ed essempio, ch'è obligato il Christiano mostrare a tutti, e far opre virtuose, ed auezzarsi a caminar per la strada della salute. La colomba ombreggia la gratia, e la pienezza dello Spirito Santo, che s'infonde in questo sacramento. La tortore si è per l'irreiteratione di lui, come quello del battesmo, e dell'ordine, ne' quali s'imprimono i caratteri indebili nell'anima, etiandio dopo mórto l'huomo, e se pur per miracolo risuscitasse, non vi bisognarebbe reiteratione; in guisa, che la tortore, dopo ch'vna fiata perde il suo sposo, non aggrada più compagnia con altro.

Auueriamo quanto si disse co' diuini oracoli. Si dipigne la confirmatione da huomo armato, che di ciò parlò la Sapienza; *Accipiet armaturam zelus illius, & armabit creaturam ad vltionem inimicorum;* Che tenghi la corazza, qual sembra la giustitia, che si ri-

Sap. 5. D. 18

ceue in questo sacramento, l'elmo in testa, per lo giuditio certo, e giudicare rettamente, e discorrere, e lo scudo ch'è l'opra giusta, e la difensione della fede, come diuisò la Sapienza; *Induet pro thorace iustitiam, & accipiet pro galea iudicium certum. Sumet scutum inespugnabile aquitatem;* Sembra l'armatura (posta per metafora nella confirmatione) la vigilanza, e confirmatione nella fortezza; *Esto vigilas, & confirma,* Ed vn tale, così armato, ben si custodisce nella fede Christiana, essendo qual cortile, oue passeggia Dio, vn'anima simile, ritenendo l' interna pace delle potenze, diuisandone d' acconcio il Saluatore; *Cum fortis armatus custodit atrium suum, in pace sunt omnia, qua possides.* La pianta del Balsamo si è per la bontà, e'l buon odore della vita; *Quasi balsamum non mistum odor meus,* E S. Paolo era altresì partecipe di quest' odore, confirmato nella fede; *Christi bonus odor sumus.* La colomba, per la pienezza dello Spirito Santo; *Bonum depositum custodi per Spiritum Sanctum, qui habitat in nobis.* Il ramo dell'oliua, ch'è la bellezza delle virtù in vna tal'anima, campeggiando la campagna della fede, qual gratios' oliuo; *Quasi oliua speciosa in campis.* Ed in fine la tortore, per la irreiteratione di quello sacramento, che la voce di lei intese il diletto nella cantica; *Vox turturis audita est in terra nostra.*

Sap. 5. D. 19.

Apocal. 3. A. 2.

Ecclesiast. 24. B. 22.

2. Cor. 2. D. 15.

2. Tim. 1. D. 14.

Ecclesiast. 24. B. 19.

Cant. 2. C. 12

CONVERSATIONE BVONA. G. 39.

Donna con faccia bella, e riplendente, haurà nelle mani vn ramo di dolce poma, ed a' piedi le sarà vn' Armellino.

LA buòna conuerfatione, ch'è d'huomini honefti, di buona vita, e coftumi, reca vtile grande al mondo, ed effetti contrari alla mala, e fi come per quefta fi fentono gli huomini in gran maniera offefi, parimente con quella mirabilmente giouati; e fi come la cortice dell'albero è caggione, che quello fi conferui, e fi renda incorrottibile; altre tale adiuiere alla conuerfatione de' buoni, che mantiene gli huomini nel decoro della fama, e nell'incorrottibiltà delle virtù. Sono di più le buone connerfationi, come vna difefa di qualche città, fattale da muraglie forti, e da inefpugnabili Rocche, così reftando ricourate le cofcienze humane dalle mura, pur troppo fodi, e felici delle buone prattiche, e dalle Rocche inuincibili delle fante conuerfationi.

La buona conuerfatione (dice Ifidoro), confonde l'inimico, edifica il proffimo, e dà gloria al Signore.

La difciplina è la conuerfatione buona, ed honefta, alla quale è poco il non far male, mà ftudia altresì in quelle cofe, che fan bene, e fanno l'effere irreprenfibile, dice Vgone.

Così diuisò il Filofofo (dice Chrifoftomo) douerfi infra gli amici viuere, come fi foffe fra' nemici, ed infra' nemici, come fi foffe fra gli amici.

Non è molto lodabile effere buono co' buoni, mà buono infra' mali, e fi come è di più grau'errore, non effer buono infra' buoni, così è di grandiffima lode, effer buono infra' trifti, dice Gregorio Papa.

Dunque con giufta ragione, e con fingolar confideratione di-

Ifid. foniloq. lib. 3.

Vgo. de difcip. Mona.

Io. Crifoft. lib. 3. de vefig. phil.

Greg. lib. 1. moral.

pignefi la buona conuerfatione da donna bella, perche contiene vaga bellezza, e colla beltade l'vtile; è di faccia rifplendente, per la fua bontà, donde, come da viuo fonte, attingneno gli huomini acque dolciffime di ben viure, ed oue, quafi in viuace fpecchio, vagheggiano la vera imagine della bontà, l'effiggie dell'honefto viuere, e virtù, cotanto amabile. Il ramo delle poma dolce ombreggia la dolcezza, ch' altri affaggia nel felice rampollo del proprio decoro de' buoni, la cui prattica dee così abbracciarfi. E finalmente v'è l'Armellino, ch'è animale di rare naturalezze, effendo sì honefto, e gelofo del cafto viuere, e del mondo, e polito conuerfare, come appunto deuefi hauer fodalicio d'huomini honefti, cafti, celebi, e mondi d'ogni macchia d'errore, e politi d'ogni vitio.

Andianne alle diuine carti. Si dipigne da donna bella la buona conuerfatione, hauendo la vaghezza delle bon'opre, conforme alla vera legge, e vera giuftitia, come diffe l'Apoftolo; *Secundum iuftitiam, quæ in lege eft, conuerfatus fine querela;* Queft'era la bella, e fanta, conuerfatione, alla quale efortaua S. Pietro; *Conuerfationem veftram inter gentes habentes bonám: & in eo, quod detractant de vobis tanquam de malefactoribus, ex bonis operibus vos confiderantes &c.* Hà la faccia fplendida, per l'effempio raro, che reca al mondo, come perfuadeua l'Apoftolo; *Sed exemplum efto fidelium in verbo, in conuerfatione, in charitate in fide, in caftitate,* E queft'era altresì il lume dolce, che così l'appellò l'Ecclefiaftico; *Dulce lumen, & delectabile eft oculis vidore folem,* Il ramo

Philip. 3. A. 6.

1. Pet c. 2. C, 12.

2. Timot. 4 C. 12

Ecclefiaft. 11. B, 7.

Ecclesiast.
24.C.23.

Tob.14.D.
17

mo delle poma; per la dolcezza delle bone, ed honeste prattiche, che forse a tal fine il sauio disse; *Et flores mei fructus honoris, & honestatis.* L'Armellino, per fine, è simbolo delle bone prattiche, tanto seguitate da Tobia; *Omnis*

autem cogitatio eius in bona vita, & in sancta conuersatio permansit; E S. Paolo peranche diceua con altri eletti esser conuersato nella diuina gratia; *Sed in gratia Dei conuersati sumus inhoc mundo.*

2. Cor. 1,
C. 12.

CONVERSATIONE MALA. G. 40.

Vna donna d'aspetto deforme, ed abbomineuole, dalla cui bocca esce vn fumo, tiene in vna mano vn vaso di veleno, e nell'altra vna quantità di pece, che bruggia, ha molte piaghe per la vita, e d'appresso le sono vn Pauone, vn Gatto, ed vna Tigre.

Senec. lib.
de moral,

LA mala conuersatione è la ruina degli huomini, ch'al più di quelli, e'hoggi sono di mala vita, sono, per caggione della mala conuersatione, e prattica d'huomini scelerati; e si come quando si stà al sole l'huomo si scalda, e se gli tolgono tutti gli humori humidi, che lo potrebbono offendere, e si rende per la vista di sì nobil pianeta allegro, e giocondo; così ancora, per contrario, quando si stà nelle pioggie si raffredda, si riempe d'humiltà nociua, e di malinconia: adiuiene altre tale a gli huomini nel sole lucido della buona conuersatione, riscaldasi di buoni affetti, si rendono senza humidità di vitij, e rimangono lieti, per le virtù, ch'acquistano; deç dunque fuggirsi la mala conuersatione, più che la morte, ch'apunto reca quella dell'anima: Seneca dice, qual cosa è più nemica all'huomo, se non l'altr' huomo, ed io dirò, che sia l'huomo tristo, co'l quale si prattica; I Giouani specialmente debbono fuggire le

cattiue conuersationi, perche apprendono più volentieri ciò, che di male, ò di bene sentono, e veggiono, sicome vn rampollo tenero facilmente si drizza, e si curua, i teneri nell'età con facilezza si drizzano nel bene, e piegano nel male, praticando co'tristi: Frà le cose simili (dice il Filosofo) il passaggio è facile, gli huomini, dunque, per esser simiglianti nella natura, facilmente si fan communicatione nelle naturalezze, ed essendo inchinati al malè, e stando sempre viuace il somite dell'errore, subito che praticano con huomini tristi, benche fossero Santi, quel male vola da' tristi a' buoni, il che non accade nelle cose dissimili, come non può communicarsi la fierezza del leone all'huomo, nè la ferocità d'vn lupo, non essendou' infra loro sembiarza, se non nell'animalità; e'l Padre S. Tomaso dice, che debbono i Christiani euitar la communione degl'infedeli, per lo pericolo della fede, e dell'escommunicati, per la pena, ed io dirò delli tristi, per

Arist. 2. de
gen. & cor-
rut.cap. 15

la

la ruina dell'anima, del corpo,
dell'honore, e della fama.

La mala conuersatione è di
molto nocumento, conforme la
buona è di molto giouamento;
quindi diſſe il Sauio ne' prouerbi,
Prou. 13.
D. 20 *Qui cum ſapientibus graditur ſapiens
erit. Amicus ſtultorum ſimilis effi-
cietur,* E l'Apoſtolo S. Paolo diui-
Ger. 5, B. 6. sò a tal propoſito; *Neſcitis quia
modicum frumentum totam maſſam
corrumpit.*

Per eſſer, dunque, in guiſa tale
malageuole la conuerſatione cattiua, ſi dipigne da Donna d'aſpetto deforme, perche è deteſtabile
la cōuerſatione di triſti, ruina del
mōdo, valeno delle Città, ed eſterminio di virtù; l'eſce il fumo di
boca, ch'occieca, e danneggia gli
occhi; che tanto fà la mala conuerſatione, toglie la viſta a gli huomini nel male, e gli ruina grandemente nell'anima. Il vaſo di
veleno, c'hà nelle mani, ſembra,
ch'il pratticare con triſti è come
s'vno pigliaſſe il veleno, per vcci-
derſi, inſettandos'il corpo di vitij,
e l'anima reſtando vcciſa. La pece, che tiene nell'altra mano; ac-
ceana, che ſi come quella imbratta i veſtimenti, e difficilmente ſi
lĕua via da quelli, coſì chi prattica con triſti, ſi ſporca delle lor male qualità quaſi ſono pocomeno,
ch'indeleb li, e pece, che bruggia ogni germoglio di virtù ne'
buoni. Le molte piaghe ſembrano i vitij de' triſti, con che infet-
tano gli altri, quando vi ſi prattica; e ben ſarebbe fuggirli com'ap-
p ſtaii, Il Pauone è ſimbolo della
ſu erbia, ch'è il principal vitio,
ed origine di tutti mali, che s'ac-
qu ſta ſpecialmente nel pratticar
con h uomini cattiui, e tutti gli altri appreſſo. Il garto è animal
ingiato, fateli carezzi, quanto vo-

lete, che vi punge, e ſgraffia con
l'vgne, e quando v'immaginate,
c'habbia a corriſponderui nel
piacere, che ſe gli fà, all'hora in
vn tratto vi ſtraccia tutto; tipo
verace delle male conuerſationi
con genti male, che quanto più
le fate piacere, più v'offendono
colle loro iniquità, e quando i
miſeri huomini s'immaginanò
co'l pratticargli, ed accarezzargli,
hauerne qualche vtile, reſtano
tutti ſgraffiati nell'honore, nella
fama, e nella virtù; e finalmente
la tigre, ch'è nemica dell'huomo,
è ſimbolo degl'huomini triſti, capitali nemici de' buoni, e guai a
loro ſe vi pratticano con triſtez-
za.

Alla ſcrittura ſacra. Si dipigne
dà donna deforme la mala con-
uerſatione; *Filij abominationum ſi-* Eccleſiaſt.
unt filij peccatorum, & qui conuerſan- 41. B. 8.
tur ſecus domus impiorum; Dalla cui
bocca eſce vn fumo, ch'in tal guiſa Giouanni vidde ne l'Apocaliſſe in que' deformi caualieri
sù moſtruoſi caualli, con capi
leonini, dalla cui bocca vſciua
fumo; *Et ita vidi equos in viſione,* Apoc. 9.
& qui ſedebant ſuper eos habebant, C. 17.
*loricas igneas &c Et capita equorum,
erant tanquam capita leonū, & de ore
eqrū procedit ignis, fumus, & ſulphur.*
Hà il vaſo di veleno, ch'è inſanabile, guſtandoſi, del quale forſe ſi
fauellò. *Fel dragonum vinum eorum* Deut. 32.
& venenum aſpidum inſanabile, Hà E. 33.
la pece nelle mani, ch'imbratta;
Qui tetigerit picĕ inquinabitur ab ea. Ecclſiaſt.
Le piaghe, per la vita, che ſem- 13, A. 1.
brano i vitij de' triſti, quali ſi debbono fuggire, più che le piaghe
nel tempo di peſte, che l'accorto
Dauide bē cercaua fuggirgl; *Non* Pſal. 140.
communicabo cum electis eorum, E nel A 4.
Apocaliſſe; *Vt nè participes ſitis* Apoc. 18.
delictorum eius, & de plagis eius non B. 5.
acci-

Ecclefiaf.
13.A.1.

Pf 37 D.21

Pro.12 B.x

accipiatis. Il Pauone della fuperbia, capo di virtù, che s' acquifta, in pratticandofi, con fuperbi ; *Qui communicauerit fuperbo induet fuperbiam.* Il gatto, che rende male per bene : *Qui retribuunt mala pro bonis* E per fine la Tigre crudele, *Vifcera autem impiorum crudelia .* Si paragona generalmente la mala conuerfatione a quefti animali, perche non han vifo d'huomo, mà di béftie, gli huomini trifti, e fcemi, che caggionano cotanto male ; *Sicut equus, & malus, quibus non eft intellectus ,* E Daniello parla di ciò ; *Quorum non eft cum homini- bus conuerfatio.*

Pf.31.C.9

Daniel. 21
A.11

CORRETTIONE FATERNA. G. 41.

Donna con vn torcio acceſo nel petto ; tenghi vt velo in faccia, in vna mano vn ramo d'oliua, e di mielo, e nell'altra vna bilancia.

LA correttione non è altro, ch'vna ripenfione, che fi dee fare da Chriſtiani, per precetto del Signore in quell'attioni, che fi dilungano dalla raggione, e dal l'offeruanza della diuina legge ; mà fciocco, e pazzo, ed in tutto fcemo di raggione ſtimo colui, che ritrouandofi finiftrato dal drito fentierò della raggione, e battuto nelle trafgreffioni della legge, fugge chi per carità lo riprende, e cerca condurlo al bene, ed abborre chi gli fa tant' vtile, e fouente fi prouoca a fdegno contro chi gli procaccia la propria falute. La correttione, dirò, douerfi molto ftimare, ed hauerfi a cura, perche è precetto di Chrifto, che concerne il proprio bene ; quefta molte fiate fà, che fi conofchino gli errori, s'emendino le colpe, fi lafcino le cattiue ſtrade, e fi riduchi l'huomo al virtuofo viuere da Chriftiano ; non è ella da fuggirfi, nè fchifarfi da muro, che fi ene defio d' pacere al gran Signore della maefta, mentre ben certo fappiamo, egli

effer ſtato il primo effemplare, onde noi pofsiamo ridurci a farla, che con tante fatiche, e fudori la fè nel mondo ; Santa correttione fraterna, il cui carico il Saluatore impofe sù gli homeri Angelici, quali cotanto bramano la noftra falute, e che con tanta vigilante cuftodia proteggono, correggono, infegnano, aiutano, ed indrizzano gli huomini alla ftrada beata de' diuini alberghi del Paradiſo ; eglino a più potere s'affaticano, e sforzano di raprefentar le noftre attioni con tepidezza fatte, e l'orationi al cofpette del Signore, ornandole, ed abbellēdole, acciò s'aggradino, e fe ne compiacci, e pur fono di diffugual natura da noi, di differente ſtato, di più graue conditione, e di cognitione più felice, per albergar quegli cō fourana beatez za nella celeſta cafa del Paradiſo ; e noi huomini, che fiamo dell'iſteffa fpecie, e d'vgual bifogno, habitanti in vn'iſteſſa terra, ed oue l'vnica fembianza dourebbe innefare ne' petti noſtri l'affetto;

come

come diſſe il Filoſofo; che la ſembianza è caggione d'amore, v'è
poſcia tanta fredezza di carità,
ch'vno poco ſtima la di lui, e
d'altrui ſalute. Viuace ſpecchio,
raro eſſemplare, e documento,
laſciato ad eterna memoria a'
mortali dal Saluatore;, che dianzi
ſormontaſſe ſu'l trono della maeſtà alla deſtra del Padre, ad eſſere
felicemēte guiderdonato d'empi-
rea corona di gloria: volle a'ſuoi
diſcepoli, non in tutto adaggiati,
e cheti ne' felici miſteri del ſuo
riſorgere a glorioſa vita, nel medemo punto, ch' era per entrar
nel Cielo, fargl'il paternale vfficio della correttione, così teſti-

Marc. 16.
C. 14.

ficando il Santo Vangeliſta; *Et exprobrauit incredulitatem eorum, &
durittiam cordis : quia his, qui vide-
rant eum reſurexiſſe, non crediderunt:*
E poſcia ſalì nel Cielo, per eternamente goderui, accennando,
che dalla correttione fin colaſsù
v'è ſolo vn gradino di differenza,
in tanta prooinquità vi ſi troua,
chi ſi vale di sì farto precetto. E
quando l'altro de' ladroni in Croce, rinfacciaua il Signore, l'altro
felice, e prode lo ripreſe, e corref-
ſe, dicendo, ah malaaggio, chi ſe'
tù, che ſpreggi il noſtro Dio, e cōtro lui t'infelloniſci cotanto, noi,
non egli, ſiam colpeuoli, dunque a
noi, non a lui ſtan bene queſte
pene; *Nos quidem digna factis reci-
pimus : hic autem quid mali fecit ?*
Mà ecco il beato parto di sì debita, e ſanta correttione, fù fatto degno ſentire le melliflue fauelle, non
ad altro dianzi dette; *Hodie mecum
eris in Paradiſo,* Tanto gradirongli
le parole di quello, che per zelo
d'altrui ſalute, infrapoſe ne' ſuoi
martiri, e doloroſi tormenti della
Croce; Nè diſpiacci a niuno altreſi riceuerla, benche colla dol-

cezza del ſoaue precetto, e di sì
dolce carità, vi ſi miſchiaſſe alquanto di rigore, ed'amarezza, che
l'amore ſouente, e'l zelo fà aſpramente fauellare; e da'naturali ſappiamo, che la Regina de gli vccelli ben, pietoſa madre, ch'ad altra
non cede in amare i propri parti,
e pur per prouocargli al volo, e
laſciar' il ſonacchioſo nido, tal'
hora gli percuote coll'ali, tal'hora gli ributta co' piedi, e tal fiata
gli colpiſce ben bene coll'artigli,
e pure nel ſuo petto sfauilla d'a-
more; così è oracolo del Sauio,
ch'altretanto opri il Signore; *Quem
enim diligit Dominus corripit,* Ed a
tal ſembianza il tuo fratello, anco
per amore, con aſpre, e ſeuere parole ti ſueglia, ti sferza, e punge
colla correttione, perche ſi generi in te la carità di Dio, ſi deſti
l'amor ſuo, ſi dia di piglio al bene, ſi volghi il tergo al male, e ſi
facci per cagione di lei acquiſto
di ſapienza; altrimenti ti ſopra-
uerà, ſenza fallo, ruina grande di
Cielo; *Viro, qui corripientem ceruice
contēmnit, repentinus ei ſuperueniet
interitus.* Offeruiſi, dunque, sì ſanto precetto da chi n' hà miſtieri,
e prontamente il riceua, come
meſſo di Dio, che per altrui ſalute languiſce, e bruggia di carità,
dicendo *Amore langues.* E' ben vero, che molte fiate adiuiene odio-
ſa la correttione, per difetto del
correttore, che non vſa le debite
conditioni; prima, ch'egli debba
eſſer'atto a farla, ed eſſer'innocē-
te di quel, che corregge; altrimenti non ſarà inteſo, eſſendo neceſſario dianzi medicar ſe ſteſſo, e poſcia abbada'r'in altrui mali; quindi
diceua l'Apoſtolo; *Fratres, & ſi oc-
cupatus fuerit homo in aliquo delicto,
vos qui ſpirituales eſtis, huiuſmodi
inſtruite illum ;* Mà come ? *In ſpiritu*

Prou. 31.
A. 12

Pr. 29. A. 1

Ex. 2. A. 3

Galat. 6.
A. 1.

M

Amos 5.
C.10

vitu lenitatis, Con piaceuolezza, con amore, e carità; nè dè farsi nel publico, in presenza di molti, che verrà quel tale in iscandescenza, e odio di chi corregge, come ne fauellò l'Oracolo; *Odio habuerunt corripientem in porta.* Ben che dica Ruperto Abbate, fauellarsi di Christo, che correggeua

Ioa. 18.D.
20

gli Hebrei nel publico; *Ego semper palam locutus sum:* Mà intendesi anco, per la porta, il principio dell'errore; nè bisogna per all'hora far la correttione, quando si stà su'l furore della colpa, mà lasciar' vn poco raffreddar' il fatto; ò vero nella porta, che'l publico, e senz'altro farà odioso, chi vorà farla così. La correttione si dee fare, per opra semplicemente di carità, e per ridurre il prossimo dal male al bene. Quindi disse il

Aug.de sin.

Padre Sant'Agostino, mai deuesi prender' assonto di far correttione, se non sappiamo di certo far-

Idem ibid.

la per carità. Quel, che si dice con animo turbato, e macchiato (dice l'istesso) è piu tosto empito d'vn, che punisce, che carità d'vn, che corregge. Debbonsi (disse il

August. de
Verb.Dom.

medemo Agostino) correggere publicamente i publici commessi falli, acciò gli altri temano, mà chi hà peccato in secreto, nel secreto dee correggersi, imperoche quel, che peccò in secreto, e vuoi in publico correggerlo, non correttore sarai, mà traditor di lui.

Id.in ps.5.

E'l medemo disse, giustamente riprenda gli altri chi non hà in se cosa, ch'altri possa riprenderla.

Più gioua, e fà profitto la correttione, che l'accusatione torbolenta, e con isdegno, perche quella reca certa vergogna, e questa

Ambros. in
Luc.

lo sdegno, e l'ira, così dice Ambrogio.

Quel, che può emendar l'erro-

re, ed è negligente, si fà partecipe del male, e chi aiuta all'altrui bene, aiuta il suo medemo, dice Gregorio Papa.

Gregor.51.
moral.

E Isidoro disse, quel, che fù ammonito con piaceuolezza, e non ne fè conto, più aspramente dee esser ripreso, imperoche quelle ferite, che non posson sanarsi con dolci medicamenti, debbonsi curar con dolore. Si facci, dunque, la correttione fraterna, però con ogni carità, ed amore, e si sforzi chi è vago di quella, dianzi emendar la vita propria, e poscia riguardar quella d'altrui, se vorrà far profitto; quindi diciamo.

Isid. lib.3.
de sum. bo.
c.46.

Horrendi sceleris pæna tribus vna pependit

Dum reliquit sumunt arma; iubente Deo.

Ante tamen meritas, quam possent sumere pænas

Victores, pugna bis cecinere graui

Quid sibi vult, quod dum sanctissima iussa tonantis

Exequitur populus, bis tamen plectere, debet

Nempe quod ille alios, qui teneat plectere, debet

Ipsa prius vindex criminis esse sui.

Si dipigne, dunque, la correttione fraterna da donna, che tiene vn torcio acceso nel petto, per segno dell'amore, che và innestato con tal precetto, e che per amore fù commandato, e per ciò dè osseruarsi, nè dee farsi per altro disegno, solo per quello. Hà il velo in faccia, perche non deue nel publico osseruarsi, mà di nascosto; *Inter te, & ipsum solum*, acciò si salui la riputatione del fratello. Il ramo d'oliua hà diuersi misteri, in prima egli è simbolo della misericordia, per segno,

gno, ch'in tal guisa dee farsi, con pietà, ed amore, poscia è amara l'oliua, perche deue farsi con parole, che stimulino il Christiano, e che lo punghino. Tiene il ramo di mielo, per la dolcezza delle parole, che dè vsare, chi fà tal correttione. La bilancia nell'altra mano, quale è simbolo della giustitia, per segno, che a chi vuol fare quest'vfficio, è mistieri esser giusto, esser buono, e nettarsi dianzi le sue macchie, e poscia abbadare all'altrui immonditie, se vuol far frutto.

Alla scrittura sacra. Si dipigne da donna la correttione fraterna, che tiene il torcio acceso, per l'amore, ou'è fondata, come dice il S. Vangelista Giouanni; *Ego, quos amo, arguo, & castigo.* Il velo in faccia, perche dè farsi di nascosto, come disse il Saluatore; *Si peccauerit in te frater tuus, vade, & corripe eum* inter te, & ipsum solum; E l'Ecclesiastico; *Priusquam interroges, ne vituperes quemquam; & cum interrogaueris corripe iustè.* Il ramo d'oliua della misericordia, in guisa che diuisò Dauide; *Corripiet me iustus in misericordia,* ò pure per l'amarezza delle ponture delle parole di chi corregge, che più si deuono amare, che le melate parole d'vno, ch'odia; *Meliora sunt vulnera diligentis: quam fraudulenta oscula odientis.* Il ramo del mielo si è, per la dolcezza delle parole di chi fà quest'vfficio, come diceua Dauide; *Quam dulcia faucibus meis eloquia tua,* E la santa sposa; *Mel, & lac sub lingua tua.* E per fine la bilancia della giustitia, e spiritualità, che deu'esser'in quello, che fà questa santa correttione; *Vos qui spirituales estis huiusmodi instruite illum;* come fù d.anzi tocco.

Apoc.3.D. 19.
Luc.18.B. 14.
Ecclesiast. 11.A.7.
Psal. 114, B 5.
Prou.27, A.6.
Psal. 118, N.113.
Cắt.4.B.3.

CORTEGGIANO. G. 42.

Vn huomo, che serue a mensa ad vn Signore, qual tiene vn grand'occhiale, e stà sedente alla riua del mare, nel quale si vede vn pesce grande chiamato Faste. tiene quell'huomo, che serue, vn coltello alla gola, con vna mano suona vna sampogna, e coll'altra tiene vn pane conuertito in sasso, auanti haurà cette cicale, ed vn'Aquila.

L'Officio del corteggiano è di molto trauaglio, e fatica ritrouandosi nell'altrui seruitù, e seruitù di persone grandi, e Signori, i quali al più sogliono essere fastidiosi, ed incontentabili, e vogliono esser seruiti a cenno, ch'alle volte i poueri corteggiani diuengono frenetici: è proprietà di costoro d'hauer bell'ingegro, ed esser assai perspicaci, diuenendo così nelle corti, facendosi prattici ne' costumi, e creanze; mà i miseri al meglio, dopo tante fatiche, quando s'imaginano esser premiati, e restar ricchi, si ritrouano co'l coltello alla gola, con esser pagati d'ingrati-

M 2 tu-

tudine, che però quello, che mangia, è rappresentatione de'signori
del mondo; Stà alla riua del mare, la cui proprietà è di riceuere
sempre acque dolci, e mai ne
manda fuori; come apunto fanno
quegli, che sempre vogliono, e
mai danno, vogliono seruitù, mà
mai corrispondono co'l guiderdone, e se pure donano alcuna cosa, fanno conforme al mare, che
se dà dell'acqua, è amara, e salza,
in segno, che ò poco, ò nulla
ricompenza, e di poco valore so-
glion dare; nè si deue fidare niuno
a loro, ch'al meglio, che tù n'hai
mistieri, non ti conoscono, e ti pa-
gano vantaggiosamente d'ingratitudine, che questo sembra il
grand'occhiale, che tiene colui.
Vedesi nel mare il pesce Faste, qual
butta dalla bocca acqua dolce, e
così gli pesci piccioli, tratti da
quella dolcezza vi corrono, restando tranguggiati da quello; tal,
apunto sono questi signori, come
questo pesce, a cui par, ch'eschi
di bocca acqua dolce, mostrando
ricchezze, e promettendo guiderdone a chi gli serue, mà poscia si
diuorano ogni cosa, nè si può hauere cosa veruna da loro; hanno
le mani larghe, per prendere, e
strettissime per dare: è proprio de'
corteggiani l'adulare i signori, e
se pur veggiono male, eglino, co'l
lor finto parlare, e simulato, gli
lodano, ch'è cosa dispiaceuole a
Dio, e credo certo (nè credo auisarmi male) ch'in pena di ciò alle volte permette, non siano ri-
munerati di lor fatiche; hor questa adulatione sembra la sampogna, con che dolcemente suonano
no, ed altresì la cicala, che vnta
coll'oglio muore, e coll'aceto sana; eglino coll'oglio dolce delle
parole adulatorie molte fiate am-

mazzano i padroni, facendogli
far mille errori, lodando ogni cosa, che veggiono, ò di bene, ò di
male, per non dargli disgusti, e per
non mostrarsi contrari a' lor pareri: meglio farebbe vngergli coll'
aceto della correttione, e della
verità, ch'il Signore permettereb-
be, non l'auuenisse cosa di male.
Al fine dopo lunghe fatiche, e
tanti seruigi fedeli, gli hà da venire il soldo dell'ingratitudine
detta, quindi si trouano il pane
conuertito in sasso i miseri, poiche il fine di tal misera seruitù, è
non hauer nè anco che mangiare.
E que' beni, a' quali tanto sperauano, come ricchezze, dignità,
ed vffici, gli sono volati di mano
più velocemente, che l'Aquila,
qual stà a' piedi, nè si toglie in
alto, che perciò molto bene il
Principe de' Geroglifici significò   *Pier. Vale.*
per l'hamo l'inganno, in che si   *lib 45.*
trouano i poueri corteggiani, im-   *ibi de ham.*
peroche sotto l'acutezza di quel-
lo vi si nasconde l'esca, la quale
tranguggiata dal pesce, tosto
l'vccide; in sembianza tale ritro-
uans'ingannati i poueri corteggiani, che sotto l'esca delle dolci
promesse de' Principi ritrouano
ferro acutissimo d'ingratitudine.
Fè molto saggiamente chi diede
titolo a tali signori d'idoli muti,
e'hanno bocca, e non fauellano,
occhi, e non veggiono, orecchie,
e non sentono, mani, e non toc-
cano; han la bocca, per fauellar'
al più dishonestà, e parole da gusti, non per aiutare altrui; han
gli occhi, per veder cose sensuali,
non i bisogni de' poueri; han
l'orecchie, non per sentir'i disaggi, e bisogni de' sudditi, mà per
vdir canti, e suoni, ò altro da piacere; han le mani, per fine, non
per remunerar chi gli fà piacere,
                              e ser-

e feruitù, mà per dare a' buffoni, a'meretrici, à'giochi, e ad altro di male, fiche non bifogna, ch'i corteggiani tenghino fpeme d'effer remuuerati da' lor fignori, benche fi ritrouino ancora de' buoni, ed honorati, che conofcono le feruitù, e' piaceri, fe gli fàno.

Andianne alla verità diuina. Il corteggiano ferue il Signore a menfa, per effer pafciuto, e premiato, mà in cambio di far bene, fi pone il coltello alla gola, ch'è l'ingratitudine di quelli; *Quum* *federis, v comedas cum principe dili-* *genter attende qua appofita funt, ante* *faciem tuam, & ftatue cultrum in* *gutture tuo.* Stà quello fedente alla riua del mare, ch'è tipo dell' ingratitudine, che riceue, e non dà; *Omnia flumina intrant in mare, &* *mare non redundat.* Il pefce grande

chiamato Fafte, che fi vede nel mare, in fegno ch'ingannano colle parole; *Verba impiorum infidian-* *tur fanguini.* Tiene l'occhiali, perche non conofce, chi l'hà feruito, come Saul non conobbe Dauide, dopo fattegli tanti benefici, dicēdo; *Cuias eft ifte iuuenis,* e parche fi poneffe l'occhiale. Il pane conuertito in faffo d'ingratitudine, che fe ne riceue; *Ne defideres de* *cibis eius in quo eft panis mendacij,* La Cicala, per l'adulatione ingannatrice; *Melius eft à Spiente corrigi.* *quam ftultorum adulatione decipi; e d* in fine que' beni, a che tu afpiri, e quelle ricchezze, fe ne volano come l'Aquila; *Ne erigas oculos* *suos ad opes, quas non potes habere,* *quia facient fibi pennas quafi Aqui-* *la, & volabunt in cælum,*

Pr.23.A.5

Ecclefiaft.
1.B.7.

Prou. 12.
A.6.

Prou. 33.
A.3.

Ecclefiaft.
7 A.6.

Pro.3.A.5

CVSTODIA ANGELICA. G. 43.

Donna giouane di vago aspetto coll'ali a gli homeri, e
con vna spada in mano, auanti a questa giouane vi stà
vno, che camina per vna strada dritta, tiene vn'Ancora in mano, e haurà vicino vna vigna ben serrata
da bona siepe, oue fissamente ammira.

G LI Angeli Beati molto si
rassembrano alla natura nostra, essendo loro d'intelletto, me
moria, e volontà, come noi, bench.

che quefte potenze in loro habbino maggior perfettione: sì quãto alla natura, com'anco quanto alla gratia, ed allo ftato beato, oue felicemente godono; per
effer dunque a noi fimili, deueſi
far argomento, fecondo il detto
Arifot. del Filofofo; *Similitudo eft caufa*
amoris, che portino a noi grand'
amore, e carità ardente; fono fimili quanto alla capacità della
beatitudine, effendo altresì not
capaci, ed atti a riceuerla, e così
per quefto, ed anco per comman-
damento di Dio Signor di tutti,
hanno gran cura della noftra falute, e vigilanza, cuftodendo
l'anime noftre da tutti mali, da
tutti pericoli, ed auuenimenti
cattiui: quante fiate corriamo pericolo della vita, ed eglino, per
effer sì colmi di carità, proteggono noi, e c'illuminano, per far che
ci ritrouiamo liberi da ciò, che
di male poteffe venirci. E fecondo la dottrina del Padre San Bonauentura, Iddio hà dato ad ogn'
huomo vn' angelo cattiuo per
efercitio, accio vincendo le
fue tentationi, habbia occafione di meritar molto; così allo
'ncontro, per aiuto a tutti vn'Angelo buono, per difenfione, per
cuftodia, e protettione, non folo in quefta vita, mà nel fine
di effa, che maggiormente importa, come dice San Girolamo;
Magna dignitas animarum, vt vnã-
Hiero. lib. *quaq; habeat ab ortu natiuitatis in*
3.comm.in *cuftodiam fui Angelum deputatum:*
Matto. Ed è fra' facri Teologi gran con-
trouerfia, fe tutti gli Angeli fi
mandino a quefta cuftodia, tanto
della prima, quanto feconda, e
terza Gerarchia: altri differo di
sì; San Paolo par, che l'affermi,
Hebr. 1.D. e colà fi fondano molti; *Nonne*
14. *omnes funt adminiftratorij Spiritus in*

minifterium, miffi propter eos, qui hæ-
reditatum capiunt falutis? E quefta
par' opinione del Dottor Sottile,
e fuoi feguaci, e d'Altifiodorenfe,
che anco i fupremi Serafini fon
mandati: altri han detto di nò, mà
folo gli Angeli inferiori dell'vlti-
mà Gerarchia. Io fempre direi,
che gli vni, e gli altri fono mandati alla cuftodia; San Michele
Archangelo è Prefetto di Santa
Chiefa, come anticamente era
dell'hebrea finagoga, enò è egli di
fupremi Serafini? Gabriello, che
doueua annunciare l'Incarnatione del Verbo, la maggior cofa,
che mai fi faceffe in terra, non è
egli dell'ifteffi Supremi Serafini?
E pur Cherubino fù quello, che
cuftodì il Paradifo terreftre colla
fpada di fuoco, dopo vfcitone
Adamo: fiche a' negotij importanti, crederò, fiano mandati gli Angeli fupremi; a' negotij ordinari
folo gl'inferiori; come alle cufto-
die de gli huomini, Città, Regni,
Imperi, Monarchie, hauendo cia-
cheduno di quefti l'Angelo fuo
cuftode, e difenfore. Hor chi fi
potrebbe imaginare la fatica, che
foftiene vno di queft'Angeli, per
liberarci dalle mani nemiche de'
demoni, e far che fiamo fcampati
dal ftar' in difgratia del Signore,
e per vltimo fuggir lo 'nferno;
s'affaticano, dunque, e corrono
volentieri al noftro aiuto.

Il diuoto Bernardo dice, Be- **Bern.ferm.**
nigno fei tu Signore, quale non **12.in pf.91**
fei contento folamente delle mu-
ra della noftra humanità, così fra-
gile; mà di più a prò di noi porgi
la cuftodia Angelica, quafi per
pontello. Tu dunque (diceua **Idem in**
l'ifteffo) fe vuoi hauer il minifte- **fer 50,**
rio de gli Angeli, fuggi le confolationi del fecolo, e refifti alle tentationi del diauolo.

Gregor. in
pastoral.

Gli Angeli (dice Gregorio Papa) sempre si mandano per lo ministero della salute de gli huomini, acciò amministrino, e rechino tutte le cose del mòdo, e ciò si è p lo voler di Dio, che táto dispone.

Orig.in nu.
homil. 66.

Stà presente a ciascheduno di noi (dice Origene) benche minimo, l'Angelo buono del Signore, acciò regga, muoua, e gouerni l'anima nostra, e per correggere le nostre attioni, e chieder pietà al Signore, standogli giornalmente auanti la faccia.

Quindi la custodia Angelica si dipige da giouane alata, non che gli Angeli habbino l'ali, perche sono spiriti, mà per dar cognitione a gli huomini, quanto sono presti, e celeri, quanto velocemente volano, per venire a soccorrergli. Tiene la spada nelle mani, per segno di voler protegerci, ed aiutarci, e combattere valorosamente contro i tartarei nemici. Quello, che camina per la strada dritta, è l'anima protetta, a cui è insegnata da quest'Angelo la strada della salute. Tiene l'ancora nelle mani, che sembra la speranza, c'hà vn'anima di saluarsi, per mercè dell'aioto di quest', Angelo, persuadendomi, che se nell' vltimo termine della nostra vita, fossero desperati tutti gli aiuti, egli s'affligge al possibile cò ogni sforzo conueniente ad vna creatura, per far c' habbiamo la palma, e'l trionfo di satanasso. La vigna circondata di siepe è l'anima, chiamata talmente nella scrittura, che così s'intende la parabola di Christo, fauellando della vigna, e siepe nel Vangelo; *Homo erat pa-*
Matth.21.
D.33.
ter familias, qui plantauit vineam, & sepem circumcedit ei. La siepe è questa custodia de gli Angeli, e si come quella circonda la vigna, e

la custodisce da' malandrini; così in questa vigna dell' anima, circondata dalla siepe de gli Angeli Santi, colà non possono entrare spiriti maligni, per offenderla, e quando ciò far volessero, all'hora adoprano la spada della lor protettione.

Auerriamo quanto di sopra si disse co' diuini oracoli. Si dipige da donna giouane alata la custodia Angelica, che così fur visti gli Angeli dal Santo Esaia sù l'eccelso soglio del Signore ; *Seraphim*
Isa.6.A.2.
stabant super illud : sex ala vni, & sex ala alteri; Ed Ezzecchiello altre sì simiglieuolmente gli vagheggiò;
Ezzech.1.
F.23.
Vnumquodque duabus alis velabat corpus suum, & alterum similiter velabatur. La spada della protettione, e custodia in guisa, che disse Giuditta, ritornando da Holoferne ben difesa ; *Custodiuit me Angelus*
Iudith. 3.
C.20.
Domini, Ed intendesi a tal proposito il parlare di Zaccharia ; *Ponam*
Zacch.9.
C.14.
te, quasi gladium fortium. Quello, qual stàauàti, e camina per dritto sentiero, ch'è quello della salute, come vantossi l'istessa Giuditta;
Iudith. 10
D.16
Duxit me, et reduxit Angelus Domini, e Tobia; *Ipse me sanum duxit, & re-*
Tob.12 A.3
duxit, E'l Salmista ; *Angelis suis*
Psa.9.C.ij.
mandauit de te, vt custodiant te in omnibus vijs tuis, L'Ancora, c' hà in mano della speranza di saluarsi;
Sub vmbra alarum tuarum sperabo,
Ps.56.A.2
E per fine la vigna, ch'è l'anima;
Vinea Domini exercituum, Che
Psa.5.B 7.
forse questa vigna alluse quella de' casti colloqui; *Vinea fuit paci-*
Cat.8 C.ij.
fico in ea, qua habet populos, tradidit eam custodibus ; E la siepe è l'Angelo custode ; *Spem circumdedit*
Matth.21.
D.33.
ei , E così s'intende il parlar del Sauio ; *Qui destruxit sepem, morde-*
Ecclesiast.
10.B 8.
bit eum coluber , Perche chi vorrà andare contro questa siepe Angelica, resterà molto offeso.

Custo-

CVSTODIA DAL PECCATO. G. 44.

Donna di bell' aspetto, con vestimento di ferro, con lo scudo in vna mano, e la spada nell' altra, per defenderfi, terrà in testa vna ghirlanda di rami di faggio, sparsa di ruggiada; haurà i piedi ben calzati, e gli occhi riuolti al Cielo, onde giù le descende grandiffima pioggia, da vna parte vi farà vn'Ariete, e dall'altra vn' voraciffimo Dragone.

LA cuftodia dal peccato è quella difenfione, che dee fars' il Chriftiano, per non offendere Iddio, e quella diligenza mirabile, e accuratiffima, che deue vfare, per non appeftarfi nel veleno della trafgreffione, e più conto dee tenere, e più ftima di ciò, che della pupilla de gli occhi; quindi Dauide pregaua il Signore; *Gufto-* **Pf.16.B.8.** *di me Domine vt pupillam oculi.* E non hà dubbio, che la propria vita, ch'è quanto più di valore hà l'huomo in quefto mondo, dourebbe hauerla in preggio viliffimo, per non far offefa, al Signore, co'l piombare nelle fauci del peccato, anzi quella fpreggiàre, per conferuarla eternamente, come ben chiaro ciò diuisò il Saluato- **Io.12.D.15** re; *Qui odit animam fuam in hoc mundo, in vitam æternam cuftodit eam.* Spreggi dunque, qualunque huomo fi fia la propria vita iftef-fa, per non allacciarfi nella colpa mortale, effendo la vita temporale al pari della fpirituale, qual ftilla in verfo l'ampietà del vafto pelago, come qual picciolo granello al fronte, d'vn'altiffimo mòte, qual fcintilla di fuoco, ad vn rogo grandiffimò, e qual picciolo termine, ch' in nulla pareggia all'infinito! Quindi i Santi del Si-

gnore, non ferno cóto di minaccie, d'ingiurie, di fpauenti, di percoffe, di tormenti, di fpade, di ruote, di lancie, e di morti piene d'ignominie, per far, che la vita temporale non garreggiaffe con la fpirituale, e che in tutto fi recaffe ad obliuione la memoria terrena, per acquiftar l'eterna; dando di calci al mondo, per impoffeffarfi del Cielo, fpreggiando i terreni honori, per imparadifarfi ne gli eterni, ed in fine, non curorno cambiar il picciolo, e terminato bene, co' l'immenfo, ed infinito. Santa, dunque, cuftodia, ò riparo dal peccato, che fortificea lo fpirito, lo folleua a Dio, lo rinforza colle virtù, fallo dominator del fenfo, e capace d'ogni raggioneuol penfiero; E qual armi in vero fi debon prendere con maggior coraggio, e qual fcudi, ò brocchieri imbracciarfi quanto quelli contro il peccato, ch'vccide l'anima, la priua del fuo bene, le toglie il buon effere, la pareggia alle fiere, la cambia da bella, che l'è in deformiffimo moftro, rendendola odiofa appo tutte le creature, rubbella del creatore, indegna di comparirgli auanti, e degna di riceuere l'infelice guiderdone d'eterna morte. Quindi

N la

la santa spofa tutta incorata prese vn armeria intiera , rizzandola
alle frontiere di nemici , facendo
vibrar spade , impugnando lancie , inalborando insegne , ten-
tendo archi, e scoccando saette, e
con mille scudi a suo riparo, e difesa. *Mille clypei pendent ex ea omnis*
armatura fortium. Mille lancea poten

Niffe. Vat. *tium.* Legge Nisseno. *Ex quo pen-*
dent mille clypei , & omnia scuta he-
roum . legge Vatablo . Douendo
mostrarsi vie più , ch' in ogn'altro
forzeuole il Christiano , auualo-
rato dal fauor diuino , contro chi
via gli toglie il decoro, lo spoglia
dalla beata heredità, lo veste d'ha
bito rozzo, e vecchio, e lo fà schia
uo allacciato con le catene di perpetue seruitù ; e seruirsi delle lancie di potenti, e de' scuti di grandi
heroi, che sono l'intercessioni di
Santi . Lascinsi pur l'armi drizzate alle terrene difese; separinsi dalle militie terrene e serui del Signore , ciascheduno si mostri inerme
alle battaglie mondane, e abban-
doni le stradagemme militari , e
s'armi contro più forti, e valorosi
nemici , che pugnano collo spirito, e la raggione ; s'erghino tutti
ad imprese maggiori , s'auualorino con maggior forze , s'inanimi-
schino con più coraggio , vadino
da più baldanzosi soldati, venghi-
no spinti inanzi più lieti, e giocon-
di , essendo maggior l'impresa ,
maggior il vanto, c'hauranno, e'l
preggio, a che aspirano, più grande il nemico, di che trionfano, più
copioso l'esercito vinto , più va-
lorosa la preda, più ricco il sacco
delle nemiche spoglie , più felice
la bandiera, oue militeranno, più
gloriosi trofei, più grande l'Hero
e , e più inuitto il Capitano, dal
quale sono indrizzati con armi al
campo. Quindi disse Santa Chie-

sa, dando coraggio a sì felice militia. *Estote fortes in bello, & pugna-*
te cum antiquo serpente , & accipietis
Reguum aternum ; Perche dee farsi
sanguinosa battaglia , e reputare
a niente la vita; Felice in vero, chi
hà tal mira di cambiar la vita
temporale co' l'eterna , e armar-
si di forte scudo, per non restarne
priuo, e non essere da tutti stimato vn vil plebeo d'animo codardo, e basso , hauendo gli occhi a'
transitorij , e a' caduchi beni , mà
volger la faccia alle vere grandezze, e ricchissimi tesori di sempiterna vita.

E così (senza fallo veruno) serà colmo di beltate in tutto , e si
rauuisarà vn huom tale, che così
armato ne starà cótro la pestifera
colpa, il più vago, e più bello, che
mai si fosse , vero oggetto oue si
riuolgon le luci del Signore della
Maestà; e se vn tal cócetto di quin-
d' il toglieremo, recandolo alla
scrittura sacra ne trouaremo la
proua, e gustaremo i misteri, e fra
mille luoghi, oue a bella posta po-
triamo scoprir così verace sacramento a pro di quanto si persuade , fauellò vna fiata lo Spirito
santo ne' deuoti , e casti epitalami nelle sacre canzone , rassem-
brando il collo della spofa a' va-
ghi, e belli monili . *Collum tuum* *Cant. 1 C. 9.*
sicut monilia , che voleui quì diui-
sar , o santo spofo , in lodando il
collo della tua diletta colla paragonanza de' monili ? e qual simiglianza si è infral collo, e' monili,
se quegli è di carne, seruendo per
sostegno, e baso del capo , e per
mezzano infra le membra del corpo, e'l capo istesso , e' monili sono non altro certo , ch'ornamenti, ò d'oro, ò di gemme , ò altro,
ch'el rendono vago , come dunque a que' si paragona il collo?
                 Collum

Collum tuũ ficut monilia, e s'altroue alla torre di Dauide paragonofs'il collo medemo, fornita di beluardi, e munita fi bene d'armi, e d'ogn'altro. *Situt turris Dauid collum tuum, quæ ædificata eft cum propugnaculis;* Che diuerfita d¹ fauellare è quefta dell'oracolo fourano; Oue per intendimento di dubio cotanto, vò che fappiamo, e l'vna, e l'altra paragonanza, e'l fine d'ambe due, e la cagione; Il collo fappiamo bene effer mezzano fra'l capo, e le membra, e per quello fi manda il cibo in giù per foftegno del tutto, e pur egli foftiene il capo, com'è la cima, e'l fupremo di tutti membra, per accennar, che l'anima dee mãdar, per foftentamento dell'effer fpirituale, il cibo delle virtù, ed oprarne a douitia, acciò fi deft' il capo della gratia in lei, e le membra delle potenze fue fi rinforzino ne' boni propofiti, ch'è per effettuare, e all'hora co' penfieri boni, e coll'opere farà vaga in guifa di monili; in guifa conforme al fenfo litterale. *Collum tuum ficut monilia;* in guifa di monili belli, e adorni è il collo dell'anima, e fpofa di Dio, quando s'adorna di virtù, e meriti belli più, che i monili, ò pure i monili rendono vago il collo di gratiofo deftriero, con che fi pagoneggia, faltando, e reggirando co'l cauagliero in dof fo, e quanto più quegli trahe a sè il freno, tanto più s'inarca il collo, e più vaga vifta, e moftra fanno i monili, ecco l'anima fanta altresì raffembrata a' deftrieri,

Pagnin. Hebr. Sept. Grec. *Equitatui meo in curribus Farraonis affimilaui te amica mea;* Oue Pagnino, l'Ebreo, e' Settanta voltano, *Equa mea affimilaui te;* e'l Greco *Equo meo;* al cauallo fi paragona l'anima, e così quanto più

ella tira il freno della mortifica-tione, e penitéza, ferrando l'vfcio a' tentationi, facendofi fchermo del fauor diuino, e fotto quello riparandofi, per far fcampo dal peccato, tanto più adorna fi rende, e vaga, e bella, fpargendo aura foaue d'effempi, e fmaltendo opre di virtù, che fono monili ricchiffimi, o pur tirando il freno co'l rigore di precetti, ed offeruanza di quelli co'l fchifar le ftrade, che la poteffero condurre ad errori, ò che monili di preggio, ornati di gemme, co' carbonchi di gratia, con Adamanti di giuftitia, co' rubbini d'amore, e con fmeraldi di viuace fpeme di goder i fuperni chioftri del Cielo. *Collum tuum ficut monilia;* ed ecco altrefi 'l penfiero delle paragonanze diffuguali, come alla torre di Dauide co' propugnacoli ben forti, e a' monili adorni; imperoche s'ella fi farà forte contro'l peccato, imbracciando lo fcudo della difefa, e rizzando beluardi, per combattere contro gli errori, e pugnando co'l feminator di quelli, eccola qual collo preggieuole, e bello, adorno di monili di fauori diuini, di gratie, e meriti *Collũ tuum ficut monilia;* Ed io hora m'auueggio del fauellar ofcuro, che fè lo Spirito fanto, in raffembrando le due poppe della fpofa ad vna torre, *Ego murus, & vbera tua ficut turris* come *ficut turris?* mãmelle, e torre, come paffano bene? sì certo, *Due vbera tua,* due poppe, che fono nel petto ftanza d'amore; ch'è quello, qual dee recarfi al Signore, douendo effer grande, effendo gli oblighi cotanti, che l'habbiamo; e'l timore d'offenderlo è l'altra mammella, onde per farlo, che ftij defto, fi rammenra l'anima fpirituale la gran Maefta d'effo

Signore, e come non deu'esser, non solo offeso, mà amato, e fer-uito da noi, e così fà preparamen-to a non trasgredir la sua legge, e a prender l'armi contro i contra-ri di quello, che sono satanasso, e'l peccato. *Buo. vbera tua*; dell' amore, e timore sono, *sicut turris alta*, e forte, restando armati, e prouisti qual munita torre. Nè quì deuo passar, co'l silentio l'al-to pensiero ancora dello sposo ce-leste, quale fè dimanda, che far si doueße a pro della diletta, e per sua difesa nel giorno, che douea esser fauellata dalle genti. *Quid faciemus forori nostra in die quando alloquenda est.* Rispose, *Si murus est edificemus super eum propugnacula argentea.* Quasi voleße dire in buon linguaggio, oltre l'intendi-mento di Santi Padri, è quello, ch'altrouevi fù detto; Che faremo alla sorella dell'anima nel giorno delle sue tentationi, quando il diauolo le fauellarà, che siegua il senso, e calpestri la raggione, quan-do il mondo l'appresterà tante occasioni di trabboccar nelle fau-ci del male, e la carne le desterà sanguinosa battaglia; *Si murus est adificemus super eum propugnacula argentea,* Se quest'anima si mostra-rà incorata, e forte, qual muro diuine pietre, ò marmi, e nel cam-po campeggierà guarnita d'armi di resistenza all'errore, e vorrà custodirsi dalla macchia della trasgreßione, noi pure insieme imprenderemo a edificar fortez-ze; ed ergeremo rocche alte d'agiuti, e fauori, e la faremo au-ualorar nelle pugne, e trionfar di nemici, recandone vittoriosa palma, e a lor onor, spander tro-fei per sua memoria eterna. *Si mu-rus, est adificemus super eum propu-gnacula argentea.*

Si dipinge dunque la custodia dal peccato da Donna di bell'a-spetto, che sembra la bellezza del-l'anima nobile, ch'aspira a cose grandi, e non picciole; Tiene il vestimento di ferro, quale dinota la difesa, che si fà contro il pec-cato colla penitenza, con fuggi-re l'occasioni, spreggiando il mo-do, e destruggendo ogni monda-no affetto. Hà lo scudo, e la spa-da ne' mani, per difenderfi da'ne-mici spirituali, e corporali. I pie-di calzati bene, dinotano, ch'il Christiano, quale vuol prender difesa del peccato, hà misteri ab-bandonar gli affetti, e beni terre-ni, e le cose momentanee di que-sto secolo, e spreggiar l'opre, e l'industrie terrene, sembrate per i piedi, istromenti da oprare, come si prendono altresì le mani nella sacra scrittura. Hà gli occhi in-uerso il Cielo, onde stilla la piog-gia, per significare, che non è pos-sibile il poterfi difendere il Chri-stiano da' nemici, e da' peccati, senza l'agiuto sourano di Dio, nè possiamo da noi medemi prepa-rarci al bene, se prima Iddio non gocciola l'acqua pur troppo dol-ce delle sue gratie; che perciò tie-ne la ghirlanda di faggio (ch'è pianta amena) sparsa di ruggia-da, alludendo all'amenità, e dol-cezza di quella Celeste, qual di-uisiamo con ogni sicurtà esser la gratia sua preueniente, con che preuiene a tutte le nostre opre buone, e onde hà motiuo, ed ori-gine. L'Ariete (secondo Pierio Valer.) è Geroglifico della custo-dia, e appresso i Corinti (come riferisce Pausania) il simulacro di Mercurio era di bronzo, vicino al quale vi era vn Ariete, per se-gno, che fra tutti i Dei quello cu-stodiua più le greggi, ed accre-
sceua

Cat. 8. C. 8.

Pier. Vale. lib. 10.

ſceua i loro frutti , quale a noi ſi-
gnifichi, che conforme quel falſo
Dio cuſtodiua le greggi,coſì il noſtro vero Iddio è cuſtode del felice gregge di Chriſtiani ſpecialmente, per non far, che ſi caccino
ne' peccati . Il dragone vorace,
per fine,è il diauolo capo del peccato , è ſeminatore di tal infauſta
zizzania,eſſendo altreſì forte combattente contro noi , che allo'n-
contro dobbiamo armarci , per
reſtarne difeſi, e ſcampati.

Alla ſcrittura ſacra . Si dipinge
la cuſtodia dal peccato da bella
donna, ed elegante , perche s'ac-
Hier. 46. cinge a bell'impreſa, deſcriuen-
E. 20. dola ſotto ſembianza di bella, mà
Pr.15C.17 forte giouenca il Profeta Geremia ; *Vitula elegans atque formoſa*
Egypti: ſtimulator ab Aquilone veniet
ei ; e ne' Prouerbi ; *Cuſtos anima*
Luc.ÿ.E.21 *ſua ſeruat viam ſuam,* Tutta armata adualorandoſi contro il pec-
cato , per far acquiſto della pace
del grande Dio , ch'a tal propoſito parlò Chriſto; *Cum fortis arma-*
Pſ.24.C.15 *tus cuſtodit atrium ſuum , in pace*
Pſal. 120. *ſunt omnia , qua poſſidet .* Tiene gli
A. 1. occhi alzati vers' il cielo , come
diceua Dauide ; *Oculi mei ſemper*

ad Dominum, ed altroue; *Ad te ſle-*
uaui oculos meos in montes , vnde ve-
niet auxilium mihi , Che dal Cielo *Pſ.67.B.A*
pur viene la pioggia della gratia;
Plumà voluntariam ſegregabis Deus,
hereditati tua. La ghirlanda colma *Cät.5,A.2*
di ruggiada, che coſì ſi van- *Daniel.* 4.
taua la ſanta ſpoſa eſſer ingemma- *D.* 20.
ta con la ruggiada della gratia ; *Pſ.84.D.13*
Caput meum plenum eſt rore, & cinci-
ni mei guttis noɫ̃ibus, e Daniello; *Et*
rore Cæli conſpergatur , E Dauide
peranche ; *Etenim Dominus dabit*
benignitatem , & terra noſtra dabit
fructum ſuum. I piedi calzati, ſono *Cät.7.A.1*
per fuggire i terreni affetti , che
belli erano i paſſeggi dell'anima
eletta co' piedi dell'opre indora-
ti di virtù ; *Quam pulcri ſunt greſſus*
tui in calciamentis filia Princips.
L'Ariete ſi è per la cuſtodia, c'hà *Hierem.31*
principalmente Iddio di noi , co- *B. 10.*
m'il paſtore del grege ; *Cuſtodiet*
eum ſicui paſtor gregem . È per fine *Ezecch.29*
ſtauu' il voraciſſimo Dragone, del *A.3.*
quale diuisò Ezzecchiello ; *Draco*
magne qui cubas, in medio fluminum
tuorum, & dicis meus eſt fluuius. In-
tendendoſi per lo fiume,e per l'acque, i popoli , contro quali combatte ſatanaſſo.

DECORO. G. 45.

Huomo di bell'aſpetto pompoſamente veſtito, e con
molta gloria ghirlandato, di ſotto gli ſono doi, ò tre
gradini, tiene sù la bella veſte dipinto vn forte
ſcudo, e gli ſarà vicino vna ſpada ſopra vn tauolino.

Cic. lib. 1. **I**L Decoro (ſecondo Cicerone)
de off. è vna coſa adattata alla natura, ſiche in quella v' appariſchi
vna moderatione, e temperanza,
con vna certa bellezza , ò virtù di
liberalità. Il Decoro non è altro,
che l'iſteſſa bellezza morale, e ſi
come vi è la naturale, conſiſtente

hella proportione di membri , e
varietà conuenente di colori,coſì
moralmente l'huomo ſi dice hauere molto decoro, quando hà buoni
coſtumi,ed honeſtà,che lo rendono vago, bello,e ricco di decoro, e di fama.

Quindi ſi dipinge da huomo di
bel-

bell'afpetto, qual fembra quefto
decoro dell'honeftà, e di coftumi.
che contiene molta beltate. Stà
baldanzofo, e gloriofo, che tale
lo rendono quefte cofe, potendo
realmente gloriarfi infra gli huomini. Stà alquanto in alto fu'gradini, meritando hauer dignità, e
precedenza a tutti gli altri. Lo
fcudo dipinto nella vefte, dinota la fortezza, e lo fchermo, che fi
fà con le virtù alle mondane tentationi, e alla corrutela del viuere, e per conferuarfi nel fuo decoro, non fi lafcia precipitar in cofe,
ch'ofcurariano la fua bellezza, e la
molta venuftà di coftumi honorati. Tiene la fpada, per fegno della
giuftitia, che gli è miftieri adoprare, per conferuarfi, ed ifpecialmente in qualche officio, ò digni-

tà, nè corromperla punto, per qua
lunque cagione fi fia.

   Alla fcrittura facra. Il Decoro
fi dipinge da huomo di bell'afpetto, pompofamente veftito, baldanzofo, e colmo di gloria, folleuato
in doi fcalini, che così viuacemente defcriffe Giobbe vn huomo,
ch'è vago di decoro; *Circunda ti-*   *Iob 40 A 5*
bi decorem, & in fublime erigere, &
efto gloriofus, & fpeciofis induere ve-
ftibus. Lo fcudo forte sù la vefte,
fembra la fortezza, o'l riparo a'
mali; *Fortitudo. & decor indumen-*   *Pr. 31 C. 25*
tum eius. La fpada (per fine) vici-
no fopra vn tauolino, accenna, che
per conferuare il decoro, fà miftie
ri conferuare la giuftitia, quindi
il Sauio efortaua i Giudici ad
amarla; *Diligite iuftitiam, qui iudi-*   *Sap. 1. A. 1*
catis terram.

DECORO DELLE VIRTV'. G. 46.

Huomo d'afpetto venerando, e bello, veftito di vefte
tutta freggiata di gemme, fiagli vicino vna Città, sù
la quale ftà vn fplendore, hà d'appreffo vn'infiorato
prato, irrigato d'acque, nel quale vi camina con aggi, toccando colla deftra mano vna colonna, ch'è in
difparte.

BEllifimo è il decoro delle virtù, poiche rende bella cotàto
l'anima giufta, veftita di sì ptiofo
manto, oue campeggiano tante
pretiofe pietre, come diuisò Ezzecchiello. *Omnis lapis ptiofus operi-*
mētũ tuũ, che chiũq; la mira reftà
per marauiglia eftatico, come ne
reftò Iddio medemo (fe fia lecito
cosìdire)e fuora di fe, quindi tàte
fiate voltofi a lei, prorompendo
con marauigliofe parole. *Quam*
Căt. 4. A. 1. pulcra es amica mea, quam pul-
cra es; nè fù contento di lodar la

fua beltate folamente, mà volle
paragonarla alla Città di Gieru-
falemme. *Pulcra es amica mea, fua-*   *Căt. 6. A 3*
uis, & decora ficut Hierufalem; non
fol bella, e foaue, e ricca di decoro, mà in guifa di Gerufalemme,
ch'è sì adorna, e piena di varietà.
Pulcra es amica mea, oue la quinta   *Quin. edit.*
editione legge, *à multitudine pul-*   *Ieronym.*
critudinis tua, e S. Gerolamo, *Pul-*
critudine tua ftuporem, & filentium
indicentia; in guifa, ch'accade a
curiofo gentilhuomo, quale vedendo vna gran Città piena di
tante

tante bellezze, e varietà, resta
fuora di sè, nè può scioglier la
lingua alla fauella per lo stupore, che l'assalisce, talmente, è marauigliosa l'anima santa Città famosa di Dio, colma di tante bellezze d'opre bone, e di virtù, che
la decorano in tutto, e la rendo-
nò degna d'ammiratione; si che
l'istesso Iddio, da cui lungi sono
le merauiglie, parche si rechi in
silentio, per narrar le sue lodi, e
gli eloggi, e come rapito inuolesta
fi, per lo stupore di sue tàte belta-
tj, quindi poscia venuto in sè, poche parole smaltisce per lodarla.
*Pulcra es amica mea suauis, & de-
cora, e in oltre. Pulcra es amica mea
suauis, & decora sicut Hierusalem.*
Nè mancauano lodi, nè frase, nè
tropi, nè figure, nè pannegirici
per ingrandir le sue magnificenze, mà come venuto quasi in incantagione spirituale, in ammi-
rando le sue vaghezze, proprom-
pe in si poche fauelie; ammiran-
do con l'interiore della mente le
sue molte, e rare eccellenze.

Il decoro delle virtù dunque,
che cotanto rende vaga l'anima
christiana, non è altro, c'hauere la
conscienza buona, monda, e poli-
ta d'errori, che così rendesi vaga,
e bella, stando adorna di virtù, che
sono tanti freggi, e tante tapezza-
rie, ch'adornano questa cammera
felice della conscienza, e sicome è
degno d'essere ammirato vn tempio, quando vi sono pitture, fatte
da maestreuol mano, oue par che
l'arte vera v'habbi rizzato il soglio, iscorgendosi si belli, e rari
lineamenti, e altresi vaga mistio-
ne, e applicatione di colori; ed vn
palaggio non è in gran maniera
bello, quando vedesi fabricato
con ogni artificio, ed architetru-
ra? con cammere corrispondenti,

colla sala, e l'atrio, ed ogn'altro,
che gli fa mistieri? Hor tal'auuiene al famoso tempio dell'anima, e
della conscienza, ò quanto è vago,
e bello, e degno ch'altri l'ammiri,
mentre si veggono isquisite virtù,
quali come tante pitture, e adorni
colori il rendono vago, e bello;
è pur (in oltre) palaggio, oue
habita il Signore l'anima nostra,
ed oue come tanti alberghi, ò
cammere adorne sono le virtù morali; ampia, e spatiosa sala le
Teologali. Palaggio in vero, in cui
il Signore della maestà si compiace habitarui per gratia, come di-
uisò il Citarista beato; *Beneplaci-* Ps. 76B. 17
tum est Deo habitare in eo. è felice
poggio, ameno colle, e famoso
monte Sion, oue poggiò, ed habitò il Signore; è santo, e santo
tabernaculo (oue volle quegli
habitar con gli huomini) l'anima
adorna delle sante virtù, che per
ciò lo santificò; *Sanctificauit taber-*
naculū suū Altissimus, felice case dū
que, e ben auuéturati alberghi sono l'anime de'deuoti, oue stanza il
gran Signore della gloria, così
amadore delle sante virtù christiane.

Raggioneuolmente dūque hò de
pinto il decoro delle virtù in guisa
d'huomo venerando, e bello, che
bellissimo è quello, che lo possiede,
la cui veste è si freggiata, e adorna
di varie gemme, oue scuopronsi il
bianco Adamante della fede, il
verde Smeraldo della speranza, il
fiammeggiante Rubbino della carità, il negro Achate della giustitia, il rosso oscuro Dionio della
prudenza, il pallido Calcedonio
della temperanza, il splendido
Asterite della fortezza, la valoro-
sa calamita dell'humiltà, il gratioso Iaspide della clemenza, l'inesti-
mabil carbonchio della virginità,
il

il famoſo Berillo della caſtità, ed altre finiſſime gemme di virtù, che gli fanno riguardeuole, ed honorata corona. Gli ſtà vicino vna Città, couerta di ſplendore, ch'ombreggia quella del paradiſo, oue ſoggiorna il Principe della Pace, e'l Rè di reggi, ch'ella è la Città, che ſouente da lui ſi viſita, come diſſe Geremia;

Hier.6 B.6 — Hæc eſt ciuitas viſitationis, Di cui, per anche, fauellò Salomone; *In*

Pro. ij.B.x. — *bonis iuſtorum exultabit ciuitas*, e quella di potenti, e forti, ou'è

Idem 21. e. — aſceſo il Sauio; *Ciuitatem fortium aſcendit ſapiens*, E città in fine, ch'è proprio albergo, e ſpeciale habi-

Sap.6.E.8. — tatione del Signore; *Et me dixiſt ædificare templum in monte ſanⷸto tuo In Ciuitate habitationis tuæ.* Stagli vicino (in oltre) vn'infiorato prato, che ſimigliantemente vn'anima è così adorna di virtù, come vn prato di fiori nel tempo di bella ſtaggione, che regna la Reina di fiori, e ſe in queſti nè campeggiano vari, e candidi, e roſſi, e vermigli, perſi, ed altri, che'lo rendono in tutto vago, talmente per le virtù varie n'aduiene all'anima de gna d'eſſer vagheggiata da ciaſcheduno. Vi camina queſt'huomo per queſto prato, e infra cotai fiori con aggi, e piaceri, perche caminando l'anima per queſta felice ſtrada delle virtù, ſi rende bella, e decora nella fama, e nel l'honore appò Iddio, e gli huomini. Stà irrigato d'acqua, ch'è quella della gratia, che ſiegue a queſte ſanⷺe virtù. Vi è per fine la colonna, che tocca con mani ſimbolo della fortezza, che ſi richiede per mantenere vna ſì bella fabrica di bontà, quale s'hà dal Signore per mezzo della ſua gratia; hauendoſi con quella da reſiſtere a tutti contrari.

Alla ſcrittura ſacra. Si dipinge il decoro della virtù da huomo di bell'aſpetto, veſtito di veſte tutta freggiata di gemme, che di quello parlando lo Spirito ſanto ne' cantici ſpirituali, diceua; *Tu*

Cãt.1D,15 — *pulcher es dilecte mi, & decorus;* e della bellezza delle gemme ne fauellò Ezzecchiello; *Et decora facta*

Ezzech. 16.B.12. — *eſt vehementer nimis: & profeciſti in regnum*, E Dauide; *Praſtitiſti decori meo virtutem.* Stà coronato di corona di decoro, e bellezza, ch'a tal propoſito diuiſò Ezzecchiello

Ezzech. 16.B.12. — iſteſſo; *Coronam decoris in capite eius.* La Città, che gli ſtà vicino, ſù la quale vi è gran ſplendore; ombreggia la Geruſalemme celeſte, alla quale ſi raſſembra vna tal'anima così bella, ſplendida; e adórna, e sì colma di vaghezza;

Cãt.6,A.3 — *Pulcra es amica mea, ſuauis, & decora ſicut Hieruſalem*, E Geremia; *Heccine eſt vrbs, dicentes, perfecti de-*

Tren, 2.C. 15. — *coris; gaudium vniuerſæ terræ*, Perche tal ſplendore, e bellezza deriuano di là iſteſſo, ou'è l'accumulo di tutti beni; *Ex Sion ſpecies decoris*

Pſ.49.A.2 — *eius.* Il prato infiorato, che dinota cotal beltace, ſembrato in quella vigna, ch'era così bramoſo di vedere il diletto, ſe foſſe infiorata; *Mane ſurgamus ad vi-*

Cant. 7. D.12. — *neas, videamus ſi floruit vinea, ſi flores fructus parturiunt*, Ed è di bellezza tale, ch'ogn'vno vorrebbe mirarlo, etiandio al Rè del Cielo naſce deſio di vagheggiarlo; *Quia*

Pſ.44C.12 — *concupiſcet Rex decorem tuum.* Camina queſt'huomo per lo prato aprico delle virtù, onde naſce, ch'egli è sì adorno, e ſenza macchia; *Præcinſit me virtute ad bellum: & poſuit immaculatam viam meam.* è irrigato d'acque di gratie; *Et eris quaſi hortus irriguus, &*

Iſ.59.C.ij. — *ſicut fons aquarum, cuius non deſient aquæ.* E per fine vi è la colon-

nã

na della fortezza, che riceue dal Signore, di cui diuisò Dauide;

Dominus fortitudo plebis suæ: & pro- *Ps.27.D.2.* *tector saluationum Christi sui est.*

DIFETTO, O MANCAMENTO DI VIRTV. G. 47.

Donna, che tiene le tempie ghirlandate d'herbe secche, in vna mano hà vn mazzetto di fiori vari, specialmente di mandorlo, e rose; odorandogli, e nell'altra tiene vna forbice, e le proprie chiome tosate, ha la faccia senile, e secca, sotto vn piede tiene vn scarauaggio, e d'appresso le stà vn maglio.

IL difetto, ò mancamento delle virtù non è altro, che mancare da quelle, e crescere ne' loro oppositi, che sono gli vitij abomineuoli, quali rendono deformissima l'anima christiana, quale siceome è bella, vaga, e riguardeuole, quando tiene compimento di virtù, così è deforme, e d'aspetto abbomineuole, mentre è priua di quelle, e rassembrasi ad vn vaghissimo giardino, in cui vi è copia di belle piante, aromatiche, e vaghezza di fiori, che l'olfatto di chiunque profumano, e gli occhi d'ogni veggente traggono al mirargli, la doue si scorge peranche vn fonte di finissimo marmo, che manda copia d'acque per inaffiare l'herbette. Che fia poscia se colà, si vedessero quelle piante auuezze à far verdeggiante campo smorte, e languide, e 'l luogo arido, e secco, per penuria d'humori, certo sì, che sarebbe cosa d'horrore, e metamorfosi grande; Hor si occorre al riguardeuolissimo giardino, ò horto del Signore, che talmente si compiacque nomar l'anima lo Spirito santo; *Hortus con-* *clusus soror mea sponsa*, oue dianzi

Cant.4, D. *11.*

vedonsi feliciffime piante, come vn alto cedro di meditatione spirituale in guisa, che vantauasi la sposa, ò l'anima eletta; *Quasi ce-* *Ecclesiast.* *drus exaltata sum in libano;* vn me- *24. E.18.* sto cipresso di mortificatione; *Quasi cipressus in monte sion;* Vna *Idem.* solleuata palma di fortezza spirituale, e vigorosa venustà; *Quasi* *palma exaltata sum in cades;* Vna *Idem.* verdeggiante oliua di pietà; *Quasi* *oliua speciosa in campis;* Vn rosaio finissimo d'odorosa castimonia; *Idem.* *Quasi plantatio rosæ in Ierico;* Vn profumato cinnamomo di luminoso esempio; *Quasi cinamomum,* *& balsamum oromatizans, dedi sua-* *uitatem odoris,* Vn leggeiadro Platano d'humiltà; *Quasi platanus exal* *Idem.* *tatata sum iuxta aquas;* Ma se per isfuentura, vedesi cotal giardino inaridito, e secco per penuria d'acque, com'è l'anima christiana senza l'humido delle virtù per sentenza del reggio Profeta; *Ani-* *Sal.142..B* *ma mea sicut terra sine aqua tibi;* 6 oue vedesi non cedro alto di meditatione, ma vn legno di spinosi, e profani pensieri; *Cogitationes eo-* *Eth.59B 4.* *rum cogitationes inutiles.* Nè'l cipresso di mortificatione, ma vn incen-

O

incentiuo di vanità, e carnalità
mondana, come dicea Dauide,
Pfa.4 A.3 *Vt qui diligitis vanitatem, & queri-*
tis mendacium. E l'Ecclesiastico; *In*
Ecclesiaft. *vanitate sua apprehenditur peccator,*
23.A 8. *& superbus;* Ed Efaia; *Ve qui trahi-*
If.5.C.18. *tis iniquitatem in funiculis vanitatis,*
& quasi vinculum plaustri peccatum,
Non la palma sublime di fortezza, mà vna vota, e debil canna
d'infermi à spirituale; come di-
Pf 63.C. 3. uisò il medemo Dauide; *Quoniam*
infirmus sum, sana me Domine quo-
niam, &c. Non oliua di pietà, mà
cespuglio pur secco d'impietà, e
crudeltà, cose odiose cotanto al
Signore, come dice la Sapienza;
Sapien.14. *Similiter autem odio sunt Deo impius,*
A. 9. *& impietas eius,* Non profumate
rose di castità, mà pungenti spine
di titillationi carnali, e sfacciate
petulanze, in guisa, che dicea
1.Corint.3. l'Apostolo; *Non potui loqui vobis,*
A. 1. *tanquam spiritualibus; sed tanquam*
carnalibus &c. E per fine non iscor-
gesti il profumante balsamo, mà
fetoso, ed amaro, e quasi non dissi velenoso absintio di scandalo;
Ezzecch. *Et scandalum iniquitatis sua statue-*
14. A. 3. *runt ante faciem suam.* Infelice
l'anima, a cui si scemano le virtù,
Id.18.A.4 che può dirsi veramente inferma,
dolorosa, e morta; *Anima qua pec-*
cauerit ipsa morietur. Rendesi in
vero tutta sneruata, e fiacca, tutta impiagata, e ferita; infelice,
ch'in tutto vien meno; riceuendo
il gran colpo mortale della perdita delle sante virtù, come chiara-
Iob 4.A.5. mente lo disse Giobbe; *Nunc au-*
tem venit super te plaga, & defecisti.
Anima miserabile, c'hà perso il
decoro della bontà, che si può
dire essere tutta data a ruina, e a
sacco, e mi rassembra qual vigna
percossa da poderosi grandini, co-
Idem 16. me dice il Paziente; *Ladatur quasi*
D. 33. *vinea in primo flore botrus eius, &*

quasi oliua proicens florem suum. È
per fine qual sontuoso palaggio
colla bellezza della gratia, fatto
poscia deforme, e smantellato,
oue l'ortiche, e le spine v'abbòda-
no, e li bei marmi, e i riguardeuol
poggi son ricouerti d'herbe, e am-
miras'in tutto qual desolato loco;
Qui vidit domum istam in gloria sua
Agg.2.A.4 *prima? & quid vos videtis hanc*
nunc? non ita est, quasi non sit in ocu-
lis vestris? Il Padre Sant'Ambro-
Ambr. fu- gio, fauellando dell'anima dice,
per Luc. non è virtù il non posser peccare,
mà il non volere, e altroue, Quel-
Idem in lo, che manca a sè, per accostarsi
Pfal.118. alla virtù, perde quel, ch'è suo,
mà riceue quello, ch'è eterno.
Il Padre San Gerolamo asserisce,
Hieronym. tutte le virtù di tal fatta esser vni-
in Epist. te, che is'vna se ne perde, tutte si
dilungano, e chi n'hà vna, le pos-
August.lib. siede tutte. Non è vera virtù, se
4. de ciuit. non quella, che tende a quel fine,
Dei. ou'è il bene dell'huomo, del quale non vi è migliore, e così l'huo-
mo virtuoso, non dee altro chie-
dere, che quello, così dice Ago-
stino. Abbracci dunque ciascuno,
e non abborrisca le virtù, com'al-
Horat. lib. tri a tal proposito disse.
1.Epist. 2.
    Rursus quid virtus, & quid sa-
      pientia possit
  Vtile proposuit nobis exemplar
    Vlissem
  Qui domitor Troia, multorum
    prouidus vrbes;
  Et mores hominum impexit, la-
    tumq; per equos
  Dum sibi, dum sociis reditum
    parat, aspera multa
  Pertulit aduersis rerum immi-
    serabilis vndis   -
  Sirenum voceis, & Circes pocu-
    la nocti
  Qua si cum sociis stultus, cupi-
    dusq; bibisset
  Sub Domina meretrice fuisset
    turpis, & exors.   Vi-

Vixisset canis immundus, vel amica luto, sus.

Si dipinge il difetto, ò mancamento di virtù da donna, che tiene circondare le tempie d'herbe secche, perche così à punto è secca l'anima, e marcisce, mentr'è mancheuole nelle virtù. Il mazzetto di fiori, e rose sembrano la bellezza dell'anima, quando si mantiene in quelle; mà il fiore del mandorlo (secondo Pier.) è Geroglifico di vecchiaia, perche prima di tutti fiorisce, e subito si veste di foglie, parimente l'anima si dice vecchia metaforicamente, dopo perso, c'hà i fiori virtuosi del ben oprare. La forbice, e la tosata chioma, sono geroglifico di perdita di forze, e di virtù; come Sansone tosati, che gli furono i capelli da Dalida, diuenne debole, e fù preso da nemici; E Pierio dice, per i capelli intenders'il decoro delle virtù. La faccia senile, e secca, essendo così vno senz'opere virtuose, secco, e arido di bene, e scemo d'ogni decoro, e sicome la virtù è sempre verde, e mai inuecchia, così il contrario suo è vecchio, e deforme. Hà il scarauaggio sotto il piede, che da Pier. è posto per geroglifico di virtù, essendo di tal natura, che subito, ch'odora la rosa muore, il che simboleggia la virtù, che s'appare alle delitie, e piaceri, tosto, che s'incontrano muore, e suanisce in tutto, e l'istesso referisce, che Anibale, mentre staua in Capua costante, e forte con la sua honestà fù in tutto lodabile, mà poscia fatto effeminato, gli fù posto al

Pier, Valer. lib. 32.

Pier. lib. 8.

scudo vno scarauaggio, e certe sorte di rose, in segno d'hauer perso la fortezza, e le virtù. E per fine vi è il maglio, (conforme l'istesso Principe de Geroglifici) ch'è incitamento di mali, facendosi con quello le spade, i pugnali, e altr'armi, con che si caggionano le risse, parimente il mancare dalle virtù è maglio duro, con che si fabricano le spade delle tentationi, e i pugnali dell'errori, e di tutti mali.

Alla scrittura sacra. Si dipinge il mancamento di virtù da donna con le tempie circondate di foglie secche, alludendo qui il fauellare del Profeta Esaia; *Facti sunt sicut fænum agri, & gramen pascua, & herba tectorum, quæ exaruit antequam maturesceret.* I fiori, e le rose sembrano le delitie; *Coinquinationes, & maculæ delicijs affluentes, in conuiuijs suis luxuriantes vobiscum, &c.* La chioma tosa, per segno delle perdute forze, come fauellò Geremia; *Et super omnes qui attonsi sunt in comam, habitantes in deserto.* Hà la faccia senile, e arida di bene; *Aruit tanquam testa virtus mea.* Il scarauaggio sotto piedi, è simbolo della virtù, che s'abbandona, e spreggia; *Infirmata est in paupertate virtus mea,* e altroue; *Dereliquit me virtus mea.* Il maglio, per segno dell'irritare al male; *Conuersi sunt ad irritandum me, & ecce applicant &c.* Ch'è officio del diauolo, e per lo maglio i sacri Dottori intesero ql vero irritatore, e tentatore al male, come diuisò l'Apostolo; *Deus autem pacis conterat satanam sub pedibus vestris velociter.*

Pier. lib. 48

Is. 37. E. 27

2. Pet. 2. K. 13.

Hier. 9. G. 26.

Ps. 21 D. 16

Id 30. C. ij. Ps. 37. B. ij.

Ezzech. 8 G. 17.

Ad Rom. 16. C. 20.

DEFORMITA' DEL PECCATO. G. 48.

Donna vecchia, cieca, debile , e tremante, in vna mano terrà vn'ombra, e nell'altra vn ramo verde, ftà in
mezzo del mare,e le tempeſte l'aſſorbiſcono,hà d'appreſſo vna deforme beſtia cō ſette capi,ed vn cauallo.

G Rande ſenza dubio veruno è
la deformità del peccato,eſ-
ſendo quello cōtrarijſſimo a Dio,
qual contiene ſingulariſſima bellezza , ſuperchiante tutte le creature , che così vantollo il Profeta
Da-

Pfal. 44.
A.3.

Scot,2.fent.

Dauide ; *Speciofus forma præ filijs hominum,* O pure è contrario , fe non formalmente, come dice il Dottor Sottile, almeno demeritoriamente alla gratia, che abbellifce in gran maniere, e gli Angeli, e l'anime. Non è altro la deformità, e bruttezza di lui, fe non che fia cofa altriméti dal voler di Dio, contraria alla diuinà legge, e contro il retto dittame della raggione, per lo'che quanto contiene di bellezza, e decoro, di giuftitia, e rettitudine la virtù, altretanto all'oppofito contiene di deformità, e d'errore il peccato ; ed altrefi quanto mai di male fi poteffe immaginare il più ifquifito intelletto infra tutti i creati, anzi dirò di più ; il peccato, perche s'indrizza contro cofa infinita , non è valeuole la creata facultà giungere a penetrare, quanto di male egli habbi; e quanto d'errore contenghi ; bafti al parer mio, fe gli dia titolo di niente , per non hauer effere pofitiuo , nè originato da caufa effettiua, mà defettiua, ch'è la controuentione della legge , e quì fciolgas'il dubbio, come vi concorre Iddio, non formalmente, ch'è il fare cofa ingiufta contro il fuo precetto , il che non è poffibile poffergli conuenire, effendogli cofa repugnante ; mà folo materialmente, quanto all'attioni materiali, come caufa prima vniuerfale, fenza laquale niuna delle feconde può oprare, e quefto è l'atto pofitiuo, oue non confifte il peccato, mà folo, che fia cofa mala, è che controuenghi, il che folamente la perfida noftra volonrà caggiona. Il peccato dunque è cofa deformiffima, che per la di lui deformità fi refe da Dio così diffornato il mondo, e tutto a ruina, per l'acque del diluuio

vniuerfale, e per ifdegno ancora eaggionatofegli giuftamente, sfauillorono l'accefe fiamme nelle Città di Sodoma, e Gomorra , e la terra ftabile fè vorace apertura, per ingoiare ne gli abiffi Datan, e Abbiron, e cento, e mille ftraggi fi viddero, ed ogn'hor ne fgorgano , per le viue forze del fuo veleno. Chi vidde mai più moftruofa beftia, e più fiera del miferabil Chriftiano, in cui ondeggiano tante deforme fierezze, e tanti conferti di mali fi videro ordinati in lui, quanto fono le colpe abomineuoli , di cui fi rendè vil feruo, e fchiauo. Nè rauuisò mai niuno fimigliante metamorfofi, ò paradoffo fimile co'l nome ben dolce del Chriftiano, nome fi nobile, e adorno, nome fi humile, e diuoto , e co' fembianti tali rapprefentarfi la moftruofità del peccato, la fierezza, e la fuperbia, e che ad vn hora dia bando ad ogni diuoto coftume. O diffuguali antitefi, ò ineguali contropofti. Chriftiano, e peccato, ò contrarietà mai più vdite, e a chi non caggionarebbe merauiglia , s'infieme in continua pace il lupo co' l'agnello tutti in vno albergo, e tutti in vna commun maggiore fi racchiudeffero, certo sì ; e che altro è, che rapacifimo lupo la colpa, e l'agnello, ch'è Chrifto, raffembra il tolto nome da lui di Chriftiano. O peccato, ò colpa, che non faprei rifoluermi in qual maniera nomarti, ò co'l titolo già detto, ò di moftro infernale ; ò colpa, ò feluággia fiera, ò difetto, ò indomito animale (cemo d'ogni raggione, ò cecità, ò crudelifima beftia, ò irginno, ò altro colmo di male auuiluppato ne' fcelerate aftutie ; O inuidia del mondo, ò rabbia, ch'alberga in petto d'buomini

mini empi , ò madre dell' iracon-
dia, ò inpatienza frenetica , ò fuperbia , ò alterigia , che profana,
ed occeca,le merti humane , e fe
bene vi fiffiamo i guardi :ella è la
chimera ch' vccide Belloferonte
fu'l cauallo Pagafeo , che contiene tutti mali , e tutti errori ; e in
tante beftie fi muta l'huomo,quā-
ti vizi fi veggono accolti in eſſo.
S'in prima fi vedrà fuora del raggioneuol viuere, eccolo beftia in-
fenfata, fembrata per quella quarta, vifta da Daniello, dopo tre al-

Dan.7.A. tre fiere; *Poſt hæc aſpiciebam in viſio-*
3. *ne noctis & ecce beſtia quarta terribi-*
lis , atque mirabilis , & fortis nimis.
Se la fuperbià lo trafporta in alto,
eccolo infellonita, e fuperba leoneſſa , della quale diuisò Eſaia .

Iſ.9.D.18. *Conuoluetur in ſuperbia ſumi,*E Gio-
Iob x.C.16 be,*Propter ſuperbiam, quaſi leæna ca-*
pies me. Se l'inuidia lo macera, ec-
Gen.3.I.A colo velenofo ferpente;*Serpens cal-*
lidior erat cunctis animantibus. Se la
rabbia, ò ira l'affale, Eccolo tigre
Eccleſiaſt. fdegnofa ; *Sicut tigris in diebus no-*
24.C. 35. *uorum.* Se la libidine l'enfiamma,
eccolo forzo, ed immondo porco,
2. Pet. 2. del quale fauellò San Pietro ; *Sus*
D. 22, *lota in volutabro luti.*Se l'ira lo fdegna , per fine , eccolo ferociffimo
Leone, Come teftò Dauide ; *Sicut*
Pſ 21.B.14 *leo rugiens , & rapiens.* O peccato
infame, ò deformità di lui, ch' il
gran pianeta, occhio del'vniuerfo, gran padre di lumi , il più nobile fra le fpere ; quello,c'hà l'effere per effenza frà quelle, e quello, i'cui fono viuaci , e luminofi
rai, che fgombrano frà noi le tenebre , vn giorno perche fdegna-
rà , l'horridezza , e bruttezza
della colpa, ò pure per farne lutto, e moftrarne fcorruccio,s'ofcu-
rerà, celando il fuo bel lume, nè
Mattr. 24. fofoignerà i fuoi luminofi rai. *Sol*
C. 29. *obſcurabitur tanquam ſaccus ;* E'l più

a noi pianeta propinquo, padre d'
humori , e più veloce de gli altri
nel corfo , dirottamente verferà
amare lagrime di fangue, per duo
lo dell'infelice colpa ; *Luna verte-* *Act.2.C.2.*
tur in ſanguinem ; E le faci del Cie-
lo,e lucerne del firmamento piom
beranno da colà in terra per far
lutto dell' infaufto , e miferabil
percato; *Et ſtella cadent de cælo;* Gli *Iſ.33.A.7*
Angeli di pace butteranno amare
lagrime; *Angeli pacis amarè flebunt;*
L'intelligenze motrici , ò pure le
Celefti virtudi fi muoueranno cō
empito,per fimil cafo; *Virtutes Cæ-* *Matth. 24,*
lorum mouebuntur, O colpa, ch'au- *C. 30.*
uamperà di furore l'onnipotente
facitor del tutto; *traſcetur dominus* *Pſ.57.B.ij.*
in perpetuum. Il giufto giubilarà
del fuo gaftigo, e della giufta vendetta ; *Lætabitur iuſtus , cum viderit*
vindictam ; Il peccator in viderla
tremerà , e fremerà fortemente *Pſ.111.B.x*
co' denti ; *Peccator videbit , & ira-*
ſcetur, dentibus ſuis fremet, & tabe-
ſcet. E in fine il giufto giudice
contro gli fuoi poco amadori tutte le creature cauerà fuora arma-
te, piene di fdegno, ed ira; *Arma-* *Sap.5D.21*
bit omnem creaturam contra infenſa-
tos. Fuggas' il peccato dunque,co-
me cofa folle , come ruina dell'a-
nime, moftro d' inferno, catena;
ch'allaccia fortemente il piè altrui , fpada acutiffima, ch' il cuor
di qualunque huomo trapaffa, veleno , che riempie il petto humano d' amarezze, tenebre denfiffime, che bandifcono il defiato lume dall'humana mente, ruggine,ò
tigna , che confuma il bel teforo
della gratia, maffa putrida , che
corrompe il felice granaio del-
l'eccellenze Chriftiane,pietra dura , e vile , qual idegnano l'Adamanti delle virtù,i Carbonchi del
le buon'opre,gli Ametifti,di buone parole, e fanti penfieri,ed in fine

nè egli è ritratto del più gran male, norma ed esemplare d'ogni ruina, scopo di tutte infamie, e sostegno di tutti errori.

Ben felici dunque, ed accorti furono i Santi del Signore, che cotanto odiorno si maluaggia bestia del peccato mostro tartareo; deh felice Madalena, che pur vn giorno t'auuedesti, e ti disingannasti dell'errore, e del dianzi seguito peccato, che per mostrar lutto, e scorruccio d'hauerloabbracciato, e per dar segno di vero pentimento, ti facesti rauuisare alla presenza del Dio della Maestà colma di duoli co' capelli nò più ristretti cò dorati nastri lacci di tanti amanti, nè inanellati, ed artificiosamente ventilanti d'intorno al bianco volto, mà co' crini sparsi, e recisi, in parte, e qual parca funeste, che lo stame della vita tronca à mortali, non di morte, mà di vita, non co'l capo infiorato, mà ricouerto di cenere, non co'l volto lisciato, mà qual ritratto d'affanni, dolorato, ed acerbo senz'acque profumate, e colori, e gli occhi ch'erano vibranti darti a cuori, inuescati nelle forze d'amor profano, scorgauano tante perle d'amare lagrime, le sete, e i drappi ricchi mutarons' in altre pungenti sete d'aspri cilitij, co' piedi scalzi, fuora d'ogn'ordinario, senza corteggio veruno, ed oue dianzi eri ritratto di scandalo, n'apparesti dopo esēplare di virtù, e'l tutto si fù per duolo d'hauer seguito quest'infernal nemico del peccato, e per romper i lacci con che ligata staui ne' profondi luoghi d'inferno; deh che ciascheduno seguisse la traccia di questa penitente, e s'accorgesse quanto di mal ritenghi la colpa mortale, e quanti disaggi corrica sù l'anime delle mondane genti. Mà lascian-

do in disparte la colpa, chi non stupisse dell'huomo maluaggio, e forsennato, che sapendo quanto di mal quella contenghi, e pur vi si volge, pur colà vi s'alloga, pur la restringe e abbraccia; ah pazzo, ch'egl'è inuero; e l'huomo così basso formato di terra (in oltre) e non fa conto di Dio? hauendo ardire dissubbidire vn tanto Signore, e venir alle contese con lui, ò gran fatto, e voler pareggiare con la Maestà sua, ch'altro non opra il peccatore, mentre giornalmente trabbocca nel peccato, che contender con Iddio, e quasi non dissi, sfacciataméte voler seco garreggiare, ed vguagliarsi alle sue infinite magnificenze, mentre a suo modo vuol viuere, ed eseguir ciò, che gli viene di capriccio, ò stoltitia giamai più vdita, ò frenesia degna di mille catene. Il Santo Geremia vna fiata diuisò con qual che oscurità vn fatto marauiglioso, e fù, che gli asini seluaggi ascesero nelle rupi, e ne' scoscesi monti, e che aprirono la bocca in guisa de' dragoni, per pascersi dell'aria fresca, e del vento. *Onagri steterunt in rupibus, traxerunt ventum quasi dragones.* Come và questo fatto? gli asini, che sono animali graui, e stolidi, ascender nell'alte rupi su la cima di monti, per pascersi dell'aria, ò del vento in guisa de' dragoni, certo non reca marauiglia, che questi opraffero ciò, perche sono animali caldi, han bisogno di Zefiro, ed essendo i più leggieri posson sormontar l'erte cime, mà quelli com'animali già detti, e freddi, che misteri tengon dell'aria, oue per tralasciar i var' intelletti, che vi danno i Santi Padri, dirò, che per l'asini vengono intesi gli huomeni, nè è strana l'intelligenza, mentre il Rè di Giudea

così

Hier. 14.
6.

così fauellò in propria perfona; Vt iumentum factus sum apud te, & ego semper tecum. E per i dragoni fiami lecito intender gli Angeli; hor gli vni, e gli altri traggono l'aria, e che gli Angeli cattiui traheffero queft'aria di fuperbia, in voler effer vguali a Dio, non par tanto gran fatto, perche erano creature sì nobili, e fublimi, ben che erraffero quà; mà che gli huomini terra vile, e ftolti in guifa d'animali irraggiodeuoli, tenendo così ofcurata la raggione pe; la colpa, e voler contender con Iddio non hauergli rifpetto, e con sfacciataggine fcelerata diffubbidirlo tante fiate, ò quefto sì, ch'è gran fatto, e moftruofità vie più d'ogn'altra; guardinfi dunque di non commetter peccato, nè far poco conto del lor Signore, che cotanto gratiofo, e benigno ogn'hor fi rauuifa da tutti.

Hor dipingafi la maledetta deformità del peccato da donna vecchia, cieca, e debile, perche cofe tali fi ritrouano nelle donne di tal età, è cieca, perche priua del lume della raggione il peccato, è debile, perche debilita nelle forze fpirituali, è tremante, per la finderefi della confcienza. L'ombra c'hà in vna mano, fimbolegia ch'il peccato fà perder l'effere vero da huomo, e adiuiene vn'apparenza, ed vn fimulacro. Stà in mezzo le tempefte del mare, che l'afforbifcono, per accennar, ch'il mifero peccatore vifta dà per effere trangugiato dall'onde voraci nelle tompefte fataniche. La deforme beftia è la bruttura, ò corruttela humana del peccato, e le corna, fembrano i fette peccati mortali, quali fouente commette vn fcelerato peccatore; e'l cauallo, che quello fpecialmente

adiuiene l'huomo cattiuo, indomito fenza raggione. Hà per fine il ramo verde in mano, che fembra quel penfiero, che ftà nel capo di tutt'i peccatori, di voler pentirfi di giorno in giorno, e mai lo fanno, penfiero, che ftà fempre verde, mà giamai l'efeguifcono, nè verdezza tale fi vede co' frutti.

Alla fcrittura Sacra. Si dipinge da donna vecchia la deformità del peccato, che di quella diuifò la fapiéza; Sine honore erit nouissima fenectus illorum, è cieca, di ciò parlàdo S.Paole; Alienati à via Dei vfque in cecitatem cordis illorum, è debile, che allegoricamente nel Deuteronomio, fi prohibiua il facrificio dell'animale debile, in guifa altre tale è inualido quello del deb;l, e fneruato peccatore, ch'a nulla vale; Sin autem habueris maculam, vel claudum fuerit, vel cæcum, aut in aliqua parte deforme, vel debile, non immolabitur Domino Deo tuo. Tiene l'ombra, che qual ombra, non huomo è il peccatore; Erit vir ficut, qui abfconditur à vento, & celat fe à tempeftate, &c. & vmbra petræ prominentis in terra deferta. Stà frà le tempefte del mare per fommergere, come in perfona del peccare Dauide fi dichiarò fommerfo; Tempeftas maris fubmerfit me. Il ramo verde è quel tempo, nel quale il peccatore hà penfiero di far bene, mà fempre và procraftinando; Tempus faciendi Domine diffipauerunt legem tuam. Beftia con fette corna fu quella vifta da Giouanni, oue caualcaua quella donna; Et vidi mulierem fedentem fuper beftiam coccineam plenam nominibus blasfemiæ habentem capita feptem, & cornua decem E per fine vi è il cauallo indomito, e irregulabile; Vt iumentū factus sū apud te, e'l medemo, Nolite fieri ficut equus, & mulus quibus nõ eft intellectus.   De:

Sap.3.D.17
Ephef. 4.
E. 18.

Deut. 15.
D. 21.

If.32.A.2.

Pf.68.A.3.

Pfal. 118.
q. 129.
Apoc. 17.
A. 4.

Pf.72C 23
Id.31.C.9.

DELITIE MONDANE. G. 49.

Giouane, che siede con vn coscino sott' il gomito, e con
la mano alla faccia d'appresso a certe spine, qual'è
per abbracciare, e lo pungono, tenendone altre dà
dietro, che gli tolgono il mantello, a' piedi gli sarà
vn cagnolo picciolo, ed vn leoncino.

LE delitie mondane, ed i piaceri sensuali sono quelli, che
ruinano l'anima nostra, che vi
s'attuffa con tanto desiderio; nè
sono altro, che cure, che tranagli;
miserie, inquietudini, moleftie,
afflittioni di spirito, buggie, apparenze, sogni, e spine, ch'affligono,
e ch'al fine tolgono l'honore, e la
gratia di Dio. Sono delitie quefte
del mondo ingannatorie; sicome
l'vccello si prende co'l laccio, per
qualche pascolo postoui con inganno, e'l pesce non si prendereb-
be, se non vi fosse l'esca, che cela
la pontura dell'amo, altre tale
adiuiene al misero peccatore, ingannato da satanasso con vn poco
di cibi di piaceri, che non altrimenti nutriscono, mà allacciano,
ed vccidono, e adescato, infelice
qual pesce, da qualche mondano
diletto, ne resta miseramente vcciso nello'nferno. Le delitie di
questa vita fan perder la salute,
Basil. hom. (disse Basilio Magno) impero-
1. de Ieiun. che se si fà comparatione infra 'l
digiuno, attione di qualche asprez-
za, e le delitie, quello reca al
fignore, e queste deuiano dalla
vera saluezza.

Nè io posso saper la caggione,
nè hauer contezza da gli huomini,
per che cotanto l'aggradino i
contenti, e piaceri mondani; e le
delitie ben solo al nome, e fiore,
essendo cose sì vane, e transitorie,
che addossano a' mortali tanti ma-

li, e fan che si tirino in disparte
dal dritto sentiero della salute,
quindi nella scrittura sacra habbiamo vn ritratto pennelleggiato
dalla mano maestreuole del sourano artefice, oue rauiffaremo
quanto siano detestabili i contenti, e piaceri di questo mondo; vna
fiata staua tutto cogitabondo il
Profeta Giona, considerando, e
dubitando se le sue predicationi
fatte a' Niniuiti, gli fossero state
gioueuoli, e mentre staua così
colmo d'affanni, e d'angoscie,
Iddio per dagli qualche riftoro,
fa che sorghi vn hedera verdeggiante, sotto la cui ombra potesse
riposarsi con aggi, mà nel meglio,
ch'e' staua principiando il riposo, e'l contento, fà ch'vn verme
dia dipiglio alle radici di quella,
e in vn baleno inaridischi; *Prepa-*
rauit Dominus Deus hederam, & *Ion. 4. C. 6.*
afcendit fuper caput Iona, vt effet
vmbra fuper caput eius, & protegeret
eum: laborauerat enim, & latatus eft
Ionas fuper hederam, latitia magna,
e di più; *Et parauit Deus vermem*
afcensu diluculi in craftinum, & per-
cuffit hederam, & exaruit; n
cosa certo nel meglio ch'il pouero Profeta volea goder di quel-
l'hedera, si secca, e marcisce; Deh
Signore, dice il pouero Giona,
m'hai fatto gratia di quell'hedera, che mi protegea da disaggi
della notte, e da fieri caldi del sole, mi feruiua per cortina, per bal-

P   dacchino

dacchino, e per cafa, e tofto mi vien tolta via. *Melius* (dic'egli) *eft mihi mori, quam viuere.* E Iddio repigliò; *Putas ne bene irafceris fuper hedera?* Si Signore, rifponde, *Bene irafcor ego vfque mortem.* Eh Giona (volea dirgl'il Signore) tu non fai il mifterò, tu vorrefti follazzar fotto queft'hedera, eh pouerello tu non fai che paffa, io non vò che vi ftij, che fe porrai il piè sù la pania de' contenti, non potrai, fenz'altro, fe non inuefcar l'ali dell'affetto; non ifgorgi, che quefta pianta è ingannatrice, e fimulata, fa moftra di bene, mà è altrimenti, ella è ritratto delle delitie mondane, che fono belle folo all'apparenza, queft'hedera è verdeggiante, hà le foglie in guifa de cuore, ma albergano i ferpenti; ella fembra accarezzar l'altre piante, in cui s'auuiticchia, mà tofto le rende fecche, non vedi Giona, ch'altre tale fono i contenti, e piaceri della terra, par che fiano tutto amore, e diletto, ch'i cuori vi fi vorrebbono fabricar-alberghi, mà fono ftanzé di ferpi velenofi di vitij, che bandifcono le virtù, hanno del verdeggiante, e parch'accarezzino, mà vccidono, e fan deuenir altrui fecco di beni eterni, hor lafcia Giona, che fi fecchi quefta pianta, benche fol vn giorno è annouerata in vita perche è fimbolo delle fugaci, e buggiarde delitie del mondo.

Si dipingono dunque l'inganeuoli delitie mondane da giouane, che ftà fedendo con vn origliere, ouer coffino fott'il gomito, per qualche poco di piacere, e ripofo, che quelle fembrano addurre. Stà vicino a cefpugli, e fpine, quali abbraccia volentieri, non iftimando le ponture, che

tal fono le mondane delitie, e' diletti, fpine acute, che trafiggono, e benche faccino apparenza di qualche gufto, fi è però ne' fembianti folo; mà nel vero giungono le ponture fin' all'offa, e danno vie più difgufto, che piacere, oltre di quell' eterno dell'nferno, che fouente foglion celare. Parmi di farle fomiglieuoli al' fiume Hipano nella Scitia, il quale nel principio è dolce, e nel fine è amaro, per lo fonte Exampeo, che difcende dalli monti appennini, che vi sbocca, cambiando la dolcezza di quello in amarezza grande, come dice Solino; Così appunto è *Solin.* il fiume di mondani contenti, e piaceri, fu'l principio in quefta vita fembra effer dolce, ed apportar gufti, mà mifchiandofi co'l fonte Exampeo della morte, ohime, che fi muta in aterna amarezza di fempiterne pene, ch' acquiftanfi per la caggione di lui, ficome fi dice nell'Apocaliffe; *Quantum glo-* *Apoc. 18.* *rificauit fe, & in delitijs fuit, tantum* *B. 7.* *date illi tormentum, & luctum.* Poueri mondani ingannati dalli piaceri fotto fembianza di fpaffo, ritrouando non altro, che disgufto, e miferie. Gli tolgono il mantello l'altre fpine da dietro, perche al mifero huomo, per caufa di tali infaufti piaceri, fimboleggiati per cotefte fpine, fe gli toglie il manto, e la vefte preggieuole dell'honore, e reputatione, che per i diletti della carne, ò altro, non cura l'obbrobrio del proprio honore, in darfi alle meretrici, e concubine, per le ricchezze non cura punto perdere la fama, in effer'iftimato vn' vfuraio, e rubbatore di beni altrui; e così fi tutte l'altre cofe ingannatrici di quefto mondo, ma'l peggio fi è, che perdono il vero ammanto ricco di beni della

gratia

gratia di Dio, che più dee recargli noia, e trauaglio. Tiene il cagnolo picciolo a' piedi, che (dicono i naturali) nascer cieco, onde ne cauiamo, che per queste delitie mondane s'occeca la conscienza, e l'anima, nè si vede la ruina propria, è a somiglianza di quest'animale è occecata la mente humana da cotali piaceri. Il Leone parimente nasce cieco, che dinota l'istessa cecità, e sembra ancora le forze, c'hanno questi mondani diletti di tirar gli huomini alla lor seguela, e far, che ponghino in obliuione le vere delitie del Paradiso, da cui, qual da finissima calamita douerebbero esser tratti.

Alla scrittura sacra. Si dipingono da Giouane, che sta sedendo con l'origliere sott'il gomito le delitie mondane, che così viuacemente diuisò *Ezzecchiello; Væ qui consuunt puluillos sub omni cubito manus, & faciunt ceruicalia sub capite vniuersæ ætatis ad capiendas animas.* Abbraccia le spine, e si punge, che sono le mondane delitie, nomando il Saluatore le ricchezze, ed altri piaceri, spine pungenti,

Ezzecch. 13.C.18.

come d'esse Giobbe il Patiente; *Qui inter huiuscemodi lætabuntur, & esse subsensibus delicias computabant.* L'abbraccia, e segue volentieri, come narrò lo stesso, chiamandola iniquità da schifarsi; *Caue ne declines ad iniquitatem, hanc enim cepisti sequi post miseriam,* E l'Ecclesiaste l'appellò moleste cure; *Multas curas sequuntur somnia,* Osea le nomò vento; *Ephraim pascit ventum, & sequitur æstum,* Ch'è apunto il caldo dello 'nferno, che segue il peccatore. Gli vien tolto il mantello della gratia di Dio dalle delitie, poiche da quelle, come tanti custodi, che custodiuano la Città, fù tolto il pallio alla santa sposa; *Inuenerunt me custodes, qui circumeunt ciuitatem: percusserunt me, & vulnerauerunt me: tulerunt pallium meum.* Il cagnuolo cieco, e'l leoncino ombreggiano la cecità della mente humana, che portano a tutti quelli, che le seguono, e le vagheggiano, come diuisò Esaia; *Speculatores eius cæci omnes, nescierunt vniuersi: canes muti nòn valentes latrare, videntes vana, dormientes, & amantes somnia.*

Iob 30.A.9

Id.36.C.21

Ecclesiast. 5.A.2.

Ose.a1.A.1

Cät.5.C.8.

Is.56.C.10.

DETRATTIONE. G. 50.

Donna, qual hà nelle mani vn'ascia da tagliar legni, hauendo vn legno vicino, nell'altra mano terrà vna tazza con due cuori, nella veste tiene depinti certi scorpioni, ed vn serpe, hà innanzi due strade da far camino.

LA detrattione è vitio pessimo, che tant'offende la fama del prossimo, e non è altro, che quella locutione mordace di tristi contro l'honore, e la fama altrui;

Alex.de Ales 2.p.q. 129.mem.1

e'l Padre San Tomaso dice; che la detrattione è vn'occulti maledittione, con che si dinegra la fama del prossimo, ò per imposirione di qualche cosa falsa, ò per aggionta

D.Th.2.2. q.73.art.1.

P 2

gionta di qualche male, ò per riue latione di qualche male occulto, ò per mal giuditio dell'opre altrui, forse fatte bene, e che si giudicano male.

Alexan.de Ales,etTh. vi supra.

Alessandro de Ales dice, che la detrattione è vna dinegratione dell'altrui fama, fatta per occulte parole. è peccato mortale, s'è di materia graue, ed è figliola non dell'ira, mà dell'inuidia, dice l'istesso San Tomaso.

Non è altro propriamente questo vitio, che togliere alcuna cosa, ò della fama, ò dell'honore, ò scienza d'alcuno, che di quello parliamo al presente, lasciando, come si possa prendere in altri sensi, secondo i modi sopradetti, nè mai si fà in presenza, che non sarebbe detrattione, mà contumelia, ed ingiuria, mà in absenza, differisce dall'adulatione, che si fà inanzi, e tanto più si rende abomineuole, quanto si ritroua insieme con quelli, ch'in presenza adolano, e lodano, e da dietro susurrano, e detraheno, e credo, che d'vno di tali si parlasse ne' Prouerbi; *Abominatio hominum detractor,*

Pr.24.A.9 E San Giacomo tanto il prohibiua; *Nolite detrahere alterutrum.* *Iacob. 4. C. 11.* Infame cosa in vero l'è diminuire la fama, e l'honore del prossimo. La detrattione è frà graui peccati grauissimo, essendo contradicente alla diuina legge, anzi giugne a tale la sfacciataggine di tal errore, che della legge stessa diuien mordace, come disse l'Apostolo San Giacomo; *Qui detrahit* *Idem ibid.* *fratri, aut qui iudicat fratrem suum, detrahit legi;* Anzi distende più il superbo capo, hauendo ardire, d'essere giudice della legge, conforme disse il medemo; *Et iudicat legem.* Si può imaginar più ardire straordinario del detrattore,

che prenderla colla legge? Nomarollo peccato quello della detrattione maggiore (quasi non dissi di tutti) e l'Apostolo S. Paolo nominando molti errori, di che temeua ritrouarne appestati i Corinti, le diede l'vltimo luogo; *Timeo enim ne forte cùm venero, non* *2. Cor. 12,* *quales volo, inueniam vos, & ego in* *G. 20.* *ueniar à vobis, qualem non vultis: ne forte contentiones, æmulationes, animositates, dissensiones, detractiones, &c.* Ecco come frà tanti peccati le detrattioni registra nell'vltimo, e secondo la figura di Rettorici che; *Oratio debet crescere,* s'accenna quell'essere i maggiori peccati, essendo contro Dio, il prossimo, e l'istessa legge; con anco l'Apostolo San Pietro queste maledette detrattioni; per la medema ragione, riserba nel fine dopo tanti peccati spiegati; *Deponentes igitur* *I. Petr. 2.* *omnem malitiam, & omne dolum, & simulationes, & inuidias, & omnes* *A. I.* *detractiones,* Eccole nell'vltimo, come più empi errori, e più sfacciate sceleraggini. Peccati commettono i detrattori di grande offesa del Signore, andandou'ine stato il peccato de gli vditori insieme, ch'ancor peccano grauemente.

Se tu sentirai con allegra faccia il detrattore (dice Agostino) tu *August. in gli dai fomento, ed aiuto di de-* *glos. super* trahere, mà se con malinconi- *Psalm. 50.* ca, insegni quello a non fauellare così di buona voglia.

Il vero. Aquilonare distrugge le pioggie, e la mesta faccia, *Gregor. in* disturbata la lingua detrahente, *Prou. 2.* dice Gregorio Papa.

Sicome vna saetta, che s'auenta sopra vna dura pietra, suol ri- *Hieron. in* tornar in faccia di chi la scocca; *Epistol. ad* così il detrattore, mentre vede la *Rust.* faccia dell'vdiente turbata, le sue parole

parole più acute d'vna faetta gli faltano in faccia, deuenendo pallida, gli fi ferrano le labra, e fe gli ficca la faliua, dice Gerolamo.

Caffiod. in Pfal.

I denti (dice **Caffiodoro**) fono detti a Demendo, perche tolgono; così le lingue di detrattori chiamanfi denti, leuando, e corrodendo l'opinioni bone de gli huomini, come quelli partono i cibi.

Bernard. in ferm.

Forfi non è vipera la lingua del detrattore ferociffima, ch'vccide? ò lancia acutiffima, che tofto penetra al primo colpo? dice il deuoto Bernardo.

Hugo.

Nè è altro la detrattione (dice Vgone) ch'vn fauellare proceden te da inuidia, e dinegrante l'altrui beni; e detrattore altresì è colui; che i beni del proffimo diminuifce inquanto può.

Quindi fi dipinge da donna con vn'afcia in mano, con che il fabro và fempre tagliando dal legno, per ridurlo all'intento fuo; così lo fcelerato detrattore fempre toglie, e diminuifce il bene della fama del proffimo, finche lo riduce in qualche diffonore, effendogli cagione di far, che perda molti honori, che gli conuerrebbono. Gli vditori altresì della detrattione fan male, nè ardifco determinare, chi facci più male, chi detrahe, ò chi lo fente, qual gli prefta occafione di dire, il che non farebbe, fe non gli preftaffe vdienza. E'l Padre San Gerolamo

Hieron. in Epifl.

in vna epiftola dice; *Tam lingua, quam auribus fuge vitium detrahendi, quia detractor vix audebit dicere, qui audienti viderit difplicere.* Hà la tazza con due cuori, perche doi n'hà il detrattore, effendo di cattiue vifcere, facendo la faccia allegra, e fauellando parole dol-

ci con quello, ch'è per togglierl' infra poco tempo la fama colle velenofe detrattioni; è vitio deforme tanto più, quanto mai fauella in prefenza, mà in affenza butta il veleno, che morde, ed vccide, come il fcorpione, c'hà depinto nella vefte, quale colla Bocca, e con la parte anteriore del corpo non offende, mà più tofto alletta, e da dietro morde grauemente: e'l ferpe al più delle volte fà così, morde con tradimento, celandofi fotto le fiorite herbette; onde diftende a chiunque vi paffa i velenofi denti, che fouente dan morte. Il ferpe è fimbolo di detrattione, per effer animale abomineuole, e nemico alla noftra natura, il che accenna, ch' abominatione fimigliante hà quefto vitio nel mondo. E per fine tiene due ftrade, per la doppiezza di tal gente maluaggia, che fiegue vitio sì empio, e deforme, e per l'inganni, in prefenza fauellando, e lodando con dolcezza, mà di dietro vituperando.

Alla fcrittura facra. Si dipigne la detrattione da Donna cò l'afcia nella mani, perche toglie la fama, come quella il legno, che di ciò fauellaua la Sapienza; *Cuftodite ergo vos à murmuratione, que nihil prodeft, & à detractione parcite lingua.* Ha la tazza con due cuori, che due ftrade prende il detrattore; *Va duplici corde, & labys fceleftis, & manibus male facientibus, & peccatori terram ingredienti duabus vijs.* Hà i fcorpioni nella vefte, ch'a tal fine fauellò Ezecchiello, *Quoniam increduli; & fubuerfores funt tecum, & cum fcorpionibus habitas.* Il ferpe ancora maledetto è deteftabile in guifa del detrar ore; *Sufurro, & b.linguis maledictus multos enim turbauit pacem babentes, E*

Sap.I.C.ij.

Ecclif.21.B.14.

Ezz.2.C.6

Ecclefiaf. 28.B.15.

lit-

litteralmente d'el serpe, raffem-
brandolo al detrattore, diuisò
l'Ecclesiasto; *Si mordeat serpens in*

silentio, nihil eo minus habet, qui oc-
cultè detrahit.   *Ecc.x.B.i2*

DIGIVNO. G. 51.

Huomo di faccia macilente, ed estenuata, mà con vn
forte petto di ferro, terrà li pater nostri in vna mano,
e nell'altra vn flagello, con che discaccia certe rane,
che gli sono vicine, hà d'appresso vna sede, sù la
quale vi è vn gradito mazzo di rose, e a' piedi gli sarà vn fiorito prato con vna ghirlanda, ò corona di
fiori, vna veste, ed vn camelo d'appresso.

IL Digiuno è vn' astinenza dà
cose; commestibili, drizzata
alla maceratione della carne, quale deu'andare accoppiata co'l digiuno spirituale, per l'astinenza
da' vitij, per esser' vero digiuno,
che per lui facilmente l'huomo
s'indrizza alla strada della salute,
smorzando in se tutti i vitij, e
specialmente quello della libidine, anzi è antidoto particolare
contro quella, come dice Pierio,
perche senza Cerere, e Bacco, *om-*
nino frigent Veneris voluptates. Plinio riferisce, che lo sputo dell'huo
mo digiuno hà forza d'vccidere il
serpente. E Galeno, Alessandro,
Afrodiseo, e Plinio furono d'opinione (come riferisce l'istesso Pierio) che la saliua dell'huomo digiuno valesse contro il morso del
scorpione, del serpente, ò altro
animale velenoso, per esser, ch'il
serpe è freddo, e secco, e l'huomo
è caldo, ed humido, quindi vi è
gran contrarietà, e odio infra
loro, ed vno è così nociuo al-
l'altro, siche altri a tal proposito
disse.

Pier.lib.4.
Plin.lib.4.
C.

Pier. vbi
supra.

Est itaq; vt serpens hominisq; ta-
cta saliuis
Disperit, ac se se medendo conficit
ipsa.   *Lucret.*

E se dal naturale al morale pas-
saremo, dirò, ch'il digiuno, che
fà l'huomo per amor del Signore,
sia valeuole a' velenosi morsi delle diaboliche tentationi, a ferma-
re la rabbia satanica contro l'huomo, ed a porlo in fuga da noi, come chiaramente Christo lo diuisò a' suoi discepoli, che questa
maledetta generatione non si discaccia se non con l'oratione, e
co'l digiuno. San Leone Papa dice, che cosa può essere più efficace del digiuno, coll'osseruanza
del quale n'accostiamo a Dio, resistendo al diauolo, superando i
vitij, e' voluttuosi piaceri; e sicome la gola è vna strada; e intro-
duttione a tutti mali, parimente
il digiuno a tutti beni, e rimedio
altresì contro tutti mali.

Il digiuno è di molta virtù, e
merito, quando è fatto con i debiti requisiti, che sono la diuotione, la mortificatione, il silentio,
        l'osser-

Matth.9.

Leo Papa
serm.3. de
Ieiun. to-
men. &
collect.

l'offeruanza, la ritiratezza, e l'ele-
uatione di mente, nè fenza queste
cofe così facilmente piace alla
Maestà di Dio, e fpecialmente fe
non và accoppiato colle virtù, e
con l'oratione. Siche vna fiata, fauellando il Saluatore del digiuno,
par che prorumpeffe in fi ofcure
parole; *Matt.6.C. 17.* *Tu autem cum ieiunas vnge
caput tuum, & faciem tuam laua;*
Perche cagione volea, ch'il di-
giunante s'vngeffe la testa, e fi la-
uaffe la faccia, che volle fignificare per questo tanto poffea diui-
fare, ch'il Chriftiano doueffe la-
uars' il capo, e far' vntioni alla
faccia; e che lauatoio era questo,
e che vntione? non mi par, che
fiano di mifteri cofe tali, per venire in buona offeruanza di digiuno, qual confifte nell'aftinenza di
cibi, e di peccati, e tanto più, quãto nella nuoua legge, ch'all'hora
inftituirna il Saluatore, non fi fa
così conto di cerimonie efteriori,
hor dunque che lauar è questo di
faccia, ed vnger di capo? parmi
voleffe quì ombreggiar grandiffimo facramento la fapienza increata, è apunto quello, che diceuamo
da principio, ch'il buon digiuno
s'accoppia con molte virtù, ed in
particulare con la buona vita, e
con l'oratione, e così voleua dire,
che doueffimo vnger il capo, per
lo quale s'intendono i noftri penfieri, e cogitationi, douendogli
vnger con l'amore, e carità inuerfo Iddio, e far che fermontino nel
Cielo, dandoc' in tutto ad infocate meditationi; e per la faccia, come cofa efteriore, che fi moftra,
s'intendono l'opre, e l'attioni, che
fi debbono lauare, e mondare da
vitij, e da errori, ed apparir mondi, e candidi a Dio, e al mondo, e
così farà ottimo digiuno, che gli
gradirà, ftando accoppiato colle

virtù, e con l'oratione; e quest' è
altresi concetto della fcrittura fa-
cra; *Indith. 4. C. 12.* *Scitote quoniam exaudiet Domi-
nes preces veftras, fi manentes permã-
feritis in ieiunijs, & orationibus in
confpectu Domini.* Oue accenna, al-
l'hora effer' efaudite le preghiere,
quando fi ftà fu'l faldo della bona
vita, ne' digiuni, ed orasioni, che
fono trè cofe, ch'infieme debbono
accoppiarfi.

Il digiuno grande, e generale *Aug. fuper Ioa. & Tab. in Decr. de confec. d. s. can. Ieiun.*
(dice Agoftino) è aftinerfi da
mali, e da illeciti piaceri di quefto mondo. Il digiuno (dice l'i-
fteffo) purga la mente, folleua il
fenfo, foggetta la carne allo fpiri-
to, fa'l cor contrito, ed humiliato, *Idẽ in fer. de Ieiun.*
fgombra le nubbi della concupi-
fcenza, eftingue gli ardori della
libidine, e accende il lume della
caftità.

A che cofa gioua digiunare co'l *Bafil. apud Aut. ferm. de Ieiun.*
corpo, e rempir l'anima di molti,
e molti mali; dice Bafilio.

Quel digiuno (dice Gregorio *Gregor. in homel.*
Papa) approua Iddio, quando
quel, che ti togli di bocca, lo doni
ad altri, e quel, che lafci di mangiare, per affligger la carne, lo doni a' poueri, per foftentargli.

Non è digiuno il folo tardare a *Athanaf. fuper Aut. fer. 16.*
mangiare, mà la paucità del man-
giare, e l'effercitio del digiuno
vero è contentarfi del poco, ed
hauer in abbominatione la molta
voracità, dice Athanagio.

Il digiuno è morte della colpa, *Ambr. de Helta. & Ieiun.*
ruina de' deletri, rimedio della fa-
lute, radice della gratia, e fondamento della caftità, dice Ambrogio.

Chi pecca, e digiuna, non *Chrifoft fu- per Matth.*
gloria del Signore digiuna, nès'hu
milia; mà toglie via folamente il
cibo al fuo corpo, quafi diceffe,
niente acquifta, dice Carifoftomo.

Quindi fi dipinge il digiuno da
huomo

huomo di faccia malinconica , ed eftenuata , mà con vn forte petto di ferro , perche il digiuno debilita, e lacera sì la carne, mà rinforza lo fpirito, folleua la mente , ed ingagliardifce le forze,per far acquifto di virtù. Haue il petto di ferro, per fegno , che non vi è cofa, con che più fi pofli rintuzzare i colpi nemici del peccato , quanto con quefto fcudo, ò petto a botta del facro digiuno. Hà gli pater noftri in vna mano , perche vanno infieme l'oratione , e'l digiuno , e per ben orare è miftieri ben digiunare , nè è cofa pofsibile poflerfi dare all'orationi, chi dà opera alle crapule nemiche dello fpirito, ed'ogni fpirituale folleuatione. Hà il flagello nell'altra mano, con che difcaccia le rane, che fembrano i demoni , al parere di Pierio Valeriano ; perche il digiuno è sferza contro loro , che teme il loro infidie , chi è amico di quefta fanta virtù. La fede ou'è il mazzo di rofe ombreggia il dono della gratia , che per niun mezzo tanto efficace s'ottiene da Dio , quanto per lo digiuno. come Giuditta,per efferfi data a' digiuni,fè la' imprefa fegnalata d'vccidere Holoferne ; Mosè vi meritò hauer la legge, I Niniuiti , ed Acab il perdono da Dio, e cento , e mille gratie hãno hauuto i Santi per mezzo di ciò. Il fiorito prato fignifica le virtù,che fi debbono hauere affociate co'l digiuno. Non vi è miglior digiuno quanto aftinerfi di non peccare , e darfi alle virtù, ch'ancor la ghirlanda , ò corona (fecondo Pierio) è geroglifico di quelle,ed all' hora farà digiuno fruttuofo, ed accetto al Signore. Per vltimo vi è vna vefte ch'è fimbolo di mutatione , fembrando il digiuno la conuerfione del peccatore,che fa-

cilmente fi muta dal male al bene colla fequela di quefta virtù, e quafi tutti que', che nella fcrittura facra han fatta mutatione in miglior ftato s' han feruito di quefto mezzo . Il Camelo per fine, ch'è animale aftinentiffimo , che poco mangia , e rare volte beue, quale dal principe di geroglifici fi prende per l'aftinenza.

Alla fcrittura facra. Si dipinge da macilente, ed eftenuato il digiuno, perche quefto effetto fà, come diceua Dauide, *Caro mea immutata eft propter oleum, & genua mea infirmata funt a ieiunio .* Mà è forte nello fpirito , in guifa , che canta Santa Chiefa , *Qui corporali ieiunio vitia compremis, mentem eleuas, virtutem largiris, &c.* Li pater noftri, perche l'oratione và co'l digiuno. *Bona eft oratio cum ieiunio.* La sferza , con che difcaccia le rane di demoni *Hoc autem genus non eicitur, nifi per orationem , & ieiunium.* La fede co'l mazzo di rofe per la gratia, che s' hà per mezzo del digiuno , come Giuditta . *Ieiunabat omnibus diebus vita fua,* e così fù effaudita, Vi è il fiorito prato delle virtù, effendo malè il digiuno con i peccati, e vitij . *Qui baptizatue à mortuo , & iterum tangit eum, quid proficit lauatio illius ? fic homo qui ieiunat in peccatis fuis, & iterum eadem faciens,quid proficit,humiliando fe ? orationem illius quis exaudiet?* La vefte, che gli è pur d'appreffo, accenna la nuoua mutatione della vita , che fi fà fouente per mezzo del digiuno. *Conuertimine ad me in toto corde veftro in ieiunio, fletu, & planctu.* Il Camelo (dice Pierio) effer'animale affai aftinente, quale refifte più d'ogn'altro animale la fame , e la fete fin'al duodec.mo giorno benche fia di fi grande ftatura, e lo dice Plinio ancora . Ed i

Poeti

Pier. Vale. lib. 19. ibi. de rana.

Pfal. 108. c.24.

Ecclef.

Tob. 12.B. 8.

Matt. 17, C. 21.

Iudith. 8. A. 6.

*Eccl.*34.D. 31.

Ioel. 2.C. 12.

*Pier.lib.*12

*Min.lib.*12

1.*Tim.*4.
d. 3.

Poeti han chiamato i Cameli animali senza sete. E San Paolo esortaui astinersi in tal guisa da'cibbi. *Abstinete à cibis, quos Deus creauit ad* *percipiendum cum gratiarum actione* *fidelibus, & ijs, qui cognouerunt ue-* *ritatem.*

DIGNITA' G. 52.

Donna veſtita con ſontuoſo veſtimento, tutto ornato di
porpora, e biſſo, con portatura da nobile, le ſtij sù'l
capo vna verga fiorita, quale ſenza ſua ſaputa le deſ-
ſcenda dal Cielo, ſtia in atto di baſſars' in terra, per
prendere vna maſſa di piôbo tutta dorata nella ſuper
ficie, hauendo d'appreſſo vn ceruo con lunghe corna.

LA dignità è vn amminiſtratio-
ne di coſe Eccleſiaſtiche con
giuridittione (ſecondo l'Archidia
cono) Nell'hebreo ſi dice Maha-
lach.

Jach, cioè ascenfione, eccellenza, ò grado, per lo quale s'afcende in alto.

Nè quì s'intende della dignità, di che fauellorono i filofofi, qual è miftieri faperfi da ciafcheduno, ch'infegna, ch'altrimenti chiamafi proportione maffima indemoftrabile, mà folamente s'intende pe'l grado d'honore, ed eminenza. Si dipinge la dignità, con fontuofo veftimento, e portatura da nobile, per efprimere l'eccellenza della dignità, la quale non è altro, che ftato d'eminenza, e d'honore, e ftato d'officio, ò dominio, e così diuidefi nella dignità virtuale, ch'è l'iftefla cofa, che la bontà, e prudenza, e nella fecolare, che non è altro, che quella, qual s'impiega in cofe temporali, ch'al più fe ne caua male. Nella dignità fingolare com'è quella del Cielo, e nella regolare, ch'è l'ecclefiaftica, quale deue conferirfi a perfone degne, fcintifiche, e di bona vita, ed in commune quì fi parla, mà più dell'vltima, defcendendo al particolare. Che per ciò tiene fu'l capo vna verga fiorita in fegno, che la dignità, ed ifpecialmente l'Ecclefiaftica ftà ripiena di molti fiori d'honori, e preminenze. Stà fu'l capo, perche fi deue efercitare con molta diuotione, riuerenza, e grauità. Quindi i Prelati di Santa Chiefa debbono fempre hauer gli occhi al decoro, alla diuotione, e al timor di Dio, effendo ftaci chiamati in forte fpeciale. *In fortem Domini vocati.* Che con quefto nome di forte s'efprime la gran dignità dell'Apoftolato di San Mattia. *Et cecidit fors fu'per Matthiam.* Quefto vuol dire Clero Ecclefiaftico, *fors*, come hanno i legifti nella legge vn capitolo, che comincia, *Cleros*, ef-

Arift. lib. 1 poft.

Eph. 1. C.

Act. 1. D.

fendo le perfone Ecclefiaftiche chiamate per fauore, e gratia particolare nella felice forte del diuino miniftero; com'è quella fpecialmente di Santi Sacerdoti, ò quanto douerebbono moftrare eccellenza nell'opre, decoro ne'coftumi, e prudenza ne' loro officij).

Vi è la verga, che le viene dal Cielo fenza faputa, perche la dignità, ed honori ecclefiaftici non fi deuono procurare, mà hauergli per voler del Signore, come va Aron, ed vn Mosè nella fcrittura vecchia. Stà in atto di baffars' in terra per prendere vna maffa di piombo dorata, in fegno, che le dignità fon pefi graui, e regolarmente fi chiamano carichi grandi, così nelle fatiche del corpo, e della mente, come per lo pericolo dell'anima. La maffa di piombo, mà dorata di fopra, fignifica, che le dignità, ed ifpecialmente le temporali hanno bell'apparenza dorata di grandezze, e d'honori, mà pofcia vi è il piombo vile, e graue di trauagli, d'afflittioni, e di difgufti. E fe parliamo della dignità ecclefiaftica, può effer altresì di piombo dorato folamente a quelli, che ne fono indegni, e la defiderano con molto affetto, che vi pongono del loro, per hauerla, hauendo folo gli occhi a quell'oro della grandezza, ed honori, e non a Dio, ed a far l'officio loro, come debbono in confcienza, e così gli refta folo il piombo dell'offefe di Dio, e del conto, c'han da darui, orr hauerla malamente amminiftrata, e tanto maggiormente chi tiene cura d'anime, ma d'oro fiaffimo, è quando s'ha da perfone degne, e timorate di Dio, che l'efercitano co' debiti modi, nè vi trouano

Q 2 piombo.

piombo di difgufto ; nè di grauezza di confcienza, e procuran-
dole pur fanno bene, mentre fi
veggono hauer fufficienza , per
ben reggere, e gouernare, ed han
l'occhio a voler far frutto all'anime, e al fanto feruigio del Signore. Il ceruo con le corna, ch'è
animale fitibondo , fembra la fe-
tè , che debbono hauer i Prelati
di feruire , e piacere al Signore,

Pier lib. 7.
ibi de cor-
nibus.

e le corna fecondo Pier-fono Geroglifico di dignità ecclefiaftica,
e altresì regale.

Alla fcrittura facra. Stà veftita
con fuontuofo veftimento la dignità di porpora,e biffo, che d'vn
anima tale habile a tal dignità

Prou. 31.
C. 22.

parlò il Sauio . *Byffus , & purpura
indumentum eius.* E con portatura
da nobile, come il medemo fauellò di ciò . *Nobilis in portis vir*

Id. 31. 23.

*eius , quando federit cum fenatoribus
terre.* Che nelle porte s'efercita-
ua la giuftitia, e vi ftauano i tribunali anticamente, atto da nobi-

li fublimati a dignità . La Verga
fiorita della dignità, allegorata
per quella d' Aron infiorata sù
l'Altare di Dio , quando fù eletto
al fommo Sacerdotio. *Sequenti die
regreffus inuenit germinaffe virgam
Aaron in domo Leui .* Mà Verga,
che defcende dal Cielo fenza fa-
perne cofa nulla, così deu'effer la
Prelatura. *Nec quifquam fumit fibi
honorem , fed qui vocatur à Deo
tanquam Aaron.* La maffa del piombo, per lo pefo della dignità, della quale parlò Geremia . *Et onus
domini vltra non memorabitur : quia
onus erit vnicuiq; fermo fuus.* Il ceruo è defiderofo dell'acque , fembra il defio, c'hanno per piacere
a Dio i graduati, e folleuati ne gli
offici, in perfona de' quali dice ua
Dadide. *Quemadmodum defiderat
Ceruus ad fontes aquarum , ita defiderat anima mea ad te Deus.* E delle
corna della dignità d'uisò il medemo ; *Exaltabuntur cornua iufti.*

Num. 17.
C. 7.

Heb. 5 A. 4

Hier. 13.
36.

Pf. 41. A. 1

Idem 88.
C. 18.

DIGNITA, O PRELADVRA ECCLE-
SIASTICA.　G. 53.

Stia vn grauiffimo Prelato veftito Pontificalmente à federe in vna fede fontuofa , fotto ornatiffimo baldec-
chino, habbi la corona in capo sù la mitra , e lo fcettro in mano, e vicino fe gli riferbino due mitre , vna
Papale, e l'altra vefcouale ; ed vn capello di Cardinale, vicino la fede vi fia appiccato vn coltello d'oro
co'l manico d'auolio , vi fia di più vn cielo ornato di
ftelle, e di fole, quali diano molta luce, vicino la
fede vi fia vn monte fu'l quale vi fono molti germogli con frutti, e più abbaffo, vn leone, vn Ariete,
ed vn gallo.

E La dignità, ò Prelatura di
Santa Chiefa ftato eminentif-

fimo ; e di grandiffima autorità,
e poteftà, tenendo dominio pur
troppo

troppo grande, così nelle cose spirituali, come temporali, quindi si dipinge da Prelato grande, c'habbi la corona, e lo scettro in segno di gran dominio, in guisa, s'ordinò ne' sacri canoni, che i prelati, ed in speciale gl'Illustrissimi Signori Cardinali, portassero fin lo scettro, e la corona, oltre la loro autorità, acciò fossero tenuti nel grado, in che erano, per alcuni casi successi di poco rispetto, portatosegli, e s'ingannano molti, come poco versati nell'historie, e poco giuditiosi, c'hanno ardire porre bocca a cotali Prelati di tanta autorità, marauigliandosi, come tenghino tant'entrate, e come mostrino tante grandezze, douendosegli con ogni giusta raggione, sì per manifestare a tutte le grandezze di Santa Chiesa, com'anco lo stato loro tanto eminente, e acciò se gli porti quel rispetto, se gli deue, e stijno con quel decoro conueniente a personaggi tali. Non ha dubbio, che da persone spirituali, c' han cognitione dell'altezza di Santa Chiesa, e di suoi ministri, sarebbono honorati, riueriti, e tenuti da quel, che sono, tanto con l'entrate, e con le grandezze, quanto senza quelle, mà da persone mondane, e da quelli, che caminano secondo la cognitione, e ordine del mondo, sarebbono tenuti in pochissima stima i prelati della Chiesa, se fossero visti da poueri con poche grandezze, e meno corteggio; quindi Santa Chiesa guidata, e gouernata dallo Spirito santo, vuole, che detti prelati stijno colle lor autorità, e magnificenze, con tanti seruitori, che vestino sontuosamente, conforme, però, allo stato ecclesiastico, c'habbino palaggi, ren-

diti, e che vscendo di casa gli vadi molta gente dietro, ed occorrendo far viaggi, portino tanti caualli, carrozze, staffieri, carriaggi, ed altre cose necessarie per le raggioni dette, acciò non sijno dispreggiati da gente poco spirituale, e così se non son mossi dal douere ad honorargli, come dalla loro dignità, ed autorità, almeno per le grandezze apparenti, dunque hò detto bene, che se gli deue la corona, e lo scettro, e la sede sontuosa per l'autorità grande, e'l baldacchino per la pienezza di potestà, così nelle cose spirituali, come temporali, com' anco al sommo Pontefice, e molto più, *Extr. de au. & vsu pallij ad honorem, & ext. de elect. illa quotidiana.* Sembra pienezza di potestà, e non solo questa, mà pienissima. Ne' Patriarchi solo pienissima potestà dell'officio *Ext. de priuil. antiqua.* Nell'Arciuescoui non pienissima, mà *pleniorem officij potestatem. Extra de aut. & vsu pallij nisi, &c.* E ne' Vescoui piena potestà dell'officio. Si riserbano le mitre da vicino, che stanno bene insieme con la corona, e con lo scettro. Vi è il cielo poi pieno di stelle, co'l sole molto rilucente, in segno, che se i prelati relucono nel di fuori con l'autorità, e potestà, così debono dar splendore di santo esercitio, e menar vita non men grande, che santa, e a tanti gradi d'eccellenze, ed eminenze, corrispondano tante lucenti stelle di virtù, d'opre buone, e d'atti pietosi, e misericordiosi. Vicino la sede vi è vn coltello d'oro col manico d'auolio, il quale secondo Pier. si pone frà l'altre insegne del Pontefice, come si legge appresso di Pompeo, e sia per raggione, che'l coltello sa l'officio

Pier Vale. lib. 42.

eio di diuidere, e così mentre
Chrifto venne al mondo, portò
quefto carico, quando diffe, *Veni*
Matth. 10.
D. 35
feparare hominem aduerfus patrem
fuum, & filiam aduerfus matrem
fuam, e altroue diffe, che fi lafciaf-
fe il padre, e madre, ed ogn'altra cofa, e che foffe feguitato; venne a feparare il male dal bene,
che prima non così fi conofcea,
e quelle cofe, che appartengon'
allo fpirito, e alla raggione, dalle
carnali, le virtù da' vitij, i reprobi da gli eletti ; ò pure fembra
quefto coltello il dominio, e l'impero, che perciò San Pietro in-
fegno del principato, e dell'im-
Luc. 22.
D. 38.
pero di Santa Chiefa diffe, *Ecce*
duo gladij hic, per i doi dominij
temporale, e fpirituale datogli da
Chrifto Signor noftro. Il fole,
che luce, fembra propriamente
il buon efempio, e bona fama, che
dourebbono fpargere i prelati, e
con la prelatura altresì hà gran
congruentia la fcienza, e s'è prima nell'autorità, e dominio, così
dourebbe corrifpondere in effer
prima nella bontà. Quindi vedefi
vn monte d'appreffo con molte
piante odorifere, e piene di frutti, per fegno del buono odore
della vita, c'hanno da dare gl'inal-
zati a dignità, frutti di bon opre,
e fiori di buoni coftumi, dal cui
efempio tratte le genti, che ftanno fotto la lor autorità, ancor'elleno fi reduranno a fare il fimile;
Infra quelle piante d'odori vi è
vn albero di palma, ch'è legno
forte, e incorruttibile, per la
fortezza dell'animo del prelato,
e per la molta conftanza, che deue hauere, acciò nelle profperità
non fi corrompa, e nelle delicie,
nè fgomenti nell'auuerfità, e trauagli, mà fopporti volentieri il
pefo dell'officio, conforme la

palma, quanto più è cariea, più
refifte, e più s'inalza. Vi è il Leone, e l'Ariete, le cui proprietà
conuengono alla prelatura, per
che ficome il leone co'l fuo ruggito fpauenta gli altri animali, così i prelati col forte ruggito della
predicazione fpauentino i peccatori, e gl' humilijno, e gli faccci-
no raffreddare nel calore della
concupifcenza mondana, e arre-
ftare nel corfo di vitij, conforme
fà il leone, che co'l ruggito fà ar-
reftare quell'animali, che gli fuggono inanzi, quali fentendolo
ruggire sì fortemente, perdono le
forze, s' arreftano nel corfo, e fe
gli humiliano proftrati à terra. Il
leone hà per proprietà, che con
l'ifteffo ruggito fufcita i leoncini,
che ftan quafi morti fin'al terzo
giorno, così loro i morti pecca-
ri, quafi fin nell'vltimo dì lor vita,
debbon leuargli dal fonno dell'errore; Il leone è di forza, e d'animo, di corraggio, e di petto, ed è
magnanimo, & gentile con chi fe
gli humilia, mà terribile con chi
l'ofta, proprietà da douerfi hauere da prelati, i quali deuono effere di gran forze contro i peccatori, e di gran coraggio, per eftir-
pare i vitij, e chi non fi conofce
hauer tal forze, è obligato renun-
ciar la dignità; deuono hauer
gran petto contro i difturbatori
della giurifdittione della Chiefa, contro quali hanno da moftrar forze d'inuittiffimi leoni, pieni di fanto zelo, deuono pofcia
effer magnanimi, piaceuoli, e gra-
tiofi con buoni chriftiani, mà terribili co' trifti. Vi è l'Ariete, che
và prima del gregge, e lo conduce al pafcolo, fimile al quale de-
u' effer il prelato, andar prima
co'l buon efempio, e condur il
populo a' verdi pafcoli delle virtù s

tù; queſto animale è ſollecito, ed hà vn verme in capo, che lo tiene in continuo moto, così deuono eſſere i prelati ſolleciti alla propria, ed altrui ſalute, co'l verme del ſcrupolo della conſcienza, per far, che ſi ſaluino le genti ſotto poſte alla lor cura. col ſcrupolo, che le ſue entrate ſi ben maneggino, e di quelle bona parte ne partecipino i poueri, e le chieſe; e finalmente vi è il gallo, la ſollecitudine di cui è molta, dicendo i naturali, e l'eſperienza il moſtra, che co'l canto atterriſce il leone, così quelli co'l canto della predicatione, della vita, e dell'eſempio, douebbono atterrire ſatanaſſo, e farlo reſtar perditore nelle battaglie, c'hà cò i chriſtiani; queſt'anima le hà vna pprietà gràde, che cò vn occhio, nell'iſteſſo tempo riguarda in terra, ed in terra, così i prelati ad vn hora iſteſſa douebbono attendere alla vita contemplatiua, e attiua, alla propria, ed altrui ſalute, al mantenere Sanra Chieſa con decoro, e alla ſalute delle genti, e finalmente ſappino, ſe crederemo a Plinio, che queſt'animale nell'vltima vecchiaia fà cent'oua piccoli, e rotondi, liuidi, e molli, da quali ſi genera il baſaliſco, ed iſpecialmente ſe ſaranno cubati da qualche verme velenoſo, com'è il bufone, ò altro ſimile ne' giorni caniculari, qual baſaliſco co'l ſolo aſpetto vccides così è il prelato, che viene a qual che mal habito, ò vecchiaia di vitij, e cattiui eſempi, vccide, ed ammazza, e tanto maggiormente ſe queſti eſempi mali ſono portati inanzi dal peſtifero verme di ſatanaſſo, che con quelli perſuade le genti all'errore, dicendo, ſe quel prelato è corrotto nel peccato della carne, tanto più

Plin. de natur. animalium.

lo puoi far tu ſecolare, ſe quello douerebbe viuere con più poco intereſſe diſte, e no'l fà, maggiormente tu, e con queſti guardi di baſaliſco vccide altrui nel peccato, dottrina approuata dal Padre Sant' Agoſtino, qual dice. *Omnis, qui male viuit in conſpectu eorum, qui bus prapoſitus eſt, quantum in ipſo eſt, occidit.* Contro i quali, dice la ſcrittura, ſi farà giuditio, duriſſimo. *Iudicium duriſſimum, in his, qui praſſunt, fiet.*

Augu. lib. de paſtore.

Sap. 6. A.

Alla ſcrittura ſacra. La dignità eccleſiaſtica ſi dipinge da vn gran Prelato, ſedente con grauiſſimo baldacchino, che rapreſenta l'autorità, e'l miniſterio della giuſtitia, come diceua il Sauio. *Quoniam inſtitia firmatur ſolium.* La corona sù la mitra, così ordinandoſi nell'Eccleſiaſtico. *Corona aurea ſuper mitram eius expreſſa ſigno ſanctitatis, &c.* Lo ſcettro in ſegno di Rè, e di Sacerdotio regale. *Vos autem genus electum, Regale Sacerdotium, gens ſancta, populus acquiſitionis.* Il cielo pieno di ſtelle, che con bellezza l'adornano ſi è, per ſe molte virtù di Prelati. *Species cæli gloria ſtellarum.* Il coltello vicino la ſede, per ſegno di ſeparatione, che Chriſto doueua fare. *Non veni pacem mittere, ſed gladium.* E queſta era la viſita, che doueua fare al mondo. *Viſitabit Dominus in gladio.* ò pure, per lo dominio, come lo profetizò Dauide; *Accingere gladio tuo ſuper femur tuum potentiſſime.* Ed Eſaia anco diſte. *Poſuit os meum quaſi gladium acutum.* Il ſole, che riſplende, ſembrando, che col ſuo ſplendore del ben viuere il prelato fà riſplendere gli altri. *Et vt refulſit ſol in clypeos aureos, & areos, reſplenderunt montes ab eis.* Il monte, oue ſono le piante del balſamo, che ſem-

Pr. 16 B. 12.

Eccleſiaſt. 45. B. 14.

Pet. 2. B. 9.

Eccleſiaſt. 43. B. 10.

Matth. 10. D. 24. Iſ. 27. A.

Pſ. 44. A. 4.

Iſ. 49. A. 2.

1. Ma. 6. E. 39.

sembrano l'odore della bona fama, ed esempi. come disse a tal
proposito il Sauio. *Et quasi bal-*
mum non mistum odor meus. Il leone
per la fortezza, che deue hauere
contro i vitij; *Noli querere fieri*
iudex, nisi valeas virtute irrumpere
iniquitates; è del rugito del leone
parlò Elaia, *Rugitus eius. vt leonis,*
rugiet, v catuli leonum: & frendet,
& tenebit predam. L'Ariete, per la
sollecitudine del Prelato, come
diceua San Paolo; *Instantia mea*

Ecclesiast.
24. B. 21.

Ecclesiast.
P. A. C.

Is. 5. C. 24.

1. Cor. 11.
F. 28.

quotidiana solecitudo omnium Eccle-
siarum. È finalmente il gallo,
per la sollecitudine, e per la marauiglia del diuerso guardo in
alto, e in giù, che deue hauere
la persona Ecclesiastica, come a
tal proposito fauellò Giobbe. *Vel*
quis dedit gallo intelligentiam; alludendo alla gran proprietà di cotesto animale, ch'ad vn hora sospigne i guardi all'aria, e alla
terra.

Iob 38. E.
36.

DILETTO MONDANO. G. 54.

Huomo, c'hà nelle mani vna tazza, oue dolcemente
beue, sta debole di forze, e zoppo, tiene nell'altra
mano vna ventarola scherzo, e gioco da fanciullo,
gli stà vicino vn cauallo indomito, e sboccato, ed
vn'ombra.

IL diletto mondo non è altro,
che quel vano piacere, che gli
huomini sentono nelle cose di questo modo, le quali, benche paiono
recar diletto, più tosto attristano,
e porgono disgusto, mà perche il
senso humano è deprauato, come
douerebbe sentir contento, e piacere nelle cose spirituali, l'assag-
gia nelle cose corporali, e mondane, alla guisa dello 'nfermo, il
quale sente piacere delle cose
nociue, mà disgusto delle cose
medicinali, che gli potrebbono
giouare alla sanità, il che nasce,
per esser il senso deprauato, e corrotto il gusto; così i miseri mondani han la mente corrotta, ed errante, che sentono diletto nel veleno de' piaceri sensuali, e non
nell'Antidoto finissimo del Signore. Quel, che racontò Ouidio
nelle sue fauole vi viene molto

Ouid. lib.
12. fab. 4.

di proposito, che sonando il Dio
Pan, Dio delle selue, colla sampogna boscarecchia, ed Apollo
colla sua lira, del che fù giudice
Mida Rè, chi recasse più soaue
melodia all'orecchie, quegli co'l
dolce suono della fistola, ò sampogna, ò questi co'l toccàr, e ri-
toccar della lira; il quale giudicò
esser più dilettato nel suono della
sampogna pastorale, che nella
dolce lira d'Apollo, e adiuenne,
perche hauea malamente delet-
tato, altresì malamente giudicò,
che perciò Apollo gli diede l'o-
recchie d'asino, che da asino hauea sentito; qual fauola può con
industre appropriatione recarsi à'
mondani, i quali più dolcezza
sentono nel rozzo suono delle
mondane cose, che contengono
apparenza di piacere, e fintioni di
diletti, che nel suono dolcissimo,
e col-

e colmo di gioie della diuina melodia di contenti del Cielo; più in cose caduche del mondo, ch' in quell'eterne di Dio, e più ricrouano diletti nelle strade empie della terra, che nelle sacre, ed eccelse di Paradiso, ò in quissima elettione, il pensiero è d'Esaia, prima ch'il dicessero i fauolisti. *Hæc* *omnia elegerunt in vijs suis, & in* *abominationibus suis anima eorum* *delectata est*; Sentirono l'vno, e l'altro suono nelle strade di questa vita, quello della sampogna vile da pastori, e quello della beata cedra del sourano Apollo di contenti spirituali, quello delle cose caduche di terra, e quello sublime di Cielo, e delettorons' i miseri in quello, e non in questo, dandos' in tutto nell'abominationi delle cose terrene. Conuiengli dunque realmente il nome di bestie, e d'asini, come diceua Dauide. *Vt iumentum fa-* *ctu: sum apud te*. Perche non sentiua, mentre staua nel peccato i veri diletti del Signore, mà quelli buggiardi della carne. Misero peccatore, che si diletta in cose, ch'vccidono, che tal'effetto fanno i piaceri sensuali. Il ceruo tanto s'inuaghisce del suono della sampogna (s'a naturali crederemo) che resta con incantaggione, e fuora di se, e così i cacciatori ne fan preda per sua isuentura. La farfalla si diletta nel lume, e cotanto s'aggira d'intorno, e si raggira più fiate con marauigliosa violenza, finche vi si bruggia. L'Vnicorno si diletta nel seno d'vna Vergine, ou'è preso da' cacciatori. Miseri mondani, quali co'l suono della sampogna della libidine son fatti preda del diauolo: i Dotti co'l lume delle scienze si fan ligare ne gli

errori: altri nelle ricchezze, ed altri ne gli honori, e così son variamente presi (e quasi non dissi tutti) da satanasso, come diuisò Esaia. *Vt vadant, & cadant* *retrorsum, & conterantur, & illa* *queantur, & capiantur*. Sappino dunque, che son buggiardi i diletti di quì giù, e che non hann'altro, che l'apparenza sola di contento. Hò dipinto, dunque, il diletto sensuale, ò mondano da huomo, qual beue in vna tazza dolcemente, che così s'attuffano con dolcezza gli huomini ne' diletti di questa vita, come se non vi fossero migliori in Dio; e beuono, mà mai si satiano, senz'accorgersi, che son beni, che non smorzano l'appetito. Stà debole di forze, ed è zoppo, perche vn' huomo, che si dà a questi piaceri, e diletti, si debilita nelle forze spirituali, e nella diuotione, e così diuien forte per lo mondo, mà debole per Iddio: E questa è la proprietà del mondano diletto di raffredare nello spirito, indebolire nella virtù spirituale, e rinforzare nelle cose temporali, le quali quanto più si beuono, più accendono la sete. La ventarola da fanciulli, ò da pazzi, sembra, che chi corre dietro a questi piaceri, e diletti la fa da fanciullo, e pazzo, che non discorre, mentre quelli son cose così malageuole. Il cauallo indomito accenna, che quelli diletti del mondo, a' quali s'assuefà l'huomo, lo rendono indomito, e contumace alla mortificatione, e quando si vuol ridurre, sente grandissima difficultà, però non è bene il molto daruesi, e 'l cō tinuare, che l'vso si fa come fosse naturale, e si corre fin'alla morte, e alla morte eterna ancora. Vi è l'ombra, ch'ombreggiai diletti,

R   e pia-

Is. 66.B.3.

Ps. 72.D.23

Is. 28.C.

e piaceri mondani non eſſer'altro, ch'ombre, ed apparenze di diletti, mà non veri, e reali ; e ſicome l'ombra ſubito paſſato il corpo, ſi riduce al niente ; coſì queſti piaceri ſubito paſſano, nè contengono ſoſtanza di diletto, nè durano, nè contengono coſa nulla di bene; mà vna ſola apparenza.

Alla ſcrittura ſacra. Si dipinge il diletto mondano da huomo, che beue dolcemente in vna tazza, che dal ſauio è eſortato a non beuerne tanto, acciò non lo vomiti nell'inferno. *Mel inueniſti, commede quod ſufficit tibi, ne forté ſatiatus euomas illud.* Che poco ſi ne dee bere, e mangiare del mele di mondani piaceri: ſolamente quanto ſia lecito. Sono beni, che non ſatiano, e ſono acque, che non tolgono la ſete, nè cibi, che leuan via la fame. *Seminaſtis multum, & intuliſti parum, comediſtis, & non eſtis ſatiati; bibiſtis, & non eſtis inebriati.* Che però la ſpoſa eſortaua a bere, e guſtare i beni celeſti, che ſatiano. *Comedite amici, & bibite, & inebriamini chariſſimi.* Stà debole di forze ſpi-

rituali, chi molto n'aſſaggia. *Vſque. quo delitijs diſſolueris filia vaga.* Ed in Eſter altreſì leggiamo al propoſito. *Quaſi præ delicijs, & nimia teneritudine corpus ſuum ferre non ſuſtinens.* E S. Paolo ancora lo diuisò ; *Nam quæ in delicijs eſt ; viuens mortua eſt.* Ch'a tante delicie correſpondono tante pene nella morte eterna, *Quantum glorificauit ſe, & in delicijs fuit, tantum date illi tormentum, & luctum.* Vi è la ventarola da pazzo, perche non è ſauio chi ſi diletta di coſe mondane. *Quicumq́; his delectatur non erit ſapiens.* Il cauallo ſboccato, ch'è il corpo nutrito in delitie, e piaceri, quale diuien contumace. *Qui delicaté à pueritia nutrit ſeruum ſuum, poſtea ſentiet eum contumacem.* E per fine vi è l'ombra, per ſegno, che ſono tranſitorij piaceri, e diletti, e di poco, ò null'eſſere, come viuacemente ne fauellò la Sapienza. *Tranſierunt omnia illa tanquam vmbræ, & tanquam nuncius percurrens, & tanquam nauis, quæ pertranſijt fluentem aquam, cuius cum preterierit non eſt veſtigium, &c.*

Pr.25C.16

Aggei. 1.
C. 6.

Cãt.5 A.1:

Hier. 31.
C. 22.

Eſther.15.
B. 16.

1.Timot.5.
A. 6.

Apoc.18.
A. 5.

Prou.20.
A. 1.

Idem 29.
C. 21.

Sap.5.B.9

DIO INCARNATO.   G. 55.

Huomo grande di ſtatura, coronato con due faccie, vna riuolta in sù tutta terribile, e l'altra in giù tutta piaceuole, tenghi vn ricchiſſimo veſtimento, ſopra di cui ve ne ſtia vn'altro pouero, e miſerabile, su'l capo tenghi vna cancella, in mano vna figura ſferica grande, e nel mezzo vn picciolo punto, e che da quello alla circonferenza della figura ſiano tirati certi raggi, ò linee, il che paia tutt'vna coſa il punto con la detta figura, renghi ſotto i piedi il glutino; Da vna parte ſia il pellicano, e dall'altra vn triangolo con vna cartoſcina con queſte parole. Deus homo.

IL ſourano Iddio ricco di pietà, e miſericordia, e colmo di
clemenza, in ueggendo il mondo
infra poſto a cotante miſerie per
lo peccato, indottoui dal primo
ceppo de gli huomini, sfauillaua
di compaſſione, e di zelo, per vagheggiarlo fuora di sì doloroſe
amarezze, quindi moſſo, e da trabboccante amore, mandò il ſuo figliuolo in terra a veſtirſi di ſpoglia mortale, acciò foſſe riparo,

oue poteſſe quello ricourarſi ſicu-
ramente, e militar ſotto la ſua felice inſegna, e parmi, che sì felice
auuenimento foſſe ombreggiato,
frà gli altri luochi della ſcrittura
ſacra, in quella viſione, c'hebbe
vna fiata il Vangeliſta Giouanni,
come ſi legge ſù la prima foglia
delle ſue reuelationi, oue vidde
vn huomo di ſimigliante forma al
figliol dell'huomo infra'l mezzo
di ſette candelieri d'oro, co'l ſem-

R 2   biante

biante da guerriero, colle poppe gonfie di latte, su' quali campeggiaua vna ricchissima cinta d'oro. *Et conuersus (diss'egli) vidi septem candelabra aurea: & in medio septem candelabrorum aureorum similem filio hominis vestitum podere, & pracintum ad mammillas zona aurea.* Mà dicami, ò mirabil secretario di Christo, che visione fù cotesta sì strauagante, in rauisar quest' huomo in mezzo di sette candelieri co'l vestimento da soldato, con le poppe ricche di latte, cinte da dorato nastro, che maniere son queste, con che n'appare quest' huomo? e che fattezze mai più vdite? ch'infra loro ammettono dissuguaglianza grande, come sì è, l'apparire in simiglianza humana, circondato da candelieri, che fatto è questo? e come possono còuenire, ed accoppiars'infieme l'hauer latte à douitia, tipo, e simbolo della pace, co'l vestimento da soldato, ch'allude alle battaglie, e come in fine può ben adaggiarsi sù le poppe nel petto cotal cinta, che cinge i reni: cose in vero vie più difficili d'ogn'altra, ed enimmi, che mai più s'vdirono simiglianti al mondo. Que i Padri intorno a sì gran visione variamente filosoforno, la Chiosa ordinaria, Nicolò de Lira, e Ruperto Abbate intesero per questi sette candelieri le sette Chiese ardenti, ed illuminate con la sapienza del Verbo dinino, e per la veste v'intesero la sacerdotale, che conueniua a quest'huomo, come sommo Sacerdote. Agostino intese per quest'huomo Christo, per i sette candelieri la Chiesa, per le due mammelle i duoi testamenti, ch 'vscirono dal petto di lui, come da viuo fonte, e varie cose v'andorono intêdendo i Dottori: mà se fia lecito a me picciola-

Apoc. I. C. 13.

Gloss. Nicol. de Lir. & Ruper. Abb. sup. Apoc.

Augu.his.

la fiammella infrapormi a sì splendide luci, dirò, che quì Giouanni vidde il gran mistero dell'incarnatione già compito a'suoi tempi, e così vagheggiò (benche tremante) il diletto discepolo quest'huomo, che si rassembraua al figliolo dell'huomo, ch'era l'istesso figlio di Dio, che veniua al mondo a couirsi di carne. I cādelieri d'oro erano per segno della luce, che recaua, per farci lume, come diuisò l'istesso Giouanni *Erat lux vera, qua illuminat omnem hominem 'venientem in hunc mundum.* Erano d'oro fabricati, e ficome questo è il più fino, e nobile infra metalli, altre tale era la natura diuina del souano verbo cotanto vago di courirsi di terrena spoglia. La veste da soldato ombreggiaua le battaglie, ch'a far veniua contro nemici del l'huomo, e la guerra, che per all'hora intimaua al superbo principe Satanasso. Le poppe gonfie di latte erano segno verace del grād' amore, che portaua a gli huomini, per lo che si spiccò dal paterno seno, e dal chiostro sourano, di che volle portar l'impresa nel proprio petto, e nel cuore vera stanza d'amore, ch'il latte sia segno, ed ombreggi l'amore, lo veggiamo nelle donne, che poppano, e zizzano i lor fanciulli per amore, di che n'han colmi i petti. L'aurea fascia, che lo stringea era simbolo delle grandezze, che promettea a' mortali, ò pure, perche il circolo sembra l'infinito, essendo finito l'amore, di che venea arrichito, ò pur questa fascia, ò tracolla alla maniera di soldati, stauagli sù le poppe, accio volendo porre mani alla spadā dell'ira sua cōtro i peccati co'l moto della mano, che stringeua il petto si spargesse il latte amoroso, e si bagnasse la spa-

Ioa. I. A. 9

                                    da.

da, ed in cambio di ferire innamoraffe, e faceffe largo dono a tutti, e tutti doueffero fucchiarlo amorofamente, per darfi foftegnó, e mantenerfi in vita beata, ed in ftrettiffima amicitia con sì pietofo Signore, e quefto parmi il Sacramento velato con l'ofcure parole del glorioſo Giouanni, cotanto fauorito a vagheggiar le fupreme grandezze dell' Imperador del Cielo: ò miftero altiffimo, ch' a gara ferno i Santi Padri, per raggionarne.

Greg. lib.
20. moral. Niuno de gli huomini hà conofciuto, e può conofcere a pieno, che cofa di buono hà la gratia, che di congruenza hà la fapienza, che di decoro hà la gloria, che di commodo alla falute importi que fta infcrutabile altezza delmiftero dell' incarnatione, dice Gregorio Papa.

Hug. lib. de Fù tempo di reftauratione l'in-
facram. carnatione del Verbo con tutti i fuoi facramenti fin dal principio del mondo, dice Vgone.

Idem ibid. Niuna caufa fù del fuo venire (dice l'iſteffo) folo per faluare i peccatori, horsù togli tu via i mor bi, e le ferite, e non vi farà caufa di medicina.

Aug. cont. Prendendo la forma (dice Ago-
fauſt. ftino) d' huomo, e nafcendo di femina, moftrò d' honorar l'vno, e l'altro feffo.

Greg. lib. 2. Iddio Padre, congiungendo l'vni-
& 6. mo- co fuo figliolo nel feno della Ver-
ral. gine all' humana natura, volle Iddio a fè coeterno auanti fecoli far lo huomo, e nel fine di fecoli, e quel che fenza tempo generò per faluar gli huomini, moftrollo in tempo, dice Gregorio Papa.

Si dipinge dunque Iddio incarnato da huomo grande di ftatura, che grande egli è, anzi grandiffimo nell' effere infinito, nella potenza, nella fapienza, ed in tutti gli altri attributi, i quali come riuoli infinitamente traggon' origine dal gran mare della diuina effenza, grande nelle potenze, ch'infinitamente oprano intorno all'oggetto diuino, intendendolo, e amandolo con infinito amore; grande, e ammirabile nella mifericordia, per cui moftra la fua onnipotenza co'l perdonarlo, come canta fanta Chiefa. *Deus qui omnipotan-* *Ecclefia.* *tiam tuam, parcendo maximè, & mi-* *ferando manifeftas.* E volle altresì prendere l'humana carne, veftendofi di miferie, quello, ch'era sì potente, e sì ricco. Che per ciò fi dipinge con vna vefte ricchiffima, che fono i tefori della fua onnipotenza, e di tutt' infiniti beni, mà prefe la fopradetta vefte della noftra vil fpoglia, e frale, ch' era la carne humana, fotto di cui velò la fua immenfità, come nobil teforo fotto lutofo, e abomineuol fango, e ricchiffime margarite fotto le rozze pietre. Stà coronato in fegno del dominio vniuerfale, ch' egli hà, effendo Iddio eterno, ben che n'appaia da huomo, non appreggia fottoporfi al tempo, effendo immenfo, ne ftar circondato di carne, ed in fine volle apparir da mortale, fenza lafciar l' immortalità con tutte l'altre fue infinite grandezze. Le due faccie fembrano le due nature, vna diuina per quella riuolta in sù, e l'altra humana per quella in giù, le quali ftauano fuppofitate in vn fol fuppofito diuino fenza l'humano, per che tofto creata, che fù la natura humana, e raccolti (per meglio dire) i puriffimi fangui dell' immaculata

culata Vergine nel fuo feliciſſimo
gremmo, ed organizzato il corpo
per opra dello Spirito ſanto,ſenz'
opra virile, fù creata l'anima di
Chriſto, ed vnita a quel corpo, ed
in quell' iſtante, che naturalmente queſta natura douea terminarſi
dal proprio ſuppoſito,e perſonarſi
nella perſona humana,fù preuenta
dal ſuppoſito, e dalla perſona Diuina, ed in quella fù ſuppoſitata,
e perſonata,ſiche la natura humana con tutte le perfettioni ſue è in
Chriſto inſieme con la diuinità, e
colla perſona del Verbo, dalla
propria perſona humana in fuori,
la quale non dice perfettione veruna, e così è vero Iddio, e vero
huomo,qual coſe non fanno com-
poſitione altrimenti in lui, non eſſendo nè parte, nè tutto, nè materia, nè forma, mà due nature inſieme fanno vna propoſitione ſo-
ſtatiale di Dio,ed humana,quale fù
ignota a' filoſofi naturali.Sembra-
no ancora le due faccie le due operationi di Chriſto, ſecondo le due
nature, e due volontà, doi intelletti, e due portioni, inferiore, e
ſuperiore. Denotano altresì le due
faccie co' vari ſembianti terribile,
e piaceuole, che quanto Iddio,
dianzi cotal incarnatione ſi mo-
ſtraua a gli huomini con molto
rigore, adoperando grandiſſima
giuſtitia, come fù il diſcacciar
Adamo toſto, c'hebbe peccato dal
paradiſo terreſtre; il diluuio sù
tutta la terra, il fuoco alle Città
di Sodoma, ed altri caſtighi, che
fè,in fine rigoroſo,e giuſto in que'
tempi era vago eſſer rauuiſato Iddio, per contrario dopo, che s'vnì
colla noſtra carne, fè in tutto moſtra della ſua pietà,e miſericordia,
e ne riempì a douitia la terra tutta,come ne fauellò Dauide, *Miſericordia Domini plena eſt terra.* Le can

Pſal. 118.
v. 64.

celle, che tiene auanti la faccia,ò
ſu'l capo denotano,che Chriſto na
ſcoſe la diuinità ſotto la carne,e ſi
dubitaua,s'egli foſſe ſemplice huo
mo, ò Iddio, ed huomo inſieme,
e'l ſtarſene così naſcoſto fù, per
aggionger maggior merito a ch'l
credè. Tiene in vna mano vna figura sferica, ò circulare in ſegno,
ch'è Iddio infinito, ed eterno, non
hauendo il circolo, nè principio,
nè fine, che per ciò è ſimbolo del-
l' infinito (a quel ne dicono i Ma-
tamatici) e nel mezzo vi è il punto, ch'è coſa picciolissima, e indi-
uiſibile, che ſignifica la natura humana, aſſonta dal Verbo, qual'è
di pochiſſimo valore, e coſa fra-
giliſſima al riſpetto di Dio im-
menſo. Vi ſono i raggi, ò linee dal
punto alla circonferenza della figura, ſiche paia tutt'vna ruota
iſteſſa, in ſegno che non oſtante
ſiano coſe diſtinte, e in lunghiſſi-
ma differenza il punto,e la figura,
Dio, e l' huomo, tutta fiata ſono
vniti inſieme, ſiche paiono vna
medema coſa nel ſuppoſito diuino, ſicome il punto colla figura, ò
vero le linee tratte ſan communicatione fra'l punto, e la figura ſferica dell'eſſer loro; in guiſa, che ſi
communicano inſieme. Iddio, e
l'huomo le proprie naturalezze
per la communicatione dell' Idiomati. Tiene il glutino, che non è
altro, ch'vn ligamento gagliardiſ-
ſimo di due legni,che non poſſonſi
ſtaccare, e queſta è la ſtrettiſſima
vnione inſeparabile delle due nature, com'altri diſſe.*Quod ſemel aſſumpſit nunquam dimiſit.* Il Pellicano (dicono i naturali) è animale pietoſiſſimo, che vedendo i
proprſi parti ferir, e quaſi di vita
eſtinti per lo morſo del ſerpe,egli
furaſ' il petto co'l roſtro, e co'l
proprio ſangue gli rauuiua; in
maniera

Damaſ.

maniera altre tale fè Iddio, prendendo la nostra carne, forolla
nella croce co' chiodi, spine, e
lancia, del qual sangue siamo noi
tutti viuificati dal fieriffimo morso dell'antico serpe pur troppo
velenofo di Satanaffo. Il triangolo
con la corona in sù fembra la caufa efficiente di questa incarnatione, e la finale; l'efficiente, che fù
tutta la Santiffima Trinità, che vi
concorfe effettiuamente, mà il termine folo fù il Verbo terminante
là dependenza della natura nostra
creata alla fua increata, e fù termine propinquo di quella, mà re-
moto l'Effenza Diuina. La corona
fembra il Cielo, per lo cui fine, e
per introdurui l'huomo, fù fatta
tal'incarnatione. E per vltimo vi
è la cartofcina. *Deus homo.* Vnen-
dofi Iddio all'huomo in vn fuppofito in questa diuina incarnatione, apparendoui vn folo Chrifto
Athan: in Saluatore. *Non duo tamen, fed vnus*
Symbol. *Chriftus,* diffe Attanagio.

Auuerias' il tutto con la fcrittura facra. si dipinge Iddio incarnato da huomo di statura grande,
che grande egli è in tutte le cofe: grande nell'vnità, e nel-
Deut.6: A: l'effer folo Iddio. *Dominus Deus*
4. *nofter, Dèus vnus eft.* e Dauide. *Quo-*
niam quis Deus preter Dominum. aut
Pf.17 C.32 *quis Deus preter Deum noftrum.* Gran-
Id.23.B.8. de nella potenza. *Dominus fortis, &*
potens. Dominus potens in prelio. Po-
tente fopra la vita, e fopra la mor-
Sap. 16. te. *Tu es enim Domine, qui vita, &*
B, 13. *mortis habes poteftatem; & deducis ad*
portas mortis, & reducis, e Daniello.
Daniel. 9 *Poteftas eius, poteftas aterna.* Grande
D. 14. nel Domiio. *Et dominabitur à ma-*
Pfal. 146. *ri vfq; ad mare: & flumine, vfque ad*
A 5. *terminos orbis terrarum.* Grande nel
Pf 88.C.15 volere. *Omnia quacunq; voluit fecit.*
Gra de nella fapienza. *Et fapien-*
tia eius non eft numerus. Grande

nella mifericordia, e giuftitia.
Mifericordia, & veritas pracedent *Pf.94.A 3.*
faciem tuam. Grande nel Reame.
*Rex magnus fuper omnes Deos.*è gran- *Id.34.A.4*
de per fine nell'eternità del Re-
gno. *Regnum tuum, Règnum omnium* *Pfal. 144.*
feculorum. Tiene due vefti, la di- *C. 13.*
uina, e l'humana, della prima par,
che fe ne fpogliaffe, per non così
palefamente moftrarla in questa
vita, effendo vago far moftra
della feconda. *Semetipfum exinaa-* *Phi.2.A.7.*
nit formam ferui accipiens in fimilitu-
dinem hominum factus, & habitu in-
uentus, vt homo: La corona, che tiene come Rè di Reggi. *Et habet in* *Apoc. 19.*
veftimento, & in femore fuo fcriptum, *C. 16.*
Rex Regum, & Dominus dominantiû.
Le due facci, che fono le due na-
ture. *Verbum caro factum eft.* Delle *Io.1.B. 14*
qual facci terribile, e piaceuole ne
parlorono Geremia, e Dauide,
quegli della prima. *Quia facta eft* *Hier, 25.*
terra eorum in defolationem à facie *G. 38.*
ira columba, & à facie ira furoris Do-
mini. E questi della feconda gratio-
fa, e pia. *Deus conuerte nos; & often-* *Pf.79.A.4*
de faciem tuam,& falui erimus I can-
celli fopra quelle, oue mirò la fpo-
fa. *En ipfe ftat poft parietem noftrum,* *Cant.2.B.9*
refpiciens per feneftras, profpiciens per
cancellos. La sfera co'l punto in me
20. *Ad punctum in modico dereliqui* *Ifa.54.C.7*
te, & in miferationibus magnis con-
gregabo te. Per i molti mali, che prefe la natura diuina fopra di fe. Il
glutino, del quale parlò Efaia.
Confortauit faber erarius percutiens *If.41.B.7.*
malleo eum, qui cudebat tunc tempo-
ris dicens glutino bonum eft: & con-
fortauit eum clauis, vt non moueretur.
Il Pellicano allegorato da Daui-
de, *Similis factus fum Pellicano foli-* *Pfalm.101*
tudinis: Il triangolo, che fembra il *B. 7.*
concorfo di tutto il conciftoro diuino. *In nouiffimis diebus intelligetis*
confilium eius. E fanta Chie a. *Tres* *Hier, 23.*
funt; qui teftimonium dant in calo. *E 20*
Pater, *Ecclefia.*

Ad Tit. 3.
A. 4.

Pater, Verbum, & spiritus sancto. La corona in segno del final'intento di condurne in cielo. *Cum autem benignitas, & humanitas apparuit Saluatoris nostri Dei, &c. Sed secundum suam misericordiam saluos nos fecit.* E'l motto di sopra, per fine. *Deus homo.* Volendo questo dire. *Verbum*

caro factum est. Ed è nascosto enimma, e sacramento. *Misterium quod absconditum fuit à seculis.* E l'hà notificato in tẽpo a' Santi suoi. *Nunc autem manifestatum est sanctis eius, quibus voluit Deus facere diuitias gloria sacramenti huius in gentibus.*

Coloss. 5.
D. 26.

DISPERATIONE. G. 56.

Donna, la quale stà battendosi le mani, e piange amaramente, colla faccia riuolta verso l'Occidente, con i capelli sparsi auant' il fronte, è ricouerta da grande oscurità, vicino alla quale vi è vna gran fossa, ed vn albero sradicato dalle radici.

Cic. lib. 4.
tusc. quest.

LA disperatione è vn infermità *sine vlla rerum expectatione meliorum*, dice Cicerone; è la disperatione, quando, ò per falsa estimatione di peccati, c'hà fatto, ò per li beni, c'hà perso, dispera dalla misericordia di Dio, dandosi a credere, ch' Iddio non vuole, ò ò non può perdonarlo, ò riceuerlo in gratia; E secondo il Padre San Tomaso, non importa solamente la disperatione la priuatione della speranza, mà la lontananza della cosa desiderata, per l'imaginata impossibiltà? Mentre siamo dunque in questa vita, sempre habbiamo rimedio, e sempre dobbiamo hauer speranza di venia, e di salute. Doi sono i vitij molto pericolosi, vno nel quale pericolano i boni, presumendo di molti meriti, nell'altro i tristi, disperando del male. E mistieri non presumere della virtù, nè disperarsi di vitij; Il buon ladrone (dice Agostino) conobbe l'error suo, e Pietro negò Christo, e ambidue ot-

D. Tho. 22.
q. 40. art. 4

Aug. lib. de symb.

tennero perdono.

Disperatione cosa molto dispiaceuole è, essendo vitio diretto contro la sua pietà; è peccato gradissimo dì Spirito santo, perche si commette contro la pietà, e misericordia, ch' a lui s'attribuiscono.

Errore il più graue di tutti, il più vituperoso, il più da scemi, e pazzi, considerando termine nell'inesausto, ed infinito fonte della pietà di Dio; errore, ch'al sicuro è germoglio, ò rampollo del vitio pessimo, ò diabolica frenesia del falso discorso, parto infausto della falsa, ed errante genetrice dell'ignoranza; errore intollerabile, cosa abbomineuole, colpa eminentissima, sacrilegio esecrabile, durissima pazzia, e vitio vltimo, e capo di tutti, hauendo tutt'i mali origine dall'ignoranza, concorrendoui (oltre la peruersa volontà) sempre quella nel peccato; *Errant* (diceua il Sauio) *qui operantur iniquitatem*, e'l filosofo; *Omnis ignorans malus*. Chi più scelerato di Saulo,

Prou. 14.
C. 22.
Aristot.

da

da che fù Paolo, dianzi nemico di
santa Chiesa capitale, persecutore
di christiani, bastemiatore di Christo, e pure nel suo petto sacrosan-
to si riserbò speme viuace d'ottener perdono. Chi più errante del
grande Agostino, che nuotò tant'
anni nell'infame heresia di Manichei, e pur si ricourò in lui glorioso affetto, e pietoso pensiero di
perdono.

Scelerato io chiamerò colui, che
dispera dello'nfinito mare della
misericordia diuina, ed immensa
pietà sua, a cui l'arene del mare,
tutte le gocciole di lui, le stelle
del cielo, e tutti gli atomi insieme
del mondo non pareggiarebbono
ad vna picciola scintilla; ò miseri,
ed infelici erranti sono i disperati
da rassembrarsi al Reniceroto fie-
rissimo nelle forze, e ne'sembianti,
che per viue possanze, che se gli
opponghino non si lascia far preda; mà se fia poscia preso, per
isdegno, èd ira in vn tratto esala il
doloroso spirto. Bestia fierissima,
e mostro tartareo è il disperato,
che preso, ch'è ne' lacci di satanasso, così infuriato s'estingue di
vita per la disperatione, il concetto è di Giobbe, fauellando in
persona d'vn huomo disperato,
che alla morte si reca, qual Rino-
Iob 6. C. 16 cerote. *Desperaui nequaqam viuam.*
O sciocchi que', che diffidano del
mellifluo, e benigno petto del Signore, oue stanza eterna, ed infinita bontà, e misericordia; sap-
Chrisost. de pino dal glorioso Chrisosto-
repar. lapf. mo, che le porte sourane de'ce-
& isid. lib. lesti alberghi la disperatione le
2. de sum. serra, e le strade di quelli si fanno
bon. inaccessibili per quella, e la speranza le spalaggia a pieno.

Aug. ser. 6. Niuno si disperi, ricordandos' i
molti peccati antichi, nè si diffidi
della diuina pieta; che conosce

Iddio, e sà mutare il suo parere, e
la sentenza, se saprai, ò conosce-
rai d'emendare il delitto, dice
Agostino.

Sappino, che di gran lunga di- **Idem lib.**
spiacque più al Signore la dispe- **de sybol.**
ratione di Giuda, ch' il tradimen-
to, nè questi portò tanto danno,
dice l'istesso, quanto quella.

E la disperatione vna certa
morte (dice Ambrogio) ed ho- **Ambr sup.**
micida dell'anima; E Agostino **Luc. lib. 2.**
stesso, e San Leone Papa dicono **August. in**
più di tutti ò scelerato Giuda; il **Psal. 50.**
quale la penitenza non ti trasse al **Leo Papa.**
Signore, mà la disperatione t'al- **in ser.**
lacciò nel legno.

E la prima salute (dice Hugone) **Hug. lib. de**
mancare dalla colpa, la seconda **ver. sapio.**
non disperare il perdono, perche
quello eternamente si punisce,
quale al vero giudice non ricorre
a penitenza.

Sicome (dice Chrisostomo) lo'n- **Chrisost. in**
fermo per la speranza, c'hà di sa- **Matt. hom.**
nare, si trattiene d'disfordini; **4. cap. 21.**
così il peccatore per la speranza
di saluarsi, dee trattenersi da' peccati.

Non è cosa mala, nè vitupero-
sa (dice l'istesso) esser ferito in **Idem ad**
battaglia il soldato, mà mala, se **Eutro. c. 2 1**
dopo la ferita, non cercasse il'medicamento; così dopo il peccato
è male non cercare la medicina
della penitenza.

Ed altri pur disse al proposito. **Oui. pon. 2.**
Confugit interdum templi viola-
tor nd aram:
Nec petere offensi numinis horret
opem.
E l'istesso.

Qui rapitur fatis, quid preter fa- **Id. 2. pon. 2.**
ta requirit
Porrigit ad spinas, duraq; saxa
manus.
Accipitrem metuens pennis crepi-
dantibus ales

S *Audet*

Audet in humeros feſſa veni-
re ſinus.

Nec ſe vicino dubitat committe-
re tecto

Qua fugit in feſtos territa cer-
ua canes.

Sì dipinge dunque la diſperatione da donna, ch'amaramente
piange, percuotendoſi le mani, per
eſecrabil duolo di poca ſpeme,
piange ch'è effetto di diſperatione, mentre non s'accoppia con la
fede d'hauer remiſſione. E ſecon-
Pier. Vale.
lib. 41. ibi
de lacrym.
do Pierio, le lagrime ſono geroglifico d'vnione, non già in queſto luogo con Dio, mà co'l diauolo. Il percuoterſi le mani è per ſignificare vn caſo ſtrano, ed empio. Hà la faccia riuolta alla parte
d'Occidente, ò Aquilone freddo
di carità, e non al caldo Oriente
d'amore inuerſo il Signore; ò pure l'Occidente ſembra il Diauolo,
per le cui ſuggeſtioni s'auuiene alla diſperatione. Vi è vna denſa
oſcurità di taciturni horrori di
buia notte, per ſegno, che ritrouaſi là il miſero diſperato, ou' il
penſiero l'inuola in luogo oſcuro, tenebroſo, e ſolitario d'inferno, acciò non ſenta le diuine voci,
che lo chiamano a ſpeme di ſalute, e per non vdire le conſulte di
Santi Religioſi. I capelli ſparti a-
uant' il fronte, ſembrano i vari, e
diuerſi penſieri, perche s'induce
in laberinto tale, che lo tengono
talmente oppreſſo, ed ottenebrato,
che non poſſa hauer lume dall'o-
racolo di Dio. Vi è la foſſa pro-
fonda d'appreſſo, laquàle non ſolo (ſecondo le diuine lettere) pren-
deſi per lo 'nferno, eſſendo l'iſteſſa coſa foſſa, voragine ſepoltura, e
inferno, come dice Dauide; *Aſſi-*
Pſal. 27. A
milabor deſcendentibus in lacum, E altroue; *Seruaſti me ne deciderem in*
Pier lib. 28
lacum . E Pierio pur v'intende

l'iſteſſo; mà per li trauagli, e miſerie, oue và a battere il miſero
diſperato . L'albero ſradicato
da terra, è ſembiante, ò ſimbolo pur vero, per dichiarare il
fine; e la certezza del diſperato,
che ſi come dopo ſradicato, ſi perde la ſpeme di più fruttificare,
marcendo i fiori, e aridendo le foglie, e ſe vi ſono apparſi frà fiori i
frutti, altresì conſumanſi toſto;
parimente toglieſi via da quello
la ſpeme di poſſer più produrre
frutti ſaluberrimi di vita eterna;
mancandogl' i fiori della fede, e le
verde foglie dell'amoroſa ſperanza di godere il Signore della gloria colà ne' chioſtri ſourani, e ripararſi in quell'alberghi beati infra celeſti chori.

Alla ſcrittura ſacra. Sì dipinge
piangente la diſperatione, che così
parſo allegoricamente Geremia;
Ploravit ploravit in nocte, & lacryma *Tren. 1. A.*
*eius in maxillìs eius, & l'*piangere te, *2.*
e diſperato Caino così gridò, la-
grimando *Maior eſt iniquitas mea,* *Geneſ. 4. C.*
quam vt veniam merear, ecce eycies *18.*
me hodie à facie tua, & ero vagus, &
profugus in terra, Si percuote le mani per graue duolo, che così alle-
gorò l'Eccleſiaſte; *Cuncti dies eius* *Eccleſiaſt.*
doloribus, & erumnis pleni ſunt. Stà *2. D. 23.*
col'a faccia verſo occidente, ò
Aquilone freddo, onde ogni male
adiuiene come ne dimandò. Iddio
a Geremia; *Quid tu vides Hieremia?* *Hier. 1. C. ij*
ollam ſuccenſam ego video, & faciem
eius à facie Aquilonis, & dixit Domi-
nus ad me: ab Aquilone pandetur ma-
lum ſuper omnes habitatores terra. Tiene i capelli ſparſi auant'il fronte, che ſimboleggiano i penſieri
graui, ch' in tutto l'ingombrano
la mente al male, come diceua
l'iſteſſo ; *Ne forte egrediatur v ignis* *Idẽ 4. A. 4.*
indignatio mea, & ſuccedantur, &
non ſis qui extinguat propter malitiam
cogi-

cogitationum vestrarum, E come diuisò San Paolo; *Resistunt veritati*
homines mente corrupti, e altroue;
Polluta est eorum mens. Stà nell'
oscurità della disparatione, senza
speme di luce; *Non credit quod re-*
uerti possit de tenebris ad lucem, *cir-*
cumspectans vndiq; gladium. Vi è la
fossa, ò voragine d'inferno vicino, ou'è per trabocare; *In profun-*

2.Thim.3.
B 9.
Ad Tit. 1.
D. 16.
Iob 15.C.
22.

Id 17.D.16

dissimum, infernum descendent omnia
mea; putasde saltem ibi erit requies
mihi? E per fine vi è l'albero sradicato dalla radice, per segno della persa speranza di saluarsi, come
chiaramente ne fauellò l'istesso
Giobbe; *Dextruxit me vndiq; &*
pereo, quasi euulse arberi abstulit spem
meam.

Id 19.E.

DISPREGGIO DEL MONDO. G. 57.

Huomo di bell'aspetto, il quale stà con la faccia riuolta al cielo, hà d'intorno vn cielo dipinto, co'l sole, luna, e stelle, tenghi nella destra mano vn corno di douitia, e nella sinistra vn ramo d'oliuo, sotto i piedi gli sarà vna palla rotonda, e vicino vn scettro, ed vna corona.

I L dispreggio del mondo non è   in poca stima le cose terrene, cò-
I altro, che dispreggiar, e tener   me cose vili, e transitorie, e come
                                       tali,

tali, che hauendoui affettione, e amore l'huomo mifero, lo difpartono dalla maeftà di Dio, togliendogli lo fpirito, e la diuotione, raffredandolo nelle cofe fpirituali, nella frequenza di facramenti, nella fequela delle virtù, ed in ogni altra cofa appertinente al bene dell'anima; dunque io ftimo pazzo colui, che per vn'amor frale, e cotanto baffo del módo vile, voglia dilungar dal fuo cuore l'amor pur troppo felice del fempiterno mondo, ch' è la gloria immortale del paradifo, e l'amore del creator vniuerfale, che può arricchirlo di gioie ineftimabili, e far, che ftij fra contenti, fenza niun difgufto, nè difaggio in eterno; pazzo ftimo altrefi colui, che per le pompe terrene, che ne'fembianti folo racchiudono qualch'ombra di bello, e per le ricchezze di quì poi, quanto al nome folo, non confiftendo in altro, che in oro, ed argento terra viliffima, cofe, che'l Signore ogn' hor difpreggia, e volge il tergo alle fourane pompe, ed immortali, che fi godono alla prefenza del fupremo monarca nel Cielo, colle douitiofe ricchezze ineftimabili, e vere di colafsù; quindi Gio. nelle fue reuelationi vidde'il trionfante Re, ed Imperador fourano sù gloriofa fede, e l'afpetto fuo era fimile al Iafpe, e al Sardo, pretiofe gemme di cotanto valore, ed intorno la fede vi era l'arco celefte, che contiene varietà di colori, quali fembrano le varie grandezze, le ricchezze, l'eccellenze, i trionfi, e glorie, ch'egli ficuramente poffiede, ed è per farne parte a'fuoi amadori, mà vi è in oltre altiffimo miftero, che d'intorne a cotal trono beato, vi erano vintiquattro vecchi coronati, e dal trono

fourano di quello fi fpiccauano folgori, lampi, baleni, e fpauenteuol voci; che fatto è cotefto? frà le corone, le maeftà, le glorie, i trifi, e le grandezze fourane infrapors'i lampi, i baleni, e' tuoni? che modo è quefto del grande Dio, e che penfiero, d'accoppiar cofe sì contrarie, e diffuguali?

Apoc.4 A 2 *Et ecce fedes pofita erat in cælo, & fupra fedem fedens. Et qui fedebat fimilis erat afpectui lapidis Iafpidis, & fardinis &c. Et in circuitu fedis vigin ti quattuor feniores &c. Et de trono procedebant fulgura, & voces, & tonitrua.*

A bella pofta il fè, per accennar altiffimo miftero a noi fciocchi, e rozzi mertali, nel cui cuore ftà sì defto il defio delle mondane glorie; Il grande Iddio, che ftaua affifo su'l trono reale con tanta maeftà, ombreggia la gloria, i contenti, ed eterni beni, già detti, i vecchi coronati a' piedi fono viuace ritratto delle grandezze, e pompe terrene, e delle corone iftefe, e glorie di mondani reggi, hor voleua fignificare il gran fignore, che glorie tali, e grandezze non poffono pareggiar con le fue in niun conto, che per ciò egli fembraua rifiutarle, come cofe baffe, e vili, e come cofe, ch'a mortali erranti, fanno perdere le fue glorie eccelfe, ed immarcefcibili; quindi, come cofe noiofe, e malageuoli, ch'eran quelle di terra, tutto accefo di fdegno, e d' ira le ributtaua con tuoni, con lampi, e baleni, e con voci efecranti, e deteftanti cotal'in faufte glorie. Hor quefto parm' il penfiero di Dio, che fi dè prendere da noi tutti, e porfi come fpecchio, e viuace efemplare ne' noftri cuori, per non far cóto di sì fallaci beni, nè di trionfi, e glorie di quefta vita, mà imitar la maeftà fua, che difcefe in terra per la noftra

ftra falute, lafciando in difparte, tutte le glorie, tutti gli honori, ti trionfi, le grandezze, i corteggi, il veftir da grande, ed ogn'altro, che fi douea a cotal auguftiffimo perfonaggio, mà volle tracciar quefto fuperbo mondo a difpetto, ed onta di lui, per fargli grandiffima confufione, per deprimerlo, e calpeftrarlo, per fpreggiar le fue pope, e gli honori, per annichilar le fue glorie, e per porre affatto in oblio, quanto buggiardamente moftra di bello, per ingannar' i mortali, co' fembianti humili, baffi, e vili, con che altresì par, che faceffe pompa pur troppo fauftofa, che di lui fteffo diuifo allegoricamente il gran Dauide. *Pauper*

Pf.87D.16 *fum ego, & in laboribus a iuuentute mea.* Et egli fteffo. *Quia mitis fum,*

Matth. 11. *& humilis corde.* Hor chi di noi nõ
D.19. vorrà feguir la traccia d'vn tanto Rè, & Signore, e rifiutar il mondo, e quanto egli contiene, fapendo, ch' il tutto può recars' in noftra eterna ruina, impugnando (fe fia poffibile) cento lancie, e imbracciando altri tanti fcudi, qual Briareo fauolofo con cento braccia, tirandogli colpi, per atterarlo in tutto, alla guifa del noftro Saluatore, come lo Spirito fanto nelle canzone fpirituali defcriffe i forti fcudi, e l'armi, di che fi valfe l'anima eletta fpirituale, per far battaglia co'l mondo, e le fue pompe. *Mille clypes pendent ex ea*

Cant.4.B.4 *omnis armatura fortium.* Tutte le cofe difpreggia (dice il Padre
Auguft. de Sant' Agoftino) quello, che non
Cathegizã folamente hà difpreggiato, quant'
rud. hà poffuto, mà etiandio quant' hà voluto. E facil cofa (dice Girolamo) difpreggiar le ricchezze,
In Epiſt.ad difpar la pecunia, e buttar via
Paul. quelle cofe, che in vn momento fi poffono perdere, e acquiftare, ef-

fendo facile toglier via le cofe efterne, il che han fatto molti filofofi, come Socrate, Antiftane, ed altri, che furo vitiofiffimi, tanto più (voleua direi) facilmente poffiamo farlo nòi, ch' habbiamo il lume della fede. A noi (dice Bernardo) ch'habbiamo difpreggiato le terrene cofe è miftieri, *In para.* che con ardente defio, chiediamo *fer.* le celefti. Difpreggia (dice Chrifoftomo) le ricchezze, e farai ricco, difpreggia la gloria, e farai *In epiſt. ad* gloriofo, difpreggia i fupplicij di *Hebr.* nemici, e all' hora gli fu. erarai. Quefto mondo (dice Bernardo itteffo) è pieno di fpine, che fono *Bern. fuper* in terra, e nella tua carne, il con- *Cant.* uerfarui, e nõ reftarne lefo, è oora della potenza di Dio, non della noftra virtù. Il mondo è (dice l'itteff) doue è molto di malitia, *Idẽ in fer.* poco di fapere, doue tutte le cofe t' inuefcano al male, tutte le cofe fono coperte di tenebre, non vi fono altro, che lacci, oue s'affliggono i corpi, e periculano l'anime, ed oue in fine ogni cofa è vanità, e a'flittione di fpirito. Se Chrifto è difcefo dalla celefte fede per te, tu per amor fuo fuggi le cofe terrene, s'è dolce il mondo, più dolce è Chrifto, s'amaro è il mon- *Aug. traꝰ.* do, ogni cofa per te ha fufferto *de contẽpt.* Chrifto, così (dice Agoftino). *mundi* Hor ricorriamo ad vn bel mondo, pennelleggiato da Chrifoftomo, *Chrifoſt. fu* quafi in vna bella nauigatione, *per Matth.* ou' habbiamo per mare il mondo, per naue la Chiefa, per vela la penitenza, per timone la Croce, per nocchiero Chrifto, per vento lo Spirito fanto, e diciamo in oltre, per porto di cotal naue, il Paradifo, ributtiamo dunque quefto mondo così fallace, il cui fine è dubbiofo, l'efito horribile, il giudice terribiliffimo, e la pena infinita.

aita. Deuefi, dunque, dal módo fallace, e dalle fue cure , toglier via l'amore, perche così tornerà d'vtile grande.

Diffuge munde fenex, 'tam fede,
& fordide, vix iam
Fallere qua poſſis, ars ſit, vt vlla
tibi
Non mirum Iuuenem multis pla
cuiſſe, feniles
Nunc iam ruga genas inficit ,
ito procul,
Quam ſunt laudandi, qui te flo-
rente iuuenta
Sprauere , & luxus , deliciasque
tuas :
Tam ſunt in vitio ; qui nunc in
fata ruentem
Atꝗ omni vacuum profperitate
colunt .

Si dee difpreggiare il mondo altresì, perche odia i boni, ed ama i triſti fuoi feguaci.

Hos amat , hes quibus cumulat,
miroꝗ fauore
Profequitur mundus, quos videt
eſſe fuos .
Quos autem æthereas contendere
cernit ad arces
Hos odit várijs exagitatꝗ; mo-
dis.
Id geminis olim tibi fignabatur
in hircis
Vnus énim in folam foſpes abibat
humum :
At domino in fortem, quam pri-
mum venerat alter,
Sanguine mox caſi tincta rube-
bat humus .

Si dipigne il difpreggio del módo, dunque, da huomo di bell' afpetto , colla faccia riuòlta al cielo , eſſendo vicino a lui vn ciel' iſteſſo dipinto, in fegno, chè poco preggia le cofe del mondo , mà molto quelle del Cielo, quindi cõ intenfo affetto ſtà tutto riuolto in là. Il fole, la luna , e le ſtelle , che

fono nel cielo con vaga dipintura , fembrano le varie grandezze di Dío, che quegli contempla con amorofi penfieri . Il corno di douitia, qual tiene in vna mano, accenna, che chi calpeſtra, e difpreggia queſto mondo , è pouero sì in terra , mà ricco di virtù , e di gloria in cielo. Il ramo d'oliuo nell'altra, ch' è fimbolo della perpetuità, ritinendo per fempre le foglie, ombreggia la diuturnità delle ricchezze celeſti, c'hauerà colui , che fpreggia il mondo , e per anche le ricchezze in terra , che ricco dicefi quello , che nient'appreggia, e di niẽte hà brama ; Il verde delle foglie dell'oliuo, fembra la verdezza della gratia di cotal difpreggiatore del mondo vile . La palla rotonda fotto i piedi è fimbolo del mondo calpeſtrato, lo fcettro, e la corona, fono le di lui glorie, e le vane pómpe.

Alla fcrittura facra . Si dipigne il difpreggio del mondo da huomo di bell'afpetto , per la bellezza , che fi riceue da fi virtù fingulare, com' è il difpreggiare il mondo, fauellando così lo Spirito fanto della fpofa, ch' a tal' impreſa s'accinfe . *Ecce tu pulchra es amica mea,* *Cát.1C.14* *ecce tu pulchra es* Stà con la faccia riuolta verfo il cielo, perche colà giunge co' penfieri ad habitarui con Paulo , e farui amorofa conuerfatione, *Noſtra autem conuerſatio* *Philip. 3.* *in cælis eſt .* Brùggiando nel cuore *D. 20.* per grande appetito , c' hanno di cotal cittadinanza i giuſti. *Nun au-* *tem meliorem appetunt, ideſt celeſtem,* *Ad Hebr.* *ideò non confunditur Deus vocari eo-* *11.C.19.* *rum ; parauit enim illis ciuitatem .* Il corno di douitia, per le ricchezze, c'hauranno quelli di petti adamantini, refiſtendo alle gagliarde forze di piaceri mondani , come diſſe il Sauio - *Mulier gratiofa inue-* *Pro,ij.B.16* *niet*

niet gloriam:& robusti habebunt diuitias. E l'Apostolo San Paolo. Vt

Iph 2,B.7.   ostenderet in saeculis superuenienti-
bus abundantes diuitias gratiae suae in
bonitate super nos in Christo Iesu. Il
ramo d'oliuo, per l'immortalità di
tutti i beni, à quali si spera. *Spes*

Sap,3.A.4.   illorum immortalitate plena est, E per
fine tiene il mondo sotto i piedi.
la corona, e lo scettro, p lo dispreg

Hier.4B.30   gio delle sue bellezze . *Tu autem
vestata quid facies , cum vestieris te
cocino , cum ornata fueris munili aureo, & pinxeris stibio oculus tuos fru-*

stra componeris, contempserunt te ama
tores tui, animā tuam querent ; come
apunto adiuiene al mondo con
tutti suoi ornamenti, bellezze, e
preggi, e pur si dispreggia da giusti, ed oltre ciò. *Animam tuam querent ;* cercano perseguitarlo , e
maltrattarlo , predicando contro
di lui, publicando le sue ignominie, e a suon di tromba spargon la
fama delle sue sceleraggini , e di
tutti dissonori , di che è vago farne carica, e adossarla su gli homeri di suoi amici infausti.

DISPREGGIO DI DIO.   G. 58.

Huomo superbamente vestito, ghirlandato d'alloro,
     colla faccia alzata verso vn palaggio, dauanti al qua-
le è vna colonna, da dietro gli sia nell'alto vn raggio,
ò luce, che si sospigne dal cielo, tiene auanti vn
sole ecclissato, ed in terra vicino a' piedi vn scettro.

IL dispreggio di Dio non è altro , che non far conto della
sua legge, e suoi commandaméti, e
viuere in ogni maniera licentiosa-
mente, seguendo gli appetiti sensuali, nè abbandando punto, che
quelle cose siano contro il voler
di Dio , e se pure la mente giunge
a tal consideratione, tutta fiata
pur s'attende a viuere nella maniera stessa, e benche sia auisato, e
predicato , che sia male , e sia di-
dispiaceuole al Signore , pur non
si lascia di sfare , che tanto parmi
esser dispreggio di Dio, il che realmente è cosa, c'hà del merauiglio
so, ch'vn huomo, ch'è creato da
quello da niente , e recato all'essere raggioneuole, il più nobile di
tutte l'altre creature , e ch'è me-
tro, e misura di tutte l'altre cor-

porali, e che poscia venghi a termine di dispreggiar' il suo Fattore, certo sì, ch'è cosa straordina-
ria, e da non potersi soffrire . Si
ch'vna fiata egli si lamentò cotanto per bocca del profeta Geremia
d'vna cotal pazzia, e sfacciataggine, d'hauer lasciato gli huomini lui fonte inefausto d'acqua viuace, e acqua di vera vita, col fabricarsi molte cisterne rotte, ed
inualeuol' in tutto a poter retiner
l'acque . *Me dereliquerunt fontem
aqua viua, & foderunt sibi cisternas,
cisternas dissipatas, qua continere non*   *Hier.* 2.*C.*
vales aquas. Qual più trascuraggi-   13.
ne di quella d'vn huomo pazzo,
in lasciare il vero fonte delle gratie, onde sgorgano tutt'meriti,
tutt'i principi vitali, e l'istessa vita eterna, per alcuni ridotti d'acque.

que pestifere; d'humane borze di tranfitorij beni, e d'acque false del mondo, di pochi piaceri sensuali, e diletti da niente in tutto ispossati a toglier via la sete; sìche per duolo di cotanta sciagura s'imprese a contender co' cieli il detto Profeta, volendo, si colmasero d'istupore, e che si togliesser via le porte di quelli, e si rompessero in tutto, per causa d'vn si crudo scempio, commesso da menti humane, smarrite dal giusto, e dal vero, *Obstupescite cæli, quæ loquor, & porte eius desolamins, duo enim mala fecit populus meus*. Com' era l'hauer làsciato Iddio sommo bene, per darsi alla sequela del niente. *Me dereliquerunt fontem aquæ viuæ, & fecerunt sibi cisternat, cisternas dissipatas, quæ continere non valent aquas*. Si dipinge d'acconcio, dunque, da huomo superbamente vestito tal dispreggio infausto, e ghirlandato di verde lauro, in segno dell'arroganza sua, che tutto il suo pensiero è deuenir glorioso, e trionfante nelle mondane cose, il che ombreggia il lauro, del quale si seruiuano i Romani per i trionfi, e vittorie, prendendolo, però, da quello, che crebbe in tanta copia nella villa di Cesare presso al Teuere, in folta selua, onde fù reciso quel ramoscino, che nel rostro recaua quella gallina, rapita da vn'Aquila, che lasciollo cadere nel seno di Liuia Drusilla, qual fù moglie di detto Cesare, e di quello alloro si seruiuano gl'Imperadori ne' trionfi, portandone le tempie coronate, e' rami in mano; hor il Lauro è tipo di trionfi, perche questi viuono così poco timorosi del Signore, non pretendendo altro, che le grandezze di questa vita, i piaceri, ed i contenti, che questo al-

tresì accenna il riguardar a quel palaggio, e colonna, che sono segno di glorie, di trionfi, di terrene grandezze, e splendore della fama. V'è lo splendore da dietro le spalle, non facendone conto, onde nasce, che se gli oscura il sole per la cecità, non vedendo i miseri mortali se non questi beni di niun valore, lasciando quanto mai potessero aspirare nel cielo, e gli adiuiene, ò trascurati, che sono, che lasciando Iddio si toglie da loro ogni bene, ogni gloria, e ogni nobiltà, che questo dinota lo scettro buttato a terra.

Alla scrittura sacra si dipigne il dispreggio di Dio da huomo superbamente vestito, e con gran pompa, come diuisò Amos profeta. *Væ qui opulenti estis in Sion, & confiditis in monte Samaria: optimates capita populorum, ingredientes pompaticè domum Israel.* E da alcuni grandi, e capi di popoli, (cauando in disparte i buoni) quali spendono, e spandono, e superbamente vestono, suol'essere più de gli altri spreggiato il Signore. La ghirlanda su'l capo, per la gloria, che sperano nelle mondane cose, *Et cum recesserit tunc gloriatur.* de Dauide pur disse. *Vsquequo peccatores gloriabuntur*, Riguarda verso il palagio, e la colonna, che simboleggiano le superbe grádezze di questa vita. *Vir vanus in superbiam erigitur, & tanquam pullum onagri se liberum natum putat.* Riguarda altresì il palagio, e la colonna, per le grandezze, che traccia, mà poscia si troua co'l scettro in terra sbassato. *Respexistis ad amplius, & ecce factum est minus: Ed Etaia. Ocu li sublimes hominis humiliati sunt, & incuruabitur altitudo virorum.* Lo scettro della gloria per terra, in vltimo, che di lui litteralmènte fa uellò

Hierem. 2. C. 12.
Amos 6. A. 1
Prou. 20.
Psal. 93. A. 3
Iob. 12. c.
Aggei 1. c. 9
Isa. 2. C. 1

Ezech.17
G. 24.

Pſal.81.B.

uellò Ezecchiello. *Quia ego Domi-*
nus humiliaui lignum ſublime, & exal
taui lignum humile. Il ſole oſcurato dianzi. *In tenebris ambulant ,*
mouebuntur omnia fundamenta terra.

lo ſplendore da dietro, per lo diſpreggio di Dio . *Nam reliquerunt*
legem Altiſſimi Reges Iuda , & con-
tempſerunt timorem Dei.

Ecc.49.B.7

DISPREGIO DELL' HVOMO GIVSTO.   G. 59.

Huomo, che ſtà ridendo, e burlandoſi d'vn'altro, quale
ſtà colle mani gionte, facendo orationę à Dio, con
gli occhi verſo il cielo, hà vna palla rotonda ſotto i
piedi, ſdrucciolando alquanto; Stà queſto, che ſi
burla vicino ad vn precipitio, ou' è per cadere, harà
i veſtimenti ſtracciati con vna freccia in mano, ch'
auuenta al giuſto, e ſaragli vicino vn Camèlo, quale
con vn piede imbratta l'acqua d'vn fonte limpido, e
chiaro.

E Ordinaria coſa nel mondo,
ch' il giuſto ſia non ſolo burlato, e beffeggiato dall'empio, mà
quel, ch' è peggio, odiato, e perſeguitato, il che adiuiene per la
contrarietà delle naturalezze loro, eſſendo queſti a vitij deformi
inchinato, e quegli alle virtù,
queſti alla ſequela del falſo mondo, e quegli al diſpreggio di lui, e
ſequela di Dio, queſti a' guſti ſenſuali, e quegli a' piaceri dello ſpirito, quindi infra loro vi è antipa-
tia grande, e nemicitia, perche
quello, ch'ama vno, abborre l'altro; ed onde ſgorgò l'origine
della graue nemicitia (come ſanno i ſcritturali) fra'l popolo Hebreo, e gli Egittij, ſe non da ciò,
perche queſti adorauano vn vitello, vnà capra, vna pecora, ò altra
coſa mondana, e quelli, non ſolo,
non adorauano queſte coſe, mà
l' abbruggiauano, e ſacrificauano

al loro Dio, quindi nacque la lor
nemicitia cotanta ; parimente ac-
cadendo infra triſti , e boni del
mondo, quelli corrono dietro le
pompe, le grandezze, le ricchezze, i titoli, ed altro, e queſti li diſpreggiano, e li calpeſtrano; quelli
ſi danno alle vanità, giochi, ed altre coſe profane, e queſti ſi danno
alle penitenze, e ritiratezze; in
tanto che vengono in capriccio,
che ciò faccino per lor diſpreggio, e per poca ſtima, in che gli
tengono, mentre ſi danno ad opre
diuerſe, e ſieguono differente ſtile,
e coſì ſono in fatti nemici capitali. Quindi hò dipinto per tal diſpreggio, e nemicitia vn' huomo,
quale ſtà ridendo, e ſi burla d'vn'
altro, che fà oratione, com' è ordinario de' triſti beffeggiare i buoni
ne' beni, che fanno, per non imi-
targli, e per lo contrario humore, ch' è fra loro. La freccia, c'hà
nelle

nelle mani il trifto burlatore del giufto, dinota la nemicitia mortale, ch' egl'-hà, e'l nocumento, ch'ogn' hor gli procaccia, nè refta da lui d'offenderlo in ciò, che può, ò nella vita, ò reputatione, ò fama, poiche fempre lo và vituperando, ed infamando, per toglierglì l'applaufo, c' hà nel mondo. Sta ftracciato ne' veftimenti, che fembra la laceratione dell'anima fua, e la miferabil pouertà della virtù. Stà vicino ad vn precipitio, ou'è per traboccaré, non permettendo Iddio, che coftoro giunghino mai a buon fine, mà fempre a grandiffime miferie, quì nel corpo, nella vita, e fama, e pofcia nell'anima. Il Camelo, ch'è animale molto fporco, e difforme, qual hà per proprieta di vederfi nel chiaro fonte, oue ammira le fue bruttore, e per non vederle intorbida l'acqua, fimbolo, e ritratto dell'huomo trifto; quale, effendo tutto infame, lordo, ed immondo di vita, e portamenti, sà bene, che la mala vita fua fi guarda nella buona vita del giufto, e per quella fi conofce, com' in vn' acqua chiara, e limpìda ogni picciola cofa impura, e così egli non potendo foffrire cotanto fuo difaggio, la fporca con dirne fempre male, fempre tacc'andola, e togliendogl' il credito, e la và offeruando ogn'hora, per calunniarla, e ciò che fà in bene, egli interpreta in'male, e con la fua ret-

torica diabolica, perfuade ogn'vno, che quello non fia così buono, come ne' fembiánti dà moftra, e'l mondo fe'l crede, il che prouiene da velenofa inuidia, e da animo crudelé, ch'egl'-hà, poiche douerdo imitare il giufto, a-mato da Dio egli lo perfeguita, e odia, e per guiderdone di tanto bene, che quello cagiona à tutti con le fue buon'opre, ed efempi, allo' ncontro gli rende ingratitudine.

Alla fcrittura facra fi dipinge il giufto burlato, e difpreggiato dal l'empio, come diuisò Salomoar. *Ambulans retto itinere, & timens Deum defpicitur ab eo qui infami graditur via.* Stà d'appreffa ad vn precipitio il burlatore, ou'è per cafcare. *Qui decipit iuftos in via mala, & in interitu fuo corruet.* Stà ftrac ciato, e lacero, per la fua pouertà d'ogni bene, poffeduto da altri, qual perde. *Et fimplices poffidebunt bona eius.* Hà la faetta in mano, per l'odio, e nemicitia, ch'è fra loro. *Contra malum bonum eft, & contra mortem vita: & contra virum iuftū peccator.* Qual faetta la tiene in mano per tirarla al giufto. *Sagittám, & fcutum arripiet: crudelis eft, & non miferebitur.* E finalmante vi è il camelo fporco dell'empio, ch'imbratta l'acqua della vita bona del giufto, come lo diffe il Sauio. *Fons turbatus pede, & vena corrupta, iuftus cadens coram impio.*

Prou. 14. A. 2.

Idem 18. B. 10

Ibid.

Ecc. 35. B. 15

Hier. 6. E. 23

Prou. 25. D. 26

DIVOTIONE. G. 60.

Donna di faccia diuota, ed allegra con vefte lunga, sù la quale terrà vn cofcialetto di ferro, che le cuopre il petto, e vn raggio in tefta, tiene in vna mano vna fiamma, e nell'altra vna colonna, ed i piedi fcalzi sù certe fpine.

Tho.2.2.q.
82.art.1.

LA diuotione è vna pronta volontà di fare quel, ch'appartiene al seruigio del Signore, così dice San Tomaso. La diuotione è virtù con la qnale l'anima si dedica, e consagra tutta a Dio, dandosi per anche tutta alle virtù, deuenendo in gran maniera nemica de' vitij, solleuandosi alle cose del Cielo, e dispreggiando in consequenza ogni terrena cura; Non è altro la vera diuotione, ch' vna perfettione, che contiene gratie, e virtù, e stà annessa cnn la giustitia, bontà, e santità. E dunque virtù mirabile data dal Signore negli humani petti, e qual ruggiada felice, che descende nelle piante sù matutini albori, che dolcemente, e diuersamente inaffia; E'l diuoto

Bern. super Sant.

Bernardo dice, la diuotione non egualmente donarsi, perche a Tomaso fù data nel petto del Saluatore, onde attinse la fede; A Giouanni nel seno dell' istesso, onde ragunò la carità; Paolo ritrouolla nel terzo Cielo, imperoche di lassù l'adiuenne la sapienza; Maria nell'humiltà; Maddalena nella speme di Paradiso, e nell'assidua meditatione; e così a diuersi diuersamente si comparte questa preggiata gemma, per la quale Dio stesso si dona a noi. Non

Aug. super Ioann,

essendo ella (dice Agostino Santo) suono, che possa vdirsi, nè odore, che si sparghi, sorgendo alle narici, per dar consolatione all'olfatto, nè colore, che si vegga, nè sapore, che si gusti, e ch'infra le fauci s'ammetta, nè cosa dura, nè molle, nè sensibile, mà cosa sì da esplicarsi impossibile, e che facilmente s'apprende, e si gusta. La diuotione è singolar virtù, che campeggia nell'anima del christiano, senza la quale non è possibile, che possa impiegars' in

niun bene andando insieme con la prontezza d'animo di seruirlo, e fargli cosa grata in tutte le cose, il che non è possibile da noi altri, che possa hauersi, se non da Dio istesso, essendo egli l'autore, e'l principio di tutti beni. La diuotione, (dice Cassiodoro) è vn feruor di buona volontà, che la mente non può prohibire. E meglio (dice Bernardo) esser diuoto nelle cose minori, che ritrouar vn indiuoto nelle maggior perfettioni. Se la virtù della diuotione stà con noi nello 'nterno, ogni strepito di cattiua suggestione (dice Gregorio Papa) si distoglie, e suanisce.

La vera fortezza, quale supera l'vso della natura, e l'infirmità del sesso, è la diuotione della mente, dice S. Agostino.

Il tuo camino (dice il medemo) è la tua volontà, ch'amando Dio, tu ascendi, e dispreggiandolo, tu smonti di Cielo, stando in terra.

Si dipinge dunque la diuotione da donna con bella veste, per esser bellissima virtù, hà il coscialetto di ferro, dinotando l'intrepidezza, e l'animo virile d'vn diuoto, per resistere a qualsiuoglia disaggio per amor di Dio, e a tutte suggestioni, ed ostentationi di questa vita, bastàdogli l'animo combattere con tutti. Hà il raggio in testa, perche è virtù, che se gl'infonde da Dio insieme colla giustitia, e simboleggia ancora la benedittione, che riceue vn'anima diuota. La fiamma, c'hà in vna mano, ombreggia il calore dello spirito, e'l vigore della diuotione, con che si fà feruente all'opre del Signore. Nell'altra hà la colonna, per la fortezza, non isgomètàdosi vn anima, c'hà diuotione, dell' opre di Dio, e per difficili, che siano, le sembra-

Cassiod. in collation.

Bern. in epsi

Gregor. in homel.

Aug. in lib. de verg.

Idem super Psalm. 85.

no

no facili, ed in qualfiuoglia occafione, che fe gli rechi, e tentatione, di commetter fallo, ella fi moftra forte, e potente, e con baldanza grande le fupera. Stà co' piedi fcalzi, mà infra le fpine, perche vna tal anima fi rende, fpogliata da tutti terreni affetti, e le fpine, che pungono, e dan dolore, fono gli affanni, quali fogliono patir' i giufti, di che ella ne ride, e gioifce fembrandole non fpine, mà morbide rofe, e viole profumate, ed vn vnguento pretiofo di compuntione, come dice il diuoto Bernardo; *Eft deuotio vnguentum compunctionis pungitiuum, dolorem faciens. Vnguentum deuotionis temperantium dolorem feriens.*

Alla fcrittura facra. Si dipigne la diuotione da donna co'l veftimento bello, fu'l quale ftà il cofcialetto, per la fortezza d'vn anima diuota, con che il tutto foftiene, e'l tutto fupera, come diffe l'Apoftolo, parlando della diuota, e virtuofa carità; *Omnia vincit, omnia fperat, omnia fubftinet,* in Zaccaria, promettea far diuenir forte il Signore vn diuoto, in guifa d'vna fpada in mano di va-

Bernard. fup. Cant.

1.Cor. 13. C. 7.

lorofo campione; *Ponam te, quafi gladium fortium.* Il raggio in tefta fi è, per la diuotione, e gratia che viene principalmente da Dio; *Qui dat omnibus affluenter, & non improperat,* ò pure accenna la benedittione, che Dio dona a' diuoti giufti; *Generatio rectorum benedicetur.* La fiamma in vna mano è, per la caldezza della diuotione; *Anima calida quafi ignis ardens.* Nell'altra mano tiene la colonna, per la fortezza, con che s'ingerifce a tutte le cofe difficili; *Manum fuam mifit ad fortia, & panem otiofa non comedit;* E per fegno ancora, che domina tutte le paffioni proprie, e ogn'altro; *Manus fortium dominabitur, quæ autem remiffa eft tributis feruiet.* Hà i piedi sù le pungenti fpine, con tutto ciò ella ride, e gode, come fe foffe in refrigerio grande; *Iuftus fi præoccupatus fuerit in refrigerio erit,* non fpine, mà purpuree rofe, e candidi gigli, non fpine amare, mà dolci poma paiongl' i difaggi, e gli affanni, che per Dio foftiene, in guifa che dolci furon le pietre al gloriofo Stefano. *Lapides torrentis illi dulces fuerunt.*

Zachar. 9. C. 13.

Iaco. 1B. 5.

Ecclefiaft. 23. C. 23.

Id. 23E. 22

Pr. 3 1C. 19

Id. 12B, 24

Sap. 4, B, 7

Eccl. in offic. Steph.

DOTTRINA DI DIO. G. 61.

Donna matura riccamente veftita con drappi d'oro, ed altre gemme, che ftimâfi vn ricchiffimo teforo, têghi la ghirlanda in capo pur d'oro, dalla bocca l'efcono certe pecchie, e tiene vn fole in mano, fta fedèndo, ed hà di rimpetto vn libro aperto in fra doi fiumi.

LA dottrina di Dio nõ è altro, che la fua fanta legge da offeruarfi da noi, dalla quale veniamo iftrutti nelle cofe concernenti la noftra falute, e quella del continuo dourebbemo hauer nella mente, come cofa, onde fi caua grandiffimo profitto, quindi il fe-
te-

reniffimo Rè Dauide diceua. *Et* *meditabor in omnibus operibus tuis, & in adiuentionibus tuis exercebor.* E per quella parola. *In adiuentionibus tuis.* Il Padre Sant' Agoftino, Caffiodoro, la chiofa ordinaria, e Nicolò di Lira intendono i precetti, ò l'offeruanze di quella, da oprarfi da noi, quafi voleffe dire il Profeta, io non mancherò d'impiegarmi ad vna affidua meditatione della legge del mio Signore, e darmi all'obedire i fuoi cōmandamenti, e precetti, mentr'egli l'inuentò per la mia falute.

Santa dottrina del Signore da douerfi tener in conto da Chriftiani, mentre è ficura fcorta, per condurgli al paradifo, e'l fauio efortaua qualunque huomo fi fia a farne hauuta, più dell' oro fteffo. *Doctrinā magis, quam aurum eligite.* E'l medemo altroue. *Cor fapiens querit doctrinam, & os ftultorum pafcitur imperitia.*

La dottrina fpirituale del Signore non aguzza altrimenti la curiofità, (dice Bernardo) ma accende la carità.

Deue il dottore della fede infegnar le cofe della diuina fcrittura, e diffuadere le cofe male del mondo, e gli errori, che verfano in quello, così dice Agoftino.

Più deue cercarfi la buona vita, che la dottrina, ò fcienza terrena, imperoche la buona vita fenza la dottrina riceue la gratia, mà la dottrina fenza la vita bona, nò ritiene integrità, così dice la Chiofa.

Si dipinge, dunque, la dottrina di Dio fotto fembianza di donna matura, riccamente veftita d'oro, in fegno, ch'è dottrina, c'hà origine dalla Diuinità.

Il veftimento d'oro dinota, che chi la poffiede, hà vn teforo, e fe ne vale, offeruandola. La corona

d'oro è fimbolo del regal dominio, c'hà vn anima, qual fe ne ferue. Le pecchie, che l'efcono di bocca, accennano la dolcezza del mele, c'hà quefta dottrina, e che fà guftare all'anime giufte, quando le vien predicata. Tiene il Sole in mano, perche illumina l'anime. Stà fedente con i libri aperti, in fegno dell'autorità, che tiene il giudice, o'l predicatore, che la predica, ed i libri moftrano l'autorità di tal dottrina. Ed i fiumi, l'abbondanza dell'acque di gratie di tal dottrina beata.

A la fcrittura facra, fi dipinge la dottrina di Dio da donna veftita d'oro; ecco il figliol di Dio, a cui s'attribuifce la fapienza del Padre, ch'egli fù il primo, che la predicò al mòdo, arricchito d'oro di fapienza come dice l'Apoftolo San Paolo. *In quo funt omnes thefauri fapientia, & fcientia Dei.* La corona d'oro, in guifa fi prediffe all'anima giufta, c'haueua a feruirfene. *Corona aurea fuper caput eius.* La dolcezza del mele, formato dalle pecchie, come diuisò la Spofa, fauellando della bocca del diletto, che predicaua quefta dottrina. *Eloquium tuum dulce, mel & lac fub lingua tua..* E Dauide. *Quam dulcia faucibus meis eloquia tua.* Il fole, ch' è il Saluatore, che la poffiede, ch'illumina il tutto. *Qua illuminat omnem hominem venientem in hunc mundum.* E Salomone parlando della fapienza diuina, dice. *Eft enim hac fpeciofior fole; & fuper omnem difpofitionem ftellarum, luci comparata inuenitur prior.* Siede, ed hà il libro aperto, quando giudica con quefta dottrina. *Iudicium fedit, & libri aperti funt.* Stà fra doi fiumi inondanti, che fpargono acque di gratie, contenute dalla fapienza. *Ego fapientia effudi flumina.* Cle-

Pf. 76. C. 13

Auguft.
Caffiod.
Glof. & Nicol. de Lir.
hic fup, Pf.

Prou. 8. B. x

Id. 15 B. 14

Bern. fuper Cant.

Auguft. de doct. Chrift:

Glof. in epi. ad Philipp.

Colof. 2 A 2

Ecclefiaft.
45. B. 14.

Cãt. 4. B. 3
Pfal. 118
N. 103,

Ioan. 1. B.

Sap. 7 D. 2 E

Dan. 7. C. x

Ecclefiaft.
24. D. 40.

ELEMOSINA. G. 62.

Donna con faccia molto pietofa, ed allegra, che dà
elemofina di denari, e di pane a doi poueri, quali
riguarda fiffamente, haurà sù le fpalle vn facco pieno, che co'l braccio lo mantiene, in mano tiene vna
carrafina d'acqua, a' piedi le fono certe fpine, dalle
quali forgono i fiori, e allo 'ncontro in alto vi fia vna
porta, ond'efce vn gran fplendore.

L'Elemofina, quanto alla etimologia, fecondo Aleffandro
de Ales, fi dice *Ab eloi, quod eft
Deus, & fina, quod eft mandatum,
vnde eleemofyna dicitur, quafi actus
diuini mandati,* ò vero fecondo
l'ifteffo, *Eleemofyna dicitur ab Dèò,
quod eft mifereri, & moys, quod eft
aqua, vnde eleemofyna, quafi aqua
miferationis dicitur.* L'elemofina
è vn dono, che per amore, e compaffione fi fà a' poueri; e'l Padre
San Tomafo dice, che l'elemofina
è vn'opra, nella quale fi dà alcuna cofa a' bifognofi, ed è propriamente quella atto di mifericordia, e nel greco, quefto nome elemofina deriua da mifericordia,
quale fecondo l'ifteffo è effetto
della carità, ed in confequenza
dar elemofina è atto di carità, mediante la mifericordia. L'elemofina materialmente fi può dare
fenza carità, non formalmente,
come, dichiara nel luogo citato
l'ifteffo Dottor'Angelico, ed Aleffandro de Ales dice, l'elemofina
effer opra, ò dono di cofa neceffaria fatta ad vn bifognofo con
motiuo di compaffione per amor
di Dio. Hà Iddio dato molti beni
temporali a' ricchi, acciò che nel
tempo di neceffità ne faccino parte come procuratori fuoi a' poueri, rapreſentanti la fua perfona,

*Alex. de
Ales 4 p.q.
39.*

*2.2.q.31.
in corp.*

*Alexan. de
Ales 4. p q,
29.memb.1*

e fi come il fangue la natura lo
conferua nel cuore, e nel fegato,
acciò di là fi prenda, per nutrire
gli altri membri; parimente il
fangue delle ricchezze ftà ripofto nel cuore, che fono i ricchi,
per diftribuirlo a' membri, che
fono i poueri, facciafi dunque
l'elemofina, che da mifericordia
deriua tanto propria al Signore,
qual è sì vago farne moftra a'
mortali.

L'Elemofina è grandiffima virtù, e pietà, ftando riferbata a chi
gratiofamente la fà, la vera vita.
*Qui faciunt eleemofynam, & iufti-
tiam, faturabuntur vita.* L'elemofina (dice il gran Padre Agoftino) monda i peccati, ed interce-
de per noi a Dio, perche ogni cofa, che daremo a' poueri, intiera-
mente la poffederemo, e molto
maggiormente nel Cielo;

E fecondo il campo de' poueri,
e tofto rende all'elemofinieri il
frutto; e'l pouero è via del cielo,
per la quale fi viene al Padre, comincia dúque a dare, fe non vuoi
errare, dice Agofto.

La mano del pouero è il gazo-
filatio di Chrifto, e qualfiuoglia
cofa, che quegli riceue, Chrifto
l'accetta, dà dunque al pouero la
terra, acciò riceui il Cielo, dà il
poco, acciò habbi il tutto, e dà
dunque

Tob.1.B.8.

*Augu. fer.
de diuif.*

*Auguft. de
verb.Dom.*

*Piet. da
Rauen. in*

dunque al pouero, se vuoi sia dato a te, dice Pietro da Rauenna.

è gloria del Vescouo prouedere a' bisogni del pouero, ed ignominia di tuti sacerdoti tar studio di ricchezze, dice San Gerolamo. È per fine molte sono le specie dell'elemosine, le quali mentre le facciamo siamo posti in termine d'esserci perdonati i nostri peccati, mà nulla è maggior di quella, quando co 'l cuore lasciamo gli errori; facci, dunque studio ciascheduno a più potere di far l'elemosine.

Hierom. in epist.

> *Qui reliquis studeant virtutibus,*
> *atque labore*
> *Membra premant, homines*
> *cernere mille licet.*
> *Deficit ac miseros hac vna, &*
> *maxima virtus,*
> *Qua sine nil alias obtinuisse*
> *iuuat,*
> *Nam qui pauperie pressis se præ-*
> *bet acerbum,*
> *Cuncta licet teneat, nil tamen*
> *ipse tenet*
> *O qua stultitia est, Deus emit*
> *sanguine seruos:*
> *Mercari exiguo nos piget are*
> *Deum.*

Quindi l'elemosina si dipinge di donna con faccia pietosa, essendo ella effetto della pietà, ed oue non è pietà, e misericordia, non regna questa nobil' opra del dare elemosina, effetto, che rampolla dalla misericordia, quale è virtù, ed effetto di compassione, come dice Alessandro de Ales; e ben senza pietà si può dire vn tale, che non la fà, e odioso della propria carne, da non douersi da niuno odiare, come dice San Paolo. *Nemo enim vmquam carnem suam odio habuit: sed nutrit, & fouet eam, sicut & Christus Ecclesiam.* Stà allegra,

Alex. Ales 4. p. mẽb. 1.

Ephes. 5, F. 29.

perche si deue dare con buon'animo, ed allegrezza, e'l medemo Alessandro de Ales dice, che l'elemosina si dee fare con allegrezza, e buon' animo, più che spinto da compassione. Dà l'elemosina ad vn Pouero volentieri, e con volto allegro, ch' all' hora gradisce a Dio, atto tanto celebrato, e commendato nella sacra scrittura, ed espressamente nell' Ecclesiastico. *Conclude eleemosynam in corde pauperis, & hac pro te exorabit ab omni malo.* Riguarda con occhi fissi i poueri, ch' è atto d'vn vero elemosiniero, imaginandos' in quelli rauuisar Christo nostro Saluatore, ed a lui farla di presente, come lo disse egli medemo. *Quandiu fecistis vni ex fratribus meis minimis, mihi fecistis.* Il sacco sù le spalle ombreggia, che l'elemosina mar si perde, mà sempre si porta seco auanti Dio, e saragli mezzo per hauer perdono da lui, e se il grano si corrompe nel granaio, il seme nella terra, e l'argento si consuma dalla ruggine nelle casse; l'elemosina stà sempre intatta, e d'vn'istessa guisa, conseruata nell'arca del cuor di Dio; e'l Principe de' Geroglifici per l'elemosina vi pose l'oliuo fruttifero, per lo frutto suaue, e gusteuole, che fanno l'elemosinieri al Signore, come fè Dauide vno di quelli, *Ego autem. sicut oliua fructifera in domo Dei.* La carratina d'acqua, c' hà in mano, accenna, che com' ella smorza il fuoco, così l' elemosina il peccato, e come l' acqua inaffia la terra, e la rende fertile, altresì l'elemosina l'anima douitiosa della diuina gratia, facendola deuenir' vn fertil campo, oue fà Iddio raccolta di molte cose di valore. Le spine da' quali sorgono i fiori, sembrano i pec-

4. p. q. 29. in corp.

Ecclesiast. 29. B. 15.

Matth. 25. D. 41.

Pier. Vale. lib. 13. ibi Eleemosin.

Ps. 51. A. x

peccati, che da preggieuoli fiori della carità, ed elemofine, fi cancellano, germogliando l'anima pur troppo felici fiori di meriti; e'l Padre Sant'Agoftino dice. *Eleemofyna peccata mundat, & pro nobis Deum interpellat.* E San Gio. Chrifoftomo, *Melius feruatur pecunia in dextera pauperis, quam in arca.* E finalmente la porta, ch'è allo'ncontro co'l lume, dinota il Regno de' Cieli, che s'acquista per mezzo di queft'opra, come diffe il Padre San Gregorio, *Non recolo hominem male mortuum, qui libenter exercet opera charitatis.* E S. Agoftino. *Si vis effe mercator optimus, & fanerator egregius, da qua non potes ammittere, da modicum, & accipies centuplum, da temporalia, & accipies æterna.*

Alla fcrittura facra auueriamo il tutto. Si dipigne da pietofa l'elemofina, che da pietà fi fpicca, ed altresì la pietà, e mifericordia fi confegui fcono per lei. *Beati mifericordes, quoniam ipfi mifericordiam confequentur.* Stà allegra, che così l'ama il Signore. *Hilarem enim datorem diligit Deus.* Dà l'elemofina al pouero. *Manum fuam extendit inopi, & palmas fuas extendit ad pauperem.* Stà fiffa riguardando i poueri. *Fili eleemofynam pauperis ne defraudes, & oculos tuos ne tranfuertas à paupere.* Il facco pieno sù le fpalle, che fono l'elemofine, che conferua fempre l'elemofiniero, e gli fono, come vn impreffa indelebile, dice il Sauio. *Eleemofyna viri, quafi fignaculum cum ipfo.* Tiene la carrafina d'acqua dell'elemofine in mano, per fmorzare il fuoco de' peccati. *Sicut aqua extinguit ignem; ita eleemofyna extinguit peccatum;* e l'Ecclefiaftico. *Ignem ardentem extinguit aqua, & eleemofynæ refiftit peccatis.* Le fpine, da quali forgono i fiori, fono i peccati, chè fi cancellano per l'elemofine. *Peccata tua eleemofynis redime, & iniquitates tuas mifericordys pauperum,* e San Luca. *Date eleemofynam; & ecce omnia munda funt vobis.* E per fine l'appare la porta di vita eterna. *Quoniam eleemofyna à morte liberat, & ipfa eft, quæ purgat peccata, & facit inuenire mifericordiam, & vitam æternam.*

Aug.fer.de ded.templi

Chrifoft. fup.Matth.

Gregor.

Aug.lib.de verb.Dom.

Matth. 5. A. 7.

2.Cor. 9.

Pro. 31.C.

Ecclefiaft. 4.A.1.

Idem 17. C. 18.

Id.3.D.33.

Dan. 4.E. 24

Luc.ij F.41

Tob.12B.9

ESSENZA DIVINA. G. 63.

Vna donna di vaghiſſimo aſpetto, veſtita di ricchiſſimo veſtimento con trè corone d'oro in capo , con_
vna ruota in mano, dentro di cui ve ne ſia vn'altra, e
dentro quella vn triangolo con le parti angulari
alquanto ſeparate , e con vna cartoſcina pendente,
che dica, In omnibus , & omnia ab eo.

L'eſ-

L'Eſſenza di Dio è l'iſteſſo Iddio, eſſendo l'iſteſſa ſua natura, qual è vna ſoſtanza infinita, ch'è in tutti luoghi per eſſenza, per potenza, e per preſenza, nè può caſcar ſotto ſenſi, per eſſer ſempliciſſimo ſpirito, nè eſſer conoſcibile dell'intelletto noſtro, per eſſer infinita; ſi communica queſta natura egualmente a tutte trè le perſone diuine, benche il Padre non l'habbi per communicatione da altro, mà da sè, il figliolo dal Padre, e lo Spirito ſanto da ambi doi, hauendo tutti trè le perfettioni diuine ſenza punto dì differenza.

Aug.lib.de Trin.& habere de côſ. d.3. omnes quos.

Il gran Padre Agoſtino diſſe, così di propria mente, come per quanto hauea ſtudiato così d'antichi, come moderni Dottori, ch'il Padre, il Figliolo, e lo Spirito ſanto ſono dell'iſteſſa ſoſtanza Diuina, vguali, ed inſeparabili, nè ſono trè Dei, mà vno ſolo, e benche il Padre habbi generato il Figliolo, non è però queſti l'iſteſſo Padre, ſe non quanto alla ſoſtanza infinita.

Idem lib. 1 de Trinit.

Nè più pericoloſamente s'erra in alcun luogo, nè ſi cerca alcuna coſa con più fatica, nè ſi ritroua alcuna coſa con più frutto, quanto la Trinità (dice l'iſteſſo)

Idem ſuper Iſal. 120.

Iddio è tutto occhio, perche vede tutte le coſe, e tutto mani, per che opera il tutto, e tutto piedi, perche è in ogni luogo, dice l'iſteſſo,

Idem ſuper Ioa. ſer.19

Iddio è il tutto a te huomo (dice il medemo Agoſtino) s'hai fame, egli ti è pane, s'hai ſete ti è acqua, ſe ſei nelle renebre ti è lume, e ſe ſei nudo ti è veſte d'immortalità.

Idem epiſt. 57.ad Dardanum.

Vna perſona ſono Iddio, e l'huomo, e l'vno, e l'altro ſono vn ſolo Chriſto; è in ogni luogo per quel ch'è Iddio, mà per quel, ch'è huomo è ſolamente in Cielo, dice l'iſteſſo.

Iddio (dice Clemente Aleſſandrino) è vna certa coſa difficile ad eſſer ritrouata, diſcoſtandoſi ſempre, e ſequendola noi toſto ſi dilunga.

Cle. Alex. Strom.lib.2

Vno realmente è Iddio dell'vniuerſo, qual ſi conoſce nel Padre, nel Figliolo, e nello Spirito ſanto (dice Giuſtino martire.)

Iuſtin.martyr. in exp. Fidei.

I Platonici diſſero eſſer beato l'huomo, che fruiſce Iddio non come coſa corporale, come l'anima fruiſce il corpo, ò come vn amico l'altro, mà come l'occhio la luce.

Augu. lib. de Ciu.Dei

E ſolo di Dio (dice Attanagio) eſſere in doi luoghi, e per tutto il mondo in vn momento iſteſſo.

Athan. q. 26 ad Antioch.

Iddio benedetto ſi deue amare da tutti per eſſere di sì infinite grandezze, e per tanti benefici fatti al mondo, nè ſi dee anteporre coſa veruna all'amor ſuo, e però diciamo.

Femina ſi pulchram capiens à
coniuge gemmam
Pre gemma nimia ſpernat amore
virum,
Et quis erit, qui non hanc exe-
cretur, & omni
Dignam odio, dignam ſupplicioq;
putet?
Heu nos iſte notat mutato nomi-
ne ſermo,
Plenaq; perfidia pectora noſtra
feryt.
In numeris qui cum donis cumu-
lemur in horas,
Referimus danti munera ſumpta
Deo.

Quindi ſi dipinge da donna l'eſſenza diuina veſtita di ricchiſſimo veſtimento, in ſegno ch'è ricchiſſimo Iddio in tutte le coſe; e le trè corone d'oro ſembrano l'vniuerſal Dominio, c'hà in Cielo,

in terra, e nell'inferno, a' cui piedi il tutto fi proſtra ; ò pur le trè
Corone ſembrano le trè perſone
diuine, che ſono in quell'eſſenza
diuina.

La ruota ombreggia la natura
di Dio, qual'è interminata, im-
menſa, ed infinita, ch'eſſendo di figura sferica la ruota, accenna l'infinito, dentro laquale vi n'è vna
altra, per ſegno, che le perſone diuine realmente, e identicamente
ſono nell'eſſenza di Dio ; ò pur
queſta ruota dentro l'altra ſembra, ch'vna perſona infinita è nel-
l'altra per la circuminceſſione, come il Padre è nel Figlio, il Figlio
nel Padre, e lo Spirito ſanto in
ambi inſieme, per cagione dell'infinità dell'eſſenza, e diſtintione
frà loro, come dicono i ſacri Teologi, ed iſpecialmente con ogni
ſottigliezza và diſputando il Principe di Teologi. Il triangolo alquanto diſgionto ne gli angoli,
ſembra la diſtintione reale, ch'è
frà le dette perſone, compoſſibile
con vna ſolo eſenza, eſſendo infinita, perloche non vi può eſſere
reale ſeparatione, nè vna ſenza
l'altra per l'vnione, c'hanno con
quella natura infinita, con che inſieme con le relationi vengono
conſtituite nell'eſſere perſonale,
come il Padre dalla Paternità, ed
eſſenza, il Figlio dalla generatione paſſiua, ed eſſenza, ed altreſi lo
Spirito ſanto da quella, e dalla
paſſiua ſpiratione.

Alla ſcrittura ſacra. Tiene il ricchiſſimo veſtimento queſta donna, ch'accenna l'eſſenza di Dio,
per eſſer egli ricchiſſimo, per
l'vniuerſal dominio, c'hà ſopra
tutte le creature. Et *dominabitur*
à mari vſq; ad mare : & à flumine,
vſq; ad terminos orbis terrarum. Ricco di gratie a chi l'inuoca. *Diues*

Scot. 1. ſen. d. 19. q. 2.

Pſ. 71. E. 8.

in omnibus, qui inuocant illum, Ricco nella miſericordia, e pietà.
Deus autem, qui diues eſt in miſeri-
cordia propter nimiam charitatem
ſuam, qua dilexit nos &c. Ch'a'
giuſti, & ingiuſti dona le ſue gratie. *Qui ſolem ſuum oriri facit ſuper*
bonos, & malos, & pluit ſuper iuſtos,
& iniuſtos. Tiene trè corone in ſegno, ch'è Rè vniuerſale, e di tutti
reggi ſourano Rè; *Et habet in veſti-*
mento, & in femore ſuo ſcriptum, Rex
regū, & dominus dominantiū. ò pure
le trè corone ombreggiano i trè
gradi ſupremi, che gli conuengono, come Rè, Imperadore, e Monarca vniuerſale del tutto, come
Rè lo chiamò Dauide. *Tu es ipſe*
Rex meus, & Deus meus, qui mandas
ſalutes Iacob ; ed altroue. *Quoniam*
Dominus excelſus, terribilis: Rex ma-
gnus ſuper omnem terram ; e di più.
Rex magnus ſuper omnes Deos. Imperadore, ò con infinito Impero lo
nomò Eſaia, *Multiplicabitur eius*
imperium, & pacis non erit finis : ſu-
per ſolium Dauid, & ſuper regnum
eius ſedebit. E Monarca del tutto,
al quale tutti inuitaua a confeſſar-
ne Dauide. *Confitemini Deo Deorum,*
& confitemini Domino Dominorum,
quoniam in æternum miſericordiæ
eius. Vi è la ruota, ed vna dentro
l'altra, che vidde Ezzecchiello.
Et vna ſimilitudo ipſarum quatuor,
& aſpectus earum, & opera, quaſi ſit
rota in medio rotæ. Il triangolo delle trè perſone Diuine, figurato
per quei trè huomini viſti d'Abra
mo nella conualle di Mambre.
Apparuit autem ei Dominus in conual
le Mambra, ſedente in oſtio tabernacu-
li ſui in ipſo feruore diei. Cumq; ele-
uaſſet oculos, apparuerunt ei tres viri
ſtantes prope eum : quos cum vidiſſet,
cucurrit in occurſum eorum de oſtio
tabernaculi, & adorauit in terram.
E coſì canta Santa Chieſa. *Tres*
vidit

Rom. x. C.

Epheſ. 2. A. 4.

Matth. 5. B. 45.

Apoc. 19. C. 16.

Pſ 43. A. 5 & 46. A. 3

Id. 49. A. 3

Iſa. 9. B. 7.

Pſ. 135 A. 1

Ezzech. 1 D. 16.

Geneſ. 18. A. 1.

Ecclesia.

*Pf.*134.*B.*5

vidit, & vnum adorauit. Vn Dio in trè perfone, cantando altresì: *Tres funt, qui teftimonium dant in calo, Pater, Verbum, & Spiritus Sanctus.* E per fine il detto, *In omnibus, & omnia ab eo: Omnia quacunque voluit Dominus fecit in calo, & terra, in mari, & in omnibus abyffis.* E l'Euangelifta Giouanni, *Omnia per ipfum facta funt, & fine ipfo factum eft nihil, quod factum eft.*

Ioa. 1. *A.* 3

IL PADRE ETERNO. G. 64.

Huomo vecchio d'afpetto venerándo co'l veftimento bianco, & co' capelli altresì, fedente in Augufto trono circondato di fiàmme con maeftofo afpetto, haurà vna palla rotonda in vna mano, e con l'altra regga vna colonna di marmo, a' piedi vi fia vn monte, onde fcaturifce vn fonte, e dal fonte vn fiume rapidiffimo.

SI dipigne il Padre eterno da vecchio venerando, per effer prima d'origine del Figliolo, e dello Spirito fanto, il quale hebbe l'effere paternale in quel primo fegno d'origine nell'eternità, fenz'effere prodotto da altra perfona, mà folamente conftituito nell'effere di Padre dall'effenza diuina, e dalla relatione, ò paternità, qual pullulò da quella, e lo pofero nell'effere, fenza interuenirui produttione alcuna, mà folamente fi dice effer Padre dalla Natura Diuina infinita, e dalla Paternità, ò generatione attiua, hauendo la potenza di generare, come generò il Figliolo, effendo perfetto beato il Padre prima d'origine, ch'il generaffe, che dee intenderfi, conforme a' fottili, non che foffe prima beato il Padre auanti c'haueffe il figliolo generato, effendo il Padre, e'l Figlio correlatiui, e così non s'hà da intendere l'vno fenza l'altro, mà il proprio penfiero del Dottor Sottile fi è, che la beatitudine il Padre l'habbi nó dalla generatione del Figliolo, ch'è cofa notionale, e per effere ente, non quanto (dic'egli) non dice nè perfettione, nè imperfettione, mà l'hà da vna cofa priore effentiale, cioè dalla Natura fua Diuina, dalla quale è coftituito nell'effere, e quefto vuol dire l'Axioma cotanto celebre nella fua fcuola. *Pater eft perfectè beatus prius origine antequam generet filium. ideft non antequam habeat filium genitum, neque à filio, neque à generatione filij, neque ab act generandi habet beatitudinem, fed ab effentia fua infinita apta nata femper beatificare.* Il veftimento bianco dinota l'innocenza, e l'impeccabiltà di Dio. I capelli bianchi fembrano, ch'il Padre è prima del Figliolo d'origine; e'l trono Augufto, per la fua infinita magnificenza, e gradezza. La fiamma d'intorno a quello, fi prende per la molta carità,

Scotus 1. *fent.* 3.

rità, ed amore infra'l Padre, e'l Figliolo, Tiene la palla, e'l mondo in mano il Padre Eterno, insegno, ch' il tutto gouerna, e'l tutto è prodotto da lui', ed infieme ancora dal Figliolo, e dallo Spirito fanto, ch' effendo il gouerno, e la creatione cofe ad extra, conuégono a tutte tre le perfone. *Opera Trinitatis ad extra funt indiuifa*, (dice Agoftino) nè vale quel, che potria opporfi. Pietro è creato dal Padre, dunque non dal Figlio, perche, *bis creatur*, mentre il Padre perfettamente crea, hauendo la perfettiffima potenza, dunque è fuperflua la creatione dal Figliolo ; fi dee dire, ch'il Padre perfettamente crea, con tutte l'altre perfone, perche il principio di produrre ad eftra è la volontà diuina ; quale efifte in tutte trè le perfone diuine, dunque creando il Padre, creano tutte l'altre, e fe fi replicaffe, che parimente può dirfi, *in diuinis*, fe creando vna perfona, crea l'altra, per ragione della communità del la volontà, così ancora nella produttione, che fi fà per mezzo dello 'ntelletto, e della volontà, fe il Padre produce con lo 'ntelletto, dunque il Figliolo pur produce, hauendo l'iftefla potenza, e fe il Padre, e'l Figliolo producono colla volontà lo Spirito fanto, dunque egli ancora colla volontà produce vn'altro Spirito fanto. E difpare la ragione, perche ad intra fono atti effentiali, immutabili, determinati, e neceffarij ; è determinata naturalmente l'effenza di Dio effere in quefto Padre, in quefto Figliolo, ed in quefto Spirito fanto, fe per impoffibile (quale farebbe eftrinfeco, e può darfi per effer le perfone oggetti fecondari) queft'effenza non

fi communicaffe a quefto Padre, a quefto Figliolo, ed a quefto Spirito fanto, non fi potria communicare ad altre perfone, e così è neceffario, ch'il Padre (non di neceffità di coattione, mà d'immutabilità, e d'ineuitabiltà, che non dice imperfettione, anzi perfettione) produchi quefto Figliolo per atto dello 'ntelletto, (*Non per intelligere, fed dicere*, qual produttione è naturale, e'l Padre, e'l Figliolo, è neceffario, che produchino quefto Spirito fanto per atto libero, effendo per via della volontà, che liberamente produce; ne fi può quefta natura communicare ad altre perfone, nè fi può far altra produttione; vi concorre la neceffità, per effere atto, com'hò detto, neceffario, ed immutabile, non contingente, come le cofe ad eftra, e quefto è facramento ineffabile, che con la libertà vi ftij ancora la neceffità. Si potria ancora dire, che non poffono nè il Figliolo, nè lo Spirito fanto produrre, perche eglino fono i termini adequati delle produttioni, e così non poffono produrre. Tiene la colonna di marmo con la mano appoggiata, che dinota la fua fortezza, e la fua potenza, quale effendo attributo effentiale conuiene a tutte le perfone, mà per appropriatione a lui folo, Il monte onde fcatorifce vn fonte, e dal fonte il fiume, fembra, che ficome i monti partorifcono i fonti, e quefti i fiumi, quali fono parti di fonti, ed i fonti parti di monti, così il Padre produce il gran fonte del Figliolo, e quello del Figliolo infieme co'l monte del Padre, producono il rapidiffimo, ed ampiffimo fiume dello Spirito fanto.

Auueriamo il tutto con la fcrittura

tura facra. Si dipigne vecchio il Padre Eterno co'l veſtimento, e con i capelli bianchi, ſedente ſopra vn trono infocato, che coſi lo vidde Daniello. *Aſpiciebam donec throni poſiti ſunt, & antiquus dierum ſedit: veſtimentum eius candidum ſicut nix, & capilli capitis eius, quaſi lana munda: thronus eius flamma ignis,* Ed Eſaia pur lo vidde ſu'l maeſtoſo trono della ſua gloria. *Vidi Dominum ſedentem ſuper ſolium excelſum, & eleuatum.* Tiene il mondo, qual regge, e gouerna. *Tua autem Pater, prouidentia gubernat: quoniam dediſti, & in mari viam, & inter fluctus ſemitam firmiſſimam, & oſtendens quoniam potens es ex omnibus ſaluare.* Tiene la colonna nelle mani della potenza, però la ſpoſa raſſembrò le ſue gambe alle colonne di marmo. *Crura illius columna marmorea, qua fundata ſunt ſuper baſes aureas.* E Giouanni nelle ſue reuelationi lo vidde in ſembianza d'Angelo fortiſſimo, i cui piedi erano in guiſa di colonne di fuoco; *Et pedes eius tanquam columna ignis.* Il monte onde ſcaturiſce il limpiſſimo fonte del Figliolo, fù quello, che vidde Eſaia; *Et erit in nouiſſimis diebus præparatus mons*

domus Domini in vertice montium, & eleuabitur ſuper colles, & fluent ad eũ omnes gentes. Il fonte, parto di queſto monte, ch'è il Figlio. *Paruus fons, qui creuit in fluuium &c. & in aquas plurimas redundauit.* Che ſotto ſembianza di picciolo fonticello apparue il Verbo in terra, e crebbe in vn fiume, ed in vn mare vaſtiſſimo, per lo ſuo dominio vniuerſale; e come fonte di vita l'ombreggiò il Profeta; *Quoniam apud te eſt fons vitæ.* Fonte d'horti chiamollo la ſpoſa; *Fons hortorum, puteus aquarum viuentium;* Ch'egli ancora promettea da queſto fonte acqua viua, come diſſe alla Sammaritana; *Si ſcires donum Dei, &c tu forſitan petiſſes ab eo, & dediſſet tibi aquam viuam.* Vi è per vltimo il rapidiſſimo fiume dello Spirito ſanto, del quale parlò Amos; *Et aſcendit quaſi fluuius vniuerſus.* Eſſendo fiume lo Spirito ſanto ripieno di molt'acque di gratie, per ſentenza di Dauide. *Flumen Dei repletum eſt aquis;* E San Giouanni pur coſi lo vagheggiò *Et oſtendit mihi fluuium aquæ viuæ ſplendidum tanquam cryſtallum procedentem de ſede Dei, & Agni.*

Marginal references:

Dan. 3. B. ij.

Iſa. 6. B. 1.

Sapien. 14. A. 3.

Cant. 5. D. 14.

Apoc. x. A 2

Iſa. 2. A.

Heſter. 16. B. 6.

Pſ. 35. B. 10

Cãt. 4. C.

Ioa. 4. B. 10

Amos 8. C. 10

Iſ. 64. B. x

Apoc. 22. A. 1.

IL FIGLIOL DI DIO. G. 65.

Huomo vecchio coronato, d'aſpetto venerando, colla faccia ricouerta, con vn libro in vna mano, e nell'altra certi raggi ſolari, terrà ſotto i piedi vn ſpecchio, vn'Arcipendolo, ed vna miſura.

IL figliol di Dio fù ab eterno generato per atto della memoria feconda del Padre, che fù lo 'ntelletto diuino, ch'inteſe l'eſſenza ſua oggetto infinito, appreſo quãto foſſe apprenſibile, eſſendo infra quelli proportione egualmente in finita, onde fù prodotta la notitia genita, la ſapienza increata, l'eterno Verbo, e'l figliol di Dio, tanto

eter.

eterno,quanto il Padre,ed immen
so , a cui si communicorono tutte
le perfettioni diuine . Si dipigne,
dunque,il figliol di Dio da huomo
vecchio, essendo tanto eterno , ed
infinito quanto il Padre , benche
sia da lui generato nel secondo segno d' origine , il quale non dice
posterità niuna , nè di tempo , nè
di natura , mà solo d'origine, qual
non è altro,che non esser da se,mà
prodotto dal Padre , non essendo
altro questo nome, segno d'origine, che . *Esse à se , & esse ab alio* . E
coronato per lo dominio vniuersale sopra tutti hauuto dal Padre.
Stà colla faccia ricouerta da vn
velo , per significar la couertura,
ch'in tempo douea tenere della
nostra carne,con che douea celare
la sua santissima Diuinità. Tiene il
libro in vna mano, qual sembra la
sapienza sua increata , che s'attri-
buisce specialmente à lui , essendo
stato prodotto per atto dello'n-
telletto diuino,intendendo l'essenza sua,al qual Intelletto s'attrui-
sce la sapièza,essendo atto di quello. *Cum sapientia sit rerum altissima-
rum cognitio, vt est cognitio, & appre-
hensio diuina essentia ab intellectu diuino,quantum comprehensibilis est.*Come dicono i sacri Teologi.Lo spec
chio, e l'altre misure , che tiene
sotto i piedi sono metafora del tépo , e inguisa, che nello specchio
si vede l'imagine , così del tempo
non se n'hà se non il presente, come dice il filosofo . *De tempore non
habemus nisi nunc* . L'altre misure
anco dinotano il tempo, non essen
do se non, *Mensura motus.* è misura
de' corsi del sole , dell'hore, giorni, mesi , anni , lustri , ed eta ; hor
queste misure tiene il figliol di
Dio sotto i piedi , in segno , ch'
egli non è altrimenti generato in
tempo, ma nell'instante dell'Eternità,e perche non fà conto di tem-

Aristot.

po , nè di misura, nè gli conuengono,quanto alla sua generatione,
mà il tutto domina , e dispone a
suo modo.
    Auueriamo il tutto colla scrit-
tura sacra . Si dipigne da huomo
vecchio il Figliol di Dio , essendo
eterno quanto al Padre , come diuisò il Sauio. *Iucunditatem,& exul-
tatiouem thesaurizabit super illum, &
nomine aterno haereditabit illum* . Stà
coronato in segno di dominio,co-
me dice Dauide. *Dixit Dominus Domino meo, sede à dextris meis* . E Michea . *Ex te mihi egredietur , qui sit
Dominator in Israel : & egressus eius
ab initio à diebus aeternitatis.* E questo era il Dominatore della terra,
che cercaua Esaia. *Emitte agnum
Domine dominatorem terra* . E fù dominio, che giunse fin nel mezzo di
suoi nemici. *Dominare in medio inimicorum tuorum* . Il volto couerto,
perche in terra era per celar la sua
eterna sapienza . *Et quasi abscondi-
tus vultus eius, & despectus: vnde nec
reputauimus eum* . Il libro della sapienza accennato per quello, che
fù commandato ad Esaia, che'l
prendesse . *Sume tibi librum grandē,
& scribe in eo stylo hominis*. Ch'ombreggiaua il figliol di Dio, sapienza increata douersi far huomo, ed
esser reputato pazzo frà gli huomini ; e'l libro con sette suggelli
visto da San Gio: che niuno posea
aprire , eccetto, ch'il gran Leone
del Verbo eterno . *Ecce vicit Leo de
tribu Iuda , radix Dauid , aperire librum, & soluere septem signacula eius.*
E la sapienza grande di lui ancora,
della quale parlò Dauide,*Sapiētia
eius non est numerus.* Tiene lo specchio e le misure sotto i piedi, per
segno del tempo , essendo ab eterno generato. *Filius meus es tu , ego
hodie genui te* . Oue per quel hodie
s'intende l'istante d'eternità prima
di tutt' i tempi.   **LO**

Ecclesiast.
15.B.6.

Psal. 101.
A. 1.
Mich.5.A8

Is.16.A.1.

Psal. 101.
A.3.

Id.53.A.4

Id.8.A.1.

Apoc.5.B.5

Psal. 146.
A.

Idem 2. A

LO SPIRITO SANTO. -G. 66.

Huomo vecchio, veſtito di candido velo con vna colomba in capo, haurà vn ramo di mielo granato pieno di frutti in mano, e doi fonti a piedi.

LO Spirito ſanto è la terza perſona della Santiſſima Trinità, procedendo dal Padre, e dal Figliolo egualmente per l'atto della volontà, communicandoſegli tutte le perfettioni diuine, nè è coſa nel Padre, e nel Figliolo, che non ſia in lui, fauellando quãto alle coſe eſſentiali; ſe l'attribuiſce la miſericordia, e la bontà, *Sap.12.A11* come dice la ſapienza. *O quam bonus,& ſuauis eſt Domine Spiritus tuus in omnibus,*

Auguſt. in epiſt. Hauendo gli occhi il gran Padre Agoſtino a queſto diuino ſpirito, quale ſpira ogn'hor bene nelle menti humane, gli diceua; Spira ſempre in me l'opra ſanta, acciò penſi, fammi forza, acciò opri, perſuademi acciò ami, confirmami acciò ti tenghi, e cuſtodiſcami, acciò non ti perda.

Gregor. in moral. Quindi lo Spirito ſanto (diceua Gregorio Papa) fù moſtrato a noi in forma di fuoco, e di colomba, perche a tutti quelli, che riempe co' ſuoi doni, reca la ſimplicità della colomba, e'l fuoco dell'ardente zelo.

Idem hom. 26 Nella terra ſi dà lo ſpirito (dice l'iſteſſo) acciò s'ami il proſſimo, in cielo ſi dà il medemo, acciò s'ami Iddio, ſicome dunque ſono vna carità, e doi precetti, così vno ſpirito, e doi doni.

Bed. in homel. Apparue lo Spirito ſanto (dice Beda) in forma di colomba, e di fuoco, perche ogni cuore tocco dalla ſua gratia diuien tranquillo colla piaceuolezza della manſuetudine, ed acceſo co'l zelo della giuſtitia.

Non vi è dimora (dice l'iſteſſo) *Idem hom.* nell'inſegnare, oue lo Spirito ſan- *9. in Luc.* to è il maeſtro. Sicome non è poſſibile, che dalla ſola pioggia fruttifichi la terra, ſe ſopra di quella non ſpirerà il vento, così non è poſſibile, che la ſola dottrina corregga l'huomo, ſe non haurà ope- *Chriſoſt. in* rato queſto diuino ſpirito nel ſuo *7. Matth.* cuore, dice Chriſoſtomo. *homel. 10.*

Si dipigne queſto diuino ſpirito da huomo vecchio, eſſendo tanto antico, ed eterno, quanto il Padre, e'l Figliolo, da quali per atto di volontà, ed amore procede. Stà veſtito di velo candido, in ſegno dell'innocenza, e bontà, ch'a lui ſpecialmente s'attribuiſcono, quin di ſe gli dà il nome di Santo, per che queſta parola ſpirito, appreſſo pochi verſati, e ſemplici, dinota non sò che d'horrore, però s'aggiugne il Santo per la ſua infinita bontà, e ſantità. Tiene la colomba in teſta, ch'è animale ſempliciſſimo, e ſcemo di malitia, per la gran ſemplicità, e bontà dello Spirito ſanto. Tiene il ramo del mielo granato ſimbolo della carità, ſquarciando cotal frutto la veſte, per racchiuder i rampolli, così a queſto diuino Spirito s'attribuiſce la carità infra tutte l'altre perſone, eſſendo prodotto per atto di volontà, il cui atto, e'l cui proprio è l'amare. Tiene doi fonti vi

X uaci

uaci a'piedi, da cui sgorgono l'acque, ch'al viuo ombreggiano le due persone diuine, come il Padre, e'l Figliolo, che lo producono per atto d'amore con la volontà feconda, e lo spirano, come doi spiranti, ed vno spiratore, hauendo vn sol principio di produrre tutti doi, ch'è la volontà amante quel diuino oggetto.

Alla scrittura sacra. Si dipigne vecchio lo Spirito santo, per l'eternità, com'il Padre, e'l Figliolo da quali è spirato, che d'acconcio vi torna quel, che diuisò Ba-

Baruch. 4. ruch . *Ego enim speraui in æternum* *D. 22.* *salutem vestram, & venit mihi gaudium à Sancto super misericordia, quæ veniet vobis ab æterno salutari nostro* Il candido vestimento della bontà. *Sentite de Domino in bo-* *Sap. 1. A. 1* *nitate, & simplicitate cordis quærite* *Rom. 2. A. 4.* *illum ;* e San Paolo . *An diuitias bonitatis eius, & patientia, & longanimitatis contemnis ? ignorans quoniã benignitas Dei ad pænitentiam te addu cit?* E Dauide intendea della bontà dello Spirito santo, quando diuisò

Spiritus tuus bonus deducet me in ter- *Psal. 142.* *ram rectam.* La colomba dinota lo *C. 11.* Spirito sourano, che più fiate fù rauuisata in terra su'l capo del Saluatore ; *Et ecce, aperti sunt cæ-* *Matth. 3.* *li:& vidit spiritum Dei descendentem* *D. 17.* *sicut columbam, & venientem super se.* E Giouanni anco registrollo, dicendo; *Quia vidi Spiritum descen-* *Io. 1. E. 33.* *dentem quasi columbam de cælo, & mansit super eum.* Il ramo di mielo granato simboleggia la carità, fauellandos' in persona dell'anima predestinata; *Emissiones tuæ paradi-* *Cãt. 4 C. 13* *sus malorum punicorum cum pomo-* *rum fructibus .* E la carità istessa è attribuita allo Spirito santo; *Quia* *Rom 5. B. 6* *charitas Dei diffusa est in cordibus nostris, per Spiritum Sanctum, qui datus est nobis.* I doi fonti in vltimo del Padre, e del Figliolo, che producono lo Spirito santo, apparuero pure conforme diuisò Dauide ; *Apparuerunt fontes aquarum,* *Ps. 17 B. 16* *& reuelata sunt fundamenta, &c.* Ed altresì Salomone ne fauellò. *Deriuentur fontes tui foras, & in pla-* *Pro. 5 C. 16* *teis aquas tuas.*

ESTREMA VNTIONE. G. 67.

Huomo vecchio, e debile, in vna mano terrà certe fauille di fuoco, e nell'altra vn vaso.

L'Estrema vntione è vno di sette sacramenti, ed è secondo i *4. sent. d.* sacri Teologi vna vntione da farsi *24* all'huomo infermo penitente nelle parti determinate del corpo, con l'oglio consegrato dal Vescouo, e ministrato dal Sacerdote, proferendo le parole in vna certa forma determinata, e con la debita intentione.

Si dà questo sacramento nell' estremo, quando non vi è più rimedio, nè modo di far penitenza de' peccati, ed è valeuole a toglier via i peccati veniali . Quindi si dipigne da huomo vecchio, e debole, per douersi dare ad infermi, che stanno nell'estremo. Le fauille del fuoco ombreggiano i peccati, che sono fuoco, quale consuma l'anima, sono picciole fauille, perche si dà questo sacramento, per cancellare i piccioli peccati veniali. Il vaso è quello del-

dell'vntione, con che s'vngono gl'infermi.

Alla scrittura sacra. Si dipigne questo sacramento da huomo vecchio, e debile, dandosi ad huomini infermi nell'estremo. *Exeuntes pradicabant, v penitentiam agerent: & damonia multa eijciebant, & vngebant oleo multos, & sanabantur.* Le fauille del fuoco, essendo fuoco i peccati. *Non incendas carbones pec-*

Marc. 6.B. 12

Ecclesiast. 8.B.13.

catorum arguens eos, & ne incendaris flamma ignis peccatorum illorum. E per fine il vaso dell'oglio, che sembra questo dell'estrema vntione, che cancella i peccati veniali. *Infirmatur quis in vobis? inducat presbyteros Ecclesia, & orent super eum, vngentes eum oleo in nomine Domini: & oratio fidei saluabit infirmum, & alleuiabit eum dominus, & si in peccatis sit, remittuntur ei.*

Iacob. 5. C. 14.

EVCHARISTIA. G. 68.

Huomo da Rè coronato sedente con gran maestà, su'l cui volto tiene vn velo, in vna mano vn Sole, ed in vn'altra vna colonna, auant' i piedi gli sono prostrati molt'Angeli, e d'appresso vi sarà vn fonte, c'habbi vn triangolo sopra, qual sempre butta acque senza giamai mancare.

L'Eucharistia è vno de' sette Sacramenti della Chiesa, qual è interpetrato rendimento di gratie, rendendosene in quella sacra mensa molte al grande Iddio da fedeli, che si degna cibargli co'l suo pretioso corpo, e sangue, beneficio infra tutti grandissimo, oue in guisa speciale reluce la gran carità d'esso amoroso Signore.

E questo diuino Sacramento, oue si vagheggia realmente il sourano Signore, e fattor del tutto; egl'è il più altiero, per staru' Iddio humanato, per far gratie a mortali, egl'è gloria de gli Angeli, allegrezza del paradiso, refugio d'afflitti, consolatore di giusti, solleuatore de' peccatori, speme d'erranti, dritto sentiero di beatezza; raccolto di tutte le gemme preggieuoli di virtù, oue vagheggias' il fortissimo Adamante di re-

sistenza al male, il lucidissimo, ed infocato carbonchio della carità, il verde smeraldo della speme di salute, il purpureo rubbino d'amore, e l'aure Piropo di santità, e d'innocenza; e non è gemma di merito, e gratia, ch' iui non campeggi con mostra pur troppo famosa, ed altiera.

Questo sacramento (dice il gran Padre Agostino) non si fà co'l merito del consecrante, mà nella parola del Creatore, nè s'amplia co'l merito de' buoni dispensatori, nè con quello de' tristi si diminuisce. Christo (dice Chrisostomo) a' santi distribuisce cose sante, ed è cibo cotesto, che riempe la mente no'l ventre, ammira bene dunque ò christiano, e trema di questa mensa diuina.

Vedi che cosa sei (dice Ambrogio) è sacerdote, che non tocchi il

Augufl. de Ecclesiast. dogm.

Chrisofl. in Matth.

Ambr. de Vid. lib. 1.

il corpo di Chriſto colla mano inferma; dianzi che'l miniſtri, procu-
ra di ſanarla.

Chi hà qualche ferita cerca la
medicina, noi che ſiamo ſotto le ſe-
rite de' peccati, habbiamo per medicina queſto celeſte, e venerabil
Sagramento, dice l'iſteſſo.

Idem de ſacram.

Perſuadendoſi quei, che viuono
da ſcelerati nella Chieſa, e giornalmente ſi communicano, douer
con ciò reſtar mondi, e politi, mà
ſappino, ch'a niente gli gioua,
dice Chriſoſtomo.

Chriſ. lib. 1 oſt. de

Guai a quelli, che tradirono
Chriſto alla crocifiſſione, mà guai
a quelli, che pigliano queſto ſacramento con mala conſcienza,
che ſe non danno Chriſto, per cru-
cifigere a' Giudei, lo danno però
a' membri del nemico, così dice
Remigio.

ſum. bono. Remig. in ſup. Matt.

L'Euchariſtia vien ſignificata
per vn'huomo da Rè, ſedente con
gran maeſtà, eſſendo che in queſto ſacramento v'aſſiſte realmente
l'vnigenito figliol di Dio a differenza de gli altri, i quali all'hora
ſolamente ſono ſagramenti, quando attualmente ſù la materia debita, ſi proferiſce la vera forma dal
miniſtro, c'habbi l'intentione di
fargli, il che ceſſato ſolamente vi
reſtano quelle coſe ſacramentali,
come l'oglio della creſma, e l'acqua del batteſmo; mà queſto è
differente molto, perche dopo fatta la conſecratione dal Sacerdote,
ſempre vi ſtà il figliol di Dio viuo,
e vero, e ſempre chiamaſi Sagramento, che può raſſembrarſi ad vn
Rè, che differiſce da ſuoi ſudditi
ſemplici huomini, così è queſto
ſagramento in reſpetto a gli altri.
Il velo, c'hà nella faccia, con che
ſi naſconde, per eſſere viſibile
quanto alla forma, e accidenti, che
colà miracoloſamente ſono ſenza

ſoggetto, mà inuiſibilmente vi ſtà
Chriſto Dio, ed huomo, così con
verità confeſſando là noſtra ſanta
fede. Il ſole nelle mani dinota, che
frà gli altri effetti, che fà, illumina
gli occecati ne gli errori, drizzan-
dogli per lo giuſto ſentiero del Paradiſo, gli fà laſciare gli alpeſtri
luoghi difficili al tracciarſi, come
quelli del peccato, gl'induce nella dolciſſima ſtrada della gratia, gli
ſcalda nell'amor ſuo, e gl'infiamma nella carità, ſi che veramente
ſe gli può darè nome di Sole luci-
diſſimo. Vi è la colonna, perche
oltre la fortezza mirabile, c'hà
queſto Dio, ancora per mezo di
queſto ſantiſſimo Sagramento la
communica all'anime noſtre, per
far che reſiſtino alle tentationi, e
ſuggeſtioni diaboliche, facendo
forza di reprimerè le cattiue inchinationi, di ſuggettare i ſenſi
alla ragione, di combattere animoſamente, e vincerè il mondo,
il demonio, e la carne, e cento, e
mill'attioni di fortezza fà vn anima, che ſpeſſo s'accoſta a sì glorioſa menſa. I molti Angeli, che
gli ſtanno proſtrati a' piedi, ſembrano l'vniuerſal culto, e la pro-
fondiſſima riuerenza, che ſe gli
deue da tutte le creature, che
l'adorano, e tremano alla ſua preſenza, non ſolo le buone, mà altreſi le cattiue dannate. Il fonte,
che ſempre butta acqua, ombreggia viuacemente, che qual fonte,
che ſcaturiſce ſempre, in guiſa
tale dura queſto Sagramento, nè
ceſſa, benche ſi prendeſſe ad ogn'
hora, e ad ogni momento, per
prenderſi tutto, mà non totaliter,
e di tal fonte egualmente da tutti
ſi può guſtar l'acqua, qual è ſempre l'iſteſſa, mà cagiona effetti ineguali, poiche a' ſani di conſcienza
è cagione di nutrimento, e gioua,

e ad

e ad infermi dannifica, e molte fiate vccide; O acqua fourana di fonte inefauſtiſſimo, che guſtandoſi da buoni viuifica nella gratia, ſtabiliſce ne' doni, e l'inferuora nella carità, mà ſe ſi guſta da cattiui gli vccide, e gli condanna come dice l'Apoſtolo. *Qui enim manducat, & bibit indigne, iudicium ſibi manducat, & bibit.* Il triangolo ſu'l fonte allude alle trè ſoſtanze, che ſono in lui, la prima del corpo, la ſeconda dell'anima, e la terza della diuinità; e così nel corpo, *ex vi verborum principaliter*, vi è il corpo, *concomitanter*, il ſangue, per non darſi corpo viuo, come queſto, ſenza ſangue, la qual vita ſuppone la forma, e l'anima viuificante, qual anima co'l corpo di Chriſto, fin dall'inſtante della ſua Concettione, fur vnite alla diuinità, ſenza giamai ſepararſi, come dice il dottiſſimo Damaſceno. *Quod ſemel aſſumpſit, nunquam dimiſit,* dunque vi è la diuinità, ch'è l'eſſenza diuina, la quale realmente eſiſte nel Padre, Figliolo, e Spirito ſanto, nè di fatto può intenderſi ſeparatamente, ſe non di poſſibile, come dice il Dottor Sottile, per eſſer le perſone oggetti ſecondarij, e diſtinti formalmente dall'eſſenza, ſi può dallo 'ntelletto beato intendere per potenza di Dio vn concetto formalmente diſtinto ſenza l'altro, e queſta ſarebbe aſtrattione ſolamente preciſiua, non diuiſiua, come ſanno i filoſofi, e per impoſſibile, che ſeria eſtrinſeco da darſi, queſt'eſſenza di Dio potrebbe eſſere incommutata alle perſone; vi è di più in quello il corpo di Chriſto realmente, com'è nel cielo così glorioſo, mà ſagramentalmente con la quantità iſteſſa, mà nō co'l modo quantita-

tiuo, che per eſſer coſa poſteriore, e accidentale ſi può ſoſpendere.

Alla ſcrittura ſacra. Deſcriueſi da Rè grande il ſantiſſimo Sacramento dell'Altare, oue ſtà Chriſto, che d'vn sì Rè ſublime, e da temerſi fauellò il Sauio. *Vnus eſt altiſſimus Creator omnipotens, & Rex potens, & metuendus nimis, ſedens ſuper thronum illius, & dominans Deus.* Il velo, che gli naſconde la faccia, per eſſer Iddio naſcoſto a tutti, e colà ſpecialmente, come fù ombreggiato a'd Eſaia, che'l vidde sù glorioſo trono ricouerto dall'ali di Serafini ardenti. *Vidi dominum ſedentem ſuper ſolium excelſum, & eleuatum, &c. Seraphim ſtabant ſuper illud: ſex ala vni, & ſex ala alteri: duabus velabant faciem eius, & duabus velabant pedes eius, velabant, &c.* Che perciò Santa Chieſa animiſce tutti alla credenza d'vn Dio, che non ſi vede. *Quod non capis, quod non vides, animoſa firmat fides.* E ſole, che così lo diuisò Dauide; *Ortus eſt ſol, & congregati ſunt &c.* e più oltre. *Sol cognouit occaſum ſuum.* La colonna della fortezza, di che Salomone parlò figuratiuamente, per queſto auguſtiſſimo trono, oue riſiede il corpo di Chriſto. *Et thronus meus in columna nubis.* E che ſia colonna di fortezza alle genti, lo confeſsò il Profeta Reale; *Diligam te Domine fortitudo mea.* Ed altroue. *Dominus fortitudo plebis ſuæ.* Gli Angeli proſtrati, e tremanti, come diuisò Giobbe; *Cum ſublatus fuerit, timebunt Angeli, & territi purgabuntur. Tremunt videntes Angeli verſa vice mortalium.* Il fonte ineſauſto, che butta ſempre acque di gratie, ſenza che mai manchi, nè ſi conſumi, è queſto corpo di Chriſto inconſumabile; *Sumit vnus ſumunt mille: quantum iſti, tantum ille,*

I.*Cor.ij.F.*

Damaſc.

Eccleſiaſt. 1. *A.* 8.

Iſa. 6.*A.* 1

Eccleſiaſt.

Pſ. 103 *C.* 2

Eccleſiaſt. 24. *A.*

Pſ. 17. *A.* 1.

Id. 17. *B.* 8

Iob 41 *C.* 16

Eccleſia.

Eccleſia ex Diuo Tho.

Ecclefiaſt.
_43. A. 4._

ille, nec ſumptus conſumitur. Il triangolo per fine, che ſtà ſu'l fonte; del
quale fauellò il ſauio. _Tripliciter_
ſol exurens montes. (Che ſole è queſto ſacramento) e monti l'anime
riſcaldate, ed infiammate dal corpo, anima, e Diuinità. _Radios_
igneos exufflans, & refulgēs radijs ſuis.

FATICA MONDANA. G. 69.

Donna circondata da vari ſtromenti bellici, come ſpade, lancie, ed altri, Harà per anche d'intorno libri,
e ſtromenti di ſonare, tenghi nelle mani vna palla,
che la butta per l'aria, ed ella ſtia ſtanca, e laſsa.

E La fatica mondana data a gli
huomini per pena, del peccato del noſtro primo ceppo Adamo, come gli diſſe il Creatore.

Geneſ. 3.
_D. 19._ _Maledicta terra in opere tuo, in labore_
commedes ex ea cūctis diebus vita tuæ;
e più oltre. _In ſudore vultus tui ve-_
ſceris pane tuo. Il che fù effetto ſenza fallo del peccato; Mà ſtimo
fatica in darno quella di mondani in impiegarſi cotanto nelle coſe del mondo, oue dourebbonſi
affaticare per quelle del Cielo,
eſſendo quelle ſenza parto di bene, e queſte aſpirano a'celeſti gui-
Gregor. in
moral. 5. derdoni; Quindi dicea Gregorio
Papa. I Santi di Dio quante fatiche fanno per lo giuſto, e per lo
douere, e ſeruigio di Dio, tanti
ſegni di remunerationi tengono
nella cella della ſperanza ſerratiz
Idem. e l'iſteſſo. Non manchiate perſi-
ſtere nella fatica, perche il diſto-
glierſi da colà è vitio.
Hieron. in
epiſt. Nulla fatica è dura (dice Girolamo)e niun tempo dè ſembrar
lungo,oue s'acquiſta d'eternità la
gloria.
Più volontieri ſi prende la fati-
Leo. Pap. de
Ieiunio. ca per lo deſiderio della volontà,
che per amor della virtù, dice Leo
ne Papa.
Idem mor.
cap. 19. Tutti gli amadori di queſto ſecolo ſóno forti nelle terrene coſe,

mà debili nelle celeſti, imperoche
per acquiſtar terrena gloria tra-
uaglianſi fin'alla morte, e per la
ſperanza perpetua, non poſſono
ſuffrire vn poco di fatica; per terreni guadagni, diſpiaceri, ed ingiurie, e per la mercede. Celeſte,
nè anco ſopportano vna picciola
parola, dice il medemo.
Si dipigne però la mondana fatica da donna circondata da vari
ſtromenti, per ſignificarci le varie
fatiche mondane, in che s'impiegano gli huomini, per acquiſtar'
gloria, ed honore, chi nelle battaglie con tanti pericoli, chi ſù libri, chi nelle leggi, per hauer offici, e dignità, e chi in vna coſa, e
chi in vn'altra. La palla dinota,
che ſicome quella da giocatori è
buttata, e ributtata tante, e tante
fiate, ch'al fine que' ſi ſtancano, e
la palla ſi lacera, così gli huomini
miſerabili nelle mondane coſe,
qual altri giocatori ſi laſſano, e
ſtancano, e al fine reſtano colmi
d'affanni, ricchi di non ſò che, la-
cerati di coſcienza in guiſa della
palla nel corpo, ed ogni coſa ſi
riduce al niente, perche la palla
ogni volta, che caſca in terra, e
batte in vn certo luogo indebito,
ſi fà fallo, e ſi perde il gioco, come parimente gli huomini ne'giochi

chi del mondo, feruendofi malamente dell'opre loro, battono
in gran peccati, e'l diauolo gli fe-
gna la caccia, e gli nota i falli, per
rinfacciarglieli nella morte, e farne inftanza a Dio, ed al fine del
gioco perdono l'anima, e'l corpo,
e conforme fi lacera la palla, e fi
butta, in guifa altre tale faranno
ancor eglino buttati nello 'nferno.

Alla fcrittura facra. Si dipigne
la fatica mondana da donna circondata da vari ftromenti, quali
ombreggiano le varie fatiche,
che fanno gli huomini in quefta
Iob ς.B. 7. vita, come diuisò Giobbe. *Homo*
Prouer.22. *nafcitur ad laborem, & auis ad volã-*
D. 29. *dum;* e ne' prouerb; *Vidifti virum*
velocem in opere fuo? coram regibus

ftabit, nec erit ante ignobiles. E queft' era l'occupatione peffima,
della quale parlaua Salomone.
Hanc occupationem peffimam dedit *Ecclefiaft.*
Deus filys hominum, vt occuparentur *I.C. 13.*
in ea. Occupandofi in cofe frali
di quefta vita con tanto ftudio.
La palla, a fembianza della quale
è ributtato l'huomo dal mondo,
alche alludendo l'oracolo d'Efaia,
diffe. *Quafi pilam mictet te, in terram* *If.22.E.18*
latam, & fpatiofam: ibi morieris, &
ibi erit currus gloriæ tuæ. Stà ftanca,
e laffa per la ftanchezza de' mon-
dani; *Laffati fumus in via iniqui-* *Sap.ς.A.7*
tatis, & perditionis; e altroue, *Quid* *Ecclefiaft.*
amplius habet homo de labore fuo? *3.B.9.&x.*
vidi afflictionem, quam dedit Deus fi-
lys hominum, v diftendantur in ea.

FAVELLA G. 70.

Donna, che parla con vn'altro, qual ftà con barretta
cauata, come gli foffe vn feruitore, c'hà vna rete in
mano, ftà ella tutta faticofa, tenendo il freno in bocca, ed vna faetta in mano, con che fi tocca il fronte,
ftà ignuda nel corpo fino alla cintura, a' piedi le fono
doi pefci guafti, e corrotti, e vicino vn vafo d'Ape,
ou'è del mele.

L A fauella fi fà con la bocca,
e vi concorrono (come dice
Ariftotile) doi labra, quattro denti dinanzi, il palato, il guttere, ò
gola, e'l pulmone, e fi fà con la
recettione dell'aria al pulmone, e
con la repercuffione nel guttere,
e palato, e così fi caggiona la fauella, ò loquela, la quale è drizzata ãd efprimere i concetti della
mente, e gli Angioli fi parlano l'vn
l'altro con l'intelletti, ed efprimono i lor concetti, mà gli huomini

cô la fauella folo efprimono quel,
c'hanno nella mente. La lingua,
che la caggiona è indomabile alla
guifa dell' Vnicorno, che vie più
d'ogn'altro animale è fiero, nè può
domarfi giamai, come apunto può
dirfi di lei, *Omnis enim natura beftia* *Iacob. 3.*
rum, & volucrum, & ferpentium, & *B. 7.*
cæterorum domantur, & domita funt
à natura humana: linguã autem, nul-
lus hominum domare poteft: è la lingua, mentre fauella malamente,
vn vafo di veleno (come diffe
l'ifteffo,

Ibidem.

l'istesso, *Inquietum malum plena veneno mortifero.* Questa donna mentre parla co'l seruitore, si tocca il
fronte, per significare, che la fauella fà espressione di fuora di
quel, ch'è nella mente; douendo
esser circospetta, e ben masticata,
e non detta con offensione del prossimo. La fauella del christiano deue essere molto registrata, nè senza
mistero il saurano artefice hà posto la lingua dell'huomo serrata in
bocca con tante guardie, per segno, che volea fauellasse poco, e
con ogni debita circostanza, e'l
tacere è grandissima scienza da
douersi studiare da ciascheduno;
quindi molti vè serno tanto studio, e diligéza, come dicesi di quel
deuoto Abbate Agatone, qual si po-
neua vn sassolino in bocca, per im-
parar di tacere; e d'vn altro Paulo
Monaco che p trè anni mai fauellò, per vna sol parola sconcia, che
dissè vna fiata. Siche s'hà da parlare
il christiano, deue fauellar di cose concernenti alla gloria del Signore; e alla propria salute. Andianne alle canzone spirituali, oue
lo sposo mostrauasi così vago d'v-
dir la voce della sposa. *Sonet vox*

Cant. 2.
B. 14.

*tua in auribus meis: vox enim tua dul-
cis, & facies tua decora* Che fauella,
e che voce è questa, di che tanto
ti prendi piacere, ò santo sposo? e
che cotanto t'aggrada? e che sono

Rupert.
Abb. super
cant.

sì dolce siè questo? Ruperto Abbate dice, che lo sposo fauellaua con
dolcezza con la Beata Vergine colomba candidissima, ed innocen-
tissima, che qual colomba gemeua
con fauella di deuotione, e spirito,
e così gemendo cantaua, e cantando gemeua. Vgone Cardinale in-

Vgo super
cant.

tende al proposito nostro, per l'a-
nima, quale fauella con dolcezza
nella predicatione, e ne'raggionamenti spirituali, che si fanno per

gloria del Signore, e salute dell'a-
nime christiane; ò che dolce voce
è quella, con che s'esortano i peccatori al ben viuere, ò che dolce
sono, e suaue, con che si solleuano
l'anime alla cognitione del cielo, e
dispreggio della terra. *Sonet vox
tua in auribus meis* La voce o'l suono suauissimo della confessione
di suoi peccati, di dolori, e pentimenti, ò che voce, ò che sono, ò
che dolcissimo canto, che cotanto
diletta all'orecchie di Dio, quanto
all'opposito dispiace al Signore il
mal fauellare d'vna lingua sbocca-
ta.

Dirò altresì, che per retiner il
freno a cauallo cotanto indomito,
com'è la lingua vi è mistieri la forza di Dio medemo, e la di lui possanza vi si richiede, per gouernar
questa naue nel vasto pelago del-
l'huomo in aueduto, che cò squar-
ciate vele d'ignoranza, coll'albero rotto del poco giuditio, e o'l
perso timone dell'imprudenza, col
la bossola tolta via della raggione,
e co'l mal auisato peloto della
sciocca consideratione, abbissa
nel profondo di mali, si che
il più d'ogn'altro saggio d'uisò.
Hominis est animam praparare, & Do-

Prouerb.
d. 16. A. 1.

mini gubernare linguam. Quasi che
l'huomo fosse inualeuole per lo
gouerno di sì spalmata Naue, e
come così fauella il vaso di sapienza? che sia officio, ò forza dell'huomo preparar l'anima sua, e di Dio
il gouernar la lingua; io m'auiso
(e credo bene) ch'il contrario
fosse vie più d'acconcio, e di proposito, cioè ch'a Dio conuenisse
preparar l'anima, non possendo
l'huomo da perse niente senza il
fauor di quello, nè può da se senza l'agiuto suo impiegarsi a niun
opra di bene, essendo il principio
della nostra giustificatione la gratia

tia ſua, ed ogni motiuo di ben oprare di colà ſi ſpicca, e come da vero fonte di tutte l'acque di meriti vi rampolla ogni picciola coſa, ò grande di ſalute, come dunque all'huomo s'attribuiſce, e di lui diceſi eſſer queſt'opra di preparar l'anima ſua, e poſcia, che del Signore ſian le forze di gouernar la lingua, forſe vi vuol gran coſa, per farſi bene il gouerno di lei, e forſe non può l'huomo raffrenarla, e far che fauelli colle maniere conuenienti? come di tanti filoſofi, e di tant' huomini prudenti ſi legge? Certo ſi, che fauellar oſcuro ſembrami coteſto dello Spirito ſanto; oue per ſtralaſciar queſt'enimma velata, dirò che qui nò altrimenti intenda della diſpoſitione dell'anima alla giuſtificatione, che non vi è dubbio veruno eſſer opra ſolo al Signore conueniente, com'è il principio del moto al ben oprare, mà che ſolamente faceſſe comparatione infra l'anima quanto à ſuoi moti, ſtando auuiticchiata in ſenſi, e paſſioni humane, e la lingua d'vn huomo ſenza ritegno, e freno, benche in ambidua vi ſia miſtieri il fauor diuino, volle dire, che con più ageuolezza potrà l'huomo mortificar le paſſioni, e ligar i ſenſi, rendendogli ſoggetti alla raggione, che non raffrenar la lingua, hauendo più fierezza queſta di quelli, quaſi foſſe d'opinione, che ſolo Iddio foſſe baſteuole a far queſt'opra, e moderarla; raggioni dunque, e ſi sforzi come conuiene l'huomo, e ſi trattenghi dal mal parlare, e dall'offeſe altrui; quali dopo fatte difficilmente ſi rimediano. Per lo che ſi dipinge con la ſaetta nelle mani, hauendo la proprietà di quella, che ſcoccata, ch'è dall'arco, è irreparabile; com'è già la

fauella, ch'vſcita di bocca, non può più remediarſi, faceſſi pur quãto ſi vole; che ſempre reſta nell'opinione de gli huomini, ed iſpecialmente, quando è parola d'infamia contro l'honore d'alcuno, ò detta, per far ingiuria altrui, non è poſſibile rimediarſi. La rete nelle mani, perche non può prenderſi, nè retinerſi, e ſe pur fà forza d'iſcuſarſi nel mal parlare, non fà nulla, ſi come indarno ſi prepara la rete auanti gli vccelli, che volano, e perciò ſi dipinge col freno in bocca, perche deue la perſona trattenerſi al più che può di raggionare, non eſſendo mai ſtato noceuole a niuno il tacere, anzi è ſcienza di molt' importanza quella, in che s'inſegna tacere, e di molta fatica, quindi ſtà faticoſa la fauella, per lo trauaglio, che ſente dell'auuezzarſi a parlar poco, e bene, come ſi deue, mà quando s'hà da raggionare forzaſi al poſſibile qualunque huomo ſi ſia di parlar bene, che co'l ben parlare s'acquiſta l'amicitia de gli huomini, e per quello è conoſciuto l'huomo di qual maniera ſia, e ſi come la campana ſi conoſce al ſono; coſi l'huomo alla fauella; però ella ſi dipinge nuda, perche co'l parlare ſi ſcuopre, e ſi conoſce ſubito di che qualità ſia la perſona, e di qual paeſe, e di che eſſere. Il fauellare ſi raſſembra alle ſpiche, poiche ſicome il grano con induſtria ſi ſequeſtra dalla paglia; coſi deue il prudente ſequeſtrare il buon raggionamento dal cattiuo, e queſto porlo da parte, e di quello farne conto. I peſci guaſti ſembrano, ch'il mal parlare corrompe i buoni coſtumi, inguiſa quelli ſi moiono, e guaſtanſi fuora dell'acque.

Corrumpunt bonos mores colloquia mala. I. Cor. 15.
I peſci ſon muti, nè parlano, in ſe- D. 33.

Y gno

gno, che chi è auuezzo a fauellar male, douerebbe affatto cambiarſi nella naturalezza di peſci in mai parlare più toſto, che parlar male, perche Dio hà dato a noi queſta facultà di raggionare non ad altro fine, eccetto, che debba drizzarſi al noſtro commodo, ò vtile del proſſimo, e a lode di ſua Diuina Maeſta, e quando non hà queſti fini è meglio tacere. Tiene, per fine, vicino vn vaſo d'Ape, è mele, per ſegno, ch'il buon Chriſtiano deue fauellare dolcemente, prima in lode di Dio, poſcia in vtile del proſſimo ſenza vanagloria, e iattanza, ed accuſarſi così di ſuoi peccati, come reputarſi ſempre nel parlare minor di tutti, e di poco valore, è per la carità raggionàr ſempre per l'vtile del proſſimo, è per giouamento dell'anima, ſerbato, però, l'ordine debito, che Chriſto inſegna nel Vangelo, con che i dotti iſtruiſcono le genti.

Alla ſcrittura ſacra. Si dipigne la fauella da donna, che parla con vno, e ſi fà ſegno nel fronte, ſignificando eſſer quella vn eſpreſſione del concetto della mente; *Locu-* *tuſq; eum mente mea, animaduerti, quod hoc quoq; eſſet vanitas.* Per accennare altresì, ch'il penſiero della mente ſi proferiſce, e ſi dichiara con la bocca. Tiene la rete quello, con cui parla, perche non

ſi può prendere la parola vſcita, ſicome non ſi poſſono pigliare con quella gli vccelli volanti. *Fruſtra autem iacitùr rète ate oculus pennaiorum.* Tiene il freno in bocca, douendoſi raffrenare ogn'vno al parlar poco, è bene, altrimenti non hà lume di religione chriſtiana, quale gli ſerà molto vana, come dice S. Giacomo; *Si quis autèm putat ſe religioſum eſſe, non refrenans linguam ſuam; ſed ſeducens cor ſuum: huius vana èſt Religio.* Si dipigne faticoſa la fauella, che fatica vi vuole, per parlar bene, e poco; *Omnis labor hominis in ore èius.* Tira vna ſaetta, perche è irreparabile la parola vſcita, nè può ritenerſi, come la ſaetta. *Sagitta infixa famori canis, ſic verbum in ore ſtulti.* Stà co'l corpo ignudo la fauella, perche ella diſnuda le perſone, e le fà conoſcere, come fù conoſciuto S. Pietro; *Nam, & loquela tua manifeſtum te facet.* I peſci guaſti, per i coſtumi, che ſi corrompono dal mal parlare, e molto, come di ciò ne daua auiſo l'Eccleſiaſtico; *Indiſciplinata loquela non aquieſcat os tuum: eſt enim in illa verbum peccati.* Al fine vi è il vaſo del mele, che ſembra il buono, e dolce parlar del chriſtiano, così dicendo il diletto all'anima ſanta. *Fauus diſtillans labia tua ſponſa, mel, & lac ſub lingua tua;* Ed Eſaia; *Loquimini nobis placentia, videte nobis errores.*

Pro. 1 B. 17

Iacob. 1. D. 26.

Eccleſiaſt. 6. C. 7.

Eccleſiaſt. 19. B.

Matth. 25. G. 73.

Eccleſiaſt. 23. B. 17.

Cant. 4 C. ij

Iſ. 30. C. ij.

Eccleſiaſt. a. C. 15.

FEDE. G. 71.

Vna vaghiſſima giouane con vaga portatura, co' capelli inanellati, ed intrecciati con fila d'oro, ſtia in piedi ſopra vna pietra fondamentale, adornandole l'orec
chie due ricchiſſime gemme, harà la benda ſù gli occhi, tenghi vn ſpecchio in mano; e vicino li ſia vna
priggione con ceppi, e ferri.

LA santa fede non è altro, che credere semplicemente a tutto quello, che confessa santa Chiesa. e tener il tutto con certezza vie più di quella, che s'hà, in ueggendo vna cosa con gli occhi propri, come disse San Pietro Apostolo. *Et habemus firmiorem propheticum sermonem; cui benefacitis attendentes, quasi lucerna lucenti in caliginoso loco, donec dies elucescat, & lucifer oriatur in cordibus vestris.* Quasi dicesse, hauer visto il Saluatore come Iddio trasfigurato nel monte Tabor, oue sè mostra della sua gloria, mà più certa cognitione era quella, con che sapeua queste cose per via di Profeti, ch'il tutto allegorono; è dunque cognitione certissima quella della fede, senza che punto s'habbi a dubitare.

Senza fallo veruno è cosa, che grandemente gradisce al Signore, il credere a' misteri diuini, e qui credo, hauesse gli occhi il Profeta, quando fauellò oscuramente. *Quoniam cogitatio hominis confitebitur tibi, & reliquia cogitationis diem festum agent tibi;* Oue Cassiodoro per la cogitatione, ò pensiero, intende il voto, che fà il Christiano, e per lo residuo, ò reliquie di quello, l'esecutione, qual è cosa festeggiante auanti gli occhi del Signore. Il padre Sant'Agostino, per lo pensiero, intende il motiuo, ò principio del ben fare, con che si confessa Christo, e per le reliquie il restante del bene, che fà festa, di che gode il Signore, mà con la licenza loro dirò, che questo pensiero sia ogni proposito buono, e le reliquie siano quelle de' pensieri della fede, con che si crede con ogni fermezza, qnali veramente sono caggione di gran festa, recando giubilo a Dio, colmandolo tutto d'amore, che per ciò essendo vagheggiato vna fiata dall'anima eletta, si sentì ferito di carità. *Vulnerasti cor meum soror mea Sponsa, vulnerasti cor meum in vno oculorum tuorum, & in vno crine colli tui.* Ch'è l'occhio della fede, lasciando da parte l'opinione, ò la scientia, ed ogni humano discorso, e per lo crine del suo collo, s'intende quel viuace pensiero, c'hà il Christiano, con che vagheggia le cose del Signore con la mente, come le fossero più che presenti.

Santissima fede virtù rarissima, ch'il gran Padre Agostino, nomò principio dell'humana salute, senza la quale niuno può giungere ad esser annouerato infra figliuoli di Dio, e senza lei ogn'humana fatica si prende in damo.

Camina per la fede (dicea l'istesso) acciò giungà nella speranza, quale nò edificarà nella patria, sè in questa via no'l l'harà consolata, e preceduta la fede.

Che cosa è la fede (dice l'istesso) se non credere quel, che non vagheggi, e in che guisa, e come può capirsi la santissima Trinità? dunque ben si crede, perche non si capisce, imperoche sè si capisse, non sarebb'opra da credersi, per che si vedrebbe.

La diuina operatione (dice Gregorio Papa) sè con la raggion s'apprende, non è ammirabile, nè tien merito la fede, a quale l'humana ragione presta l'esperienza.

La radice di tutte le virtù è la fede (dice Girolamo) e quel, ch'edificarai sù questo fondamento, solo farà profitto di virtù, e serà atto a riceuer mercede.

O tesoro (disse l'istesso) più di tutti opulente, ò fortezza infra tutte, e medicina più d'ogn'altra salutifera

1. Pet. 1.
D. 19.

Ps. 75. B. ij.

Cassiod. hic.

Augu. hic.

Cät. 4. C. 9

Aug. de fide ad Pet.

Idem super Io. ser. 18.

Idem lib. a de charit.

Gregorius homel. 20.

Hier. lib. de Cain. & Abel.

Idem lib. de Virgia.

Chrisostomo *sup.*
illud symb.
Credo in
Deum.

La fede della religione cattolica è lume dell'anima, porta della vita, e fondamento d'eterna salute, dice Chrisostomo.

Si dipinge dunque sì eccellente virtù da giouane vaghissima, per abbellire l'anima del Christiano, e per farlo capace dell'altre virtù Teologali, e bella perche è differente dalla scienza, e dall'opinione, che consiste nel parere altrui, mà ella stà fondata nel semplice credere, ch'è atto virtuoso, e generoso, che generosissime, e nobilissimi d'animo sono i Christiani in credere quelle cose, che non veggono, solo per la fede infusa nel battesmo, ed acquistata per via delle scritture, e predicationi. Tiene i capelli intrecciati con fila d'oro, dinotando i pensieri nobilissimi d'vn fedele nel credere l'articoli della fede, sicome l'oro è il più nobile infra metalli, così quelli frà tutti pensieri. Stà in piedi sù vna pietra grande fondamentale, per segno che la fede è fondamento di tutte l'altre virtù, e di Santa Chiesa. Tiene la benda sù gli occhi, perche chi crede non dene vedere, per hauer meriti, nè vedere co' sensi esteriori, nè interiori, nè con le potenze superiori dell'anima. Hà due ricchissime gemme nell'orecchie, perche la fede s'acquista con vdir le scritture, e le profetie. Lo specchio, c'hà in mano, accenna il vedere, e speculare le cose grandi di Santa Chiesa, e veder solo con l'occhio della mente, e credere fermamente, quanto n'insegna la nostra fede, sicome noi ne miriamo nello specchio. Tiene vicino la prigione cõ ceppi, e ferri, per far prigionero

lo'ntelletto, acciò non discorra con le ragioni naturali nelle cose, che deue credere.

Alla scrittura sacra. Bellissima è la donna, che rapresenta là fede, che così allegorò dell'anima fidele lo Spirito santo ne' cantici spirituali. *Pulchra es, & decora filia* Cãt.6.A.3 *Hierusalem.* I cappelli intrecciati con fila d'oro, si prendono per la perfettione, per la nobiltà, e pruoua della fede, come dice San Pietro; *Vt probatio vestra fides mul-* 1.Pet.1 B.7 *to pretiosior auro (quod per ignem probatur) inueniatur in laudem, & c.* La pietra fondamentale, perche fondamento, e sostanza è la fede. *Est autem fides sperandarum substan-* Heb ij.A.1 *tia rerum argumentum non apparentium.* Tiene due ricchissime gemme nell'orecchie, per le quali s'intende la fede, perche *Fides ex auditu,* Ad Rom ix. *auditus autem per verbum Christi;* E C.17. queste sono le murena d'oro, che promette lo'sposo all'anima fidele, porle all'orecchie, *Murenulas* Cãt. I. C. xi *aureas faciemus tibi vermiculatas ar gento.* Hà la benda sù gli occhi, acciò non vegga. *Quod non capis,* Ecclesia *quod non vides, animosa firmat fides.* hym. in off. *Et si sensus deficit, ad firmandum cor* Corp. Chri. *sincerum sela fides sufficit.* Canta santa Chiesa. Tiene lo specchio in mano. *Videmus nunc per speculum in* 1.Cor. 13. *anigmate : tunc autem facie ad faciẽ.* D. 12. Vi è la prigione, nella quale bisogna far prigionero lo'ntelletto, acciò non vadi discorrendo co'l lume naturale, e porgl' i ceppi, è ferri, come diceua San Paolo. *Omnem altitudinem extollentem se ad* 2.Cor 10. *uersus scientiam Dei, & in captiuita-* A. 5. *tem redigentes omnem intellectum in obsequium Christi.*

FEDE. G. 72.

Donna gradita, e bella con vno Diadema in capo ricco di splendore, con vestimento di color vermiglio, con vn Adamante incastrato in oro, ch' il petto le freggia, qual preggiatissimo monile, hauendo'l segno dell' Agnello, ch' è la santa Croce di Christo nella destra mano, e nella sinistra vn Cuore.

LA Fede Christiana è grandissimo ornamento all'anime, per esser quella vna face accesa, che le mostra tutte quelle cose, de' quali non fia possibile hauerne contenza co'l solo lume naturale; e m'auiso bene, che felici potrebbon chiamarsi i Christiani, se questa sacra gemma relucesse in loro con quella viuacità, e fermezza, come dourebbe, ch' al sicuro harebbono quanto bramassero, e quanto giustamente mai potrebbono desiare, essendo d' acconcio al proposito il fauellare, ch'vna fiata fè il Saluatore a' suoi Discepoli. *Si habueritis fidem sicut granum sinapis, dicetis monti huic; Transi illuc, & transibit, & nihil impossibile erit vobis.* La fede è misterii essere sì viuace, e sì piccante, qual grano di finapo picciolo ne' fembianti, mà grande, ed acuto quanto al sapore, che se in tal guisa campeggiasse ne' credenti cotesta gloriosa Margarita, a fè mia, che non ogn' hor starebbono colmi di dubbi, e e isposti da diffidenze in ogni picciol cofa, che l'adiuiene, ò fagli mancheuole; quindi l'Apostolo San Paolo, scriuendo a gli Hebrei, tiene rimembranza della viua fede, che gli antichi Profeti, ed amici del Signore hebbero in varie occasioni, come Noè in starsene

Matth.17. C.19.

dentro l'arca infra'l diluuio dell' acque, Abramo in tant'attioni, ch' egli oprò, gli Hebrei passorno il mar'rosso a piedi asciutti, ed altri, che colà noma l'Apostolo, mà ramenta nel particolare la destruttione della Città di Gerico, fatta in virtù della fede, c'hebbero i nemici di quella. *Fide muri Iericho corruerunt, circuitu dierum septem. Fide Rahab meretrix non periyt cum incredulis, excipiens exploratores cum pace.* Que s'accenna la fede de gli Hebrei, c'hebbero sì forte, e sì ferma, ch' il Signore douesse destrugger la Città di Gerico nell'assedio, che le ferno di sette giorni, come già fù, nè deuesi tralasciar la rimembranza di Rahab meritrice, che credè con tanta fermezza al Dio de gli eserciti, douesse distrugere cotal Città, che perciò fè riceuuta de gli esploratori con amoreuolezza singulare, e fù di gran fatta certo il feminil' ardire, e ch' in petto cotale vi fusse tâto coraggio, in celar' i nemici della propria patria, e'l tutto si fù, perche diede credenza sicura a quelli, che spenderono la parola del Signore, resoluto di mostrar scempio crudo contro il pouero Gerico. O noi felici tutti, se ne'nostri cuori viua città di fede simigliante vi vagheggiasse dipinta Iddio, ò quanto sareb-

Heb.11.C. 30.

reb-

rebbomo ricchi di tutti beni.

Fede Chriſtiana virtù eccellen-
tiſſima , ch'a douitia reca grandezze nell'anime redenti co'l ſangue di Chriſto,quindi diſſe il gran
Auguſt. de Padre Agoſtino , non eſſerui ric-
verb.Dom. chezze maggiori, nè teſori,nè honori , nè eſſerui ſoſtanza in queſta
vita, che poteſſero pareggiare
con la fede Cattolica , qual ſalua
i peccatori, illumina i ciechi, cura gl'infermi , giuſtifica i fideli,
ripara i penitenti , augumenta i
giuſti, corona i martiri, conſerua
la caſtimonia delle vergini, e ve-
doue, conſacra i ſacerdoti, e tutt'
inſieme albergà con gli Angioli
nell'eterna heredità dell'altoOlim
po del Paradiſo.

Con l'amore, e carità è la fede
Idem lib. x del Chriſtiano , mà ſenza quella
de charit. è la fede del demonio , e quelli,
che non credono ſono peggiori,
e più tardi al ben fare,ch'i demoni ſteſsi, così dice il medemo.

Tal'è la naturalezza della fede
Chriſoſt. (dice Chriſoſtomo) che quanto
ſuper illud più è vietata, tanto maggiormen-
Matth.20. te s'accende , come fù ne' Santi
Martiri ; la virtù dunque della
fede ne' pericoli è ſicura , e nella
ſicurtà tiene periglio . E che coſa
più relaſſa il vigor di quella,quan-
to'la longa tranquillità ? All'hora
Gregor.ho- ſiamo veramente fideli (dice Gre-
mel. 29. gorio Papa) ſe quel , che prome-
tiamo con le parole , adempiamo
con l'opre.

Se dianzi non ſi terrà fede (dice
Idem ſuper l'iſteſſo) in maniera veruna potrà
Ezzecch. giungerſi all'amor ſpirituale, perche la carità non precede la fede,
mà queſta precede quella ; nè alcuno può amare , ſe non crederà,
e nè anco ſperare.

Che coſa (diceua il deuoto Ber-
Bernard. nardo) non ſia per ritrouar la fe-
ſup. Cant. de? giunge alle coſe inaceſsibili,

apprende l'ignote , comprende
l'immenſe, ed hà notitia dell'vltime coſe,e l'eternità iſteſſa abbraccia nel ſuo vaſtiſſimo ſeno.

Infinite dunque ſono le prerogatiue, ed eccellenze di sì altiera
virtù, qual ſi dipinge da Donna
bella co'l diadema in capo, che
da Pier. ſi preſe per Geroglifico di *Pier. Valé.*
Reggia Poteſtà, e di Vittoria , che *lib. 41. ibi*
degna è vn'anima d'impero , e ri- *deDiadem.*
ceue altresì vittoria,trionfando di
nemici della Chieſa con sì armi
potenti della Santa Fede. E veſtita
con vermiglia, ò ſanguinea veſte,
eſſendo bagnata l'anima nel ſangue di Chriſto , in virtù del quale
hà forza la fede , e la fà habile ad
acquiſtar'il paradiſo . Tiene vn'
Adamante nel petto , il quale ha
poſſa di riconciliare , ed eccittare
all'amore, e compiacenza, che tali effetti ſà la fede ne' Chriſtiani,
eccita all'amor di Dio,e al compia
cimento di lui. Tiene la Croce vera inſegna di Chriſto , e ſuoi fideli, oue hà ſparſo il ſangue, per mez
zo del quale ſi fà meritoria la noſtra fede, e di grande efficacia. Il
cuore tiene nell'altra mano, in ſegno,ch'i Chriſtiani deuono aprirs'
il petto,e donar'il cuore a Chriſto,
hauendo quello cotanto fatigato
per loro, e ſparſo ſudori, e donato
ſe ſteſſo inſieme con tanti ricchi
doni inappreggiabili.

Alla ſcrittura ſacra.Si dipigne la
fede da Donna bella con lo diadema ſu'l capo di reggia poteſtà riceuuta dalle mani di Dio , della
quale fauellò la ſapienza . *Ideo ac-* *Sap.5 C.16*
cipient regnum decoris , & diadema
ſpeciei de manu Domini. Hà il veſtimento di color ſanguineo , per eſſer lauata l'anima fidele nel ſangue di Chriſto , come dice Gio.
Beati qui lauant ſtolas ſuas in ſangui- *Apoc. 22.*
ne Agni . Il Diamante finiſſimo , *C. 14.*
che

che le pende al collo , e nel petto, è l'istessa fede,e gli effetti di quella, senza la quale è impossibile piacere a Dio . *Sine fide autem impossibile est placere Deo.* L'Adamante è pietra fortissima, e resiste a martelli, nè si spezza giamai , così la fede sempre stà soda , resistendo a martelli de peccati, nè mai si perde, come diuisò San Paolo . *Et firmamentum eius , quæ in Christo est, fidei vestra;* E'l sauio anco v'allute. *Et fides in seculum stabis .* Tiene la

Heb.ij.B.6.

Colos. 2. A. 5.

Ecclesiast. 40. B. 12.

Croce per segno speciale,co'l quale son segnati i fedeli . *Quoadusq;si-gnemus seruos Dei nostri in frontibns eorum.* Ed Esaia disse. *Erit Dominus nominatus in signum eternum .* Qual è Christo Signor nostro crucifisso. Tiene il cuore in mano , che si dilata a Dio , come diceua Dauide. *Cum dilatasti cor meum .* E quello, che gli si dè donare, nè altro chiede da noi, se non il cuore in dono. *Prebe fili mi cor tuum mihi .*

Apoc.7. A. 3.

Is.55.D.18

Psal. 118. D. 32.

Prouer.23. C. 29.

FEDE FORMATA. G. 73.

Donna con faccia tutta ridente , e festosa, coronata di verde alloro, vestita di porpora regale con vari, e ricchi freggi, tenghi nella destra mano vna prole, ed vn ramo d'oliua, e nell'altra vn corno di douitia.

LA fede congionta con la carità si noma formata , hauendo la forma della gratia, che l'abbellisce, e le dà vita, conforme l'anima dà al corpo, che per ciò si dipigne tutta ridente , e festosa la fede, per star vestita , e adornata dell'habito nobilissimo della carità . La porpora, ch'è vestimento reggio , ombreggia le grandezze, in che si ritroua vn'anima fidele in gratia del Signore . La ghirlanda d'alloro,in segno della vittoria,che porta de nemici. Il corno di douitia è simbolo della fertilità, ed abbondanza, e delle ricchezze dell'anima fedele. La prole accenna il frutto, ch'ella fà nell'opre del Signore; e'l ramo d'oliuo , quale secondo Pier. è geroglifico di pace,che gode l'anima a marauiglia, per esser' vnita col Signore. Alla scrittura sacra . Si dipigne con faccia ridente , e festosa la fe-

de,poiche di quest'anima tutta ripiena di fede , e carità parlò il sauio. *Cor gaudens exilerat faciem .* E coronata di verde alloro,del quale si coronauano i vincitori nelle battaglie,ch'a tal proposito diuisò San Paolo. *Bonum certamen certaui cursum consumaui, fidem seruaui : In reliquo reposita est mihi corona iustitiæ.* Ch'è quella della gratia , e carità, quale è l'istessa cosa con la gloria, ò pure conforme a'sottili prossima dispositione; e quest'era la corona inclita, che si promettea all'anima fidele con l'habito della carità. *Corona inclyta proteget te.* Tiene la porpora regale vestimento proprio di reggi,che Rè, e più che Rè può chiamarsi vno , c'hà la fede adorna di carità , significato per quei vinti quattro vecchioni coronati , che stauano auant' Iddio. *Et in capitibus eorum coronæ aureæ.* E della regal porpora di tal'anima

Prou.15.B. 13.

2. Tim. 4. B. 7.

Pro.4.B. 9.

Apoc.4.B.4

*Pr.*3 *IC.*22.
Tria felicē parlò Salomone. *Bissus, & purpura indumentum eius.* Ingemmata di varie gemme, e freggi.

Ecclesiast.
24. *B.*12.
Stolam Sanctam auro, & hyacinto, & purpura opus textile viri sapientis. Tiene il corno di douitia nelle mani, acquiftandofi vari doni, e ricchezze per via di lei, ed ifpicialmēte quelle del Paradiſo, alle quali inuitaua Chrifto, e accendeua all'amore ed a farne teforo. *The-saurizate vobis Thesauros in cælo.* La prole nella deftra mano, che sembra il frutto dell'opre meritorie di tal fede, che fono il fine di

*Matth.*6.
C. 20.

quella, a cui fiegue la gloria. *Reportantes finem fidei vestræ.* E queft'era il dolce frutto, ch'inaulciua il gutture della Ipofa. *Fructus illius dulcis gutturi meo.* E'l frutto beato di vita eterna nel fine. Che perciò hà l'oliuo fimbolo della perpetuità di tal gloriofo frutto. *Bonorum enim laborum gloriofus est fructus.* E fe di pace fia fimbolo l'oliuo, dirò che pace, e dono altrefi fingulare riceuono gli beati eletti arricchiti di virtù altiera cotanto, com'è la fede, alludendo quì la fapienza. *Quoniam donum, & pax est electis Dei.*

I. Pet. 1.

B. 9.

*Cāt.*2.*A.*4

*Sap.*3 *D.*15

*Sap.*3.*B.*9.

FEDE INFORME SENZA LA GRATIA, E CARITA. G. 74.

Donna di bell'afpetto, mà diſſornata nel veftire, ſtà molto relaſſata, e pigra, con vna mano moftra il cuore, e con l'altra tiene vna face fpenta, fiede fopra vna fede adornata di rami, e foglie di falici, e d'olmi, ne' piedi tenga vna catena alquanto lunga, da vn lato vn albero di palma, e dall'altro vn fonte fecco.

L-A fede è verace foftegno, e principio di tutti noftri beni, fenza il quale non fia poffibile, che creatura veruna poffi rampollar germoglio niuno di merito, nè d'altro bene fpirituale, mà deuefi adornar con le buon opre altrimenti è albero fecco inualeuole a poter recare nè foglie, nè fiori, nè frutti di chriftiano bene.

Non è altro la fede, ch'vn fundamento, è foggetto di tutte l'altre virtù: è come la foftanza all'accidenti boni, e cattiui, fenza che punto fi varij alla mutatione di quelli, nè fi corrompa, cofi la fede è foggetto alle virtù, e vitij,

fenza ch'ella giamai fi cambi, e muti, onde quando ftà accompagnata con la gratia, e carità, fi chiama fede formata, hauendo la forma, ò l'effere viuifico da quelle, com'il corpo dall'anima, quando pofcia n'è priua per ifuentura, fi noma informe, cioè fenza la forma della carità, quale le dà vita, come il corpo quādo è fenza l'anima, eftinta, dunque s'appella cotal fede morta, a fembianza del corpo già detto.

Si dipinge dunque la fede in forme come Donna di bell'afpetto, che belliffima è, efsendo porta all'altre virtù, ò foftegno, ò come

Z   madre

madre alle figliuole, ò ramo alle frondi, ò capo a'membri, ed a'piedi, per softentar il corpo; mà è mal veftita, non hauendo l'habito, ò la vefte sì nobile della gratia, e carità. Stà fedente, mà relaffata, ed otiofa, perche tiene poche forze a poffer oprare, effendo tal opre non meritorie di vita eterna, mà morte giacédou'il principio mortifero del peccato. Stà quafi eftinta, perche ordinariamente fi chiama fede morta, non hauendo vita di gratia, nè poffendo come viua generar prole di merito. Moftra con vna mano il cuore, ch'in guifa quello è il primo a generarfi, ed vltimo a morire, e dà al corpo vita, parimente la fede è prima infra le virtù chriftiane a produrfi nell'anima, ed vltimamente fi perde, perche chi la renoncia, perde in vn tratto l'altre virtù, e quefta dà vita all'anima, com'il cuore a' membri, fiede fopra vna fede adorna di foglie di falici, e d'olmi, quali fono alberi fenza frutto, in fegno che non fruttifica tal fede ne' chriftiani. Tiene in mano vna face fpenta, per effer atta in sè a dar luce, mà è fpenta, effendo da lei indifparte la gratia. Tiene la catena al piede come fchiaua, e ferua di mali chriftiani, che così la trattano. Viè l'albero di palma, qual non produce frutti fenza il compagno, com'è la fede, che fenza la compagnia dell'opre, non fruttifica. Al fonte fecco, in fine, fi paragona quefta virtù in forme, non hauendo humore di bene, nè di gratia, per in affiare l'anima noftra.

Alla scrittura facra. Si dipinge con la vefte vecchia, ò lacerata la fede in forme, perche hà perfo il decoro, e l'ornamento, che quefto

dinota la vefte come dice Geremia. *Decidit à filia Sion omnis decor eius.* Stà fedente con meftitia, e relaffatione. *Sedet in triftitia domina gentium.* Tutta otiofa, e pigra, e quafi di vita eftinta, non hauendo l'opre con la gratia. *Fides fine operibus mortua eft.* Con vna mano moftra il cuore, fignificando che la fede è in guifa del cuore al corpo, e che gli potrebbe dar vita, fe foffe cò la gratia, perche. *Iuftus ex fide viuit.* La fede è adorna di rami di falci, e d'olmi fenza frutti. *Fructum eorū de terra perdes.* Ed Ofea parlando di quei, c'hanno fede fenza frutti di gratia diffe. *Fructū ne quamquā facient.* La face fpenta. *Quoties lucerna impiorum extinguetur.* E l'Ecclefiaftico. *Supra mortuum plora defecit enim lux eius: & supra fatuum, &c.* Ed Efaia. *Lux eius obtenebraiã eft in caligine.* La catena alli piedi, come diuisò Geremia. *Vinctum catenis in medio, &c.* O che fembri la feruitù, della quale, piangendo, diceua l'ifteffo. *Migrauit Iudas propter afflictionem, & multitudinem feruituus.* Ed Efaia fauellando dell'anima liberata da feruitù cotale, diffe. *Cum requiem dederit tibi Deus à labore tuo, & à conuentione tua, & à feruitute dura, qua ante feruifti.* L'albero di palma, che non fa frutto fenza il compagno; effendo anima ifuenturata, oue non è in fodolicio il Signore, con la fua gratia, di qual'albero fauellò lo Spirito Santo. *Sub arbore malo fufcitaui te.* Del fonte fecco, e defolato diuisò Ofea. *Defolabit fontem eius.* E Iohele. *Exiccati funt fontes aquarum.* Ed infieme è feccato il giardino, ò la terra dell'anima, fenza l'acqua della gratia. *Anima mea ficut terra fine aqua tibi.*

Tren. 1.
A. 5.
Idem.

Iacob. c.2.
d. 26.

Heb. 10.
c. 28.
Pfal. 20.
B. 11.
Of. 9. *D,* 16.
Iob. 21. *c.*
17.
Eccl. 22.
A. 10.
Ifai. 5.
G. 30.
Iere. 40.
A. 1.
Tren. 2.
A. 3.
Ifaia. 40.
A. 3.

Cant. 8.
B. 5.
Of. 13.
D. 15.
Ioel. 1. *d.* 20
Pfal. 142.
B. 6.

FOR.

FORTEZZA. G. 75.

Donna con vna colonna in vna mano, e nell'altra vn
scudo, e co' l'elmo in testa, sia vestita d'armi bianchi,
come volesse combattere, tenghi l'ali d'Aquila ne
gli homeri, e sotto i piedi vn' altra colonna, e vn
scudo.

B.Th. 2.2.
q.23.art.2

LA Fortezza (dice il Dottor Angelico) è vna fermezza d'animo in soffrire, e discacciar quelle cose, ne' quali è molto difficile retrouarui fermezza,
per lo bene della virtù.

Idem sup.
epistol. ad
Hebr. 11.
Arist.3.&
hic.

O pure è virtù moderatrice del
timore, e dell' audatia (dice l'i-
stesso)per lo bene della Republica.

E'l filosofo disse esser questa
virtù vna confidenza, e mediocrità nel timore.

Cic.

Le cui parti sono (secondo Cicerone) la magnificenza, la fiducia, la patienza, e la toleranza.

E di tanta perfettione la fortezza,ch'istimasi vie più migliore ella
in vn huomo, ch'ogn'altro, participando di quella del gran Signore delle fortezze,come disse Esaia.

Is.40.G.29 *Qui dat lasso virtutem, & in his, qui*
non sunt, fortitudinem,& robur mul-
tiplicat.

August. de
viduid.

Quella è la vera fortezza (dice
il gran Padre Agostino) la quale
non trasgredisce colla deuotione
della mente, l'vso della natura, e
l'infermità del sesso.

Hier.super
Isaia.

La fortezza, e la costanza sono
vna via regale (dice San Girolamo) e secura, nella quale, chi è
temerario, e pertinace declina alla
destra, fauellando di bona temerità, e pertinacia nel resistere al malo, e chi è timoroso alla sinistra.

La prudenza è madre della for-

tezza, imperoche non quella, mà
qualsiuoglia ardire,che non è parto di prudenza, è temerità, dice
Bernardo.

Bern. lib.1.
de consid.

La Fortezza non si mostra se non
nell'auersità, e tanto vno si mostra
hauer profittato in lei, quanto più
robustamente soffre l'altrui mali,
dice San Gregorio.

Greg. lib.9.
moral.

Quello dee giudicarsi solamente huomo forte, ilquale è temperato,moderato,e giusto, dice Lattantio firmiano.

Latta. Fir.
de diui.in-
stitu. lib.1.

Si dipinge la fortezza con vna
colonna nelle mani, in segno d'esser robusto, e forte d'animo, chi
possiede questa virtù, nè quì si parla della fortezza corporale,nè tem
porale, mà della spirituale, e virtuale, ch'è quella, con che si resiste al male, alle tentationi, al diauolo, al mondo, ed alla carne, ed
è vna delle quattro virtù Cardinali, però si dipinge con vna colonna, ch'è forte, facendo ostaco-
lo a' mali, e con lo scudo, con che
si ripara l'anima i colpi, facendosi
forte alle tentationi del nemico;
Stà però vestita d'armi bianchi,
ch'ombreggia la fortezza dell'anima, e la virilità del combattere
con le tentationi. Tiene gli homeri
alati alla guisa d'vn Aquila, in segno che chi hà questo vigore, e
forza di resistere al malo, alle molte suggestioni, ed a tante corrutte-

Z 2   le,

le, che fon' hoggi al mondo , s'impiuma l'ali , per volarne al Cielo. Sotto i piedi di quefta donna v'è vna colonna , e vn fcudo , in fegno c'hoggi fi fà tanto poco conto di tal virtù, e fi moftra tanta dèbolezza nel mondo in vincere, e fuperare il malo, ch'ogn'vno fe l'hà pofta fotto i piedi , e per la molta debolezza , che vi è in ofieruare le leggi, per caufa dell'intereffe,il quale vince , e fupera ogn'vno, nè fi troua animo forte, che vogli il giufto, ogn'vno come debole , e fneruato, e colmo altresì d'incantagione fatanica, trabocca in mill' errori , nè fi moftra giamai atto veruno di coraggio, nè d' intrepidezza, che tutti i Chriftiani ne dourebbono effer colmi a douitia, per fuperar' il male,che s'attrauerfa nel fentiero della falute , e Pierio per geroglifico della fortezz a fignificò le parti anteriori-fortiffime del Rè delle fiere, così feruendofene gli antichi Egittij, ifpiegando altri forza cotale, e forte virtù di sì incorat' animale.

Pier.Vale. lib. 1.

Lucr.

Principio genus acre Leonum fa- uacfj fecla
Tuta eft Virtus.

Parimente petti di valorofiffimi Leoni dourebbono hauer'i Chriftiani , per opporfi alla cotanto fiera , ed indomita pugna , che reca hoggi il peccato. E'l fiume tigre, che fcriuono, effer sì forte, e sboccheuole con empito mai più vdito nell'armenia alla parte della

Mefopotamia, ombreggia (al'parer di molti) la fortezza , ed è altresì Geroglifico della coftanza, che dee hauer vn chriftiano,in nô macchiar il decoro dell'honeftà, e quello delle virtù , e qual fiume inondante deu'effere , per romper tutti gli argini , e' ripari d'occafioni , che gli porgeffe il nemico demonio.

Alla fcrittura facra. Si dipinge là fortezza con la colonna in mano , che di fortezza tale di giufti fauellò Dauide ; *Ego confirmaui co- lumnas eius ;* E di quella fortezza diuisò Giobbe ancora,*Qua eft enim fortitudo mea vt fuftineam ?* Tiene lo fcudo, e l'elmo in tefta,così fauellando Ezzecchiello dell' anima giufta ben'armata ; *Lorica, & cly- peo, & galea armabitur contra te vn- dique.* Ed altroue. *Et eleuabit con- fra te clypeum.* Stà veftita d'armi bianchi, in fegno della molta fortezza, oue riluce il decoro della virtù, *Fortitudo, & decor indumen- tum eius.*Hà l'ali d'Aquila co' vanni fortiffimi. *Qui autem fperant in Domino, mutabunt fortitudinem,affu- ment pennas ficut Aquila, current,& non laborabunt, ambulabunt , & non deficient.* E per fine tiene fotto i piedi vna colonna,e vn fcudo,per farfi hoggi poco fchermo a vitij, ma fenza redini fi corre al malo. *Et erit fortitudo eorum in direptio- nem, & domus eorum in defertum.*

Pf.74.A.4.
Iob 6.B. 11
Ezzecch. 23.D.24. Idem 26. B.9.
Pro.31.B.
If.40.G.31
Soph. 1,C. 13

FRENO, O RITEGNO PER NON OFFENDERE IDDIO. G. 76.

Huomo con vn freno d'oro nella deftra mano, ed in terra ve ne fia vn altro di ferro, con la finiftra mano s'atturi la bocca, e vicino alquanto in alto vi fia vn fplendore, ed vn libro , di fotto al baffo vna fiamma ofcura, ed vna tefte di morte. II

IL freno è quello, co'l quale il cauallo si corregge, s'affligge, e si'drizza, a somiglianza del quale (moralmente parlando)vi è il freno, che corregge, castiga, e drizza il peccatore nella strada del Signore; molte fiate il cauallo mentre sboccheuolmente corre, andarebbe al precipitio, se non fosse il freno, che gli fà ritegno, e ch'affatto l'arresta; così il misero peccatore, quante volte andarebbe a parare nel precipitio della dannatione, se non fosse il freno delle mortificationi, delle penitenze, ed altre cose, che lo raffrenano, è gli tolgono la contumacia. Quindi si dipinge questo santo santo freno da huomo, che tenga nella destra mano vn freno da caualli d'oro, qual sembra l'aureo freno delle virtù, ch'arrestano il peccatore, acciò non trabbocchi più oltre ne' vitij, freno d'oro è la gratia di Dio, che lo tiene mirabilmente imbrigliato, come Maddalena cauallo, che precipitosamente correa alla perditione, fù raffrenata con questo freno, arrestossi per sempre nel camino adaggiato della via del Signore, freno d'oro possiamo dire siano l'ispirationi di quello, e quelle interne vocationi, ed illuminationi, con che sempre chiama, tocca, ed illumina i cuori nostri, e souente ne restiamo fermati nel corso de'gli errori; freno d'oro è ancora l'aiuto, l'istruttione, la difesa; e i ricordi dell'Angelo Custode, che cotanto giouano a noi altri. Vi è in terra il freno di ferro, e questo è il freno aspero, e duro della giustitia di Dio, che dourebbe molto retinere il peccatore dal peccare, freno di ferro sono le tribolationi, con che Dio n'affligge, per farne auisati, e rau-

ueduti ne' nostri mali, e per quella strada vuol chiamarci alla penitenza, ed al ben fare. Freno di ferro sono le penitenze, le discipline, l'astinenze, le vigilie, il dispreggio del mondo, e di sè stesso, con che si raffrena questo indomito cauallo del nostro senso. Tiene la mano in bocca serrandola, acciò non parli, e si facci della mano com'vn freno, che raffrena la bocca, il che è gran motiuo di nò offendere Iddio così nel molto parlare, come nel mangiare, essendo queste due cose due officine di vitij. Lo splendore, che gli è vicino, sembra il felice motiuo, e freno del Paradiso, la consideratione di colà, e di quelli eterni beni, che sono facili ad acquistarsi, e come si perdono (ò infelici christiani pur troppo inaueduti) tanti veri beni per altri piccioli, falsi, e solo apparenti di questa vita. Il libro sembra l'vniuersal giuditio, oue tutte le genti saranno lette, e giudicate, ed oue non vi sarà più pietà, nè misericordia, mà seuera giustitia, ò gran freno di non far peccato. Di sotto vi è la fiamma oscura, che sembra il fuoco d'inferno, e l'altre pene di là giù, che dourebbero da douero retinere ogn'vno a non peccare; e per fine la morte è efficace freno di non offender il Signore, mentre si muore, e si giunge auant'il gran tribunal di Dio a render conto d'ogni picciola cosa commessa, ò di male, ò di bene, e questi sono i quattro nouissimi, freni stupendi per retinere ogn'vno dal male, e ciaschuno gli dourebbe hauer stampati al cuore, come San Girolamo souète gli portaua pennelleggiati nel petto, e sempre specialmente sembrauagli sentir quel suono terribile delle trombe Angeliche, che

di-

diranno, per accelerare il giudi-
io vniuersale. *Surgite mortui veni-*
te ad Iudicium.

Alla scrittura sacra. Si dipinge
il freno di non peccare da huomo, che tiene vn freno d'oro in
mano, il quale in prima s'intende
per le virtù, che lo ritengono à
non peccare, allegorate da quelli
cinque huomini apparsi a cauallo
nella pugna del valoroso Maccha-
beo con freni d'oro. *Sed cum ve-*
hemens pugna esset, apparuerunt ad-
uersarijs de calo viri quinque in equis,
frenis aureis decori, &c. Se questo
freno sembra la gratia di Dio,
ch'assai ritiene l'huomo a non pec
care, quello chiedeua la santa
sposa in guisa di vento australe, e
caldo, che la conseruasse da ogni
errore. *Fugge Aquilo, & veni Au-*
ster, & persla in hortum meum. Questo freno anchora sembra l'ispi-
ratione di Dio, e quel moto interno, e l'apparirci internamente,
per causa del quale si partorisce
lo Spirito di salute, come diceua
Esaia. *Concepimus, & quasi parturi-*
uimus, & perperimus spiritum salutis,
e San Gio. nelle sue reuelationi.
Ecce ego sto ad ostium, & pulso: si quis
audierit vocem meam, & aperierit mi-
hi ianuam intrabo ad illum. &c. Può
ancora rassembrarci l'agiuto del-
l'Angelo Custode. *Angelis suis Deus*
mandauit de te: vt custodiant te in
omnibus vijs suis. Il freno in terra
di ferro della Giustitia di Dio, del
quale allegoricamente parlò Ezzecchiello. *Ecce ego ad te Pharao Rex*
Ægypti, dracò magne. Che sembra il
peccatore ostinato. *Qui cubas in*

medio fluminum; tuorum. Cioè de'
peccati. *Et proyciam te in desertum.*
(Della penitenza.) Freno sono le
tribolationi, che Dauide rassembrò
ad'vna spina, ch'arresta il viandante dal mal camino, e lo riduce alla
dritta strada. *Conuersus sum in erum*
na mea, dum configitur spina. Questo
freno sembra la penitenza, e la disciplina, con che si ritengono gli
indomiti caualli de'sensi nostri. *In*
chamo & freno maxillas eorum con-
stringe. Hà la mano in bocca. per
serrarla nel parlare, e per tratte-
nerla nel mangiare, e crapulare.
Frenum ponam in labijs tuis, & redu-
cam te in viam per quam venisti. Et
l'Ecclesiastico. *Verbis tuis facito sta-*
teram, & frenos ori tuo rectos. Vi sono poi gli altri freni, come il splendore, che sembra il Paradiso. *Et*
laude mea infrenabo te, ne intereas.
Il libro del giuditio vniuersale, nel
quale giudicarà con rigore. *Se-*
cundum viam eorum faciam eis, & se-
cundum iudicia eorum indicabo eos, &
scient quia ego Dominus. E Geremia
fauellando con Dio. *Recordare quòd*
steterim in cöspectu tuo, vt loquerer pro
eis bonum, & auerterem indignationê
tuam ab eis. E serà nel giorno del
giuditio. La fiamma dell'Inferno,
che per ciò temeua, e remaua.
Quia in inferno nulla est redemptio.
E Dauide esortaua a descenderui
col pensiero. *Descendant in infernum*
viuentes. La morte, ò che motiuo
di non peccare. *Memorare nouissima*
tua, & in æternum non peccabis.
E sono tutti auuerati i freni, ed
ogn'altro.

2.Mach.lo
F, 29.

Cant. 4.
D. 16.

Isai. 26.
D. 18.

Apoc.3.
D. 20.

Psal. 90.
c.13.

Ezzecch.
29. A.3.
& 4.

Psalm.31.
A. 6.

Idem.
Trid.

Isai.37.
F. 29.
Ecch.28.D.

Isai.48.
B. 10.

Ezzecc. 7.
F. 25.

Hier. 18.
D. 20.

Ecclef.

Psal. 54.

Ecc lesiast.
7. D.

GIVSTO. G. 77.

Huomo riccamente veſtito; coronato con vn libro in mano alla parte del cuore, e con vna macchia picco-la nel volto, da vna parte ſia vn'Aquila, e dall' altra vn Leone.

IL Giuſto è quello, che camina per la ſtrada del Signore, eſ-preggiàdo ogni coſa, ſolo fà con-to dell'amor ſuo, e per quello s'im-piega in ogn'opra, con ogni tra-uaglio, ſtando colmo d'affetto, e brama di ſempre ſeruirlo, ed a-marlo; quindi lo Spirito ſanto, par lando con l'anima giuſta, le diſſe. *Pulchra es amica mea ſuauis, & de-cora.* Oue fauellaua della bellez-za della giuſtitia, e virtù, che ſo-no in vn'huomo giuſto, ch'inſie-me ammettono vn dolce accop-piamento in tutte le coſe, e'l pa-tir'iſteſſo è ſuauità a' giuſti; I Settanta leggono. *Pulchra es, vt complacentia,* e Simmaco, *Sicut be-ne placens;* quaſi voleſſero dire, che l'anima amica del Signore, ad al-tro non abada, ch'a far coſe, che piacciono, e in gran maniera gra-diſchino a gli occhi di Dio, rè punto, ſi diſtoglie dal beneplacito della volontà ſua, e ciòche gli mã da di diſguſto, ò di diſaggio, l'ap-prende con ogni piacere, e gioia; e ſe per iſuentura, come frale cõ-metteſſe qualch' errore, inconti-nente corre alla penitenza, e a' duoli, La Leoneſſa, (s' a' naturali crederemo) alcuna fiata ſol mi-ſchiarſi co'l Leopardo capital ne-mico del Leone; il quale, come Rè di tutti animali, ſi dee crede-re, c'habbi g'an lume dalla natu-ra, accorgendoſi toſto del fallo, fà vendetta della riceuta ingiuria in ambidue, mà la Leoneſſa, che

tien' anch'ella contezza del fatto, dianzi che conpariſchi dauant' il Rè delle fiere, ammaeſtrata dal lu me naturale, recaſi in vn fonte, oue ſi laua, e monda, e poſcia ne và alla preſenza del ſuo com-pagno; il giuſto parimente è qual Leoneſſa fortiſſima di virtù, così chiamato dallo Spirito ſanto. *Ego quaſi leena Ephraim, & quaſi catulus leonis.* S'vniſce co'l Leopardo del Diauolo, aſſentendo a' ſuoi mali, com'apunto diuisò. Geremia. *Tu autem fornicata es cum, amatoribus multis.* Acciò la puzza di tal pec-cato, non giunga alle narici del, Signore, nè abadi al ſuo fallo, dee immergerſi nell' acque delle la-grime, e della penitenza, come to-ſto l'eſeguiſce. *Si autem impius ege-rit penitentiam ab omnibus peccatis ſuis, quæ operatus eſt &c. omnium ini-quitatum eius non recordabor.* Che tê-tq fà ogn' anima timoroſa del Si-gnore, mentre adiuiene in qualch', errore.

Il Giuſto vero amante di Dio, non laſcia che fare, per fargli co-ſa grata, ſapendo che cotanto gli ſia a cuore vno, che patiſce con patienza per amor ſuo, nè perdo-na punto a fatica d'abbracciar i trauagli, l'auerſità, e i diſaggi di queſto mondo, fin la vita iſteſſa vorrebbe offerire, per amor ſuo, ed vn niente l'iſtima, participan-do del vero lume, che l'inſegna, ch'alla vera corona di contenti beati del cielo, non ſia poſſibile po-

Cãt. 6. A 3

Septuagin. Simm.

Oſ. 5. D. 14.

Hierem. 3. A. 2.

Ezzech. 18. D. 13.

poteruifi giungere, fenza i mezzi d'oltraggi, e paffioni, e valorofi combattimenti, come fauellò l'Apoftolo. *Non coronabitur, nifi legitime certauerit.*

2.*Tim.*2. *A.* 5.

Si dipinge l'huomo giufto riccamente veftito, in fegno ch'effendo fenza macchia di peccato, poffiede le ricchezze della gratia di Dio. Stà coronato, perche è Rè, a cui fpetta il regnare, tiene il libro in mano alla parte del cuore ftrettamente, ch'è quello della legge del Signore, qual tien cara, e l'offerua, e la tiene in mezzo'l cuore, al contrario di trifti, ed empi, che fe la cacciano fotto i piedi. La macchia picciola fembra il peccato veniale, che può ftar con la gratia, ed i giufti altresì lo commettono, per effere difetto della natura, nè hà incompoffibiltà con la gratia, e giuftitia. Viè l'Aquila, che fi rinuoua, venuta nella vecchiaia, co'l ergerfi in alto alla calda ferza del Sole, e pofcia attuffandofi nell'acqua de' fonti, adiuiene in nuoua giouanezza, e beltate, alla cui fimiglianza fà il giufto, che s'inalza con le penne della contemplatione, e carità a' caldi rai del gran Sole Chrifto Signor noftro, e poi s'attuffa nell'acque della penitenza, e delle lagrime, confiderando l'offefe fatte, e la cattiua vita menata dianzi, e i do-

lori patiti per noi, e le paffioni del noftro Chrifto. Il Leone ombreggia la fortezza del giufto, che non teme il Diauolo, nè le fue tentationi, e fi come quegli è Rè dell'animali, che tutti vince, e di tutti trionfa; così quefti domina le fue paffioni, e' fenfi, e non fi fa fuperare, nè da quelli, nè da altra tentatione, nè hà timore del Diauolo, che lo rechi a qualunque colpa fi fia.

Alla Scrittura Sacra. Si dipinge il giufto da huomo riccaméte veftito, perche è fenza macchia di peccato, e ricco di gratia. *Beatus diues, qui inuentus eft fine macula, &c.* Stà coronato, che corona d'immortalità fe gli promette. *Sed corona tribuetur in generatione, & generationem.* Il libro della legge nel cuore. *Lex Dei eius in corde ipfius, &c.* La macchia picciola per lo peccato veniale, in che fouente cade il giufto. *Septies enim cadit iuftus, & refurget.* E l'Ecclefiafte. *Non eft enim homo iuftus in terra, qui facit bonum, & non peccet.* Viè l'Aquila, in guifa di cui fi rinoua il giufto. *Renouabitur vt Aquila iuuentus tua.* E'l Leone, per fegno dell'inuitta fortezza del coraggiofo giufto fenza tema di niuno, nè di Satanaffo, nè delle fue tentationi, nè delle proprie paffioni. *Iuftus autem quafi Leo confidens abfque terrore erit.*

Ecclefiaft. 31. *A.* 8.

Prou. 27. *D.* 24.

Pfalm. 36. *D.* 31.

Prou. 24. *B.* 16. *Eccl.* 7. *C.* 21. *Pfal.* 102. *A.* 5.

Prou. 28. *A.* 1.

GIVSTO. G. 78.

Huomo di vago afpetto, con vn fpecchio fu'l capo, in vna mano tiene vn ramo di palma fiorito, e nell'altra vna forma d'vn piede; da vn lato gli fia vna germinante, e verdeggiante foglia; e fotto piedi copia d'argento, ed oro, e che di là fi fpicchi vn folitario paffere, e vadi a poggiare su'l capo di queft' huomo.

II

IL giusto altro non è solo quello, che camina per la strada della verità di Dio, e dell'osseruanza, e ch'altro occhio non hà, solo di voler godere le grandezze del Paradiso, come diceua il sauio. *Opus iusti ad vitam, fructus autem impij ad peccatum.* Nè camina giamai per altra strada, sol che per quella, oue s'impiega ad opre viuaci, e virtuose, per le quali facilmente può indursi alla vera vita, come disse il medemo. *Via vitæ, custodienti disciplinam.*

Si dipigne l'huomo giusto di bell'aspetto, e di sembiante colmo di decoro, in segno che bellissimo egl'è, hauendo la gratia, ed amicitia di Dio, e le ricchezze della sapienza, e gloria, che comincia a godere in questa vita. Tiene lo specchio sù l'capo, ch'ombreggia la beatitudine del Paradiso, alla quale spera, e con la quale tiene eguaglianza, essendo quella vision di pace, godendo pace altresì il giusto in terra; nello specchio vi s'ammira dentro, ed in quella gloria si vede Iddio a faccia a faccia, non per specchio, ò per enimma, come dice l'Apostolo; *Videmus nunc per speculum in ænigmate: tunc autem facie ad faciem.* Tiene la palma fiorita in vna mano, che sembra il candido fiore della virtù, ch'è nel giusto, e la palma è segno di trionfo, triofando di nemici, come del mondo, del demonio, e della carne; Rassembras' il giusto alla palma non senza grandissimo mistero, per esser che quest'albero ha il tronco tutto ruuido, è spinoso, per segno che chi vuol ascenderui, per recidere vn ramo di quello, e seruirsene ne'trionfi, è misteri, che dianzi si straccia le mani per le fatiche, ed opre di virtù, in

che bisogna esser esercitato, se brama goder i trionfi, come apunto il giusto, prima che giunga alla vera palma del Cielo, conuiengli faticare, e stentare, nè è senza mistero, ch'il Profeta rasembrollo ad vna fiorita palma. *Iustus ut palma florebit.* Perche a quest'albero, e non ad altro, e che fiori fà mai la palma? Oue il Padre S. Agostino dice, che la palma nel principio, e nel tronco, non è così bella come nel fine, è nella sommità della chioma, ed è albero, che l'estate è verde, come l'inuerno, volendo dire, che la vita del giusto è faticosa, e stentata, mà nel fine serà gloriosa, e nell'estate del paradiso sarà tutta verdeggiante di meriti, e di beatitudine. Si rassembra a quest'albero, dice l'Interlineare, perche è albero, che mai putrefà; ò pure con Nicolò de Lira, per questa palma fiorita s'intende la fama, la virtù, e la sublimità dell'honore; mà s'a naturali crediamo, quali vogliono, che la palma da infra le ruide foglie, e spinose caua fuora i fiori, a cui si rassembra il giusto, per segno, ch'il fior di suoi meriti, e della gratia dee recarlo da gli affanni, da'trauagli, e passioni, e dal molto patire, per piacere al suo Signore. Tiene nell'altra mano vna forma di piede, che dinota possessione, la quale non è altro conforme a'legisti, che, *Pedis positio,* possedendo la gratia, ch'è dispositione prossima al Paradiso, ed alla gloria, ò pure per questo piè si può intendere, ch'il giusto fà professione trouar le pedate di Christo, ed vniformarselo in tutto. Vi è la verdeggiante foglia, poiche, sicome quella cresce nel germogliare, e si pauoneggia nella verdezza; così egli cresce nel

A 2   bene,

Pro.x.C.16

Idem.

1.Cor.13.D.12.

Psal.91.D.13

August. in expositione Psal. 91.

Interlin.& Nicol. de Lira hic.

bene, ed è verde nella fperanza del cielo, e nel merito delle fue fatiche. L'oro, e l'argento, che tiene fotto i piedi, perche non nè fà conto, e difpreggia volentieri. E fe forge, per fine, di colà vn_ı paffere folitario, fimbolo della picciolezza, e della folitudine, fi è, perche è proprio di giufti ftarfene così da ben piccioli nelle folitudini, perche il giufto fi contenta di poche cofe, e fi fa vn niente per amor del Signore, che cotanto ama, ed appreggia peranche lo ftarfene folo, come radice di non peccare.

Alla fcrittura facra. Il giufto fi dipinge di bell'afpetto, così lo chiamò la fpofa; *Ecce tu pulcher es dilecte mi, & decorus.* Lo fpecchio sù 'l capo accenna il Paradifo, al quale è fimile il giufto, c'hà timo-

re del Signore. *Timor Domini ficut Paradifus benedictionis, & fuper omnem gloriam operuerunt illum.* Tiene la fiorita palma, in guifa di ches'in fiora; *Iuftus vt palma florebit.* La forma del piede in vna mano, per la poffeffione del Cielo. *Portio mea in terra viuentium;* E Dauìde ifteffo. *Pes meus ftetit in directo;* E forfi a tal propofito fauellò altroue; *Pedes Sanctorum fuorum feruabit;* Referbandogli la poffeffione del Cielo. La foglia verdeggiante. *Iufti autem quafi virens folium germinabunt.* L'oro, e l'argento fotto fedi, non facendone conto, mà fi cõtenta di poco hauere; *Melius eft modicum iufto fuper divitias peccatorum multas.* E'l paffere (per fine) folitario nel capo, ch'ombreggia la folitudine. *Sicut paffer folitarius in tecto.*

Cant.1.D. 15

Ecclefiaft. 40.D.28.

Pf.91D.13

Pf.141.E.5
Pf.25C.12

1.Reg.2.B. 9.

Pro ijD.28

Pf.36 B.16

Pfal. 101. B. 8.

GIVSTITIA. G. 79.

Donna di vago afpetto, qual tiene fu'l capo vna palla_ rotonda, e nelle mani vna Forbice, con che diuide a molti, che le ftanno piegat'a i piedi, vn panno tanto per vno, ftà in piedi fopra vna pietra quadrata, e da_ vn'altra parte vi ftà vn ripofto, oue fono molti libri della legge, e molti rami di fino Balzamo, e di fopra vna gran porta, onde fà vfcita vn fplendore.

La giuftitia quì non fi prende per vna virtù, e perfettione generale, quale non contiene niente di malo, e di peccato, come il Padre San Girolamo fcriuendo a Demedriade dice, che tutte le fpecie delle virtù fi contengono in vno ifteffo nome di giuftitia; Mà fi parla della giuftitia fpecial virtù, vna delle quattro Cardinali, che altro non è fecon-

do Sant'Ambroggio, ch'vna cofa, ch'a ciafcuno dà quel, ch'è fuo, non cercando cofa di m'ale, e l'Imperador Giuftiniano la diffinifce in quefto modo. *Iuftitia eft conftans, & perpetua voluntas ius fuum vnicuique tribuens.* E'l Filofofo la chiama preclariffima, e maggior di tutte le virtù.

La giuftitia è grandiffima virtù, della quale fi dourebbono tanto

Hier. ad Demed.

Amb.1. de offic.

De iuft. & iure in Prohem. & Arift.2. Ethic.

to seruir gl'huomini del mondo, come cosa, che gli rettifica gl'animi, gli solleua le potenze, e l'illumina nelle vere strade del Signore, nè fia possibile, che si possa giugnere a riceuer altre virtù, nè gradi di perfettione, se dianzi non si fà acquisto di lei; Quindi diceua

If.56.A.1. Iddio per bocca d'Isaia. *Custodite iudicium, & facite iustitiam, quia iuxta est salus mea, vt veniat, & iustitia mea, vt reueletur.* Virtù, per cui si fà acquisto di pace, e di si-

If.32.D.17. curtà in sempiterno. *Et erit opus iustitia pax, & cultus iustitia silentium, & securitas vsque in sempiternum.* Virtù perpetua, ed immortal principio di vita, oue il suo contrario è vn'acquistar la morte.

Sap. 1. A. *Iustitia enim perpetua est, & immorta-*

15 *lis, in iustitia autem est mortis acquisitio.* Ed io adesso m'aueggio del fauellare, ch'vna tal fiata fè il sauio ne' prouerbi, oue diuisò, ch'il principio della buona strada è il far la giustitia, qual'è più accetta

Prouer.16. a Dio, che far' i sacrifici. *Initium*

A.5. *via bona facere iustitiam, accepta est autem apud Deum magis, quam immolare hostias.* E a primi sembianti par che fauelli in maniera molto oscura, ch'il far la giustitia più gradischi al Signore, che l'offerir di sacrifici, e parmi certo esser'il contrario, douendo più vaggheggiar l'occhio di Dio le cose, che se l'offrono, e i sacrifici, che gli si fanno da noi; specialmente con amore, ch'ogn'altra attione, essendo la giustitia, ò altro cosa estrinseca, ed i sacrifici concernéti il proprio culto, e l'honore della maestà sua; tutta fiata, non posseua dir con più altò stile, nè dimostrar più verità viuace di questa il sapientiss. mo Salomone, che gli atti di giustitia debbonsi anteporre ad ogn'. altro, e a' sacrifici stessi, e quelli

esser più grati a Dio, non essendo cosa ou' egli più miri, quanto al mantenimento del giusto, di che egli stesso n'è vago cotanto, essendo quello fondamento di tutte virtù, di tutti beni, e sacrifici, ed altro; nè possono quelli giamai hauer niente di merito, se non gli precede questa virtù, ou'il tutto si fonda; e credo, ch'all'istesso volesse alludere il santo Esaia, benche sotto oscuro fauellare; *Super muros tuos constitui custodes, tota*

If 62.B.6. *die, & nocte non tacebunt laudare nomen Domini.* Ou'il santo Profeta parche vadi dicendo, che sù le muraglia di qualche Città vi pose per custodie molt' huomini; mà stauano armati di canti, e lodi, che voleua dir in fatti l'oraculo del Signore? ch'vna Città s'habbi a difender da nemici con lodi, orationi, e canti; a me pare, che sian mistieri buò armi, e copia di coraggio, e non il breuiario, e la corona, per ostare a' nemici; altissimo è il sacramento velato sotto parole oscure, e benche il concetto non sia sì nouo, sia però, lecito dirsi in comprobatione di nuoue cose, e dirò per intendere sì alto secreto dello Spirito santo, ch'anticamente era costume tenersi i tribunali nelle porte delle Città, alquanto indisparte sù le mura, oue si ministraua la giustitia, hor volea dir il Profeta, fauellando in persona di Dio a' ministri di sì rara virtù, e sostegno di tutte l'altre, Io hò posto li custodi, ò soldati sù le mura, per guardar la Città, che sono i giudici, che tengono le leggi in mano, e quando costoro haran ben giudicato, e ministrato rettamente la giustitia, ad vn'hora istessa haran guardata la Città dell'anima da tutti nemici di vitij, e v'ha-

A_a 2 ranno

rannò introdotto molte virtù, e buon vsanze, ed altresì mi faran più grate le loro attioni, e di maggior gusto di quelli, ch'attendono a lodarmi con Orationi, con canti, con sacrifici, ed ogn'altro, non essendoui maggior oblatione, che possa fermasi, quanto maneggiar bene la mià legge, e dar a ciascheduno il douuto merito. *Tota die, & nocte non tacebunt laudare nomen Domini.* Hor questi sono, che con tanto studio dan lode al Signore, il che gl'è più grato d'ogni sacrificio. Questa è la più perfetta giustitia (diceua il gran padre Agostino) con la quale le cose migliori p'ù amiamo, e le cose minori, meno. La molta giustitia (diceua lo stesso) incorre nel peccato, e la temperata fa i perfetti. La giustitia (dice Ambrogio) più giou'a gli altri, ch'à sé medemo, dispreggiando le sue vtilità, e proponendo le communi. Tutte le specie delle virtù in vn sol nome di giustitia si contengono, dice Girolamo, e l'humana giustitia còparata alla diuina è ingiustitia, perche la lucerna risblende nelle tenebre, mà posta ne' rai solari s'oscura, dice Gregorio Papa. La giustitia non conosce padre, nè madre, mà conosce la verità, non prende persona niuna, non facendo eccettione, mà inuita si bene volòntieri al Signore, dice Cassiodoro.

La giustitia è libertà dell'animo, dando a qualunque persona la propria dignità, al maggiore la riuerenza, al pari la concordia, al minore la disciplina, a Dio l'obedienza, a sé la santimonia, ed al bisognoso la misericordia, dice Anselmo.

Quindi si dipigne dà bella Donna, perche bellissima è questa virtù, dando a ciascheduno il suo, che

però con le forbici diuide a molti vn panno, essendo proprio di quel la dar'a ciascheduno conforme il douere, ed i propri meriti. Il Principe de' Geroglifici significò per le penne del Struzzolo, che sono eguali, e senza differenza, questa virtù; e'l medemo, per significar il culto della giustitia, dipinse vna Donna di vago aspetto co'l manto cascato indietro, e che con la sinistra mano affrenaua il capo d'vn fiero Leone, riferendo esser così descritto in alcune imprese antiche, il che mostra il dominio, e la possì sì grande di cotal virtù, in raffrenar le passioni, e far'il giusto in tutte le cose. Tiene la palla su'l capo, simbolo dell'eternità, e perpetuità, essendo la giustitia vna costante, e perpetua volontà di dare a ciascheduno il suo douere, la qual perpetuità s'hà rispetto alla volontà, sola quella di Dio hà questo proposito perpetuo di far sempre il giusto, se alla volontà humana, s'intende rispetto all'oggetto giusto, perpetuamente douendosi far quello. Stà sopra la pietra quadrata, perche ella non fà torto a niuno, mà a tutti il giusto, e'l douere, e si come vna tal, pietra è vguale da tutte le parti, altre tale questa virtù a tutti fà il douere, a nobili, ignobili, dotti, ignoranti, piccoli, grandi, e a' tutt' in fine; o pure la pietra sembra la fermezza, e stabilità delle grandezze, quali si conseruano per la giustitia, ed i grandi non han meglior mezzo, per mantenersi, quanto in vsare questa virtù. I libri della legge sembrano il fondamento di tal virtù, fondata sù quella, come disse Costantino Giureconsulto. *Quod eius est ars boni, & æqui, ius autem est, quo cognoscitur, quod sit iustum.* Talche sta fondata **sù la** sù la legge, per la quale, fi regge la giuſtitia, e ſi conoſce da tutti. La porta, per fine, onde eſce lo ſplendore, ſembra il Paradiſo, e la gloria, che ſi dà a chi, ſiegue le ſue pedate, e l'orme.

e Alla ſcrittura ſacra. La giuſtitia ſi dipigne da Donna, che tiene le forbici, e diuide il panno a molti, conforme i meriti; e dà a ciaſcheduno quel, ch'è ſuo, coſì diſſe Dauide, parlando di Dio, in cui è la vera giuſtitia. *Quidat vnicuique iuxta opera ſua.* E San Matteo. *Et vni dedit quinque talenta, alij autem duo, alij vero vnum, vnicuique ſecundum propriam virtutem, & profectus eſt ſtatim.* Stà, di volto vago, ed allegro. *Latentur qui volunt iuſtitiam meam.* La palla ſu'l capo, che ſim-

boleggia l'eternità, ò l'immortalità, perche è perpetua, ed immorta le la giuſtitia. *Iuſtitia perpetua eſt, & immortalis.* La pietra quadra, per lo giuſto, e per la miſura eguale; che fà a tutti. *Iudicium in pondere, & iuſtitiam in menſura.* O pure ſembra la ſtabiltà del ſoglio regale. *Iuſtitia firmabitur ſolium.* I libri della legge, onde tiene origine, ed oue ſi fonda la giuſtitia. *Si enim data eſſet lex, quæ poſſet viuificare, vere ex lege eſſet iuſtitia.* I rami del Balzamo, quale è di molto odore, ombreggiano la bona fama, e la virtù, in ſegno che chi miniſtra la vera giuſtitia è pieno di virtù, e ſantità, diuiſando coſì ne' prouerbi Salomone. *In abundanti iuſtitia virtus maxima eſt.*

Pſalm. 61.
B. 13.
Matth. 25.
C. 14.
Pſalm. 34.
D. 27.
Sap. 1.
D. 15.

Iſai. 28.
E 17.

Prou. 16.
B. 12.

Gal. 3.
D. 22.

Prou. 15.
A. 5.

GLORIA DEL CIELO. G. 80.

Donna di belliſſimo aſpetto, coronata di varie corone,
co'l veſtimento freggiato, & ed arricchito con gemme
preggiatiſſime, ſopra le qual corone terà vn ſpecchio,
mà couerto, in vna mano haurà vna figura ſferica, e
nell'altra vn corno di douitia, e a' piedi di quello vi
ſia vna rete, e dauanti vna lautiſſima menſa.

La

LA gloria del Cielo è quella, ch'il Signore fà vedere a' Santi fuoi nel Paradifo colla vifione beatifica ; con che fi vede fua Diuina Maeftà , la qual gloria dice il Padre S. Ambrogio è vna chiara notitia con molta lode. Si dipinge da Donna belliffima, e di vaghiffimo afpetto, per effer colme di beltate le cofe,che vi fi veggono, fiche, l'Apoftolo S. Paulo diffe,effer fecreti di tal fatta,e cofe di tal maniera vaghe, che mai occhio hà vifto le fimiglianti, nè orecchio l'hà fentito, nè giamai vennero in confideratione di cuor humano ; e quefta è la gloria, quale benche fia accidente a'beati, tutta fiata è delle cofe più migliori, c'hà creato Iddio, nè poffea crearla migliore. Le gemme, con che s'arrichifce il veftimento, fono le varie reuelationi, c'hanno i beati, che là godono . Le varie corone fono l'aureole, che donà a' Santi colafsù, e le palme gloriofe di vari meriti, riceuendofi quel la gloria come mercede da quelli, che hauranno oprato, e faticato,de congruo però,e come heredità da quelli, che la riceuono affolutamente per i meriti di Chrifto, come fuoi heredi, come fono i fanciulli, che muoiono dopo il Santo Battefmo. Lo fpeccio su'l capo ombreggia,che quella è vifione faciale, e prefentiale non enigmatica, nè per aftrattione. Stà ricouerto quefto fpecchio, perche non fi fa vedere quell'oggetto, fe non in Cielo , e da gli eletti. La figura sferica è fimbolo dell'infinito, perche infinita è quella gloria, ed eterna fenza mai finire , benche i Beati la godino alla maniera finita, per effer finite le lor potenze. Il Corno di douitia fi è, per le ricchezze ineftima-

bili, che v'appaiono , e per la felicità, e pace che vi fi gode, effendo di ciò fignificato quello. La rete dinota l'elettione, e predeftinatione de' Santi a cotefta gloria , racchiufi colà, alla maniera di pefci nella rete, e ficome fra tâti pefci, che fono nell'ampiezza del mare, alcuni pochi fi ftringono nella rete, così fra tante creature raggioneuoli,poche fon quel le, che giungono a goder sì felici beni.Vi è per fine la menfa sì lauta, che fimigliante può dirfi quella del Cielo , oue fi guftano i cibi fourani, ch'affatto fatiano l'appetito, e rendono fpenti i defideri; nè vi è brama più defta, nè defio d'altro , folo che d'amare, e goger' Iddio in fempiterno.

Aueriamo il tutto con la fcrittura facra, Si dipinge co'l veftimento cotanto vago la gloria del Cielo per la fua molta beltade , e magnificenza,come diuisò il Profeta reale . *Et cantent in vijs Domini: quoniam magna eft gloria Domini.* è grande perche èeterna. *Qui probatus eft in illo , & perfectus eft , erit illi gloria æterna.* Le varie , e pretiofe gemme, che l'arricchifcono, fur allegorate per quelle del Sommo Sacerdote. *Torto cocco opus artificis . & gemmis pretiofis figuratis in ligatura auri,& opere,&c.*e qui al tresì sebrano le varie reuelationi di beati celebrate da Dauide. *Reuelabit condenfa,&in templo eius omnes dicent gloriam.*Le varie corone, che tiene in capo, fono l'aureole, e le palme inuittiffime di beati,figurate da Zaccaria. *Et corona erüt Helem, & Tobia, & Idaia. & Hem, filio Sophonia,memoriata in temploDomini.* Lo fpecchio , c'hà fu'l capo fenza macchia veruna , fembra la vifione beata . *Candor enim lucis æterna , & fpeculum fine macula Dei maie-*

Ambr. fu-per epift.ad Rom.

Pf.137 B.S.

Ecclefiaft. 31. A. 10.

Ecclefiaft. 45.B.13.

Pf.28,C.9.

Zatch. 6. D.14.

Sap.7C.26

maiestatis , & imago bonitatis illius ;
vedendos' il tutto facialmente , e
presentialmente com'vno vede la
propria imagine nello specchio,
non per far figura , ò enigma , ò
per astrattione, com' in questa vita, come diceua l'Apostolo. *Vide-*
mus nunc per speculum in enigmate:
tunc autem facie ad faciem. Nunc cog-
gnosco ex parte : tunc cognoscam,sicut,
& cognitus sum, Mà stà couerto que
sto specchio , per esser nascosta
quì a noi questa gloria, e l'oggetto di lei, ch' è il grande Dio. *Vere*
(diceua Esaia) *Tu es Deus abscon-*
ditus, Deus Israel saluator. La figura sferica, per l'infinità della gloria. e quest' era il tesoro infinito
di che fauellò la Sapienza *Infini-*
tus enim Thesaurus est hominibus: quo
qui vsi sunt, participes facti sunt ami-
citia Dei. propter disciplina dona com-
mendati. Il corno di douitia per
l'eterna felicità, e per le ricchezze inestimabili, che colà dona Iddio a' Santi suoi. *Vt sciatis qua sit*
spés vocationis eius, & qua diuitia
gloria hereditatis eius in Sanctis. E
quest'era l'impresa, e l'assonto di
Paulo medemo di predicar' alle
genti. *Mihi omnium Sanctorum mi-*

nimo data est gratia hæc ; in gentibus
euangelizare inuestigabiles diuitias
Christi. La rete, oue si racchiudono i pesci , in guisa de gli eletti
nella gloria , ch'a quella fù dal
Saluatore rassembrato il regno di
Cieli . *Simile est regnum cælorum sa-*
gena missa in mare, & ex omni gene-
re piscium congregati, quam cum &c.
E se pochi pesci vi si racchiudono, pochi sono i beati infra tant'
huomini creati al mondo. *Multi*
enim sunt vocati, alla fede christiana, *pauci vero, electi,* alla gloria beata. E per fine la mensa lautissima,
c'ombreggia la gloria, in sembiā-
za di cui fauellò Christo di quel
Rè, che fè le nozze al proprio figlio. *Simile factum est Regnum Cælo-*
rum homini Regi, qui fecit nuptias fi-
lio suo &c. Ecce prandium meum pa-
raui, tauri mei , & altilia occisa sunt
&c. Ed Esaia allegoricamente ne
fauellò peranche . *Et faciet Domi-*
nus exercituum omnibus populis in
monte hoc conuiuium pinguium , con-
uiuium vindemia. Que sono cibi,
che satiano in tutto , di che era sì
vago il Profeta reale satiarsi. *Tunc*
satiabor cum apparuerit gloria tua,

I. Cor. 13.
D. 12.

Is.45 C.15

Sap.7.B.14

Eph.1.C.
18.

Eph.3.E.8

Matth.13.
E.47.

Id.22B.14

Id.22.A.2

Is.25.B.6;

Ps.16.D.15

GLORIA MONDANA. G. 81.

Vna Donna coronata, co'l vestimento dorato, con volto altiero, e gioioso , harà lo scettro in vna mano, a
piedi da vna parte le sia vn sepolcro , e vicino molti
vermi, che rodono certe carni, ed ossa, e dall'altro lato alcuni mazzi di fieno, e certi fiori smorti, e lāguidi.

E Cosa molto vana , ed inganneuole la gloria del mondo,
da che sono restati ingannati cotanti miseri mortali, atteso gli sè

mostra di molte cose vaghe, belle , e di preggio, co'l sembiante
d'eccellenze , di titoli, e maiestà,
mà nel vero non si trouorono in
                    mano

mano altro, ch' il semplice niente ; l'artefice di ciò è il demonio,
che l'ingrandisce, le colora, e
l'estolle, per farle parere in guisa
di beni, acciò nel petto di qualunque huomo si sia, vi naschi brama,
e s'accendi fiamma d'affetto, per
poterle gustare, mà nell'esser proprio, ed in fatti sappi ciaschuno
esser quelle vn'ombra, ed vn nien
te, di qual astutia infernale, ba-
stogli l'animo vna fiata valersene
con colui, che tiene intiera contezza del tutto, recandolo sù vn
alto monte , mostrandogli cotal
gloria bugiarda . *Et ostendit ei om-*

Matth. 4.
B. 8. *nia regna mundi, & gloriam eorum.*
Oue gli mostrò vn niente, e sem-
brò mostrargli gran cose, ch' il
Vangelista le nomò tutti regni del
mondo, che, da qualunque monte
si sia, non possono ammirarsi . O
quanto è vero, che le cose di questo mondo , e le più grandi, e sublimi sono nulla, e se pure san
ritegno di qualch' essere è molto
picciolo, e d' altra guisa di quel,
che ne' sembianti mostra . Quindi
il gran segretario di Christo nelle
sue reuelationi vidde vna donna
maestosa caualcante superbissima
bestia, vestita di porpora, ammantata di ricchissimi freggi, e con vn
velo d'oro tempestato di gemme.

Apocal. 17
A. 3. *Mulier erat circundata purpura, &*
coccino, & inaurato auro, & lapide
pretioso, & margaritis, habens pocu-
lum aureum in manu sua plenum
abominatione, & immunditia forni-
cationis sua. Mà donna sì realmente vestita recaua in mano vn vaso d'oro pieno d'abbominatione,
e d'immonditia ; Che cosa è questa , che vedesti ò Giouanni ? e
come infra la maestà di questa
donna, l'oro , le gemme, e vasi
preggeuolissimi degni di mense
reggie, ammirasti l'abbominatio-

ne , e l'immonditia ? e come ac-
coppians' i titoli di cotesta donna
co'sembianti di pompofissima
reina, co'l recar l'immontia, ed
abbominatione merettricia?ah che
quest' è 'l pensiero velato sotto
apparenze ineguali, questa donna superba, faustosa, e ricca è
ritratto delle superbe glorie del
mondo, che sembrano felicità in-
comparabili, e beni di grandissimo preggio, mà di sotto vi stà
l'abbominatione, e l'immonditia,
poiche altro non scuopres' in
loro, che miserie, pouertà, dissonori, opprobri, vergogne, disgusti afflittioni, ed ogni male, in fine; e per maggiormente auuerar
questo concetto, hauea questa
donna scritto nel fronte a lettere
sì grandi. *Misterium,* quasi dicesse,
benche sembro sì altiera, e sì
grande nella gloria mondana, mà
vi stan celati i misteri co'miei beni apparenti, perche s'hò denari, titoli, e maestà, sotto quelli vi
si nasconde estrema pouertà, per
esser cose, che non satiano, nè
danno compito piacere , anzi nel
meglio mi lasciano trabboccata
in mille miserie; s' io stò ricouerta d'oro, di porpora, e di gemme,
ò quante calamità vi stanno di
sotto velate di tante persecutioni, odij, e male volontà, e se reco
pur troppo gloriosa il vaso d'oro
in mano, hoime, che par vi stia
dentro il nettare dolcissimo di
contenti, e l'ambrosia pur troppo
felice d'humani piaceri, mà nel
vero vi sono abbominatione, e di
disgusti, che ogn'hor sono in terra, ed immonditia, ò l'amarezza
del fiele delle passioni, che sem-
prè gustano i mondani miserabili, per non esserui nel mondo altro, ch'infelicità, dolori, e pianti
celatisi sotto finte allegrezze, ed

Bb   ap-

apparenti follazzi , e'l diauolo è
il miniſtro, che l'amanta , e cuopre , facendogli rauuiſar beni di
tal fatta , ch'i mortali forſennati
ſouente ſi d.ſtogliono da veri beni,e da ſuperni contenti, per que'
buggiardi, e di finti. Quindi diſſe
il gran Padre Agoſtino,fauellando
Auguſt. in
Pſal. 149. a queſto propoſito, che la gloria
di queſto ſecolo è vna ſoauità fal
lace,fatica infruttuoſa,timor perpetuo, pericoloſa ſublimità, è
principio ſenza prouidenza , mà
fine con quella.

Chriſoſt.
hum. 4. Si deſideri gloriarti (dice Chriſoſtomo) diſpreggia la gloria , e
ſarai più di tutti glorioſo.

Bernard.
ſup.Cant. La virtù (dice Bernardo) è madre della gloria, e ſola , alla
quale ſi deue per ogni raggione.

E tanta la bellezza della giuſtitia , e tanta la giocondità dell'e-
Augu. lib. terna luce , e dell'incommutabil
de moral. ſapienza, che etiandio non s'haueſſe a ſtar là, più che vn giorno,
ſi douebbono perciò diſpreggia-
re tutti contenti, e tutti piaceri di
queſta vita, dice Agoſtino.

Idem de Nella Città di Dio (dice l'iſteſ-
Ciuit. Dei. ſo) il Rè è verità , la legge è carità , la dignità è giuſtitia , la
pace è felicità, e la vita eternità;
mà nella città del diauolo il Rè
è la falſità , la legge cupidità , la
dignità iniquità , la lite felicita, e
la vita è temporalità. Hor fuggaſi
dunque la mondana gloria , e ſi
ſiegua ſolo quella del Signore.

Quo magis à Phœbo diſtar ſoror,
hoc mage nobis
Fulget , at à ſupera lumine
parte caret,
Cum verò fratri iuncta eſt , non
lucida nobis.
Illa quidem eſt : ſupero fulget
ab orbe tamen.
Eſſe Deo quiſquis cupit ergo ful-
gidus, ipſi

Hœreat , & mundi ſpernat
inane decus.
Nam quo mortales quiſquam eſt
mage fulgidus inter ,
Hoc minus eſt magno fulgidus
ille Deo.

Si dipigne, dunque, la gloria
di queſto mondo, da donna coronata,in ſegno, ch'i miſeri mortali ſi perſuadono eſſer gionti alle
vere corone , ed a' veraci imperi, quando ſono in certi gradi
d'honore, e quando giungono à'
titoli, ad officij, e dignità, facendo pompoſa moſtra d' oro , e
d'argento. Tiene lo ſcettro,in ſegno del dominio , c'hanno in terra, ò pure moſtrano bellezza , ò
altro di vago ſi glorioſamente,
che Pierio per geroglifico di ciò
v'aſſignò il Pauone , animale sì
colmo di gloria, che ſi mira con
tanto fauſto la coda, perſuadendoſi eſſer da tutti vagheggiata , e
auuedendoſi, che non è mirata la
laſcia cadere pieno di dolore, il
che è ritratto della gloria vana
di mondani, che ſono così bra-
moſi di farne vana apparenza, ed
iſpecialmente le donne vane, a' *Pier.lib.*24
quali ſi raſſembra il Pauone, ed *ibi de Pauo*
vna ſiata vna vergine Leucaida *ne.*
alleuò vno queſti animali, da cui
fù tanto amata, che morendo coſtei , toſto per duolo s'eſtinſe altreſì di vita l'animale vago di
pompa. Le ſtà il ſepolcro vicino,
che là doue s'imaginano immor-
talarſi in terra, in vn tratto ſi veggono dentro vn'oſcura ſepoltura
nella morte. Tiene vicino i vermi, in ſegno che quelli heredita-
ranno quelle carni, e quel corpo
tant'honorato, e tenuto con vezzi, e cianci, il che gli douebbe
eſſer motiuo a declinar da tanta
gloria. I faſci di fieno ombreggiano, che tutti gli huomini altre

non

non fono, che fieno, qual tofto marcifce, e fi reduce in poluere, che fi fparge all'aria. I fiori apparifcono belli, ridenti, ed alle-allegri, ch'alla lor vifta ogn'vn gioifce, mà al meglio che vuoi godergli l'ammiri fmorti, e languidi, come i grandi di quefta vita, che quando rauifanfi fu'l colmo della gloria, fenti che fono fmorti, ed impalliditi, e tralciati miferamente dalla falce della morte, ed ogni lor gloria fi termina con vn poco di fuono, e di pompa funebre.

Alla fcrittura facra. Si dipigne la gloria del mondo coronata, col fcettro in mano, che di lei fauellò Giobbe. *Complebunt dies fuos in bono, & annos fuos in gloria ;* È di quefta cotanto breue, l'Ecclefiaftico; *Pretiofior eft fapientia, & gloria parua, & ad tempus ftultitia;* E Da-

Iob 36.B.ij

Ecclefiaft. 10. A.1.

nide altresì ne raggionò; *Gloriam meam in puluerem deducam.* Stà coronata, e adorni di corone dipinfe Ofea i mondani gloriofi di momentanea gloria ; *Ipfi regnauerunt, & non ex me: principes extiterüt, & non cognoui:argentum fuum, & aurum fuum fecerunt fibi idola, vt interirent.* Il fepolcro, che pofcia ferà la ftanza loro, qual fe gli di pigne d'appreffo ; *Sepulcra eorum domus illorum in aternum.* I ferpenti, ed i vermi, ed altre beftie, che vi fi moftrano, feranno i loro hereditarij ; *Cum enim moritetur homo, hereditabit ferpentes, & beftias, & vermes.* I fafci di fieno, per fine, in fegno ch'ogni carne è fieno ; *Omnis caro fanum ;* E gli huomini tutti fono con la lor gloria, qual fiori fmorti, e languidi; *Omnis gloria eius quafi flos agri.*

Pf.7. A. 6.

Ofea8.A.4

Pf 48 B.12

Ecclefiaft. 10. A. 13.

If.49.A. 6

GOLA. G. 82.

Donna co'l ventre affai grande più dell'ordinario, tiene nelle mani vn globo di locufte, che volano infieme, a' piedi le fiano dué cani, che rodono cert'offa, le voli di lato vn Nibio, vicino è vna porta di laberinto, ed vna bocca di fepolcro a' piedi.

Auguft. & Tho.2.2.q. 148.art.1.

LA Gola (fecondo il Padre S. Tomafo) è vn appetito inordinato di mangiare, e bere, fecondo il gufto ne' cibi, e beuende.

Il peccato della gola, è molto enorme, effendo caggione di molti graui errori, ed effendo ftromento, per condur i golofi ad ogn' altro peccato,ed io l'appellarò padre della concupifcenza carnale,e della sfacciata libidine, nè lo direi, s'a chiare note non l'haueffe

diuifato l'Apoftolo S. Paolo . *Nolite inebriari vino , in quo eft luxuria .* Benche par fauellaffe dell'vbbriacchezza affolutamente , mà l'Apoftolo S. Giacomo, par che vi facci il commento. *Epulati eftis fuper terram, & in luxurijs enutriftis corda veftra in die occifionis ;* Ou' è da notare quella parola dell'Apoftolo, *In die occifionis.* Volendo alludere, ch' adu'n'hora ifteffa, che l' huomo corre fenza redeni nel

Ephef.5.D. 18

Iacob. A 5

peccato della gola, attendendo alle mangerie, ed alle crapule, adiuiene colmo di fuoco di libidine, e di fiamme pur troppo bruggianti di carnalità, ch'vccidono in vn baleno l'anima miserabile, per douer poscia auuampare nell'eterne fiamme. Errore dirò che sia il peccato della gola, e suono, al cui ribombo sentonsi cotanti suoni al pari di vitij scelerati, il suono della loquacità, della murmuratione, e dell'infamia, il suono della sbalordagine, con che l'huomo, vscendo fuora di sè stesso, volge il tergo al Signore, pone in oblio il cielo, per cui è creato, da di calci alla sua legge, restando il misero per ogni lato colmo d'errori, nè è suono di male, che non rispon da al suo vie più d'ogn'altro infausto, c'hora m'auueggio d'vn pensiero del S. Esaia, quando fauellò tal fiata d'vn cimbalo assai risonante, mà tutto alato, atto a volare in molte parti. V'è terra (dis.

If. 18. A. 1.

s'egl)*Cymbalo alarum, qua est trans fumina Ætiopia, qui mittit in mare legatos, & in vasis papyri. super terram*, ch'a primo incontro parche sia difficultoso il suo fauellare, poterli ritrouare vn cimbalo stromento ordinario. e c'hauesse l'ali,

Glos.

perche fur intesi dalla Chiosa ordina ria gli Eretici persecutori della Chiesa, quali sono cimbolo, mà voti di carità, secondo il parlare

1. Cor. 13.
A. 1.
De Lira.

dell'Apostolo *Si churitaté non habeä factus sum velut es sonans, aut cymbalum tinniens.* Nicolò de Lira v' intese il Rè d'Egitto, quale fè molte promesse al regno, mà al fine si trouò vn voto cimbalo. Vgone

Vgo Card.
& Hierou.
bic.

Cardinale, e S. Girolamo v'intescro i libri de gli eretici, quali volano a guisa di vn cotal cimbalo in varie parti, spargendo suono di false dottrine, e cento cose

dicono i dottori, mà se infra tesori offerti potrò anch'io donarui vn minimo minuto, dirò che sia questo cimbolo il peccato della gola, che fà suono cotanto rauco, e discordante ne'golosi, che trangoggiano senza misura, al tocco di cui non è mano, nè è vitio, nè peccato, che non vi facci insieme infausto suono di male, e'l suo canto d'errore, ed habbi l'ali, e qual istromento così malageuole lo richino in tutte le parti del mondo; in tanto che fin volò vna fiata nel campo del paradiso terrestre, e i primi nostri padri fur vaghi anch'eglino di cantarui vn mutetto, onde, come da fonte malageuole a marauiglia, sgorgò la ruina del mondo. Esaù a questo suono vi diè voce ancor egli, perdendoui la primogenitura. Oloferne dopo le crapule, e l'vbriachezza, vi perse la vita, ed hebbe tanta forza questo suono, benche fosse sì discordeuole, di giunger' allo recchie d'Epicurei, che vi cantorono madrigale pur troppo scelerato, asserendo, ch'in suono tale del mangiare, e bere, fosse l'humana beatezza, nè douesse giamai ritrouarsene maggiore, anzi che dopo nell'altro secolo non si douesse sperar altro piacere.

Peccato, ch'i sacri Dottori v' hebbero gran motiuo di raggionarne, il Padre S. Ambrogio disse esser mala la seruitù, che si fà alla gola, la quale sempre dimanda, e

Ambr. ser. de Ieiun.

mai si rende satia, e che cosa è più insatiabile del ventre? hoggi riceue, e dimani manda via.

La fame (dice l'istesso) è amica alla lasciuia, e la satietà discaccia la castità, e nutrisce il piacere.

Idem serm. quadrag.

La gola produce innumerabil compagnia di vitij per conflitto, e
ruina

Gregor. in
reg.idē ibi.

ruina dell' anima, dice Gregorio
Papa, il qual vitio vinto, fi fog-
giogano molt' altri vitij, dice
l' iſteſſo.

Quaſi fouente il piacere accom
pagna il mangiare, imperòche
mentre il corpo fi riſolue nel dilet-

Greg.lib.I.
moral.

to della refettione, il cuore fi ri-
laſſa nella vana allegrezza, dice il
medemo.

E per fine la molta fatietà della
gola, ingombra la mente, e chiede
affatto peruertere lo'ngegno, di-

Iſid. lib. 3.
de ſum. bo.

ce Iſidoro.

Quindi altri diſſe d'vn' huomo
gareggiante, e goloſo nel ſuo emblema.

Andreæ
Alciati em
blema 14.

Voce beat torua, prælargo eſt gut-
ture, roſtrum
Inſtar habet naſi multiforiſq;
tuba.
Deformem rabulam, addiĉtum
ventriq;, gulæque
Signabit, velucer cum Truo pi-
ĉtus erit.

Quindi queſta donna tiene vn
ventre così grande, perche il goloſo hà poſto tutto il ſuo bene nel
mangiare, e bere, e tutti ſuoi diletti, all'vſanza di Epicurei, ch'altra felicità non ſtimauano, ſolo
quella, ch'era nel mangiare, e bere, *Commedamus, & bibamus poſt mor*
tem nulla voluptas. E vorrebbe con
tinuamente attendere a quello, e
ſe foſſe poſſibile hauer cento ſto-
machi, quanti n'hebbe il fauoloſo
Briareo, come ſi finſe, per ſodisfare alle ſue
ingorde voglie, volentieri li ter-
rebbe. E le locuſte, che tiene nelle
mani, dinotano cotal voracità, eſſendo animali inſatiabili, c'hanno
la bocca quattrangulare, ed hanno
vno inteſtino, qual è ſempre pieno di fame, ed' immonditia, e gia-

mai è ſenza fame, perche ſempre
che quelle veggono qualche coſa
verdeggiante, ſubito la rodono.
Sono le locuſte tipo eſpreſſo di go
loſi, quanto alla bocca quadran-
gulata, perche in quattro modi
queſti commettono ecceſſo, prima
perche mangiano ſouerchio, ſecōdo
chiedono cibo delicato, terzo lo
vogliono ſontuoſamente apparecchiato, e quarto è l'ardente deſiderio, ch' auant' il tempo lo chiedono, queſti ſono i difetti, che
principalmente occorrono nella
goloſita. I doi cani, che rodono
l' oſſa, ſembrano l' inſatietà, e la
continua fame, che patiſcono i go
loſi, conforme a' cani, che molte fiate vomitano il ſouerchio,
così fanno loro, buttando quel,
che lo ſtomaco non può racchiudere. Il Nibio è animale deuora-
tore, e famelico, che ſempre ſi gira, e ſi ragira, finche facci preda
ò di coſa monda, ò immonda, a
tanto ſi reducono i goloſi, per non
hauer cibi delicati mangiano molte fiate mille ſporcitie, Vi è, per
vltimo, la porta del laberinto, nella quale chi v'entra perde il camino, entra per vna porta mà poſcia
ritroua molti diuerticoli, così è
queſto vitio della gola, porta, per
la quale s' entra in mill'errori, e
peccati. La bocca del ſepolcro,
che ſempre riceue corpi morti,
mai reſutandogli, così facendo i
goloſi, che mai riſutano cibo, nè
fanno quando ſono ſatij).

Alla Scrittura ſacra Hà il ventre inſatiabile, e così grande la
gola. *Venter impiorum inſatiabilis.*
Le locuſte voraci, ſimili a quali ſo
no i goloſi, che s'han fabricato per
Dio il ventre. *Quorum Deus venter*
eſt. Vi ſono i famelici cani, alla
guiſa di cui ſempre hà fame il goloſo, che và circuendo le città,
per

Prouer.18.
D. 26.

Philip. 3.
D. 19.

Pſ.3.B.19.

Pr.23.A.8

Zacch. 5.
D. 9.

per trouar cibi . *Famem patientur*
vt canes , & circuibunt Ciuitates . E
come quelli vomiterà i cibi.*Cibos,*
quos commederas , euoomes . Il Nibio
ingordo , del quale in figura fauellò Zaccaria di goloſi. *Mulieres*
egredientes & c. & habebant alas,
quaſi alas milui. Che ſempre con
quelle vola d'intorno,per ritrouar
il cibo. La porta del laberinto,per
che ſimigliante coſa di tutt' errori
è la gola, ch' in vn tratto ià diue-

nir nemica di Chriſto.*Inimicos cru-*
cis Chriſti, quorum finis interitus,quo-
rum Deus venter eſt . E madre della
lebidine. *Epulati eſtis ſuper terram:*
& in luxurys enutriſtis corda veſtra.
Reca le burle , le ciancie, e i giochi. *Sedit populus manducare, & bi-*
bere, & ſurrexerunt ludere . E finalmente ſepolcro è la bocca del goloſo , che mai rifiuta . *Sepulcrum*
patens ex guttur eorum.

*Phil.*3 D.18

*Iaco.*5.B.5

1. Cor. 10.
B. 7.

*Pſal.*5.C.ij

GRATIA DI DIO. G. 83.

Donna di belliſſimo aſpetto coronata , ſedente ſopra vñ
belliſſimo letto tutto infiorato,dinanzi habbi vn'orna-
tiſſima , e lautiſſima menſa ſotto l'ombra d'vn faggio
ameno, tenghi con la deſtra mano vn vaſo verſato al-
l'ingiù , che butti l'acqua in terra, e nella ſiniſtra vn
fiore.

B.Tho.2.2.
q.23.ar.3.

LA gratia di Dio non è altro
(ſecondo il Dottor Angelico) ſe non vna certa approſſima-
tione della gloria in noi , ò vero
vn'agiuto , c'hà miſtieri l'huomo
per conſeguire la beatitudine.
Chiamaſi in Hebreo Chen. che
vuol dir fauore, clemenza, ò dolcezza ; ò pur la gratia viene dal
verbo Chanan, che vuol dire, hauer miſericordia, ò far bene gratioſamente , come appunto è la
gratia,che ſi dona dal gran Signore per mera ſua miſericordia, e
bontà , non adoprandoui noi coſa
veruna da parte noſtra, ſe non alcune coſe, che de congruo ci di-
ſpongono a quella,ò pure median
te tal'opre Iddio la dona, ſuppo-
nédo però cattolicamente, ch'egli
indrizzi l'anima , e le dia gratia di
poter oprar bene, e diſporſi alla

recettione della gratia , non eſſendo poſſibile con le forze noſtre naturali, e co'l moto ſemplice del libro arbitrio, di poterci diſporre a
coſe ſopra naturali.

Habbiamo detto , che la gratia
gratioſamente ſi dona , e per mera
pietà del donatore, con la quale
vien giuſtificata l'anima chriſtiana, fauellando, però, della gratia.
Gratum faciente . Com' altamente
diuisò l'Apoſtolo San Paolo ſcriuendo a' Romani . *Iuſtificati gratis*
per gratiam ipſius per redemptionem,
qua eſt in Chriſto Ieſu. Il che affirmò
ancora il Padre Sant' Agoſtino.
Si gratiam ideo dedit Deus, quia dedit
gratis, gratis ama. Nè fia poſſibile,
ch'vn dono sì maeſtoſo poſſa ap-
preſtarſi alle creature raggioneuoli da altre mani, che da quelle
del Creatore,che per ciò fur amo-
ro-

Rom. 3. C.
24

Aug. ſuper
Ioann.

Cät.5D.14

rosamente vagheggiate dalla diletta sposa ricche, ed ingemmate
d'oro,e di pregieuolissimi giacin-
ti. *Manus illius tornatiles aurea plena
hyacintis.*

Dono da non potersi fare in
niun modo da altro, sol che da
quello, dicendo così il Citar sta
Pf.83D.12 beato. *Gratiam, & gloriam dabit Dominus.* Nè può appalesarsi ad al-
tro, ch'al buono, al giusto, ed all'
amadore di sì sourano Signo-
Pr.12.A.2 re. *Qui bonus est hauriet gratiam à
Idem ibid.* *Domino.* E l'istesso in oltre. *Oculi tui
vias Domini custodiant, vt addatur
gratia capiti tuo.* E la medema gratia giustificante vn'istessa cosa
realmente con la carita, mà differente solo quanto alla formalità,
rendendo quella noi grati a Dio,e
per la carità siam resi cari; hanno
poscia diuersi rispetti, se dalla parte nostra s'hà rispetto al Signore,
in quanto gli siamo in gratia, e
piacciongli l'opre nostre, gratia si
noma, mà se in quanto siamo amati da lui, è carita, qual'è l'istessa
cosa con la gloria;ò pure co'l Dot
tor sottile, prossma disposicione
a quella, rassembrandosi all'habito, e disposicione, imperoche questa gratia,ò carità in via è rimessa,
ma nella patria celeste è habito finale, consumato,ed intenso. E differente altresì la gratia detta dalla
preueniente, ò eccitante al bene,
quale non giustifica, ma solo illumina, dà motiuo di bene, e solleua
l'anima al ben'oprare. La gratia
del Signore perfettiona l'anima,
essendo accidente nobilissimo so-
pranaturale vie più nobile delle
sostanze naturali, ed è nell'anima,
com'il Nocchiero alla Naue,il Ca-
ualliero al cauallo, il sole all'emi-
sfero, e la guida al cieco; è mezzo
efficace per conseguir la gloria,
occhio veggente il vero Signore,

strada del cielo, principio, ed origine della gloria, vehicolo del
merito, sostegno del fuoco amoroso, fomento della carità, fiamma bruggiante i cuori humani,
ouè fiammeggia il vero amore del
Paradiso, Adamante fortissimo,ed
inuitto resistente a' colpi di tentationi, fuga di demoni, accrescimento di beni, e fondamento d'o-
gni christiano edificio.

O Dono singularissimo della
gratia di Dio, qual giamai si niega a niuno, fauellando della pre-
ueniéte,e della giustificante ancora,inueggendosi,però disposicione
nel suggetto, e adoprandosi quel,
che conuiene da parte sua, e'l Signore giamai si mostra mancheuole in verso noi sì preggiata
gioia, ed infra cento luoghi, che
potrebbon' occorrere alla proua
di ciò, bellissimo è quello dello
Spirito Santo ne' casti colloquij,
oue l'amante sposa inuitaua il diletto a fuggirsene velocemente,
qual capria, ò ceruo sù monti del-
l'aromati. *Fuge dilecte mi, & assimi-* *Cät.8D.14*
*lare caprea, hinnuloque ceruorum super
montes aromatum* Oue (senz'auisarmi male) scorgesi grandissima difficultà,essendo qnella sempre mostrata amante gelosa del suo diletto, si che hora lo chiama a far
venuta nell' horto, per gustare i
frutti delle sue virtù. *Veniat dilectus* *Id.5.A.1*
*meus in hortum suum,vt comedat fru-
ctum pomorum suorum.* Hora vagheg
giaua la scambieuolezza dell'amo-
re infra loro. *Dilectus meus mihi, &* *Id.2.D.16*
ego illi, qui pascitur inter lilia. Hora
gli amorosi vagheggianti, di che si
gloriaua cotanto. *Ego dilecto meo,* *Id.7.D.10*
& ad me conuersio eius. E tant'altre
fiate, che fù sì vaga d'hauerlo seco,ed habitaru'insieme, per ispec-
chiarnosi nella sua santità, ed hora
parmi ch'abborre la presenza d'vn
tanto

tanto amato ſpoſo, volendo, che' fugga da ſe più velocemente d'vna capria, certo sì, che ſotto oſcure parole velanſi occultiſſimi arcani, e ſottiliſſimi Sagrameti dello Spirito Santo. La Chioſa ordinaria intende, che la Chieſa Spoſa di Chriſto non altrimenti hà deſio, che ſi parti da ſe quello, ò dal mondo, mà ſolo ſauella così, per aſſentire al ſuo bramato deſiderio. Nicolò di Lira inteſe, che l'anima eſortaſſe il ſuo Dio ad iſpidirſi dal mondo, e trarla ſeco nel cielo da cotanti affanni di queſta vita. Ruperto Abbate vi conſidera il penſiero dell' anima, che non altramente è vaga di mirar le coſe terrene, mà le celeſti, e così inuita il diletto ad andarſene nel Cielo, ou'ella brama ſeco goder gli alti, e ſourani beni del Paradiſo; o pur co'l deuoto Bernardo, Anſelmo, e Caſſidoro, ella hà deſio, che fugga il Signore da queſto mondo fallace, e ſormonti nell'alto cielo; o che ſi tolga dalle fiere perſecutioni di tiranni, ò cerchi ripoſo colà, con Gregorio Papa, e vari ſono l'intelletti, che vi danno i ſacri Dettori, mà ſè infra tanti campioni inuitti potrà capire vn picciol pedone inerme, ed in tutt'iſpaſſato eſporrò queſto paſſo con quel, ch'i naturali auiſano del ceruo, che mentre è ſeguitato da cacciatori, e fugge, nel fuggir'iſteſſo, ramentandoſi di laſciati parti, tutt'ebro d'amore in verſo colà, oue albergano, ſouente ſi riuolge, e mira; in guiſa tale deſiaua l'anima giuſta ſpoſa di Chriſto, ch' egli tatto fuggiſſe dal mondo sì empie, e fallace, e ſen' volaſſe nell' alto cielo ſtanza d'ogni verace bene, onde in ſembianza del ceruo, a cui ſi paragona nel fuggire, volgeſſe gli occhi a noi ſua prole diletta, e influiſſe i fauoriti

doni delle ſue gratie; ch'altro non ſono ſol, che l'amoroſi guardi, ed affetti, con che egli prouoca ne' beni, e ſtabiliſce nella fortezza dello Spirito. *Fugge dilette mi, & aſſimilare caprea, hinnoloque ceruoru.* O mio diletto amato (volea dir la Spoſa) fugga nel cielo, e qual ceruo amoroſo riuolgami le luci, ch'i tuoi guardi non ſon altro, che la gratia ſteſſa, con che ſpero impiegarmi il tuo volere, e in oltre donami quella, che teco m'vniſchi, facendomi degna di goderti colaſsù ne' Chioſtri beati, del Paradiſo, ed in quelle ſtanze pur troppo ſourane; e ſicome (ò mio amato bene) non è poſſibile, ch'il ceruo fugga, e nò riuolgaſi in verſo i ſuoi parti sì amati; talmente non fia poſſibile, non habbi a farmi dono della tua gratia, e riuolgermi gli occhi di tuoi fauori, e toſto che mi dò al ben fare, mi fauoriſci con i tuoi gratioſi doni, e queſto è il penſiero dello Spirito Santo, ch'in guiſa di fugace ceruo ſi noma il diletto dalla ſpoſa celeſte, per auerars'il amoroſo ſtile del Signore, in donar sì prontamente la ſua gratia, e ſenza punto di dimora; ò gratia, ò dono di Cielo, intorno a che i Santi Padri ſi moſtrorono qual fiumi abendanti nel diuiſarne.

Il gran Padre Agoſtino diſſe, che nò può l'anima cercare Iddio, ſe non viene in termine tale, che poſſi cercarlo, che ſarà la medema ſua gratia. La gratia di Chriſto (dice l'iſteſſe) è quella, ſenza la quale, nè fanciulli piccioli, nè grandi poſſon ſaluarſi, nè daſſi altrimenti per meriti, mà gratioſamente; quindi gratia s'appella. Perche (dicea l'iſteſſo) venghi a coſtui la gratia, e non a quello, è occulta coſa il ſaperlo, queſto sò bene,

Gloſ. ſuper Cant.

Nic. de Ly. hic ſuper Cant.

Rup. Abb. ſup. Cant. 8

Sup. Pſ. qui hab. Bern. Anſel. hic Caſſiod. hic

Greg. in c. vlt. Cant.

Auguſtin. ſer. 83.

Ide. lib. de nat. & gra.

Ide lib. de Bapt. paru.

bene, ch'ingiufta cagione effer non può.

Mentre la gratia diuina illumina noi altri, tutte le cofe nafcofte della noftra mente fà manifefte, dice Gregorio Papa. *Greg.lib.8. moral.*

In tre cofe mi perfuado (dice Bernardo) confiftere la diuina gratia, nell'odio di paffati mali, nel difpreggio di prefenti,beni, e nell'afpetto, e brama di futuri. *Bern. de liber. arbitr.* E (dice l'ifteffo) balfamo purifimo tal dono beato, quindi richiede vn vafo, per conferuarfi puro, folido, e profondo. *Idem fup. Cat. fer. 54*

E più grande la gratia del Signore, che la noftra richiefta,imperoche fempre quello fà più dono, di che fe gli domanda, così dice Ambrogio. *Ambr. fup. Luc.*

La gratia di Dio non è altro (dicono i facri Teologi)parlando della gratum faciente, folo quella difpofitione di mente, per la, quale l'anima fi fà cara, e piacéuole a Dio, e per la quale confeguifce la fua beneuolenza; e l'imagine di Dio, che l'anima era ofcurata per lo peccato, di nuouo fi riforma,fi riftora,ed abbellifce, ed è l'ifteffa gratia vna forma fpirituale, ch'immediatamente fi genera da Dio nell'anima contr'il peccato, fe non formalmente (come dicono i Scotifti) almeno demeritoriamente,e conforme alla dottrina del gran Padre Agoftino, per quella i redenti, e predeftinati fono diftinti da reprobi. *Auguft. de verbis Do-*

Si dipigne dunque la gratia di Dio d'afpetto belliffimo, che vaghiffima è quell'anima, oue rifiede. Stà coronata nel capo, in fegno dell'eccellenza del dominio, e del Regno de' Cieli, ch'è per hauer vna tal'anima felice, adorna di sì beato dono. Stà fe-

dente fopra belliffimo, e fioritiffimo letto, che fembra il ripofo, che pofsiede vn anima del Signore. Hà dauanti vna menfa, lautiffima, perche gufta i cibi preggiatiffimi del Paradifo. Tiene vn vafo nelle mani, ch'all'ingiù verfa il licore, per fignificare che non hà miftiero più bere cofe mondane, effendo inaffiata, ed abbéuerata dall'acque di Dio, effendoli ad vn'hora che la gufta, fpenti tutti penfieri terreni, e vani defij di qui giù. E per fine hà vn fiore in mano, che fimboleggia la vaghezza,c'hà l'anima grata a Dio,che capeggia qual verde, ed infiorato Aprile,ed vna vagha, e leggiadra compagnia tutta di fior fmaltata, ò pure fembra l'odore, che dà al olfatto del Signore, qual ella fparge da vernanti fiori delle fue virtù; e pretiofi aromati delle fue attioni efemplari.

Alla fcrittura facra. Si dipigne la gratia di Dio di belliffimo afpetto, che di fembiante tale rende l'anima, che la ritiene, diuifando di lei Dauide. *Specie tua, & pulchritudine tua intende; &c.* *Pf 44. C.* Stà coronata di corona d'oro; *Corona aurea fuper caput eius.* Sédente fopra vn vaghiffimo, e belliffimo letto con la menfa auanti; *Sedifti in lecto pulcherrimo, & menfa ornata eft ante te.* Il faggio ameno, *Ezzecch. 23. F.* che le fà ombra gratiofa, in fegno che ftà fotto la protettione di Dio; *Sub umbra illius, quem defiderauetam fedi.* Il vafo riuolto all'ingiù,che butta acque,per efferle *Cat. 2. A. 3* fpenta la fete, hauendo guftata l'acqua di Dio; *Si quis biberit ex aqua hac, non fitiet in æternum.* *Ioa. 4. B. 13* Ed in fine, ha il fiore in mano, per la bellezza, che tiene, dicendo così d'vn'anima in gratia, e bella io

Cc Spi-

Spirito santo ne'Cantici spirituali ; *Suauis, & decora, sicut Hieru-*
salem; O sembra cotesto fiore
l'odore d'vn'anima tale, come ne'
casti colloquij sù rauisata in
guisa di tante fiorite, vigne, che

madauano soauissim' odore; *Vinea*
florentes dederunt odorem suum. La
cui aura soaue spirarà gratiosamente, e sarà accettata da Dio, e
con ogni soauità; *In odorem suaui-*
tatis suscipiam vos, cum eduxero vos.

Cāt.6.A.3   *Cāt.2 C.13*

Ezzech.
20. F. 41.

HIPOCRISIA. G. 84.

Huomo con habito lungo co' sembianti maturi, e diuoti, tenghi vn Cigno in mano, a' piedi gli sia vn'Agnello, ed vn Lupo, e dall'altra parte vn albero séc-
co spiantato colle radici in alto, e vicino vn albero di timo, ò di sambuco carico di fiori, e di sotto gli
sia vn fuoco acceso.

INfra tutti vitij abomineuolissi-
mo è quello dell'hipocrisia,
per esser finto vitio, e colmo di
simulatione, che corre dietro la
propria gloria, ed honore, quindi è capital nemico al Signore, à
cui deuesi ogni honore, ed applauso. Si dice questo nome, *Hypocre-*
sis ab hipo, quod est falsum, & crisis,
quod est iudicium, quasi falsum iudi-
cium. Facendo fare falso giudicio
a gli huomini, in veggendo l'hipocrita di fuori così pieno di santimonia, e bontà, persuadendosi
esser da douero santo, mà ne'fatti
veraci egl'è tutt' il contrario. E
tolto questo nome d'hipocrisia
da quelli, che ne' spettacoli fanno
varie trasformationi con faccie
velate, c'hora appaion da huomini, hora da donne, hora con vn
volto, ed hora con vn altro, recando vari sembianti; come apunto sono gli hipocriti, ch'in vari
modi, e finti appaiono, per ingannare altrui. E (al parer mio)
vitio tanto scelerato, empio, ed
infame, quanto è perfida la simu-

latione, e lo'nganno, ch'altro non
è tal maledetto errore, che senza
fallo si può nomare tigna della
santità, ruggine di virtù, verme
diuorante ogni Christiano bene,
costello, che tronca il verderamo
della carità, che tralcia i pendenti germogli di meriti, e suelle le
radici della giustitia. Parmi vn
acceso fuoco, ch'auampa nell'anime de gli huomini, per incenerir
ogn'opra buona, deuorando ogni
osseruanza, destruggendo ogni
pensiero spirituale, raffrenando
ogni caldo affetto, ed aggiaccian-
do ogni cuore nell'amore del Signore, e nella speme di paradiso.
Dirollo zizania frà'l mondo frumento, pecorella ammorbata in
frà'l gregge, pietra rozza frà le
gemme, rugginoso ferro frà' metalli, spina pungente frà fiori, serpe celato nell'herbe, e velenoso
licore frà'l miele, e'l dolcissimo
nettare. Rassembrasi cotal scelera-
gine ad vna meretrice diforme, e
sporca, quale si rauuisa vaga, di
fuori co'l volto colorato, con che
in-

inganna le genti, mà di dentro è immondiffima, colma di puzze, e fetori, ch' altrui infetta folo col peftifero fiato, ed infame conuerfationi ; come dice Chrifoftomo.

Vitio infra tutt' il maggiore parmi cotefto dell'hipocrifia sì colmo d'inganni, e fintioni, che ne'fembianti rauuifafi qual vaga virtù, atta a far formontare gli huomini nel Cielo, mà tofto i miferi caggiono nell'inferno. Lo Spirito fanto vna fiata fè per bocca del paziente (al parer mio) vna diffimigliante paragonanza infra la penna del graue Struzzolo, e del Aftore vie più d'ogn'altro leggiero. *Penna Structhionis fimilis eft pennis herodij, & accipitris.* Chi vidde mai più fauellare difficultofo, com'è in fi fatta comparatione ? mà dimmi Giobbe, tu parche non habbi contezza di cofa cotanto volgata, e chiara, che lo ftruzzolo egli fia animal differétiffimo dall' Aftore, ed oue quegli hà l'ali, e le penne lunghe, e graui, e per ogni maniera inetto al volo, è animal in tutto di terra, e quefti tutt' il contrario. hor come può raffembrarfi la penna di quegli sì graue, a quefti sì veloce, ed altiero nel volo, che nel largo campo dell'aria di tutti riporta il vanto, e la palma, ed a fua voglia fà preda di tutti vccelli. Io (quanto a me) non faprei hauer intendiméto del tuo fauellare ; al ficuro fotto ofcure parole, e ftrana fimiglianza l'oracolo Celefte è per fuelare altiffimo fagramento, e voleua quì paragonar (fe mal non m'auifo) il folo fembiante di sì terreftre vccello, e graue, e grauofo colla leggiadria, c'hà nel fuo volare quel l'vccello da preda, quafi che ombreggiaffe con viui colori il vitio

Chrifoft. homel. 50.

Iob. 39. B. 16

abomineuole dell'hipocrèfia, e de gli huomini forfennati, che fan legati, e vinti in cotal vitio fcelerato, ed empio, quali fono colmi d'errori, ricchi d' inofferuanze, e traboccheuoli in ogni iniquità, ed ecco mi fi raprefentano qual ftruzzoli, che par voglino fpiegar i vanni leggiermente più che l'Aftore, per formontar sù gli alti monti del Paradifo con le lor finte bontà, mà miferi occecati negli errori, nè anco poffon mouerfi di terra, ftando fcemi di virtù, ed inpoueriti affatto della gratia del Signore, e quefto fenza fallo era il penfiero dello Spirito fanto. Sono ftruzzoli gli hipocriti, ch'affomiglianza di quelli producono le voua, mà non altrimenti le couano, folo co'l mirarle, e tal fiata come immemori di propri patti, col piè gli calpeftrano ; in guifa tale paionmi fcelerati hipocriti, che volontieri predicano àltrui, e l'infegnano la ftrada del Cielo, mà eglino nò couano le vo. delle virtù, ne v'abbadano, folamente feruendofi di quel mirar l'offeruanza, mà ogn'hora ritiranfi all'indietro in mille vitij ; il concetto è dell'ifteffo Giobbe nell' i-fteffo luogo. *Quando derelinquit oua fua in terra, tu forfitan in puluere calefacies ea? Obliuifcitur quod pes conculcet ea, aut beftia agri conterat. Duratur ad filios fuos, quafi non fint fui ; fruftra laborauit nullo timore cogente* La giuftitia fimulata (dice Sant' Agoftino) non è giuftitia, mà doppia iniquità, perche l'iniquità è fimulatione. Molte fiate, e al fpeffo fotto l'habito mefto ftà nafcofta la lafciuia, e'l diforme horrore, e fotto vil vefte fi ricoure, per far ch' i fegreti d'animi diffoluti ftiano celati. S'io (dice Girolamo) fingo effer cafto, e

Id. ibi. 17.

Auguft. in Pfalm 32. *Ambr. in quodam fermone.*

Hier. fuper Ifaia. lib. 6

C c 2   fono

fono altrimenti ; riceuo la gloria mercenaria , ò tranfitoria , mà i fupplitij del peccatorefe fatta cõparatione infra doi mali , è più leggiero apertamente peccare , che fimulare , e finger fantità. Qual Simon Cireneo, che là Croce del Saluatore non di propria volontà recò sù le fpalle, è l'hipocrita , che porta il pefo angariato dalla Santità apparente (come fanella il deuoto Bernardo) con che fi gloria , mà non tratto dal vero amore , in guifa di Giufti .

Bernar. in fermone.

L'hipocrita è deprauato dall'arroganza , effendo più tofto apparecchiato morire , ch'emendarfi (dice Gregorio) E che cofa è la vita dell'hipocrita (dice il medemo)fe non vifione d'vna fantafma, che moftra nell'imagine quel, che non è in verità. Vuol (dice il medemo) l'hipocrita fapere i precetti diuini, mà non fargli, vuol dottamente , ò fantamente parlare , ma non viuere. E dunque l'hipocrifia vitio abomineuole , e vitio, ch'altro non contiene, che vanità, e leggerezza , e però diciamo.

Gregor.lib. 15. moral.

Idem ibid.

Quid magis eſt vanum, quam iuſti nomen habere.
Cum procul à placitis ſit tibi vita Dei ?
Cumque lupus, cum ſis Belias, turgeſcere mente :
Quod tegat immanem pellis ouina lupum ?
Nam licet eximia , quod non tua pectora cernat
Inſcia turba , virum te probitate putet:
Quem capis hinc fructum? qualem cum ſimia turpis
Nobilis eſſe Leo dicitur,inde capit.

Si dipigne l'hipocrita da huomo co'l volto diuoto , e maturo , in fegno della fua finta fantità, e fimulata bontà , qual intende moftrare al mondo. Hà l'habitò lungo, volendo moftrare la fua modeftia , e grauità , ed effer vifto virtuofo nell'opre, e coftumi , mà nel vero egl'è tutto l'oppofito. Tiene il cigno in mano vccello colle penne bianche, che fan bella vifta, e vaga apparenza, mà hà le carni di dentro negre come inchioftro, e fono infipidiffime al gufto , a qual vccello raffembrafi l'hipocrita bello, e vago nel difuori , per l'opie fimulate, mà di dentro è diformiffimo di cofcienza , e colmo d'ogni infipidezza. Vi fono il Lupo , e l'agnello infieme , perche quefta maledetta razza di gente ricuopre la fierezza del lupo, la voracità, e rapacità, infieme col femplice manto di pecorella nell'apparenza. L'albero fecco foiantato con le radici riuolte in sù fignifica, che quefta razza d'huomini empi, pefte del mondo , e ruina d'ogni bene,deue fradicarfi da infra gli homini, ed effer pofta colle radici di profani penfieri, ad abbruggiare eternamente nel fuoco d'inferno. Viè l'albero carico di fiori , fenza, che faccino mai frutti, in fegno che fiori di beni apparenti n'hanno molti, mà giamai fanno frutti; e vi fi dipinge, per fine, il fuoco di fotto , effendo l'hipocriti degni d'abbruggiar nell'inferno, valendo folo a quefto , e non ad altro, com'vn albero fenza frutti.

Alla Scrittura Sacra , s'auera il tutto . Si dipigne l'hipocrita da huomo con habito lungo , per fegno d'apparente fantità, che de tali fauellò Chrifto. *Dilatant enim philateria ſua,& magnificant fimbrias.* Il cigno inganneuole , bello nelle penne , e diforme nella carne , in guifa dell'hipocrita,qual bellezza fù maledetta in Giobbe . *Ego vidi ſtultum firma radice,& maledixi pulcritu-*

Matth.23. A. 6.

Iob 5.A.3.

Matth. 7.
C.15.

critudini eius statim. Il lupo, e l'a-
gnello, per la veste di fuori di semplice pecorella , che ricoure la
lupina detestabile . *Veniunt ad vos*
in vestimentis ouium, intrinsecus au-
tem sunt lupi rapaces. L'albero spian
tato , perche deue esser sradicata
questa scelerata setta dal giardino

di Santa Chiesa. *Omnis plantatio*
quam non plantauit pater meus Cæle-
stis, eradicabitur. E l'albero colmo,
e ricco di fiori, mà sterile di frutti , atto per lo fuoco , come sono
gli hipocriti : *Congregatio enim hy-*
pocritæ sterilis , & ignis deuorabit
tabernacula eorum.

Id.15.B.13.

Iob15.D.34

HIPOCRISIA. G. 85.

Donna con faccia pallida , ed estenuata , sedente sopra
vn sepolcro , dentro il quale ve siano corpi morti, stà
colle mani gionte in atto d'orare , hà d'appresso vn
vaso d'ottone, & vna nottula, infra i piedi vn serpe, e
vicino al sepolcro vna serena.

E L'hipocrisia vitio abomine-
uolissimo, come diceuamo so
pra , perche oltre l'andar cercan
do di togliere la gloria a Dio, a
cui si dee realmente, e darla a se
stesso fuora d'ogni giusto , e oltre
le bugiarde apparenze , e simula-
tioni di cotal vitio, vi è di più non
men male di quel, che stà assorbito
in voragine cotanto ingorda, che
dispreggia tutti beni, che fan gli
altri, parendogli tutti mali, e tutti
rifiuta come peccatori, solamente estimando se stesso per buono,
ilche è contro il precetto della
giustitia, e carità. *Qui dicunt rece-*
de à me non appropinques mihi , quia
immundus es : isti fumus erunt in
furore meo, ignis ardens tota die, disse
il Profeta Esaia. Iniqua, e scelerata gente degna del bastone , che
solo i propri apparenti beni appreggia; e fiuti, spreggiando sempre gli altrui , e vuol correggere
chi è minor colpeuole di lei , a
quale Christo Sig. nostro cô giusto
sdegno disse. *Hypocrita eijce primum*

Is.65.A.5.

trabem de oculo tuo , & tunc videbis
eijcere festucam de oculo fratris tui.
Gente perfida , e gôfia del proprio
honore , ch'ad altro non abbada,
ch'a sonar la tromba della propria gloria, *Omnia opera sua faciunt,*
vt videantur ab hominibus . Pazza
canaglia , stolta , ed in tutto scema, e forsennata, che vuol mercede in terra delle buon opre, ch'in
vn punto passa, e suanisce. *Hoc scio*
à Principio ex quo positus est homo su-
per terram, quod laus impiorum breuis
sit , & gaudium hypocritæ ad istar
puncti. E San Paolo altroue, marauigliandosi di tal frenesia d'huomini senza ceruello, diceua. *An quero*
hominibus placere ? si hominibus pla-
cerem seruus Christi non essem . Gente che si pauoneggia del proprio
honore co' sembianti diuoti, e spirituali, essendo poscia colma di
tutti vitij, freggita di tutte passioni, fornita di tutti errori, a douitia
cinta di tutte l'impietà possibili, e
vaga delle più fiere sensualità, che
giamai ne fosse qualunq huomo
in

Matth. 7.
A. 5.

Id.23. A.3

Iob 20. A.
4. & 5.

Galat. I. B.
10.

in terra, e tiene ardire (ò fcelerag-
gine mai più vdita) prefume-
re di fantità, ah iniqua, perfida,
e maluaggia razza di demoni, che
certo ben diffe la lingua del Cielo. *Satanas transfigurat fe in Ange-*
lum lucis. Non eft ergo mirum, fi mi-
niftri eius transfigurantur, velut mi-
niftri iuftitiæ; quorum finis erit fecun-
dum opera ipforum. Ch'altro non
farà che di pianto, e lagrime, oue
quì fù di gloria vana. *Partemq;*
eius ponet cum hypocritis, illic erit
fletus, & ftridor dentium. Peffimo,
dunque, è quefto vitio, per effer
infra tutt' il più buggiardo, ed inganneuole, ftando in lunghiffima
diftanza dal fommo Dio, ch'è fem
pliciffima verita. Quindi fi dipin-
gne cô faccia pallida l'hipocrifia,
ed eftenuata, per effer che fon vaghi i maledetti hipocriti, fian vifti di faccia tale, e diuota, per fignificare a tutti le penitenze, i digiuni, l'aftinenze, e le vigilie in
che s'impiegano; mà empi che
fono, e mentitori, nel vero fanno
tutto il contrario; è fedente fopra vn fepolcro, ch' in tal guifa
reuifanfi coftoro, qual fepolcri
belli, e adorni, fabricati di marmo
finiffimo, e con maeftreuol lauorio, ch'a' primi fembianti paiono fatture preggieuoliffime, mà
di dentro vi è puzza di cadaueri,
e fetore a merauiglia; così paiono quelli, belli, gai, e riguardeuoli in vifta a chi non hà contezza
di loro, mà di dentro, e nel cuore
vi è la maggior abominatione, e
la maggior puzza di vitij, a cui
non pareggia quella d' inferno.
Stà con le mani gionte in atto
d'orare, fembrando gli hipocriti
hauer in tutto confecrato il cuore al gran facitor del tutto, mà chi
vi s'internaffe, fcoprirebbe colà
vizzata la vera immagine del Dia-

uolo, e dell' idolo della vana gloria, ed' ogn' altro male. Il vafo
d'ottone dinota la falfità di sì razza tartarea, fembrando molte fiate effere di vaga vifta di fantità, e
d'opre bnone, mà ritrouanfi, all'
aprir dell'vfcio del vero, effer'affai colmi di tutti mali, inguifa che
quefto metallo fol'apparir oro ter
fiffimo, mà è materia baffa, rugi-
nofa, e vile, e di pochiffimo valore. La Nottula è geroglifico dell'
hipocrita, al parere del Principe
de'Geroglifici, e d'Eucherio, che
di giorno fi nafconde fenza far tumulto niuno, nè oltraggio, mà nel
tempo di notte, quando perfuadefi
non effer vifta, nè fentita, manda
ftridori fpauenteuoli, recando auguri infaufti, ed ogn' hor giran-
dos'in verfo i cadaueri puzzolen-
ti; ritratto ben chiaro, e viuace
del finto hipocrita, ch'in altrui
prefenza prattica co'l fembiante
diuotiffimo, mà di nafcofto s'ingerifce in tutti errori, fempre ftan
do co' defti penfieri a cofe mala-
geuoliqual nottula, e come poffa
ridurgli in opra, effendo altresì
odiofo della vera luce, e di veftigi diuini della verità di Chrifto
Signor noftro. Hà a' piedi vn ferpe, ch'ombreggia chiaramente
gli effetti, e l'opre del finto hipocrita, ch'in tutto fono velenofe,
e atte a dar morte all'anima; E
per fine vi è la Sirena (che s' a' naturali credéremo) è animal dolce,
e foaue nel canto, che volontieri
alletta gli animi altrui, e ad vn
hora cantando, ferifce, ed allet-
tando vccide; com'in guifa fomiglieuole, e colui, che con le
fue fintioni, e melate parole cerca
ridurre gli animi a fe, ed infieme
ridurgli a morte con nocument'inganneuoli, e falfe dottrine.

Alla fcrittura facra. Si dipigne
l'hi-

2. Cor. ij.
C. 14.

Matth. 24
C. 51.

Pier. Vale.
lib. 20. ibi
de noctua.
& Eucher.

l'hipocrisia da donna colla faccia estenuata, sembrando darsi all'astinenze, e digiuni, ilche fanno gl' hipocriti artificiosamente, diuisando così la sapienza increata.

Matth. 6. B. 16. — *Cum autem ieiunatis nolite fieri sicut hypocrita tristes, exterminant enim facies suas, vt appareant hominibus ieiunanes.* Il sepolcro, oue siede, ch'a' sepolcri rassembrò quelli

Id.23.C.27 — l'istesso Christo. *Vae vobis Scriba, & Pharisei hypocrita, quia similes estis sepulcris dealbatis, quae à foris hominibus parent speciosa, intus vero plena sunt ossibus mortuorum, & omnia sporcitia.* Stà con le mani gionte in atto d'orare; *Vae vobis Scribe, & Pharisei hypocrita: quia comeditis demos viduarum, orationes longas orantes: propter hoc amplius accipietis iudicium.*

Id.ibi.B.15 — Il vaso d'ottone,

Ecclesiast. 47.C. 20. — che mostra oro; *Collegisti quasi auricalcum aurum, & vt plumbum compleſti argentum.* La nottula, che nel giorno non noce, mà nella notte sì; come gl'hipocriti mondi di fuori, mà non di dentro; *Vae*

Matth.23. C.25. — *vobis Scriba, & Pharisei hypocrita quia mundatis quod de foris est calicis, & paropsidis: intus autem pleni istis rapina, & immunditia;* Sono qual serpe, che co'l veleno delle false dottrine vccidono; *Venenum*

Psal.13.A.3. — *aspidum sub labys eorum.* E per fine vi è la serena, che canta dolcemente, e ne' sembianti è bella, mà poscia sbrana, e reduce a morte, come gli hipocriti, che cantano con parole dolci, per ingannar altrui, mà dan peggior che morte, seducendo i cuori innocéti, come disse l'Apostolo. *Per dulces sermones,*

Roman.16. C.18. — *& benedictiones seducunt corda innocentium.*

Hu:

HVMILTA. G. 86.

Donna di bell'afpetto, e con faccia affai bella, veftita con vefte fontuofa, e ricca, ftia fedente in alto trono, su'l cui capo vi poggi bianchiffima colomba, e d'appreffo fiale vna valle tutta ripiena di varie ricchezze.

Bernar. de grad. hum.

L'Humiltà fecondo il Padre San Bernardo è vna virtù, có la quale ciafcheduno auuilifce fe fteffo, difprèggia la propria eccellenza.

cellenza.E virtù, la santa Humiltà, che meritamente corona tutte l'altre, e rende fornita di vaghezze l'anima christiana, ricca di freggi, e adorna d'ogni beltà possibile, quindi il diletto hebbe pensiero di descender nell'horto suo, e vagheggiar nella vigna tutt'i pomi, e quelli ancora che nelle valli campeggiauano, e veder se i pomi granati hauesser cauato le prime gemme, oue per l'horto può intenderfi l'anima di qualunque Christiano, nella quale veggonfi adorni fiori di virtù, e per i meli granati l'anime humili. *Descendi in* *hortum meum, ut viderem poma con-* *uallium, & ispicerem si floruisset vi-* *nea, & si germinassent mala Punica.* Due cose ammiranfi ne' meli granati la rossezza si grande de' fiori, e la corona, ch'ombreggiano due singular virtù, come la carità, ed humiltà, quali volentieri s'accoppiano infieme, ne fia possibile, ch' vn'anima si reduchi alla cognitione, e disprezzo di se stessa, e al sottoporsi a ciascheduno, se dianzi non fiammeggi in lei vn'ardente amore inuerfo il Signore; la corona allude all'humità, non ritrouandofi virtù degna di lode, ed'esser ammirata, se non farà coronata da quella, come bafo, e sosteguo di tutte l'altre, e come ricco freggio atto à render vago qualunq; cofa fi fia, nè è merauiglia, ch' il Rè di reggi ne foffe cotanto amadore, punto curando di moftrar le fue eccelfe grandezze, per apparirne coronato in terra, come vantoffone. *Ego fum mitis, & humilis* *corde;* Eª gran Padre Agoftino diceua, hai brama ò chriftiano di rizzar fabrica di grandezze, imprenda dianzi a fabricar il fondamento d'humiltà; è alta la patria celefte (dice l'ifteffo) humi-

le è la via, dunque chi chiede la patria, perche recufa la via ?

L'origine delle virtù (dice Gregorio Papa) in noi è l'humiltà, qual pullula nella propria radice, ch'è la carità, e se da quella fi fparte, tofto marcifce.

Sij picciolo a gli occhi tuoi, acciò fij grande a quelli di Dio, imperoche tanto farai appreffo Iddio più preggieuole, quanto a gli occhi tuoi più difpreggiato, dice Ifidoro.

In darno fiamo appellati Chriftiani, se non faremo immitatori di Chrifto, e quella humiltà elegga il feruo, qual hà feguitato il fuo maeftro, dice Leone Papa.

Trè cofe (dice Bafilio) ben radicate nuttrifcono l'humiltà, l'affiduità del foggettarfi, la confideratione della propria fragilità, e'l penfiero fouente di cofe migliori.

Si dipigne dunque sì fanta virtù dell'humiltà di belliffimo afpetto, per effer colma di beltade frà tutte le virtù, rimanendo l'anima, dou'alberga, piena d'ogni decoro, e di fortezza grande, per non diuenir fuperba in tante occafioni, che l'apprefta il mondo.

Stà fedente in alto trono, che dinota l'altezza di sì rara virtù, e perche fpreggia ogni cofa baffa del mondo. Le ftà fu'l capo bianchiffima colomba, per l'affiftenza continua, c'hà dello Spirito fanto. Hà vicino la valle, che fembra cofa baffa, ed humile, mà piena di fiori delle ricchezze del paradifo.

Alla fcrittura facra. Si dipigne l'humiltà con belliffima faccia, e di vagh ffimo afpetto, che così fù rauuifata l'anima eletta dallo Spirito fanto ricca di sì beata virtù, bella, e vaga. *Surge propera amica* *mea, formofa mea, & veni.* Siede in alto trono, in guifa che diffe Chri-

Cit.6.D.x

Matth.11.
D.c.& 29.
August. de
verb.Dom.

Idem ad

Diofcor.

Gregor.29.
moral.

Ifid. in fy-
nonim.

Leo in fer.
natt. Dom.

Bafil. in
Hexam.

Cant.2C.ij

D d fto

Luc. 18.C.
14
Ifa.ij.A.2.

fto douer' effer' efaltato chi fe-
uente s' humilia. *Qui fe humiliat
exaltabitur.* Le ftà fu 'l capo vna
bianchiffima colomba,ch'è lo Spirito fanto. *Requiefcet fuper eum Spi-*

ritus Domini. In fine hà vicino vna
valle amena , che fi riempe di
di douitiofe ricchezze di tutti beni. *Omnis vallis implebitur, & omnis
mons, & collis humiliabitur.*

Id.40.A.4

HVOMO EMPIO, CHE NON TEME
IDDIO. G. 87.

Huomo di volto diforme, ftà in piedi sù l'onde fluttuanti
del mare, ligato con ceppi,e ferri ne'piedi,in vna mano tenghi le manette come malfattore, e nell'altra
vn'iftromento vile, come la zappa, ftia co'l tergo riuolto al Cielo,e fiagli appreffo vn'ombra mâcheuole.

Vello,che non teme il Signore è il peccator sfacciato,che
non fà côto della fua legge,
nè d'vbidirlo , mà in tutte le cofe
vuol viuere a fuo modo, hauendo
pofto in oblio il Cielo, e'l fuo
Creatore, e come immemore della propria falute , viue più da beftia , che da creatura ragioneuole,
tenendo la bella imagine fua fimigliante a quella del fuo fattore
tutta disfigurata , e maltrattata.
Che però fi dipigne co'l volto diforme,perche ogni noftro decoro,
ed ogni bellezza viene dall' hauer
l'amicitia , e gratia di Dio , qual
non hà , chi non lo teme , ed ama,
e così è diforme, e d'afpetto più
tofto horribile, e formidabile, che
altro , contenendo il timor di Dio
la beltade vera del Paradifo,come
diffe il Sauio . *Timor Domini ficut
Paradifus benedictionis.* Stà sù l'acque del mare fluttuanti, ed inondanti, agitate da vari venti, che
tanto è vn peccatore iniquo, che
non teme il Signore,qual altro mare inquieto , agitato da vari venti
di concupifcenza,e trauagliato da

Ecclefiaft.
40.D.28.

continue fuggeftioni, e tentationi,
in tanto che ftà inquieto fempre, e
bolle ne' cattiui defideri , in guifa
dell'acque del mare. Stà ligato ne'
mani, e piedi da Satanaffo, qual lo
tiene allacciato nell'oftinatione,ed
hà perfo le forze di poterfi difcior-
re, per la deprauatione del fenfo,
e della ragione. L'iftromento vile
della zappa fembra , c'hà perfo il
decoro, la nobiltà,e le grandezze,
in che fi trouaua, quand'era in
gratia di Dio , e quando lo temeua , adeffo è ridotto ad efercitare
officij viliffimi fotto la feruitù del
Diauolo. Stà con le fpalle riuolte
al Cielo, perche ad ogni cofa abbada,fuor che colafsù.Viè per fine
vn'ombra da niente appreffo, in
fegno,ch'in quefta vita il peccatore fiegue il niente , ed abbandona
il tutto , e i fuoi gufti , per i quali
fi diftoglie da Dio , fono momentanei , e fugaci , qual'ombra, che
poco , ò null'effere foffiftente , e
verace contiene.
Aueriamo il tutto con la fcrittura facra. Hà il volto diforme il
peccatore , che non teme Iddio,
di-

Tren.1.B.6.
Apocal.16.
G. 15.
If.57.D.20.
Pf.67.B.7.
If.45.C.14.

diuifando così dell' anima pecca-trice Geremia in figura di Sion. *Decidit à filia Sion omnis decor eius.* Enell'Apocaliffe. *Ne nudus ambulet, & videant turpitudinem eius.* Stà sù l'acque del mare bollenti, ch'à lui fi raffembrano i poco timorofi di Dio cattiui, ed empi: *Impÿ quaſi mare feruens.* Stà ligato di mani, e pie-di. *Qui educit vinctos in fortitudine.* Tenendo le manette alle mani. *Poſt te ambulabunt vincti manicis per-*gent. E co'ferri a' piedi. *Sedentes in tenebris, & vmbra mortis: vinctos in mendicitate, & ferro.* Auuelito qual zappatore. *Qui autem contemnunt me erunt ignobiles.* E Geremia. *Quam vilis facta es nimis iterans vias tuas.* Tiene il tergo riuolto a Dio. *Verterunt ad me tergum, & non faciem.* E finalmente l'ombra che gli ftà vicino. *Sed quaſi vmbra tranfeant. qui non timent faciem Domini.*

Pf.96.A.x
1.Reg. 2.
F.30.
Hier.2.G.
36
Id.ib.F.27
Ecclefiaft.
8.C.14.

HVMANITA. G. 88.

Donna ben veftita coronata d'oro, co' capelli fpars'in alto, è in atto di combattere con la fpada in mano, ed appreffo haurà molt'armi; come lancie, fcoppi, ed altri ftromenti da guerra, nell'altra mano terà vna difciplina, haurà vicino vn fuoco acceso, e vn piede in mare, e l'altro in terra, oue fono molte rofe, e la faccia la terrà verfo il Cielo, ond'efce vn raggio, ò fplendore.

LA natura humana fù creata da Dio di tanta bontà, e no-biltà, e ad imagine, e fimilitudi-ne fua, che ficome in lui fi ritro-ua vna natura, e trè perfone; così nell'huomo vn'anima, e trè potenze identificate realmente, mà diftinte quanto alla formalità, e fe le perfone diuine fono realmente diftinte fra di loro, e le potenze altresì formalmente dall'ani-ma, fi raffembrano però ne gli effetti, ed atti loro, che fono lo 'ntendere dello 'ntelletto, e volere della volontà, e reminifcenza del-la memoria, quell'atti fecondi fi diftinguono realmente conforme le perfone diuine, fiche corre be-ne l'imagine. Fù creata capace di Dio, nè in altro fi quietarà, e fatiarà giamai, fe non in lui fuo Creatore, come diceua Dauide. *Tunc fatiabor cum apparuerit gloria tua.* Fù in tal grado d'eminenza creata, che poco differifce dalla natura Angelica, e forfe vn gra-do folo, come dice Dauide iftef-fo. *Minuifti eum paulo minus ab Angelis.* Ma per gratia è più folle-ua di quella, per ftata affonta dal Verbo Diuino, e chiamatofi l'huo-mo Iddio, e Iddio huomo, nè di tal fauore ne fè mai degni gli An-geli, come dice S.Paolo. *Nufquam Angelos apprehendit.* E quefta na-tura la più nobile di tutte l'altre creature, effendole ftato dato do-minio particolare; non folo nell' effere; *Metrum, & menfura om-nium animalium.* Mà fignore di

Pf.16.D.ÿ.
Id.8.A.6.
Heb.2.D.i7

tutte

tutte le cofe, hauendole Iddio create per l'huomo, e l'huomo per fe fteffo. *Vniuerfa propter fe-metipfum operatus eft Dominus.*

Pr.16.A.4

Quindi fi dipigne da donna coronata d'oro, per lo dominio, c'hà fopra tutte l'altre creature, etiandio fopra gli Angeli per gratia, ftando vnita al Verbo, come s'è detto. Tiene i capelli ventilant' in alto, quali fembrano la natura humana, come s'hà nel comméto de' Geroglifici; e Platone raffembrò l'huomo all'albero, c'hà le radici, e i rami, &c. Così quella hà i capelli, che fono le radici, da quali gli alberi hanno l'humori, e i capelli fembrano l'humanità, ò l'anima, onde l'huomo riceue l'effere, e'l vigore: ò pure ftanno alzati verfo il Cielo i capelli, fembrando, che l'anima dal Cielo hà l'effere, ed è tratta da Dio, non per opra della materia altrimenti. Stà in atto di combattere con la fpada in mano, hauendo appreffo altri ftromenti bellici, perche la vita dell'huomo è vn continuo moto, continuo trauaglio, continue riuolutioni, ed vna guerra ordinaria, che grande egl'hà fra'l fenfo, e la ragione; guerra co'nemici infernali, guerra co' nemici temporali, e guerra grande le fanno le proprie paffioni, ed in fine con ogni cofa hà da combattere. La difciplina, che tiene nell'altra mano dinota effer animale ragioneuole, e defcorfiuo, onde l'auuiene l'effer difciplinabile, e moderato, e'l faperfi corregere, e mantenere nel moto delli propri, e naturali appetiti, ed appigliarfi al bene, e fuggir il male, ed oue vuole, per effere libero d'arbitrio, che quefto fembrano l'acque del mare, fimbolo del bene delle virtù, che dee fequire; e'l fuoco fimboleggia il

Comm. lib.
1. hierog.
fsiinfd.eru.

male, che deue fuggire, che bruggia come quello. Il piede, che tiene in mare, e l'altro in terra fi è per l'vniuerfal dominio, ch'egl'hà nell'vna, e nell'altra parte, ò pure perche è compofto di quattro elementi, ed egli per effere corpo fenfibile tiene i piedi in doi elementi più fenzati, com'è l'acqua, e la terra, ò perche è terra, e in quella hà da tornare. Vi fono le rofe, che fembrano la fragiltà del la natura humana, come dice il Principe de'Geroglifici, perche fi come la rofa è bellà, dà odore, e fà hoggi vaga vifta, e nell'ifteffo giorno languifce; così l'huomo è bello d'apparenza, facendo pompofa moftra, e pofcia nell'ifteffo giorno viene alla corruttióne, e marcifce come la rofa, in fine è bellezza non durabile, come quella di cotal fiore, com'altri diffe, piangendo la rofa.

Pier.lib.55
ibi de rofa.

Virgil.

*Mirabar celerem fuggitiua atate
rapinam;*
*Et dum nafcuntur confenuiffe
rofas.*

Ed altresì e diffe di lamento, di querela.

*Quem longa vna dies atas tam
longa rofarum*
*Quas pubefcentes iunčta fe-
nečta premit.*

Hà la faccia verfo il cielo, il che dinota il fuo fine effer la beatitudine, per la quale fù creato da Dio, che a quella deue afpirare, e non ad altro, e quanto egli fà in tutto deue hauer mira là, dicendo il Filofofo. *Omne agens agit propter finem.* Quella gloria è il fuo fine, e l'agente deue conofcere i mezzi, e paffargli, per confeguirlo; così l'huomo deue conofcere i mezzi di tal fine, che fono la legge del Signore, e l'offeruanza di lei, e caminarui con ogni giuftigiuſtitia , verità .

Alla Scrittura Sacra . Hà l'humanità la corona in teſta , per lo dominio , c'hà in tutte le coſe. *Omnia ſubieciſti ſub pedibus eius, oues & boues vniuerſas inſuper , & pecòra campi.* La corona in capo. *Minuiſti eum paulo minus ab Angelis , gloria , & honore coronaſti eum.* I capelli alzati , che ſembrano l'anima ſua. *In quibus eſt anima viuens.* Stà in atto di combattere, eſſendo la vita ſua continua guerra. *Militia eſt vita hominis ſuper terram.* La diſciplina nelle mani , per eſſer l'huomo diſciplinato, còme diſſe l'Eccleſiaſtico. *Congregate vos in domum diſciplinæ.* Il fuoco vicino all'acqua , ch'accenna il male , e'l bene , perche egli può eleggere quel, che gli piace. *Appoſuit aquã, & ignem : ad quod volueris porige.*

Pſal. 8. B. 8

Idem ibid.

Gen. 1 D. 30
Iob 7. A. 1.

Ecleſiaſt. 51. D. 31.

Ecleſiaſt. 45. C. 17.

manum tuam. Il piede, che tiene in mare , e l'altro in terra è , per ſignificar il dominio , c'hà l'huomo in queſti luoghi . *Dominamini piſcibus maris , & volatilibus cæli, & vniuerſis animantibus , quæ mouentur in terra.* Vi ſono le roſe per la breuità del viuere ; *Breues dies hominis ſunt , numerus menſium eius apud te eſt.* Tiene, per fine, la faccia verſo il cielo , ed i ſuoi beni, ch'aſpeta, come diceua Giobbe. *Expectabo Deum Saluatorem meum;* Ouero perche quelli ſono il ſuo fine . *Appropinquauit finis noſter : completi ſunt dies noſtri, quia venit finis noſter;* E San Pietro; *Reportantes finem fidei veſtræ ſalutem animarum ;* E Chriſto anco confeſſa eſſer fine dell' huomo, e del tutto; *Ego ſum Alpha, & Omega, principium, & finis,*

Geneſ. 1. D. 28.

Iob 14. A 1

Iob 14 A. 5

Tren. 4. D. 18

1. Pet. 5. B. 9.

Apocal. 1. B. 8.

IGNOBILTA' G. 89.

Donna mal veſtita con gli occhi fiſſi in terra , haurà in mano vn legno ſpinoſo, e ſecco, ſotto i piedi vna ſpoglia di Leone , e gli ſerrà appreſſo vn' Aſino, vn' Alcione, ed vna Tigre.

L'Ignobiltà è il naſcere da baſſa ſtirpe, e da genitori vili , e tantò maggiormente ſi chiamarà ignobilta quella d'vn' huomo, ch'ignobilmente, e rozzamente viue , non hauendo riguardo a coſe grandi, ed honoreuoli , màà coſe baſſe , e plebee, nè a coſe grandi , che rendono l'animo nobile, e magnanimo, nè ad attioni bone , e virtuoſe, màà coſe contrarie, quali caggionano, non ſolo ignobiltà, mà ignominia , ed infamia.

Quindi gl'antichi Romani erano ſì auidi di virtù , e di far coſe magnanime, ed impreſe grandi, per acquiſtare il glorioſo titolo di valoroſi, e nobili, e trionfare con tante ſmiſurate pompe.

Nè ſolo mi par di dire, eſſer'ignobili que', che tali naſcono, e come tali viuono, mà la vera ignobiltà ritrouaſi in huomini di mala vita, di mali coſtumi, in huomini peccatori, e traſgreſſori della diuina legge, e ſe vogliamo forſe ſaper la quint' eſſenza di quella, riguardiala in certi, che ſfacciatamente offendono il Signore, publica-

blicamente peccano , ed oſtinata-
mente viuono, come ſpecialmente coloro , che quanto al naſcere,
e quanto al ſangue ſono nobili,
mà ſogliono tal'nora degenerare,
e con l'enormità de' propri coſtumi denigrano , e deturpano , il
candore della propria famiglia,
non corriſpondendo con l'opere
alla naſcita,ſe ſe ne trouano,dun-
que , nel mondo alcuni di queſti
tali , diaſegli titolo d'ignobili
più toſto, che altro , in merito del
viuer loro diſordinato cotanto,ed
altresì con ogni douuta raggione
diaſegl' infauſto nome di bugiar-
di, d'adulteri , e degeneranti , facendo bugiardo il nome della lor
nobiltà , adulterando da loro honorati progenitori,e degenerando
dalle virtù, abbracciate da quelli.
Chiaminſi diforme beſtie , huomini irragioneuoli, altrui abbominatione, ruina del publico,diſ-
ſonore de gli animi gentili ; faci-
tori di diſſugual' impreſe da veri
heroi, indegni d'ogni picciola lode , gente da cui lungi ſono l'honori, i trionfi , e le glorie , peſte
veramente di regni , e come tali
ciaſcheduno, per non ricouirſi di
macchie indelebili , li fugga , ed
ogn' hor gli volga il tergo , acciò
poſcia dianſi a pentimento,e duolo delle paſſate infamie,purghino
ciò, in che dianzi errauano, e diano bando a coſe, perche, con tanto obbrobrio reſtauano nell' honore offeſi , declinati nella fama,
ed oſcurati in tutto nell' antico
lignaggio , oue quai candidi fiori
d'innocenza, e rubicondi d'honori,ſcouirono vaghezza nel verde
Aprile di lor vita , e campeggio-
rono sì lieti, e colmi di glorie nella bella Primauera del mondo , i
loro antichi . Né dè chiamarſi ſolamente vera , e propria nobiltà

quella , che trahe origine della
carne (dice Seneca) mà quella,
che dalla mente , ch'è Generoſità
dell'animo,e parto di vera nobiltà ,come diceua l'Apoſtolo. *Quia*
nõ multi ſapientes ſecundũ carnẽ, non
multi potentes, non multi nobiles, &c.
Mà la vera nobiltà conſiſte nella
chiarezza non ſolo del nome , mà
dell'animo e dell'opre. Diciamo
dunque non eſſer aſſolutamente
nobile quello, che naſce da Padre
nobile , e Madre , mà quello che
ne' coſtumi,nella generoſità;nella
magnanimità, ed in tutte l'altre
virtù dell' animo ſia parimente
nobile,e molti ſono di quelli nati
di ſangue chiaro , mà perche non
danno opra alle coſe già dette,
oſcurano la lor nobiltà ; Si come
veggonſi altri nati di ſangue baſſo , e plebeo , mà perche ſono dì
gratioſa natura,amadori, e poſſeſ-
ſori delle virtù , di sì gratioſi , e
lodati coſtumi, e di sì bell'animo,
che veramente con molta raggione debbano eſſer chiamati nobili,
e gentili , ne' cui cuori ſpeſſo ritrouaſi,come tali,l'amore,non dico profano , mà virtuoſo , e ſpirituale, com'altri diſſe. Amor,ch'in
cor gentil ratto s'apprende,ed altri. Amor, che ſolo i cuor leggia-
dri inuerſa, nè cura di pronar ſue
forze altroue .

Il Padre S. Girolamo dice , che
la libertà ſola appò Iddio, è non
ſeruire a peccati, e la ſomma nobiltà , è l'eſſer chiaro di virtù : E
l'iſteſſo dice, che quello è più pro
pinquo a Dio , che non decora
la nobiltà del genere, e dignità del
ſecolo , mà la nobiltà della fede,
la diuotione, e la bona vita.

San Gio. Chriſoſtomo dice,
quello eſſer chiaro , quello ſublime, e graduato nel verace titolo
di nobiltà, che ſdegnarà come tale

Seneca.

1. Cor. 1.
v. 26.

Daniel

Hieron. dè
ad Celan.

Id.in epiſt.

Chriſoſt.ſu-
per Matth.

le feruire a'vitij, e terrà a vituperio il farſi vincere da quelli.

Quello, ch'è nato in luogo no-
Naezianz.
orat. 8. bile, a cotale nobiltà ci accoppi
la bontà di coſtumi, e ſplendore
della vita, e coſì celebraraſſi con
geminata chiarezza del ſangue, e
di virtù, dice Nanzianzeno.

Gregor. in
Dialog. A molti la nobiltà del genere
ſole far cattiua prole, come l'igno
biltà della mente, e coſì ſi rendono vili, vie più degli altri, dice
Gregorio Papa.

Arist. lib. 5
de republ.
cap. 1. Ariſtotile dice, che la nobiltà, e la virtù in pochi vedon-
fi, e che ſiano nobili, e buoni, mai ſe ne trouorono cento, e
l'iſteſſo dice, quell' eſſer nobili,
ne' quali è maggior copia di vir-
Pla. in fill. tù. E Platone diſſe, Non riguar-
darſi nobiltà fuora delle virtù, e
però dicaſi

 Sed licet auratos tibi purpura
   veſtiat artus

 Sit bene compoſitis littera picta
   notis:

 Et quamuis cultu poſſis non vilis
   haberi

 Haud tamen id ſatis eſt, in
   meliora feras

 Non ebore, & gemmis, non auro
   vera paratur

 Nobilitas, aliquid maius ha-
   bere decet.

 Nam virtutis opes tantum orna-
   menta putantur,

 Quas fortuna ſua dat, rapitq́;
   manu.

 Hæc igitur nequeúnt generoſum
   reddere quemquam

 Cauſam in ſe virtus nobilita-
   tis habet.

Sì dipigne l'ignobiltà da donna
diforme, è mal veſtita, per eſſer
coſa mala l'eſſer vile, ed ignobile, e ſpecialmente a que', che ſono ſcemi di virtù, di cui è vera, e
propria ignobiltà. Hà la veſte
mala, vecchia, e ſtracciata, che
ſembra la pouertà d'ignobili, e
la miſeria, ò pure la veſte lacerata è geroglifico de' vitij, che
rompono il bello, e decoro veſtimento delle virtù; hà gli occhi
fiſſ' in terra, proprio dell'animo
baſſo, e vile, e poco magnanimo,
che non hà mira a coſe alte, ed
honorate, mà ad infime, ed igno-
minioſe. Il legno ſecco, e ſpinoſo, c'hà in mano, ſembra il dominio, ò la grandezza del ſangue, ò
pure il regimento di ſua caſa, o'l
ſoſtegno, ò difeſa, come ſi riferiſce
di Cleomene Duce d'Atenieſi,
ch'eſſendo ſuſcitato vn odio grande contro lui, preſe il baſtone per
difeſa ſua contro gli inſultanti;
mà è ſecco quì, perche l'ignobiltà ſecco rende, e di poco valore
il tutto, e per eſſer anche ſoſtegno
frale, e debole; è ſpinoſo queſto
legno, eſſendo le ſpine geroglifi-
co de' dilitti (ſecondo Pierio Va- *Pier. Vale.*
lib. 55.
leriano) quindi fù poſta al noſtro
Saluatore la corona di ſpine, in
ſegno di malfattore, coſì repu-
tandolo gli Hebrei, mà queſto fù
ſourano penſiero, ed arcano di
Dio, perche egli preſe le noſtre
colpe ſu'l dorſo proprio, e però
volle in ſi fatta guiſa eſſer coronato, dunque è ſpinoſo il legno,
ſembrando, che l'ignobili di ſangue, e altreſi di virtù mancheuoli ſono delinquenti, e triſti, eſſendo queſto il cattiuo parto dell'i-
gnobiltà. La ſpoglia del leone,
c'hà ſotto' piedi è ſimbolo delle
virtù, e attioni honorate (ſecóndo *Pier. lib. I.*
Pierio) in ſegno, che l'ignobili,
e ſpicialmente d'animo, le diſpreg
giano, e ne fanno pochiſſima ſtima, come quello, che ſi ſottopone
a' piedi alcuna coſa. L'aſino, è
ſimbolo della ſtoltitia, e rozzeza,
(ſecondo l'iſteſſo) ch'è proprio *Idě lib. 12.*

       di

I de lib. 25.

di vili, ed ignobili. L'Alcione, ancora (ſecondo il medemo) poneuano l'Antichi Eggittij per geroglifico d'ignobiltà, eſſendo vccello (al parere di naturali, ed iſpecialmente di Plinio) che non è noto, nè ſi sà la progenie, ed appena ſe ne sà il nome, e per iſtinto particolare campeggia al ſoffio del fauonio, come a punto è il vile, ed ignobile, e particolarmente per i vitij, di lui non vi è nome, nè ſi sà da doue ſia, e ſolo all'hora ſi fà vedere, quando è il vento cattiuo, e'l fauonio infauſto delle male prattiche, ed oue ſpirano i fiati putridi, e l'infame voci de' triſti. E per fine vi è la Tigre crudele, perche ſonò molti nati nobili, ch'i loro progenitori han ſpeſo tante fatiche, per farne acquiſto, ed eglino inauedutamente per la mala vita, ſe ne priuano, e debbonſi ragioneuolmente raſſembrare alla Tigre crudele, eſſendo così contro di loro ſteſſi, contro l'anima, la nobiltà, e gli antinati loro, che non perdonorono a fatica per illuſtrarſi, da quali ſfacciatamente tralignano.

Alla ſcrittura ſacra. Si dipigne l'ignobiltà da donna mal veſtita, e pouera, che queſto era il caſtigo, che volea dar Iddio al mondo.

Soph. 3. C.
12.

Derelinquam in medio tui populum pauperem, & egenum. Hà il veſti-

mento lacerato, allegorato per que' ottanta huomini di Silo, e di Sammaria con veſtimenti ſimili. *Venerunt viri de ſichem, & de Silo, & de Sammaria ottoginta viri: raſi barba, & ſciſſis veſtibus, &c.* Hà gli occhi, che guardano in terra, che di cotali, come vili, ed ignobil, diuisò Dauide. *Oculos ſuos ſtatuerunt declinare in terram.* Ha in mano il ſecco legno, di che parlò l'Eccleſiaſtico al propoſito. *Relinqueris, velut lignum aridum.* Hà ſotto' piedi la ſpoglia di Leone, per ſegno di diſpreggio di virtù, calpeſtrandole, come diſſe Michea. *Oculi mei videbunt in eam, nunc erit in conculcationem, vt lutum platearum;* E chi ſpreggia quelle, ſpreggia Iddio, in guiſa ch'egli medemo diuisò. *Qui autem contemnunt me, erunt ignobiles.* Vi è l'Aſino, per la ſtoltizia. *Stultitia coligata eſt in corde eius.* Vi è l'Alcione, di cui non ſi sà il ſeme, nè la progenie, come Giobbe parlò figuratiuaméte d'vn vile, ignobile, e triſto. *Non erit ſemen eius, neq; progenies in populo ſuo;* Nè ſene sa il nome, come diſſe Eſaia dell' ignobil Babilonia allegoricamente, per queſto. *Perdam Babilonis nomen, & reliquias, & germen, & progeniem.* La tigre crudele, per fine, in guiſa che d'vna tal figliola crudele côtro ſe ſteſſa fauellò Geremia. *Filia populi mei crudelis.*

Hier. 41.
A. 5.

Pſ. 16. C. ij

Ecclesiaſt. 6. A. 3.

Mich. 7. B. x

1. Reg. 2,
F. 30.
Proue. 22,
C. 15.

Iob. 18. D,
19

Iſ. 14. F. 22

Hierem. 4,
A. 3.

INCOSTANZA. G. 90.

Donna, che ſtà sù l'acque del mare, in capo tiene due intrecciature con fettuccie roſſe ligate, harrà per mano vn picciolo fanciullo, ed vn ramo verde, ſu'l quale viè vn'vccello picciolo da gabbia.

L'Inſtanza è vna mutabiltà, ò volubiltà dell'animo, non ſtando fermo ne' ſuoi penſieri, e nelle ſue attioni, c'hora vuole, hora

hora difuuole, hora ama, hora odia, hora ride, hora piange, hora ftarà in vn propofito, ed hora in vn' altro fi che ftà in continuo moto, il che è incoftanza, ed inftabiltà, e ciò quanto rende fcemo l'huomo di lode, e di virtù, non è dubbio veruno, e di quàto biafmo fia appò tutte le genti vn'huomo, ch'in vn tratto fi cambia di parere, e tal fiata darà parola di far vna cofa, e tofto fe ne vede ritratto, il che parmi effetto di boniffima pazzia, e difetto di fenno non picciolo, certo. Mà che diremo (oltre le mutationi nelle cofe mòdane, ch'al fine, fono di poco valore) di quelli, ch' inmantenente trafmutanfi dal bene al male, e da' buoni propofiti, e buone attioni, in cattiue, e fcelerate, hauendo fatto veduta d'alcuni co' fembianti di fantità, e co' propofiti buoni di profittar nello fpirito, e pofcia ad ogni picciolo vèticciolo d'occafioncella, ò di proprio parere, fi fon vifti in altre guife pur troppo male, e fcandalofe. Quindi diffe il Profeta Naum vna tal fiata, fauellando d'vn'anima così mutabile, ed incoftante. *Omnes munitiones*

Nahum 3. C. 12.

tua ficut ficus cum groffis fuis: fi concuffa fuerint, cadent, &c. Le tue fortezze d'animo, ed i tuoi propofiti d'effer virtuofa, fono alla guifa d'vn' albero di fichi carico, e pieno, che tofto caggiono ad ogni fcoffa ben picciola, che volea dire in cotal parlare? fappiamo bene, ch'in qualche giardino yedefi tal'hora vn' albero pieno di fichi groffi, e belli, che chiunque imitano al guftarne, tofto che maturanfi, mà per grande fuentura viene vn picciolo venticciolo, ed i fichi vàno in vn baleno per terra; hor altretanto volea efprimere lo Spirito fanto, dell'anima incoftàte

che ftà tal fiata grauida di pènfieri di volerfi dar' all' offeruanza de' precetti del Signore; alla vita fpirituale, ed all'effempi, mà viene quell' aura infaufta di Satanaffo della fua tentatione, e crolla i fichi de' buoni propofiti, quali cafcàdo giù, tofto fuanifcono, e così marcifce, e s'inuola ogni fantità. Gran difetto certo è quefto (al parer mio) più tofto da beftia, che da creatura raggioneuole, e onde nafcono le ruine dello fpirito? folo che dal mancare da'buoni propofiti, onde le relaffationi, l'inofferuanze, lè trafgreffioni, il viuere licentiofo, le fenfualità, l'habito di vitij, la perdita del lume di Dio, l'obliuione del Paradifo, la poco ftima di quello, l'irreuereza dell'ifteffo Dio, l'abbandonarlo, e darfi in preda ad altro culto, ed in fine il giugner' alla difgratia di lui, ed al precipitio d'eterna morte, folo che da sì obbrobriofa mutatione, che difpiace cotanto al Signore, mentre vn'anima fi riduce alla penitenza, cofa, ch'a lui adiuiene sì grata, e fommamente ne gode, fefteggiandone altresì gli Angeli, e guftandone tutt'i Corteggiani di Cielo. *Dico vobis,* *Luc.15 B.7* *quod ita gaudium erit in calo fuper vno peccatore panitentiam agente, quam, &c.* E pofcia che veggas'in vn tratto mutare, ahi che le foffero quelli capaci di duolo, e di pianto, mandarebbono acerbiffime lagrime di vedere vn metamorfofi tale, com'è vn'anima piena di doni, ricca di virtù, òrnata di gratia, ricouerta col manto d'innocenza, riceuuta nella conpagnia del cielo, abbracciata da Dio, e fatta fua felice ftanza, e pofcia vederfi cambiata, e così fpogliata di tutti doni, ammantata co'l funefto manto viduale, pofta

in fodalicio de' Demoni, abban-
'donata da Dio, e fatta ſtanza, ò
luogo, oue infelicemente ſoggiorna il Principe delle tenebre, e dell'
l'horrori, ò diſgratia, ò diſſauentura grande, ò fauella mai più vdita, ò fatto, ò ſceleraggine mai più
imaginata, ed in vero è coſa indegna dirſi di profani, e di barbari
non che di Chriſtiani, e d'Ateiſti,
non che di chi tien lume di fede
di Chriſto. Ogn'vno, dunque, ſi
forzi veſtirſi con la bella virtù della conſtanza, ed eſſer forte, e ſtabile nel ben fare, e reſiſtere a' colpi di tentationi. Si dipigne la ſua
contraria da donna, che camina
ſù l'onde del mare, qual è ſimbolo dell' incoſtanza, ò inſtabiltà,
che mai ſtà nel medemo luogo,
nè arreſta dal ſuo moto, hora è
tranquillo, hora tempeſtoſo, hora
fluttuante, hora piace a gli animi
la viſta di lui, ed hora adduce tri-
ſtezza colle tempeſte, e coll' onde
procelloſe, hora è di color vago
d'azzurro, ed hora di color terreſtre, rende hora ricchi e nauiganti co'l ſuo felice moto, ed hora
li sbigottiſce con le tempeſte, facendogli tal fiata diuenir preda
dell'onde; com' è apunto vn' anima incoſtante, che ſouente cam-
biaſi in varie forme, e varie guiſe,
in ſimiglianza del mutabile elemento. Le due intrecciature in
capo ſono ſimbolo de propri, e
vari moti dell' animo dell'incoſtante, tanto più, ch'i metamatici,
e lo referiſce Pier. per lo Bicipio,

Pier. Vale.
Lib 32. C.
ébi de Bici-
pio.

ò doppio capo dinotano la volubiltà dell' animo, ed i molti moti della volontà. Le fettuccie
roſſe ſembrano l'ardore della concupiſcenza, onde s'adiuiene incoſtante, e naſce cotal moto ſenz'ordine, e l'ardore, peranche, dal ſenno infetto. Il picciolo fanciullo,

e'l ramo verde, e frondoſo dan
viuace ſegno dell'inſtabiltà, eſſendo ſempre in moto, poiche quegli hora piange, hora ride, hora
ſtà meſto, hor allegro, hor loquace, ed hor cheto, e parimente le
foglie verdi hora pauoneggianſi
nella lor beltade, e toſto ſi ſeccano, e marciſcono; quindi i ſacri
Dottori diſſero, ch'il Saluatore
volle nel ſuo trionfo di Geroſoli-
ma eſſer' honorato da piccioli
fanciulli, e da verdi rami d'oliue,
perche non ſacea conto di terrene
glorie, e per moſtrare quanto foſſero incoſtanti, e tranſitorie; Vi
è l'vccello picciolo, che ſuole nel
la gabbia ſemprè ſtar in moto; a
cui ſi paragona l'animo d'vna
perſona incoſtante.

Alla ſcrittura ſacra. Si dipigne
l'incoſtanza da donna, che camina
ſopra il mare, e forſe qui hebbe gli
occhi Giobbe; quando diuisò; *Qui* *Iob 4. A. 8.*
extendit cælos ſolus, & graditur ſuper
fluctus maris. Le due intrecciature, che ſembrano la doppiezza
dell' animo dell' incoſtante. *Vir* *Iacob. 1.*
duplex animo incoſtans eſt in omnibus *B. 6.*
vijs ſuis. Le fettuccie roſſe per lo
feruore della ſenſualità; *Et inco-* *Sap. 4. C. 12*
ſtantia concupiſcentia trasuertit ſen-
ſum ſine malitia. L' inſtabiltà del
figliolo, che coſì fauollò Gere-
mia. *Peccatum peccauit Ieruſalem,* *Tren. 16. 8*
propterea inſtabilis facta eſt. La foglia, e'l ramo vi è pure, qual ſubito ſi ſecca; e Giobbe rapreſenta
vna verde foglia, ed in vn tratto
inaredita. *Contra folium, quod ven-* *Iob 13. D.*
to rapitur oſtendis potentiam tuam, & *25*
ſtipulam ſiccam perſequeris. E per fi-
fine vi è vn vccello picciolo da
gabbia, che ſouente muoueſi, a cui
paragonò Geremia il popolo in-
ſtabile. *Hæc dicit Dominus populo* *Hiere. 14.*
huic, qui dilexit mouere pedes ſuos, & *B. 10.*
non quieuit, & Domino non placuit.

In-

INDVLGENZA. G. 91.

Donna con le viscere aperte, e che mostri il cuore tutta
pietosa, terrà ligato per bocca, ed imbrigliato vn leone, e si porrà il dito auriculare all'orecchio destro,
standole vicino vna torre.

L'Indulgenza non è altro, ch'
vna relassatione di pena, la
quale ad alcuno giustamente si
deue per le proprie colpe, il che
si fà co'l prendere del gran tesoro
di santa Chiesa, ch'è accumulato dalla soprabondanza de' gran
meriti di Christo, e de' Santi. E in
oltre l'Indulgenza propriamente vna promessa molle, dolce, e
delicata, ed vno assentimento al
perdono dell'eterna pena, cancellata dianzi la colpa con i Santissi-
mi sagramenti.

E l'indulgenza perdono della
pena debita a gli huomini per le
colpe, è allegrezza dell'anima,
mezzo per godere senza punto tra
uagliarsi, questa rende ageuole il
camino del Cielo, rallegra l'anima, e fà giubilar i spiriti Angelici;
è parto del sangue glorioso del
Signore sparto nel sacro tronco
della Croce infra la fiamma d'a-
more inuerso gli huomini, ed è
tesoro di santa Chiesa, con che
s'arricchiscono i Christiani, questo è l'oro, e l'argento trasporta-
to dall'Egitto di tormenti di Christo, hauuti da folli nemici, per far
quelli copiosi di poderi spirituali,
oro oue non macchia nè rugine,
nè rode tigna, oue non possono
depredare i ladri, oue non giunge
l'humana iuidia, ed oue si fan
chiare le torbide coscienze; oro,
ed argento, che non altrimenti
traggon'origine da miniere terrestri, mà da quelle inesauste del va

loroso sangue di Christo; nè mai
di tal'oro se ne freggiorono le
tempie auguste, nè i Cesari, ne gli
Alessanstri. O quanto dee stimarsi,
e tenersi in preggio, ò quato gran
caso dee farsi della Santa Indulgenza, che spoglia l'inferno, e fà
ragunanza nel Cielo, impouerisce i tristi, e riempie di doni gli
humili, e diuoti. E Santa Chiesa
per lo suo molto valore, l'accop-
pia con la remissione de' peccati. *Ecclesiæ.*
Indulgentiam absolutionem omnium
peccatorum nostrorum tribuat, & c.
Quando però da nostra parte facciamo il debito co'l cor contrito, e
e lagrimeuole.

Si dipigne l'indulgenza da Donna con le viscere aperte, per non
essere altro, ch'vna compassione, ò
cosa, che da lei, e da pietà procede.

Il Rè delle fiere ligato, ed imbrigliato dinota il Leone del Verbo eterno, e'l suo furore, che dourebbe hauere contro' tristi, che
tosto si placa, perdonando sì volentieri, rendendosi placato, e colmo di piaceuolezza, qual Leone
imbrigliato, che non può mostra-
re le sue forze. Tiene il dito all'o- *Pier. Vale.*
recchio, ed a quel che riferisce *lib. 36. fol.*
Pierio, raconta i costumi, ed osser- *175.*
uanze de gli antichi Egittij, che
mentre si toccauano col dito auriculare l'orecchio, e la bocca, mo-
strauano hauer ottenuto perdono
de' peccati da loro Dij, per significarne quì, che per mezzo dell'in-
dulgēza si rimettono i peccati, ò la

pena di quelli. La tortore finalmente è geroglifico del pianto, e
lutto, che mentre perde il compagno sempre geme, come dee fare
il Christiano, souente buttar lagrime, perso il compagno, lo sposo, e'l padre Christo, all'vsanza
del gràn Profeta, che ben spesso ne
spargeua, *Lachrymis meis stratum* Pfal.6.B.7
meum rigabo. E di più, *Exitus aqua-* & 118. R.
rum deduxerunt oculi mei, quia non 136.
custodierunt legem tuam.

Alla scrittura sacra. Stà con le
viscere aperte l'indulgenza, ò perdono, ch'apunto questo cantaua Luc. 1.G.
Zaccharia. *Per viscera misericor-* 78.
dia Dei nostri, in quibus visitauit nos
oriens ex alto Stà cò sembianti pie
tosi, così in fatti rauuisandos' il
donator di lei, essendo ella effetto Ecclesiast.
di pietà. *Pius, & misericors est Deus.* 2.B.13.

Il leone imbrigliato, essendo celebrato per leone vincitore Iddio
da S. Gio. *Vicit leo de Tribu Iuda.* Apoc.5.A.
E imbrigliato, dandosi quasi per 5.
vinto, rafrenando l'ira, e lo sdegno, perdonando i peccati a tutti,
come diuisò l'istesso. *Parcet pau-* Ps.71.C.13
peri, & inopi, & animas paupe-
rum saluas faciet. Ed Ezzecchiel-
lo. *Et pepercit oculus meus super eos,* Ezzech.
vt non interficerem eos. Il dito all'o- 20.C.17.
recchio, per l'ottenuto perdono,
come se ne scriue ne' numeri. *Et*
deprecabitur pro ea sacerdos, quod in- Num.15.
scia peccauerit coram Domino, impe- C.28.
trabitq, ei veniam, & dimittetur illi.
La tortore piangente, alla cui guisa dee piangere il Christiano, co- Tren.1.E.
me il doloroso Geremia. *Ego plo-* 16.
rans, & oculus meus deducens aquas,
quia longe factus est à me consolator.

IN.

INFAMIA. G. 92.

Donna di volto diforme tutta piagata, terrà vna tromba
rotta in mano di legno di ſalice, e con l'altra mano
diſtenda il dito di mezzo, tenendo tutti gli altri fer-
rati nel pugno, e negli homeri harrà l'ali ſimiglianti a
quelle dell'Vppupa, e del Nibio.

L'Infamia non è altro, se non il contrario della bona fama d'vna persona, e della buona opinione, in che è tenuta, ò pure è quel mal concetto, che s'hà d'alcuno di mala vita.

La fama non è altro, se non lo stato approuato della dignità illesa con i costumi, e vita buona; e l'infamia, ò mala fama è'l contrario, in tanto ch' vno di mala fama è in mala opinione appresso tutti, dando cattiuo esempio con le sue sceleragini; ed io rassembrarò questo tale ad vn corpo morto, che mentre viuea era sì vago, e bello, e poscia è diuenuto così sfigurato, e pestilente, altretanto adiuiene quando vno è in bona fama, e poi per i suoi mali l'acquista cattiua. Plinio dice che'l lepre marino è mostro velenoso cotanto, che co'l solo tatto infetta i corpi viui; questo si rassembra a gli huomini di mala fama, per cui gli altri nè restano non solo infetti, mà molte fiate vccisi, imitando l'opre di quel le mostruose bestie. Quindi si dipigne la mala fama, ò l'infamia da Donna diforme, perche diformissimo è il nome, e fama di tristi; nè vi è persona, a cui sembri bella. Le piaghe, che tiene, sono Geroglifico di vitij, onde rampolla tal fama cattiua, che noce, e reca abominatione più che le piaghe, e le ferite mortifere. La tromba rotta di salice legno amaro sembra la fama, che si sparge in guisa del suono della tromba, mà rotta, facendo mal sentire appò tutti, amara com'il legno detto, per lo scandalo, e cattiuo esempio, che chiunque ne prède. Il dito di mezzo infra l'indice, e l'auriculare gli antichi Egittij il poneano per Geroglifico da mala fama, come narra Pierio, e com' altri pur disse.

Plin.lib.32
c. 1.

Pier.lib.36
bi de med.

*Cum fortuna ipsa minaci
Mandaret laqueum, medinmque
ostenderet vnguem.*

Satyricus

Però mostra quel dito, e racchiu de gli altri, per segno del male, che si diffonde della cattiua fama. Per fine hà l'ali in sembianza dell'Vpupa, e del Nibio, che sono animali, sporchi, ed vccelli, che corrono all'immonditie, ed alle carni putride, ed anche a cose velenose, come serpi, ed altri, perche la fama, qual vola di tristi, è malageuole, e contiene gran mali.

Aueriamo il tutto con la Scrittura Sacra. Si dipigne diforme l'infamia, hauendo per quella perso, ed' infamato ogni bellezza, che per ciò si rende a ciascheduno abbomineuole, come diuisò Ezzecchiello. *Ad omne caput viæ ædificasti lignum prostitutionis tua, & abominabilem fecisti decorem tuum.* Hà le piaghe, ch'ombreggiano i peccati, che fanno la mala fama, che d'vna rottura, e piagha insanabile simigliante fauellò Geremia. *Insanabilis fractura tua, pessima plaga tua.* Ed altrone il medemo disse. *Quoniã contritione magna contrita è virgo filia populi mei, plaga pessima vehementer.* Hà la tromba rotta d'amaro salice, che forse di gente non solo d'amara fama, e cattiua fauellò Abacuh, mà amara, ed in tutto empia, e folle voce. *Quia ecce ego suscitabo Chaldeos, gentem amaram, & velocem, ambulantem super latitudinem terræ, vt possideat tabernacula non sua.* Tiene solleuato il dito di mezzo solo, ch'è segno d'iniquità, e mala opinione, che d'vn tal dito d'vn' huomo malageuolè, che con mutole voci fauella, diuiso il Sauio. *Vir inutilis graditur ore peruerso, annuit oculis, terit pede, digito loquitur, prauo corde machinatur malũ, & omni tempore iurgia seminat.*

Ezzech.
16.C. 25.

Hier.30.B.
10
Id.14C.17

Abac. 1,B.
6.

Pro.6,B.13

Hà

Hà l'ali d'Vppupa, e Nibio, che corrono a cofe infette, come Zaccaria vidde quelle due Donne di cattiuo augurio forfe, ch' infra'l Cielo, e la terra leuauan quell'an- fora, e l'ale, che recauano, erano fimiglianti al Nibio. *Et ecce duæ mu- lieres egredientes, & fpiritus in alis earum, & habebant alas, quafi alas milui.*

Zacch. 5. D. 9.

INGANNO. G. 93.

Huomo, che ftà dentro vna foffa, ou'è cafcato fin'a' ginocchi, hà vna ghirlanda di rofe in capo, fotto le quali fono molte fpine, tiene doi pefci, prefi co' l'hamo, ed vn vafo nell'altra mano, pieno di fiele, hà sù la vefte vna Pantera, vicino vna fiera prefa al laccio, ricouerto di fiori, e tanti vccelli in terra nella rete.

L'Inganno non è altro, che fotto fembianza di bene far male, e fotto la dolcezza delle parole moftrar l'amaro dell'inganno. Quindi appare da huomo cafcato dentro vna foffa, per fignificarne ch'oue pullula l'inganno, colà vi refta il danno, e la pena, e quell' iftromento, che tal fiata altri fi vale per ingannare altrui, egli lo riceue per guiderdone delle fue falfe aftutie; come adiuenne ad Aman cò Mardocheo ed a' vecchi contro Sufanna; però l'inganno ftà dentro la foffa, dianzi ch'altri vi s'abbatteffe. La ghirlanda di rofe, fotto la quale fonq le fpine, fi è per la proprietà, c'hanno i mal dotati di tal vitio, quali fempre vengono co'l dolce in bocca, e colle parole fiorite, fembrando voler procurar l'vtile di cafa tua, mà ftà auertito alle pungenti fpine dell'inganno, che l'vti le lo procurano per loro, ed a te riferbano le ponture del danno. Hà i pefci prefi all'hamo; perche colà vi è l'efca dolce, e di fotto la pontura del ferro, ch'vccide, in guifa che fanno gl'inganneuoli, e traditori. Hà l'inganno nell'altra mano il vafo, pieno di veleno, per appreftarlo altrui, mentre l'huomo con l'aftutie frodolenti, cerca danneggiar'il proffimo. La fpoglia della Pantera, che tiene in doffo, è fimbolo dell'inganno, effendo queft'animale di bella vifta, e di vari colori, con che altri refta inuagito, mà nafconde il capo fiero, e con tal fierezza vccide, proprio dell'inganno, c'hà qualch'apparenza di bello, mà nel fine danneggia. La fiera pofta nel laccio ricouerto di fiori, come fanno quei, ch'ordifcono cotante infidie, fotto certi fiori apparenti d'amicitia, e di dolce conuerfatione. E gli vccelli altresì prefi in terra cò la rete cò inganni fimiglieuoli, moftrano le falfe aftutie d'ingâni tori buggiardi, poiche ậlli giamai fan vedere la rete a gli vccelli, ne'l laccio, mà gli lafciano fcherzare a lor'aggi, ed affcurati, che fono, la tendono, e gli racchiudono in quella, dandogli tofto la morte; proprietà dell'inganno,

che

che mai scuopre la malitia, ma dà campo a qualunque huomo di negotiare liberamente, ed al meglio fan restar quello intoppato nella rete del tradimento, mà Iddio, ch'è giusto giudice, e sempre fauorisce l'innocenza; a que', ch'vsano inganni gli fà trouare presi nelle proprie tele, e i lacci vsati in altrui inganno. quelli fà, che restino ligati, e confusi insieme.

Alla Scrittura Sacra. Si dipigne l'inganno co' piedi dentro la fossa sin a' ginocchi, perche casca quello, che tradisce, ed inganna nel proprio inganno, come disse Dauide. *Et incidit in foueam quam fecit.* E'l Sauio. *Qui fodit foueam, incidet in eam: & qui voluit lapidem, reuertetur ad eam.* Ed altroue. *Et qui foueam fodit, incidet in eam: & qui statuit lapidem proximo, offendet in eo: & qui laqueum alij ponit, peribit in illo;* Ed Esaia. *Formido, & fouea, & laqueus super te.* Hà la ghirlanda di rose di parole dolci, e suaui, mà sotto sono le spine dell'inganno, che di ciò parlò Ezzecchiello. *Eo*

Psa.7.B.16
Pro. 26.D.
27.
Ecclesiast.
27. D. 29,

Is.24.C.17

quod deceperint Populum meum dicentes: pax, & non est pax. E Micchea, parlando d'ingannatori. *Qui optimus in eis est, quasi paliurus: & qui rectus quasi spina de sepe.* Hà gli pesci presi nell'amo, e gli vccelli alla rete, e al laccio, come restano gli huomini nell'inganno. *Nescit homo finem suum: sed sicut pisces capiuntur hamo, & sicut aues laqueo comprehenduntur: sic capiuntur homines in tempore malo, cum eis ex templo superuenerit.* Il vaso pieno di fiele. *Væ qui potum dat amico suo, mittens fel suum, & inebrians, v aspiciat nuditatem eius.* Hà nella veste la pelle di Pantera bella a gli occhi, mà hà il capo quest'animale ferocissimo, qual nasconde, con che inganna, ed vccide. *Simulator ore decipit amicum suum.* Il laccio ricouerto di fiori, per far preda della fiera, prendendo talmente gli huomini, e con l'inganno della rete prende altresì gl'vccelli, come parlò Geremia. *Qui inuenti sunt in Populo meo Impij, insidiantes quasi aucupes, laqueos ponentes, & pedicas ad capiendos viros.*

Ezzech.
13.B. 10,

Mich.7.A.
4.

Ecclesiast.
9. C. 12,

Abacuc.2.
C. 15,

Prou.ij.A.
9.

Hier.5. F.
16

INGANNO DEL MONDO. G. 94.

Huomo di bella vista, tiene vn specchio nelle mani, ed vn ramo fiorito, di lato gli sia vna Tigre, sotto i piedi vn ramo spinoso.

IL Mondo è ordinariamente ingannatore; l'inganno è quando si mostra vna cosa, ò si persuade, ò si promette, e poscia se ne dà in fatti, ò se ne fà vn'altra, questo è il proprio inganno, qual si troua viuacemente nel mondo, ch'è vago di far mostra a noi di gran cose, mà niente dona, appalesa

grandezza, e dà miserie, persuade vita lunga per godere, mà in vn tratto si muore, promette piaceri, e colma di duoli, questo è inganno chiaro del buggiardo mondo, benche il tutto proceda dalla nostra sensualità, e dallo 'ntelletto, e volontà nostra, che, leggiermente s'ingannano in questi

sti

fti oggetti terreni; mondo difet-
tofo, e vie più d'ogn'altro ingannatore, da cui fù tanto ingannato
il più faggio di tutti in terra, ch'a
douitia volle abbracciar le fue
imprefe, le fue glorie, ed honori,
e quanto mai fcorgeffe co'gli occhi, e defiaffe co'l cuore, com'egli
confefsò. *Magnificauit opera mea,*
& ædificaui mihi domos, & plantaui
vineas, feci hortos, & pomaria, &
confeui ea cunctis generis arboribus,&
extruxi mihi pifcinas aquarum, vt
&c. Coaceruaui mihi argentum, &
aurum, & fubftantias regum &c.
Oue racconta tutte le fue grandezze, di che fù cotanto vago, e
tutte le fodisfationi, ch'egl'hebbe,
al fine pur s'auuidde del mondano inganno. *Cumq; me conuertiffem*
ad vniuerfa opera, quæ fecerant ma-
nus meæ, & ad labores, in quibus fru-
ftra fudaueram, vidi in omnibus va-
nitatem, & afflictionem animi, & ni-
hil permanere fub fole. E così reftò
còn molta contezza di quanto va-
lorē fiano le mondane cofe, che
gli paruero al ficuro vn niente
fteffo; hor fappino i mondani,
che cofa fia il mondo ingannatore dal fauio Salomone. Quindi fi
dipigne da huomo di bella vifta,
effendo a'primi fembianti di bella
moftra, e di ftraordinaria vaghezza, mà pofcia fi fcuoprono i fuoi
inganni, e le frodi. Hà lo fpecchio
in mano, oue fà, ch'ogn'vn fi
fpecchi, e vegga le fue grandezze,
chè fono per ogni torno fparte,
quali acconcia in maniera, ch'altri le brami. E'l ramo fiorito è
fimbolo altresì di beltade; mà ò
miferi, che fotto'i piedi hà vn
ramo fpinofo, per l'efito falfo di
lui, che moftra molto, e molto
promette, mà il fine è niente, anzi
apre di fubito l'vfcio di tutti mali, donando allo 'ncontro di fiori

di contenti, le ponture di fpine, e
dolori, per i germogli di diletti, e
piaceri, cefpugli aridi, e fecchi di
tant'affanni, di diuerfi cordogli,
e ramarici amariffimi, che reca
a'mortali. Vi è la tigre, qual hà
per proprietà, che vedendo la fua
effigie nello fpecchio, ò nell'acqua limpida, fi ferma, la contempla, ed in tanto viene in oblio del
proprio parto, che gli và inanzi
fuggendo, in guifa altre tale fanno gli ingannati mondani, che feguendo il parto della lor falute,
per lo che fono creati da Dio; e
pofti in quefta vita, per lor difa-
uentura pofcia, ammiranfi nel
fallace fpecchio, ò nell'acqua (che
ben chiara fembra) di mondani
beni, quali cotanto affettano, e così fi fcordano di loro fteffi, e del-
l'anima, diuenendo immemori
della propria falute.
Alla Scritt. Sacr. Si dipigne di bella
faccia, e collo fpecchio in mano
l'inganno del mondo, per far, ch'-
ogn'vn riguardi le fue grandezze,
facendole rauuifar vn'altro Iddio.
Et extollitur fupra omne, quod dicitur
Deus, aut quod colitur, ita vt in tem-
plo Dei fedeat, oftendens fe tanquam
fit Deus. Il ramo fiorito, per la falfa bellezza, che moftra il mondo,
di che Salomone tanto fi compiacque. *Et omnia, quæ defiderauerunt*
oculi mei non negaui eis : nec prohibui
cor meum, quin omni voluptate frue-
retùr, & oblectaret fe in his, quæ præ-
paraueram. E Geremia fauellando
di noi ingānati diffe. *Sed abierunt in*
voluptatibus, & in grauitate cordis fui
mali. Mà fe fià vaghi fcoprir l'ingā-
no, torre la mafchera al mondo falfo, e ammirar l'efito, il ramo fiorito
di piaceri, il vedremo effer diuenuto ramo fecco d'afflittione, come
s'auuerà con la fentēza del Sauio.
Et exiftimata eft afflictio exitus illorum.

2. *Teff.* 2.
B. 4.

Ecclefiaft.
2. *B.* 10.

Hierem. 7.
E. 24.

Sap. 3. *A.* 3.

E per fine vi è la tigre obliuiosa, perche i môdani ingânati si scorda no per cagione del mondo, di Dio, e della propria salute. *Obliti sunt*

Psalm. 109 *C.* 21.

Deum, qui saluauit eos. Che però se ne lamentaua per bocca di Geremia. *Populus verò meus oblitus est mei diebus innumeris.*

Hier. 2. 6. 32.

INGANNO DEL DEMONIO. G. 95.

Vn huomo diforme mezzo huomo, e mezza bestia colle corne in capo, con veste di vari colori, harrà in mano doi fiori, quali dalla parte di sopra sono co'l sembiante di gigli, mà di sotto sono freccie acute, a' piedi vi è vn ceruo, ed vna murena al lido del mare, che corre al fischio del serpente.

IL Demonio nostro capital nemico cotanto si sbraccia in procurare la nostra dannatione, per far, che gli diuêghiamo simigliâti, nè mai lascia che fare, nè ordire inuentioni, nè machinar insidie, per ingannarsi, che certo si può per eccellenza chiamare sommo ingannatore, essendo nel sommo buggiardo, e mentitore, nè si potrebbono annouerare gl' inganni, l'astutie, e le fintioni, ch'vsa ad ogn'hora, per trarre le genti nel baratro d' inferno; mà non m' insorgirebbe difficoltà, nè merauiglia, s'egli solamente ammirasse i peccatori, perche costoro (ben forsennati, ch' io stimo) procaccianfi a lor mal grado di fabricarsi palaggio coll'acque, ed arene di Cocito, mà ch' egli arrogante, e superbo fissi i guardi a' giusti, ed osseruanti la diuina legge, hor sì che non posso contenermi di non stupire. Il patiente infra gli altri suoi raggionamenti vna fiata fauellò oscuramente così, e forse (se mal non m'auiso) intendea di questa bestia tartarea. *Ecce assorbebit fluuium, & non mirabitur, & habet*

Iob 40. *C.* 18.

fiduciam, quod influat Iordanis in os eius. Parole in vero d'altissima intelligenza, e sottigliezza, come Giob mio? se tu fauellasti di Satanasso, a quel, ch' intendono la Chiosa ordinaria, l' Interlineare, Vgone Cardinale, ed altri Padri come sia possibile, che voglia assorbir copia cotanta d'acque, com'è vn fiume inondante, ch' empetuosamente corre al gran Padre di fiumi, e per recarne a douitia, istimo poter riempire qualunque voragine si fosse, inondar ogni gran campo, ed atterrar ogni Città magnifica, s'alle mura di lei sboccasse, come può egli dunque riceuer tant' acque? certo, ch' il vostro parlare è molto difficile, e tanto più per tal speranza, ch' e' tiene, che gli habbi ad inondar nella bocca il Giordano altresì fiume ricchissimo d'acque. I sacri Dottori van dicendo varie cose sopra questo passo. La Chiosa per questo fiume intende tutto il corso dell' humana generatione, che trasse il Diauolo per lo peccato, e in che se cascarlo per le sue astutie, e per lo giordano gli huomini.

Glos. et Vgo super Iob.

Glos. hìc.

ni, che perfettamente viuono, hauendo peranche speme di trāguggiargli, ed è come se volesse dire (per quanto mi possa mai imaginare) egli assorberà tutti peccatori, ed a tutti tenderà lacci inganneuoli, ma ciò non è gran cosa, per esser quelli trasgressori della diuina legge, mà di più hà viua speme per mezzo di suoi inganni, racchiuder nella rete d'inferno, etiandio gli giusti, gli eletti, ed i predestinati, che posson' s'intendere per lo fiume Giordano. *Et sperat, quod influat Iordanis in os eius.* Hor consideriamo fin quanto giugne la sfacciatagine, e'l temerario ardire di satanasso, e questo voleua sembrare l'oscuro fauellare di Giobbe; Guardianci tutti di gratia da sì fallace ingannatore, l'occhio di cui è sì temerario, ed arrogante, ch' ammira la dannatione infra' diuoti, e giusti, e tratta d'inferno, oue si vagheggia Iddio.

Quindi si dipinge mezzo huomo, e mezza bestia con le corna in capo, per la sua diformità, e per i molt' inganni, e frodi, di che si vale, e le corna sono simbolo (forse) della sua temerità. Hà vna veste in dosso di vari colori, per le varie forme, che prende, e varie arti, di che si vale per ingannare, quindi apparendo così ad vn santo Padre con tanti lacci, e forme, dimandogli, che officio era il suo, e perche recasse cotanti lacci, rispose l'empio, e rubello. *Mille modis artifex uocor.* Dico esser' vn artefice, c'hò mille modi d' inganni, se mill'astutie; e quel mille è numero indefinito, perche non possonsi annouerare le maniere, che tiene per trauagliarne, e ridurne ad inganni. I doi fiori, ch' in sù paiono gigli, che tiene in mano, sono doi

altri nostri nemici, di che si serue, com' il mondo, e la carne, con che egli fà preda di noi, l'infiora, e l'abbellisce in sembianza di vaghi, e profumati gigli, infiora il mondo, facendo parer gran cosa le ricchezze, gli honori, i titoli, i piaceri, i contenti, e le glorie di quello; la carne, ò quanto l'abbellisce, e quanto se ne serue, per danneggiar gli huomini, ti fà parer quella donna sì laida vna Dea, ti và persuadendo quanto sia cosa buona amar se stesso, il proprio senso, la carne, e seguir la propria concupisceza, ò che gigli adorni in somma, e colmi di beltade, fà parere il mondo, e la carne, mà miseri, che non conosciamo l'inganno velato alla parte di sotto, oue sono freccie, ch'egli auuenta per ferirci, sono strali acuti, poiche il mondo co' suoi honori, e grandezze ne conduce all' inferno, la carne co' suoi vezzi, e piaceri eternamente ne stabilisce nemici di Dio, ed abomineuoli in tutto a sua diuina Maestà, a cui tanto piace la monditia del corpo, e l'honestà. Il Ceruo è ingannato co'l fischio, e con la sampogna dal Cacciatore, ch' in tal maniera ne fà preda, dopo inuaghitolo col suono; il medemo fà con noi nella sua cacciaggione il diauolo, sonando la sampogna della sua persuasione dolce, con che ci lega ne' peccati, facendo di noi miserabil preda. E la murena, per fine, che resta ingannata, venendo al lido ad vdir il fischio del serpe, (a quel, che dicono i Naturali) parimente noi stando nel vasto Oceano bonacciato della gratia di Dio, egli co'l dolce fischiare, appalesando la bellezza del mondo, e dolcezza della carne, fà, che siam condotti al secco scoglio de' peccati, ed iui qual murena fuora dell'acque della gratia, boccheggiando moriamo.

Alla Scrittura Sacra. Il Diauolo ingannattore si pidigne da huomo disforme mezzo huomo, e mezza bestia, come Giobbe difficultò della sua figura. *Quis reuelabit faciem indumenti eius? & in medium oris eius, quis intrabit ? Portas vultus eius quis aperiet ? per girum dentium eius formido.* Le varie forme, e colori della veste sembrano i vari modi, e varie astutie in ingannare altrui. *Astutias illius quis agnouit ?* Hà i doi gigli, che sono il mondo, e la carne, di che si vale per ingânarci, come dicea S. Paolo ; Non hauer nemicitia colla carne, nè co'l mondo, mà co' Demoni, che di quelli si seruiuano. *Quoniam non est nobis colluctatio aduersus carnem, & sanguinem, sed aduersus principes, & potestates , aduersus mundi rectores tenebrarum harum , contra spiritualia nequitia in cælestibus.* I gigli del mondo, e della carne abbelliti dal lui con la lordìtia, che gl'esce di bocca nel stranutàre, e con quella belletta la carne, ed inhora il mordò. *Strenutatio eius splendor ignis, & oculi eius vt palpebre diluculi .* E di sotto vi sono le saette, con che

Iob 41. A. 4

Ecclesiast. I. D. 15.

Ephes. 6. B. 12.

Iob 41. B. 9.

feriscono i principi delle tenebre, e i mondani scemi, e piccioli nel senno. *Sed sagittis paruulos interficient, & lactantibus vteris non miserebuntur , & super filios non parcet oculus eorum .* Il ceruo col sibilo della sampogna ingannato, com'è ingannato l'huomo dal Demonio, del quale parlò il Sauio. *Simulator ore decipit amicum suum : & ducit eum per viam malam.* Ed altroue parlando del Demonio disse. *Et in sono eorum dulces fecit modos .* O che sono dolce è la carne, ò che dolce sampogna della persuasione di chi n'inuita a' piaceri di quella. E finalmente qual murena condotta al lido dell'errore è il peccatore dal serpente, che fischia, trahendolo alle mondane cose. *Illos ex monstris perturbant : transitu animalium, & serpentium sibilatione commoti , tremebundi peribant.* E quest'è il falso stringimento delle mani, che fà Satanasso a gli huomini, auuezzandogli ad amar il mondo, fischiandogli all' orecchie con dolci lusinghe. *Stringet super eũ manus suas, & sibilabit super illum, intuens locum eius.* Qual'è il luogo del ben fare, oue si troua il Christiano, e per dispiacere, che ne sente; procaccia farlo cadere.

Is. 13. D. 18

Prou. ij. B. 6

Ecclesiast. 47. B. 11.

Sap. 17 B 9

Iob 27. D. 23

INGANNO DELLA CARNE. G. 96.

Donna di bella vista tutta ornata con fiori su'l capo, stà combattendo con vna spada in mano con vn valoroso Giouane vestito d'armi bianchi, qual ferisce a morte, vi è d'appresso vna pianta d'Assentio, ed vn' albero di Palma, e di sotto vári stromenti da guerra, come tamburro, spada, scudo, lancia, ed altri, e per fine v'è vn albero secco dalle radici.

LA Carne nostro capital nemico è quella molt'affettione, che qualunque huomo porta a se steffo, ad amici, e parenti, per i quali s'offende l'anima;e'l proprio amore di se medemo, altresì fà offendere la legge di Dio, come per anche il darsi al peccato della lasciuia. Quindi si dimostra con bella vista la carne, e co' sembianti gratiosi, e adorni, mà combatte contro lo spirito, rapresentato per lo Giouane valoroso, qual vince dandogli ferite mortali, che sono i peccati, che gli fà commettere. La pianta dell'assentio sembra l'amarezza, ch'è in questo amor mondano, qual auuelena, e toglie di vita, senza che niuno se n'auuegga, vbbriacando di veleno amaro; che però spesse fiate alcuno per i parenti offende l'anima sua, e per i propri piaceri, nè punto accorgesene, per esser ebro, mà d'amarezza di velenoso amore, che l'vccide. Vi è l'albero della Palma, ch'è simbolo di glorie, di pace, di vittorie, e di beltati ancora, perche la carne par che prometta pace, mà dà guerra, gloria, e dà infamia, fa mostra di vincere, e reca le maggior perdite, che mai possa far l'huomo in terra, e bellezze per vltimo appalesa, mà sappi ogn'vno, ch'in lei sono le vere disformità, ch' però di sotto hà tant'armi bellici, per quante stimoli, battaglie, ed altri mali ne porta, e per fine suelasi migliore l'inganno di lei, perche riduce l'huomo alla perdita della gratia di Dio, questo sembrando l'albero secco, e l'es-

ser senza virtù, lungi dalla salute, e rimanerne qual bestia irraggioneuole, come lamentòssi il Profeta. *Vt iumentum factus sum apud te, & ego semper tecum.*

Psal. 72. C. 23

Alla Sacra Scrittura. Si dipigne l'inganno della carne da Donna bella infiorata, ch'alletta, e promette gusti, mà poscia vedesi rubella con l'armi in mano contro lo spirito. *Caro enim concupiscit aduersus spiritum: spiritus autem aduersus carnem: hac enim sibi inuicem aduersantur.* Resta ferito lo spirito. *Si enim secundum carnem vixeritis moriemini: si autem spiritu facta carnis mortificaueritis, viuetis.* La pianta dell'assentio è l'amarezza, che fà succhiar la carne sotto manto di dolce, con che riduce gli huomini, quasi, ad vn'incantaggione, che'l feruore della concupiscenza, come diuisò Geremia. *Repleuit me amaritudinibus, inebriauit me absynthio.* L'Albero della Palma ombreggia la pace; mà spiega lo stendardo da guerra, ch'è la concupiscenza carnale; *Et curabant contritionem filia populi mei cum ignominia, dicentes: Pax, pax, & non erat pax.* E non v'è, mà bandita guerra, però si veggiono di sotto l'armi, come l'istesso altroue disse. *Quia gladius Domini deuorabit ab extremo terra vsque ad extremum eius: non est pax vniuersæ carni.* Ed in fine, in segno di vero inganno, è il legno secco, ò l'albero dalle radici, per la perdita d'ogni bene. *Quia infirmata est in bonū, qua habitat in amaritudinibus: quia descendit malum à Domino.*

Gal. 5. C. 17

Rom. 8. C. 13

Tren. 3. B. 15.

Hier. 6. D. 14.

Id. 12. C. 11

Mich. 1. C. 12.

INGANNO DELLE RICCHEZZE. G. 97.

Huomo sontuosamente vestito tutto di drappi d'oro, mà
co'piedi scalzi, e ignudi, qual sepelisce vn'huomo con
vn lenzuolo straccio, a'cui piedi stà quantità di denari, che lascia altrui, le farà d'appresso vn'esame d'api.

LE ricchezze molto ingannano i mortali, che per farne ac
quisto trauagliano cotanto, e sten-
tano, e non sanno i miseri, ch'ogni
cosa è vanità, nè queste se sono
malamente vsate possono giouare,
per far scampo da pene infernali,
come diuisò il Sauio. *Diuitiæ non*
proderunt in die vltionis. Le ricchezze ingannano assai, poiche molte
fiate, quanto più vno fatica per
acquistarne, tanto meno ne possiede, anzi più impouerisce, ma'l più
sottile inganno de gli huomini è,
che faticando si consumano, e ta-
l'hora offendono Iddio, e loro stessi, e poscia fattone acquisto, sono
tranguggiati dalla morte, senza
che possino godersi niente, lascian-
dole altrui. Quindi si dipinge da
huomo riccamente vestito l'inganno, perche le ricchezze appaiono
belle ne' sembianti, mà hà i piedi
scalzi, per le fatiche, che si richiedono nel loro acquisto, e per l'offese, che souente si fanno a Dio,
sepelisce vn'huomo con vn lenzuolo straccio, che questo e'l fine,
e la burla, perche le sue fatiche, e
le sue robbe altri se le godono, ed
egli nel suo morire a pena hà quel
lenzuolo, che gli toccò in parte;
lascia i danari, che non può por-
tarsi, a godere ad altri, ed egli hebbe tant'afflittioni, per farne acquisto, e muore aggrauato di coscien-

Prou.ij. A.

za, e questo sembra l'esame d'api,
le quali s'affaticano a fare il mele,
ed altri lo gustano, elle restando
vccise, ritratto viuace de' ricchi,
che lasciano il mele de' beni terreni, ed essi miseri restano morti
souente d'eterna morte.

Alla Scrittura Sacra. Si dipinge
l'inganno delle ricchezze da huomo ricco, che ben paino cosa bella,
e di preggio, mà hà li piedi scalzi
per lo dano, e per la pouertà della
conscienza. *Quia dicis: quod diues*
sum, & lucupletatus, & nullius egeo,
& nescis, quia tu es miser, & misera-
bilis, & pauper, & cæcus, & nudus.
Sepelisce vno cõ vn lenzuolo vecchio, ecco il fine delle ricchezze,
eccolo deuenuto pouero da ric-
chò, che però Dauide dice insieme
insieme esser quello pouero, e ricco. *Simul in vnum diues, & pauper.*
O vero quel lenzuolo, ò quel straccio è la parte di quel ricco dopo tante fatiche. *Hæc est pars eius,*
& omni homini, cui dedit Deus diui-
tias, & substantiam. A' piedi vi sono i denari, che lascia. *Relinquèt*
alienis diuitias suas. Ed al pari
dell'api tesorezza, mà non sà a
chi. *Thesaurizat, & ignorat, cui con-*
grebat ea. E San Luca. *Stulte: hac*
nocte animam tuam repetunt à te, quæ
autem parasti cuius erunt? Sic est qui
sibi thesaurizat, & non est in Deum
diues.

Ap.3.D.18

2.Co.8.B 9
Psal 48.A.

Eccl.5.D.

Ps.48.B.12

Idẽ 38.B.8
Luc.11.
C. 21.

INGANNO DELL'HONORI, E GRANDEZZE. G. 98.

Vna donna, che ſtà ſù vn monte allegra, e pompoſa con vna veſte tutta occhiuta, terrà in vna mano vna palma, e le caſca vna colonna a'piedi, qual corre al baſſo, oue è montone di cenere, ed vn faſcio di fieno, vicino vi è vno, che ſemina grano, e naſcono ſpine, e di più vi ſtà vn cane con vn'oſſo in bocca.

INfelici quei mortali, che fra l'altre albagie, c'hanno, è d'auàtaggiate inanzi nell'honori, dignità, grandezze, e titoli di queſta vita, nè vengono in cognitione dell'errore, in che ſi trouano, che ſeguono l'ombra fugace, e'l vento, viuendo i miſeri colmi d'inquietezze in queſta vita, in continui ramarici, e cordogli, quando non poſſono porre il piè, oue bramano, facendo altreſi molt' offeſe al Signore, che ſe viueſſero mortificati, e ſi contentaſſero dello ſtato loro, viuerebbono più con aggi, e con più ſodisfatione di loro ſteſſi, e maggiormente s'occuparebbono nel ſeruigio di eſſo Signore; eh di gratia aprino gli occhi all'inganno di cotal grädezze, e conſiderino bene, quanti ne reſtano burlati, per eſſer portati inanzi alle chimere, non nel vero, dal buggiardo ſatanaſſo; douebbono pur conoſcere coſto di quanto poco valore, ed vtile ſiano l'honori, e le grandezze di queſto mondo, ch'in vn tratto ſpariſcono, e ch'il Signore l'hà creati, per darci ſpeme di quelli maggiori del Cielo, quali perche ſono inuiſibili, ſono poco noti a noi, mà ſi fan noti per mezzo di

quelli, come teſtificò l'Apoſtolo. *Inuiſibilia enim ipſius, à creaturæ* Rom. 1. C. 2 *mundi per ea, qua facta ſunt intelleĉta conſpiciuntur.* Già che queſto nome proſperità, *à ſpe dicitur*; non c' habbi a ſatiar lo'ntelletto noſtro con terrena ſpeme, mà con quella immarciſcibile del Paradiſo, nè altro ſtimo le felicità mondane, ſol che meſſi mandati a noi con imbaſciaria, che collaſsù ve ne ſono maggiori, e di maggior vagghezza, come talhora vn ſeruitore recaſſe ad vna ſpoſa vn preſente di valore, non altrimenti douebbe appreggiarſi la ſtima nel recatore, mà nella valuta dellà coſa donata; parimente le grandezze terrene, non ſono di preggio, perche ſono ſerui, mà perche appreſentano all'anime noſtre vn donatiuo dell'eterne beatezze di Dio, ch'elleno viuacemente ombreggiano. Ed vna tal fiata quel potente Rè di Giudea, quand'egli non hauea contezza dell'eſſer regale, e di fugaci beni, ſi moſtrò ſi auido di farne raccolta, imaginandoſi giugnere a termine di grandiſſima importanza, che tal ſembiante hanno quelli. *Dixi in corde meo: vadam, & affluam* Eccl. 2. A. *deliciis, & fruar bonis.* Ecco co-1 me me fembrauangli gran cofe le grandezze, i titoli maeftofi, i piaceri, i contenti, e folazzi del fenfo, ed io inueggendo (volle dire il Sauio) cotanto bene di sì alto preggio, vi piegai tutto il cuore, e l'affetto, mà infra brieue termine m'auuiddi della frode, e dell' inganno, ch'eran miferie, ch'eran vento, ch'eran cofe da fpreggiarfi, e che altro non conteneuano, che

Idem ibid. manifefta vanità. *Et vidi, quod hoc quoque effet vanitas.* E qual più inganno, e vanità di quefta, moftrarmi fotto piaceri il duolo, fotto' contenti, i difgufti, fotto delicie le ponture, fotto ricchezze le pouertadi, fotto opimi arnefi le miferie eftreme, e fotto il poffedere l bifogno, qual più frode di quefta, fotto i titoli Augufti nafconder le viltati, fotto l'alte magnificenze le baffezze, e fotto le corone, e' fcetri le feruitù, hor m'auueggio del vero, ch'il tutto è vanità realmente. *Et vidi, quod hoc quoque effet vanitas.* Quindi diceua il gran Pa-

Auguft. in epift. 36. dre Agoftino, che le cofe profpere di quefta vita contengono vera afprezza, falfa giocondità, certo dolore, incerto piacere, dura fatica, timida quiete, vna cofa piena di miferie, e vana fperanza di beatitudine.

Che per ciò (diffe l'ifteffo) alle
Idem fuper Matth. fer. 29.
Idem in Matth. 27. terrene felicità Iddio vi mifchia l'amarezza, acciò fi chieda quella felicità, la cui dolcezza non è fallace. E l'ifteffo pur diffe, fe tu haueffi la fapienza di Salomone, la bellezza d'Abfalone, la fortezza di Sanfone, la lunga vita d'Enoc, le ricchezze di Crefo, e la felicità d'Ottauiano, a che giouano quefte cofe, mentre al fine la carne s'hà da dare a' vermi, e l'anima a' Demoni, per effer cruciata fenza fine.

B di gran virtù lottare con la
Idem de verb. Dom. cap. 13. felicità, acciò nò alletti, e adefchi, ed acciò non corrompa, e fouerta, è di gran virtù, dunque, lottare colla felicità, e non effer vinto da quella, dice l'ifteffo.

Vedefi ben fpeffo, chi in alto s'eftolle, fortemente cafcare, e conquaffarfi, imperoche fouente la fortuna su'l pricipio è folita recar
Rabb. in quoãã fer. profperità, ma 'l mezzo, e'l fine riempe d'auuerfità, dice Rabano.

Dalla profperità delle cofe adiuiene la luffuria, e da quella tutt'
Latt. Firm. lib. 2. c. 2. diuin. inft. i vitij, e così nafce l'impietà verfo Iddio, dice Lattantio Firmiano.

Sono dunque, malageuoli le felicità terrene; e non altro, ch'vn ombra, e vn fonno.

Quid bona, quid vanos mundi
mirari honores,
Quid mala, quid mundi de-
decus ipfe times ?
Fac fuperas mireris opes, & com-
moda vita,
Fac mala per timeas, quæ ni-
ger Orcus habet
Cætera (fiuè tibi fortuna fit vf-
que nouerca,
Siuè fit illa parens) fomnia
vana puta,
Somnia funt, quacumq; fluunt,
quacumq; repente
Vt veniunt, abeunt labijs in-
ftar aquæ.

Si dipinge dunque, l'inganno dell'honori, e grandezze da donna, ch'è sù vn monte fuperbamente veftita, con molta baldanza, e pompa, qual moftra le grandezze del mondo, l'honori, e le magnificenze. Tiene la vefte tutta occhiuta, che dinota i molti defij, ed affetti, c'hanno i mondani in ingrandirfi, poiché ouunque veggiono cofa di grandezza, fubito vi volgono l'occhio del penfiero, per poterui giungere. La palma

ne'

ne' mani ombreggia viuacemente i trionfi, e l'humane magnificenze, mà ecco l'inganno, che quando si persuadono esser giōti a qualche termine d'eminenza, gli casca la colonna (ch'è simbolo di gloria) in terra, rauuisandos'in vn tratto sbassati, e riuolgendosi la ruota, gli comincia vna persecutione, vna perdita di robba, commettono qualche fallo, ed eccogli in tutto buttati a terra, ch'è l'inganno delle grandezze, che scuopresi spesso a chi le siegue, ed a chi tanto vi corre dietro. Giugne la colonna al basso, oue è vn montone di cenere, ch' ogni cosa del mondo per grande che sia, stà velata con qualch'ombra di bene solamente. Vi è la cenere, che dinota la corruttione, e'l niente, essendo ogni cosa transitoria così, ò almeno con la cenere della morte ogni cosa finisce. E'l mazzo di fieno, perche ogni cosa grande di questa vita si corrompe in guisa del fieno, ed ogni gloria si riduce al niente, al pari de' fiori del campo, che in vn tratto appariscono vn secco fieno, disperdendosi ogni vaghezza. Il cane, che porta vn osso in bocca, sembra la burla, che patiscono i mondani auidi d'honori, poiche quegli portando l'osso in bocca, e riguardando l'ombra di quello, lascia tal fiata quell'osso, c'haueua in bocca, per prendere quello da terra apparente solo, e così perde l'vno, e l'altro, e riferiscono. alcuni esser' auuenuto a' cani vn tal fatto; così apunto adiuiene a' mondani, c' hanno la gratia di Dio, cibo pretioso, e ricco, e perche veggono l'osso spolpato dell' honor del mondo nell'ombra delle grandezze, lasciano quello, c'hanno di tanto preggio, per

prender questo da niente, e così restano scemi dell'vno, e dell'altro, trouandosi con acquisto solo d'ombra, e fumo, e del niente istesso. Vi è vno, che semina grano, e raccoglie spine, perche chi camina dietro l'honori, al più troua afflittioni, ò pure s'egli giunge a' bramati gradi, colà sono le nemicitie, e miete le nate spine pur troppo acute dell'insidie, di tradimenti, e dell'inuidie, essendoui altresì i pesi, e mill'infortunij.

Alla scrittura sacra. L'inganno dell'honori, e grandezze stà in alto sù vn monte con vna palma di trionfo, e gloria in mano, come dice Salomone, parlando di se ne gli alti gradi; *Manus meas* *extendi in altum, & insipientiam eius* *luxi*; E Michea pur diuisò; *Et de* *ciuitatibus munitis vsque ad flumen,* *& ad mare,de mari, & ad montem* *de mare.* Hà la veste tutta occhiuta, per i vari desideri d'ingrandirsi, come auertiua il sauio. *Ne eri-* *gas oculos tuos ad opes, quas non potes* *habere: quia facient sibi pennas, quasi* *Aquila, & volabunt in cælum.* La colonna, che le casca a' piedi in terra; *Qui altam facit domum suam,* *quærit ruinam: & qui euitat discere* *incidet in mala*; E Michea; *Glo-* *riam eorum in inogminiam commu-* *tabo.* Vi è il montone di cenere, in segno che non deue niuno insuperbirsi in terra; *Quid superbis* *terra, & cinis? Nihil est iniquius, quam amare pecuniam;* ouero per la gloria conuertita in cenere; *Memoria vestra comparabitur cineri;* Comparandosi la superba memoria, e l'altiero pensiero de' grandi alla cenere. Vi è il fascio di fieno secco, che di ciò parlò Dauide; *Quoniam tanquam fænum ve-* *lociter arescent: & quemadmodum* *olera herbarum citò decident.* Ed in

Ecclesiast. *51. C 26.* *Mich.7.C.* *12*

Pro.23 A.5

Id.17 C.17

Mich. 4, *B. 7.*

Ecclesiast, *10.B.9.*

Iob 13 B.12

Psf 36.A.2

G g per-

persona de' mortali auidi di glorie mondane, mà sbassati pur egli fauellò; *Percussus sum, vt fænum, & aruit cor meum;* Ch' il fiore si converte in fien, apunto quello della mondana gloria. Il cane con l'osso in becca, lasciandolo, per seguir l'ombra, come fanno i

Id.101.A. 1.

mortali; *Vmbras montium vides, quasi capita hominum, & hoc errore deceperis.* E finalmente v'è vno, che semina grano, e recoglie spine, com'i miseri huomini; *Seminauerunt triticum, & spinas messerunt: hereditatem acceperunt, & non eis proderit.*

Iudith. 9. E. 36.

Hier.12.C. 12

INGRATITVDINE. G. 99.

Donna, che in vna mano terrà vn specchio, oue si mira, e nell'altra vna vipera, vicino le sarà vn'albero d'hedera, sù le cui foglie vi sia cascata vna gelata, hauendo vna nubbe d'appresso.

L'Ingratitudine è propria malignità dell'animo rozzo, e vile, che rende l'huomo sconoscente verso i benefici receuti da Dio, e dal prossimo, siche scordandos'il ben presente, il futuro brama sempre con appetito dissordinato.

L'ingratitudine è vitio abomineuole, e si suol dire, che secca il fonte della pietà, dalla quale si spiccano i benefici, ch'altrui si fanno, rendendosegli guiderdone d'ingratitudine, si che per l'auenire ella non si renda così pronta a beneficare, come per l'adietro.

Questo vitio fa irritare ad ira, e sdegno la Maestà di Dio (come si legge nella Scrittura vecchia) c'hauendo fatto benefici singularissimi al Populo Hebreo, in toglierlo dalla dura seruitù di Faraone, passarlo per lo mar rosso a strade secche, ed' infiorate, condottolo, nel deserto ameno, oue lo pasceua di manna d'ogni sapore, e quello ingrato, rozzo, e sconoscente, in cambio di ringratiare il suo facitore di tante gratie, gli

venne in capo superbo capriccio di rubbellarsegli, di ricalcetrare, e murmurare, finche la pietà mutoss'in sdegno, le gratie in castighi, i fauori in sferzate di serpenti infocati, che da indegnate mani pióueuangli di Cielo, da quali erano vccisi, com'empi, ingrati, e sfacciati superbi. Ingratitudine è peccato, c'hà dell'empio, e del scelerato, ritenendò in se stesso vergognosissima sfacciataggine, è calamità del bastone, e del castigo, e ardisco dire, che non è vitio al mondo, che cotanto prouochi il Signore a sdegno, e lo mostri acceso d'ira, e furore, quanto questo, e per proua di quanto diciamo, v'occorrebbono infiniti luoghi della Scrittura. Errore dirò che sia l'ingratitudine intolerabile, qual si spicca da impertinente sfacciataggine, da altiera superbia, da venenosa malitia, da infetto, ed abomineuol cuore, da mente profana, da intelletto scemo di ragione, da proteruo volere, da iniquo pensiero d'animo basso, vile, e plebeo, mentre non hà mira

alla

alla gentilezza, alla cortesia, e magnanimità del donatore, ben degno certo (per dar luogo alla ragione) che se gli tolghino i benefici, ed i piaceri, e si vadi caricando di discontenti, di disgusti, di trauagli, d'afflittioni, di mali, e d'ogni contrario euento. Platone

Melian lib. 4. de var. hist.

chiamò Aristotele mulo, il quale saturato, ch'egl'è di latte, tira di calci alla madre, così fè questi, c'hauendo insegnato la Filosofia da Platone, poscia gli tirò calci, erigendogli vna scuola contraria, e professando sempre esser suo auuersario. Seneca disse esser ingrato quel, che non conosce i beneficij, più ingrato quel, che non gli rende, mà ingratissimo colui, che se ne scorda. Ingratus qui non cognoscit, ingratior, qui nô reddit, in gratissimus omniû, qui oblitus est.

Senec.

Aug.lib.de pan.et hab. de pænit.d. S.C.consid. §.indignat.

L'ingratitudine (dice Agostino) fà, che l'huomo, c'hà tanti benefici da Dio, non lo tema, e tanto è più colpabile, quanto è più accetto all'istesso Dio, in tanto, che Adamo più peccò, in quanto riceuè doni maggiori. Quanto sono maggiori i benefici dati a gli huomini, tanto sono più graui i giuditij a' peccatori ingrati, dice Chrisostomo.

Chrisost.super Matth.

Bernar.ser. 1. in cap. Ieiunium.

Cessa (dice Bernardo) il corso delle gratie, oue non è il ricorso con la gratitudine, nè se l'augméta nulla all'ingrato, mà quello, che riceue di bene, se gli muta in male. Auerti huomo(dice l'istesso) che sei di bene, e così non esser superbo, e perche sei congionto con Dio, non esser' ingrato.

Idemser.1. in ephifan.

E l'ingratitudine (dice l'istesso) nemica della gratia, e contraria della salute, perche non vi è cosa, che più dispiaccia a Dio, quanto quella.

Melian.lib.

Aristotile dimádatosegli, perche

hauesse lasciato Atene, rispose, che non era bene, che l'Ateniesi commettessero doi peccati contro la Filosofia, notando l'ingratitudine di quelli, che non solamente accusorono i lor Filosofi auidi del bene della Republica d'Ateniensi, mà gli conduslero a morte, come fù il fatto di Sacrate. Diogene disse, qual cosa più tosto inuecchia frà gli huomini, rispose, il beneficio riceuuto, ch'appena si può narrare con lingua, frà gli huomini quanto sia in obliuione.

6. de var. hist.

Stob.

L'Ingratitudine è peccato abbomineuole del mondo, che tanto prouoca Iddio a sdegno più d'ogn'altro, dice Pietro di Rauenna; è prouocatione di mali, togliméto di benefici, ed esterminatione di meriti. Sceleraggine, che tanto abbonda nel mondo contro i buoni, i giusti, i dotti, gli honorati, i modesti, i giuditiosi, e sagaci, così perseguitati, mal voluti, empiamente trattati, e remunerati con la moneta d'ingratitudine; Veleno, ch'annida ne' petti d'huomini crudeli, più di feroci Leoni, più fieri, che mai hircana tigre, più spietati, che mai si fosse infelonita leonessa, più diformi, che mai mostro d'inferno, più sporchi, ed immondi, che mai fù Camelo, che co'l proprio piè della dura pietra d'ingratitudine turba l'acqua limpida delle receuute gratie, in guiderdonarle d'obliuione, come fù fatto a Scipione Africano da' Romani, che riducendo la superba Cartagine sotto 'l loro impero, presero l'accusa di Petilio, dicendo non hauer condotto nel tesoro di Roma tutti i denari presi nell' Asia. Lodouico Pio figliolo di Carlo Magno, che da proprj figli fù condotto nelle carceri. Fù grande il fatto di Santio

Pet. de Ra. in epist.

Vale.Mass. de ingrat. lib. 1. c. 3.

Io. Naucl.
1.vol. 1.
Cronograp.
gen. 2.

Fulg. lib. 5
c.3 de ing.

Valer. lib.
5. e 3. de
ingrat.

Idem ibi.

Pet. Crim.
lib.2. pœm.
de fugien.
ingratis.

Quarto Rè di Spagna, che non riceuè nel Regno, Alfonso suo padre, r.tornando da Germania. Dario fè conseglio d'ammazzar Artaserse, dal quale per grata fù creato Rè. L'Imperadore Herrico Quinto maltrattò Herrico suo padre nelle carceri, ed Alfonso primo Rè di Lusitania carçerò sua madre Feneca, perche tentò le seconde nozze dopo la morte del suo marito, e cento, ed infiniti essempi profani, e sacri potrebbonsi addurre, per mostrare questo deformissimo vitio dell'ingratitudine. E dell'ingrato altri disse, e bene.

Ingratus est seminarium scelerum omnium,

Hinc est auara mens, & animus perditus:

Hinc sastus impotens, & ambitus grauis:

Ingratus hoc vnum benefacit, cum perit,

Nam tellus ipsa fedius nil creat.

Protentum id omnium est habendum maximum,

Si dipigne, dunque, questo mostro tartareo dell'ingratitudine da donna, che tiene in vna mano vn specchio, oue si mira, che sèbra la superbia, ch'è il principal motiuo, onde si spicca coral vitio, imaginandosi l'ingrato, ch'ogni cosa, che se gli fà, se gli debba per obligo, e così mirando l'esser suo, lo reputa degno di quanto se gli fà, e però si mostra ingrato a beneficj. La vipera è tipo d'ingratitudine, che per vscire dal materno ventre, forandolo vccide la madre, rendendosi poco grata alle viscere, oue si generò, ed oue n'vscì libero, e sciolto parto; sembra anco la vipera velenosa il veleno grauissimo del peccato, che risiede in cotal vitio infra tutti gli al-

tri odioso appò tutte le nationi, ed appress' Iddio. Vicino haurà vna pianta d'hedera, ch'i scrittori tutti la recano per esemplare d'ingratitudine, erigendosi in alto per la forza, e sostegno d'vn albero, sù la cui sommità gionta, lo secca, ed aridisce, com'a pûto fanno l'ingrati, che souente s'ergono a dignità, ed honori per alcun fauore, poscia come sono là, se la prendono con quel tale, che gli fauorì, e lo perseguono. Vi è la gélata sù le frondi dell'hedera, quale subito suanisce, così è questo vitio, e la speranza di lui, subito Iddio lo termina al niente, nè permette, che resti molto nelle grandezze vn'ingrato. Vi è, per fine, la nubbe vero ritratto ancora d'ingratitudine, ch'essendo generata da' vapori tratti dal sole, poscia gli procaccia guerra, opponendosi alla sua luce, per oscurarlo, mà quel gran Signore della luce gli dà il douuto preggio da darsi ad ingrati, tanto si rinforza, finche sospigne i suoi caldi, e luminosi rai, con che la distrugge, e riduce al niente.

Alla scrittura facia. Si dipigne l'ingratitudine con lo specchio in mano, per la superbia, e San Paolo dice. *Erunt homines seipsos amantes, cupidi, elati, superbi, blasfemi, parentibus non obedientes, ingrati, scelesti sine affectione, &c.* Tiene la vipera, che sembra l'ingratitudine, e l'iniqui ingrati, de' quali parlò San Luca. *Eritis filij Altissimi, qui est benignus super ingratos, & malos.* E Christo così chiamò l'hebrei ingrati. *Genimina viperarum, quis demonstrauit vobis fuggire à ventura ira.* Vi è l'hedera ingrata, qual secca chi la solleua in alto, ch'in guisa tale parlò l'Ecclesiastico. *Bona repromissoris sibi ascribit*

2.'Thim. 1
A.3.

Luc.6E.16

Matth.3.B.

Eccl.16.G.

peo-

peccator,& ingratus sensu derelinquet liberantem se. Vi è la gelata, che tosto si liquefà, perdendosi parimente la speme dell'ingrato. *Ingrati enim spes tanquam hybernalis glacies tabescet: & tabescet tanquam aqua super vacua.* Vi è per fine, l'ingrata nubbe, che ricuopre il

Sap.16. D.

sole, e'l cielo tutto, che così disse Dauide. *Qui operit cælum nubibus.* Mà la nubbe è annientata dal sole, in guisa dell'ingrato, fauellando acconciamente di lui la sapienza. *Sicut nebula dissoluetur,quæ fugata est à radijs coloribus.*

Psal. 146. A.

Sap. 2. A.

I N I Q V I T A'. G. 100.

Vn huomo di statura grande, con i piedi di serpi, e le gambe ritorte, tiene gli occhi rossi infocati, in vna mano tiene vn rametto, ò manipolo di zizzania, e nell'altra trè fauille, all'estremità delle quali v'apparisce in ogn'vna vn capo di serpe, e dall'altra certe palle di piombo.

L'Iniquità è il peccato, ch'è contro la diuina legge, ed ogni cosa, ch'è contro il retto dittame della ragione può chiamarsi iniquità, e male. *Iniquitas dicitur, quasi non equitas,* che per lo male, ed iniquità, il cuore, e la coscienza si rendono ineguali, rubbellandosi da Dio contr' ogni giusta ragione. Fù da Dio l'huomo creato retto, e giusto, dandogli la rettitudine della ragione, come dice l'Ecclesiaste. *Solummodo hoc inueni,quod Deus fecerit hominem rectum.* Dàdogli ancora la giustitià originale, mà egli si fè ineguale, ingiusto, e indiretto per la perdita di quella, e per lo peccato, ch'indi nacque, e così è restata in tutti gli huomini quella inchinatione al male, perche la giustitia non solo fù dal primo huomo, come tale particulare, mà come ceppo, e radice dell' humana generatione, acciò la conseruasse per se, e per gl'altri, con legge

Eccl. 7. D. 30.

datagli dal Creatore, che se la perdesse, tutti seco insieme nè restassero priui, quindi è, che noi nasciamo nell' errori, e ne' peccati, come si lamentaua Dauide; *Et in peccatis concepit me mater mea.* E l'Apostolo; *Eramus natura filij iræ.* Ed altroue; *Propterea sicut per vnù hominem peccatum in hunc mundum intrauit,& ita in omnes homines mors pertransijt,in quo omnes peccauerunt.* Miser' huomo, che cotanto in lui regna la parte sensitiua, che l'induce al male, ch' è ruina dell'anima,distruggitrice di tutti suoi beni, l'oscura il candore della bellezza datagli dal Signore, l'ingombra la ragione, la fà dominare dal seruo, ch'è'l senso, essendo ella signora, e padrona, da cui altresì riceue continue battaglie, come diceua l'Apostolo. *Video autem aliam legem in membris meis repugnantem legi mentis meæ, & captiuantem me in lege peccati, quæ est in membris meis.* E la fà per fine, deuenire

Ps.50,B.7.

Eph.2.A.3 Rom. 5.C. 12

Rom. 7.D. 23

uenire fchiaua, e ferua abomineuole a tutti, da bella, ch'ell'è.

Raffembrami l'anima co'l peccato fenza la gratia di Dio, qual
terra fecca, arida, ed infertile fenza la pioggia, che la fà amena, ed
abondante, come apunto diceua
Dauide. *Anima mea ficut terra fine*
aqua tibi. Mi raffembra come corpo fenz'anima, che gli dà vita.

Ezzecch. *Anima, quæ peccauèrit ipfa morietur.*
18. A. 18. Com' vno, che fe gli toglte il cibo, che pian piano vien meno.
Pf.106.A. *Anima eorum in ipfis defecit.* Com'
vn'ardente fuoco, che brugia, bru-
giando ella di paffioni, e fiammeg
Ecclefiaft. giando di fenfualità. *Anima calida,*
23. A. *quafi ignis ardens.* Alla guifa d'vn
finiffimo, drappo rutto ftreggiato
di varie gioie, che lo rendono alla
vifta di chiunque bello, e riguardeuole, mà vi s'ammira in oltre
macchia indelebile, che lo rende
diforme, togliendogli ogni vaga
Mier.2. E. beltade. *Maculata es in iniquitate*
tua coram me. Come cofa, in che
refiede grandiffimo fcandalo, ed
iniquità. *Viri ifti pofuerunt immun-*
Ezzecch. *ditias fuas in cordibus fuis, & fcan-*
14. A. *dalum iniquitatis fuæ ftatuerunt con-*
tra faciem fuam. Armata sì, mà
fon'arme ligate con la forza dell'
Rom. 6. B. iniquità. *Neq; exibeatis membra ve-*
ftra arma iniquitatis peccato. Qual'
auido tarlo, che pian piano rode,
e confuma il forte legno, e'l verme, e la tigna il veftimento. *Sicut*
Ifa.6.B. *veftimentum fic comedit eum vermis,*
& ficut lanam, fic deuorabit eos tinea.
E per fine ell'è come vn corpo pu
trido, circondato da' voraci ver-
Idem 14.C mi. *Subter fternetur tinea, & operimen*
tum tuum erunt vermes. Nè cred' io
faceffe mai ftrage sì racordeuole
il lampo celefte, e'l feftinante fulmine, quando fcoppia sù duri
marmi, che gli riduce in picciole
fauille, e quafi non diffi in minu-

tiffima poluere, ch'ingombra, e
fpauenta co'l rumore i petti di
tutti conuicini, come fà il male,
e'l peccato iniquo al marmo duro dell'anime peccatrici col terrore, e cecità di tuete le fcelerag-
gini, in guifa che diceua la Sa- *Sap. 5. D.*
pianza. *Ibunt directè emiffiones fulgu-* *22*
rum, & tanquam à bene curuato ar-
cu nubium exterminabuntur. E'l Salmifta. *Fulmina multiplicauit, & con-* *Pfal.17.B.*
turbauit eos. Nè mai fuocò accefo
in fecche biade fè tanto ftermi-
nio, nè vampe irreparabili nelle
felue, quanto il fuoco della mali-
tia nell'anima. *Sicut ignis, qui com-* *Idem 82.C*
burit fyluam, & ficut flamma combu-
rens montes. E oltre i teftimonij della fcrittura facra, vi fono quelli di
Santi Padri, che fcriffero cotanto
del male, e de' difaggi, che reca.
Sicome (dice Girolamo) la ci- *Hieron. c.*
fterna fà l'acqua fredda ; *6. lib.2.*
così l'iniquità perde, e raffredda
il calore della vita fpirituale. Si
come l'arida ftipula, e fecca foglia, appoftoui la fiamma al fpirar
de'venti, più sù s'accendono, così
picciole fcintille di male auuam- *Nanzian.*
pano l'anima del chriftiano, dice *in epift. 2.*
Nazianzeno. *de pace.*

Sicome a' lucenti rai del gran
pianeta non fi poffono fiffare i *Idè homel.*
guardi de gli occhi infermi ? così *12. in gen.*
la malitia, e l'iniquita non può
riguardare la virtù, mà voltato il
tergo, fi dà per poca coraggiofa, e
forte, dice l'ifteffo.

La mente praua, e trifta fempre
è in fatica, perche, ò penfa al ma-
le, per procacciarlo altrui, ò teme *Gregor.lib.*
ch'altri no'l recchino fopra fe *11. moral.*
fteffa ; dice Gregorio Papa.

Gli antichi diffinirono la nequitia, ò l'iniquità effere vna certa
volontaria malitia, nella quale *Caffiod.fu.*
non a cafo vi cafchiamo, mà di *per Pfal.*
fpòtanea volòtà, dice Caffiodoro.

- San

San Bernardo dice, che la malitia hà vn carro con quattro ro-
te, che sono la crudeltà, l'impatienza, l'audacia, e la sfacciataggine.
E carro velocissimo per correre,
il quale nè coll' innocenza si ferma, nè si ritarda colla patienza, nè
si raffrena co'l timore, nè s'impe-
disce, è tratto da doi perniciosissi-
mi caualli ad ogni male apparecchiati, e pronti, che sono la terrena potenza, e la mondana pompa.
Vi sono due aurighe, ò condottie-
ri, l'inuidia, (e'l timore, hà riguardo al cauallo della potenza vno; e l'altro tira per briglia
l'indomita pompa.) E il male, in
somma, diffuso per tutto'l mondo,
e questo lo ruina, e destrugge, togliendogli l'honore, la fama, e
quanto di bello vi creò il sommo
fattore, che ad vn' occhiata v'am-
mirò sontuosa vaghezza: *Vidit*
Gen. 1D.31 Deus cuncta, qua fecerat, & erant val-
de bona bona; Ed oue quello fù
creato per aggi del huomo, e per
delitie, è gionto per la malitia, ad
essere annouerato fra' suoi capi-
Catull. de tali nemici, del quale così altri
nuptijs Pel parlò.
ci, & The-
tidis.

Sed postquam tellus scelere est in-
duta nefando
Iustitiamq; omnes cupida de
mente fugarunt
Perfundere manus fraterno san-
guine fratres
Dexstitit extintos natus lugere
parentes.
Optauit genitor primeuus funera
nati.
Liber vt innupta potiretur flore
nouerca
Ignaro mater substernens se im-
pia nato
Impia non verita est diuos sce-
lerare Penates
Omnia fanda, nefanda malo
premisto furorem

Iustificam nobis mentem auerte-
re Deorum
Quare nec tales dignantur vi-
sere catus
Nec se contingi patiuntur lumi-
ne claro.

Si dipigne l'iniquità da huomo
di statura grande co' piedi di serpe, ch'è velenoso, sembrando i
piedi l'effetti, e l'opre humane, sono quelli in guisa di serpi, mà ritorti, per la malitia, ch'è contro
il dritto, e'l giusto. Gli occhi infocati, e rossi, non già per la carità, mà fiammeggianti di sensualità. Il ramo, ò manipolo di zizzania, qual'è simbolo del male, e di
cosa, che corrompe l'altrui bene,
come quella del Vangelo, semina-
ta nel bel campo di grano puro
del Padre di famiglia, in segno,
ch'il male non solo infetta, oue
annida, mà ruina gli altri ancora.
Tiene tre fauille, per tre sorti di
mali, ò iniquità, che si trouano,
quali sono di pensieri, parole, ed
opre, ò male contro Iddio, il prossimo, e se stesso. E'l serpe si è per
la malitia, ch'apparisce in ogni iniquità, ed in ogni male. Nell' altra
parte delle fauille vi sono le palle
di piombo, quali appresso il Prin- *Pier. Valo.*
cipio de' Geroglifici sembran l'ini- *lib. 48.*
quità, per la grauezza di lei, conforme Faraone, per la malitia della colpa, andò al fondo del mar
rosso, qual graue piombo.

Alla scrittura sacra. Si dipigne
l'iniquità da huomo grande, per
che grande è il numero d'huomi-
ni, che la seguono. *Omnes declina-* *Psal.13. A*
uerunt, simul inutiles facti sunt, non
est qui faciat bonum, non est vsq; ad
vnum. Hà i piedi ritorti, in segno,
ch'i peccatori non caminano per
la strada dritta del giusto, nè lucida della gratia, ma oscura, per
la cecità del peccato. *Vt eruatis à* *Prou. 1. O.*
via

Bern. sup.
Cant.

via mala, & ab homine, qui peruerſa
loquitur, qui relinquent iter rectum, &
ambulant per vias tenebroſas. Sono i
piedi in ſembianza di ſerpe, per la
malitioſa aſtutia di quello. _Serpens_
erat callidior cunctis animantibus. Hà
gli occhi infiammati di concupiſcenza. _Inſaniuit ſuper eos concupiſcen-_
tia oculorum ſuorum. La zizzania del
male. _Venit inimicus homo , & ſuper_
ſeminauit zizzaniã in medio tritici, et
abijt &c. E l'iſteſſo. _Zizzania autem_
filij ſunt nequam. E per fine il funicello triplicato co' capi di ſerpi,
quali ſono i trè mali principali

Geneſ. 3. A.

Ezzecch.
23. A.
Matth. 13.
D.
Id. 13 E. 39

nell'huomo, il primo contro Dio.
Poſuerunt in cælum os ſuum. Contro
il proſſimo. _Deuorat vnuſquiſq; car-_
nem proximi ſui. E contro ſe iſteſſo.
Venit ſuper te malum, & nequitia Vi
è anco il piombo della grauezza,
che tira all'inferno , come diſſe
Dauide di Farraone , e dell'eſſer-
citi ſuoi. _Aſcenderunt in profundum,_
quaſi plumbum in aquis vehementi-
bus. E queſto altresì allegoraua il
piombo, poſto nella bocca di quel
la donna viſta da Zaccaria. _Et mi-_
ſit maſſam plumbeam in os eius.

Pſa. 61. D.
Zacchar.
y. B.
Iſa. 47. D.

Exod. 15. B

Zacch. 5.
C. 8.

INNOCENZA. G. 101.

Donna di bello afpetto veftita di bianco co' gli occhi
verfo il cielo, in mano harrà vna Bilancia, ed vn'Agnel
lo in braccio, e a' piedi vn Fanciullo picciolo.

L'Innocenza non è altro folo
vna purità dell'animo, la
quale abborrifce ogni macchia, ed
ogn'ingiuria, così la diffinifce peranche Tullio. *Innocentia dicitur à*
non nocentia. Perche è proprio di
Tull lib. de
offic.
H h   quella

quella non nocere ad alcuno, ficome è del beneficio fare a tutti benefici, e per legge naturale ciafche duno è obligato a far bene ad altri; e nò male, come vorrebbe altri faceffe a fe; pariméte dourebbeeffer cofa ineftata ne' petti humani dalla madre natura -l'effer' innocente, nè hauer'appetito di nocere a niuno, mentre niuno vorrebbe effer nociuto. E Dauide huomo fingulare al mondo, e ritratto d' ogni bontà, era di mente sì fchietta, e pura, che cotanto gli radiua quefta virtù, e ne fagcea cafo, che diuisò. *Perambulabām in innocentia cordis mei in medio domus mea.* Quafi voleffe dire, io mai vfciy da quefta natural virtù de gli huomini dell'effer' innocente, e nella mia cafa vi ftaua vn— epitaffio d'innocenza, ch' era di mai oltraggiare a veruno, nè anco a' nemici, ch' è la più vera, e perfetta innocéza. Nè (cred'io) ve ne fia, infra tutte le virtù, più vincitrice, e degna di palme vittoriofe di quefta, poiche per quanti colpi fe l'auuentino, tutti indarno fono. Che ferno a Mardocheo i colpi d'Aman, de' quali egli fù lo berfaglio, reftandone in vn laccio appiccato, e quello fenzà nocumento alcuno, perche. *Quis vnquam innocens perijt, aut quando recti deleti funt.* Che l'infidie de' fratelli a Giofeffo, l'inimicitia, e la vendita? fur ben caggione d'efaltarlo al principato d'Egitto, e a Dauide che cofa la perfecutione di Saul? l'effer padrone affoluto d'Ifraele, ed all'innocentiflimo Saluatore, che le nemicitie Sataniche dell' hebrei, le perfecutioni, gli obbrobri, e' tormenti, fin la morte della Croce? l'impadronirfi dell'vno, e l'altro fecolo, perche *Quis vnquā innocens perijt.* e ne' numeri s'hà,

Pfal. 100.
A. 3.

Iob 4. *E.* 7

che *Liberabitur innocens ab vltoris manu.* Siche gl' innocenti non riceuono mai difaggio, nè procacciono recarne altrui. Raffembranfi (per quanto parmi) ad vn fonte chiaro, da cui n'adiuiene limipido, e correntè riuolo, che dolcemente jnaffia ouunque fcorre, e s'alloga; alla guifa altresì paionmi de' candidi, e giufti penfieri, parole, ed opre, che procedono dall'animo puro, ch' a ciafcheduno giouano, e fanno vtile. L'innocenza è gran virtù, effendo vna purità dell'animo, qualfifchifa ogni male, ed ogni errore di qualfiuoglia fpecie, fiche ftrada ficura ell'è del Paradifo, e Dauide diffe, effer fcorta della beata patria; intanto che dimandando vna fiata al Signore, chi douefs' entrare, ò habitar nella fua fanta cafa del Cielo. *Domine quis habitabit in tabernaculo tuo? aut requiefcet in monte fancto tuo,* rifpofe. *Qui ingreditur fine macula, & operatur iuftitiam.* Quafi diceffe, vn animo puro, giufto, ed innocente entrarauui ficuramente.

Nahum 35
D. 25.

Pfa. 14 *A.* 1

Virtù è in fine, di che era tanto vago il noftro Redentore, nè vi fù mai cofa, che gli rapiffe più il cuore, quanto vn animo femplice, ed innocente, che per ciò nel fuo collegio Apoftolico non volle— altro, che gente femplice, e fchietta, ne' cui cuori vagheggiaua vna candidiffima Innocenza, ch' i grandi, i letterati, e nobili haurebbe poffuto mirargli con altre fattezze, ftando fouente nel capo di coftoro molte girandole, e molte chimere. In tanto, ch'vna fiata lo Spirito fanto fauellando in perfona dello Spofo Diuino alla fua diletta, diuisò talmente. *Quæ eft ifta, quæ afcendit per decretum ficut virgula fumi ex aromatibus mirrha, & thu-*

Cant. 3 *C.* 6

thuris, & vniuerſi pulueris pigmentarij? Come Santo Spoſo tu non conoſci la tua diletta, ſapendo eſſer cotanto infra voi amor ſcambieuole? e che ſempre ne ſtiate inſieme in vn iſteſſo albergo, come ſpoſi cotanto amoroſi,come dunque adeſſo non par che la conoſchi? nè tieni contezza di ſuoi fatti? che sì ti marauigli, inueggendola caminar per lo deſerto, dicendo chi è coſtei, che ſe ne và per queſte parti, così ſmarrita, qual virgoletta di fumo, ch'adiuiene da incenſo, e mirra, e tutta adorna nel volto con liſci, e belletti? e tante fiate la vagheggiaſti, nomandola vaga colomba adorna, e bella? Il motiuo, onde ſi moue lo ſpoſo, per non conoſcerla, è perche l'anima, ch'altre fiate hauea riguardato ſemplice, ſchietta,e candida qual colomba, hora la rauuiſa cambiata con altre fattezze, quaſi voleſſe dire in buon ſenſo, e in buon linguaggio; mentre l'anima ſe ne ſtà innocente, ſenza macchia d'errori,colma di virtù, e ricca di gratie, ah ch'io la conoſco bene, me ne rammentu, e ſon vago, e bramoſo di vagheggiarla ogn'hora, e di fiſſarle ratto le luci, ma mentre la veggio in diſparte dalla mia gratia, fuora della caſa delle mie virtù, che ſmarriſce per lo deſerto del mondo, caminando dietro i ſuoi beni, le ſue grandezze, e le ſue vanità, io non la conoſco; ed eſſendo altresì da picciola, baſſa, ed humile,ch'ell'era,deuenuta vna virgoletta di fumo di ſuperbia, di vanità,d'impreſe,di punti,e duelli, e che volentieri dietro a' gradi, e titoli del mondo, io non la conoſco, e conoſco non hauer. la più per iſpoſa; ſe dianzi era ella di faccia, e di mente ſchietta,candida, e pura ne' penſieri qual bella colomba, e adeſſo ſtà ricouerta con tante vanità di laſciuie, di piaceri, e diletti, ed occupata in varie chimere del mondo, dunque non la conoſco, eſſendo Io amico geloſo d'añimi puri, ed innocenti; e di perſone ſchiette,e ſemplici, e cotali m'aggradano a marauiglia, ſiche confeſſa il Signore non conoſcer l'anima impura, quanto alla cognitione, ò quanto alla ſcienza, con che l'approua, hauendola per reproba, ed empia. L'innocenza dunque è quella,che tanto piace a gli occhi del Signore.

E quella è vera innocenza (dice il gran Padre Agoſtino) ou'è l'integrità ſenza peccato. *Auguſt. in Pſal.* 38.

E Chriſoſtomo dicea, ſicome la faccia bella è gratioſa nel coſpetto de gli huomini, così a gli occhi del Signore è vna conſcienza monda, e ricca d'innocenza. *Chriſoſt. in* 6.*Matth.*

La vera innocenza (dice Agoſtino) è quella, che non noce, nè anco all'inimico. *Auguſt. in Pſal.* 38.

L'innocenza, e l'integrità con vna picciola macchia aſperſa,toſto ſi viola,dice Ambrogio. *Ambroſ. in Exameron.*

E titolo d'immediocre virtù viuer bene frà triſti, e ritenere infra malegni il candore dell'innocenza, e la manſuetudine delle virtù, dice Bernardo. *Bernard. in Cant.*

Si come il picciolo fanciullo non perſeuera nell'ira, offeſo nò ſi racorda, vedendo vna bella dama, non ſi diletta, nè altro penſa, nè altro fauella; così noi ſe non hauremo vna cotale innocenza, e purità dell'animo, non faremo ingreſſo nel Paradiſo, dice Girolamo. *Hiero. ſup. illud Matt. quicumq, humil. ſe ſic paruul.*

Verità ſi è queſta conoſciuta fin da gentili, intanto, che Seneca diceua, *Senec. in Prou.*

diceua, il trionfo dell' innocenza
esser' il non peccare. E l'istesso diceua , nelle cose male sperarui
bene , niuno suol farlo , se non è
innocente,

E quando vno viue malamente
dee senza fallo reputarsi indegno
d'ogni bene.

> *Quo magis à Christo mens con-*
> *scelerata recedit,*
> *Hoc sua damna minus prospi-*
> *cit, atque gemit,*
> *Quo proprior Christo mens est hoc*
> *crimina cernit*
> *Ipsa magis, visis ingemit, at-*
> *que magis*
> *Nam velut ardenti corpus cum*
> *febre laborat,*
> *Quanam sit cunctis debilitate*
> *liquet :*
> *Sic Deus inuisens animas , &*
> *corda piorum*
> *Vel nimia his, vt sint crimina*
> *nota facit.*

Si dipigne, dunque, l' innocenza virtù heroica da donna bella,
vestita con vestimento candido,
che sembra la bellezza di lei, e la
purità, che questo dinota la veste
candida , del qual colore cotanto
si compiace il Signore, ed è tanto
commendato nelle sacre lettere, e
quantumque volte Iddio hà voluto si rappresentasser' opre felici, e gioconde , sempre volle seruirsi di quello, come si fù specialmente nel monte Tabor *Vestimen-*
ta autem eius facta sunt alba sicut
nix. Nel Conuito del Padre di fameglia i conuitati doueano ap-
parirui con la veste nottiale , mà
di bianco colore ; Ed i coronati
eletti visti da Gio:. che corteg-
giauano il gran Signore della
Maestà in tal sembiante n'apparuero. *Amicti stolis albis, & palma in*
manibus eorum. Hor questo è il cã-
dido vestiméto simbolo dell'inno-

Idem ibid.

Matth. 17.

Apoc.7 C.x

cenza. Hà poscia gli occhi alzati,
e fissi verso il Cielo stanza dell'innocenti, nè colà v'entra cosa mac
chiata , e ch'altrui sia per fare nocumento alcuno . *Non intrabit in*
eam aliquod coinquinatum , aut abo-
minationem faciens , & mendacium,
nisi &c. La bilancia della giustitia,
perche l'innocenza,è custodita da
quella,ed è effetto di lei. L'Agnello è tipo molto chiaro di questa
virtù,a cui fù paragonato il più di
tutti innocente Christo più fiate,
non hauendo quest'animale vn-
gne, nè altro per offendere,nè tiene malitia alcuna , mà è animale
semplicissimo.Il picciolo fanciullo egl' è pur simbolo di cotal virtù, essendo innocente,puro,e giusto senza macchia veruna di peccato, nè hà animo d' offendere a
niuno.

Alla scrittura sacra . Si dipigne
l'innocenza da donna co'l
candido vestiméro, che così apun
to apparuero più volte gli Angioli innocenti , e specialmente nella
resurrettione dell' innocentissimo
Saluatore. *Et vidit duos Angelos in*
albis sedentes vnum ad caput , & vnũ
ad pedes, vbi &c. La bilancia della
giustitia , onde sgorga, e donde
adiuiene la custodia di quella,co-
me disse Salomone. *Iustitia custodit*
innocentis viam . L'Agnello è. tipo
dell'innocenza,nomato così il Saluatore da Gio:, dianzi vcciso per
la redentione humana.*In libro vita*
Agni , qui occisus est ab origine mun-
di . Tiene gli occhi inuerso il Cielo, ch'è stanza sua. *Non priuabit bo-*
nis eos , qui ambulant in innocentia,
Domine virtutum . Ed altroue . *Me*
autem propter.innocentiam suscepisti :
& confirmasti me in conspectu tuo in
æternum E per fine il picciolo fanciullo è pur chiaro geroglifico di
lei, ch'a tali rassembrò gli eletti
humili,

Apoc. 21.
G. 27.

Ioann. 20.

*Pro.*13 *A.*6

Apoc. 13.
B. 5.

Psalm. 83.
D. 13.

*Id.*40*B.*13

humili,ed innocenti il Saluatore.
Matth.18. Et aduocans Iesus paruulum statuit
A. 3. eum in medio eorum, & dixit : Amen
dico vobis,nisi conuersi fueritis,& effi-
ciamini sicut paruuli non intrabitis in

Regnum Cælorum, E'l Principe della Chiesa diuisò altresì. *Sicut modò*
geniti infantes, rationabiles, sine dolo
lac concupiscite , vt in eo crescatis in
salutem.

1. Pet. 2.
A. 2.

INVIDIA. G. 102.

Donna di picciola statura , di volto malincolico, e con
ambi due le mani si straccia il petto, è vestita di color
lugubre, tenghi vicino vn legno,vna veste da vn lato,
e dall'altro vn Pauone,ed vna testa di morte.

2.2.q.36. L'Inuidia,secondo il Padre San
Tomaso, è di due maniere,
la prima quando alcuno s'attrista
di qualche bene del prossimo, inquanto da quello è per venirgli
alcun male , come quando vno
viene in dispiacere del bene,e del-
l'esaltatione del nemico, dubitando da ciò possergli auuenire alcun male , e questo chiamasi più
tosto effetto di timore,secondo in
quanto s'imagina l'inuidioso,ch'il
bene altrui sia diminutiuo del
proprio bene,e della propria gloria , e questa è inuidia propriamente detta , la quale , secondo il
Padre Sant'Agostino , è odio del-
l'altrui felicità ; ed Hugone dice,
esser vn crucio del bene altrui.
Augus̄. de L'inuidia (dice il gran Padre
verb.Dom. Agostino) è figliola della superbia , mà questa madre superbia
non sà esser sterile doue sarà continuamente parturendo , soffoca
tu , dunque , la madre , e non farà
la figlia.
Id lib 1.de L'inuidia (dice l'istesso) è vitio
doc̄r.chris̄, Diabolico : nel quale solo il Diauolo è reo senza emenda.
Leua via l'inuidia , ed è tuo
quel , ch'io hò ; leuarò l'inuidia,

ed è mio quel , che tu hai , dice il
medemo.
L'inuidia è vn vitio, che niente
è più ingiusto di lui, ch'inconta-
nénte ammazza il suo autore, così dice Prospero.
O inuidia (dice Chrisostimo)
qual'è sempre a se nemica , imperoche chi hà inuidia , a se stesso fà
vergogna , ed a chi inuidia partorisce gloria.
Li Giudei perciò perirono,per-
che volsero più tosto inuiadiare a
Christo,che crederlo,dice Cipria-
no.
L'inuidia è pessimo vitio , perche macera il cuore, oue alberga,
nè potrebbono le lingue mai narrare a pieno le sue maluagità.
E vitio indomabile,che però molti Saui lo significorono per l'Hidra,
come referisce Pierio, che infra
tutti mostri più rese Hercole affa-
tigato nel domarla; è grand'errore,in somma, contenente gran mali, che cotanto danneggiano .

Idẽ in Ioᾱ.

Pros̄.lib. 3.
de vit. &
virtutibus.

Chris̄. sup̄
Matth.

Cypr.inser.
de liuor.

Pier.lib.16
ibi de Hi-
dra.

Ob tua quam grauiter plecteris
crimina tandem
Inuide,cum bona te nunc aliena
premant ?

O mi-

O miferum? cuius dolor eft aliena
voluptas :
Quoque alius gaudet , ringeris
ipfo bono
Vulneribus quâ nam arte tuis
afferre medelam
Quis veleat , cum tu vulnera
tecta geras?
Sit licet inuiftus liuor, nil iuftius
illo eft
Namque premens alios oprimit
ante patrem.

Quindi fi dipigne per l'inuidia
vna donna, che fi fquarcia con le
proprie mani il petto, in fegno
del gran difpiacere, che fente del
bene del proffimo, ed hà ancora
il volto malinconico, perche mal
riguarda il bene in perfona d'altri, mà fen'attrifta, e duole, fen-
tendone crucio grande, che per
ciò. *Inuidia dicitur à non videndo,*
eoquod male inuidus videt aliorum bo-
na. E per effer quefto peccato diretto contro la carità, è molto
grande, contrariando altresì a Dio,
ch'è la medema carità. E di picciola ftatura, perche ordinariamente quefto vitio ſ fuol' effere nelle perfone inferiori verfo i
Superiori, ed in que' di baffo ftato inuerfo di fublimati, e fouente
annida nelle perfone baffe, e plebee, che poco difcorrono. Stà veftita di lutto, per continuo difpiacere, che tiene de' contenti de
gli altri; Stà in lutto, come fe
foffe l'inuidiofo priuo di cofa di
molta ftima, e preggio, inueggendo l'efaltatione in perfona d'altri,
e non nella fua, onde adiuiene
odiofo, loquace, fuffurratore, detrattore, e fempre và diminuendo
il bene altrui, e macchiàdolo per
l'inuidia, che n'hà, e per la triftitia, e difcontento, effendo proprio
dell'inuidiofo rallegrarfi dell'altrui auuerfità, e attriftarfi dell'

auuenimenti profperi. Il Pàdre
San Gio. Chrifoftomo dice, che
l'inuidiofo hà il valeno nel petto,
mentre fi duole della felicità de
gli altri, ed ifpecialmente dirò,
quando s'attrifta di quelle cofe,
che non può hauere, come i fratelli di Giofeffo l'inuidiauano per
vna certa vefticciola fattagli dal
Padre, la quale non poffeano hauer loro, per non effergli proportionata, effendo eglino huomini
perfetti, e Giofeffo figliolino picciolo. Hà d'appreffo vn legno, ed
vna vefte, perche l'inuidia è fimile
al tarlo, ed alla tigna, che fi gene-
rano in quelli, e poi prodotti, come ingrati l'ergono guerra continua, fin che gli rendono diftrutti,
così quefto vitio diftrugge l'inuidiofo, facendolo ftar fempre in
continui difpiaceri, e ramarici.
Vi è il Pauone animale inuidiofo,
che nafconde il fuo fterco, qual'è
molto medicinale all'huomo, acciò non gli facci giouamento; ed
è altresì nemico de' propri parti,
nafcendogli timore, che crefcendo, non fe l'eguaglino nella beltade, quindi la pauoneffa fi toglie
via in difparte, e tal'hora nelle
felue, per crefcergli ficuramente;
in tal guifa fà l'inuidiofo nemico
del bene, che potrebbe auuenire
al proffimo fuo. E ftata di tanto
male l'inuidia al mondo (conforme dice Agoftino) che da quella
è venuta la ruina dell'ifteffo mondo, e la morte di Chrifto, anzi la
morte nel mondo è ftata introdotta per caufa di tal peccato, e però
vi è la tefta di morte d'appreffo.

Alla Scrittura Sacra, l'inuidia
fi dipigne da donna di picciola fta
tura. *Verè ftultum interficit iracun-*
dia : & paruulum occidit inuidia.
Stà co'l volto malinconico, come
ne fauellò il Sauio. *Cor prauum da-*
bit

Chrifoft.

Auguft. in
quod. fer.

Iob 5.A.2.

Ecclefiaft.
36.C.22.

Id.37.A.2 — *bis trisiitiam.* Ed altroue. *Nonne
tristitia in est vsque ad mortem.* Si
straccia il petto, e la carne, che in
acconcio nę fauellò Ezzecchiello.
*Ezzecch.
23.E.34.* — *Fragmenta eius deuorabis, & vbera
tua lacerabis.* E Zaccaria. *Omnes qui
leuabunt eam, occisione lacerabuntur:
& colligentur aduersus eam omnia regna terre.* Ed è vna putredine, che
corre fin all'ossa. *Vita carnium, sa-
nitas cordis: putredo ossium inuidia.*
Tiene il vestimento roso dalla tigna. *Quasi vestimentum, quod com-
meditur à tinea.* E del legno, e vestimento dal verme, e dalla tigna
*Zacch. 12.
A.3.*

*Prouer. 14.
D. 30.*

Iob 13 D 28.

deuorati, diuisò Salomone. *Sicut
tinea vestimento, & vermis ligno: ita
tristitia viri* (Supple inuidia) *Nocet
cordi.* Il Pauone è colmo d'inuidia,
essendogli simigliantę l'inuidioso,
che vuole tutto'l bene per se, ed
esser solo ricco di gloria, e di bellezza. *Vir qui festinat ditari, & alys
inuidet, ignorat, quod egestas superue-
niet et.* La testa di morte, perche
dall'inuidia è introdotta nel mondo, come disse la Sapienza. *Inuidia autem Diaboli mors introiuit in
orbem terrarum: imitantur autem illum, qui sunt ex parte illius.*
Pr.25 C.10

*Idem 28.
D. 22.*

*Sap. 2. C
24*

I R A.   G.   103.

**Donna di volto pallido con la spada in vna mano, ed in
vn'altra vna Saetta, ed vna Tazza piena di vino, habbi vicino vn'Asino, ed vna Pantera.**

*Arist.1. de
anima.* — L'Ira, materialmente dicendo,
non è altro se non vn' accensione di sangue circa il cuore, e
formalmente è appetito di vendetta. O pure (secondo Vgone) è

*Vgo lib. 2.
de sacram.* — vna perturbatione irraggioneuole della mente.

*Aug. super
Psalm.* — L'ira inuecchiata (dice il Padre
Sant'Agostino) è odio, l'ira intorbida l'occhio, ed estingue l'odio,
essendo quella la festuca, e questi
il trauo.

*Idem de ve-
ra innoc.* — La diuina bontà (dice l'istesso)
però s'adira in questo secolo, acciò non habbi d'adirarsi nell'altro,
e mostra con misericordia la seuerità temporale, acciò auerta l'e-
terna vendetta.

*Ambro. de
S. Ioseph.* — Adirateui (dice Ambrogio) ou'è
la colpa, alla quale douete adirar-
ui; nè è possibile, che non siamo
mossi dalle cose cattiue con isdegno, altrimenti non è virtù, mà si
stima vna certa piaceuolezza, e

remissione.

È migliore (diceua Cassidoro)
chi vince l'ira, che chi prende vna
Città.

Questa è la natura dell'ira (dice
Beda) che violentata languischi,
e manchi, mà proferita, ò mostrata, assai più s'accende.

Debbono, dunque eli huomini
al più che possono vincere l'ira, e
mitigar gli animi, com' altri disse.

*Vince animos, iramque tuam: qui
 catera vincis.*

Hor vincasi pur l'ira.

*Nemo sua mentis motus non asti-
  mat aquos,
Quodq; volunt homines se bene
  velle putant.
Vnde animus celeri pace est reuo-
  candus ab ira.
Nec robur sauis tempora dent
  odijs,
Offensas sibimet parcentia corda re-
  mictant,*

*Cassiod. su-
per Ps. iras.
et nolit. pec.*

*Beda super
epist. Iacob.*

*Ouid. epist.
3. Heroid.*

Quam

Quam noftri memores mundi inter vana, viciffim.

Omnibus in caufis, & damus, & petimus.

Quindi si dipigne l'ira, da Donna pallida, perche in quell'accensione, e concorso di sangue al cuore, restano l'altre parti esangui, e così impallidiscono l'iracondi, il che si è per effetto di vendetta, che però si dipigne colla spada in mano. Tiene nell'altra vna saetta, che gli Egittij l'haueuano per Geroglifico del rumore, come dice Oro Apolline, ch'è vna delle figliole dell'ira insieme colla rissa, contumelia, biastema, clamore, e indignatione. Al più quest'ira nasce dal molto darsi al vino, e dall'vbriachezza, il che viuacemente spiega la tazza del vino in mano. Si dipigne specialmente da Donna l'ira, che è più la donna inchinata a questo vitio, che l'huomo, ne v'è ira sopra quella donna, ò sdegno. l'Asino, che tiene a' piedi sembra la stoltitia, che i stolti al più si sogliono adirare, ed infuriare, ed appresso gli Egittij altresì haueua significato di stolidezza. La Pan-

Oro Apoll.

Pier. Vale. lib. 12, ibi de asino.

tera vi è per fine, ch'è animal crudele, (conforme dice Aristotele, nè mai si domestica, in segno, che l'iracondi sono furiosi, e di costumi crudeli, e tanto più, quando l'ira nasce dall'esser infetto dal vino.

Alla Scrittura Sacra. Si dipigne l'ira pallida, e da donna specialmente. *Non est ira super iram mulieris.* La spada in segno di vendetta. *Zelus, & furor viri non parcet in die vindicta.* La saetta sembra il furore dell'iracondo; *Iratus est furor meus*, così dice il patiente, e di più si dice ne' Prouerbi; *Ira non habet misericordiam, nec irrumpens furor.* La tazza del vino, in segno dell'vbbriachezza, onde procede l'ira; *Vinum multum potatum irritationem, & iram, & ruinas multas facit.* L'asino per significar la stoltitia, onde adiuiene l'ira; *Fatuus indicat statim iram*, così dicesi ne' Prouerbi, e nell'Ecclesiaste, *Ira in sinu stulti requiescit.* La Pantera, per la crudeltà, che si ritroua ne' furiosi iracondi, simile a quella di questa, e altre bestie, come si spiega nella Sapienza. *Etenim cum illis superuenit saua bestiarum ira.*

Arist. in hi storia ani malium.

Ecclesiast. 25. C. 22.

Pro. 6 D. 34

Iob 42. E.

Pro. 27 A. 4.

Ecclesiast. 31. D. 38.

Pro. 12 C. 16

Eccl. 7. B. x

Sap. 5 A. 16

IRA DI DIO. G. 104.

Huomo di statura alta, di volto seuero, d'aspetto terribile, e formidabile; tiene vn braccio disteso, il quale è tirato con vna catena da tant'Angioli, ed huomini, che sono dentro vn mondo rotondo, e non può esser mosso, e vicino alla catena vi corre insieme vna cartosina, che dice *Impossibile moueri.* dall'altra parte vi stanno il Leone, e l'Elefante, ed vn huomo frecciato, ed impiagato, qual tiene vna fiamma su'l capo.

L'Ira di Dio è differente dall'ira humana, perche quella

non è altro solo vn rigore della diuina punitione, ed vn'effetto, che

che si vede nelle creature,non che vi sia cosa nulla, nè di mutatione, ò altro dalla parte di Dio,nè quanto all'affetto com'è nell' ira humana , oue appare l'appetito della vendetta, e l'accensione del sangue, mà in Dio non vi son cose tali, solo si veggono gli effetti dell' ira nelle creature,com'è il castigo di peccatori,ch'i Sacri Teologi la chiamono ira cum riuerentia metuenda,le tribolationi, che vengono a gli huomini per cagionarne frutto , e questa è ira sustinenda *cum patientia* , e le pene eternali, sono ira, ò effetto di quella. *Cum nimia diligentia fuggienda.* Hor dunque in Dio non vi è ira , se non quanto al modo detto effettiuè, non affettiue. Quindi si dipigne da huomo terribile, e d'aspetto seuero, e formidabile, benche sia piaceuolissimo , e colmo di mansuetudine , tutta fiata s'adira giustamente,quindi hà a'piedi l'Elefante, che di natura è mansueto , mà prouocato pur s'adira , e sdegna, così Iddio,il cui proprio è la misericordia, e benignità, essendo prouocato da peccatori,spessos'adira, quale più mostra verso gli huomini saui,ch'errano,che verso l'ignoranti. Il Leone più s'infuria con gli huomini , che con le donne , e fanciulli , anzi questi l'accarezza, così il Signore que' , che peccano per ignoraza,gli perdona,mà que' che per malitia , e che realmente conoscono l'errore, contro questi specialmente s'adira,come contro Adamo, c'hauea tante scienze, contro Dauide , e contro Salomone. *Igitur iratus est Dominus Salomoni, quod auersa esset mens eius à Domino Deo Israel .* è di statura alta, perche non vi è niuno , che giunga all'altezza, e grandezza di Dio, e'l suo braccio, e'l suo domiuio

3. Reg. 11. B. 11.

distendesi per ogni parte , sopra tutte le sue creature in cielo , in terra, ne gl'abissi, e per tutto, anzi è presentialmente , realmente , ed essentialmente in ogni luogo , e se pure (dice la scrittura) che sia in cielo, come dice Dauide. *Dominus de calo prospexit super filios hominum.* E di più , *De calo respexit Dominus vidit omnes filios hominum.* Ed altroue . *Dominus in calo parauit sedem suam.* È tant' altri luoghi , non è però da dirsi non esser altroue,mà perche in cielo si degna farsi vagheggiar da'beati, quindi si gli dà questo nome d'esser colà , tutta fiata egl'è in tutt' i luoghi,com'è nel cielo non circumscriptiue,come sanno i Teologi . è tirato con vna catena , e non può muouèrsi, perche aditandosi Dio , non per questo si muta, rè può esser mosso da niun affetto , ò di colera , ò di passione, mà sempre stà immobile, e nè altro occorre nel processo dell'ira sua , che l'esecutione dell'eterni decreti, che si gastighino gli trasgressori, che si faccia la tale, e tal cosa , che sono attioni ab eterno determinate, ben che l'esecutioni si vegghino in tempo, e così sono tutte le cose di Dio, nè fà cosa adesso, che prima non la facesse, nè tutti gli Angioli,nè gli huomini,nè tutt'il mòdo insieme può mouerlo,nè dirgli cosa nulla di ql,che fà,come dice Giobbe. *Quis dicere potest.Cur ita facis?* Nè vi può esser relatione dalla parte sua alle creature, nè dependenza alcuna, come è per contrario, quindi vi è il detto. *Impossibile moueri.* Il leone,altresì dinota,che sicome quand'egli manda lo spauentoso rugito tutti gli animali s'atterriscono , per esser loro Rè, e Signore, così al rugito del gran Leone del nostro Dio, ch'è l'ira sua,

Ps. 13. A. 2

Idem 23.

Idem 100.

Iob 9. B. 11

fua, gli huomini, e le creature
fenfibili, ed infenfibili s' atterri-
fcono, e tremano. L'huomo impia
gato, e frecciato fembra l'effetto
dell'ira di Dio, che fi vede nelle
creature. La fiamma sù'l capo è
l'effetto del caftigo, che giugne
a' peccatori.

Alla fcrittura facra. Si dipigne
per l'ira di Dio vn huomo di ftatura grande. *Quis Deus magnus ficut*
Deus nofter ? tu es Deus qui facis mira-
bilia. Magnus Dominus, & magna
virtus eius. E di volto feuero, e
terribile, per l'ira, che moftra a
noi. *Tu terribilis es, & quis refiftet*
tibi,? E la fapienza. *Impijs autem*
vfque in nouiffimum fine mifericordia
ira fuperuenerit. E Dauide. *Et ira*
Dei afcendit fuper eos. Il braccio di-
ftefo, per l' vniuerfal dominio,
c'hà in cielo, ed in terra. *Et Domi-*
nabitur à mari vfq; ad mare: & à flu-
mine, vfque ad terminos orbis terra-
rum. Gli Angioli, e gli huomini,

Pfal.76.C.
14

Idem 75.
B. 8.
Sap.19 A.1
Pf.77D.38

Idem 71B.8

che no'l poffono muouere ad ira.
Non enim quafi homo fic Deus com-
minabitur, neque ficut filius hominis
ad iracundiam inflammabitur. Il
Leone, che ruggifce, per lo timore, qual dà l'ira di Dio, che di
lui, qual leone parlò Amos. *Leo*
rugiet quis non timebit. L' Elefante
prouocato, ch'è, pur s'adira, in
guifa che fà Iddio. *Quia dereli-*
querunt me, & facrificauerunt dijs
alienis, vt me ad iracundiam prouo-
carent in cunctis operibus manuum
fuarum, &c. L'huomo impiagato
fi è per l'effetto di queft'ira, e per
non hauer fatto la volòtà del fuo
Signore. *Ille autem feruus qui cogno-*
uit voluntatem Domini fui, & non
praparauit, & non fecit, fecundum
voluntatem eius, vapulabit multis,
qui autem non cognouit & fecit digna
plagis, vapulabit paucis. La fiamma,
per fine, fu'l capo, fembra quella
del fuoco eterno. *Flamma combuf-*
fit peccatores.

Iudith. 8.
B.15.

Amos 3.B.
8.

Pr.34 E.25

Luc,12. F.
47

Pfalm.105
C. 18.

LEGGE DI DIO. G. 105.

Vna Donna co'l veftimento tutto lucido, e co'l giogo sù
le fpalle, in vna mano tiene vn libro negro, ed ofcuro, e nell'altra vno lucido, e chiaro, tenghi fotto la
deftra mano vna ruota grande, e dentro quella ne fia
vn'altra picciola, e dall'altra parte fia vn triangolo
col detto. Conglutinatio.

B.Th.1.2.
q.90.ar.1.

Arift. 3.
Polit.

LA legge è mifura, e regola di
tutte l'attioni da farfi, e da
ommetterfi, dice S. Tomafo.

La legge fi dice à ligando, fecondo Ifidoro. E vn Principe (dice
Ariftotile) al quale dobbiamo vbidire, è vn Duce, che dobiamo fe-
guire, ed vna regola, che dobiamo
applicare in tutte le cofe da farfi.

Per la legge (diffe l'Apoftolo

San Paolo) fù conofciuta la colpa.
Sed peccatú nõ cognoui, nifi per legem:
Nam concupifcientiam nefciebam, nifi
lex diceret non concupifces.

La legge dee effer ftampata in
mezzo il cuor dell'huomo, fpecialmente la diuina, come diceua
Dauide, *Et legem tuam in medio cor-*
dis mei.

La legge di Dio (dice il Padre
S. Ago-

Ad Rom.7
A. 7.

Aug.in lib.
de ſpirit.&
lit.

Gre.in Rig.
& hab.25.
9.Imperia.

Idem lib.5
etymolog.

Idem in
regiſtro.

Iſidor.lib.2
etymolog.

Sant'Agoſtino) è la carità, e quella fù data, acciò ſi chiedeſſe la gratia, e la gratia fù data, acciò foſſe adempita la legge.

Fù coſtituito con decreto imperiale, che tutte quelle coſe, che ſi fàno côtro la legge, nô ſolo ſi tenghino per inutili, mà per infette, dice Gregorio Papa. I priuileggi ſono leggi d'huomini priuati, e ſono priuate leggi, imperoche il priuileggio ſi dice, acciòche ſi dia alcuna coſa alle perſone priuate, dice l'iſteſſo. Sono ſtate fatte le leggi, acciò co'l timor di quelle, ſi riprima l'audacia humana, e ſia ſicura l'innocenza frà triſti, dice l'iſteſſo,

Otto generi di pene (ſcriſſe Tulio) contenerſi nella legge, cioè il danno, le carceri, il taglione, l'ignominia, le percoſſe, l'eſilio, la ſeruitù, e la morte, così dice Iſidoro.

Legge del Signore veramente degna da nomarſi ſtrada della ſalute, e duce, che reca gli huomini alla diuina gratia.

Non ſeruit iuſſis legis prudentia
  carnis,
Peccati ſtimulos, nec ſuperare
  poteſt.
Sed, quia mens anceps patitur ma-
  la corpus ægri,
Querere diuinum cogimur auxi-
  lium;
Lex igitur facit, vt poſcatur gratia
  Chriſti,
Ardua, qua legis iuſſa queant
  fieri.
Nec iam non valeat carnales vin-
  cere ſenſus,
Quos iuſta legis conditor ipſe
  iuuat.

Da Donna veſtita con lucido veſtimento, ch'emula al Sole, ſi dipigne la legge di Dio, illuminándo le genti, e dandogli vera

cognitione della ſalute, come quel gran pianeta occhio dell'Vniuerſo, ſoſpignendo i ſuoi lucidi rai, moſtra a tutti il camino, in ſimigliante guiſa ella fà chiaro a'mortali il ſentiero del Paradiſo, e'l Principe de'Geroglifici, per la veſte intende la legge vecchia, e nuoua, come per lo color bianco la vecchia, e per lo roſſo la nuoua, a punto come fù rauuiſato il diletto ne'caſti colloqui) adorno dell'vno, e l'altro colore. *Dilectus meus candidus, & rubicundus.*

Cant.5 C.x

Tiene il giogo sù le ſpalle, in ſegno, che ſi dee oſſeruare da noi, ed oprare, e faticare, conforme i boui ſu'l giogo, e benche quello quanto a ſè par che ſembri coſa noioſa, faticheuole, e di diſpreggio, pure il giogo di queſta legge è di conſolatione, trasformando le fatiche in ripoſo, e'l diſpreggio in gloria, ed honore, che tal coſe recano a noi i precetti di Chriſto, benche a' poco ſpirituali hanno ſembianti di diſhonore, come è l'eſſer pouero, l'eſſer perſeguitato, diſpreggiato, ſoffrir diſpiaceri, ed ogn'altra coſa per amor di Chriſto, dunque è giogo non di duro legno, e ſpiaceuole, mà dorato, morbido qual piume, e colmo d'honore. Il libro negro, e'hà in vna mano, ed oſcuro, è quello del vecchio teſtamento, c'hà dell'ombreggiante, eſſendo figuratiuo, ed in molta parte allegorico, e profetico; l'altro lucido, e ſplendido, è quello del Vangelo, promulgato dal noſtro Chriſto, con molta chiarezza, eſſendo legge facile, e legge dolciſſima di gratie. Le ruote vna dentro l'altra, in ſegno che vna legge di queſte contiene l'altra, come la vecchia contiene la nuoua, figurandola, e la nuoua contiene la vecchia, ſtan do quella in quefta, per effere il contenuto di quella, il figurato, e l'adempimento: Il Triangolo col detto. *Conglutinatio.* Dinota le trè virtù Theologali, cioè Fede, Speranza, e Carità, che per effer perfette, debbono ftar auuiticchiate fempre infieme, e recar frutti di gratie, nè poffonfi ftaccare, qual altro glutino fatto con due legni indiffolubilmente accopiati; qual virtù sì eccelléti cõ quefta legge, cõ che vanno infieme, danno vita eterna a noi, ed altresì con l'opre commãdate da efeguirfi, nè fenza quefte è valeuole quella toglier i peccati, come dice Agoftino. *Auguft.* Legem iniuftis hominibus dando ad demonftrandum peccata eorum, non auferenda, nõ enim aufert peccata, nifi gratia fidei. Ecco la fede, che fuppone la fperanza. Quæ per dilectionem operatur, ecco la Carità ancora.

Aueriamo il tutto con la Scrittura Sacra. Dipignefi la facra legge del Signore, co'fembianti chiari, e vefte fplendida, che pareggiano al Sole, per dar chiarezza *Pro.6 C.23* a noi, come diuisò il Sauio. *Quia mandatum lucerna eft, & lex lux, & via vita increpatio difciplinæ.* E'l Saluatore con quefta legge hà illuminato il mondo, qual altro So-*Ioa.1. A.9* le. *Erat lux vera, quæ illuminat omnem hominem venientem in hunc mũdum.* E come Sole n'appare a quei, *Mach.4.A* che lo temono; *Et orietur vobis timentibus nomen meum fol iuftitia.*

Il giogo sù le fpalle dolce, e foaue, *Iugum meum fuaue eft, & onus* *Matth. 11.* *meum lene*; Che per dolcezza co-*D. 30.* tale inuitaua ciafchuno il fauio a foggiogarfegli; *Et collum ve-* *Ecclefiaft.* *ftrum fubycite iugo.* Il libro negro, *51.D.34.* ed ofcuro, per le figure della vecchia legge; *Hæc autem omniain figu-* *1. Cor. 10.* *ra contingebant illis*; E S.Paolo an-*C. 11.* cora; *V̓que in hodiernum enim diem,* *2. Cor. 3.* *idipfum velamen in lectione veteris* *D. 14.* *teftamenti manet non reuelatum*; Oue l'appellò legge pofta fotto velame. Il libro lucido della legge nuoua; *Incipiebat incorruptum legis* *Sap.18 A.4* *lumen feculo dari*; Ecco; il libro chiaro, e luminofo della legge fenz'ombra, e macchia; *Lex Do-* *Pfa.18 A.8* *mini immaculata conuertens animas*; E forfe queft'era il libro vifto da Giouanni fu'l Regal Trono, nella deftra di chi con tant'autorità fedeua; *Et vidi in dextera fedentis* *Apoc.5 A.2* *fupra Tronum librum fcriptum intus,* *& foris, fignatum figillis feptem.* La Ruota grande, e la piccola contenute infieme, fono le due leggi vecchia, e nuoua, e quefta più copendiofa, e breue, che però più piccola infrapofta in quella, allegorate per le due ruote d'Ezecchiello; *Rota erat in medio Rota,* *Ezzecch.1* *& fpiritus erat &c.* Il triangolo *D. 16.* conglutinato delle trè virtù, che narrò S. Paolo; *Manent Fides, Spes,* *1. Cor. 16.* *& Charitas*; quafi diceffe; *Semper* *D. 16.* *manent*, per caufa dell'indiffolubil glutino.

LEGGIEREZZA, O CELERITA NEL BENE. G. 106.

Donna modeftamente veftita co'l veftimento di piume, breue, ed alto da terra, fu'l quale fono depinte molte ftipole, s'indrizza, e ftà in atto di caminare fpeditamente verfo vn'altare, hà di fotto i piedi molte fpine, e pietre, ed'appreffo vn ceruo. **La**

LA leggierezza della persona nel ben fare, è l'esser' ispedito, e non esser punto tardo ad eseguire il seruigio di Dio, e quanto nostro Signore si degna illuminarla; leggierezza chiamasi la virtuosa agilità da Sac. Dottori, hauuta mirabilmente da huomini amici del Signore, a quali non tantosto è venuto il pensiero buono, che subito senza retineaza, nè induggio veruno, l'hanno eseguito; Subito ch'il mio gran Padre Francesco intese nel Vangelo, ch'era atto di gran perfettione l'abbandonare il mondo, il padre, la madre, ed ogni hauere, per potersi dare con più facilezza al seruigio di sua Diuina Maestà, l'eseguì tosto. Il glorioso Antonio Abbate fè l'istesso, e tant' altri amici di Dio cari, costume in somma hauuto da huomini perfetti, ilquale è molto fauoreuole all' acquisto delle virtù, all' impiegars' al ben viuere, al cumulo della pfettione, all'associarsi con la Diuina gratia, all'accompagnarsi con la conseruatione degli Angioli, ed alla felice esecutione della beata gloria. Leggierezza, ò agilità del Christiano al ben fare, che lo fà resoluto senza tema di nullo, senz'affetto di terreni beni, poco amoroso delle cose mondane, abbomineuole all'humane conuersationi, lo fà distogliere dall'appetiti sensitiui, e darsi a quelli dello spirito, ed in fatti è huomo, màleua via di se gli humani, e bassi desideri. Virtù, ch'espelle la leggierezza vana, l'incostanza vitiosa, la profana mobiltà al male, l'amor scelerato di virj la corruptela di mali costumi, e produce facilissimi parti del modesto, ed ordinato viuere; ò quanto è danneuole al Christiano quella reti-

nenza al bene, e quel tardo mouersi, per eseguirlo, come se ne lamentàua Dauide. *Mei autem pane mœi sunt pedes: pane effusi sunt gressus mei.* Mà per contrario è felicissima virtù l'esser ispedito, ed agile al ben fare, e tosto alzarsi alle sante vocationi del benigno Padre delle misericordie, come diceua per bocca d'Esaia. *Audi me Iacob, & Israel, quem ego voco.* E S. Paolo. *Vnumquemque sicut vocauit Deus, ita ambulet.* è speditissima al ben fare l'anima diuota, ed amica di Dio. *Ps.71.B.2.* *Is.48.B.12* *1.Cor.7.D. 17*

Andianne a casti colloquij, oue rauuisaremo ombreggiato con viuaci colori questa prestezza, e leggierezza dell'anima al bene. *Lampades eius lampades ignis atque flammarum.* Dice, che le lampadi dell'anima erano di fuoco, e fiamme, oue diò, che siano i pensieri dell'anime amanti, tutti accesi di fuoco, e fiamme di voler ben fare, ed accenderli al seruigio del Signore, ed ispeditamente volarui. *Lampades eius lampades ignis, ala eius ala ignis.* Legge Theodoreto, hà vanni di fuoco amoroso di volar con celerità, vie più d'ogn' altra maggiore, e penne di fiamme leggieriffime, per giugnere all'osseruanza della legge, nè fia possibile le facci trattenimèto cosa veruna nel mondo, nè che possa ritardarla niente, che quiui sogliono arrestars'i miseri mortali, ne' piaceri, ne' diletti, e ne' contenti, colà ella amorosa nel seno di Dio ammira, e vagheggia ogni suo bene, ed ogni sua felicità, quindi vi surge, e vola con piume bruggiate d'amore. *Cant.8.B.6* *Theodoret.*

Si dipigne, dunque, questà santa virtù dell'Agilità al ben fare, da Donna modestamente vestita co'l vestimento di piume, per la leggiegierezza, breue, ed alto da terra, sembrando, che chi hà tal dono, ſtà lunghi dall'affetti di quella, per poſſere con ogni ageuolezza correre al bene, nè ſi carrica, nè s'aggraua di coſe terrene, c'han graue peſo, quali facilmente potrebbono impedirla. Le ſtippule nel veſtimento ſembrano la leggierezza, come cantò Virgilio di Camilla, che caminano ſopra l'acqua con tanta agilità, e corrono ſenza fondarſi, ſembrano i buoni Chriſtiani, che velocemente caminano sù l'acque dell'affannni mondani, ſenza attuffarui la coſcienza, e corrono a Dio, come diceua Dauide. *Cucurri in ſiti ore ſuo benedicebat &c.* E queſto (credo) voleſſe dir'Iddio a Dauide. *Probaui te apud aquam contradictionis.* Camina di buon paſſo, per ſignificar la molta agilità, e la preſtezza di chi ſi muoue ſubito, per andare a ſeruire il Signore, non oſtante ogni contrarietà. S'indrizza verſo vn'altare, perche non è leggierezza mala, nè che s'indrizza al male, mà a coſe pie, appartinenti al diuino culto; Il camino è malageuole per certe ſpine, ſterpi, e ſaſſi, ch'al più a que', che corrono al Diuino miniſtero, ſogliono accader le cattiue occaſioni, e gl'intoppi, per diuertirgli altroue. Il ceruo a' piedi, ch'è ſitibondo, e veloce nel corſo, ed inſieme

Pier.lib.26 fol.272,

Eneid.lib. 10

Pſ.61.B.6

Pſ.80.B.6

tiene grauità nelle corna, ſignificando la gran ſete, c'hanno quelli, ne'quali alberga l'affetto di preſto condurſi al ben fare, ed i frettoloſi paſſi, che ſpendono, ſtandoui in eſſi per anche vna modeſta grauità, ed vna tardanza, di non condurſi a niun mal oprare, mentre ſono voglioſi di far coſe, che piaccino a Dio.

Alla Scrittura ſacra. Si dipinge la leggierezza, ò agilità al ben fare, co'l veſtimento ſolleuato di terra, perche abborriſce gli terreni deſideri, a quali il noſtro cuore è inchinato. *Non ambulabunt poſt prauitatem cordis ſui.* Il veſtimento di penne, come deſideraua Dauide. *Quis dabit mihi pennas ſicut columba volabo &c.* Ed altroue i giuſti, che qual Aquile volaranno al ſeruigio d'Iddio. *Sicut Aquila volabunt, & non deficient.* Drizza i paſſi verſo vn'altare, che coſi eſortaua Dauide ſteſſo. *Apud Dominum greſſus hominis dirigentur;* E S.Paolo eſortaua queſto giuſto viaggio. *Greſſus rectos facite pedibus veſtris.* Camina per ſpine, ſaſſi, e ſterpi, che ſono gl'impedimenti del mondo, nè fà conto di quelli, ne s'impediſce co'l fauor di Dio. *Sed ad id, quod honeſtum eſt, & quod facultatem prabeat, ſine impedimento, Dominum obſecrandi.* Il Ceruo ſitibondo, che corre velocemente. *Qui perfecit pedes meos, tanquam ceruori.*

Hier.3 c.17

Pſ.54.B.7

Pſ.36C.23

Ad Cor.12 D.13

2.Cor.7.F. 35

Pſ.17C.34

LEGGIEREZZA, O PRESTEZZA NEL MALE. G. 107.

Donna veſtita vanamente, che con vna mano ſi belletta il volto, e s'indrizza i ciuffi, e con l'altra tiene vna banderola da gioco all' vſo di fanciulli, ſtà in atto di caminare verſo certe tenebre, le ſtà da parte vna faccia, che ſoffia i venti da più parti, e tiene nel veſtimento depinte certe mani, vn cuore, ed vna bocca.

LA leggierezza è vna qualità della coſa, con la quale ſi rende facile al muouerſi, e traſferirſi da luogo, a luogo, quale ſuol eſſere virtuoſa a'giuſti, che ſi moſtrano agili al ſeruigio del Signore, nè tengono peſo d'affetto terreno, mà coſì leggieri, e ſnodati dalle coſe terrene, volano à Dio. Mà la leggierezza vitioſa, della quale al preſente ſi fauella, è molto mala, reducendo gli huomini a grandi errori, eſſendo leggieri di mente, che ſubito ſi muouono per ogni minima occaſione ſe gli dà all'offeſe di Dio, nè tengono grauità di virtù, nè di timor di quello, che gli facci ritegno a non correre ſubito, a dar di piglio all'errore. Noi ſappiamo, che l'animale quando è leggiero, e di picciolo peſo, iſpeditamente corre, e giunge la preda; coſì è l'huomo leggiero di bontà, di raggione, e di giuditio, in vn tratto giunge la preda infauſta del peccato; leggierezza, dunque, di mente, origine di gran mali, ſtrada di molti vitij, introduttioni a graui ſciagure, progreſſo alle più ſcelerate colpe che ſiano, porta, per cui ſi fà ingreſſo al vaſto mare della dannatione, ſcala per

deſcender a'perigli eternali, e dirupo, oue s'abbattono gl'innaueduti erranti a' precipitij eterni. Queſta è il contenuto di denſe, e buie tenebre d'errori, oue l'ottenebrata voglia di ſcelerati peccatori s'incamina, per girne in laberinti graui, alla guiſa di ſciocco, e mal accorto nauigante, che s'attuffa nell'onde tempeſtoſe del mare, ſenza punto abbadarui, ch'in vn tratto è aſſorbito da quelle, che tal mi ſembrano i poco ſcaltri del mondo, non ſapendo mantenerſi con ſano giuditio nell' opre miſerabili di queſta vita, de'quali parlaua translatamente il patiente Giobbe. *Et ſic in tenebris quaſi luce ambulabant; leuis eſt ſuper faciem aquæ, maledicta ſit pars eius in terra.* *Iob 24. C. 17* Ed io perſuadomi, gran parte de' boni eſſer introdotti in manifeſti perigli, ed apparenti errori, per hauer ſeguitata la traccia, e poſtoſi nel fallace ſentiero di ſi fatti huomini leggieri, e forſennati, che farebbono (per dir coſì) ogni giuſto errare. Quindi Anna quell'accorta donna della ſcrittura vecchia ben diceua. *Nunquam cum ludentibus me miſcui, neque his, qui lenitate ambulant participem me prebui.* *Tob. 3 C. 17*

Hor

Hor, per fine, sì facci ogni diuoto Chriſtiano graue, ponderoſo,
ſtabile, fermo, retinente, ed immobile, per non andarne al male,
e mentre ſi tratta di muouere i
paſſi in coſe obſcene del mondo,
nelle terrene vanità, e ne' tranſitorij piaceri, ſtabiliſch' il piè, nè
lo muoua ad ogni picciolo ventic
ciuolo d'occaſione, come diceua
l'Eccleſiaſtico. *Pedes firmi ſuper plā-*
tas ſtabilis mulieris. Mà ſtij d'animo
forte, e di mente graue, imbibita
del diuino timore, e della gratia
ſourana.

Eccleſiaſt.
D. 24.

Si dipigne, dunque, la leggierezza profana, da Donna vanamente veſtita, quale con vna mano ſi belletta, e s' accomoda, il
che realmente è leggierezza di
noſtri tempi, il tanto attendere a
sì fatti errori, tanto da huomini,
come da donne, ch'io quanto a
me, queſti tali gli ſtimo di poco
valore; Le paglie ſono ſubito ele-
uate dal vento, e la poluere toſto
ſi ſparge; i legieri del mondo così
ſono, ch' abbadano à cotante vanità, com'il valore, e qualità della
paglia, e della poluere, toſto volando al male, in guiſa che diceua
il Sauio. *Pedes eorum ad malum cur-*
runt. Eſſendo altreſì graui, e tardi
al ben fare, come non haueſſero
piedi. *Pedes habent, & non ambu-*
labunt. La banderola da ſcherzi,
per ſegno dell'animo leggiero, e
mobile a'giochi, alle vane pazzie,
ed alle coſe di niun'vtile, mà di
molta perdita del modeſto decoro. La faccia, che ſoffia i venti,
ſembra, che coſtoro ſi muouono ad ogni vento nell' errori, nè
laſciano occaſione niuna. Nel veſtimento hà depinte certe mani,
vn cuore, ed vna bocca, ch'om-

Prò.1.B.16

Pſalm.113
B. 7.

breggiano trè errori principali
delle perſone leggière, prima le
mani, che ſono ſimbolo dell'opre,
eſſendo quelle leggieriſſime nell'
oprar male, ed in ciò ſpecialmente s'ammira la lor debolezza, e
leggierezza d'animo. Il Cuore, al
credere alle luſinghe ſataniche, e
la bocca, per la leggierezza diforme, che tengono nel molto, e
mal parlare.

Alla Scrittura ſacra. Si dipigne
la leggierezza, ò preſtezza al male da Donna vanamente veſtita, e
che ſi belletta, ch'al propoſito diſſe l'Eccleſiaſtico. *Nec enim omnia*
poſſunt eſſe in hominibus, quoniam
non eſt immortalis filius hominis, & in
vanitate malitia placuerunt, El' ſteſ-
ſo. In vanitate ſua apprehenditur pec-
cator, & ſuperbus, & maledicus ſcan-
dalizabuur in illis. E vanità, ch' inganna i miſeri, al parer del gran
Dauide. *Vt decipiant ipſi de vanita-*
te inidipſum; Ed in S. Matteo. Raſ-
ſom-glio il Saluatore coſtoro, a'
fanciulli, che giocano. *Cui aſſimila-*
bo generationem iſtam? pueris ludenti-
bus. E Geremia così l'abborriua.
Non ſedi in concilio ludentium Il vento, che ſeffia le paglie, in ſegno,
ch' così ſono leggieri. *Erunt ſicut*
palea ante faciem venti. E Dauide
gli raſſembrò alla poluere dauanti il ſoffio di venti. *Non ſic impij non*
ſic: ſed tanquam puluis quem proijcit
ventus à facie terra. Nel veſtimento vi ſono le mani, per l'oprare.
Cum ergo hoc voluiſſem, nunquid le-
uitate vjus ſum? anqua cogito ſecun-
dum carnem cogito, vt ſit apud me.
Vi è il cuore, per la leggierezza di
penſieri, e del credere. *Qui cito cre-*
dit leuis eſt corde. E la bocca per lo
molto parlare. *Qui leuiter locutus*
ſum, reſpondere quid poſſum.

Eccleſiaſt.
17. D. 29.

Eccleſiaſt.
23. A. 8.

Pſa. 61. B. x

Matth. 21
B. 16

Hierem. 15
D 17.
Iob 21 C. 17

Pſal. 1. A. 4

2. Cor. 1.
D. 17

Eccleſiaſt.
5. A. 20
Iob 39. D.
34

LENOCINATIONE, O
RVFFIANESMO. G. 108.

Donna vecchia di diforme afpetto, ignuda per mezzo corpo, dalle cui narici efce quantità di fumo, e dalla bocca, tiene in vna mano vn mantice, che foffia, è sfauilla fiamme, e nell'altra vn vafo di veleno, e d'abbominatione, ftandole vicino vna colomba.

E La lenocinatione, ò ruffianefmo arte, ò vitio infamiffimo d'indurre gli altri alla fornicatione; ò adulterio, e molte fiate fi reducono donne honefte, e di famiglie nobili, il che è grandiffimo errore, e grauiffimo peccato, quindi fi dipinge da donna vecchia; ch'al più fogliono i vecchi, e vecchie far queft'officio fceleratiffimo, ch'è frà tutti il peggiore, e'l più infame; ftà ignuda, per effer fpogliata di tutte virtù; l'efce quantità di fumo dalle narici, perche coftoro, effendo vecchi dourebbono dar buon odore, ad efempio, fignificato per le narici, e così al contrario, e danno cattiuo, conducendo tanti al male, fignificato per lo fumo. Il mantice, con che fi foffia il fuoco, perche quefto è l'officio del ruffianefmo, foffiare il fuoco della concupifcenza, e in guifa di quello accende la libidine, e foffia l'opra infame della carne, e quefte fon le fiamme, che caggiona il mantice. Il vafo di veleno, e d'abominatione, dinota il veleno, ch'inducono nell'anima di tanti miferi queft'infami, che fan tal officio, e la vergogna, che portano a tante cafe honorate, che dianzi fi teneano in preggio, e po-

fcia fon redotte in abbominatione al modo, e fono mal vifte. Vi è, per vltimo, la colomba, quale infegnata, ch'è, conduce gli vccelli alla rete, ed ella fugge fuora, il ch'è manifefto inganno, come a punto fà tall'hora quella donna infame, inducendo quella pouera giouane femplice qual vccelletto, alla rete del vituperofo peccato della carne, ed ella ftà fuora, per non effere atta a tal miftiero, efsédo vecchia, diforme, e fetida, onde meritamente dalle leggi vengono punite feueramente tai forte di perfone, cóforme dimoftra il Nouario nella Pragmatica del Regno. *Nouar. Prag.reg.t de lenonib.*

Alla Sacra Scrittura. Stà diforme d'afpetto, e denudata da mezzo il corpo in sù quefta donna, come fauellò Ezzechiello forfe a tal propofito. *Et nudato ignominiā tuam coram eis, & videbunt omnem turpitudinem tuam.* L'efce dalle narici il fumo, che così di lei diuisò Giobbe. *De naribus eius procedit fumus.* E dalla bocca fiamme, per le libidinofe parole. *Colloquium enim illius quasi ignis efardefcit* E lubriche, con che conduce ad altrui ruina. *Os lubricum operatur ruinas.* Il mantice, che foffia, per allumar il fuoco dell'opra della carne. *Creaui fabrum fufflantem in igne prunas, & pro-* *Ezzech.16 E. 39*

Iob.41.B.x

Ecclefiaft. 9.B.11

Pro. 26 D 28

If.54.F.16

ferē-
K k

ferentem vas in opus suum. Hà il vaso pieno di veleno, per le parole velenose, che dice. *Venenum aspidum sub labijs eorum.* E vaso pieno d'abominatione, che tal portaua quella gran meretrice dell' Apocalisse. *Habens poculum aureum in manu sua, plenum abominatione, & immunditia fornicationis eius.* La co-

Apoc. 17 B.5

lomba ingannatrice, che non casca nella rète, ò laccio, mà fà cascare gli altri vccelli. *Nunquid cadet auis in laqueum terra absque aucupe.* Ed in figura d'vn tal'inganno fauellò Osea. *Spiritus enim fornicationum decepit eos, & fornicati sunt à Deo suo.*

Amos 3 A 5

Oſ. 4 C. 12

LIBERALITA. G. 109.

Donna di bell'aſpetto co'l volto allegro, e ridente, tiene vn cornucopia, che con vna mano rouerſa all'ingiù, mandando danari, pomi, ed altre coſe, e co' l'altra moſtra il cuore, le ſtia d'appreſſo vn giouane, che
le porta belliſſimo preſente di coſe preggieuoli, ed altreſì vn albero pieno di frutti.

LA Liberalità è virtù mezzana frà doi vitij, com'è l'Auaritia, e la prodigalità. La liberalita propria è quella, che dà le cofe, che fe deuono, e ritiene quelle da ritenerfi, perche l'huomo deue dar le cofe fuperflue, e ritenere le neceffarie per fe, per fuoi parenti, ed amici, e di ciò n'habbiamo l'effempio dalla madre Natura; poi che gli alberi germogliano, e dãno frutti a noi, mà non fan tanto sfor zo, più che poffono, e che foffre l'humido radicale, perche gli mã-carebbe l'humore, mà fempre fi riferbano il neceffario, per mantenerfi in vita, e già molte fiate fi vede, che certe piante in vn anno fanno tanto ecceffo nel produrre, che nell'altro fi feccano, il che è vitio, e difetto naturale, come farebbe la prodigalità in noi, fe donaffimo ogni cofa in vna, ò più fiate, e pofcia per noi non vi reftaffe niente. Il fole prima illumina le parti propinque, e poi le remote; così il liberale deue dianzi prouedere a fè, e poi ad altri. Virtù rariffima ell'è, qual (fenza ch'io veggia male, ne mal m'auifi) nomarò virtù Imperiale, effendo proprio di Reggi, e d'Imperadori il donare con tanta gẽtilez za d'animo, quindi la natura ben liberale dona a chi fi deue il neceffario; E del grande Artaferfe, per che haueua da regnare, fè la deftra mano alquanto più diftefa, e lunga della finiftra, ed egli fi rifcoffe vna fiata della dimanda fattagli di sì cofa differente, ch'vn braccio foperchiaffe l'altro, dicendo effer imprefa da Rè, a cui la deftra deu'effer più lunga nel dare, che nel riceuere, e più pronta a far gratie, ch'altrimenti caftigare, nè hà dubbio veruno effer cotefta imprefa da Rè, conuenendo

tanto in acconcio àl Rè di Cieli, le cui mani eran sì vaghe, e colme di preiiofe gemme. *Manus eius tornatiles aurea plena iacintis*. E l'vna fuperaua l'altra nel far larghi doni, e perciò diuisò. *Beatius eft magis dare, quam accipere*. E perche fù cotanto largo nell'vfar pieta, e riftretto ne' caftighi, per feruirfi certo del dono regale, e della mano liberale in beneficar altrui, e foleua come giuftiffimo Principe, per picciol dono, ricompenfarne allo'ncontro molto maggiore, fiche vna fiata dimandando a Pietro, che fentiua nel mondo infra gli huomini del Meffia, e chi fi nomaua per tale, nè fù punto il buon vecchio tardo a rifpondere. *Tu es Chriftus filius Dei viui*. Il che, fcorgendo il liberaiffimo Signore duplicò i doni con la fua larga mano, e più lunga. Beato fei Simone Bariona (che vuol dire figlio d'vna femplice colomba. *Quia caro, & fanguis non reuelauit tibi, fed pater meus, qui eft in calis;* Nè fi fermò quì la mano del Principe in far doni, mà fiegue. *Et ego dico tibi, quia tu es Petrus, & fuper hanc petram edificabo Ecclefiam meã.* Nè fi ferma. *Et tibi dabo claues regni Cælorum, & quodcumq; ligaueris fuper terram, erit ligatum, & in calis & c.* Hor chi non ftupifce della reggia liberalità del fourano Rè, che per picciol regale, che gli fà Pietro, l'honora cotanto, l'inalza, lo fublima, e lo fà primo appo lui, naturalezza di gran Signore liberale, e parche adiuëghi al propofito in fatto sì magnifico, quel ch'vna fiata occorfe al grande Aleffandro, che donando ad vn pouero vna Città, quello gli rifpofe, effer molto dono ad vna perfona vile, com'era, nè conuenire al fuo ftato effer padrone di quella.

Cant. 5. *D.*

Act. 20. *G.*

Matth. 16 *C.* 16

Ibidem

Senec. lib. de benefi.

quella, ripigliò il liberaliſſimo
Précipe, Io non hò mira a quelle,
ch'a te conuenghi riceuere, mà a
quello, che ſtà bene a me donare,
altretanto accade nel fatto di Pietro, bench'egli foſſe vn'huomo
ſemplice, e vile, e par che tante
grandezze non gli ſteſſero bene, ſi
dee appreggiare l'animo, e la conditione di chi dona, che non poſſea far minor dono, che d'vn'Impero sì grande. Quindi ſi glorioſa
virtù propria di Reggi ſi noma

Auguſt. de dal gran Padre Agoſtino, vn certo
diſſia. moto dell'animo, ch'approua, e
fà i donatiui ſenza ſpeme di reſti-
Ambr. lib. tutione. Dice il Padre Sant'Am-
1. de offic. brogio, Non vuole ella, ch'in vn
tratto ſi diſpenſino le robbe, mà
ciò ſi facci pian piano. Non ſi dif-
Hieronim, finiſce la liberalità co'l ricco pa-
lib. de vid. trimonio, mà con l'affetto di donare altrui, dice Girolamo.

Martial, 5   *Extra fortunam eſt quidquid*
      donatur amicis
    Quas dederis ſolas, ſemper habe-
     bis opes

Si dipigne, dunque, la liberalità co'l cornucopia nelle mani, che
verſa molte coſe, in ſegno, che
dona altrui con animo libero, che
tal è quello della perſona liberale, e gentile, non plebeo, miſero,
ed auaio, che già queſta virtù pro
uiene da libertà, e gentilezza
d'animo; La mano al cuore ſembra, che quel, che dona, dona con
cuore, e con buon' animo. Vn liberale non ſolamente dona, mà
dona ſubito, e vulgarmente diciamo, che, *Qui cito dat, bis dat;* ed anco il liberale dona a chi hà biſogno, e nel tempo del più biſogno,
che queſta è la vera liberalità, e
carita inſieme; Tiene l'albero verde d'appreſſo, in ſegno, che all'eſſempio di quello, qual portando
i frutti, ed i germogli, ſempre ſi

laſcia virtù da poterſi mantenere;
così il liberale deue dare, mà penſare anco per ſe ſteſſo, e per i ſuoi
biſogni, come dice Seneca ne'ſuoi
prouerbi. *Age ſic negotium alienum,* *Senec. in*
tuum non obliuiſcaris, amico ita pro- *Prouerb.*
deſto, vt tibi nocens. Stà con faccia
allegra, e ridente, perche chi dona deue donare con volto allegro,
ch'è proprio del liberale, e così
è più accetto il dono, e ſe gli tiene più obligo, hauendoſi più in
ſtima quel buon cuore, con che ſi
dona, ch'il dono ſteſſo, ed è più
accetto a Dio, quale riguarda i
cuori, e quanti ſono, che donano, mà di mal cuore, e così non
gli piacciono. Vi è il giouane, che
le porta belliſſimo preſente, ò dono, perche a chi dà, ſi dà, ed a'liberali, che fan piccioli piaceri,
non ſolo ſe gli dà il il contro cam
bio da gli huomini, mà in maniera, pur troppo grande da Dio.

Alla Scrittura ſacra. Stà co'l
volto ridente, ed allegro la libe- *2. Cor, 6*
ralità, mentre dona, e così è ama- *B, 6.*
ta da Dio. *Hilarem enim datorem di-*
ligit Deus. Il cornucopia riuolto,
che ſembra la liberalità nel dare *Iob 1, B, 4.*
altrui. *Cuncta, qua habet dabit pro* *Pro, 22, B, 9*
anima ſua. E'l Sauio. *De panibus*
ſuis dedit pauperi. Tiene la mano
al cuore, per ſegno che liberamen
te, e con cuore dona, e non con
fintione. *Quaſi liberi, & non quaſi* *1. Pet, 2 C,*
velamen habentes malitia libertatem, *16*
ſicut ſerui Dei, L'albero verde, per
ſegno, ch'il liberale dona quel,
ch'è ſuperfluo, e non quel, che
gl'è neceſſario. *Veruntamen quod* *Luc. ij F. 40*
ſupereſt, date eleemoſynam: & ecce
omnia munda ſunt vobis, Dona, ed
agiuta in tempo di biſogno la liberalità, come fà il liberaliſſimo
Dio.] *Tempore accepto exaudiui te,* *2. Cor, 6.*
& in die ſalutis audiui te, La libe- *A. 2*
ralità dona ſubito, ch'altrimenti
                ſareb-

farebbe donare con difgufto. *Spes qua differtur affligit animam.* Il giouane, in fine, che dona il prefente, in fegno ch'al liberale, che dona, gli vien donato. *Date, & dabitur vobis* ; E Chrifto ifteffo diuisò, *Centuplum accipiet, & vitam æternam. poffidebit.*

LIBERTA' G. 110.

Donna di bell'afpetto, terrà in tefta vna Colomba, farà veftita d'habito bianco, con la corona in mano, e con vn vago, e ricco anello al dito della finiftra mano, a' piedi le farà vn teforo, ch'è vna cafsa piena d'argento, ed'oro, e di gioie, ed in terra vi ferà vn velo bianco, ed vna fune.

LA libertà è l'effer libero l'huomo da ogni feruitù, fpecialmente da quella del peccato, ch'è la più miferabile; qual rende l'huomo felice, Signore di fe fteffo, d'animo nobile, ricco di tutti beni, e mentre è fuora della feruitù del Diauolo, è herede di Dio; e della fua gloria; libertà che non le vale allo 'ncontro nè oro, nè argento, nè può compararfi a teforo niuno, effendo vie più è ella di preggio d'ogni ricchiffimo teforo; libertà, che le ricchezze fon pouere, nè pareggianle a nulla, i titoli fono piccioli, le grandezze fi sbaffano, i dominij fono feruitù, oue non riluce il preggiatiffimo dono della libertà, che fà l'huomo dominar fe fteffo, e che fi vagli del dominio, datogli dal Signore fopra tutte le creature. *Gen. 1 C. 26* *Dominamini pifcibus maris, & volatilibus cæli, &c.* Che valerebbe a' reggi lo fcettro, e la corona, sè per lor diffauentura fi ritrouaffero priui del ricchiffimo dono di libertà, è qui fi fauella fpecialmente non di quella del mondo, mà di quella dello fpirito; la libertà mondana è nociua, mà non quella dello fpirito, in guifa di certe piante, che fi ritrouano nell'Indie, le cui radici fe fono verfo occidente auuelenano, fe verfo Oriente fono dolci; così fe la libertà è nell'occidente del mondo, vccide, perche tutti vitij fi cómettono da huomini liberi, e licentiofi, mà s'è verfo l'Oriente dello fpirito è dolciffima per la gratia, che fi riceue da Dio, e per i dolci frutti, che partorifce. Quindi fi dipigne da Donna di bell'afpetto con vna corona in mano, per fegno, ch' iui fono le vere corone, ed i veri dominij, ou'è quefta gran Signora della libertà, ed ella fà i reggi non la corona, ch' infieme infieme il Rè riceue il Regno, e libertà di fare, ciò ch' egli vuole, ed ordinare quanto gli piace; hà vna colomba fu'l capo, che fembra lo fpirito di Dio, quale fi ritroua in quell'anime, che godono la libertà fpirituale della gratia. Hà la vefte bianca, e l'anello al dito, che fecondo Pierio Valeriano, così fi coftumaua fare a ferui; a cui fi daua libertà, e talméte fi legge appreffo Ter.

Pier, Vale, lib. 40

Tertulliano, ch'vn feruo fatto libero fi veſtiua di bianco, e ſe gli ornaua il dito con vn nobile aŋello co'l nome del Padrone ſcolpito. Il teſoro, ch'è a'piedi, ſembra non eſſerui più gran teſoro della deſiderata libertà, ſenza la quale ogni ricchezza è pouertà. Il velo in terra è la cecità di peccatori ſerui, e ſchiaui, da che è libero, chi ſi toglie da ſeruitù, e però ributta il velo, com'anco la fune; con che ſi legano i ſerui, ſi butta da liberi, e ridotti in libertà, ſpecialmente il laccio del peccato, ch'allaccia i peccatori per i piedi, ſtringendogl'in duriſſima ſeruitù.

Alla Scrittura Sacra. Si dipigne la libertà da donna con vna colòba in teſta, ch'è lo ſpirito del Signore, c' habita con la libertà.

Vbi ſpiritus Domini, ibi libertas. La corona alla deſtra mano, della quale parlò Ezzecchiello. *Corona tua circumligata ſit tibi.* Il veſtimento bianco, e l'anello al dito, che tal coſtume s'vsò al Figliol Prodigo, ridotto dalla ſeruitù del peccato, alla libertà della paterna caſa *Cito proferte ſtolam primam, & induite illum, & date anulum in manu eius.* Il teſoro, di che più vale la libertà, della quale fauellò Eſaia. *Dabo tibi theſaurum abſconditum, &c.* Il velo ributtato della ſeruitù. *Quaſi liberi, & non quaſi velamen habentes malitia.* E per fine la fune della ſeruitù, di che ſi fà libera l'anima. *Creatura liberabitur à ſeruitute corruptionis in libertatem gloria filiorum Dei.*

2.Cor. 3.D
17
Ezzecch.
24.E. 17.

Luc.15. E.
22

Iſ.45. A.2

1.Pet.2 C.
16

Rom.8 D
21

LIBIDINE. G. III.

Donna con due corone in teſta, vna di roſe, e l'altra di mirto inteſſute con legno, e foglie d'oliuo, tenghi vna face acceſa nel petto, in vna mano hà vn pomo, e nell'altra vn mazzo d'aſſentio, ſtia alquanto voltata co'l tergo ad vn altare da ſacrificio, oue ſtia vna Croce, a' piedi habbi vn globo di brutture, di putredini, e vermi, ed vna Leoneſa con faccia humana.

IL vitio della libidine è molto male per l'eccesſo, ch' in ſe contiene; nell'hebreo ſi dice Hagbah, che vuol dire amore diſſordinato, ed amor pazzo, che realmente par che facci impazzire gli huomini, e vſcir in tutto fuor di loro.

La libidine (dice Sant'Ambrogio) è in guiſa d'vna feſtuca, che *Ambr. in quodă ſer.* incontenente s'accende, e bruggia con ogni celerità. La mente libidinoſa (dice l' iſteſſo) più ardentemente perſeguita le coſe honeſte, e le coſe, che ſono illecite, più dolcemente affetta.

Signoreggia (dice Girolamo) *Idem ibid.* la libidine ſotto li panni, e la ſeta, nè teme la porpora di Reggi, nè la penitenza d' afflitti; ed in fine è meglio il dolor del ventre, che della mente, douendoſi far penitenza, per euitar tanto male, qual

più

più tosto si vince co'l fuggire, che
co'l combattere.

In reliquis vitijs sequitur victo-
ria pugnam :
Vincitur, at celeri saua libido
fuga.
Regius huic cessit vates , huic fi-
lius atq;
Huic Samson fortis , vir pius,
& sapiens
His cum nec sophia, nec sis pieta-
te, nec aquis
Viribus, arripies, si sapis , ipse
fugam.
Nemo etenim , nisi qui metuet,
fugietq; periculum
Tutus ab hac poterit viuere
peste diu,

Si dipigne la libidine, qual'è vn
disordinato appetito della carne,
da donna bella ben ornata , e
lasciuamente , con due corone in
testa, perche questo vitio a' primi
sembianti par cosa bella , diletteu-
uole , ed è caggionato in buona
parte dalle disonestà , e vani ab-
bellimenti delle donne , con che
allettano l'animi de gli huomini,
e gli prouocano a tal errore ; bella , e dilettuole hò detto , ch'appare a prima faccia , che però tiène la corona di rose , ch'odorano,
e sono i Rè di fiori, sicome frà Cieli è l'Empireo , frà stelle la matutina, il libano frà gli odori , così
frà fior la rosa , stimandosi questo
diletto per la più gran cosa , che
sia in terra , e per lo più gran diletto, che possi hauersi ; mà certo
è inganno , e frode , stando sotto
luj velate altissime, e pongentissi-
me passioni, e duoli, Quindi hà di
sotto l'altra corona di mirto, quale sembra la morte , per esserstene
seruiti gli antichi ne' funerali , in
segno, che sotto tal apparente piace-
cere, e simulato sollazzo si cela la
morte del corpo, perche con que-

sto vitio la persona diminuisce la
iuita , si ruina la complessione , e
fassi soggetto a graue infermitati , ed oue al più ne busca morbi
incurabili , piaghe stommacheuo-
li , e dolori insopportabili , Reca
la morte eterna dell'anima , che
però vi sono le foglie d'oliuo, per
la perpetuità , non perdendo
mai la foglia ; essendo vn vitio,
che reduce facilmente all'vso, ed
habito di peccare, nè si quieta per
poche volte , mà se ne corre ad
anni, ed anni, fin nell'vltimo della vita, e quante volte si muore in
braccio alle meretrici , e si corre
alla dannatione eterna, e dico volerui gratia speciale di Dio, ch'v-
no habituato in cotal vitio se n'
habbi a spiccare, non nego (però)
mediante la gratia detta, non possa l'huomo vincerlo, e superarlo,
mà difficilmente. Hà la torcia accesa nel petto, per i continui carboni accesi, e per le fiamme , che
sfauillano ne' lor petti, delle ge-
losie , di sospetti rei , che vi si ri-
tritrouano , grandi sono i timori,
le rabbie , le frenesie , c'hanno i
carnali ; quelli continui stimoli,
hoimè, che qual cani diuengono
rabbiosi . Miseri , ch' i tormenti,
che soffriscono passarebbono , se
non vi fossero i detrimenti spirituali, costituendosi affatto nemici
di Dio, che però stà riuoltata co'l
tergo verso l'altare da sacrificio,
perche poco abbada vn tale a far
oratione con cuore, elemosine, digiuni, sentir messe , ò altro, e se le
fà, con grandissima freddezza . Vi
è la Croce , della quale diuengono nemici speciali. Che però l'hebrei posero su'l pozzo, oue fù buttata la Croce di Christo, la statua
di Venere Dea della libidine , acciò s' alcuno hauesse tenuto memoria di Christo , ed hauesse vol-
suto

futo adorarlo là, ò la sua Croce, vedendo quella statua, gli passaua il pensiero, sapēdo quāta forza hà nel cuore humano questo vitio di far porre in obliuione Iddio, e tutte le cose spirituali . Tiene vn pomo in vna mano, per segno di dolcezza, che grande parche se ne spera da ciò, e da vna meretrice, mà nell'altra vi è l'assentio amaro della perdita della sanità, della fama, dell'honore, e della robba, si perde il tempo, si consuma la vita, e s'auuilisce la reputatione, e l'anima sopra tutti ne resta molto macchiata. È mistieri, dunque in ciò hauer molto gli occhi, essendo qual serpe, ch'alletta con la coda in prima, e poscia morde, auuelenando. E come l'esca, ch'è dolce al pesce, mentre la tranguggia, e sotto vi è l'amo, che l'vccide. E miele in apparenza, mà di sotto hà veleno incurabile, e non è cosa, che più occeca di questa, che più rende dissonore, ed infamia, e che porti così tosto la morte, ah che le sue mira sfauillano fiamme, li suoi carmi bruggiano, e le sue carte inceneriscono, chi vorrà leggerle, per gustarne. E gli superbi Arcadi gli diedero motto di machinatione, altro non caggionando, che discordie, risse, nemicitie, distintioni, destruttioni, estintioni delle famiglie, e delle Città. In fine a' piedi hà la libidine vn globbo di brutture, di putredini, e vermi, che questo è in fatti questo vitio bruttura abbomineuole, putredine, e vermi, che diuorano crudelmente. Vi è la Leonessa infellonita, che così Pier. Val. lib.i.ibi de meretric. dipinse la meretrice Pier. Valeriano, da animal sì fiero, mà con faccia di donna, perche è crudelissimo vitio, facendo tanta stragge, e spietata ruina a gli huomini, ras-

sembrandosi alla Leonessa crudele la donna dissonesta, ch' vccide, e sbrama, benche paia allettare altrui, mà manda morte. Dauanti la Città di Corinto vi era il tēpio di Venere, e vicino vi staua vna statua d'vna Leonessa, per esprimere la fierezza del peccato della libidine, come riferisce l'istesso Pier.

Alla Scrittura sacra. Si dipigne la libidine con bellissimo vestimēto, e con la corona di rose in prima, che potrebbe vantarsi se le dicesse quel, che di donna sauia è scritto. *Byssus, & purpura vestis illius;* E vantarsi con l'anime elette. *Coronemus nos rosis antequam marcescant;* Mà poscia vi è la corona di mirto, che sembra la morte, e dell'oliua, ch'accenna la perpetuità, di che fauellò Esaia . *Ponam in deserto* (ch'è questo deserto malageuole della libidine) *Vsq; mirtum, & lignum oliuæ ;* E questo era il pensiero dell'istesso. *Pro saliunca, ascendet abies, & pro vrtica crescet myrtus.* L'ortica punge, e così punge, e da prurito di dolcezza la libidine, mà si conuerte in mirto di morte. Tiene corona, mà infausta, ed empia . *Væ corona superbiæ, ebrys Ephaim &c.* La torcia accesa nel petto, per i continui dolori, che porta questo vitio. *Idcirco conturbata sunt viscera mea super eum;* E l' Ecclesiastico ; *Cundies eius doloribus, & erumnis pleni sunt.* In vna mano tiene vn pomo, e nell'altra l'assentio amaro, come apunto appare la meretrice in prima dolce, e poscia reca amarezza estrema più dell'assentio. *Fauus enim stillans labia meretricis, & nitidius oleo guttur eius : nouissima autem illius amara quasi absynthium, & acuta, quasi gladius biceps.* E'l globo di brutture, di putredini, e vermi, hereditanti quel tale. *Qui se iungit forni-*

Prou.31.C. 22

Sap.2.B.8

Is.41.E

Id.55 D.15

Id.28.A.2

Hier.31 D.

Ecclesiast. 2.D.23.

Pro.5.A.5

L l

Ecclesiast.
19.A.5. *fornicarijs erit nequam , putredo , &*
vermes hæreditabunt illum. La leonessa, ch'è la libidine, macchian-

do la nostra pietà , e bontà con la
sua smisurata crudeltà. *Pietatem no-*
stram sua crudelitate commaculans. Ester 16 B.
16

LVME DELLA GLORIA. G. 112.

Giouane di vago aspetto, con vna picciola facella accesa in mano, d'appresso ve ne sia vna grande parimente
accesa , e facci segno di solleuare vn picciolo puttino
da terra, qual tiene tre candele, e fà segno d'accender
le in quella , che tiene in mano sì grande .

D Oi lumi sopra naturali ritrouansi, vno, che s'hà per mezzo della gratia di conoscer maggiormente Iddio, ed amarlo con
acceso amore, a qual lume hebbe
Psal.4 A 7 gli occhi il Profeta . *Signatum est*
super nos lumen vultus tui Domine. Ed
Ps.88C.16
Ps.iij. A. 4 altroue *Domine in lumine vultus tui*
ambulabunt. Ed altresì. *Exortum*
est in tenebris lumen rectis corde. Vi è
l'altro della gloria , ed è quello,
ch' il Signore dona dopo la morte
all'anima , acciò possa godere sua
Diuina Maestà , che naturalmente
non può per l'improportione, ch'è
infra loro, e per l'infinita distanza,
Th. 1. par.
sum.q. 12.
ar 2. in Ps.
princip.cir.
fin.et ea. q.
ar.5. per to-
tum
Scot.in3.d.
14 q 2. ar
1. lit B. &
in 4. d. 49
q.ij. lit. H. nè sia possibile godersi senza cotal
lume (dice il Dottor Angelico)
etiandio stante la potenza diuina,
non può supplirlo, per esser causa
formale , e repugnante alla sua natura, ben ch'il Dottor Sottile
asserisc'il contrario, volendo,
che non solo sia causa formale ;
mà insieme con l'anima. *Agat per*
modum causæ efficientis. Quale può
Iddio senza imperfettione veruna,
supplirla. E quest'è il lume, di che
quì si fauella .
Si dipigne dunque il lume della
gloria, così nomato da Teologi,
con vna facella accesa d'appresso
ad'vna grande , perche essendo lo

'ntelletto creato molto impropor-
tionato all'oggetto beatifico, ch'è
Iddio infinito, esistente in tre persone, e lo'ntelletro nostro, che vede, come dice il Padre S. Agostino. August.
Visio est tota merces. Quanto al vedere, e mostrare quell' oggetto , e
la volontà fruisce completiuamé-
te , consistente in lei l'atto della
fruitione beatifica, queste potéze,
dunque, sono finite, e quanto a loro non possono godere quel sourano oggetto, per la molta distanza , ed improportione, ch'è infra'l
finito, ed infinito Iddio, dunque il
Padre di pietà le solleua co'l detto lume di gloria, ch'è vn cert'habito di carità, e gratia, ch'egli dona a dette potenze, rendendole
habili a fruir se stesso, e questo dinota la facella picciola, che s'auuicina alla grande, cioè il lume della gloria creato, e picciolo, rispetto al molto grande , anzi infinito
Iddio , ombreggiato , per la face
sì grande . Il picciolo puttino è
l'anima , che s'inalza con trè candele in mano delle tre potenze,
memoria , intelletto , e volontà,
che son candele da per se estinte,
rispetto a quel gran lume, al quale sono in potenza passiua, accese
poscia , fanno la lor attione , con-
corren-

correndo altresì con la naturalezza loro, e ben che vagheggino oggetto infinito, in maniera, però, finita, conforme alla propria capacità.

Alla Scrittura Sacra. Le due faci, vna picciola, e l'altra grande accese, che sono i duoi lumi, vno de' quali fà veder l'altro, come diuisò il Profeta. *In lumine tuo videbimus lumen.* Il picciolo puttino eleuato di terra, è l'anima, quale si beatifica, che vien fatta degna di cótanto lume, e di questo picciol fanciullo dell'anima fauellò Geremia. *Ecce enim paruulum dedi te in Gentibus.* Lo solleua alla fruitione della sapienza eterna. *Sapientiam præstans paruulis.* Inueggendo lo'ntelletto, ed insieme amando la volontà con molto diletto. *Delectabuntur in multitudine pacis.* E la memoria ancora sarà piena di gloria. *Memores erunt nominis tui Domine.* E di ciascheduna di queste faci, ò lucerne d'accenderfi in quel gran lume, parlaua pur Dauide. *Tu illuminas lucernam meam Domine.*

Ps. 35. C. x

Hiere. 49 C. 15
Ps. 18. B. 8
Ps. 36 A. ij
Ps 44D. 18
Psal. 17C 28

LVSSVRIA. G. 113.

Donna, che fcioltamente, e fenza ritegno camina verfo certo luogo immondo, e fangofo, correndole vicino vn porco, ftia quefta donna di volto allegro, e riden- te, e veftita riccamente, mà con i piedi fcalzi, vicino fiagli vn fepolcro d'offa fetide di morti, ed vn gran fuoco, che bruggia, e fuelle molti germogli.

E vitio,

lib. 12. de Ciuit. Dei.

E Vitio abomineuolisſimo q̃llo della luſſuria, ch'affatto im-bratta l'anime di Chriſtiani; La luſ-ſuria (dice Agoſtino) nõ è vitio di corpi belli, mà dell'anima peruer-ſa, ch'ama le corporee voluttà, laſciando indiſparte la temperan-za, con la quale fiam' atti a coſe

Idē lib. 15 de Ciu.Dei

ſpirituali. ſicome (dice l'iſteſſo) è coſa illecita, per caggione dell' humana cupidigia, paſſare i confi-ni delle proprie poſſeſſioni, coſì è illecito co'l peccato della carna-lità paſſare i termini de'buoni co-

Id de doch. Chriſt.

ſtumi; La luſſuria è nemica a Dio, inimica alle virtù, diſperde tutta la ſoſtanza, nè laſcia di penſare al-la futura pouertà, dice l'iſteſſo. Il Padre Sant'Ambroggio dice, che

Ambroſ. de Abel & Cain

crudel ſtimolo de' peccati è la li-bidine, la qual mai permette, che l'affetto ripoſi, feruendo la notte, e'l giorno, ed ogn'hor ſtà anzioſa. O ch'acerbo frutto è quello della luſſuria, più amaro del fiele, e più

Hieron. in epiſt.

crudele d'vna ſpada, dice S. Giro-lamo, il vitio della libidine facil-mente naſce dall'otio, imperoche

Chriſoſt ſu-per Matth.

la d.ffinitione dell'amore è vna paſſione dell'anima otioſa. Breue è il piacere della fornicatione, mà perpetua la pena di quella, dice

Beda de templ. ſal. Vale. max. lib 9.tit.de lux.

Beda. La luſſuria (dice Valerio Maſſimo) è vn mal piaceuole, e l'accuſarlo è alquanto facile, più che l'euitarlo, e l'iſteſſo diſſe, ch'il

Idem ibi.

mangiare della carne, il bere del vino, e la ſatietà del ventre ſono ſeminario di libidine; ed altri di-ſe

Ouid lib. 2 de remed, amor.

Nec minus erucas aptum eſt vitare
  ſalaces
Et quidquid veneri corpora no-
  ſtra parat.
Vtilius ſumas acuētes lumina rutas.
Quem quicquid veneri corpora
  noſtra parat.
altri pur diſſe

Totum per orbem maximum eſt exor-
  tum malum
Luxuria peſtis blanda.

Et Senec. traged, 9

Si dipigne, dunque, la luſſuria da Donna, che ſenza niun ritegno camina ſcioltamente, perche que-ſto nome luſſuria diceſi à luxu, ideſt ſolutione, ſeù fluxu, intanto che. *Luſſurioſus* (Secondo Iſidoro) *Dicitur quaſi ſolutus in voluptates.*

Iſid. lib. ethimol.

Sciolto, e dato in preda a' piaceri della carne, quindi queſta donna camina ſcioltamente con le mani, e braccia pendenti, ſenza tenergli modeſtamente poggiate nel ſeno, ò nel petto, il che è ſegno della ſua immodeſtia, e relaſſatione in queſto vitio, al quale trabboche-uolmente s'inuia; Camina verſo luoghi immondi, e fangoſi, eſſen-do ſporcire i piaceri della carne, ed ogn' atto. luſſurioſo, e quanto vi ſi riguarda eſtra la bontà del matrimonio, il tutto è bruttezza, e diformità; Tiene d'appreſſo il por-co animale luſſurioſo, ed immon-do, com'è aputo l'huomo dato a queſto vitio, che ſtà colmo di fe-tore, e fango, alla maniera del porco, è di volto allegro tutta piena di ricchezze, perche gioiſce in queſti ſimulati piaceri, ne'qua-li al più ſi mantengono i ricchi, i proſperoſi, e non quelli, che pati-ſcono diſaggi, e pouertà, ſiche ſi ſeruono delle ricchezze per nodrire i lor' vitij, ed in queſto an-cora ſi raſſembrano al porco, il quale ſempre dorme, e ripoſa nel deſtro lato nel fango, altretanto loro nella deſtra delle ricchezze, e proſperità, ſtando a diporto in queſto fangoſo vitio. Stà co'piedi ſcalzi, in ſegno di pouertà, ch'il fine di queſti è vn eſtrema miſe-ria, in che ſouente reduconſi, poi che chi attende a queſto male cõ-ſuma la robba, la fama, e quanto
  vi è.

vi è. Il sepolcro d'ossa fetide si è per la puzza, che rende questo vitio, che fin dopo la morte si sente, e finalmente vi è il fuoco, che brugia, hauendo questo vitio gran somiglianza co'l fuoco, esterminando la fama, e l'honore, conforme quello le legna, estirpando tutte le virtù, e buon opre, reducendo la persona in grandissima freddezza, e facendolo affatto inualeuole al seruigio di Dio; La fiamma, e'l fuoco ancora significano, che sicome non è possibile, che stijno su'l vestimento, e non brugino, così non è possibile, ch'vno prattichi con donne, e non faccimale, come s'auuera ne' prouerbi. *Nunquid* **Prou. 6. D.** *potest homo abscondere ignem in sinu* **27** *suo, vt vestimenta illius non ardeant? aut ambulare super prunas, vt non comburantur plantæ eius? sic qui ingreditur ad mulierem sui non erit mundus cum tetigerit eam.*

Alla Scrittura sacra. Donna, che scioltamente camina, significando la lubricità del camino de' lussuriosi, de' quali letteralmente parlò Geremia. *Lubricauerunt vestigia* **Tren. 4. D.** *nostra in itinere platearum.* ed altroue. *Quia elongauerunt à me, & am-* **Isa. 2. A.** *bulauerunt post vanitatem, & vani* **Pro. 1 B. &** *facti sunt.* e'l sauio. *Pedes eorum ad* **Is. 59 B.** *malum currunt.* Che questo è il luogo sporco, e fangoso, verso doue s'inuia questa donna. Il porco immondo, e sozzo, al quale si rassembra il carnale, che della sua immonditia simile a quella del

porco, fauellò San Paolo. *Mani-* **Galat. 5** *festa sunt autem opera carnis, quæ sunt* **C. 19** *fornicatio, immunditia, impudicitia, & c.* E che altro è la donna libidinosa, che cerchio d'oro nelle narici del porco, disse il sauio. *Circu-* **Pro. ij C. 22** *lus aureus in naribus suis, mulier pulchra, & fatua.* Stà piena di ricchezze, e gioie, che sono causa, che marcischi in cotal bruttezza, ed in tali infami camini della carne. *Ita, & Diues in itineribus suis* **Iacob. 1 B.** *marcescet.* Stà con i piedi scalzi, sem-**11** brando la sua infame pouertà, ch'insieme con le ricchezze possiede; *Est quasi pauper cum in mul-* **Pro. 13 B. 7** *tis diuitijs sit;* E le ricchezze, che si perdono per questo vitio della carne; *Qui nutrit scortum perdet* **Id. 29 A. 3** *substantiam suam.* Il sepolcro d'ossa di morti fetidi, ch'apunto questo hà il libidinoso, che possiede quella carogna, quale non è altro, che fossa, ò monumento di puzore; *Fouea enim profunda est me-* **Id. 23 C 17** *retrix, & puteus angustus, aliena.* I cui cadaueri danno fetore a merauiglia; *Interfecti eorum proij-* **Is. 34 A. 3.** *cientur, & de cadaueribus eorum ascendet fœtor: tabescent montes à sanguine eorũ;* E i cui ossa son pieni di vitij, etiandio dopo la morte. *Ossa eius implebuntur vitijs adolescen-* **Iob 20 B 9** *tiæ eius.* E finalmente vi è il fuoco, che bruggia, e consuma tutte le virtù, ch'è l'effetto della lussuria, *Ignis deuorans, atque consumens, qui conterat eos, & deleat, atque disper-* **Deut. 9 A. 9** *dat ante faciem tuam velociter.*

MAGNANIMITA' G. 114.

Donna di bell'aspetto, riccamente vestita con vna colonna in vna mano, e nell'altra terrà vn cornucopia pieno di gemme, argento, ed oro, d'appresso le sarà vn Leone, co'l quale fissamente si mirano, ed vn Elefante.

L2

LA magnanimità è vna nobil virtù moderatrice de gli affetti, detta dalla grandezza dell'animo, della quale narrò diffusamente Aristotele nell'Etica. Consiste questa virtù, nella fortuna prospera non inalzarsi, nè auuilirsi, e sottoporsi altrui nell'auuerse, mà sapersi moderare egualmente ne'contrari flati. E Seneca dice, *Senec. lib. de morib.* che chi hà questa virtù stà dritto sotto'l peso, forte, e fermo, nè si turba punto, nè gli dispiacciono l'auuersità, ma l'abbraccia volentieri, come cose, che sogliono auuenire a gli huomini, e così con la virtù, e grandezza dell'animo vince la fortuna, con questa virtù della magnanimità deue hauer l'huomo gli occhi a cose grandi, a cose ardue, difficili, ad imprese di valore, ed alle cose celesti, ed eterne del Cielo, non a cose basse, e transitorie di questa vita. Deue resistere a' colpi della fortuna, a' trauagli, e miserie del mondo, hè farne conto, pensando, che quì non si può altro godere, che miserie. Deue, in somma, con la grandezza dell'animo suo, e fortezza regularsi in tutte le cose, nè mai battere ne gli estremi, ma sempre nel mezzo, ou'è la virtù, non essendo altro questa della magnanimità, ch'vna misura, ed vna moderanza, con che nè l'huomo deu' essere molto audace in temere i pericoli, nè molto timoroso, si che non deue partirsi dalla communità de gli huomini, ché non sarà magnanimità, mà seuerità, e così sarà vitio, non virtù. La magnanimità è gran virtù, quale (secondo San Tomaso) importa vn'estensione d'animo, o assolutamente a cose grandi, ò secondo la proportione. E secondo l'istesso, è virtù c'hà mira a cose grandissime, se-

D.Th. 2.2. q.129 ar.1

Idem ar.3

códo la ragione retta. Nell'hebreo si dice Ghoan dal verbo Gaah, che vuol dire. *Gloriatus est, eminuit; excellit.* Essendo virtù che vince, e virtù drizzata a cose eminenti. Virtù rarissima nomarò la magnanimità, quale resiede in animi coraggiosi, e grandi, che non fan conto di cose picciole, nè si marauigliano per gran casi soccessi, come vna fiata Stilo Filosofo, presa la sua patria da nemici, e toltogli tutti suoi beni, punto si sentì trauagliato, anzi diceua non esser cosa grande, nè perdita, mà cosa ordinaria, che facilméte può auue nire. *Ecce vir fortis, & strenuus ipsam sui hostis victoriam vicit.* Disse Seneca di costui, essendo più facilè vincere vn esercito, ch'vn huomo magnanimo. E l'istesso disse essere. proprio del magnanimo dispreggiar le cose grandi, e più tosto amar le cose mediocri, che quelle.

Senec. epistola 23

Idem epist. 37

. Fù in tal maniera magnanimo, e nobile Ciro Rè di Persi, ch'oltre. l'esser bellissimo d'aspetto, honestissimo d'animo, era cupidissimo d'insegnare, ed acquistar honori, che perciò mai perdonò a fatica niuna, nè giamai lasciò di porsi ad honorato pericolo, per farsene ricco. E'l grande Alessandro (ch'è lase Plutarco) oltre che fù sì vago d'honori, era d'animo grandissimo, in tanto ch'vna tal fiata fù eccitato dal Padre a'giochi olimpici, essendo agilissimo di corpo, rispose il magnanimo Rè, volentieri lo farrei, s'hauesse Reggi auuersari, e di forze, che fronteggiassero alle mie.

Xenophon. de instit. Ciri lib. 1

Plutarc. in regü apoph.

Magnanimità virtù, ch'è vaga poggiar i petti di grandi, e coraggiosi, con che non si temono le cose grandi, nè si spera nelle picciole, mà sempre gira in verso imprese, ed attioni heroiche. Virtù pro-

propria di grandi, di che si mostrò voglioso, anelante, ed affettato il Saluatore Rè sourano infrà tutti, e se ne vogliamo vagheggiar vn ritratto viuace, andianne nelle canzoni spirituali, oue la sposa fauellando del suo diuino capo, e di capelli, rassembrogli all'oro, ed alle foglie della palma. *Caput eius aurum optimum: Coma eius sicut elata palmarum.* Che voleua dire lo spirito diuino, che lo sposo, ch' era il figliol di Dio,hauesse il capo d'oro? come d'oro metallo in sensato? ch'è terra istessa; e l'aurata chioma di lui simiglieuole fosse alle foglie dì palma?che simiglianze son queste strane? e paiom'in vero tali, certo così, oue senza che v'amiri altro pensiero, dirò, che quì la sposa volea accennar sotto oscure metafore l'alta magnanimità del suo diletto sposo, e quant'e' ne fosse ricco a douitia. *Caput eius aurum optimum.* Fauellaua del capo di Christo, ch' era in guisa dell'oro tersissimo;nel capo sono i sensi, e la cognitione, qual si rassembraua all'oro, non ordinario, mà finissimo, per le varie eccellenze di lei,e sourane considerationi, e per l'infinite perfettiòni, ch' erano in quello, come della prouidenza, sapienza, santità,ed altri attributi diuini,ch'erano nel sommo della perfettione vi è più di tutti nobili, e sublimi, conforme l'oro è il primo infra metalli, ed ispecialmente il più fino, e per la chioma, ed i capelli s'intendono i pensieri nella Scrittura Sacra, hor quelli di Christo si paragonano alle foglie della palma, albero vittorioso, ed albero glorioso, di cui eran sì vaghi i Reggi, ed i trionfadori d'animi inuitti, per segno che Christo hauea pensieri sublimi, alti, ed ec-

Cät.5 C.12

cellenti, eran pensieri vaghi di glorie,ed'honori, essendo proprio d'vn vero magnanimo, che non abbada a cose vili, nè abborre i trauagli, nè cerca abbassar gli altri, mà far grandi tutti, e qual più magnanimità di quella di sì generoso Rè in vscir di Cielo, e contentarsi delle terrene pouertati, apparendo spreggiato, e vile,per acquistar virtù,e glorie,e solleuar il mondo, e le genti nel Cielo, nè curò punto de' trauagli, nè d'opprobri,per inalzar l'insegna felice della Christiana fede nel mondo, ò che felici pensieri,ò che magnanimeimprese conuenienti a sì maestoso personaggio. *Coma capitis tui sicut elata palmarum.* Rassembransi le sue cognitioni alle vittoriose palme, non ad altr'Albero, mà solo a quello di reggi, e di guerrieri corragiosissimi, che ne' trionfi seruiuansene per gloria. Il magnanimo (dice Nazianzeno) è quello, che facilmente soffre, nè è di picciolo petto nelle cose grandi.

Picciolo è quello, ch'ama le cose terrene, e grande chi desidera l'eterne, dice il moral Gregorio. Quel,che fà cose grandi benche senta, ed cpri cose humili, sà niente di meno quelle cose, che fà, esser grandi,imperoche se non sapesse esser quelle grandi,senza dubio non le custodirebbe (dice l'istesso.)

Perche (dice Chrisostome) hai gran Signore,sij tu per anche grande,ò Christiar o,e separati da quelle cose, ch'appertengono a questa vita. Altro è (dice l'istesso) l'arroganza, e l'insolenza, altro la grandezza dell'animo. Magnanimo,durque,è chi sostre i trauagli, e i disaggi di questa vita, nè teme punto di tutti gli venti contrari.

Nanziaz. in Carm.

Greg.lib.5. moral.

Idè lib. 26

Chrisostom. homel. 1n Psal. 114

Qui

Qui valet aduersis oneratam ducere vitam
Et tolerare magis vult mala,
quam fugere
Maioris multo est animi,quam ferre pauescens
Indocti inuultum iudiciū populi:
Mens etenim recta,& puri sibi conscia cordis.
Hoc plus splendescit, quo magis atteritur.

Si dipigne da Donna di vago aspetto, e riccamente vestita la magnanimità, perche non vi è più bella cosa, quantò saper moderare, e temperare i moti dell'animo. E vestita di ricco vestimento, essendo ricchezza grande,ed incomparabile,esser vn'huomo così prudente, e forte, che sappi regularsi nelle contrarietà della fortuna. La colonna sembra la fortezza d'vn huomo tale,che non si piega a cose basse,nè a côtrarie,che l'auuengono,mà sempre è stabile ; che di fermezza è Geroglifico la colóna, *Pier. Vale.* secondo Pierio.Il cornucopia pie-
lib. 49 no di gemme, argento, ed oro,accenna, ch'ad vn tale magnanimo, per eseguire i suoi pensieri grandi, alti, e liberali,è mestieri hauer simil cose, per poter fare attioni da grande, e beneficar altrui , ch'è proprio del magnanimo. Il Leone è Geroglifico della magnanimità *lib.1 cap.1* (dice Pierio) il quale non si spauenta de gli animali grandi, e forti,nè dispreggia gli piccoli,nè mai si dà timore, nè si dà indietro,benche conoscesse le forze altrui più grandi delle sue, per non far cosa indègna, nè mai volge il tergo,mà

con gran prudenza, per non porsi senza necessità a' pericoli , e con destrezza si ritira pian piano , e s'inselua . L'Elefante è animale grande,che non facilmente sente i colpi , che se gli auuentano da' Cacciatori , e Seneca sà compara- *Senec.epist.* tione infrà'l magnanimo , e l'Ele- *28* fante, perche non sente i disaggi di questa vita , nè punto si disturba,come quest'animale nō si duole per le saette auuentategli .

Alla Scrittura Sacra. Si dipigne da Donna bella , e riccamente vestita la magnanimità,perche è bella virtù, dominatrice di propri affetti , e di chi la possiede diuisò l'Ecclesiastico.*Dominantes in potesta-* *Eccl. 44 A* *tibus suis homines magni virtute, &* *prudentia sua præditi.* La colonna, c'hà in vna mano, qual significa la fermezza , ò fortezza dell' animo. *Vir Sapiens fortis est.* Tiene il corno *Pro.24 A* di douitia pieno di ricchezze, preparate, per dispensarle altrui,ch'è proprio di chi è d'animo grande, magnanimo, e forte. *Manus autem* *Idem x. A* *fortium diuitias parat.* Il Leone animale di gran cuore, che si reca ad imprese grandi , per segno della sua magnanimità,come diceua l'anima eletta d' vn'anima simiglieuole . *Audite quantam de rebus* *Idem 8 A6* *magnis locutura sum , & aperientur labia mea, vt recta prædicent.* L'Elefante, che non sente, nè è oppresso dalle saette , come nè anch'il magnanimo dall'auuersità , in guisa, ch'esortaua San Paolo.*Propter quod* *Eph.3C 13* *peto ne deficiatis in tribulationibus meis pro vobis : quæ est gloria vestra.*

MAL GOVERNO. G. 115.

Huomo veſtito di color canciante, haurà nella deſtra
mano vna borſa, ed altre gioie di valore, oue ſtà fiſſo
riguardando, nell'altra vna corona rotta per mezzo,
ed vna carta cancellata, che ʒgli pende frà le dita, a'
piedi gli ſarà vna cagna figliata con alcuni cagnolini, e di lato v'apparirà vna voragine, onde sfauillano
fiamme, e ſorgono ſerpi, e vermini.

NON è coſa, che più ruini il
mondo, che'l mal gouerno,
quale fà apparire le coſe al rouer-
ſo da quello, che ſono, e prouen-
gono da lui tutte le ſtraggi di mor
tali, però ſi deuono dare i gouerni a perſone mature, di cognitione, di lettere, e di conſcienza, che
quando non vi ſaranno queſte
conditioni, ſempre vi ſarà mal gouerno. Si dipigne da huomo veſtito di color canciante, perche il
mal gouarnatore è inſtabile, e
non ſauio, come ſi ſuppone, mà
pazzo, mentre ſe gli dà l'officio,
per ben maneggiarlo, ed egli ne
fà il contrario; molte ſono le re-
uolutioni, e i diſſordini, che naſcono dal mal gouerno, quante
mutationi indebite ſi veggiono,
quante eſaltationi d'empi, ed op-
preſſioni di boni, quando, però
la remuneratione non ſi dà a chi
fatica, e merita, mà a' triſti, e delinquenti, ed a gente di mala vita, e gli honori non a virtuoſi, nè
a maturi di giuditio, ed a quelli,
che con fatica ſi ſono impiegati in
molte impreſe, per beneficio del
publico, mà a quelli, che poco
meritano, che fan mal'officio a gli
altri, per porſi loro in gratia d'ingiuſti Signori, ed in fine come
regna il mal gouerno, il mondo ſi
perde, in veggendoſi ogni coſa

oppoſita alla ragione, ed al giuſto, quindi molti, c'haùeano poca
contezza di ſegreti di Dio, nè mor
mororono, vedendo cotanti diſſordini infra le genti, e nel mondo, auuenuti ſpecialmente per
gli officij fatti malamente, come
diſſero con Giobbe, che Dio non
hauea prudenza, mà che ſe ne ſteſſe nel cielo ſenz'abbadare alle
noſtre coſe. *Nubes latibulum eius,* *Iob 22 B.14*
nec noſtra conſiderat, & circa
cardines cæli perambulat. Naſcono
al più i mali gouerni dal veleno
del mondo, dalla tigna, che rode
le leggi, dal verme diuorante la
verità, dalle tenebre, dell'intereſſe, ch'oſcurano la luce, che però tiene la borſa nelle mani, ed
altre gioie, oue ſta fiſſo co' guardi, in ſegno, ch'a quella hà mira,
non alla legge, nè al giuſto, mà
al volerſi arricchire. Tiene la corona rotta in mano, quale in-
forme dice Pierio è ſimbolo della *Pier. lib.41*
legge, per tal ragione (dich'io)
ſicome la corona orna, e freggia
le tempie d'Auguſto capo, e le
rende, frà tutti ſublimi, coſì le
leggi rendono honorato chiunque l'oſſerua, ed hà zelo del lor
mantenimento. Hor queſta corona ſtà per mezzo rotta, per ſegno
che ſi rompono, s'eſtorquono, e
violano le leggi da cattiui gouer-
na-

nacori, per l'iniquo, e zizaniofo feme dell'intereffe, ch'è fra tutte le cagioni la principale. La carta cancellata, che pende frà le dita, dinota l'ifteffo, ch'vn iniquo gouernatore non fà conto, per le fue ingorde voglie, di cancellar le leggi humane, drizzate al ben viuere. La cagna co' cagnolini dà notitia, ed è geroglifico d'vn'altra paffione, ch'impedifce il giufto reggimento, ch'è l'amore, ed affettione di parenti, effendo' tal animale gelofiffimo di proprij parti, in tanto, che non ha rifpetto a nullo, mà a ciafcheduno morde, mentre tiene i piccioli cagnolini alle poppe, vero fembiante di cattiui gouernatori, che per paffione, c'hanno co' parenti, ed amici, oltre ch'indebitamente alle volte gli danno gli offici, togliendogli a più meriteuoli, a voler di quelli fanno mill'oltraggi a gli altri, e fan che la parentela fia mezzo per vendicarfi. E per fine vi è la voragine, oue fon tanti animali fpauenteuoli, che gli prefaggiano le più dure pene, ed afpri tormenti d'inferno, che quanto è maggiore lo ftato, e la dignità di trifti, tanto farà allo 'ncontro fcambieuole la grandezza del caftigo di Dio.

Alla fcrittura facra. Si dipigne con vefte di color canciante il mal gouerno, che così in fpirito fauellò Ezzecchiello; *Et ornata* | *Ezzech.* | *16 B.13* *es auro, & argento, & veftita es byffo,* *& polymito, & multis coloribus.* Hà nella mano deftra vna borfa, ed altri doni; *In quorum manibus ini-* | *Pf. 25 C. x* *quitatis funt: dextra eorum repleta eft* *muneribus.* E nell'altra la corona rotta, e la carta cancellata, che fono le leggi lacerati per l'intereffe; *Propter hoc lacerata eft lex, &* | *Abacuc 1* *non peruenit vfq; ad finem iudicium,* | *A 4* *quia impius praualet;* E'l Sauio ancò teftificollo; *Munera de finu* | *Pr.17D.23* *impius accipit, vt peruertat femitas* *iudicij.* La cagna, che fimboleggia l'affettione de' parenti, che quì hebbe gli occhi Michea, mentre diffe; *Audite hoc principes domus Ia-* | *Mich.3 c.9* *cob, & iudices domus Ifrael: qui abo-* *minamini iudicium, & omnia recta* *peruertitis. Qui adificatis Sion in fan-* *guinibus, & Hierufalem in iniquita-* *te Principes eius in muneribus iudi-* *cabant.* E Chrifto, da cui fù lungi ogni intereffe, e paffione, mentre fe gli diffe, ch' i fratelli, e la madre l'afpettauano fuora, egli come vero gouernatore del tutto fuora d'ogn'intereffo, e paffione di fangue, rifpofe. *Mater mea, &* | *Luc.9 C.21* *fratres mei hi funt; qui verbum Dei* *audiunt, & faciunt;* E per fine vi è la voragine de' tormenti ferbata a' potenti iniqui del mondo. *Potentes autem potenter tormenta pa-* | *Sap. 6 B. 7* *tientur.*

MALIGNITA. G. 116.

Donna d'aspetto diformissimo, hà vna maschera su'l capo, con che vorrebbe celarsi la faccia, haurà vn_ piede in mare, e l'altro in terra, in vna mano tiene vn pugnale fuora del fodro, con che si ferisce, ed vn arco rotto nell'altra, ed vna saetta riuoltata nel petto, hà a' piedi vn laccio ricouerto con alquante foglie, e d'appresso vna nubbe, auanti le serà vn muro, e vicino il sole, che spunta nell'orizonte.

LA Malignità è vitio infrà tutti il peggiore, ed infra mali è pessimo, atteso i maluaggi maligni non attendono ad altro, ch'alle ruine altrui, ed ogn'altro male più si soffre, e si patisce, hauendo origine dalla concupiscenza humana, e da qualche piacere sensuale, mà questo hà solo origine della propria malitia, ed inuidia, nè si sente diletto alcuno da que', ch'ogn'hor tendeno lacci d'insidie, e ch'ordiscono tradimenti altrui, anzi più tosto si consumano, e macerano ne'loro iniqui, e scelerati appetiti, che continuamente gli tengono auuelenati, e colmi di amore, di non riceuer ruina, per caggione de' mali, che van suscità do; ed è, in vero, tanto male in costoro, che giustamente si possono nomar infra maligni i più grandi, e più da odiarsi da tutti, come peste delle Città, veleno del mondo, ruina dell'anime, e ruggine di beni altrui, che senza mal auisarmi, molto bene farebbe il mondo in lapidargli, ed egual peso, e misura dourebbeno esser trattati i lor fautori, e que' che mantegono, e fomentano quest'empi, e scelerati, i quali adonta loro, contra loro medemi caggione di tanto veleno, procacciano inganni, destano machinationi, ordiscono frodolenti tele, e gli adoffano ruina mortifera nell'anima, e nel corpo. Più l'huomo si dourebbe inferire contro costoro, che contro i propri nemici, perche quelli, al fine, non si muouono senza qualche raggione, tanto più potendosene ciascheduno guardare, mà chi può far scampo da gli occulti lacci de' maligni, e rimanerne disciolto, per prudente ch' egli si sia, quindi ben disse il moral Gregorio. *Plus mali est in insidiatore occulto, quam himico manifesto.*   *Gregor. lib. moral.*

La malignità (dice Agostino) è vna mala volontà dell' huomo, in non referir gratie de' riceuuti benefici. Dichiara la malignità del la nostra vita (dice Cassiodoro) la similitudine del ragno animal molto debile, che forma vna tela dolosa alle mosche, che passano, oue restano auuiluppate, simiglià temente i maligni ordiscono tele di machinationi, oue restano gli huomini intricati, e presi.   *August. in enchi.*

Cassio. sup. Psal. 90

La malignità viene dalla deliberatione, e dal proposito, per assentire al conosciuto male, dice Riccardo.   *Riccard. in epistola ad Corinties.*

Hò depinto, dunque, la malignità

gnità da Donna diformiſſima con
giuſta raggione, per lo molto veleno del male, che tiene. La
maſchera, che ſtà per calarſi ſu'l
viſo, ſembra la vergogna e'l diſshonore, che reca a' ſcelerati tal
malignità d'offendere altrui, che
dourebbono andar co'l viſo couerto per l'infamia, e diſshonore,
che n'acquiſtano. Hà vn piede in
terra, e l'altro in mare, per l'vni-
uerſità delle loro iniquità, che tan
te ne contengono, per quante ſo-
glie ſono in terra, e ſtille d'acque
in mare, che tãti mali a pũto hãno
i maligni; ò pure perche in ogni
luogo, ed in ogni ſtato di perſone,
ed in tutti i gradi, vagliono le lor
peſtifere malignità, e ſtringono i
lacci di tradimenti, ed ergono l'in-
ſidioſe trapule i maligni, ruina
del noſtro ſecolo. O pure perche
è proprio di coſtoro di tenere il
piede a più parti, non hauendo
mai ſchettezza. L'Arco, che tiene
nelle mani, dinota la voglia inna-
tà, c'hanno, con che imprendono
di vigliare ad' ogn' vno, per ma-
lignarlo, e ſcoccargli ſaetta di
qualche mal'effetro, mà quello reſta rotto, (O giuditio grande, ed
ineffabile di Dio) nelle lor mani,
ch'àl più gli ord ti mali, ed occulti ſuelanſi, reſtando eglinò co'l'infamia debita, e la freccia del male,
ad altrui auuentata, gli fà ritorno
indoſſo proprio, come ben altri
Plaut.
Terent.
diſſe. *Suo iumento ſibi malum accer-*
ſere. Ed altri peranche. *Suo ſibi hunc*
iugulo gladio ſuo tero. Reſtando preſi
nel proprio male, così permetten-
Ad Rom.
2 B.
do il Signore, *Qui redet vnicuique*
ſecundum opera eius. E'l pugnale
del tradimento altresì feriſce il
petto d'vn maligno cotale, che
lo ſfoda per diuino giuditio. Vi
è 'l laccio naſcoſto, eſſendo proprio di coſtoro tirar la pietra, e

naſconder il braccio. La nubbe
è geroglifico dell' ingratitudine,
perche ſuſcitata, ch'è dalle viuaci
forze del ſole, da baſſi, e terreſtri
vapori sù l'alto câpo dell'aria, ella
come poco grata di benefici riceuuti, in cambio di ſtarſene in
diſparte, e ringratiare il ſole del
ſolleuato grado, ſe gli oppone, e
cerca oſcurarlo, ed egli per fargli conoſcere l'error ſuo, che merita caſtigo, in vn tratto la diſſol-
ue, la ſgombra, e la reduce al niente, come tal'hora accade ad alcuno di queſti, che tratto in qualche
grado, da qualch' animo gentile,
a quello ſpecialmente s' oppone,
e trauaglia, rendendogli allo 'n-
contro mal guiderdone, per deuenir più grande del benefattore
ſteſſo. E gli Egittij poſero a tal
propoſito per geroglifico della
malignità la coturnice, ò ſtarna,
che beuendo nel fonte, l'acqua,
che reſta col roſtro l'intorbida, e
co' piedi la rende luteſa, ſi che
caggiona ſtomaco a gli altri animali, a punto come fà tal'hora vn
maligno, che riceue beneficio dal
fonte dolciſſimo d'vn'huomo magnanimo, poſcia cerca fargli di-
ſpiacere, volendo ſporcar l'acqua
della ſua fama, ed honore, il concetto non è ſol profano, mà ſacro
con la teſtimonianza d'Ezzecchie-
lo. *Et cum puriſſimam aquam bi-*
beritis, reliquam pedibus veſtris tur-
babatis. Mà quell'iſteſſo, ch'è sì
mal guidardonato, gli dona il ro-
uerſo della medaglia, cambia il
bene, che li fè in buona perſecutione, e l'eſtermina di ſubito, con-
ducendolo a peggior ſtato, in che
dianzi egli ne ſtaua, conuenendo-
gli a punto la diſgratia del Camelo fauoloſo, che deſiderando le
corna, vi perſe l'orecchie. Il muro, che tiene auanti, e'l ſole, ſembrano
Pier. Vale.
lib. 24 de
Cotornice

Ezech. 34
E 18

brano, ch'in ogni fua falfa tela, che trama il malegno, pretende far il tutto di nafcofto, e con alcune ftradagemme, mà Iddio, che non vuole, che coftoro n'habbino vanto, nè permette uelo giamai al male, nè couertura all'errore, come ad ogn'altra cofa, auerandofi per bocca della Sapienza. *Non eſt enim occultum quod non manifeſtetur.* Fà fpuntar il fole col fplendore della verità, qual moſtra fuelatamente quanto fù dietro il muro del fecreto con falfità dal malegno contro il proſſimo imaginato, e pofto in opra.

Lut.8 C.17

Alla fcrittura facra. Si dipigne co'l volto diforme la malignità, per le brutture delle fue nafcofte infidie, de'quali fauellò S. Paolo; *Quæ in occulto fiunt, ab ipſis turpe eſt, & dicere.* Stà con vn piede in mare, e l'altro in terra, per i molti mali, che contiene quefto vitio, fauellando di coftoro Geremia; *Extenderunt linguam ſuam, quaſi arcum mendacij, & non veritatis: confortati ſunt in terra, quia de malo ad malum egreſſi ſunt,* La mafchera della vergogna, con che è per coprirſ'il volto, come diſſe Dauide in perſona di coftoro. *Facti ſumus obbrobrium vicinis noſtris &c. ſubſanatio, & illuſio his, qui in cir-*

Eph.5 C.12

Hier.9 A.3

Pſ.78 A.4

cuitu noſtro ſunt.* Hà il pugnale della malignità, per nocere altrui, co'l quale ferifce fe ſteſſa. *Gladium euaginauerunt peccatores intenderunt arcum ſuum;* e'l medemo; *Gladius eorum intret in corda ipſorum.* Ed altroue; *Reddet illis iniquitatem ipſorum.* E l'arco del fiele amaro dell'infidie; *Intenderunt arcum rem amaram.* Mà eccolo rotto in vn tratto; *Arcus eorum confringatur.* Il laccio del tradimento nafcofto; *Laqueum parauerunt pedibus meis.* Nel quale vi reſta il malegno iſteſſo ligato; *Veniat illi laqueus quem ignorat, & captio quam abſcondit, apprehendat eum.* La nubbe d'appreſſo, che fi rifolue a niente, in guiſa de'malegni, come diuifò il Profeta; *Malignantes exterminabuntur.* Il muro del nafcofto errore d'iniqui mondani; *Narrauerunt, vt abſconderent laqueos.* E per fine apparifce fempre il fole della verità, ch'il tutto fcuopre; *Omnia autem, quæ arguuntur, à lumine manifeſtantur.* E che non fi permetta ſtar nafcofta cofa veruna, ed fpecialmente di male, Chriſto nel Vangelo l'auuerò; *Nihil enim eſt opertum, quod non reuelatur; & occultum quod non ſciatur.*

Pſ.36 B.14

Ibidem 15

Pſ.73 D.13

Ibid B. 15

Pſa.56 E.7

Pſa.34 B.8

Pſ.36 A.9

Pſ.93 A.6

Eph.5 C.13

Matth. 10 C.26

MANSVETVDINE. G. 117.

Donna coronata, quale ſtà piegata in terra, e proſtrata,
oue tien fiſſi gli occhi, tiene le manette ad ambedue
le mani, vicino le ſarà vn'agnello, ed vno ſcettro.

Ariſt.lib. 4　L A manſuetudine. (ſecondo il　demo) è vna quiete, e oppreſſione
Ethi. & *li.*　　Filoſofo) è vna mediocrità　dell' ira.
2, *Rhec.*　　circa l'ira; o pure (ſecondo'l me-　　　La manſuetudine, come la dif-
　　　　　　　　　　　　　　　　　　　　　　　　　finiſce

Tullio lib.
1 de officijs

finiſce Tullio,è vna virtù dell'animo,quale egualmente ſopporta
l'vno , e l'altro ſtato del mondo,
quello delle proſperità,e dell'auer
ſità , ed è proprio del manſueto il
non adirarſi, mà ſoffrire il tutto cõ
patienza; Queſta virtù naſce da
vna certa bontà , e ſimplicità dell'
anima, ed humiltà inſieme , come
appunto fù Dauide nelle vecchie
carti ,e'l noſtro Chriſto Saluatore
del mondo nelle nuoue , di cui fù
quegli allegoria ben chiara , ed
ambi doi furono manſueti ,
tant'altri Santi, del Signore; queſta ſingular virtù è ineſtata ne'
petti de gli eletti di Dio , perciò
volle dargli cotai titoli, e farli ſi-
miglieuoli alle pecorelle, ò agnelli , come diſſe l'Aquila volante
Giouanni , referendo il fauellare
del ſuo maeſtro. *Oues mea vocem*
Ioh.x E.27
meam audiunt Ed altroue ſignificò
la ſeparatione de gli eletti, da'reprobi ſott' il nome del pecore , come s'hà in San Matteo. *Statuet oues*
Matth. 25
C.33;
quidem à dextris ſuis, hædos autem à
*ſiniſtris.*Si che ſi raccoglie con mol
ta chiarezza , eſſer la manſuetudine virtù degna di molta lode , di
cui nella Sacra Scrittura è Geroglifico l'agnello, animal ſchietto,
ſemplice,e manſueto. E ſenza fallo virtù rariſſima coteſta,ch'annida nel ſommo petto della maeſtà
di Dio , oue reluce in infinita maniera,di che ſeruendoſi eſſo Padre
benigno,e valendoſene così ſouente co' mortali , fa che gli riduchi
a penitenza,e gli oſtinati nella colpa tal fiata reduconſi al rauederſi
del proprio ſtato , ed all' emenda,
quindi diuisò il ſereniſſimo Rè
Dauide, e vien di molto acconcio
Pſ.89C.19
al propoſito . *Quoniam ſuperuenit*
manſuetudo, & corripiemur. Volendo alludere al fatto de' peccatori,
che diuengono arreſtati nel corſo

di vitij, co'l vſarſegli miſericordia, e piaceuolezza dal Signore.
Mà Dauid mio non poſſo far di nõ
hauer meraviglia di così fatto fauellare ? mentre racordomi hauer
letto ne' tuoi poemi acciò, parole
contrarie ; ben diceſti tal fiata.
Niſi conuerſi fueritis , gladium ſuum   *Ide 7 D.13*
vibrabit, arcum ſuum totendit, & pa-
*rauit illum.*Come dunque quì dite,
che la manſuetudine, ò pur il ſoffrire, che fà Iddio con patienza,
di noſtri peccati, ſia caggione della noſtra correttione, e che ne ra-
uediamo de gli errori, s'egli ſtà
con la ſpada vibrante per ferire,
e per ſcoccar l'arco, ed auuentar
ſaette d'eterna morte,come dunque quì diuiſate altrimenti, ſenza
dubio è pieno di miſterij il raggionare, che fà il Profeta, qual non
ſpiegaſi con miglior dottrina, che
con quella de padre Sant' Agoſti-   *Auguſtin.*
no; oue dice, ch'il pietoſo Signo-   *lib, de vita*
re ſoffre i peccatori, accioche il   *Chriſtian.*
mondo non haueſſe ardire di no-
marlo impatiente,s'egli toſto cor-
reſſe co'l caſtigo, nè ſi ritrouareb-
bono molti giuſti,che s'aquiſtano
per mezzo de' peccatori, de'quali
molti ſi ſon rauuiſati menar vita
infamiſſima , e ſoſtenuti per la patienza, e clemenza del Signore , ò
pure con la ſua miſericordia ,
manſuetudine , han menato poi
vita oſſeruantiſſima , di che n'è
ſtata caggion verace la ſua gratia,
e l'hauergli con tanta pietà aſpet-
tati a penitenza,che queſt'è il penſiero del Santo Dauide,ch'il Signore ſi vaglia ſouente della piaceuolezza,mà alcuna fiata sfodra altresì la ſpada,e ſi vale dell'vno,e l'altro modo,ma della manſuetudine
più ſouente , hor ecco infra l'altre
l'eccellenze, le grandezze, e le rare prerogatiue di sì virtù preggieuole .

Li

LI manſueti (dice il P. S. Agoſtino) ſono quelli, che non cedono
alli mali, nè a' rei fan reſiſtenza,
mà vincono il male nel bene.

Che m'importa (dicea Ambrogio Santo) ſe laſcerò tutti mali,
E che mi gioua ſtar ſenza ſcelera-
gine veruna, ſe non farò humile,
e manſueto.

Il manſueto è quello, che non è
vinto dall'ira, nè dal rancore, mà
tutte le coſe ſoffre cõ animo eguale, non s'adira, nè noce, nè penſa
far ciò, dice Girolamo Santo.

E gran virtù, ſe tu non noci a chi
t'hà offeſo, e gran fortezza etiàdio
ſe tu ſei offeſo, e rimetti, e grande
è la gloria ſe tu perdoni a chi po-
teui nocere, dice Iſidoro.

Manſueti appellamo (dice Caſſiodoro) quelli, che tengono le
mani retenute, cioè che ſono patienti, e benigni, e che tolerano
l'altrui mali, nè preſumono agra-
uar niuno.

Ornamento di tutti beni è, per
fine, (come dice lo ſteſſo) la
benignità ſincera, la quale non è
mai ſola, perche ſi conoſce eſſer
generata dalle virtù.

Non hà dubbio eſſer di gran
perfettione la piaceuolezza, e la
manſuetudine dell'animo.

Diſcitur in Satana morum truculentia ludo:

Namque quo eſt, alios id docet
eſſe Satan;
At mites nos eſſe docet moderator
Olympi:
Namque quod eſt, alios Chriſtus
id eſſe docet,
Ac velut hoc lignum latices ſanauit
amaros,
Quod tecit vatis dextra iubente
Deò:
Sic animi adhibere ſolet medicamen
acerbis.
Crux ea, quam nobis vita, ſalúſque fuit.

Si dipigne, dunque, queſta virtù ſublime da Donna coronata, ſi
perche ne' grandi del mondo dee
ritrouarſi più, che negli altri homini ordinari, ed in quelli, che miniſtrano giuſtitia, facendo più frutto con quella, che altrimenti con
l'aſprezza, che ſouente eſaſpera, e
reduce alla diſperatione; ò pure
la corona ſimboleggia la ſublimità di lei, eſſendo virtù cotanto heroica, degna d'animi ſublimi, e
nobili, e perche ancora reca la
corona beata del Cielo all'anima
felice, dotata di sì beata virtù. Stà
proſtrata a terra per la ſua humiltà, che da quella hà motiuo la
manſuetudine, nè può albergare
ne' ſuperbi petti del mondo. Le
manette alludono a quel, ch'altresì fù detto della patienza, qual'è
effetto ſuo proprio, non iſtimando
diſaggi mondani, ſtimando egual
mente tanto il proſpero, quanto
l'auuerſo caſo. L'agnello è vero
Gerogliſico della manſuetudine,
oltre la teſtimonza di Pìerio, e'l
coſtume de gli antichi Egittij in
ſeruirſene per ciò, v'è quello della Scrittura Sacra, ch'in tanti luoghi s'auuera, che della manſuetudine, piaceuolezza, humiltà, e patienza, ſia pur troppo chiaro ſimbolo l'innocente agnello, fatto degno di ſtar in bocca de' Sacerdoti
Santi ogni giorno, per eſprimere
l'oracolo di Giouanni. *Ecce agnus*
Dei. Promulgato in perſona del
Saluatore. E lo ſcettro, per fine,
in ſegno, che i grandi del mondo,
e i reggi ſteſſi debbono apparir
coronati di sì glorioſa virtù.

Alla Scrittura Sacra. Si dipigne
da Donna coronata la manſuetudine, perche ne' grand., e ne' Reggi deue più relucere, che nè gli
altri, come di quello di tutti Rè,
allegorò Eſaia. *Ecce Rex tuus venit*

Augu. ſer.
Domini in
monte.

Ambr. ad
Vercel. ſup.
Luc. lib. 5

Hieron. in
gloſ. ſuper
Matth. 5.

Iſidor. in
ſoliloq. 2.

Caſſio. ſup.
Pſal. 37.

Id. in epiſt.

Pier. Valè.
lib. 10.

Matth. 21
B. 5.

N n   ili

tibi mansuetus. O perche reca l'anima nella beata terra di viuēti, oue s'haurà eterna corona, così diuisando il reggio Profeta. *Mansueti autem hereditabunt terram.* Ed altroue. *Vt saluos faceret mansuetos terræ.* Ed in altro luogo. *Exaltabit mansuetos in salutem.* E'l saggio figlio ne' Prouerbi. *Mansuetis dabit gratiam.* Piacendo cotanto al Signore della maestà questa inclita virtù, com'il medemo nell' Ecclesiastico disse. *Beneplacitum est illi fides, & mansuetudo.* Stà prostrata a terra, per segno d'humiltà, onde deriua, come disse Christo di se stesso. *Discite à me, quia mitis sum, & humilis corde.* Tiene le manette, per la patienza, ch'è effetto di lei. *Cum omni humilitate, & mansuetudine, cum patientia, supportantes inuicem in charitate.* Ed altroue *Sectare iustitiam, patientiam, fidem, pietatem, charitatem, & mansuetudinem.*

Ps.36 B.11 — *Id 75 B.x.* — *Id.149 3* — *Pro. D.34* — *Ecclesiast. 1. E.35* — *Matth. 11 D.29* — *Eph.4. A.2* — *Tim.6 C.ij*

L'agnello, ch'allude a cotal virtù, qual'è ritratto viuace del Saluatore, e della sua patienza, e mansuetudine, di che allegorò Gerem. *Ego quasi agnus mansuetus qui portatur ad victimam.* E per fine vi è lo scettro de' grandi, essendo proprio di quelli seruirsi della mansuetudine, come di lui stesso fauellò Dauide Rè grande, orando al Signore. *Memento Domine Dauid, & omnis mansuetudinis eius.*

Hiere. 11 D.19 — *Ps.131 A.i*

MATRIMONIO. G. 118.

Vn huomo, ed vna donna riuoltate da faccia a faccia con le mani gionte, con due tenghino vn'hasta, e con l'altre due mani insieme tenghino vna corona, a' piedi gli siano doi fanciulli, e di lato vna fiamma, ed vna cornice.

IL Matrimonio è vna legitima società (dice Agostino) infra'l mascolo, e la femina, nella quale l'vno deue all'altro.

August. de Virginita. B.M.V.

Il Matrimonio si dice, quasi Matris munium, idest officium, e si dice più dalla madre, che dal Padre, perche appartiene più a quella, essendo più officiosa, dice San Tomaso, circa la prole. Nel quale è mistieri pregar il Signore, che s habbi vna donna prudente, che le ricchezze, ed altro facilmente s'hanno, come diceua il Sauio. *Domus, & diuitiæ dātur à parētibus. à Domino aūt proprie vxor prudēs.*

B.Thom. 4 sent. d. 279 q.1 art. 1 — *Pro 19 B.14*

Nel vincolo congiungale (dice Agostino) se non s'osserua la pudicitia, non si teme la dannatione.

August. & habetur 27 q. 1. nuptia. §. in coniu.

Nell'ordine naturale corre, che le Donne seruino i Mariti, ed i figliuoli il Padre, e la Madre, perche in quelli è questa giustitia, ch' il minore serua il Maggiore, dice l'istesso.

Idem in l. 9 Gen. & habetur q. 5 est Ordo.

Debonsi ammonire i giouani (dice Girolamo) che s'hanno mogli, insegnino di viuere castamente con quelle, e'l congiungersi con altre è cosa scelerata: Il matrimonio è vno de' sette Sacramenti, ed vna congiontione di mascolo, e femina frà persone legitime, ed atte a far quest' attione, tenendo vna vita insieme indiuisibile, che per ciò si dipigne con vn huomo, ed vna donna, che per farsi vi vuol il mutuo consenso dell'vno, e l'altro, e l'espressione in faccia della Chiesa, con la forma, che vi pro-

Hieron. ad Damasum

fe-

ferisce il Sacerdote; tengono le mani gionte, in segno della famigliarità, c'hanno a tenere, e vita inseparabile, tengono l'Asta, per la quale l'Egittij antichi (secondo Pierio) intendeano la congiontione matrimoniale, e sicome l'asta si congionge con la carne, quando ferisce l'huomo, così l'huomo, e donna si deuono vnire insieme. La corona, che tengono insieme, sembra il dominio, c'hà il marito sù'l corpo della donna, e la moglie sopra quello del marito. I doi fanciulli a' piedi dinotano, che questo Sacramento è drizzato per far la generatione, e produr i figli; La fiamma sembra l'amor scambieuole, che deu' esser' infra loro, ò vero per dinotar, che l'vsa Santa Chiesa, per smorzare la fiamma della concupiscenza, e torre via la fornicatione. La cornice (dice Pierio) è Geroglifico della copula maritale, affirmando molti, ch' vsa il coito da faccia a faccia, come gli huomini, ben ch'altri dichino co'l volgo, vsarlo con la bocca, e che tutti gli animali della specie coruina poche volte l'vsino tipo espresso di congionti in matrimonio, da' quali deu' esser lungi la lasciuia, nè farsi ad altro fine, se non per generare i figli.

Alla Scrittura Sacra il matrimonio vien significato per vn' huomo, ed vna donna, che sijno voltati da faccia a faccia, in segno del mutuo consenso frà loro, e che l'huomo deue lasciar il tutto, ed accostarsi alla moglie. *Propter hoc relinquet homo patrem, & matrē suam, & adherebit vxori suæ, & erunt duo in carne vna.* Tengono le mani insieme, per l'inseparabilità. *Quod ergo Deus coniunxit homo non separet.* La Corona, per lo dominio, ch'vno hà sopra l'altro, come dice S. Paolo. *Vir potestatem habet super corpus mulieris, & mulier autem super corpus viri.* I fanciulli, per i quali è drizzato il matrimonio, come disse Dio ad Adamo, ed Eua, quando gli congionse. *Crescite, & multiplicamini, & replete terram.* La fiamma, per l'amore infra loro. *Viri diligite vxores vestras, sicut & Christus dilexit Ecclesiam.* O vero per estingure la libidine, e la fornicatione. *Propter euitandam fornicationē vnusquisque habeat vxorem suam, & vna queque suum virum habeat.* Che fiamma è la concupiscenza, esortando, però S. Paolo al matrimonio. *Melius est nubere quam vri.* La cornice è tipo della castità. *Manus cito nemini imposueris, neque communicaueris peccatis alienis. Te ipsum castum custodi.* E l'asta, che s'vnisce con la carne, all' vso di congionti in matrimonio. *Erunt duo in carne vna.*

Marginal references:
Pier. lib. 43
Pier. Vale. lib. 20 fol. 204
Philip. 5 G. 31
Marc. 10 B, 9
1 Cor. 7 A, 4
Gen. 1 C. 22
Ephes. 5 F. 25
1 Cor. 7 A. 2
Ibid. B. 9
1 Timot. 6 D. 23
1 Cor. 6 D. 16

MATRIMONIO VNO DE'SACRAMENTI. G. 119.

Vn'huomo, ed vna donna, che si danno insieme la fede, tengono sù le spalle vna pietra per vno, ed vno terrà in vna mano vna testa di morte, e nell'altra doi anelli pendenti, e l'altro vn funicello triplicato, qual stà molto forte, ed in dissolubile, ed vna lira, tenendo vn piede per vno al ferro.

IL Matrimonio non è altro, se non vn mutúo consenso, che si danno lo sposo, e la sposa, e vi è il Sacramento della Chiesa, e così sono doi in vna carne; quindi vi corre la fede infra loro d'amarsi l'vn l'altro, ed osseruarla nel Santo matrimonio, che però si dipigneno insieme, dandosi la fede il marito, e la moglie, tenendo sù le spalle ambi doi vna pietra per vno, per segno ch'il matrimonio è vn graue peso, ed vno porta quello dell'altro, e la cura. Tiene vno di quelli in mano vna testa di morte; perche è vna vnione il matrimonio, che non si dissolue, se non per mezzo della morte, e questo sembra il funicello triplicato in mano, difficile a rompersi, com'è difficile il matrimonio a separarsi.

Pier.lib.47 ibi de Lyra La lira, secondo gli Onirocriti, dinota la concordia infra la moglie, e'l marito, che tanto augurauano, quando nelle nozze si sognauano cotal istromento; Ed in fine tengono vn piede per vno al ferro, perche insieme stanno legati, nè vno può caminare, nè hà autorità di mouersi senza l'altro, che tal'auuiene al marito, ed alla moglie, per star in tanto legame stret' insieme, vno non può mouersi senza l'altro, cioè non può continersi senza il volere dell'altro, nè separarsi, nè far altra cosa. Deue fra loro altresì esserui cert'ordine, cioè che la moglie stia soggetta al marito, e che s'ingerischi solo nelle cose di casa, nè dominar il marito, come tal'hora s'è visto. Racontano Marco, Paolo, Ed Odorico, nell'Oriente esserui vna Patria nella Prouincia detta T'en, doue le mogli ordinano, e maneggiano i negotij di fuora, ed i mariti tengono cura della famiglia, della casa, e di tutte le cose apparte-

nenti a donne, cosa, c'hà del mostruoso, e piacesse a Dio, che frà noi ancora non si trouasse tal'abuso, che le donne vogliono reggere, gouernare, e manegiar negotij, e li Mariti si fanno porre sotto i piedi, ed Esaia par ch'accennasse tal fatto. *Populum meum exactores sui spoliauerunt, mulieres dominata sunt eis.* *Os.3 C. 12* Nè le donne si debbono ammettere ne'negotij importanti, leggendosi del Beato Ludouico Rè di Francia, che trattando lungo tempo vn negotio d'importanza egli, e'l suo conseglio, nè si poteua redur a fine, sapendo ciò la Regina sua moglie, consultò il Rè come doueua farsi, la mattina fù narrata la detta consulta in presenza di tutti Saui, e si risolsero eseguirla; per esser buona, replicò il Rè, benche fosse bonissima consulta, ed ottima, e riuscisse facilmente in negotio, non voglio che per conseglio di donna si facci questo, e così ritrouò vn'altra strada, ed eseguì il tutto, dal che si caua quanto sia cosa odiosa l'ingerirsi le donne in negotij appertinenti a gli homini.

Alla Scrittura Sacra. La moglie, e'l marito, ch'insieme si danno la fede di non ingannarsi l'vn l'altro. *Nolite fraudare inuicem, nisi forte ex consensu, ad tempus, vt vacetis orationi; & iterum reuertimini in idipsum, nè tentet vos Satanas propter incontinentiam vestram.* *1 Cor.7 A. 6* Tengono la pietra in spalla del peso, ch'vno porta dell'altro, ed vno hà potestà sopra dell'altro, ed hà peso di render'il debito all'altro. *Vxori vir debitum redat. Similiter autem, & vxor viro.* *1 Cor.7 A. 3* Tiène la testa di morte, in segno, ch'il matrimonio dura fin alla morte. *Mulier alligata est legi quã to tempore vir eius viuit, quod si dormierit vir eius liberata est.* *Id. G.39* Il funicello

cello triplicato difficile a rom-
perſi, ch'è la ligatura del matrimonio. *Funiculus triplex difficile*
rumpitur. Vi è la lira, per ſegno
del concordeuol matrimonio, ed
honoreuole inſieme, come diceua
l'Apoſtolo. *Honorabile connubium,*

in omnibus, & Thorus immaculatus.
Tengono vn piè per vno al ferro,
che per caminar vi biſogna il com
mun conſenſo, che forſe Dauide
diuisò a tal propoſito. *Albulauimus*
cum conſenſu.

Ecc. 4 C.
12

Heb. 13 A.
4

Pſ. 54 C. 15

MERITO. G. 120.

Giouane robuſto veſtito di color roſſo, freggiato, ed
ornato di verde ſopra, ſu'l quale vi ſtiano dipinte molte mani, haurà in vna mano vna veſte tignata, e piena di brutture, e nell'altra terrà vna cartoſcina co'l
detto. Neſcio. in alto v'apparisce vn ſplendore con
due mani, de'quali vna tiene vna corona ricca di gemme, ed vn altra vna figura sferica.

IL merito non è altro, ſe non
vna coſa, per la quale ſi giunge alla mercede, ò per la quale ſi
dà la mercede, ed è coſa, che la
precede. E'l merito vna relatione,
quale per riſpetto d'alcun beneficio, ò vero maleficio fatto, conuie
ne ad alcuno il premio, parlando
d'ogni merito in generale, mà quì
intendiamo fauellare del merito,
ch'acquiſta appreſſo Iddio l'anima noſtra, quando l'opre, ch'ella
fà, ſono accette a lui, ed è in gratia ſua, e ſono opre degne di vita
eterna, nella maniera, ch'intendono i ſacri Teologi. Siebe il merito ſecondo il Dottor Sottile,
non è altro, ch' vna coſa accettata, ò d'accettarſi in vn'altro, per la
quale dall'accettante ſe l'hà da dare retributione, e coſì l'opre noſtre buone, da per loro non ſono
meritorie, nè poſſono acquiſtare
il Paradiſo, ſe non ſono prima accettate dalla volontà di Dio, e dopo cotale accettatione, ne vien

donata la retributione di quelle,
la quale ſi dà de condigno accettate che ſono, e mediante la gratia,
mà prima di quella non la meritano ne anco de congruo, le noſtre
opre nè ſono degne di quella,
mà il donatore dona da sè quel
bene, e lo dona a chi fà tal opre,
che queſto è il congruo, che ſe
non le faceſſe, non ſe gli donaria:
nientedimeno il donare è libero,
ed iſpontaneo, ſenza che vi ſia coſa degna di ciò da parte dell'operante; è opinione di S. Bernardo,
ch'il noſtro merito, ò pur l'opre
buone a riſpetto del noſtro libero
arbitrio, meritano de congruo la
gloria, ma riſpetto alla gratia, de
condigno.

Qualunque huomo ſi ſia, (dice
il Padre S. Agoſtino) ch'annouera i ſuoi meriti, che coſa annouera, ſolo che i doni del Signore.
Iddio è autore nel merito (dice l'iſteſſo), il quale applica la
volontà all'opra, e quella ſpiega
alla volontà.   A'me-

Scot. 3 ſent.
d. 18 q. vni
ea A.

Bernard.

Auguſt. lib.
confeſs.

Idem de
lib. arbit.

A'meriti loro niente vi pongò-
no i Santi, il tutto (ò Signore diceua l'istesso) attribuiscono alla
vostra misericordia .

Mentre il Signore remunera
l'opre nostre , non corona i nostri
meriti, ma i suoi doni, dice l'istesso.

Vediamo alquante volte (dice
Crisostomo) molti hauer cominciato all'vltimo, ed esser fatti primi nel merito .

Chi è primo nell'ordine, e nella
dignità , dee esser parimente nella
lode, e ne'meriti, dice Cassiodoro.

La corona , che non prouiene
da fatica , hà poco di virtù , può
fi bene hauer la palma, mà non la
gloria, dice Varrone. Questa è raggione di gran virtuti , che quanto
più l'huomo s'affatica , tanto più
acquista di mercede, dice l'istesso.

Il merito, dunque, l'ho depinto
con raggione da giouane robusto,
essendo l'opre accettate da Dio
all'hora meritorie, e si dicono hauer merito , e così sono belle gagliarde , e di verde età , e bontà
singulare , come vn giouane, il
quale sempre acquista più forze,
come il merito, che sempre cresce, conforme crescono l'opre accettate; E vestito di color rosso,
che dinota la gratia , e la carità,
che vanno col merito; Vi è il verde della speranza del cielo, che nó
vi sarebbe, se non vi fosse il merito, che consiste in quell'accettatione dell'opre nostre da Dio. Le
mani depinte , ombreggiano quest'opre, quali propriamente s'attribuiscono alle mani , e piedi , che
nel corpo loro sono, ch'oprano
più degli altri membri, si richiedono , dunque , l'opre , (come habbiamo detto) per acquistar il merito . La veste tignata , e piena di
brutture, c'hà in mano , è per segno che così sono l'opre nostre

buone da per loro , senza l'accettatione di Dio, come vna veste tignata, ruinata, e piena di sozzure,
per non hauer altro che quella
bontà morale , in guisa dell'opre
buone d'vn peccatore, e com'erano quelle, che faceano quelli gentili antichi, senza la fede Christiana, ch'erano in tutto spogliate di
merito . La cartoscina col detto.
Nescio. Sembra l'incertezza del nostro merito , non possendo sapere
naturalmente, se l'opre nostre sono accette a Dio , nè possiamo sapere se vi sia cosa , che l'impedi-
schi , etiandio si faccino con ogni
diligenza , essendo altresì incerto
il fatto della predestinatione, ed
elettione alla gloria , questo sì,
ch'ogn'vno è obligato far'il debito suo, ch'Iddio essédo padre giusto, e colmo di carità , e d'amore,
non mancherà dare la retributione, e'l preggio , e'l Teologo dice.
Facienti quantum in se est Deus non
denegat gratiam. Douendos'intendere questa propositione cattoli-
mente, che per far l'huomo quanto è in se, vi si richiede la gratia di
Dio , non potendo da se solo il
christiano farlo. Il splendore con
le due mani in alto, dimostra-
no vna collana ingemmata , ed
vna figura circolare, sembra, che'l
nostro bene nasce da Dio , e non
da noi , e la nostra forte sia nelle
sue mani, e che da per noi a nulla
vagliamo. Il circolo accenna la
cognitione, c'hà Iddio , e la certa
scienza di tutte le cose, essendogli
certiss·mo il numero di ghieletti, e
come la lor felicità sarà in eterno, senza mai finire, il che s'accenna per lo circolo, simbolo dell'infinito, ed eterno, non hauendo nè
principio, nè fine , hauendo con
l'infinita sapienza sua certezza infallibile del tutto.

Alla

Alla scrittura sacra. Si dipigne il merito da giouane forte, che può dire con Dauide ; *Fortitudinem meam à te custodiam*. Venendo immediatamente da Dio, ed in lui si riserba. Hà il vestimento rosso, per la gratia, e carità, così rauuisato allegoricamente l'autore delle gratie vna fiata ; *Quis est iste, qui venit de Edom tinctis vestibus de Bosra? Quare ergo rubrum est indumentum tuum, & vestimenta tua sicut calcantium in torculari?* ver accennare il merito del suo sangue, la gratia, e la carità, ch'egli racchiude, e per mostrar altresì il merito di Santi, ed eletti ; Il verde freggio della speranza, che s'hà di salute per mezzo di esso merito infinito, di che fauellò S. Paolo. *Ipse autem Dominus noster Iesus Christus, & Deus, & Pater noster, qui dilexit nos, & dedit consolationem aeternam, & spem bonam in gratia.* Le mani sembrano l'opre ; *Opera manuum tuarum sunt cæli.* La veste tignata piena di brutture, come

Psf 58 A. 1

Isa. 63 A. 1

2 Thess. 2 D, 15

Psalm. 101 D. 26

dice Esaia, che tale sono l'opre nostre da per loro ; *Et facti sumus, vt immundus omnes nos, & quasi pannus menstruata vniuersa iustitia nostra.* La cartoscina col detto. *Nescit.* perche niuno sà di stare in gratia del Signore ; *Et tamen nescit homo, vtrum amore, an odio dignus sit.* Le mani, ch'appariscono nel splendore, con la collana ingemmata, significano le nostre sorti, ed i beni, che sono nelle mani di Dio, come diuisò Dauide ; *In manibus tuis sortes meæ.* Perche da lui viene ogni bene ; *Omne datum optimum, & omne donum perfectum de sursum est &c.* E per fine vi è il circolo, simbolo dell'infinito, che sembra l'infallibile, ed eterna scienza di Dio, c'ha dell'eletti, e dell'eternità di loro beni ; *Nouit Dominus dies immaculatorum, & hæreditas eorum in aternum erit* ; E Santa Chiesa, *Deus, cuius certus est numerus electorum, in superna felicitate locandus.*

Isa. 64 B 6

Ecclesiast. 9 A. 1

Psf. 30 C.16

Iacob. 1 C. 17

Psf. 36 B. 18

Ecclesia.

MERITO DI CHRISTO. G. 121.

Huomo valoroso, alato con l'elmo in testa da vittorioso Capitano, tenghi la spada nuda nella destra mano in verso terra, ed vna chiaue, e la sinistra alzata verso il Cielo con vn'altra chiaue, e con lo scettro; sotto il piede destro vi sia satanasso vcciso, e che gli tocchi la punta della spada, sotto'l piè sinistro vi sia la morte, anco vccisa, di vn lato vi è vna tauola d'oro rotonda, sù la quale vi è vn tesoro grande, d'argento, oro, e pretiose gemme, e dall'altro lato vn leone con volto terribile, ed vn'agnello ferito, a cui esce sangue per tutto.

H

IL merito è vn' attione, per la quale è cofa giufta, ch'all'agente fi dia alcuna cofa, conforme alla dottrina del Dottor Angelico, ò pure il merito è vna cofa, per la quale fi giunge alla mercede, ed al premio, e fempre precede, come il mezzo il fine; Il merito, dunque, precede in noi, benche non in Chrifto auanti la beatitudine, nel quale furono due nature humana, e diuina, e per la communicatione dell' Idiomati, quello, che conuenne ad'vna, conuenne all'altra, dunque fe diciamo, che l'huomo è morto, è morto ancora Dio, fe l'huomo è nato, nacque ancora Dio, e così di tutte l'altre cofe, per la raggione detta, fi che l'opre fue furono oprate da lui, come Dio, e come huomo infieme, quindi vedefi chiaro effer ftate di-merito infinito, che tanto bifognaua, per placare l'ira di Dio de rigore iuftitiæ, ch'è infinito, ed infinitamente offefo dall'huomo obieĉtiuè però; Nè poffea altra creatura far la redentione humana, eccetto egli, ch'era continente Dio, ed huomo conforme la dottrina del Dottor Angelico, benche fecondo Scoto poffea vna pura creatura farla, e l'opra di quella faria ftata accettata infinitamète da Dio, meritò a noi la gloria, cioè l'apertura della porta del Cielo, nè meritò nel fuo patire nuoua gratia, mà fempre era l'ifteffa, che meritò dal principio della fua incarnatione, quale fù sòma *Negatiuè*. Come dichiarano i fottoli. Douea il figliol di Dio venir' al mondo ad incarnarfi, etiandio s'Adamo non haueffe peccato, feguendo l'ordine co'fottili medemi della predeftinatione, perche fur'in prima preuifte tutte le creature ab eterno, ed altre di quelle furono elette per la gloria,

Diu.Tho.3 p.q. 45.ar, 6.

Scot.3.fen. d.7.q.3.

ed altre preuift'i loro demeriti, eletti per l'inferno, ifcorgendofi la lor perfiftenza nel male, hor Chrifto fu capo de' predeftinati, egli dunque douea prima effer preuifto, quanto alla priorità di natura, e perche quelle cofe, che fono prima nell' intentione, fono vltime nell' efecutione, prima fù preuifta quefta incarnatione, e poi il peccato d'Adamo, quanto al penfiero di Dio, nell' efecutione pofcia, fù dianzi il peccato, e dopò il nafcere di Chrifto, e perche le cofe di Dio fono immutabili, fatta la determinatione della diuina volontà, e determinato queft' atto d'incarnarfi, douea efeguirfi, nè douea effer occafionato vn tanto bene da vn fommo male, come era il peccato, mà perche fù prima preuifto del peccato, dúque fe non foffe ftato il peccato, farebbe fatta l'incarnatione. *Cum omne prius poffit effe fine fuo pofteriori.* Mentre quello non cafca nella fua effenza, com'è nel propofito, dunque fe Adamo non peccaua, Chrifto farebbe incarnato, come de fatto, e realmente è ftato in carne mortale. però, ed hà patito morte per le noftre colpe, per cancellarle co'l fuo merito d'infinito preggio, aprendo il Cielo, e ferrando l'inferno.

Si come folo il figliuol di Dio (dice Agoftino) è fatto figliol dell'huomo, acciò feco faceffe noi figlioli di Dio, così per noi hà prefo fenza meriti cattiui la pena, acciò noi per effo fenza meriti noftri boni, confequeffimo l'indebita gratia. Non è quel, che tu cerchi con quai meriti fperi le cofe buone del Cielo, ifpecialmente, perche intendi da Dio, non per voi, mà farò per me, bafta, dunque, al merito fapere, che non fia fofficien
te il

Aug.cap.4 ad Brus.

Bern.ferm. 68. fuper Cant.

te il merito, dice San Bernardo.

Idem ibi.

Habbi cura d'hauer meriti, e sperarai il frutto della diuina misericordia, dice l'isteffo. E se mille fiate moriamo, e se facciamo raccolta di tutte le virtù dell'anima,

Chrisost.de compunctio nis cordis

non portiamo cosa degna per quel le cose, che riceuiamo da Dio, dice Chrisostomo.

Quindi questo santissimo merito si dipigne da valoroso Capitano armato con la spada in mano, perche vinse valorosamente nelle battaglie, che fè colla morte nella croce, e co'l Diauolo, che però gli stà sotto'piedi vcciso, restando per all'hora debilitato affatto nelle forze, e nel dominio, che cotanto n'haueaneu'-mondo, restò altresì vccisa la morte sotto l'altro suo piede, ch'innanzi si facea temere, qual poscia da lui stesso fù conuertita in vita. Tiene due chiaui, vna in verso terra, con che serrò l'inferno, ch'era cotanto vorace, e indi in poi serrò la bocca, apprédo il Cielo, a cui dianzi a tutti si negaua l'ingresso. E lo scettro è quell'impero, ch'egli hà in Cielo, ed in terra. L'elmo in testa, che defende il capo di Christo, ombreggia ch' vna delle due nature giamai fù offesa, mà sempre restò nell'esser suo diuino, senza che riceuesse pregiuditio niuno nel patire, e nel l'ingiurie, non patendo giamai, ne fù affrontata in cosa nulla, solo nel modo sopra detto, e la spada, che tiene è la sua potenza, con che sbassò i nemici. Tiene di lato vna tauola di figura sferica, ch'è simbolo dell'infinito, co'l tesoro d'argento, oro, ed altre gemme pregieuoli, che sembrano il suo merito infinito, e'l valore del suo sangue sparso in Croce. Da l'altra parte vi stà il Leone molto ardito, è baldanzoso, come venisse d'ha-

uer fatto gran preda, che sembra la diuinità del figliuol di Dio, qual sempre rimase intatta, essendo impassibile, e le sue vittorie le fè tutte da valororissimo Leone. L'Agnello vccifo, che versa sangue, accenna l'humanità, e la carne, la quale come passibile, che talmente la prese, non ostante, che Christo fù sépre Beato quáto alla portione superiore, sparse il sangue, si diede a' flagelli, ed in fine ad vna morte infame, e qual agnel lo mansueto soggiacque alle mani d'infelloniti Hebrei.

Alla Scrittura Sacra. Il merito di Christo si dipigne da gran Capitano valoroso, che gagliardamente combatte contro nemici, come l'allogorò Geremia. *Dominus mecum est tanquam bellator fortis.* Con la spada in mano. *Gladius super bracchium eius.* Co'l l'elmo in testa della diuinità. *Caput Christi Deus.* Con la spada amazzò il Diauolo, diminuendo a fatto le sue forze, che questa fù l'vccisione. *Deuoratum est robur eorum* Vccise la morte ancora, ponendole'l piede sopra. *Quis ascendet super occasum, super mortem.* Legge il Greco. *Dominus nomen illi.* Ed Esaia. *Praecipitabit mortem in aeternum.* Ed Olea altresì. *O mors ero mors tua, mórsus tuus ero inferne.* Tiene la chiaue verso giù, con che serra l'inferno, come dice San Giouanni. *Habeo claues mortis, & inferni.* L'altra chiaue, con che apre il Cielo, diuisando acconciamente Esaia in sua persona. *Aperiam ante eú ianuas, & porta non claudentur.* Tiene lo scettro dell'Impero con l'istessa chiaue, cantando così Santa Chiesa. *O clauis Dauid, & sceptrum domus Israel, qui aperis, & nemo claudit, qui claudis, & nemo aperit.* Vi è il taulino dell'infinito tesoro del suo mé-

Hierem.20
C.11.

Zacch. 12
D.17

Hierem.51
D.30

Ps.69.A.5
Isa.25.C.8

Os.13.D.14

Apoc.1.D.
18

Isai.45.A
2

Ecclesia.

O o rito,

rito, del quale parlò il Sauio. *In-*
finitus est thesaurus illius, quo qui usi Sap.7B.14
sunt participes facti sunt amicitiæ Dei.
Dall'altra parte è il Leone baldan
zoso, poiche la sua vittoria fù da
Leone. *Vicit leo de tribu Iuda radix*
Dauid. E finalmente l'agnello vc- Apoc.5 B.5
ciso, che versa sangue, che qual'
agnello lo preuidde Geremia, condotto auanti il macelliero. *Sicut* Isa.53.B.7
ouis ad occisionem ducetur, & quasi
agnus coram tondente se obmutescet.
E fù fin' ab eterno vcciso nella pa- Apoc. 13.
terna mente. *Quorū non sunt scripta* B.8

nomina in libro vitæ agni, qui occisus
est ab origine mundi. Sparge il sangue questo agnello, co'l quale,
non con oro, ò argento siamo stati
ricomprati, mà con quello a púto
pretioso, ed immaculato di Christo, come ben disse il gran Princi-
pe di Santa Chiesa. *Scientes quod* Pet. 1.D.18
non corruptibilibus auro, vel argento
redempti estis de vana vestra conuer-
satione paternæ traditionis, sed pretio-
so sanguine, quasi agni immaculati
Christi, & incontaminati.

MISERICORDIA. G. 122.

Donna di bell'aspetto, laqual s'incontra con vn'altra donna pur d'aspetto vago, tiene gli occhi inuerso'l cielo, onde adiuiene vn raggio, mostrando con
vna mano il cuore aperto, ed appresso le sia vna vittima, che bruggia sù vn altaretto, il cui fumo vola
in alto.

Aug. lib 9
de Ciu. Dei

L A misericordia (dice il padre
Sant' Agostino) è vna compassione nel nostro cuore dell' altrui miserie.
E la pietà, che s'hà al prossimo
vie più d'ogn' altra cosa piaceuole al grande Iddio, essendone egli
parimente amoroso, come diceua
Ps.83 D 12 Dauide. *Quia misericordiam, & ve-*
ritatem diligit Deus. E'l Sauio egli
stimò huomo scemo di fede, e di
credenza colui, che serra le viscere della compassione ad vn' altr'
Pro. 14 C. huomo, che però dice. *Qui credit*
11 *in Domino misericordiam diligit*. Of-
ferendo al Signore sacrificio di
grandissimo valore chi vsa tal pietà, e misericordia, per cui se gli
Ecclesiast. sparge aura di soaue odore. *Qui*
35 B. 4 *facit misericordiam, offert sacrificium.*
E l'Apostolo San Giacomo diuisò,

ch' il Signore è per fare rigoroso
esame, e giuditio terribile senza
pietà veruna contro colui, che fù
scarso in mostrar pietà altrui. *Iu-*
dicium enim sine misericordia illi, qui Iacob. 2 C.
non fecit misericordiam Deuesi tener 13
in conto vna sì preggieuole virtù,
che l'huomo rende cotanto amico, e grato al gran Signore della
gloria, ed a lui di simigliante costume.
Tutta la somma della disciplina
Christiana è nella misericordia, e
pietà, la quale altri seguendo, se Ambros. in
patirà il vergognoso vitio della epist. ad Ti
carne, senza dubio sarà battuto, tum.
dice Sant' Ambrogio.
E più larga la misericordia, ou'è
più pronta la fede, e niente inalza
tanto il Christiano, quanto la pie- Ide. in off.
tà annessa con la carità, dice il medemo.
La

Idem in epiſtola.

Rabam ſu. per Matt. 25.

Vgo.

Aug. lib de diuinitatibus.

La natura humana è prona alla clemenza, e nell'altrui peccati ciaſcuno hà miſericordia dì ſe ſteſſo.

La miſericordia (dice Rabano) conſiſte in donar l'elemoſine, intolerar i mali, in rimetter l'ingiurie, e correger i triſti.

. In queſto differiſcono la miſericordia, e la compaſſione, come il fonte, e'l riuolo, la miſericordia è ſote, e l'effetto è la compaſſione, quaſi vn riuolo, così dice Vgone.

La miſericordia humana ſecondo il Padrè Sant'Agoſtino) è vn'affetto, c'hà il miſericordioſo, per compatire il proſſimo, per donargli di propri beni. Che però la miſericordia tiene il cuore aperto, in ſegno della compaſſione, di che è ſi colmo il miſericordioſo dell'altrui miſerie, che vorrebbe aprirſi le viſcere, per agiutarle; ò gran virtù cotanto a Dio cara. E grande altresì la miſericordia, e carità in perdonar l'ingiurie, e compatir il proſſimo, per diſpiaceri offertogli. S'incontra con vn'altra donna, ch'è la verità, quale và accoppiata con la pietà, e miſericordia, eſſendo il ſemplice vero, douerſi compatire il proſſimo, ed è verità predicata dal noſtro Saluatore, di che egli norma delle virtù, e viuace ritratto fù molto vago, ed amante geloſo. Tiene gli occhi alzati inuers'il Cielo, onde adiuiene vn raggio, in ſegno ch'è dono di laſsù, e gratia ſpeciale tanto grata a' ſuperni chori la sì ſatta compaſſione, douendone riceuere ſcambieuole il Chriſtiano, quando gli farà miſtieri nell'altro ſecolo, hauendola vſata a gli altri, eſſendo raggioneuole, ch'a douitia ne riceua egli altre tale; ò pure il

raggio allude alla dottrina di Cielo, che più grata ſi rende a Dio la miſericordia, che moſtriamo altrui, che'l ſacrificio ſteſſo, e più (ſenz'auiſarmi male) fur vagheggiati con occhi amoroſi la pietà, e'l perdono di Dauide, sì pronto fatto a' nemici dal gran padre di pietà, ch'ogn'altro martire, e ſpargimento di ſangue, che ſi foſſero giamai. Vi è l'altare, oue bruggia vna vittima, per ſegno che gran ſacrificio fà al Signore chi vſa miſericordia altrui, ò pure perche più piace a Dio queſta virtù, ch' ogn'altro ſacrificio. Il fumo, che ſorge in alto è per ſegno, che queſto bene toſto vola al coſpetto del Signore.

Alla Scrittura Sacra. Si dipigne la miſericordia da Dôna co'l cuore aperto, alludendo quì il parlare di San Gioanni. *Qui habuerit ſubſtantiam huius mundi, & viderit fratrem ſuũ neceſſitatem habere, & clauſerit viſcera ſua ab eo: quomodo chàritas Dei manet in eo?* S'incontra con vn'altra dôna adorna, e bella, ch'è la verità, come diuisò il Profeta. *Miſericordia, & veritas obuiauerunt ſibi: iuſtitia, & pax eſculatæ ſunt.* Le diſcende di Cielo vn raggio, venendo di colà queſto dono, douendone ſeranche allo'ncontro farne hauuta, chi ne fà moſtra altrui. *Beati miſericordes, quoniam ipſi miſericordiam conſequentur.* O vero perche è dono più grato, ch'il ſacrificio. *Miſericordiam volo, & non ſacrificium.* Ch'altresì dinota il fumô, il gran compiacemento, che n'ha Iddio, più che del ſacrificio ſteſſo. *Facere miſericordiam, & iudicium, magis placet Domino, quam victima,*

1. Ioan. 3. c. 17.

Pſ. 24. B. 10

Matt. 5. A. 7. Idẽ q. B. 13

Prou. 21. A. 3.

M O N D O.　G. 123.

Huomo ignudo, mà couerto nelle parti pudende, da
dietro tiene vna palla, auanti tiene vna beſtia formidabile con trè capi, che càmina per ſtrada ageuole,
e bella, mà nel fine ritroua il periglio, hauendo vn
vaſo di veleno in mano.

I L mondo è vno de' noſtri nemici capitali, che continuamente procaccia guerra all'anime
noſtre, e quanto più è proſperoſo,
più

più offende,e quanto è più in borraſca , più gioua; e meno noce, diſpreggiandoſi da noi , e quando adiuiene con trauagli. E dunque queſto mondo alla maniera del mare , ch'è coſì pericoloſo nel paſſarlo, e nauigarlo,mà differente in queſto, che quanto più bonaccia , più ſommerge, e quanto più ſi quieta nelle proſperità , più vccide le genti ; è ancora come i luoghi paludoſi , oue ſono le nuuole , e i vapori , che per ciò vi è oſcurità, e aria cattiuo; coſì in lui , quando vi ſono i vapori di peccati, e d'errori, caggionati per l'occaſioni,ch'egli dona a' mortali, ne viene l'aria offenſiuo della diſgratia di Dio, e per tal oſcurità, nè anco ſi conoſce , nè ſi vede. O miſeri, ed infelici mortali, che ſieguono mondo ſì fallace , e' ſuoi beni , ò quanto ſon ciechi , e forſennati , in caminar dietro a coſa cotanto fallace , com'è il mondo, e quanto ſi riſerba in. lui, ò quanto par coſa veriſimile ad vno , che tal hora ſtando nelle morbide piume con tutt' i ſuoi aggi , e ripoſi dormendo , ſi ſogna eſſer gionto ad vna grandezza, ad vn' officio grande , ò ad vn titolo ſupremo , ecco , ch' infral ſonno ſente contento , e piacere, e par ch'inuita tutt' i ſuoi amoreuoli a feſteggiare, e a prenderne gioia , mà diſſauentura grande, ſtando nel colmo de' contenti , oue giubila cotanto , ſi riſcuote dal ſonno , ed ecco il meſchino nulla ſi ritroua in mano, anzi par che deluſo'teſti, per le grandezze viſte nel ſogno ſolo in apparenza; La vita di mortali raſſembrami quàl ſogno , nel quale veggiono le terrene grandezze , l' honori, ed ogn'altro di paſſaggio , mà deſtandoſi nella morte , niente ſi ri-

trouano,ſolo coſe ſognate ,e coſe come mai l'haueſſero hauute . Il concetto è del Profeta Reale. *Velut ſomnium ſurgentium Domine , in Ciuitate tua imaginem ipſorum ad nihilum rediges*. Soño in guiſa di dormienti i mortali, che ſi ſognano certe imagini,e certe grandezze, poiche nò ſon'altro le coſe del mondo, che coſe ſognate, mà che *Imaginem ipſorum ad nihilum rediges* , ſi riſuegliano giugnendo al vigilar della morte , ed ogni coſa è niente,ſpariſcono le grandezze, l'albagie, i titoli,gli honori,le ricchezze, e quanto vi è , e'l peggio ſi è,che qual huomo,che ſi ſognò, reſtano beffati, perche dunque , nò iſcorgono i ſciocchi mondani, ch'il mòdo parche facci,moſtra di gran coſe , mà nel vero non vi è nulla, ogni coſa è buggiarda fintione , e apparenza vana , e ſe ne vogliamo vn ritratto vero , andianne alla Samaritana ſì vaga di beni di queſta vita , di piaceri, di contenti,e d'altre gràdezze ancor, ſ'abbatte ella co'lSaluatore,che ſpreggiollo a marauiglia, nel fonte di Giacobbe; *Ieſus ergo fatigatus ex itinere , ſedebat ſic ſupra fontem.* Oue ſicòp'acque il noſtro Chriſto chieder da bere a queſta donna, benche d'altr' acque , che di queſte di terra, che ſimboleggiano i mondani beni , egli fauellaſſe ; *Da mihi bibere ,* il che negogli la diſcorteſe donna, *Quomodo tu Iudens. cum ſis bibere à me poſcis &c.* ripigliò il liberaliſſimo Redentore; *Si ſcires donum Dei,& quis eſt qui dicit tibi : Da mihi bibere : tu forſitan petiſſes ab eo , & dediſſet tibi aquam viuam .* Riſpoſe la donna oue cauaraj queſt'acqua,per darmi da bere ? *Neque in quo haurias habes puteus altus eſt ;* è alto il pozzo; come ſi ritroua pozzo , s'è fonte ? oue

Pſ.72 C.10

Ioa. 4 A.6.

Ibidem

Ibidem

Ibidem

oùe ftaua Chrifto; *Fatigatus ex iti-*
nere fedebat fic fupra fontem; non è
dubbio, efferui grandiffima differenza infra'l pozzo, e'l fonte, poiche in quegli vi vuol fatica: grande per cauar l'acqua, e la fune, e'l
vafo ancora, mà nel fonte l'acqua è di fopra, fgorga di bella
maniera, nè vi fi richiede per bere vafo, nè fune ; hor queft'è l'inganno del mondo buggiardo, che
moftra le fue cofe di bella vifta,
qual fonte di finiffimo marmo, cò
maeftreuol lauorio, fà moftra di
fue grandezze, e di fuoi beni, che
belli paiono, qual fonte, in cui
furgon' in sù con belli fcherzi, e
giochi i criftallini humori, che
chiunque inuitano al guftargli,
mà non è fonte, oue fi prende con
aggi l'acqua, mà pozzo alto, e
profondo d'affanni, di tormenti,
di fatiche, e difaggi, che fi foffrono per attignerla, e tal fiata ritrouafi pozzo, ch'è fecco, e non hà
acqua da fmorzar la fete, e fe pur
ne tiene, è torbida, e piena di puz-
zore; O che fonte adorno fembrano le ricchezze del mondo, ò che
lauorio bello, ò che marmo finiffimo fi rauuifano le commodità,
mà auerti, ch'è pozzo profondo,
non fonte, fabricato con ruide
pietre d'afflittioni, di ftenti, di dolori, e fatiche, che fi richiedono
per farne acquifto, mira bene,
ch'è pozzo fecco fenz'acque, e fe
vi fe ne veggiono, fono torbide,
nè vagliono punto, poiche fotto
le ricchezze annidano le miferie,
le pouertati, gli affanni, effendoui chi vigila, ed offerua minuta-
mente i ricchi, per calunniargli, e
adoffargli male per rabbiofa inuidia; e l'honori, le grandezze, i
gradi, le dignità, e' titoli, ò che
vaga veduta fanno vie più d'ogni
ricchiffimo fonte d'acque, mà

hoime, che, *puteus altus eft,* è pozzo alto, e fecco, non fonte,
non effendoui acqua di bene, poiche a que', ch'afcendono a quefte
grandezze, fà miftieri fpender
molto, e ruinarfi, ftar con grauità, attender a' corteggi, ftar fu'
punti, e duelli, ed in fine fono vn
pozzo fecco di bene, ò pur fe colà vi s'allogano acque, fono torbide, e peftifere d'auuerfità, di
difaggi, e di pefi infopportabili,
effendo le dignità, e gli vffici carichi, addoffando a chi n'è vago
carica di fmifurata grauezza nelle fatiche corporali, e molte fiate
nella confcienza ; ò che fonte, in
fine, fembrano i diletti della carne, e i piaceri, mà quefti fi che
pur fono pozzo fecco, fenz'acque
di beni, e di contenti, imperoche
fotto L'apparenza di bello, di foaue, e di diletto dolce vi fi nafcon-
dono amarezze mai più vdite, vi
ftan defte, per trafiggere, pungen-
tiffime fpine, che paffano le vifcere; di tante gelofie, di difgufti, e
di rammarici, effendo altresì quel
li ruina della reputatiore, e della
fama, *Puteus altus eft,* fono pozzo
d'acque cattiue, e torbide, perche
intorbidano la confcienza, macchiano la nobiltà, la fama, e l'honore, e quanto v'è ; fappi dunque
ciafchuno le cofe del mondo, effer
piéne d'inganno moftrando vna
cofa, mà in fatti ne recano vn'altra, ne fono fe non beni apparenti
folo, fugaci, e colmi di buggie.

Dunque con raggione fi dipigne ignudo il mondo, ch'apprefenta cofe sì finte, e buggiarde,
perche ftà fpogliato di tutti beni,
e per i fuoi mali cotanti, che fal-
famente appalefa, San Gio. diffe;
Nolite diligere mundum neq, ea, quæ   I *Ioann.* 2
funt in mundo Nè sò fe debba dire;   E 16
che fia mondo, ò immondo, per i
          fuoi

ſuoi errori, e ſe ſia ignudo, ò pur veſtito, altroue rappreſentato in tal guiſa, e molto ornato, mà in-ganneuolmente.è parmi eſſer ſi la verità, ch'egli ſia ſpogliato d'ogni virtù, e bene: e miſerabile (ſenza fallo) può ſtimarſi chi ſiegue la ſua traccia, ed in tutto cieco, e for-ſennato, douendo conoſcere i ſuoi inganni. La beſtia così formida-bile, che tiene auanti, è la ſua grandiſſima iniquità, nella quale auuolge gli ſciocchi mondani ſuoi amadori, eſſendo egli tutto fundato sù la malignità, ſenza contener punto di bene. I trè ca-pi ſembrano i trè vitij principali, che ſono più communi in lui, co-me la ſuperbia origine de' pecca-ti, la cupidigia veleno della virtù, e la carnalità vorace tarlo d'ogni ſantità. La palla rotonda è ſimbo-lo dell' infinito Iddio capital ne-mico del mondo, ch'odiò così il Saluatore; *Non poteſt mundus odiſſe vos: me autem odit.* Nè mai lo co-nobbe, benche foſſe il fattor di lui, quanto al buon eſſere, non quan-to al male. *Mundus per ipſum fa-ctus eſt, & mundus eum non cognouit.* E così ancora chi è amico del mondo, non può eſſere amico di Dio, e S. Paolo il diceua sì chia-ramente; *Si adhuc hominibus place-rem* (oue racchiudeua il mondo) *ſeruus Chriſti non eſſem.* La ſtrada bella, per la quale camina, ſembra, che i ſentieri del mõdo così piac-ciono a' mortali, e sì volentieri ogn'vno vi camina, e chiunque s'inuoglia di guſtar i ſuoi mali; è bella ne' primi ſembianti queſta ſtrada, mà il fine poſcia è mala-geuole, perche vi ſi commette il peccato contro Iddio. Il vaſo

Iſa.7 A. 7
Idem I B.8
Galat. I. B.10

d'oro, mà pieno di veleno, che tiene in mano, per apreſtarlo à' mortali, ſembra che contenti, piaceri, e grandezze egli promet-te, mà ſotto cotali ſembianti dà a tutt'il veleno, ch'vccide, e gli huo-mini per giungnere a' gradi, ch' offeriſce, commettono mille frodi, e mill'errori, ſinche di buona ma-niera reſtano auuelenati, e fatti preda d'eterna morte.

Alla ſcrittura ſacra. Stà ignudo il mondo, e ſpogliato di virtù, che così eſſendo, non potè riceuere l' autore delle virtù, ch'è lo Spirito ſanto. *Dabo ſpiritum veritatis, quem mundus non poteſt accipere.* Sè non può riceuere lo Spirito ſanto, dun-que ben gli ſtà l'eſſer ſpogliato di tutti beni, ch' in tal guiſa ignudo lo diſcriſſe Michea. *Super hoc plan-gam, & ululabo: vadam ſpoliatus, & nudus.* La palla rotonda ſimboleg-gia Iddio, con chi tiene inimicitia. *Quia amicitia huius mundi inimica eſt Deo.* La beſtia formidabile ſem-bra l'eſſer tutto poſto nel male. *Mundus totus in maligno poſitus eſt,* E i tre capi, i tre principali pec-cati, ch' in lui regnano. *Quoniam omne, quod eſt in mundo concupiſcen-tia carnis eſt, & conoupiſcentia oculo-rum, & ſuperbia vita: qua non eſt ex patre, ſed ex mundo eſt.* Camina per ſtrada, ch'a gli huomini par sì bella, e vaga, ma il fine è male, e diforme, e conduce alla morte. *Eſt via, qua videtur homini iuſta: nouiſſima autem eius deducunt ad mortem.* Hà il vaſo di veleno di ſuoi inganni, con che vccide le genti. *Occidit omne, quod pulchrum erat viſu in tabernaculo filia Sion: effudit quaſi ignem indignationem ſuam.*

Io.14 B.15
Mich.I B.8
Iacob.4 A. 4
Id. 2.B.16
Pr.14 B.12
Tren.2 B.4

Mundo.

MONDO. G. 124.

Huomo di belliſſima viſta, coronàto d'oro, e d'altre pre-
tioſe gemme, ſotto la qual corona nè ſarà vn'altra
d'Aſſentio, ſtà veſtito di porpora regale, mà ſotto
quella ſarà vn'altra veſte tutta pungente, e rozza, al
pari di rigoroſo, ed aſpro cilitio, ſtarà ſopra vn falca-
to carro da trionfi, có che paſſa vn torrente d'acque.

IL mondo ſi prende in più maniere, vi è l'Architipo, l'elementare, il microcoſmo e'l quarto, che'l mondo defettoſo, il primo, ſono quelle Idee nella mente
di Dio, le quali diuerſamente ſono
chiamate da' Sacri Teologi, altri
Ioa. 1 A. 1 le nomorono. *Cognitiones rerum*.
Altri. *Rationes rerum.* E variamente,
e coſì queſte Idee identicamente
Ioa. 1 A. 3 ſono l'iſteſſo Dio. *Omne quod eſt in
Deo, eſt ipſemet Deus.* E San Giouan.
Quod factum eſt in ipſe vita erat. Il
ſecondo e'l mondo elementare,
che racchiude tutte le creature
ſublunari inſieme co'cieli ancora,
de' quali fauellò l'Eccleſiaſtico.
Eccleſiaſt. *Species cæli gloria ſtellarum mundum
43 B. 10* illuminans in excelſis Dominus.* Il terzo Microcoſmo, che vuol dire
mondo picciolo, ch'è l'huomo
fatto a ſimiglianza del mòdo grande, e'l quarto comunemente chiamaſi mondo malageuole, e defettoſo, ed'è, che l'huomo, per cui ſon
fatte tutte le creature, ſi ſerue male di quelle, e contro il volere del
Signore, come per eſſempio Iddio
hà creato la luce per ſeruigio di
queſt'huomo, ed egli ſe ne ſerue
al peccato, Iddio hà creato l'oro,
e l'argento, acciò l'huomo ſè ne
ſeruiſſe a' ſuoi biſogni giuſtamente, e quegli con queſte coſe ne fà
vſure, ed altre coſe illecite, e coſì
ſi ſerue malamente di quelle coſe

create per bene, e queſto a punto
è il mondo triſto, e difettoſo, che
non era degno riceuere lo Spirito
Santo, come diſſe San Gio. *Et ego
rogabo Patrem & alium paraclitum* *Io. 14 B. 15*
*dabit vobis, vt maneat vobiſcum in
eternum, Spiritum veritatis, quem mundus non poteſt accipere, quia non videt
eum, nec ſciet eum, vos autem cogno-
ſcetis eum, quia apud vos manebit, &
erit in vobis.* Qual è il mondo vno
de'trè nemici noſtri capitali. Queſto mondo infelice è quello, che
con le ſue apparenze luſinghiere
ingāna tutte le genti, facédo pompoſa moſtra di varie beltati, e in
fatti niente di bello reca, nè di buo
no, promette grandezze, e dà viltà,
e miſerie, promette contenti, e dà
amariſſimi diſguſti, promette canti, e riſi, e dà pianti, e lagrime
amariſſime, promette vita lunga
da menarſi in dilicie, proſperità,
e piaceri, ed incotanente reca mor
te, e trauagli, e diſpiaceri, ſiche
può chiamarſi con giuſta ragione
mondo fallace, e malageuole, mon
do buggiardo, ed ingannatore,
mondo, che contiene vn'apparenza eſterna, mà di dentro, e nell'
eſperienza, tutto il contrario vedeſi, e quanti miſeri s'han laſciato
burlare dalle ſue falſità, ed ingannare dalle ſue mentite, e beſſegiare
dalle ſue buggiarde promeſſe, dun
que dia ſegli titolo di mentitore, e
di

di mondo danneuole, che tant'anime misere, per la di lui cagione si son dannate. Mondo miserabile, ed ingannatore, ed oue sono (dice il deuoto Bernardo) gli amadori suoi, che dianzi noi sono stati? Niente n'è rimasto se non cenere, e vermi.

Ecco ch'il mondo in se stesso è inaredito in tutto, e ne'nostri petti fiorisce, per ogni torno si veggiono lutti, morti, e desolationi, p ogni parte siamo percossi, e ripieni d'amarezze, e nientedimeno con la nostra mente cieca da carnale concupiscenza, amiamo le sue cose malageuoli, seguitiamo quel, che fugge, e n'accostiamo ad vno, ch'ogn'hor casca, nè può tenersi'in piedi, dice Gregorio Papa. O amadori del mondo (và dicendo Agostino) sotto chi voi militiate? non può esser maggiore la vostra speranza nel mondo, che d'esser suoi amici. Mondo, dunque, da dispreggiarsi è questo, e pazzi sono que', che cotanto vi studiano, e forsennati in tutto.

Qui circumgraditur, progressus non
  facit vllos,
    Sed sua vesano membra labore
    premit
  Huic similis plane est, qui mundi
    raptus amore
    Fluxa putat solidis anteferenda
    bonis.
  Nam quia terga Deo vertit, qui so-
    lus acerba
  Et media curas pellere mente
    potest.
  Omnia percurrent, in cunctis tædia
    rebus
    Inuenit, æternam perpetiturque
    famem.

Quindi egli n'appare da ricchissimo Rè coronato d'oro, perche a prima faccia fassi vedere la miglior cosa, che sia, la più ricca, e la

Bernar. lib.
meditat.

Greg. in ho-
mel. quod,

August. lib.
confess.

più grande, e che come Rè di maestà voglia tutti ingrandire, ed esaltare; parturendos'affetto nel petto di ciaschuno, voler participare di suoi titoli, e delle sue eccellenze, mà ò inganno crudele, che sotto quella corona d'oro, ingemmata delle più fine gemme, che mai si possa vedere da occhio mortale, spesso vi stà l'assentio amaro, che se pur ti dà qualche cosa picciola assai minore di quella ti promesse, te la dà piena d'amarezze, di traua gli, di disgusti, di nimicitie, e la và contrapesando con molti affanni, ed in fine dà vn tantino di piacere, mà il dispiacere a bilancia trabboccante, come si suol dire vulgarmente. Sembra ancora l'hauer sotto la corona d'oro quella d'assentio, perche è buggiardo, ed ingannatore a marauiglia, dice, e mostra vna cosa, e l'altra ti dona, e di ciò si lamentò Esaia. *Quia po-suimus mendacium spem nostram, & mendacio protecti sumus* O noi miserabili. Hà la veste di porpora ricchissima di sopra, per l'apparenza ed honori di sue ricche grãdezze, e fà bella mostra, con che infiamma i cuori humani al desiderio, ed alla sequela di lui, mà di sotto hà la veste di cilicio asprissimo di ponture delle continue miserie, ch'appresta a' mortali, e vela sotto le ricchezze le pouertati, e mostra continuamente metamorfosi, facendo riuolger la ruota souente, poiche vno, qual cominciarassi a vestire questa sua veste di bellezze, e di ricchezze colma, in vn tratto si troua il misero l'altra di cilicio d'estrema pouertà indosso, di nemicitie, di ramarici, d'odij, di persecutioni, e di mille inquietudini, sichè felice chi sà suggir vno cotanto professor d'inganni, e scouir le sue maschere. Il carro

Is. 28 D. 16

di trionfi fembra le fue grandezze, i fuoi titoli, e le fue nobiltà, che promette volétieri, fembra ancora l'inalzare delle famiglie, il triófare, e l'ingrandire, mà che? paffa quefto carro il torrente di molt' acque, che dinotano le miferie di quefta vita, e quando il mifer huomo fi tien sù la ruota della fortuna, ad'vn'hora iftefla l'ammira le fpalle, ritrouandofi sbafato, e nel colmo di dolori, ed affanni, e nel torrente pieno di miferie, e fotto.' piedi di tutti miferamente calpeftrato, dunque ogn' vno impari a fuggire il mondo, e' fuoi inganni.

Alla Scrittura Sacra. Si dipigne il mondo coronato d'oro, e ingemmato di varie gemme, il che fembra la grandezza, della quale egli fà moftra. *Et fecet omnis populus* *Ifa. 9 B.* *ephraim habitantes Samariă in fuperbia, & magnitudine.* Oue per Effrai no, e per Samaria fi può intendere il módo co' fuoi habitatori. Mà di fottoui è la girláda d'afentio ama ro della tribolatione, ed affanno. *Idem 22 E* *Coronans coronabit te tribulatione.* La vefte di porpora tutta bella, e ric-.

ca, che fighificá le fue grandezze, e ricchezze, e di fotto l'afpro cilicio, delle pouertà, ed infelicità, ch'il mondo apprefta. Salomone narrò le grandezze del mondo, delle quali s'inuaghì. *Dixi ergo in* *Ecclefiaft.* *corde meo: Vadam, & affluam deli-* *2 A, 1* *cijs, & fruar bonis.* Al fine fotto quefta pompofa vefte che trouò? le non vanità, e ponture d'afpro cilicio. *Et vidi quod hoc quoque effet* *Idem ibid.* *vanitas. Vidi in omnibus vanitatem,* *C. 12* *& afflittionem, & nihil permanere* *fub fole.* E Giobbe. *Et effe fub fen-* *Iob 30 B.7* *fibus delicias computabant.* Hauendo le delicie, e' piaceri del mondo di fotto afprifime ponture. Il Carro trionfale del mondo, del quale diuisò Efaia. *Sicut pilam mittet te in* *Ifa. 22 E,* *terram fpatiofam, & ibi erit currus* *gloria tua.* Di fotto fono l'acque, di miferie, ch'apporta infra trionfi fuoi, che di quelle fauellò Dauide. *Saluum me fac Deus, quoniam* *Pf. 68 A.2* *intrauerunt aqua vfque ad animam* *meam.* Ch'erano (fenza dubio veruno) l'acque delle tribolationi, e miferie di quefta vita.

MORMORATIONE. G. 125.

Donna d'afpetto diforme con vn cane in braccio, sù'l capo le ftij vna colomba, da vn lato vn leone, e dall' altra vn porco.

LA mormoratione è vitio molto male, il cui nome viene dalla proprietà dell'acque, e dal lor fuono, che chiamafi mormorio: e la mormoratione è vn tumulto, ò vn raggionamento fatto indebitamente contro Dio, o'l prof fimo. O pure è vna certa querela, con impatienza in quelle cofe, che dourebbe l'huomo foffrire patien-

temente. Si deue fuggire cotal vitio difpiaceuole al Signore, come diceua l' Apoftolo. *Omnia autem* *Philip. 2.* *facite fine murmurationibus, & hefi-* *B. 14* *tationibus: vt fitis fine querela, &* *fimplices filij Dei, fine reprehenfione* *in medio nationis praua, & peruerfa.* Di niuna cofa (dice il gran Padre Agoftino) da quel popolo Giu *Augu. fup.* daico fù offefo tanto Iddio, quan- *Ioan.* to to co'l mormorare.

Quello, che farà contentioso, e mormoratore, secondo il volere del superiore si dee penitentiare per tanto tempo, per quanto è la qualità della colpa, dice Chrisostomo.

Chrisost. in Epist.

Se quello, il quale mormora è morto secondo l'anima, come viue? chi istiga a tal fatto dice Bernardo.

Bernar. de consider.

Insegni di non mormorare chi patisce auuersità, etiandio se non sappi, perche patisce, e s'imagini ciascheduno giustamente patire, essendo giudicato da quello, i cui giudicij giamai sono ingiusti, dice Isidoro.

Isid. lib. 3 de sum. bo.

Si dipigne da donna diforme, e d'aspetto cattiuo la mormoratione, laquale non è altro, ch'vna susuratione, ed vna demostratione d'impatienza, d'inuidia, e displicenza, c'hà alcuno co'l prossimo suo, ed al più si suol fare contro i buoni, più che cattiui, sicome di Christo, e de gli Apostoli mormorauano i Scribi, e Farisei, siche è cosa diforme, e odiosa a tutti. Tiene il Cane in braccio, il cui proprio è sempre latrare, e mordere; così gli mormoratori sempre latrano, e mordono il prossimo con la lor lingua; e realmente sono abomineuoli, e non si deue tener in stima tal sorte di gente, douendosi discacciar con bastoni, e con pietre in guisa de' cani. Tiene la colomba sù 'l capo, qual è animale associatiuo, che giamai stà solo, mà sempre in compagnia d'altre colombe; di tal proprietà sono i mormoratori, sempre van procacciando conuenticule d'altri, per isfogarsi la rabbia in dir male, e susurrare de' fatti altrui. Le stà d'appresso vn leone formidabile, e

spauenteuole nel sembiante, e nel ruggito, essendo fieri leoni i mormoratori, e'l lor ruggito del mormorare tutti spauenta. Stà dall'altra parte vn porco, ch'è immondo, e lordo, stando sempre nel fango, e sempre susurra, se mangia, se dorme, e se si riposa, sempre fà quel grugnito; così il mormoratore sempre mormora, e parla sotto lingua, se mangia, se si riposa, alle volte fin dormendo, dice d'altrui male, per hauerui fatto l'habito malo.

Aueriamo il tutto nella scrittura sacra. Si dipigne da donna diforme la mormoratione, essendo vn parlare molto cattiuo, laido, e dispiaceuole a tutti, come diceua San Paolo; *Nunc autem deponite, & vos omnia ; iram, indignationem, malitiam, blasphemiam, turpem sermonem de ore vestro, idest mormorationem*, che di lei può intenderfi. Hà il cane in braccio, in segno del mordere, e latrare, che fà chi zoppica di tal vitio; *Canes muti non valentes latrare, videntes vana, dormientes, & amantes somnia.* Chiamò cani muti que', che non vagliono a mormorare, mà forsi hanno l'intentione mala, dunque cani latrati sono i mormoratori, che spesso tengono in bocca il prossimo, e lo mordono, lacerandolo qual' altri cani; *Nunquid non repente consurgent, qui mordeant te; & suscitabuntur lacerantes te, & eris in rapinam eis?* E San Paolo altresì nè fauellò viuacemente di questi morsi; *Quod si inuicem mordetis, & comeditis : videte, ne abinuicem consumamini.* La colomba sù 'l capo, in segno che sempre vanno a stuolo i mormoratori, e fanno conseglio contro altrui, come diuisò Dauide; *Consilium malignantium obsedit me.* Il leone sembra l'hor-

Colossen. 3 B. 8.

Isa. 8 B. 11

Abacuc. 2 B. 7

Galat. 5 C. 16

Ps. 21 C. 17

ribilità, e spauento di tal gente iniqua, della quale fauellò Ezzechiello; *Sicut leo rugiens, rapiensq̃, predam, animas deuorauerunt.* Che co'l ruggito intemorisce tutti; *Leo rugiet,quis non timebit?* E dall'altra parte è vn porco,qual stà sempre immondo nel fango, e cerca far immondi gli altri,così il mormoratore è qual porco nel fan-

go, di che parlò S. Pietro. *'Et sui lota in volutabro luti.* E s'egli è immondo, e tristo, però immonda co'l suo parlare; *Ab immundo quid mundabitur?* E qual porco sempre fà quel grugnito, chiamato dal Sauio vn fauellare senza ragione, e disciplina; *Indisciplinata loquela non assuescat os tuum. est enim in illa verbum peccati.*

MORTE G. 126.

Donna coronata, che stia sopra vn letticiolo a riposarsi in atto di dormire,harrà due faccie, e la barba bianca, le stia alla parte de' piedi vna bellissima giouane, che tenghi in mano vna tela, e con le forbici la tagli, e vicino tenghi vna rocca col fuso, e'l filo rotto cascato in terra, vicino alla donna distesa vi siano la falce, la framea specie di saetta,vn ragno, e quantità di ricchezze, e gioie, tenghi in mano i suoi capelli suelti, ed vna spada.

LA Morte non è altro,come dice Seneca, ch'il fine, e defetto della vita, nè la morte è altro conforme al filosofo, ch'vna partenza dell'anima dal corpo, nè è cosa positiua,mà priuatiua,la quale a tutti conuiene, come dice S. Paolo. *Statutum est hominibus semel mori. Et Seneca. Quibus contingit mori restat.* Nè Iddio ha fatta la morte (conforme dice la Sapienza) *Deus mortem non fecit, nec lætatur in perditione viuorum.* Mà è venuta nel mondo per caggione del peccato. *Propterea sicut per vnum hominem peccatum in hunc mundum intrauit, & per peccatum mors: & ita in omnes homines mors pertransijt, in quò omnes peccauerunt.* E l'huomo se non traboccaua nella colpa,

posseua nõ morire,mà tosto c'hebbe peccato, si fè soggetto alla morte, come disse Iddio al primo nostro padre; *In quocunque enim die comederis ex eo , morte morieris .* E da notare, che tutte le cose sublunari, come animali, alberi,frutti, ed altri, per esser composti di quattro elementi infra loro contrari, e contrarie qualità, vna de'quali sempre aggita nell'altra, onde adiuiene la corruttione, e si giugne alla morte,comediuisò l'Ecclesiastico.*Omne opus corruptibile in fine deficiet &c* Mà propriamente la morte è quella dell'animali sensitiui, e de gli huomini, ch'è difetto dell'essere, e della vita. Che cosa è la morte?(dice Agostino) è vna dispositione graue di cariearità, nè ſi porta altra ſoma, ſe non quella, con che l'huomo ſi precipita nel fuoco eterno. Quello che deſidera morire, ed eſſer có Chriſto, patientemente muore, e coſì viue, e con diletto muore.

Idem de ciuit.Dei.
Non de' riputarſi mala morte quella (dice l'iſteſſo) ch'è preceduta da buona vita, nè fa mala morte, ſe non chi ſiegue l'iſteſſa morte.

Idem lib. 1 de Ciu.Dei
Non deuono molto curarſi della morte gli huòmini, che neceſſariamente hanno a morire, e che coſa l'auuiene di nuouo mentre moiono? Mà'l fatto ſtà, oue ſono aſtretti d'andare, coſì dice l'iſteſſo Agoſtino.

Hieron. in homel.
Per ciò (dice Gregorio Papa) il Signore volle, che fuſſe incognita a noi l'vltim' ora della morte, acciò poſſa eſſer ſempre ſoſpetta, e mentre quella non poſſiamo pre uidere, vi corriamo all'infretta ſenza dimora veruna.

Quattro coſe ſono l'vltime, la morte, il giuditio, il fuoco dell'inferno, e la gloria. Che coſa è più horribile della morte? Che più terribile del giuditio? Che più intolerabile del fuoco dell'inferno? E che coſa più gioconda della gloria, dice Bernardo.

Bernar. in ſerm.

Hieron. ad Ciprianum
Ricordati (dice Girolamo)della tua morte, e non peccarai. Quello che giornalmente ſi racorda hauer a morire, diſpreggia le coſe preſenti, ed all' infretta ſi gira inuerſo le future.

Si dipigne la morte da Donna, che ſi ripoſa, e dorme, hauendo il ſonno ſimiglianza con la morte, ed vno, che dorme, par c'habbia perſo l'eſſere coſì robuſto, qual moſtra quando è vigilante. Stà in atto di ripoſare, perche la morte reca ripoſo a' mortali da cotante fatiche, che ſono in terra. Tiene due

faccie, perche ordinariamente coſì ſi rappreſenta, eſſendo dolce, e deſiata, ed anco horribile, ſpauenteuole, ed amara, e che ſommamente diſpiace, e con niun'animo ſi riceue, queſte ſono le due faccie della morte, e poſſiamo dire primieramente, ch'a' buoni, c'han ben viſſuto (il proprio di cui è ben morire) è dolce, deſiderata, ed abbracciata, eſſendo a quelli fine d'vna preggion oſcura, che ſono d'animo gentile, e nobile, com'altri diſſe, mà a gli altri è noia, e'han poſto quì nel fango ogni lor cura, per eſſer immerſi, e molto impiegati nelle mondane coſe, e per hauer mal viſſuto, dubitano della morte eterna, della quale diuisò Dauide.

Petrarca

Sicut oues in Inferno poſiti ſunt: mors depaſcet eos. Stà coronata per lo molto, ed vniuerſal dominio, che tiene nel mondo ſopra grandi, picciolì, nobili, ignobili, Reggi, Imperadori, Prelati, ed'ogni ſtato, e conditione, fin'il figliuol di Dio, par voleſſe ſoggettarſele, com'altri diſſe. *Pallida mors aquo pulſat pede pauperum tabernas, Regumque turres.* Stà veſtita di bianco, ò pure con barba bianca, in ſegno, ch'a tutti domina, ed a tutti giugne, mà è più naturale a' vecchi, ch'a'giouani. La giouane, che tiene la tela, e taglia, ſembra quel, che finſero i poeti delle tre parche, vna, qual filaua infra l'altre, ch'è Lacheſi, ſembrando il filo rotto, e caſcato dalla rocca in terra, eſſer troncato il filo della vita, filato dalle parche, come dice la fauola, e quella, che rompe lo ſtame, ò filo della vita a gli huomini, nò facédoli più viuere, è Atropos. La falce accenna, che tutti tronca, ed vccide, giouani, e vecchi, come quella quando è in mano al mietitore, taglia la ſpica piena, e vota,

Pſ.48 C.ì9

Orat. ì. Carm. 4.

ſecca,

secca, e verde, ed in fine ciò, che se gli abbatte inanzi. La framea è vna specie di saetta, vsata da Germani, (secondo Pierio) della quale parlò Cornelio Tacito ne' costumi di Germani, e nella scrittura sacra si piglia quest' arme per Geroglifico di morte mala de' peccatori. Il Ragno animale debolissimo, che tesse quella tela, quale con vn soffio si rompe, significando esser così la vita dell'huomo, qual altra debolissima tela di ragno, che tosto si riduce al niente, e le ricchezze, che vi sono ancora, tanto tenute in preggio da quest'huomo in vita, per le quali tant' offende il Signore, e tanto fatica, e stenta, quando è quell'hora della morte, non resta niente per lui, mà ogni cosa lascia altrui, ed abbondona; dunque niuno dourebbe porre in oblio Iddio, la propria conscienza per queste cose di niun preggio, conforme dice Christo nel Vangelo. *Quid enim prodest homini, si mundum vniuersum lucretur, anima vero sua detrimentum patiatur?* I capegli suelti (secondo Pierio) d'vna Vergine, sembrano imbecillità d'animo, ò pure più propriamente la morte, e così finse Euripide, ch'Alceste non potesse morire, se non veniua Mercurio a tagliargl'il crine. E Niso, che non potè esser vcciso da Minoe, se non gli toglieua la figl a il pelo fatale; e appresso Virgilio, Didone nè anco posseua venire a morte, se non gli toglieua di capo il biond crine Ire mandata da Giunone, benche appresso i greci, e latini, il radere del capo dimostra seruitù, come l'istesso narra. E per fine la spada, che vi è, era Geroglifico della morte appresso i Sciti, che molto imitorono gli Eggittij.

Alla Scrittura Sacra. Si dipigne

la morte da Donna dormiente, ed in atto di riposo, come Disse Dauide. *Cum dederit dilectis suis somnum: ecce hereditas Domini filij merces fructus ventris.* Che de' morienti quì fauellaua. Stà con la barba bianca, per essere la morte assai naturale, e vicina a' vecchi. *O mors, bonum est iudicium tuum homini indigenti, & qui minoratur viribus, defecto etate, &c.* Stà con due faccie, rappresentandola in sembianza dolce, e defiata al giusto. *Melior est mors, quam vita amara: & requies eterna, quam languor perseuerans.* E amara, e spiaceuole al peccatore. *Mors illius mors nequessima: & vtilis potius infernus quam illa.* Tiene la corona, per esserle ogn' vno soggetto, nè alcuno può fuggirla. *Non est qui de manu mea possit eruere. Vnus ergo introitus est omnibus ad vitam, & similis esitus.* La giouane, ò parca, che tronca la tela, ò lo stame della vita. *Et precipitabit in monte isto faciem vinculi colligati super omnes populos, & telam, quam orditus est super omnes nationes.* Essendo qual tela la vita humana, ordita da Dio. La falce, che tronca a'ricchi, e poueri, a'saui, e pazzi la vita, della quale fauellò l'Apocalisse; *Mitte falcem tuam, & mete quia venit hora vt metatur, quia arruit messis terra;* e Giobbe, *Iste morietur diues robustus, sanus, & felix;* e Dauide peranche parlò di cotal mietere, e dell' vniuersal morire; *Simul insipiens, & stultus peribunt.* La framea stromento di guerra, che dinota la morte, di che tanto temea Dauide, dicendo; *Erue a framea Deus animam meam;* e Zaccaria altresì nè fauellò; *Framea suscitare super pastorem meum, & super virum coherentem mihi.* Il ragno, che fà la tela, a cui si paragona la vita humana; *Dies mei velocius transierunt, quam à*

Matth. 16
D. 26

Pier. Vale. li i.cuiusd. *viri erudi.*

Pier. Vale. lib. 32

Pier lib. 42 *ibi de glad.*

Psal. 126
*A.*3

Ecclesiast. 41 *A.*3

Ecclesiast. 30 C.17

Idem 28 C.25

Iob x.B.7
Sap. 7 *A.*6

*Isa.*25 *A.*7

Apoc. 14 C.15
Iob 21 C. 27

*Ps.*48 *B. ij*

*Ps.*21 C.21

Zacch. 13 C. 17

Iob 7 *L.* 6

texente tela fucciditur. Le ricchezze, e gioie, di che dopo la morte non han niente nelle mani i
Pf. 75 B. 6 mortali ; *Dormierunt somnum suum,*
& nihil inuenerunt omnes viri diui-
tiarum in manibus suis. E per fine

i capelli suelti, e la spada, che
sono simbolo della morte, fauellando di quella forsi Dauide, co-
m'istromento da sfodrarsi da lei.
Gladium suum vibrabit : arcum suum
tetendit, & parauit illum. **Pfa. 7 B. 13**

MORTE DEL GIVSTO. G. 127.

Huomo, che dorme in vn fontuofo letto, ftandogli pendente al capo preggiatiffimo Adamante, e vicino vn
bianco Cigno, che canta, ed vn Rè, ch'abbraccia
queft'huomo, haurà di fopra vn splendido raggio, ed
in mano vn fpecchió, a' piedi vna palla rotonda, ed
vn ramo verde pieno di frutti, con vna cartofcina,
oue è fcritto. Timor Domini.

LA Morte non è morte a' giufti, mà fempiterna vita,
ftando l'anima di quelli nelle ma-
Sap. 3 A. 1 ni di Dio. *Iuftorum anima in manu*
Dei funt & c. Anzi ftimo vn felice
ripofo, partendofi da gli affanni
di quefta vita, per far felice fog-
giorno nell'empiree ftanze del
cielo, lafciando quefta valle di lacrime, per formontar ne' chioftri
fublimi della felice gloria, a goder con Chrifto.

E morte preggiatiffima quella
de' giufti, fotto la quale ftà cela-
ta la beata vita, nè muorono altrimenti i giufti, mà cominciano
a viuere, quindi Santa Chiefa hà
per coftume annouerar i morienti
giufti infra'l viuere, e'l nafcere,
nomando l'vfcir loro da quefta
vita viuere ordinariamente in
Dio, ed in cambio d'appreftargli
tomba funefte, ed ofcura, fabri-
cagli dorata culla al natale, nafcendo per all'hora quì con la fama immortale, che lafciano, e per
l'imprefe heroiche, che ferno, e

nel cielo acquiftando triunfante
gloria.

E feliciffima la morte de' giufti,
perche in quefta vita furon bea
morti al mondo, alle fue vane
grandezze, e ad inganneuoli contenti, e viui per lo Cielo folamente, hauendo fempre il penfiero di
finir quefta vita con afprezze, e
mortificationi, per cominciar a
viuere in eterno.

Nelle canzone fpirituali vna
fiata lo Spirito fanto raffembrò il
ventre della diletta fpofa al cumulo del frumento, circondato
tutto da gigli, ou'è molto difficile
cotal fauellare, ch'il ventre fi pa-
ragoni al fruméto raccolto. *Venter* **Cāt. 7 A. 2**
tuus ficut aceruus tritici vallatus li-
lijs. E che ftia tutto circondato
di cotai fiori, in vero mi par ftra-
uagantiffimo paragone, nè sò che
voleffe dire, e intédere per quefto
parlare, oue Ruperto Abbate v' **Rup. Abb.**
intefe la beata Vergine, che col **hic fuper**
ventre della fua memoria congre- **Cant.**
gò il grano della prudenza, medi-
tando

Luc.2C.19

Vgo Card. hic

Nicol. de Lyra hic.

Zacch. 9 D. 17

tando le fcritture facre, come dif-
fe il Vangelifta. *Maria autem confer uabat omnia verba hæc, conferens in corde fuo.* Vgone Cardinale v'intefe la memoria dell'anima, ch'è di
congregare molto grano di buoni
penfieri. La Chiofa l'iftelfa memoria, con che dobbiamo ram-
mentarci della noftra fragilità,
ombreggiata per lo frumento; e
Nicolò de Lira intefe per quefto
ventre comparato al grano, ed
ornato di gigli, la caftità maritale;
mà infra cento cofe tutte degne
di lode, che vi recano i facri Dottori, vò altresì addurui il proprio
parere con la licenza loro, e dir
che per quefto ventre s'intendono i giufti, che fono le vifcere della diletta S. Chiefa, eguagliati al
frumento, ch'è fimbolo d'elettio-
ne, come diuifò Zaccaria. *Quid enim bonum eius eft, & quid pulchrū eius, nifi frumentum electorum.*
I giufti del Signore fono frumen-
to eletto, attendendo con tanta
diligenza, e con ifmifurato amore all'offeruanza della fua legge;
ogn'hor trauagliandofi, ed affa-
tigandofi, per fargli cofe piaceuoli, mà per mantenerfi in così beato viuere, cotanto grato a fua Diuina Maeftà, fagli miftiero quefto grano della lor buona vita,
tutta colma di zelo della propria,
ed altrui falute, e della fpeme fourana del Cielo, circondarlo di gigli infrà tutti fiori pallidi, e fmorti, che fembrano la mortificatione, e la penitenza, e più viuacemente moftrano la morte, in fegno ch'i ferui amadori del Signore fempre hanno vagheggiato fiffamente l'vltimo termine della
lor vita, onde fe gli deftò penfiero di ben viuere, e d'amor fiammeggiante inuerfo il Creatore,
quindi l'amorofo Paolo diceua;

Ad Philip. C. 21

*Mihi viuere Chriftus eft & mori lu-
crum.* Perche fapea come fi
conferua il Giglio dell'innocenza
co'l penfiero di morte, qual fempre hauea, con che manteneafi per
anche verde fpeme di godere il
cielo, ed amorofa fiamma d'amore
inuerfo l'oggetto cotanto amato,
ch'è Iddio benedetto.

Quindi nella parte fuperiore di
fiori sì adorni, rauuifanfi alcuni
fioretti roffi, ch'ombreggiano quefto amor viuace de' Santi del Signore, e quefto parmi foffe il pen-
fiero dello Spirito fanto. *Venter tuus ficut aceruus, &c.* Benche altroue fia dato altro fentimento a
cotefta fcrittura.

Greg. fuper Matth. 1

La morte de'giufti (dice Gregorio Papa) a' buoni è in aiuto, ed
a' mali intefti monianza, acciò i
peruerfi habbino a perire fenza
fcufa, e gli eletti di quindi prenda-
no efempio, acciò viuano nel Cielo.

Bernar. in epiftol.

La morte preggieuole de' Santi
(dice Bernardo) è chiaramente
pretiofa, come fine delle fatiche,
come confumatione della vittoria, come porta della vita, e come
ingreffo di ficurtà perfetta.

Caffiod. in Pfal.

Chi temerà la morte temporale, a cui fi promette la vita eterna?
E chi temerà le fatiche della carne,
fapendo d'effer collocato nella
perpetua requie? dice Caffiodoro.

Chrifoft. in Homil.

La morte a'buoni non è morte, mà
ne ritiene folamente il nome, anzi
l'iftelfo nome di morte vien tolto
via, dice Chrifoftomo.

La morte, dunque, co'l penfier
fuo fà euitar tutti peccati, e felice
ftimo quel tale, che ben fpeffo la
tiene nella memoria, e di più efficacia farà il ramentarfela infieme
co'l gran tribunal di Chrifto, oue
habbiamo da effer giudicati.

*An cupis aduerfus fcelerum fædiffi-
ma quaque.*

Vulnera

Vulnera per facilem dem tibi
promptus opem?
Cum te turpe aliquid tentat, fac il-
lico menti
Se se mors oculis offerat atra tuæ
Quisquis enim horrendum Christi
cum morte tribunal
Cogitat, hic oïs criminis hostis erit.
Flante velut valido nubes Aquilo-
ne fugantur:
Sic meditata scelus mors procul
omne fugat:

Quindi rapresentasi la morte
del giusto da huomo, che dorme
in vn ricco letto, perche la morte
de' buoni realmente può appreg-
giarsi non morte, mà felice sonno,
ò beata quiete, ò glorioso diletto.
Il così honorato letto è quel beato
luogo, oue per diuina pietà, se gli
dà per sempre ad habitarui, e viuere perpetuamente. *Iusti autem*
in perpetuum viuent, & apud Domi-
num est merces eorum; Da doue gia
mai sarà rimosso, come diuisò il
Profeta. *Quia in æternum non com-*
mouebitur. Il preggiato Adamante
nobilissimo frà le gemme, che gli
risplende su 'l capo, sembra il
decoro, e la nobiltà di questa morte, quale appresso Iddio s'istima
sì pretiosa. Il bianco Cigno animale assai deletteuole al cantare,
che muore dolcemente cantando,
correndogli all'hora vn certo sangue dolce al cuore, eccitando al
canto, che ben ombreggia il giusto, che muore anch'egli con so-
lazzi, e gratiosi canti, venendogli
al cuore il sangue, ch'è la memoria delle buon opre, e del timor di
Dio, sempre da lui hauuto, e così
cantando muore senza lutto, e
duolo veruno, come fanno i Santi, ed eletti per le beatezze del paradiso, a cui s'appressano. Il Rè
che l'abbraccia, e bagia è Iddio,
nella cui bocca gli spira l'anima

il giusto nel dolce, e sapori-
to bagio. Il risplendente raggio,
c'hà su'l capo è la benedittione
del Signore, con che felicemen-
te muore, e baldanzosamente, riportando vittoria del Dianolo, ed
insieme altresì trionfando del
mondo, e della carne. Lo specchio, oue vagheggia le proprie
bellezze, significa quel sourano, e
diuino specchio senza macchia
del Signore, oue si mira cotanto
souente il giusto, non per vedere
le proprie beltadi, mà quelle eccelse di lui, a' quali è predestinato
eternamente. Vi è la palla rotonda a' piedi simbolo del fine, ch'è
il cielo, oue aspira, ed oue per
all'hora giugne a fruire il gran
Signore, felice oggetto, che degnasi farsi vagheggiare da' cari a-
mici. E per fine vi è il verde ramo, ch'è per segno della verde
speme, c'hà il giusto di saluarsi,
ed i frutti sono per lo preggio, di
che allo'ncontro si guiderdonano
le sue fatiche; vi è lo scritto in vltimo. *Timor Domini;* ch'egli hà
sempre hauto, per non offendere
il Signore, qual è d'ogni suo bene
liberalissimo donatore.

Alla Scrittura sacra. Si dipigne
la morte del giusto da huomo, che
dolcemente dorme in sempiterno
sonno, come Geremia, parlando
di costoro, disse. *Dormiant somnum*
sempiternum, & non consurgant. Tiene vn'Adamante su'l capo, in segno di pretiosa morte. *Pretiosa in*
cospectu Domini mors Sanctorum eius.
E la Sapienza dice. *Iustus autem si*
morte præoccupatus fuerit in refrigerio
erit. Il Cigno, che dolcemente
cantando muore, qual altro Dauide. *Cantabo Domino, qui bona tribuit*
mihi, & psallam nomini tuo altissime.
Il Rè, che l'abbraccia, e bagia,
com'auuene al giusto Mosè, che

Sap. 1 C. 16

Psal. 111 B. 6

Hiere. 51
D. 39

Psal. 115 B. 6

Sap. 4 B. 7

Psal. 12 B. 6

Q q   morse,

morſe, eſſendo bagiato da Dio Rè ſourano. *Mortuusque eſt ibi Moiſes ſeruus Domini in terra Moab, iubente Domino.* E com'altri legge. *Mortuus eſt Moiſes in oſculo oris Dei.* Il raggio ſplendido ſu'l capo, che dinota la beneditione del giuſto. *Benedictio Domini ſuper caput iuſti.* Lo ſpecchio,ch'è Iddio. *Speculum ſine macula.* Oue il giuſto ſi ſpecchia, per vagheggiarlo, ed hauerlo nella memoria, per mai morire. *Non eſt*

Deut. 35 E. 5 Heb.

Sap. 7 B. 16

Pſal. 6 B 6

in morte, qui memor ſit tui. La Palla rotonda, che gli ſtà a' piedi, ſembra il Cielo, e'l Paradiſo vero fine de' giuſti. *Iuſti autem haereditabunt terram.* Ch'è quella di viuenti colaſsù. Il verde ramo, che vi è, per fine, è la ſperanza,c'hà il giuſto di ſaluarſi. *Sperat autem iuſtus in morte ſua.* E'l detto.*Timor Domini,* non temédo punto la morte, mà ſi temédo il ſonte della vita;*Timor Domini fons vita, vt declinet à ruina mortis.*

Pſ.36 D.25

Prouer. 14 D.32

Pro.14 B.17

MORTE DEL PECCATORE. G. 128.

Huomo, che ſtia con vn gran peſo sù le ſpalle, e camini in vna oſcurità tutto timoroſo, còn le braccia baſſati, come fuſſero ſecchi, camini per balzi, e rupe, per precipitarſi, hà dauanti vna Serena, che ſtride così fortemente, che tutti ſpauenta, da dietro tiene vna morte, sù la quale vi ſtà vna Nottula.

LA Morte del peccatore,è contraria a quella del giuſto, ch' oue quella ſi dipigne, e deſcriue co'l ripoſo,e co'l ſonno,queſta co' l'inquietitudine, e grauezza, ed oue quella e preggiata, queſta è danneuole, quella è vita, queſta è morte, quella è celebrata con lode da tutti, e queſta è vituperata con diſhonore da qualunque perſona ſi ſia, perche chi muore da peccatore, muore con diſhonore, và con la conſcienza piena d'errori, e tutto aggrauata di misfatti, che però tiene vn gran peſo ſu'l dorſo, per le graui colpe commeſſe contro la diuina legge. Vi è l'oſcurità, perche il miſero non hà lume di Dio, nè dell'altra vita, mentre sì traſcuratamente reduceſi ad vna morte danneuole, ed infame, com'è quella di morire ne' peccati. Stà tutto

timido, perche l'ira di Dio gli ſopragiunge, e per la conſcienza, che gli morde, e l'inferno, che ſe gli prepara a ſuo mal grado. E le braccia, come ſecche ſono ſimbolo di poco valore, c'hà d'aiutarſi, e d'oprare, queſto dinotando le braccia relaſſate, nè di morir bene, per l'habito acquiſtato nella mala vita, onde naſce il morir male, ch'è effetto proprio di lei. Camina il miſero per balſi, e rupe correndo al precipitio, ch'è l'inferno, oue hà da eſſer bruggiato in eterno. La Serena, che ſtride, ſembra il dolore, con che muore l'ingiuſto peccatore, e s'a'naturali crederemo,quando ella è vicino al morire,vn certo ſangue amaro, che tiene nelle vene, corre d'appreſſo al cuore, e per graue duolo, fà che mandi horridi ſtridi così amaramente; hor in guiſa altre

tale

tale adiuiene al peccatore, alla cui memoria furge il cattiuo fangue delle mal'opre, e la rimembranza del poco conto fatto del Signore, fapendo ftargli allo' ncontro guiderdone d'inferno, e così muore ftridendo, e piangendo miferabilmente, fenza ch'à nulla gli gioui. Vi è la morte da dietro in fegno, che quefta è verà morte del corpo, e dell'anima fpiritualmente, per douer effer priua di Dio, ed herede del Diauolo, e delle tartaree pene. La Nottula, per fine, appreffo gli Egitij (Conforme dice Pierio)era Geroglifico della morte, ed è vulgato ancora infra poeti, ed oratori, ch'ella è fegno di cattiuo augurio, per effer vccello di notte, anzi da molti fi noma Signora della notte, quando fono l'ofcure tenebre, ombreggianti l'ofcurità della vita, com' altri diffe. *In aeternum clauduntur lumina noctem. Sed nox atra caput trifti circumuolor vmbra.* Ancora perche è animale così contrario alla Cornacchia, ch'è augurio di bene, com'ella di male, d'infortunio, di difpiacere, d'affalto, e danno da recarfi da'nemici, come fù a Pirro Rè d'Epiroti, sù l'afta del quale poggiò, mentre andaua ad affalir l'Argi nella battaglia, da'quali foftenne ignominiofa morte, parimente al peccatore, della cui morte ella è Geroglifico, e fi dipigne fopra la morte, per fegno dell'eterna, infame, ed ignominiofa d'Inferno, c'hà d'hauere, dinotando peranche ogn'altro cattiuo euento, c'haueffe a foccedere a quello.

Alla Scrittura Sacra. Stà con graue pefo il peccatore, che muore, diuifando così in perfona d'vn tale il Reggio Profeta. *Sicut onus graue grauata funt fuper me.* Camina nell'ofcurità, fauellandone d'acconcio il Sauio. *Confidero veccrdem iuuenem, qui tranfit per plateam iuxta Angulum, & prope viam domus illius, graditur in ofcuro, adue fperafcente die in noctis tenebris, & caligine.* E Dauide. *Nefcierunt, neque intellexerunt, in tenebris ambulant, &c.* O pure camina nell'ofcurita, perche non hà lume di vera intelligenza di Dio, come ne fè teftimonianza il Saggio Salomone ifteffo in perfona de'dannati. *Ergo errauimus à via veritatis, & iuftitia lumen non luxit nobis.* A punto ancora tal ofcurità fembra, che li peccatori fi perfuadono tener fempre ammantati, ed ofcurati i lor peccati. *Et dum putant fe latere in obfcuris peccatis, tenebrofo obliuionis velamento difperfi funt pauentes horrendè, & cum admiratione nimia perturbati.* Stà timorofo. *Timor mortis conturbat me.* Con le braccia fecche, e confumate. *Confumat bracchia illius primogenita mors.* Le ftrade malageuoli, per quali camina, alludono alle vie d'Inferno, oue trabocca. *Via Inferi domus eius penetrantes in inferiora mortis.* Ed i balzi, e rupe, oue camina. *Delicati mei ambulauerunt vias afperas, ducti funt enim vt grex direptus ab inimicis.* E Giobbe. *Ambulabunt in vacuum, & peribunt.* La Sirena, che ftride fpauenteuolmente, fi è per lo pianto amaro di così cattiui morienti. *Vox in vys audita eft, ploratus, & v'ulatus filiorum Ifrael.* Ed altroue. *Vocem terroris audiuimus, formido, & non eft pax.* Tiene la morte da dietro, perche quella i peccatori tranguggiarà atrocemente. *Sicut oues in inferno pofiti funt, mors depafcet eos.* Quale è infra tutte peffima. *Mors peccatorum peffima.*

Pier. lib. 20 ibi de noctua.

Virg. lib. 10 Eneid.

Et lib. 6. Eneid.

Pf 37 A. 5

Pro. 7 A. 7

Pf. 81 A. 5

Sap. 5 A. 6

Sap. 17 A. 3

Iob 18 C. 13

Pro. 7 D. 23

Baruch. 4 E 26

Iob 6 C. 18

Hierem. 4 F. 21

Idem 30 A. 5

Pf. 48 C. 15

Pf. 33 D. 22

NATVRA ANGELICA. G. 129.

Giouane vaga, e bella con vn raggio sù la faccia , che
la ricoure, in vna mano haurà vna carta scritta , e
nell'altra vna fiamma di fuoco, vicino le farà vn'oratorio, e sopra vna colonna rotta per mezzo.

F Vrono creati gli Angeli ne'la   alquanto di dimora viatori , e po-
gratia naturale, con esser per   scia in termine ; fù la lor creatione

ne nel principio del mondo, a punto quando hebber l'eſſere tutte l'altre creature, conforme la dottrina del gran Padre Agoſtino, di Vgone, Ruberto Abbate, Origene, Iſidoro, ed altri; S. Agoſtino infra gli altri ſpiega il luogo, e'l tempo, cioè quando diſſe Iddio. *Fiat lux.* All'hora gli Angioli hebbero l'eſſere, eſſendo vniformi alla luce, per la ſottigliezza dell'intelligenza, per eſſer colmi d'alta cognitione, e ricchi di ſplendore nel modo d'intendere.

E l'Angiolo ſoſtanza intellettuale, ſempre mobile, libera d'arbitrio, incorporea, miniſtra di Dio, riceuendo l'immortalità per gratia, non per natura, di cui la ſpecie della ſoſtanza, e'l termine, ſolo chi l'hà creato, lo conoſce, dice Damaſceno.

Sono gli Angioli (dice l'iſteſſo) creati mutabili di natura, mà ſono diuenuti immutabili, per la contemplatione, ſono paſſibili d'animo, raggioneuoli di mente, eterni nella ſtirpe, e perpetui nella beatitudine.

In queſto (dice Gregorio Papa) è diſtinta la natura Angelica da noi, perche noi ſiamo circoſcritti da luoghi, e ſiamo preſi da ignoranza, mà gli Angeli non ſono coſì nel luogo, ſe non diffinitiuè, e nella ſciéza, molto eccedono l'humana.

Fanno feſta gli Angioli (dice Origene) rallegrandoſi ſopra quelli, che fuggendo l'amicitia de demoni per l'eſſercitij delle virtù, corrono in fretta ad accompagnarſi all'Angeliche conuerſationi.

La natura de gli Angioli, (dice Damaſceno) è mutabile, perche è ineſtata nella natura la mutabilta, mà la carità ſempiterna l'hà fatta deuenir incorrotta.

La natura Angelica è differente, e diſtinta ſpecificaméte dall'anima, come dice Scoto, per cauſa dell'eſſer proprio naturale, non per non vnirſi alla materia, nè per cagione del diſcorſo più perfetto del noſtro, o pure per non farne in niuna maniera, com'altri volſero, nè queſte coſe fanno differenza ſpecifica, come habbiamo dichiarato diffuſamente altroue. Queſta natura è nobiliſſima, creata da Dio in maggior grado di nobiltà dell'huomo, con diſtintione di ſpecie, e d'indiuidui; ſono di belliſſima natura gli Angioli, sì per la perſpicacità, com'anco per la cognitione chiara, eſſendogli ſtate infuſe le ſpecie delle coſe da Dio nel principio della lor creatione, ò vniuerſali, ò particolari. Quindi ſi dipigne da giouane coſì vaga, e bella, co'l raggio sù la faccia, che la ricopre, eſſendo natura inuiſibile, e puro ſpirito; nè può vederſi da noi nella propria natura, mà ſolo quando appariſce co'l corpo aſſonto, formato d'aria, come tante fiate ſono apparſi gli Angeli. Tiene in vna mano vna carta ſcritta, per ſegno che vengono ad annunciare a gli huomini l'oracoli celeſti, ed iſpecialmente quegli, che fanno l'vltimo choro, e benche ſiano ſpiriti, pure prendono il nome d'Angeli da gli efficij, che fanno, e gli ſupremi ſpirti, che ſono i Serafini, ſon tutto fuoco, e sfauillano fiamme acceſe d'amore, inuerſo il lor Signore; perciò ſi dipigne con la fiamma in mano, Vi è l'oratorio, perche gli Angioli altro non fanno, che venerare, e adorare il Creatore. La Colonna rotta per mezzo, che vi è ſopra, dinota, che queſta creatura è mezzana infra noi, e Dio, qual'è eterno, e

ſen-

---

*Auſtu. lib.
1 de geneſ.
ad litt.
Vgo Rub.
Aub. lib. 1
de Trin.
Orig. Iſid.
lib. 3 de
ſum. bon.*

*Damaſc.
lib. 2 c. 3.*

Idem ibid.

*Gregor. lib.
2 Moral.*

*Origen. in
Num. homel. 66*

*Damaſc.
lib. 2*

*Scot. 2 ſen.
d. 1 q. 8*

senza principio, e fine, e noi temporali, c'habbiamo l'vno, e l'altro, mà questi non hanno fine, mà solo principio, e perche sono mezzani, in far che receuiamo gratie dal commun Signore.

Alla Scrittura Sacra. Si dipigne la Natura Angelica da Giouane bella, essendo di bellezza, e splendore, qual altro Sole, come disse Esaia di Lucifero, dianzi che peccasse. *Quomodo cecidisti de Calo Lucifer, qui mane oriebaris? corruisti in terram, qui vulnerabas gentes.* Bella, per la perspicace cognitione, e beatifica visione di Dio. *Quia Angeli eorum semper vident faciem Patris mei, qui in Calis est.* Stà co'l volto couerto, con vna fiam-

Is.14 C.12

Matth.18 B.10

ma in mano, perche gli Angioli sono inuisibili spirti, e tutti accesi d'amor diuino. *Qui facis Angelos tuos spiritus: & ministros tuos ignem vrentem.* Tiene vna cartà in mano, perche annonciano, ed insegnano a noi, come fè quell'Angiolo a Daniele. *Veni autem vt docerem te, que ventura sunt populo tuo in nouissimis diebus.* L'Oratorio, per adorare sempre Iddio. *Et adorent eum omnes Angeli eius.* E per fine la Colonna spezzata in mezzo, essendo mezzani infra noi, e Dio, che pérò Dauide voleua orare in presenza loro, acciò l'intercedessero gratia. *In conspectu Angelorum psallam tibi Deus meus.*

Psal. 103 A. 10

Dan.10 C. 15

Psal.96 B.

Psal. 137 A.1

OBLIVIONE D'AMOR PROFANO. G. 130.

Donna ghirlandata di foglie di genebro, e d'Alloro, tiene vn maglio rotto in vna mano, e nell'altra vn finissimo Adamante, le sarà vn Delfino a' piedi, ed vn anchora, e dall'altra parte vn asino.

OBliuione d'amor profano del mondo, non è altro solamente, ch'il Christiano tengh'in oblio quanto d'errore, e quanto di male si troua in questa valle di miserie, e quanto gli possa mai venir in contrario alla salute dell'anima. Obliuione molto salutifera è quella del Christiano, quando se gli tolgon di mente i piaceri mondani, ch'io tali stimo a'sembianti solo, e' diletti, e tutte le delitie buggiarde, e pur troppo fallaci del mondo; felice appr'ggio qualunque huomo si sia, e saggio, c'hau'in oblio il pazzo mondo, le sue grandezze, gli honori, l'imprese, le magnificenze, e le più

tosto di lui da nomarsi bassezze, ch'eminenze, ch'altri falsamente stimano, non vagheggiando con la sua felice rimembranza altro, ch'Iddio, il Cielo, gli eterni, ed immortali honori, ch'appresta a chi ne tiene viuace racordo, volgendo in tutto il tergo a'terrene cure, viè più noiose d'ogn'altro; ed i Santi del Signore, benche molti di loro nascessero da progenie illustri, da prolapie regali, e da legnaggi sublimi, tutta fiata il lor studio fù in dimenticarsi affatto di cotal grandezze, e di sì finte nobiltà, reputandosi bassi vermicciuoli, e creature ignobilissime, che da vil terra, e cenere traessero

l'ori-

l'origine. Forfi Honofrio racor-
doſſi dello ſcettro, e della corona?
non certo, mà ſi tolſe a quelle,
recandoſi nelle ſolitudini, nè mai
più abbadandoui. Catarina Beata
ſtimò il naſcere da Rè vna feſtuca, e Di gran lunga più preggiò la
ruota vile, oue douea miſeramen-
te dar il ſuo corpo a crudo ſcempio di morte infra miniſtri folli,
per hauer viuo ritratto delle gran
dezze beate, e ſublimi del Cielo;
felice dunq; chi ſà porre in oblio
l'amor cieco di queſta vita, per
far coſa gradita al gran Signore
della maeſtà, e per vnirſi ſeco in
ſtrettiſſima vnione; Nè ſolo fagli
miſtieri dar di calci al mondo, e
ad ogni coſa tanſitoria, mà ad
ogn'altra coſa cara, fin'alla propria caſa, e padre, e madre, per
condurſi a sì beata ſtrettezza, e go
der i fiſſi guardi del ſuo amato
Signore, intanto, ch'vna fiata lo
Spirito ſanto per bocca del Sere-
niſsimo Rè di Giudea fauellò in
guiſa difficultoſa all'anima eletta.
Pſ.44.C.12 *Obliuiſcere populum tuum, & domum*
patris tui : & concupiſcet rex decorem
tuum. Quaſi le diceſſe, ò anima
vaga del ſuo caro ſpoſo, per iſpo-
ſarti con lui vincolo cotanto
ſtretto di carità, conuienti porre in oblio la tua progenie, le tue
genti, le riue paterne, il proprio
ſangue, fin i progenitori, acciò fij
cara, ed amata al tuo Signore. Mà
dimmi Santo Profeta del mio Dio
come và queſto fatto? che l'anima
poſſa diměticarſi del proprio ceppo della caſa, oue nacque, e di
propri parenti, e padre, e madre,
inuerſo quali la madre natura
ineſtò nel petto di chiunque amor
cotanto, ſi dice il Profeta, nè fia
poſſibile poterſi generare amor
nel petto di sì geloſi amanti, come
ſono Iddio, e l'anima, ſe queſta

non isbriga da ſe ogn'altro amore, fin quello maggiore di chi gli
diè l'eſſer naturale, ed all'hora
quegli inchinaraſſi ad amarla, e a
vagheggiar la ſua beltàde. *Et con-*
cupiſcet rex decorem tuum. Et parmi
auuerâr queſto fatto, e pennelleg-
giarlo viuacemente con l'eſempio
di nouelli ſpoſi, in cui l'amore di
bel nuouo comincia a germogliar
ne' lor cuori, nè fia poſſibile am-
miraruefi germoglio, nè rampollo pur picciolo d'affetto, ſe dal
cuore d'ambidoi, non è indiſparte
l'amore di qualunque coſa ſi ſia,
nè potrà giamai lo ſpoſo vagheggiar con occhi amoroſi la ſua ſpo
ſa, ſe quella non harrà abbandonato con la caſa paterna il tutto,
fin il padre, e la madre a lei tant'
amoroſi; parimente giamai lo ſpoſo diuino volgerà le luci colme
d'amore all'anima ſua ſpoſa, ſe ſimigliantemente non haurà quella
riuolto il tergo ad ogn'altro, e la
faccia, e'l cuore a ſè amante geloſo, da cui è per vagheggiarſi la
ſua beltade. *Et concupiſcet rex deco-*
rem tuum.

Hor ſi dipigne sì ſanta obliuione d'amor profano da Donna coronata di foglie d' genebro, conſe-
crato a Gioue, perche a chi dorme ſotto l'ombra di queſt'albero,
ſe gli caggiona sbalordagine, ed
obliuione, dinotando quiui il ſcor
darſi del mondano amore, che
perciò altresì deu'eſſer coronata
d'Alloro, corona preggieuole
d'huomini Illuſtri, con che vi ſi ſo-
leano anticamente coronare i glo
rioſi vincitori, ſtandogli molto be
ne cotal corona di vittoria a chi ſi
ſcorda del mondo. Il Maglio rotto, e l'Adamante ſembrano il cora
raggioſo, e forte petto de' ſerui di
Dio, che non eſtante i colpi duri,
e forti d'allettamenti terreni delle
ſen-

fenfualità, e delle naturali inchinationi d'amar' il mondo, e le fue cofe, ch' a' fembianti fembrano sì vaghe, con tutto ciò fenza farne cafo, retiranfi all'amor di Dio. Vi è per anche il forte maglio delle fuggeftioni diaboliche, di che, fiami lecito porlo per fignificato, per cuotendo quelle qual forte maglio il cuor humano, per indurlo ad errori, cercando toglier via da lui ogni fublime amore, ed ineftarui il profano, baffo, e vile di quefta terra, che perciò fi dipigne rotto, che qual rotte fono quelle, e come cofe, ch' in darno s'affaticano contro il fortiffimo cuore Adamantino d'vn' huomo refoluto di non hauer a caro, nè far punto ftima d'amor profano, mà folo dell'oggetto fourano di Dio, d'amarfi da qualunque faggio fi fia, facendola da huomo virile, ftabile, ed incorato in tutto, non da frale, fciocco, e fuora di fe. Il Delfino, aggiontoui l'Anchora fono pofti da Pierio Val. per geroglifico di cofa fugace, ftabile, e tarda infieme infieme. Il delfino, che frà tutti pefci più velocemente fcorre, e nuota è fimbolo degli animi incoftanti d'amanti fugaci, che fempre girano, e l'Anchora fembra la ftabilità, con che s'arreftano i Vafcelli, qual muouonfi da fcatenati venti, ch' al noftro propofito dinotano la velocità, cò che vn' animo coraggiofo, e magnanimo, e veramente Chriftiano, fugge dalle baffe confiderationi del mondo, e dal fuo vile amore, fommontando nell'alto cielo, e l'anchora, che ferma i legni nel mare, perche ftabilifce il buon feruo di Dio collasù ogni confideratione, nè fcuotefi punto per contrari venti di penfieri di terreno amore, nè di tranfitorio bene.

Pier. Vale.
lib. 27.

L'Afino, per fine, ch' è animale affai ftolto, pazzo, ed obliuiofo, vogliamo che fimboleggi vn'huomo tale, che fi fcorda di baffi amori, ch' a nulla gli giouano, e fembri pazzo, e ftolto al più di lui pazzo mondo, e a' fcemi peccatori, ch'al ficuro indiuifata fimiglieuole da que' fi rauuifarà.

Alla Scrittura facra. Si dipigne coronata l'obliuione del profano amore, effendo meriteuole di corona chi lo pone in oblio, ch'allegoricamente d' vn' huomo tale fauellò Dauide. *Gloriam, & magnum decorem impones fuper eum.* L' Adamante forte del giufto, ch' in maniera tale, ed in sì forte fembiante raprefentò Iddio il grã Profeta fuo Ezzecchiello. *Vt Adamantem, & vt filicem dedi faciem tuam, nè timeas eos, neque metuas.* E'l maglio rotto delle fuggeftioni, ò pure di quello, ch'è tentatore dell' vniuerfa terra, veduto in fpirito da Geremia. *Quomodo confractus eft, & contritus malleus vniuerfa terra.* Il Delfino fcorrente, e l'anchora fermo, di che diuisò Dauide. *Qui producis ventos de thefauris fuis.* I tefori, ecco il metallo retinente, e graue, per farne l'anchora ftabile d'amor coftante, ch' ammette, e aduna ogni defio di cielo, e i fugaci vēti di mondani penfieri, a cui pareggio i veloci Delfini nell'elemento liquido, che forfe queft'anchora volle efprimere il fauio. *Amari enim abundauit cogitatio eius, & confilium illius ab abyffo magna.* Ecco la rapidezza di penfieri, con che'l giufto fi toglie via dal mõdo, e fi ferma con l'anchora di ftabili cogitationi in Dio, come dice l'ifteffo. *Firmabitur in illo, & non flectetur.* Vi è l'Afino obliuiofo, e ftolto, per fine, come ben diffe la tromba del diuino fpirito

Pf.20 A. 6

Exzecch.
3 B. 9

Hier.50 D.
23

Pfal. 134
A. 8

Ecclefiaft.
24 D. 39

Idē 15 A.

rito

ſitó Paolo Apoſtolo di vn ſauio   *videtur inter vos ſapiens eſſe in hoc*   1 *Cor.* 3
appreſſo Iddio,mà pazzo,per non   *ſeculo, ſtultus fiat, vt ſit ſapiens .*   D.10
hauer contezza del mondo,*ſi quis*

ONNIPOTENZA DI DIO. G. 131.

Huomo di venerando aſpetto veſtito alla regal maniera,
in capo haurà vno Diadema con vn Giacinto nella
ſommità circondato da vna faſcia,terrà vn circolo in
vna mano, dentro il quale ſarà ſcritto. Magna, e nel-
l'altra terrà trè dita diſteſi verſo la terra ; di lato alla
parte ſiniſtra vi ſarà Atlante curuato, ed abbaſſato in
terra con vn Mondo ſopra,e alla parte deſtra vn ſole,
che vuol ſpuntare, ed è impedito, e di ſotto vi ſono
mólte ſtelle racchiuſe in luogo anguſto, e picciolo.

L'Onnipotenza ſolamente appartiene a Dio, il quale può
tutte le coſe, che però non ammettono incompoſſibilità , e che
non dichino repugnanza dalla
parte loro, come ſarebbe dire,Id-
dio non può creare vna creatura
infinita , perche quella ſarebbe
Iddio, il quale è ſolamente infinito,e perche Iddio non può creare
vn' altro Iddio, ch'il creato non
ſarebbe Iddio, mà creatura,e coſì
non può creare vna coſa infinita,
non compatendoſi inſieme due
coſe infinite , mentre fuora dell'
infinito non vi è più niente. Si che
è da dirſi,ch'Iddio può tutte quelle coſe , che poſſono eſſere ſenza
repugnanza, e queſta onnipotenza hà per oggetto l'eſſere poſſibile,'dicono i Sacri Teologi. è coſa,
che s'attribuiſce al Padre, com'al
figliolo la Sapienza, ed allo ſpirito ſanto la bontà; per eſſer quello
Auguſt.   (conforme ad Agoſtino.) *Princi-*
pium totius diuinitatis . E per eſſer
principio improdotto , dal quale

ſi produce il figliolo, ed inſieme
con eſſo lo Spirito Santo , la qual
onnipotenza egualmente è per
anche in queſt'altre perſone,come
nell'iſteſſo Padre, ma s'appropria
a lui ſolamente per le raggioni
dette; ed altre, che ſi laſciano . Si
dipigne , dunque , l' onnipotenza
di Dio da huomo venerando veſtito alla maniera regale, perche
è Rè vniuerſale del tutto,e'l tutto
domina, il tutto ſignoreggia , e di
tutti trionfa. Lo D'adema (ſecon-   *lib.*41 *ibi*
do Pierio Valeriano) è geroglifi-   *de diade-*
co della Maeſtà reggia ſu'l quale   *mate.*
vi ſia auuolta vna faſcia , che coſì
gli àntichi Rè hanno coſtumato,
come il grande Aleſſandro ve la
portò ſopra , e la tolſe vna volta,
per ligare vna ferita nel fronte di
Liſimaco , ed i ſaui augurorno a
queſto ferito la reggia poteſtà ,
ſembrano,dunque, lo Diadema , e
la faſcia ſopra poſta la maeſtà , e
poteſtà regale , che ſono in Dio
onnipotente . Ombreggia altresì
queſta faſcia la Vittoria, come fù

R r   data

data a Lorinna fanciulla dottiſſi-
ma ne' ſtudi poetici, per ſegno
della Vittoria, che douea ripor-
tare in Thebbe di Pindaro nel con
traſto muſicale. V' è nella ſummi-
tà dello diadema vn Giacinto, ch'è
di color roſſo, ò ceruleo, ch'a que
Pier.lib.41 ſto tira alquanto, il quale ſecondo Pierio è geroglifico della pu-
gna, che coſì era apreſſo i Romani, come dice Plutarco di Pom
peo, di Marcello, e di M. Bruto;
ſignificando la pugna, e la ɓatta-
glia, che fà Dio contro nemici
ſuoi, e contro quelli, che non fan
conto delle ſue grandezze. Il Circolo, che tiene in mano, dinota
la ſua infinita, ed incomparabile
onnipotenza, ſpiegata col detto
Magna. facendo coſe grandi, e
marauiglioſe. I trè dita diſteſe
inuerſo la terra ſignificano, ch'egli
la mantiene, e la ſoſtiene ſolo con
trè dita, cioè con vn'atomo della
ſua potenza, ò pure le trè dita ſono per le trè perſone diuine, le
quali egualmente concorrono alla produttione di tutte le coſe ad
Auguſt. eſtra, ſecondo Agoſtino. *Opera Tri-*
nitatis ad extra ſunt indiuiſa. Atlante incuruato a terra co'l mondo
ſopra ombreggia con chiari lumi
la potenza de' grandi del mondo,
che reggono i loro Imperi, ma ſtà
curuato, perche quella al pari di
queſta onnipotenza è vn niente,
ed a lei s'inchinano, e baſſano tutte le nationi. Il Sole, che ſpun-
ta, ed è impedito, è per ſegno, che
Iddio domina tutte le coſe, e tutte
ſoggiacciono alla ſua onnipotenza, dalla quale viene impedito il
ſole, che non appariſch, nè mandi i ſuoi raggi, ed altresì le ſtelle,
che (conforme gli Aſtrologi) ſono di tanta grandezza vie più del
la terra, e le racchiude in piccio-
liſſimo luogo.

Alla ſcrittura ſacra. Si dipigne
l'onnipotenza di Dio da huomo
veſtito alla regal maniera, perche
è Rè onnipotente, ſotto il cui dominio il tutto ſoggiace; *Domine,*
Domine Rex omnipotens in ditione *Heſter 13*
enim tua cuncta ſunt poſita, & non eſt *C. 9*
qui poſſit tuæ reſiſtere voluntati. Lo
Diadema infaſciato co'l rubino ſopra, che dinota la poteſtà, e magnificenza regale. *Et magnificentia*
tua in diademate capitis illius ſculpta *Sap. 18 D.*
erat. E ſe vogliamo il Giacinto *24*
ancora ſopra lo diadema, ò coro-
na. *Ab eo qui vititur hyacinto, & por-* *Eccleſiaſt.*
tat coronam. Vi è il circolo della *40 A.4*
ſua incomprehenſibile, ed infinita
onnipotenza, e ſicome quello racchiude il principio, e fine, coſì
Iddio è autore di tutte le coſe.
Ego ſum Alpha, & Omega, principiŭ, *Apoc.1B.8*
& finis, dicit Dominus Deus, & qui
eſt: & qui erat. & qui venturus eſt,
omnipotens; E'l Sauio diſſe. *Terribi-* *Eccleſiaſt.*
lis Dominus, & magnus vehementer, *43 D 31*
& mirabilis potentia ipſius. Dentro
il circolo vi è il detto. *Magna.* Per
che fà gran coſe con queſta ſua
onnipotenza, e fà quanto vuole.
Qui facit magna, & incomprehenſibi- *Iob 9 B.10*
lia, & mirabilia, quorum non eſt nu-
merus. Atlante abbaſſato, ed incuruato a terra co'l modo ſopra. *Deus,* *Idem ibid.*
cuius iræ nemo reſiſtere poteſt, & ſub
quo curuantur, qui portant orbem. Le
trè dita, che ſoſtiene la terra.
Quis appendit tribus digitis molem ter-
ræ, & librauit in pondere mōtes, & colles *Iſ.40 C.12*
in ſtatera? E la mantiene, e muōue
dal ſuo luogo. *Qui commouet terram* *Iob 9 A. 6*
de loco ſuo, & columna eius concutiun
tur. Il ſole, che vuol ſpuntare, ed è
impedito. *Qui præcipit ſoli, & non* *Iob ibidem.*
oritur. Le ſtelle, per fine, racchiuſe in picciol luogo, e apunto ſot-
to vn picciolo ſuggello, *Et ſtellas* *Idem ibid.*
claudit quaſi ſub ſignaculo.

Ori-

ORDINE. G. 132.

Huomo di bell'afpetto con habito lungo di bianco colore, con la corona in tefta, con l'ali dietro gli homeri in atto di valore, a cui di fopra defcenda preggiata gemma, oue riuolge la faccia, tiene fotto i piedi alcune ftelle, hà in vna mano vn ramo di melo granato, e nell'altra vn Adamante, e d'appreffo vn Caprio, ò Ceruo.

L'Ordine è vno de'sette Sacramenti di Santa Chiesa, ch'altro non è solo ch' vn segno, nel quale all'ordinato si da vna spirituale potestà, conforme il Maestro delle sentenze. E di bell'aspetto quest'huomo, che rapresenta l'ordine, che vago egl'è questo Sacramento infra tutti gli altri. Tiene l'habito lungo, e bianco, in segno della molta autorità, ed eccellenza, che conferisce a chi lo riceue, e'l color bianco è nobile, e perfetto infra colori, ed accenna letitia, in segno della nobiltà di questo Sacramento, che genera allegrezza al cuore dell'ordinato. Tiene l'ali, perche chi riceue quest'ordine deue volare al Cielo, douendo far attioni più celesti, che terrene. Hà la corona in testa, per lo dominio, che tiene quello, a cui si conferisce quest'ordine, ed specialmente il Sacerdote, che domina nel Cielo, e nella terra, per la molta potestà, ch'egl' hà, ouero tiene la corona, perche la dignità Sacerdotale s'accoppia, e s'vniforma con la regale. La gemma, che di sopra gli viene, è il carattere, che s'imprime in questo Sacramento, qual viene spiritualmente dal Signore, e si soggetta nell'anima indelebilmente. Tiene la faccia riuolta in sù, in segno che l'ordinato non deue altrimenti riguardar la terra, mà 'l Cielo, considerando la felice sorte, nella quale vien chiamato, non volendo altro sembrare questo nome *Cleros*. Che. *Sors*. O pur riguarda il Cielo, perche il Sacerdote in speciale dee esser più celeste, che terreno, e calpestrare affatto le cose di terra, e spreggiarle. E però sotto i piedi hà le stelle, perche habitando in terra, fà officio d'Angelo, ed è della conuersatione del

2 sentent. d. 24

Cielo. Il ramo del melo granato è simbolo della molta carità, che deue hauere per la salute altrui, L'Adamante, che non si spezza, mà resiste a martellate, douend' egli esser il medemo in resistere alle tentationi del mondo, e forte a mantenere la giuridittione Ecclesiastica. Il Caprio, ò Ceruo, che sono animali fuggitiui, e separati dalla conuersatione delle genti, simigliante a' quali deu' essere il constituito in dignità, togliendos' in disparte dal mondo, dalle sue pompe, da' suoi inganni, trafichi, e maneggi, non altro volendo dir religioso, che. *A mundo relegatus.*

Alla Scrittura Sacra. Si dipinge da huomo di bell'aspetto il Sacramento dell'ordine, che della bellezza di lui pieno di lucidissimo candore, ombreggiò il Sauio a marauiglia di ciaschéduno, e per l'habito bianco è sembrato anco il il candore. *Pulchritudinem candoris eius admirabitur oculus.* Stà coronato, perche regna, ò eccede la dignità regale, come disse San Pietro. *Vos autem genus electum, regale Sacerdotium, gens Sancta, populus acquisitionis* La gemma, ò segnalato dono è quello spirituale, che gli discende di Cielo. *Donum bonum tribuam vobis, legem meã ne derelinquatis.* La faccia riuolta colasù, oue ammira, ch'iui dee sempre riuolgersi, chi hà cotal dono, allegorandogli così Ezzecchiello. *Fili hominis pone faciem tuam ad Ierusalem, & stilla ad Sanctuaria.* Tiene i piedi sù le stelle, douendo hauer con Paolo vie più celeste, che terrena conuersatione. *Nostra autem conuersatio in cælis est.* E San Giouan. a tutti predicò, e specialmente a' Sacerdoti. *Nolite diligere mundum, neque ea quæ sunt in mundo. Si*

Ecclesiast. 43 C.

Pro.4 A. 2

2 Pet.2 B.9

Ezzecch. A.2

Philipp. 3 D.20

1 Ioann. 2 C. 15

do. Si quis diligit mundum, non est charitas Patris in eo. E Paolo più a loro, che ad ogn'vn'altro dice- ua. *Quæ surfum funt fapite, non qua super terram.* Il ramo del melo gra- nato è simbolo della carità verso altrui, come la Sposa, fauellando allegoricamente dell'anima del Sacerdote, si vantaua esser intro- dotta nel fauorito luogo dell'amo- re, ed essergli inuestita vna carità ardente. *Introduxit me in cellam vi- nariam, ordinauit in me charitatem.*

*Coloss. 3
A.2*

Gāt.2 A.4

L'Adamante della fortezza, per defender la giuridittione, nè cor- romperfi giamai, e resistere al peccato, come diuisò il Signore per Osea d'vn Sacerdote afcefo in eminenza tale. *Quomodo dabo te ficut Adama, ponam te v Seboim.* E per vltimo vi è il fuggitiuo Ca- prio, ò Ceruo, a cui deu'egli, co- tanto amato da Dio, rassembrarfi. *Fuge dilecte mi, & affimilare capree, hinnoloque ceruorum super montes aromatum.*

Osea ij. C.8

Cāt.8 D.14

PAROLA DI DIO. G. 133.

Donna vaga, e bella, che feminarà il grano in vn bel campo, e nell'altra mano haurà vna spada acuta, le farà a' piedi l'arcipendolo, vicino le farà vn vafo d'ar- gento, vna face accefa e vn fonte.

LA Sacra parola di Dio, quale i predicatori Euangelici fe- minano alle genti, è di tanto frut- to, e tant'vtile, che le reduce mol- te fiate alla strada di falute, ed è così vaga, e adorna, come si di- pigne da donna bella, perche ren- de colme di beltadi l'anime Chri- ftiane, nè senza mistero da Christo Signor nostro si reca per geroglifi- co della sua parola il grano femi- nato, come facciamo a sua imita- tione, perche il grano adorna il terreno, lo corona, lo feconda, e caggiona, che si tolghino da lui i cefpugli, e quanto di male natu- ralmente germoglia, e che nel tem po di primauera verdeggi, e po- fcia fe ne facci raccolta fertilissi- ma, come fà apunto la parola del Signore, che fradica dalla terra dell'anima nostra l'herbe cattiue de'nostri vitij, finche si giunga alla

defiata messe del Cielo.

Sacra parola del Signore di va- lor tale atta ad attigner l'anime Christiane dal profondo dell'osti- natione. Ella è fonte, oue si gusta- no acque dolcissime di meriti, e gratie. E fiume colmo d'argentei liquori di fauori diuini. E ameno prato, oue campeggiano i veri fiori di beni spirituali. E luogo, oue trouanfi le più preggiate gē- me delle virtù, tesoro, oue sono tutte le ricchezze della nostra fa- lute; Ed in fine la santa parola di Dio è cosa in uero preggieuolissi- ma, e d'ifmifurato valore, giouan- do in maniera grande alla falute delle genti; fiche vna fiata il gran Segretario di Christo nelle fue re- uelationi vidde il figliuol di Dio in mezzo di fette candelieri d'oro, nella deftra mano hauea fette ftel- le, ed in bocca hauea vna spada àcuta acuta d'ambe le parti , mà la sua voce era in guisa del suono dell'acque. *Et conuersus vidi septem candelabra aurea : & in medio septem candelabrorum aureorum similem filio hominis,&c. & vox illius tanquam vox aquarum multarum.* Che vuol dire, che staua in tāta maestà il figliuol di Dio , non per altro , che per mostrare la grandezza , ed eccellenza della sua voce; ch'era in maniera del suono dell'acque , quali mondano , e poliscono tutte le macchie, come quella le lordure, e bruttezze di peccati Qual fà altre sì l'officio di luce del mondo, come ombreggiò il Profeta Reale. *Lucerna pedibus meis verbum tuum* Sappiamo bene, che la luce in tempo di notte caggiona diuersi effetti negli vcelli , e nelle fiere, se si mostra a quelli tosto diuengono piaceuoli , e facilmente si prendono, mà se si mostra alle fiere, come lupi, orsi, ò altri in vn baleno si pongono in fugga , diuenendo più fieri ; talmente accade alla santa parola del Signore, ch' è luce dell'anime, se l'odono i buoni si lasciano prendere, rendendosi mansueti, ed osseruanti ; Quindi dicea il Salutore. *Qui ex Deo est, verba Dei audit, propterea vos non auditis, quia ex Deo non estis.* Diuersi effetti poscia caggiona a' reprobi : imperoche all'vdir di quella si danno a fuggire dalle virtù, e ne rimangono fieri nell'ostinatione . Lucerna, ò lume splendidissimo chiamò per anche la parola del Signore il Padre S: Agostino; l'appellò altresì Margarita pretiosa, ingemmando l'anime Christiane , la nomò saetta, che passa i cuori , spada infocata, e seme, co'l quale si ganerano i fedeli. La custodia della parola del Signore (dice l'istesso) si de' fare con l'operatione de' precetti ; che

malamente si custodiscono nella memoria, se non si tēgono in custodia, e non s'osseruano con la vita .

Chi si pasce della parola di Dio, non cerca pascolo terreno; nè può cercare pane del secolo, chi gusta, e si satia di quello del Signore, dice S. Ambrogio . Come possono esser dolci le parole di Dio nelle tue fauci, se vi è l'amarezza del peccato, dice il medemo.

Più co'l cibo della parola di Dio si dee satiar lamente, c'harà da viuere in eterno, che satiar la carne di cose terrene, c'haurà da morire, dice Gregorio Papa.

L'anima (dice Bernardo) cerca la parola del Signore, alla quale assente nella correttione, con che s' illumini nella cognitione, è inuitata alla virtù, e si riforma nella sapienza.

Hor ben dunq; si dipigne la parola di Dio da Donna , che semina il grano, perche questi è simbolo dell'elettione secondo Zaccaria Profeta *Quid enim bonum eius est, & quid pulchrum eius , nisi frumentum electorum.* Perche gli eletti son quelli, che volentieri sentono questa santa parola di Dio , e la riserbano nel cuore, e di quindi n' attigneno beatezza di Cielo. *Beati qui audiunt verbum Dei, & custodiunt illud.* La spada nelle mani è proprio Geroglifico della parola di Dio, essendo così acuta, penetrante i cuori, ch' entra in quelli più della spada, come ben dce Pierio, quella esser Geroglifico della parola. Diogene ancora disse, la spada compararsi alla parola , si che sentendo raggionare vn giouane bello di cose male, gli disse. *Non te pudet ex eburnea vagina plumbeum gladium exerere.* E nelle Sacre carte pur ritrouasi . *Lingua eorum gladius acutus. Et altroue.*

Apoc. 1 C. 13

Psal. 118 D. 105

Ioa. 8 F. 47

Augustin.

Idem in Psal. 118

Ambr. ser. 40

Idem in Psal. 118

Greg. hom. 6 sup. Euā.

Bern: super Cant. 85

Zac 9 D. 17

Luc. ij D. 18

Pier. lib. 42 ibi de glad. Diogen.

Ps. 50 A. 5

Pſ. 63 A. 4 troue. *Exacuerunt , v gladium linguas ſuas .* Parola tanto giuſta di più, e retta è quella del Signore, ch'al giuſto, ed alla rettitudine drizza . Quindi vi è l'arcipendolo , ch'è miſura , quale agiuſta l'artificio delle fabriche. Oltre ciò e quella, qual' altro finiſſimo , e medicinale vnguento , che toglie dalle piaghe il dolore , e le ſana, ſanando così l'vlcere de' peccati, e togliendo via il dolore delle pene infernali , hauendo così ſanato tutti gli vlcerati, e feriti dall'infedelta. Vi è la face acceſa , perche la parola del Signore illumina tutte le genti, e le drizza per lo dritto, e vero ſentiero del Paradiſo; e per fine vi è il fonte , le cui acque ſpegneno la ſete, com'ella i mondani deſideri , e naturali inchinationi cattiue, ed è peranche vn'acquedotto, che giugne al vaſto mare del Paradiſo .

Alla Scrittura Sacra. Si raſſembra la parola di Dio al grano, che ſi ſemina in bel campo, ch'in tal guiſa la raſſembrò il Saluatore. *Exijt qui ſeminat ſeminatorè ſemen* *Luc.4 A. 5* *ſuum.* Ed altroue. *Qui ſeminat ver-* *Mar.4 B.17* *bum ſeminat , & hi qui ſuper pratoſa ſemiaantur . qui cum audierint verbum ſtatim cum gaudio accipiunt illud .* La ſpada acuta , a cui fù pa- reggiata da San Paolo . *Viuus , &* *Heb.4 C.12* *efficax eſt ſermo Dei , & penetrabilior omni gladio ancipiti.* L'arcipendolo per la rettitudine . *Quia rectum eſt* *Pſ.32 A. 4* *verbum Domini , & omnia opera eius in fide* Il vaſo d'vnguento, perche ſana. *Miſit verbum ſuum, & ſanauit* *Idem 106* *eos.* La face, ò lucerna acceſa, che *A.10* lucerna la diuiſò il Sauio. *Lucer-* *Pr.20 D.27* *na Domini ſpiraculum hominis, qua inueſtigat omnia ſecreta ventris .* E per fine vi è il fonte, a cui peranche raſſembraſi detta parola del Signore. *Fons ſapientia verbum Dei* *Eccleſiaſt.* *in excelſis, ingreſſus illius mandata* *1 A. 5* *aterna.*

PATIENZA. G. 134.

Donna, che ſtà veſtendoſi vna bella veſte, tiene vna
gioia nel petto, che ſtima grandemente, ſtà con la
faccia inuerſo il cielo, haurà vn raggio lucente ſù la
teſta, ſtando co' piedi ligata, e da dietro vi ſarà vno,
che l'hà tirato vna ſaetta, e ſtà per tirarle l'altrà, ſenza ch'ella punto ſi volga, nè ſe ne doglia.

La

LA Patienza è grandiſſima_ virtù oppoſita al vitio abbomineuole dell'ira, e dell' impatienza, ch'oue queſta ſubito fà muouere ciaſcheduno, e fà ch'in vn tratto s'inferuori, ſi colmi di ſdegni, e gli bolla il ſangue, per moſtrare il furore altrui in ogni coſa di male, che ſe gli rapreſenta, per picciola che ſia, quella_, per eſſer virtù, che fà tolerare, reduce a ſoffrir con pace, e flemma grande tutte le coſe, etiandio auuerſe molto, e contrarie. Viuace eſſempio di tal virtù fù il più patiente infra tutti nel nuouo teſtamento, quale per noſtro amore tanti martiri, tante ignominie ſofferſe, tanti vilipendi, ed opprobrj, ſenza giamai turbarſi punto, nè querelarſi; e nelle vecchie carti Giobbe, che dopò la perdita di tutti beni temporali, e figli ancora, tutto impiagato ſtaua da capo a piedi, nè ſi turbò, nè lamentoſſi mai, mà lodaua, e benediceua il Signore, ſouente dicendo. *Sit nomen Domini benedictum.* Sono in vero ritratti da ſtar ſempre auanti gli occhi de'chriſtiani, per douerſi colà, come in ſpecchi lucidiſſimi ammirarſi, ed in ſembianze cotali vnirſi, ed accopparſi co'l Signore in ogni caſo, che l'auueniſſe di male.

Iob.1.D.22

Cic.inreth. La Patienza (dice Cicerone) è vna virtù, che porta, e ſoffre il peſo di tutte l'inginrie, e auuerſità, e l'empito grande di quelle.

Auguſt. in ſer, innoce. Fratelli (dice Agoſtino) noi conoſciamo i buoni, ed i giuſti ſempre hauer ſofferto le perſecutioni de' triſti.

Idem ſuper Io.hom.58 Tu, che ſei buono (dicea l'iſteſſo) ſopporta il male, come Chriſto Giuda, qual benche ſapeſſe eſſer ladro, lo tolerò, mandandòlo a predicare, e con gli altri gli diede l'Eucariſtia ancora.

Quel fatto ſi renderà magnifico ſe tu ſarai ſoggetto all'ingiurie, e lodarai il giudieio diuino, ſe ſarai trauagliato da infirmità, e ſo reputerai all'iſteſſo giuditio, e ſe haurai pouertà, loderai la diuina giuſtitia, dice Ambrogio.

Amb ſuper Beati im_ maculate in via.

Noi ſenza ferro, e fiamma poſſiamo eſſer martiri, ſe veramente cuſtodiamo nell' animo la patienza, dice Gregorio Papa.

Greg. ſuper Ezzecch. homel, 7

Eſſer patiente nelle proprie ingiurie, è coſa molto lodabile, mà diſſimular quelle fatte al Signore, è coſa molto empia, dice l'iſteſſo.

Idem ſuper Matth.

Non è mai virtù (dice il medeſimo) nelle coſe proſperi, mà quella è patienza, quando vno è trauagliato nell'auuerſità, e non manca dalla rettitudine, e dalla ſperanza.

Idem lib. 11 moral.

Si dipigne, dunque, queſta rara, ed eccellente frà le virtù, la patienza da donna bella, che ſi veſte vn vago, e riccoueſtimento, per ſegno che conforme è neceſſario a gli huomini il veſtirſi, ed è coſa, che rende decoro, così è hauer indoſſo queſta virtù ſourana, e ſicome le veſti cuoprono la noſtra carne, e la riparano dal freddo, giacci, e dalla poluere, e naſcondono le ſue vergogne; in tal guiſa queſta virtù rende l'anima libera da ogni male, ricouerta dal freddo delle tribolationi, da'giacci de'perſecutioni, e dalla poluere del peccato, che qual rugine conſuma l'anima, co'l ſoffrire gl'inſulti del mondo, e e del demonio, e queſta altreſi cela le vergognoſe, e cattiue inchinationi della noſtra procliuità al male. Tiene la gioia nel petto, ſtimandola di molto preggio, ch'allude all'iſteſſa patienza da douerſi tener cariſſima, e come coſa neceſſaria alla ſalute, qual freggia, e colma di beltadi l'anime di Chri-

Sſ -ſtiani.

ſtiani. La faccia inuerſo'l cielo ſembra, che per amor di quello, s'hà patienza, ò pure per iſpecchiarſi in Dio, ch'è l'autore di tal virtù. Il raggio sù'l capo ſignifica la virtù d'uina, e la gratia, ſenza la quale non può hauerſi queſto dono ſegnalato della patiēza, per cui ogni coſa ſi ſoffre, e adiuiene dolce e ſoaue, e ſia pur malageuole, e au uerſa, che per virtù di lei il tutto tiene il ſébato d'aggi, e diporti, e'l tutto s'abbraccia preggieuolmente, e ſi ſtrigne con amore, qual'altro Giobbe le ſue paſſioni, godendo nell'affanni, e le piaghe gl'eran gioie, i dolori contenti, le pouertà ricchezze, i colpi del Signore ricami di valore, e l'auuerſità fauori, e gratie, ſtimando cotanto lo ſterquilinio, oue languiua, com'il ſeggio regale, onde fù tolto per lo viuace amore del ſuo caro Signore. Stà co'piedi ligata, per ſegno del patire volentieri, nè ſente diſguſto veruno. Da dietro finalmente ſtà vno, che la ſaetta, ed ella ſoffre ſenza pnnto riuolgerſegli, ſtando riparata co'l ſchermo della patienza, perche ogni ſaetta di tribolatione, ò di diſaggio, ò ingiur'a tolera, ed abbraccia volentieri con ogni dolcezza.

Alla Scrittura Sacra. Si dipige la patienza da Donna, che ſi veſte vn bel veſtimento, veſtendoſi di quella i Santi del Signore. *Induite*   *Coloſſ 3 B. 12* *vos ergo ſicut eletti Dei Sancti, & dilecti viſcera miſericord'a, benignitatem, humilitatem, modeſtiam, patientiam, ſupportantes inuicem &c.* E ſe la veſte ſembra l'eſempio di Chriſto, che dee immitare il Chriſtiano, e veſtirſi la di lui veſte di patiēza, a ciò eſortaua altreſi l'Apoſtolo. *Induimini Dominum Ieſum*   *Ad Rom. 13 D. 14* *Chriſtum.* Hà nel petto vna gioia, che la tiene cara, come coſa ne-

ceſſaria. *Patientia vobis neceſſaria eſt,*   *Heb.xG.36* *vt voluatatem Dei facientes reportetis promiſſionem.* Stà con la faccia verſo il Cielo, per riguardar Chriſto ſpecchio di patienza, douendolo inuitare. *Aſpicientes in authorē fidei,*   *Heb.12A.2* *& conſummatorem Ieſum, qui propoſito ſibi gaudio ſubſtinuit crucem, cōfuſione contempta, atque in dextera ſedis Dei ſedet.* Il raggio ſu'l capo, ch'ombreggia co' viui colori il timor di Dio, qual' auualora i Chriſtiani, per eſſer ricchi di patienza. *Qui*   *Eccleſiaſt.* *timent Dominum cuſtodiunt mandata*   *2 D.* *eius, & patientiam habebunt vſque ad inſpectionem illius.* O pure ſembra queſto raggio la gratia del Signore, qual congionge l'huomo con eſſo, e lo rende forte nella patienza. *Coniungere Deo, & ſubſti-*   *Idem 2 A.* *ne, vt creſcat in nouiſſimo vita.* Stà co'piedi ligata, in ſegno di ſeruitù, patendo per amor del Signore. *Suſtinetis enim ſi quis vos in ſeruitu-*   *2 Cor. 11* *tem redigit, ſi quis deuorat, ſi quis ac-*   *E. 20* *extollitur, ſi quis in faciem vos cadit.* E finalmente quello, che l'auuenta ſaette, ed ella ne gode, nè ſi querela, ma più toſto dà lode a Dio, che ſi degna toccarla con la ſua mano, prorumpendo co'l patiente. *Si bona ſuſcepimus de manu*   *Iob 2 C.10* *Dei, mala quave non ſuſcipiamus?* E Dauide. *Et te ſuſtinui tota die.* E   *Pſ. 24 A.5* l'Apoſtolo San Paolo anco volſe ſignificar queſto. *Rememoramini*   *Heb.x f.32* *autem priſtinos dies, in quibus illuminati magnum certamen ſuſtinuiſtis paſſionum, & in altero quidem opprobrys, & tribulationibus ſpectaculum facti: in altero autem ſocy taliter conuerſantium effecti.* O pure le ſaette dell'ingiurie ſofferte all'vſanza di Chriſto. *Qui cum malediceretur, non*   *1 Pet. 2* *maledicebat: cum pateretur non com-*   *D. 23* *minabatur: tradebat autem iudican-ti ſe iniuſte.*

P A-

PATIENZA, O TOLERANZA NELLE TRIBOLATIONI. G. 135.

Donna, laquale ſtà con i ceppi a' piedi, con faccia allegra riuolta inuerſo il Cielo, da doue ſe l'appreſta vna corona, tien' all'orecchie due belliſſime margarite, con vna mano moſtra vn galante ramoſcello di fiori, e l'altra la tiene alzata verſo il Cielo, ſtà ſedente ſopra vna piétra quadrata; con vna veſte ſtraccia piena di piaghe, a' piedi le ſarà vn bocale d'acqua, con vn ſol pane ſopra, da dietro harrà, ò da vicino vna ſtatera, che traboccheuolmente pende co'l peſo.

LÀ Patienza, ò Toleranza nelle tribolationi è grandiſſima virtù, e'l ſopportar gli affanni, e tribolationi di queſta vita è ſatto degno di gran preggio, e può quello, che l'hà, dirſi perſona di gran fortezza, illuſtre nella fama, honoreuole appreſſo Dio, e gli huomini, e tale, che s'indrizza con ciò facilmente nel felice viaggio del paradiſo.

Si debbono (ſenza punto auiſarmi male) abbracciar le tribolationi, e ſoffrirſi con molta deuotione, e patienza, e con ſpirito eleuato al Signore, riconoſcendolo per grandiſſimo benefattore, che per queſta ſtrada brama ſaluar l'anime noſtre, con farle faconde, abbellirle, riempirle di preggi, colmarle di virtù, adornarle di meriti, e renderle ricche di tutti beni; e ſicome le nubbi riempono d'acqua tutta la terra, e la fan deuenire fertile, e coronata di frutti; coſì le tribolationi rendono l'anime piene di tutti beni ſpirituali,

diuiſando coſì il ſauio, eſſendo di lui il concetto. *Specioſa miſericordia Dei in tempore tribulationis; quaſi nubes pluuiæ in tempore ſiccitatis.* E'l gran padre delle lettere dice, che la tribolatione è vna fornace del ſourano artefice, ſe tu ſei oro di bontà, e non paglia di vitij, reſtarai purgato, e non incenerito.

Sappi (dice l'iſteſſo) che Iddio è medico, e la tribolatione è medicamento alla ſalute, non alla dannatione, nè ſatto queſto medicamento ti deui lamentare, perche il medico non attende alla volontà, mà alla ſanità.

Niuno (dice il medemo) è ſeruo di Chriſto ſenza tribolationi, e ſe ti perſuadi non hauer perſecutioni, non ancora hai cominciato ad eſſer Chriſtiano.

Il deuoto Bernardo dice, ſicome le ſtelle ſtan celate di giorno, e nella notte campeggiano sì lucide nel firmamento; coſì la vera virtù nella proſperità non appare, mà riluce ſi bene nell'auuerſita, e

S ſ 2   ne'dine' difaggi .

Idè quod.
ferm.

Fratelli (diceua l' ifteffo) noi in
quefta vita fiamo in campo guerriere, oue fono molte battaglie, e
chi quiui non prenderà i dolori,
le piaghe, e le tribolationi, nel futuro apparirà fenza gloria.

Picciole cofe quì fofferiamo, fe
ci ricordaremo, che hà fofferto, e
che amarezze hà fucchiato nel pa-

Caſſio, ſup.
Pſal.

tibolo quel, che n'inuita al Cielo,
dice Caffiodoro. Sì che ben diffe
quel Poeta.

Ouid. ad
Liuiam.

Scilicet exiguo percuſſa es fulmi-
nis ictu
Fortior, vt poſſis claudibus eſſe
tuis.

Idè 3 Faſt. E l'ifteffo.

Vincitur ars vento, nec iam mo-
derator habenis
Vtitur, ac votis is quoque poſ-
ſit opem.

Si dipigne, dunque tal beata patienza, e toleranza di mali da donna, quale ftà co' ceppi a' piedi, che
rapprefenta la perfecutione di cor
te ingiuftamente fatta. La vefte
ftraccia dinota la pouertà, in che
s'adiuiene in quefto mondo, che
molto preme ad vno, ch' è folito
d'effer ricco, e ftar con grandezze,
e poi vederfi colmo di miferie, e
di mali. Le margarite all'orecchie
fembrano la prontezza dell'vdito,
che fubito dona vn vero patiente a quel che comanda Iddio per i
Santi fuoi, cioè la patiéza effer neceffaria, e che fi debba abbracciare, con che tutte le cofe malageuoli parranno dolci, come diffe vn
deuoto fpirito infra carboni acce-

In legg. cu-
inſ.d.mart.

fi. *Prunæ mihi flores videntur.* Il boc-
cale d'acqua con vn pane, fembra
l'effetto della pouertà, ch'appena
vn tal pouero può fatiarfi di pane,
e d'acqua, oue in prima forfe faceua lautiffima menfa, con fontuofi cibi, e viuande, ma perche chi

tolera con patienza quefte cofe,
ftà allegro per amor di Dio, rico-
nofcendo la fua potenza, e grandezza, che trattarlo così s'aggrada, e confidera la volubiltà dell'
humane cofe, però fi dipigne con
faccia allegra, mà riuolta al Cielo,
verfo doue alza con giubilo vna
mano', in fegno che per amor di
Dio il tutto foffre, e che per gratia fua hà quella forza di foffrir-
lo, humiliandofi fotto la fua potenza. Il mazzo de' fiori, c' hà in
mano, dinota ch' oue i trafcura-
ti del mondo ftimano le tribolationi, difgratie, e dolori, cofe,
che fi debbono fuggire, vn
faggio patiente, ed illuminato da
Dio appreggia vernantiffimi fiori, ed efercij fpirituali, con che
Dio lo vuol purgare, come l'oro
nella fornace, ed effercitarlo nelle
ftrade delle virtù, e così le ftima
imperlati fiori, che dan gufto all'
olfatto. Siede fopra vna pietra
quadrata, che fembra la giuftitia
di Dio, e'l retto giudicio fuo, con
che manda le tribolationi per vtile dell'anime Chriftiane; il che
con patienza confidera, e ch'Iddio
giuftamente gli manda quefti mali per i peccati fuoi, e per far che
gli purghi con quelli, qual'è atto
altresì di pietà. E Niceforo racconta di Mauritio Imperadore,
ch' hauendo riuelatione di douer
patire molta ftragge per mano
d'vn fuo foldato chiamato Phoca,
che gl'vfurpò l'Impero con l've-
cifione d'otto figli, troncando il
capo a lui, ed alla moglie, egli ri-
conofcendo ciò effer giudicio di
Dio giufto, ch'il tutto difpone a
buon fine, e ch'ogni cofa fuccede-
uagli per i fuoi peccati, altro non
diceua, Signore quanto fei giufto,
ed è giufto il tuo giudicio, come
dourebbe ciafcheduno, che patifce,

Nicefo. lib.
18 hiſt. ec-
cleſ.cap. 40

fee, raffembrarfi a quefto diuoto Imperatore, che riconobbe quanto di mal l'occorfe per fuoi errori, conche fenz' altro gli purgò, ed hebbe douuto preggio in Cielo della fua memorabile patienza. La ftatera, che con empito trabocca, dinota il preggio di sì gran pefo, ch' è 'l Paradifo, c'hanno i tribolati patienti, poiche fe dalla parte della ftatera s'apprefentano tutt'i difaggi, tutti gli affanni, e' dolori, che quì fi patifcono, e dall' altra la mercè, che s'afpetta, fenza fallo trabocca la ftatera, non effendo quanto quì fi patifce, fe non vn niente, rifpetto al molto, e fuperchiâte bene, c'hanno a godere, come diceua l'Apoftolo. Nó effer condegne le molte paffioni, che fi foffrono in terra, rifpetto alla futura gloria del Cielo. *Exiftimo enim quod non funt condigna paffiones huius temporis ad futuram gloriam, qua reuelabitur in nobis.*

Ad Rom.8 D.18

Alla Scrittura Sacra. La toleranza de'tribulationi fi dipigne da donna, che ftà co' ceppi a' piedi, per le carceri, che fi patifcono, oue fi ricchiede molta patienza, com' efortaua l'Apoftolo. *Sed in omnibus exibeamus ficut Dei miniftros in multa patientia in tribulationibus, in neceffitatibus, in anguftys, & plagis, in carceribus, &c.* Stà col veftimento ftraccio, e pane, ed acqua folo per la pouertà, e 'l tutto foffre con patienza vn' anima eletta, come diceua Paolo fteffo. *In omnibus tribulationem patimur, fed non anguftiamur.* Che perciò fe l'apprefta la corona, inguifa che 'l me-

2 Corin. 6 A.6

2 Cor. 4 B.8

demo diuisò. *Nam, & qui certat in agone, non coronatur, nifi legitimè certauerit.* E Saul all'hora conobbe Dauide degno di corona, quando foffriua con patienza tante perfecutioni, e miferie. *Benedictus fis filius Ifai nunc cognofco, quod regnaturus es in Ifrael.* Le margarite, che le pendono all' orecchie. *In auris aurea, & margaritum fulgens, qui arguit fapientem, & aurem obedientem.* Ed altroue. *Tollite in aures aureas de vxorùm, filiorumque, & filiarum veftrarum auribus, & afferte ad me.* Stà con la faccia allegra, come efortaua Paolo. *Excipientes verbum in tribulatione multa cum gaudio.* Stà riuolta al Cielo con vna mano ancora, perche fi humilia a Dio, e riconofce da quello hauer quefta virtù della patienza, come ben diceua Dauide. *Deo fubiecta efto anima mea, quoniam ab ipfo patientia mea.* Hà i fiori in mano, perche le fon confolationi amorofe, e gufteuoli le tribolationi, che riceue da Dio. *Sicut abundat per Chriftum tribulatio noftra, ita & per Chriftum abundat confolatio noftra.* Siede fopra la pietra quadra, per lo giufto giudicio di Dio, che riconofce con Dauide ne' fuoi affanni. *Iuftus es Domine, & rectum iudicium tuum.* E finalmente la ftatera, che trabocca, per lo molto premio in Cielo, con che fpera effer guiderdonato, rifpetto a'piccioli dolori in terra. *Quod in prafenti eft momentaneum, & leue tribulationis noftra, fupra modum in fublimitate aternum gloria pondus operatur in nobis.*

Idem 27 Tim.2 A.5

1 Reg. 24 D.21

Pr.25 B.12

Exod. 32 A.2

1 Thef. 1 C. 6

Pf. 61 A.1

2 Cor. 1 A.5

Pfal. 118 R.137

2 Corint. 4 D.17

PAZZIA. G. 136.

Huomo, che ride ſpeſſo, e ridendo và balbuttando ſolo, ſtà battendoſi le mani, ed hà infra le braccia vna canna, ſtà ſenza cappello, e co'l mantello per terra, hà vicino vna ruota con vn aſſo, che volge, ed vna pecorella.

LA pazzia non è altro, ch' vn defetto, ò mancamento d'vſo di raggione, caggionato dal ſtupore, ò oſcurità della mente, ò del ſenſo ſpirituale. La pazzia, ò ſtoltezza, ſecondo Ariſtotile, ſi dice dal ſtupore, perche ſtolto è quello, che non ſi muoue a coſe raggioneuoli per cauſa del ſtupore. La pazzia tal fiata ſi prende in bene, perche il mondo riputa pazzi certe perſone giuſte, e ſpirituali. E S. Paolo diceua. *Nos ſtulti propter Chriſtum*. Mà quì ſi prende in male, ſecondo la prima raggione detta. Quindi ſi dipigne ridente la pazzia, che queſto è'l primo ſegno del pazzo, moſtrando il difetto, c'hà nella mente, co'l ridere ſenza caggione, e per eſſer il riſo paſſione dell'huomo è caggionata dal principio eſſentiale, ch' è la rationalità; Si ride, dunque con occaſione, e co'l diſcorſo della raggione, mà quando vno ſempre ride, e ſenza cauſa, è ſegno, che la raggione è impedita, e'l diſcorſo ſtà oſcurato, e queſta è l'amentia, e la pazzia. Parla ſolo, e ſpeſſo, perche il pazzo non diſcorre, ſtando occupato, come hò detto, ed offuſcato nella fantaſia, imaginandoſi ſempre parlar con altri, e ſtarà ſolo. Il battere delle mani, pur è ſegno di ſtoltitia, ſembrando vna certa marauiglia, ò pure battendole per ſcherzo, ò per tra-

ſtullàre. La canna, ch' è vota, ſembra queſto difetto, eſſendo'l pazzo voto di ſenno, e di raggione; dinota altreſi la canna il poco decoro, e poco honore, eſſendo così leggiera, e frale, che perciò fù data in mano di Chriſto, vera ſapienza, per togliergli l'honore, e reputarlo pazzo. Stà co'l capo ſcouerto, e co'l mantello per terra, non facendo conto dell'honore, e reputatione mondana, nè puntò tenendo penſiero di ciò. Tiene vna ruota con vn aſſo ſotto i piedi, per ſignificar due coſe, prima, che ſicome volge quella ruota, così riuolge la mente del pazzo, e ſe gli muouono le ſpecie nella fantaſia, ed i penſieri; quindi ſegli veggiono fare milli motiui diuerſi: La ſeconda, la ruota è di figura ſferica, ch' è ſimbolo dell' infinito, per lo gran numero di pazzi, che ſono al mondo, ed iſpecialmente tutti i peccatori ſi riputano tali, abbandonando Iddio, il Cielo, il proprio bene, per ſeguire le vanità, e'l niente ſteſſo, come fanno i pazzi, ch'abandonaranno talhora vna gemma preggiatiſſima, per vn pomo, e per vna coſa da niente, con che vi ridono, e traſtullano, come ſarebbe vn ramo verde, vn ſterpo, ò altro. E per fine v'è la pecorella, ch'appreſſo gli Egittij era Geroglifico di pazzia, per eſſer animale ſtolido, che come ſi di-

dilunga dal gregge tofto fmarifce, e molti fur chiamati co'l nome di peccorella, per hauer cotal difetto, come Fabio Maffimo, c'ha ueua vn ftupor di mente, nè potè giamai moftrarfi pronto all' infegnare, e fù chiamato con tal nome come fcemo.

Alla Scrittura facra. Si dipigne la pazzia, per vn huomo, che_> fpeffo, e sêza propofito ride, come fi d: e ne'prouerbi. *Quafi per rifum ftultus operatur.* E che ridendo, fempre parla folo. *Stultus verba multiplicat.* dice l' Ecclefiaftico, e ne_> prouerbi ; *Vidifti hominem velocem ad loquendum ? ftultitia magis fperanda eft, quam illius correctio.* Stà battendofi le mani all' vfanza di

pazzi ; *Stultus plaudet manibus.* Ed hà la canna vota_> nelle mani, per fegno ch'egli è voto di fenno, e di virtù ; *Ne forte elidatur virtus tua per ftultitiam;* Ed Efaia fi marauigliò di tal pazzia, *Ecce confidis fuper baculum arundineum fractum iftum.* Porta il mantello per terra; *Et veftimenta fua varia abijcient, & induentur ftupore.* La ruota che volge coll'affo ; *Precordia fatui, quafi rota carri, & quafi axis verfatilis cogitatus illius ;* Ed anche la ruota è fimbolo dell'infinito, ch' infinito è il numero de'ftolti ; *Stultorum infinitus eft numerus.* E la pecorella, a cui Dauide raffembrò i pazzi, ed erranti peccatori, e fe fteffo ; *Erraui ficut ouis, qua peryt, &c.*

Pr.x.D. 23

Ibid. 29 *C.* 20

Ibid. 17 *C.* 18

Eccl. 6 *D.* 2

Ifa. 36 *A.* 6

Ezz. 36 *C*

Ecclefiaft. 33 *A.* 5

Pfal. 118 *T.* 176

PAZZIA. G. 137.

Huomo, che camina di notte, e s'incontra con vn'altro, che gli parla, mà egli prima che fe gli finifchi di fauellare rifponde, hà le mani gionte infieme, ed vn libro vicino a i piedi, quali ftando inferrati, harrà ancora da dietro vn orfo.

LA pazzia adiuiene per effer la mente ofcurata, e deprauata, che però opera contro raggione, e fà che l'huomo pazzo facci mill' errori, ed effetti mali. Quindi fi dipigne da vn' huomo, che camina di notte nell'ofcurità, in fegno, che fe gl'ingombra l'vfo della_> raggione, ftando, il mifero in tutto ottenebrato, e ftupido nella fantafia, e nel fenfo fpirituale. Quindi fi dipigne da huomo, che camina di notte, perche quefto fà cofe da pazzo, effendo il giorno, fatto da Dio per caminare, e maneggiar negotij, e quello inaue-

duto vuol caminare in tempo di nòtte, quando tutti ripofano, e non vede, nè può vedere, potendo facilmente effer'offefo, offendendo, ed ingiuriando la luce_>. S'incontra con vn altro l'huomo pazzo, che gli parla, ed egli prima, che fenta, che cofa fe_> gli dice, rifponde fuora di propofito, nè può ben rifpondere, ed euacuare le difficultà, non intendendo il tutto fe gli dice, e per alquanto ponderarlo, perche lo'ntelletto noftro non può così fubito oprar u'il difcorfo. Tiene le mani gionte, cofa da pazzi, non auertendo

tendo a tenerle con modeftia fu'l feno, ò reggendoui le vefti, e mantenerle conforme l' occafioni. Il libro in terra dinota la fcienza, ò fapienza difpreggiata dal pazzo; E l' hauer i piedi co' ferri è, che la fapienza al pazzo più l'inuiluppa, e quanto più altri affatigaraffi caftigarlo peggio fa, ò dirgli le raggioni, e parlargli fundatamente, più meno intende, e fà più errore. L'Orfo è fimbolo dell'ira, e dell' impatienza, proprij vitij del pazzo, che per mezzo di quelli opera, non fapendo, nè potendo raffrenare le naturali paffioni. E l' Orfo iracondo, ed impatiente (che s' a naturali crederemo)s' infuria, e s' adira con vehemenza cotanta, che fe per cafo fi ritroua combattendo con vno, fubito che veniffe tocco da vn'altro, lafcia quegli, correndo dietro a quefti con mirabile inpatienza, ed ira, come apunto fà il pazzo, che talhora vno lo molefta, e fe vi fopragionge vn' altro, non più abadarà a quello, mà contenderà coll' altro con ira, e furia fmifurata.

Alla Scrittura facra. Si dipigne la pazzia da huomo, che camina di notte, ftando così ofcurato nella raggione. *Stultus in tenebris am-* balat. E così offende la luce. *Qui ambulat in tenebris offendit lucem.* Parlandogli vn'altro, egli prima rifponde, che finifcha. *Qui prius refpondet, quam audiat; ftultum effe demoftrat.* Effendo proprio del pazzo affai parlare. *Stultus labijs verberabitur.* Com' è del fauio tacere. *Vir prudens tacebit.* Anzi, che'l pazzo, che poco parla, par fauio. *Stultus quoque fi tacuerit fapiens reputabitur.* Hà le mani gionte, per la pazzia. *Stultus complicat manus fuas, & comedit carnes fuas.* Il libro fimbolo della fapienza è in terra, ch' in perfona di quella, dà difpreggiarfi da' ftolti parlo Giobbe. *Stultiquoque defpiciunt me;* E l'Ecclefiaftico. *Cum dormiente loquitur, qui enarrat ftulto fapientiam fuam.* Hà i ferri a' piedi, perche s' inuiluppa con la dottrina. *Compedes in pedibus doctrina ftulto.* E finalmente v' è l'Orfo, che s' infuria, e s'adira, fimile al pazzo, ch' a ciò alluſe il parlare d'Efaia. *Rugiemus quaſi vrſi omnes.* V'è l'impatienza dell'Orfo, c' hà 'l ftolto. *Impatiens operabitur ftultitiam.* E ne' prouerbi. *Fatuus ftatim indicat iram;* E l'Ecclefiaftico. *Ira in finu ftulti requiefcit;* E di più ne' prouerbi. *Graue faxum, & onerofa arena, fed ira ftulti vtroque grauior.*

Pr.18B.13

Ibid.x.B.x

Ibi.ij B. 12

Ib.17D.28

Eccl.4 B.5

Iob 19C,18

Eccl.22a.9

Ibidem 21 C. 22

Iſa.59 B.ij

Pro.14B.17 Idibem 12 B. 16 Pro.27A.3 Eccl 7 B.ij

Ecclefiaft. 2 C.1

PECCATO. G. 138.

Huomo diforme con veſtimento da ruſtico, che ſtà lacerando vn libro, e precipita in balſi, e rupi, hà la faccia tutta macchiata, ſi punge con vn coltello il cuore, al quale di più vi ſtia attaccato vn verme, ed haurà vn legno ſecco d'appreſſo.

L Lpeccato è cofa tanto difpiaceuole al Signore, effendo vn' auertenza, che volontariamente fà il peccatore da quello, conforme dice

B. *Tho. p. p.*
q. 24 *art.* 1
Idẽ p. 2. *q.*
7 1 *art.* 6 *et*
q. 76 *art.* 1

dice il Dottor Angelico, ò pure (dice l'iſteſſo, ſecondo la dottrina del Padre Sant' Agoſtino) , è che diſpreggiate le coſe eterne, ſeguon ſi le coſe temporali, ò pure è ogni detto, ò fatto , ò deſiderio contro la diuina legge , ſecondo l'iſteſſo Agoſtino. Queſto è quello, che reca tanto male negli huomini, e gli caggiona tanti auuenimenti cattiui, nè tengono coſa auuerſa, che non adiuenghi per caggione di queſto veleno peſtifero, prodotto nel modo da quel Serpe infernale di Satanaſſo, ch'in prima il diffuſe nel mondo, rimanẽdo per ſempre in noi il fomite, è l'inchinatione al male , come diceua l'Apoſtolo .

Eph. 2 *A.* 8 *Omnes naſcimur filij iræ* . E fù di tal fatta queſta colpa infauſta, e queſta Zizania infame, che fù miſtiere al proprio figlio di Dio venir' a cancellarla co'l ſuo diuino ſangue, ſparſo nell'albero della Croce, bẽ che ſenza giamai vi foſſe la colpa, e gli harrebbe preſa la noſtra carne come Saluatore, non co'l titolo , ch'ordinariamente gli diamo di Redentore , nè douea vn tanto bene ineffabile della ſua feliciſſima venuta caggionarſi dal male, tanto più , che fù dianzi preuiſto nella mente di Dio come capo dil predeſtinati, e come Saluatore , e poſcia fù viſto il peccato , come ſottilmente diſputa il Principe di Teologi, altroue dichiarato , peccato , dunque , maluaggio , da cui ſgorgono tutti mali, calamita trahente i cuori humani a' falſi oggetti di terra , diſtogliendoli da quelli veri del cielo, laberinto d'errori, fonte originario della morte, mare vaſtiſſimo d'ogn'iſuentura, monte accumulato di ſaſſi peſtiferi di ſenſualità, pianta oue pendono i frutti di morte eterna, berſaglio oue auuentanſi le fiere ſaet-

te di Satanici penſieri , ſcelti dalla faretra tartarea dell'inuidia contro l'humana generatione, rugine, che diuora l'oro della bellezza dell'anima raggioneuole , crudeliſſima beſtia colma di fierezza cõtro l'imagine del Creatore, hor cana tigre , che s'inferiſce contro ſi riguardeuol fattura, infellonita Leoneſſa per ſbranar gli huomini tutti , che miſerabilmente entreranno nelle fauci di lei ; fuggaſi, dunque più ch'il veleno , e più della morte il peccato , che tanti mali racchiude nel ſuo ſeno infauſto, e l'Apoſtolo San Paolo, per eſſer quello ſi diforme, e continente ſi gran mali, era di parere, che foſſe difficil coſa il ritrouarſi nel mondo, e ſcriuendo a' Romani diſſe vna ſentenza vie più d'ogn'altra difficile . *Iuſtificati per gratiam* *Rom.* 3 *C.* 24 *ipſius , per redemptionem , quæ eſt in Chriſto Ieſu, quem præpoſuit Deus propitiationem per fidem in ſanguine ipſius , ad oſtenſionem iuſtitiæ ſuæ in remiſſionem præcedentium delictorum* . Oue dice trà l'altre parole, ch'Iddio hà mandato il ſuo fighiuolo a perdonare il mondo nel ſuo ſangue , per dimoſtrare la ſua giuſtitia, e per la remiſſione de' peccati precedenti la ſua paſſione . Oue mi par ſentir parole d'altiſſima intelligenza, Paolo mio , che voleui dire nel tuo fauellare ? ch'il Signore habbi mandato il figlio a perdonar il mondo, già lo ſappiamo, e per mezzo del ſangue, e che l'habbi fatto altreſì per moſtrare il rigore della ſua giuſtitia, il tutto è vero, mà c'habbi ciò fatto per la remiſſione di peccati precedenti la ſua paſſione, hor quì non ſò che voleui dire, dunque non è di merito infinito la paſſione di Chriſto? per eſſer fatta dal diuino ſuppoſito ? ſi , hor come fauelli in ſi fatta

T t guiſa,

guifa, ch'ella fia cotanto mancheuole,diuifando il Profeta a prò di
quella, quanto fuperchi tutte le
cofe. Copiofa apud eum redéptio.
E a douitia cancella tutt' i mali
pofsibili di mondi infiniti, fe vi
foffero, come dunque tu dici, effer
fola flata valeuole per i peccati
precedenti la pafsione? e noi che
fiamo dopo la morte del Saluatore, dunque a noi non hà giouato
cotefto fangue pregiatifsimo di
Chrifto? certo che non paffa così,
che tutti l'hà cancellato, e dianzi,
e pofcia, grande è l'arcano velato
fotto le parole dell'Apoftolo, e
voleua dir fenza fallo, che la paffione del figliuol di Dio foffe infinita, ed habile a far infinito effetto,
mà egli fopra fatto da diuino penfiero volle dire, benche il fangue
di Chrifto foffe voleuole a leuar
via tutti peccàti, tanto precedenti, quanto fequenti la paffione, tutta fiata perche conofco effer quelli di tanta maluagità, e di tanto
male indicibile, che fiano gionti
a dar morte al figliuol di Dio, hor
dunque conchiudo (dice il deuo-
uotifsimo Apoftolo)non effer poffibile ritrouarfi ne' Chriftiani, confiderando, che quelli habbino dato morte al lor Signore, non più
ne commetteranno, fi che il fuo
fangue hà leuato via i peccati,
che fur dianzi la paffione, perche
dopo non vi ne faranno, nè poffo
darmi a credere (volea dire) fi ritroui huomo sì crudele, che fapen
do il fuo Dio effer morto per lo
peccato, ed egli voglia di nuouo
cómetterlo, non è pofsibile, perche
tanto farebbe, quanto crucifiger-
lo vn'altra fiata, hor confideriamo
in fi fatto parlare la gran malitia
del peccato; ah Paolo tù eri sì perfetto, però penfaui così bene, mà
hoggi il mondo è colmo di vitij

cotanto, e tanti fe ne trouano dopo la paffione, che forfi pareggiano a quelli precedenti. Il peccato
è il più gran male che fi fia, offendendo vn'oggetto infinito, com'è
Iddio; Gran marauiglia è quefta,
ch' vn huomo in commettendolo
non penfi, c'hà dato morte al fuo
Fattore, e quanto a sè farebbe di
nuouo per dargliela, e non vi corre co'l penfiero, ò gran cofa certo, mai più vdita la fimigliante.
Si dipigne diforme il peccato,
che fà laida l'anima noftra, togliendole quella bellezza, ch'aqui-
ftò per mezzo del Santo battefmo,
quando riceuè la gratia prima
hauuta per i meriti di Chrifto,
qual s'vguaglia alla bellezza della
giuftitia originale, ch' Iddio fu'l
principio del mondo diede all'anima d'Adamo, ed Eua, dunque diforme, e moftruofa refta l'anima,
perdendo la gratia, ed hauendo il
peccato, Il libro, che fquarcia, è la
legge di Dio, ch'il peccatore non
offeruandola, nè fà poco conto, e
poco men che la difpreggia. La
faccia tutta macchiata fembra le
macchie del peccato, ch'ofcurano
l'eftrema bellezza dell'anima in
gratia del Signore, e la rendono
di malifsima vifta, e'l peccato frà
gli altri nomi, di difetto, di colpa,
di reato, ed altri, macchia s'appella, perche rende macchiata l'anima noftra. Precipita in rupi, e
balfi, che fono quelli della difgratia di Dio, come i precipitij infernali, il lafciar il commercio Angelico, ed accompagnarfi co'Diauoli. Il coltello, che li punge il
cuore, e'l verme fono le ponture,
che fente il peccatore, e quel ri-
morfo di confcienza, che nó lo lafciano viuere, confiderando effer
nemico del fuo creatore, priuo del
Cielo, e poffefore d'Inferno. Il legno

gño fecco fi è per l'aridità della
virtù,e della gratia,che gli manca.

Alla Scrittura Sacra. Brutto è il
peccato, del quale parlò Efaia—.
Isa.47 A.2 *Denuda turpitudinem tuam, & di-*
fcooperi humerum. Parlando con—
l'anima peccatrice. La faccia, e—
vestimento da rustico, come l'istef-
Idem so lo diuisò *Quia vltra non vocabe-*
ris mollis , & tenera. Ed hauendo
perso la nobiltà, il medemo la no-
Ibidem mò smotata dall' altezza di regni.
Quia non vocaberis vltra domina re
gnorum. Precipita in balsi, e rupi.
Deut.32 B *Inuenit eum in loco horroris , & vasta*
solitudinis. Il libro della legge,che
Abacuc. 1 squarcia,come disse Abacuc Pro-
A. 4 feta. *Propter hoc lacerata est lex , &*
non peruenit vsque ad finem iudicium.

Il Coltello, che punge il cuore,
e la coscienza. *Est qui promittit, &* *Prouer.* 12
quasi glagio pungitur conscientia. Il *C.* 18
verme, che pur la rode. *Sicut enim* *Isa.*51 *C.*8
vestimentum, sic comedet eos vermis.
La faccia macchiata, per esser
oscurata la bellezza, e la gloria
dell'anima. *In omnibus operibus tuis* *Ecclesiast.*
pracellens esto ne dederis maculam in 33 *C.* 23
gloria tua; E Dauide parlando del
giusto, ch'entra senza macchia di
peccato disse. *Qui ingreditur sine* *Psa* 14 *A.*2
macula, & operatur institiam. E per
fine il legno secco, perche l'anima
è rimasta secca per lo peccato,ha-
uendo perso la gratia. *Aruit tan-* *Ps.*21 *B.*16
quam testa virtus mea. Ed Efaia—.
Aruit herba, & defecit germen eius. *Isa* 15 *C.*6

PECCATO. G. 139.

Giouane Cieco, e smisuratamente diforme co' capegli
lunghi, con vn libro, che sembra buttarlo in terra—,
nel vestimento vi siano molte lingue depinte, e facci
segno d'oprare con le mani, che per ciò gli stiano a'
piedi molt'Istromenti, come Leuti, Arpi, Spade, e
Zappe, ed habbia i piedi allacciati con funi.

IL Peccato è quello, che infra
l'anima, e Dio vi porta distintione, e nemicitia,del quale l'anima christiana dourebbe esser capital nemica, inueggendo, che da
quello sgorga ogni suo male, e
per quello hà cotanto patito nel-
l'albero della Croce il suo Signore, siche douerebbe hauer pur timore di commetterlo, e tremare
solamente nel sentirlo nomare.
Quindi la santa Spofa ne' casti
*Cat.*1*C.*13 colloquij andaua dicendo. *Fasci-*
culus myrrha dilectus meus mihi &c.
Il mio diletto mi sebra vn fascet-
to di mirra amara. Santa spofa di

gratia non voglia fauellare contro se stessa; nè voglia sì tosto
contradirsi ? non diceste altroue,
ch'il tuo diletto era l' istessa dolcezza ? come adesso deuisi il con-
trario ? *Mel, & lac sub lingua tua;* *Idem* 4*C.*ij
ed altroue ; *Fructus eius dulcis gut-* *Ide* 2 *A.* 3
turi meo. Non ti sembraua dolce
la sua fauella ? *Eloquium tuum* *Ide* 4 *A.* 3
dulce; E per esser tutto dolcezza,
tutto mele, e nettare del Paradiso, voleui con dolce amplesso, e
spirituale esser bagiata, *Osculetur* *Ide* 1 *A.* 1
me osculo oris sui. Come dunque
oggi ti sembra fascio di mirra a-
mara ? perche non ti s'appalesa,

come faſcio di dolce mela, ò faſcio di meli granati,come ſembraſti a lui. *Malorum punicorum cum pomorum fructibus*. Come non faſcio di fioiſſimo balſamo,ò cinnamomo? perche faſcio di mirra amara,Santa ſpoſa? eſſendo il tuo diletto,la dolcezza del Paradiſo? ah che dolciſſimo egl'è in vero, riſponde, mà mi ſarebbe coſa amara per lo timore,e per la geloſia, che gli porto di non offenderlo, mercè che ſtà nel mio cuore. *Inter vbera mea commorabitur*. Quādo vna ſignora ama cordialmente lo ſpoſo, inſieme inſieme vi è dolcezza d'amore, ed amarezza di timore, che non patiſchi, ed ogni picciolo rumore, che ſente, ſubito le s'ingôbra il petto,in ogni poco di riſſa, che ſuccede, teme, che non vi ſia miſchiato il marito; e le ſcuote il cuore, è colma d'amore, e di dolcezza,ed inſieme di pena, e dolore, e teme altreſì non dargli diſguſto in coſa veruna ; parimente volea dire l'anima pre deſtinata, Io ſono innamorata del mio ſpoſo Chriſto, ed altro amor non hò, ch'il ſuo, e vò che ſtanzi nel mio cuore, mà ogni picciolo rumore, che ſento, ed ogni poca riſſa di tentatione mi dà gran timore di non offenderlo, di non far peccato,ogni poca coſa mi dà ſcrupolo, mercè che , *Inter vbera mea commorabitur*. Ah volea dir la ſpoſa, queſto mio diletto, ſtà nel mio cuore, per amore, e ben ſò io quante ha patito per me,e come la mortal colpa l'vcciſe vna fiata,ed io ſon piena di ſpauento, e mi trema il cuore, che non ne commetta vn'altra, che quanto a me, ſarria habile di nuouo crucifiggerlo, e dargli di nuouo dura morte, Dunque. *Faſciculus mirrhæ dilectus meus mihi , inter vbera mea*

Idē 4 C.13

commorabitur , per lo timore, e per l'amarezza, c'hò di non vederlo patire vn altra volta, eſſendo 'l peccato da per sè atto a farlo, bench' egli non ſtia più in ſtato cotale, però me lo vò naſcondere nel petto infra la dolcezza del latte delle mie buon opre. *Inter vbera mea commorabitur*.

Si dipigne il peccato Giouane, perche al più è di tali il peccare, e ne'giouani dominano più i ſenſi, e le paſſioni humane . E cieco, che tale può dirſi il peccatore, non vedendo la vera ſtrada della ſalute, e qual altro cieco precipita negli abiſſi.Tiene i capelli lunghi, perche il peccato non è altro,ch'vna coſa detta, ò fatta, ò cogitata contro la legge di Dio, e per i capelli s'intendono i penſieri,ò mali, ò buoni,ſiche nel peccatore ſembrano le male cogitationi, che ſono peccato . Il libro, che ſembra buttarlo, è quello della legge, ch'i peccatori la buttano per terra ſotto i piedi,facendone poco conto, e poco abbadando all'oſſeruanza di lei , Il veſtimento con le lingue ſembra il detto, ch'è l'altra parte del peccato; che ſi fà co'l mal ſauellare; l'oprare, che ſembra co'mani , e gl' ſtromenti dinotano l'opra, giàche ſenza operatione non ſi poſſouo ſonare,ch' è 'l terzo membro del peccato dell'opere,e queſte trè ſono le parti di queſta definitione. Stà legato con funi, non eſſendo altro il peccato, ch'vna fune, ch'allaccia il peccatore al male, per non laſciarlo andare al ben oprare,trattenendolo,per non fargli oprare coſe virtuoſe, e finalmente ſtringendolo nell'inferno.

Alla Scrittura ſacra. Si dipigne Giouane il peccato, o'l peccatore, ch'in ch'in figurà di ciò parlò Giobbe.

Iob 32 A.6 *Iunior sum tempore , vos autem anti-quiores , idcirco demisso capite &c.* Tanto più, ch'il sauio per lo giu-

Sap.4 B.10 sto dipigne il vecchio. *Cani autem sunt sensus hominis , & atas senectutis vita immaculata .* è cieco il pecca-

Soph. 1 D. 17 tore *Et ambulabunt vt caci, quia Domino peccauerunt .* E Dauide fa-uellando de' ciechi peccatori, ch'

*Psal.*145 B illumina il Signore, disse. *Dominus*

*Isa.*59 B.x *illuminat cacos;* Ed Esaia. *Palpauimus sicut caci parietem , & quasi absque oculis actratauimus &c.* Il li-bro della legge del Signore butta-

Psal. 118 D. 9 to a terra . *Quia dissipauerunt legem tuam.* E Geremia più chiaro. *Ecce*

Hier..6 D. 19 *ego adducam mala super populum istum fructum cogitationum eius:quia verba mea non audierunt , & legem meam proiecerunt ,* E se la dilunga-

no dal cuore. *A lege autem tua longe facti sunt.* Le chiome lunghe, per i pensieri cattiui . *Auferte malum cogitationum vestrarū ab oculis meis : quiescite agere peruerse, discite benefacere &c.* E 'l Sauio. *Cogitationes autem impiorum eradicabuntur.* Le lin-gue, che sembrano il mal parla-re. *Sed, & cunctis sermonibus, qui dicuntur , ne accomodes cor tuum : ne forte audias seruum tuum maledicentem tibi.* E Dauide. *Et qui loquuntur mala aduersus animā meam* E quan-to, vltimamente, all'opre, sembra-te per i stromenti . *Discedite à me omnes qui operamini iniquitatem, quoniam &c.* Le funi per fine , che l'allacciano i piedi , quali sono li propri peccati . *Iniquitates sua capiunt impium, & funibus peccatorum suorum constringitur.*

Psal. 118
*Isa.*1 E.17
*Pr.*15 *A.*1
Ecclesiaf. 7 C. 22
Psal. 108
Idem Psal. 6 E.9
*Pro.*5 D.22

PECCATO, CHE NON SI CONFESSA VOLONTIERI. G. 140.

Huomo, che tenghi vna massa di piombo in bocca, nelle mani harrà vna lancella, hauendo vn verme , che gli rode il petto; e dinanzi gli stia il Diauolo , con vn manto in mano, e facci segno ammātarlo, e coprirlo.

IL peccato , che rode l'anima Christiana , come la ruggine il ferro, deue con ogni sforzo, e studio l'huomo toglier via da se tal cosa malageuole, e dannosa cotanto, in maniera che non può spiegarsi con humana lingua, e valersi del fauor diuino, che per sanar tanto male , hà lasciat' il rimedio della confessione, oue il peccatore può lauar le sue piaghe cō ogni piacere , e con ogni sua honorata sodisfatione, nè douerebbe, mentr'è dotato del lume della raggione, e

dell'altro maggiore della fede, de uenirn' ingombrato per opra di Satanasso, che v' infrapone mille cose, per distoglierlo da sì gioueuol rimedio , e celeste medicina, mà far forza , romper i legami, slacciarsi al possibile da fi empie mani del nostro nemico, e girne a' piedi del confessore, che da parte del Signore benignamente è per vdirlo , e mondarlo da cotante brutture, che 'l rendono disformissimo al suo Signore, e 'l Santo Osea con grandissimo ramarico descriue

feriue quefto fatto del peccatore efiftente nella colpa, e che non ardifce far ritorno a Dio, ben che altroue foffe tocco in altro fenfo. *Ephraim quafi auis euolauit, gloria eorum à partu, & ab vtero, & à conceptu.* Oue Ruberto Abbate intefe per quefto Effraino il Chriftiano, che godeua qual vccellino sù l'albero delle poma dolci della gratia del Signore, nè volle afpettare la diuina mano, mà fuggì nel peccato in guifa dell'vccello, che màgiand'vn pomo, venendo il Giardiniero, non afpetta d'effer prefo, mà tofto fugge. Ed'io vò in quefto paffo intendere per quefto Effraino il Chriftiano, che fugge dalle mani del Signore, battendo nella colpa, nè ardifce farui ritorno. I naturali dicono dell'Auoltoio, che fpiccandofi dalle mani del padrone, per giugner la preda, fe per cafo non può, refta in maniera tale pieno di fcorni, che non fi fà cuore per farui più ritorno, Effraino che vuol dire cofa di poluere apunto, come queft'huomo mifero, che fi diftacca dalle mani del Signore per la creatione, per venir a far gloriofa preda della fua amicitia, e della beata patria, mà inaueduto ch'egl'è tralafciatofi per le cattiue inchinationi, non giugne la preda per debolezza, e così daffi alla fequela dell'oggetti terreni, ed indi in poi non hà più animo di far ritorno al Signore nella penitenza, e nella confeffione. *Ephraim quafi auis euolauit, &c.* Per non più ritornarui, ò grand'errore in vero: fappi pure la qualità di sì pietofo Signore, che tàto compatifce alla noftra fragilità, e debolezza. *Ipfe fcit figmentum noftrū.* Egli sà bene la noftra fragilità. Duaque perche non vuol ricorrere a sì pietofo padre, per riceuer

Ofea 9 C.ij

Rub. Abb, hic

perdono, vadi pure di buon cuore, e fi facci animo, perche fi tratta con vn padre di tanta fmifurata pietà, e mifericordia, ch'in tutte le maniere la moftra. *Vniuerfa via Domini, mifericordia, & veritas.Gloria eorum à partu.* Quafi diceffe, non fi deuono gloriare i Chriftiani effer ferui del Signore, nati nel Chriftianefmo, nel feno di Santa Chiefa, redenti co'l fangue del fuo Spofo Chrifto, che ciò non gli giouerà, fe non haranno pentimento de' lor peccati, e confeffargli con molto dolore, e lacrime.

Chi vuol confeffar i fuoi peccati (dice Agoftino Santo) acciò ritroui la gratia, cerchi vn facerdote, che fappi ben legare, e fciorre, nè fia negligente in quefto acciò non fia fpreggiato da quello, che con mifericordia l'ammonifce, e chiama a penitenza, ed acciò non cafchi in vna foffa medema co'l confeffore, apparédo ambi ciechi. Sia molto cauto (dic'il medemo) il penitente, in non diuidere la confeffione, ed altri peccati dire ad'vn confeffore, ed altri ad vn'altro, il che s'induce a vanagloria, e a lode, e fempre ftarà fenza il perdono de' peccati, oue pretende giugnere, per cofe fruftatorie.

Ecco il tempo accettabile s'apprefenta, nel quale la confeffione libera l'anima dalla morte, apre la porta del Paradifo, e dà fpeme di falute; onde dice la fcrittura, confeffa tù i peccati tuoi, acciò refti giuftificato (così dice Sant'Ambrogio). Molto piace la confeffione vereconda al Signore, e la pena, quale non poffiamo euitare con defenfione, farà tolta fe reueliamo con roffore le noftre colpe, dice l'ifteffo.

S'afpetti l'opera del medico è mi-

Pf.24 E. x.

Aug. de pǎnit.& hab. de pan d.6 qui vult.

Idē lib. de pænit.& habet de pan. d.5 confide ret §. caut.

Ambro. in quod fer.et habetur de pænit. d. 1

idem de Iofeph.lib.36

*Boet. lib.*I.
de phil côf.

mi∫tieri, che ∫copri la tua ferita, dice Boetio.

Bern. cont.
∫erm. 3.

Quanto ∫piace al Signore (dice il deuoto Bernardo) l'impruden-za del peccatore , tanto gli ∫piace la vergogna di quel che nô ∫i con-fe∫∫a.Senza la confe∫∫ione il giu∫to ∫i giudica ingrato , e'l peccatore morto : la confe∫∫ione del pecca-tore è via , e del giu∫to è gloria , e

Idem epi∫t.
*cap.*14

nece∫∫aria al peccatore , ed altresì ∫ta bene al giu∫to, dice l'i∫te∫∫o.

Si dipigne il peccato , che mal volontieri ∫i confe∫∫a da huomo con vna ma∫∫a di piombo in boc-ca, in ∫egno che ∫tà otturata , che non confe∫s' i peccati , e'l diauolo vi fà ogni ∫tudio po∫∫ibile, di por-re que∫to piombo nella bocca del peccatore, acciò facci ∫ilentio delle ∫ue colpe, nè ardi∫chi acco-∫tar∫i al confe∫∫ore , ponendogli auanti gli occhi mille chimere , e toccando vari mezzi , che lo po∫-∫ono impedire. Il va∫o, ò langel-la, che tiene nelle mani , dinota il profondo dell'o∫tinatione , oue ca∫ca quel , che non vuol confe∫-∫ar∫i. Il manto , che tiene ∫atana∫-∫o, per ammantarlo , è il manto della vergogna, quale, quando gli fà commetter il peccato , lo ∫cuo-pre, dicendo non e∫∫er nè errore, nè colpa, nè vergogna, mà quan-do vede , ch' il Chri∫tiano ∫e lo vuol confe∫∫are, e pentir∫ene, all'

hora l'appre∫enta la vergogna, e'l manto del di∫honore . Il ver-me , che gli rode il petto, è quel rimor∫o di co∫cienza, c' haue il peccatore, benche non ∫i ∫cuopra, e confe∫∫i il ∫uo peccato;pur ∫em-pre la ∫iodere∫i , e la co∫cienza gli rimordono , e lo pungono più d'ogni verme , ò ∫erpe veleno∫o, mantenendolo in continua guer-ra, ed inquietitudine.

Aueriamo il tutto con la ∫crit-tura ∫acra. Si dipigne il peccato-re, che non ∫i confe∫∫a da huomo con vna ma∫∫a di piombo in boc-ca, e la lancella nelle mani , il che auera Zaccaria ; *Et proiecit eam* in medio amphoræ , & mi∫it ma∫∫am plumbleam in os eius ; E Dauide in per∫ona d'vn tal peccatore dice-ua ; *Infixus ∫um in limo profundi, &* non e∫t ∫ub∫tantia. E quando è venu-to all'o∫tinatione , di∫preggia il ∫acramento della confe∫∫ione; Impius cum in profundum peccatorum venerit contennit . Il verme, che rode ; *Sicut enim ve∫timentum , ∫ic* commedet eos vermis. E ∫arà verme, che ∫empre durerà. *Vermis eorum* non morietur. Il manto della ver-gogna, che l'appre∫ta il diauolo, del quale allegoricamente parla-ua Dauide ; *Tota die verecundia* mea contra me e∫t , & confu∫io faciei mea cooperuit me.

*Zacc.*5 C.8

P∫. 68 *A.*3

*Pro.*18 *A.*3

*I∫a.*51 C.8

Idē 66 *G.*
24

*P∫.*43 *B.*16

PECCATORE OSTINATO. G. 141.

Huomo d'a∫petto diformi∫∫imo, che gli ca∫chi la coro-na di capo , e'l mantello da gli honori , e re∫ti nudo pieno di vergogna , ∫tende il braccio , e fà ∫egno di medicar∫i il cauterio, nell'altra mano tenghi vn fior di libano ∫morto , e pallido , ∫tia po∫to dentro il fango fin'alle ginocchia, ed auuolto con vn laccio,hauendo d'appre∫∫o vn porco, che calpe∫tra certe ro∫e.

II

IL peccatore oftinato è quello, ch'oltre il ftar nel peccato fenza la gratia del Signore, ftà in tal guifa aggiacciato, e giacente nell'errore, che non par c'habbi valore, nè forza per rizzarfi, e fi fa in tutto fordo alle diuine infpirationi, per follenarfi da luogo fi ignominiofo. Il peccato, ch'in lui opra talmente, è il vero veleno dell'anima, efterminatore delle virtù, nemico della gratia di Dio, pefte del mondo, ruina delle genti, che come tale deuefi da ciafcheduno fuggire, e tenerfi per cofa malageuoliffima, e qual fonte, onde fgorgano tutti mali di quefta vita, e gli huomini in fentirlo folamente nominare, fi douebbero porre in timore, effendo di tal qua lità, ch'a chiunque toglie la fama, l'honore, e pofcia ogni defiderato bene.

Mifero dirò colui, che non teme il veleno mortifero della colpa, nè faprei trouar titolo da dar ad vn tale, che non conofce vn male cotanto, che farebbe per indurre ruina al mondo tutto, com'in fatti vna fiata la recò, adoffandofelo i primi noftri ceppi fu'l principio della lor creatione, nè migliore, e più d'acconcio dirrei conuenirgli, quanto'l nome di fcemo, e forfennato, e come tale, che non difcorre,nè abbada alle fue molte ruine,nè diffonori, e fiafi pur fauio, e a douitia habbi contezza di negotij, e lume di fcienze, ad ogni maniera gli ftà di propofito l'effer' iftimato huomo pazzo,'ed in tutto fcemo, e per venire a proua di quanto dico vò ponderare vn fatto della Scrittura Sacra nelle regal'imprefe, quando Salomone fù vnto Rè di Giudea, tofto che fù fublimato nell'impero, fè richiefta al Signore, che douefe dargli lu-

me, e fapienza, per ben gouernare. *Dabis ergo feruo tuo cor docile, v populum tuum iudicare poffit, & difcernere inter bonum, & malum.* Piacque al Signore la dimanda, e gli conceffe molta fapienza, fi che fuperò tutti gli altri, mà notiamo il fauellare della Scrittura,quanto a quefta conceffione di fapienza. *Dedit quoq; Deus fapientiam Salomoni, & prudentiam multam nimis, & latitudinem cordis, quafi arenam, qua eft in littore maris.* Che vuol dire, che facci quì tal maniera di raffembranza, com'all'arena folamente del mare, della fapienza di Salomone; cofa non folita da farfi da Dio, imperoche in tutte l'altre paragonanze,mai paragonò i fuoi doni all'arena del mare folamente, mà v'accoppiò le Stelle del Cielo, ò pure raffembrò folamente a quelle, come fè ad Abramo, non perdonando il proprio figlio per vbbidire a lui. *Quia fecifti rem hâc, & non pepercifti filio tuo vnigenito propter me, benedicam tibi, & multiplicabo femen tuum ficut ftellas Cali, & velut arenam qua eft in littore maris.* Eccocome accoppia infieme le ftelle del cielo, e l'arene del mare. Vn'altra fiata fauellando cô Ifac figliolo d'Abbramo gli diffe. *Et multiplicabo femen tuum ficut ftellas cali,&c.* Come dunque la fapienza di Salomone, che fù cotanta,ch'il facro tefto dice. *Et pracedebat fapientia Salomonis fapientiam omnium Orientalium, & Egyptiorum: & erat fapientior cunctis hominibus.* Non fù paragonata altresì alle ftelle del cielo,com' alla fola arena del mare, quefta è enigma di Dio, qual nô pnò ftralciarfi fe non con la virtù dello Spirito fanto,che fi degna illuminarci alle fourane intelligenze de' fegreti diuini. Oue per tralafciar altri mifteri,che porrebbonfi

3 *Reg.*3*B.*7

Ibidem 4 *D.*39

Genef. 22 *C,* 16

*Ibi.*26*A.*4

3 *Reg.* 4 *D.* 30

bonſi addurre , vò conſiderar il gran penſiero di Dio , in donar queſta gran ſapienza a Salomone, quale in quell'inſtante,che gli fè il dono era huomo giuſto,e amado-re di Sua Diuina Maeſtà ; *Dilexit autem Salomon Dominum , ambulans in præceptis Dauid patris ſui .* Mà perche preuedea il Signore,quan-to douea eſſer'errante , e quanto douea preuaricare a commetter di molti falli,traſgreſſioni,e ſcan-dali,volle comparar la ſua ſapien-za all'arena ſolo del mare , qual è ſimbolo , e geroglifico d'infedel-tà, e d'inſtabiltà , quaſi gli diceſſe, ò Salomone lo vò concederti ſa-pienza a douitia , mà non m'ag-grada compararla all'eternate piaggie del Cielo , nè alle ſpere, nè all'imagini belle di colà,nè all' innumerabili lucerne del firma-mento, che coteſte ſono augurio, ò ſegno di felice euento , mà ſi all'arena del mare inſtabile , che continuamente è in moto , e ſo-uente bolle , come farai tu nelle paſſioni , e ne' moti del ſenſo; tu benche ſij ſaggio quanto al ſape-re, ſarai pazzo però , e ſcemo,non conoſcendo il vero, nè la mia leg-ge , e la tua ſapienza ſarà vera pazzia, ed vna coſa , che non harà fermezza , com'il mare , ò l'are-ne, e ti ſò a dire, che qual forſen-nato inutilmente arerai nell'arena, e ſpargerai in darno il ſeme al vento, perche pazzo verace ſtimo (benche ſaggio e' foſſe) colui, che non abbore il male , non fug-ge il peccato,e non fà conto della mia legge ; e la ſcrittura ſi ſerue di queſto nome d'inſtabile co' pec-catori , come col popolo di Dio,

quando peccò; *Peccatum peccauit Hieruſalem , propterea inſtabilis facta eſt.* E queſto parmi il penſiero del grande Iddio in comparar all'are-

na del mare ſolamente la ſapien-za del potentiſſimo Rè ſaggio di Giudea , e non alle ſtelle del Cie-lo, a cui volle comparare il bene-detto, e predeſtinato ſeme d'Abra-mo, e d'Iſaac.

Si dipigne, dunque, il peccato-re oſtinato , coſi amico del morti-fero peccato,d'aſpetto diformiſſi-mo , per eſſer da creatura bella , ch'egl' era, diuenuto in grandiſſi-ma diformità , per l'oſtinatione del peccato , che rende l'anima piena d'ogni bruttura auàr'Iddio, come luciſero , ch'era la più bella creatura del mondo , adiuenne la più diforme , che quaſi ſe ne ma-rauigliaua Eſaia ; *Quomodo cecidi-ſti de Cælo Lucifer , qui mane orieba-ris ?* Quaſi diceſſe , come ſei cam-biato in tanta bruttezza , e crolla-to nell'abiſſo tu, che fronteggiaui al ſole nella luce, nel ſplendore, e nella beltade , ed altreſi tu ogn' hor naſceui, per dar luce nel Cie-lo, ed eri per ſoſpigner i rai della gratia nell'emiſfero di S. Chieſa. Gli caſca di capo la corona, qual ſembra la gratia, e la virtù, che ſi perdono p cauſa della ſua perfidia nel male. Il mantello , che gli ca-ſca , dinota il decoro,e la bellezza ſpirituale, reſtandone miſeramen-te ignudo , ouero reſta ſmantella-to , perche il diauolo lo reduce, quaſi a termine di toglierli la ve-ſte pregiatiſſima della fede di Chriſto, dopo hauerlo ridotto ad vn profondo d'oſtinatione , final-mente pretendendo impiagarlo di ſi gran ferita , e farlo ſtare da cadauere ſenza vita ſpirituale , e ſenza la Chriſtiana Fede. Stende il braccio per medicarſi il cauterio, ilquale ſignifica il ſempre ributta-re in dietro la gratia di Dio; ſico-me queſto ſempre manda fuori cattiue materie. Il fiore ſmorto, e

V u   lan-

languido di libano sembra l'innocenza della giustitia originale, in vece della quale riceue il Christiano la gratia, è impallidito, e smorto, per lo peccato, e quasi non disse inaridito in tutto, per l'ostinatione. Libano è interpetrato candidezza, ch'è quella della gratia già detta, che fà l'anima nostra piena di candore, che si perde per cagione della colpa. Stà infangato nel fango del peccato fin alle ginocchia, ed ogn'hor più s'immerge, per l'ostinatione, nella quale sempre và crescendo, finche ne rimane in tutto soffogato dal puzzolente fango dell'infedeltà. Il laccio, che l'auuolge dinota l'impietà, ed iniquità, che lo circondano, nè lo fanno partire, nè passare nel bene. Il porco, che calpestra le rose, ombreggia l'huomo peccatore, qual si sottopone a' piedi le virtù, ed i buoni costumi, rappresentati per le rose, secondo il Principe de' Geroglifici,

Alla scrittura sacra. Il peccatore ostinato diformissimo, e ignudo, che della sua bruttura, e nudità fauellò Ezzecchiello; *Et denudabunt te vestimentis tuis, & auferent vasa decoris tui: & derelinquent te nudam, plenamq; ignominia* E della corona, che gli cala di capo, in le-

gno della gratia, diuisò Geremia; *Cecidit coronam capitis nostri.* Il pallio, che se gli leua di dosso sembra la preggiata veste della fede fondamento delle virtù, e l'esserne smantellato, che questo pretende fargli satanasso; *Exinanite, exinanite vsq; ad fundamentum in ea.* Cercando smantellar l'anima della fede, qual tetto dalla casa. Il cauterio, ch'è l'anima, ò la conscienza inueterata, di che fauellò San Paolo; *Discedent quidem à fide, &c. cauteriatam habentium suam conscientiam.* Il fiore del Libano della candidezza impallidito; *Flos Libani elanguit.* Stà infangato nel fango dell'ostinatione, che giugne all'infedelta; *Infixus sum in limo profundi, & non est substantia.* Essendo sostanza la fede; *Est autem fides sperandarum substantia rerum argumentum, non apparentium.* Il laccio, che lo circonda; *Peccantem viruum iniquum inuoluet laqueus: & iustus laudabit, atq; gaudebit.* E per fine v'è il porco immondo calpestrante le rose di virtù, ch'a tal proposito fauellò il Saluatore; *Nolite sanctum dare canibus, neq; mittatis margaritas vestras ante porcos, ne forte conculcent eas pedibus suis.*

Pier. lib. 9 ibi à bonis morib. ali.

Ezzecch. 16 E. 40

Tren. 5 C. 16

Psal. 136 B. 7

Tim. 4 A. 2

Naum 1 B. 4

Pf. 68 A 3

Ad Heb. ij A. 1

Pro. 29 A. 5

Matth. 7 A. 6

Pe3

PENITENZA. G. 142.

Donna ingenocchiata in terra, ed incuruata con i pater noſtri in mano, auanti tenghi vn tauolino, con vn poco di pane, ed acqua, ed vna sferza, ſtà con faccia aſſai macilente, ed afflitta, ſuſpirando, e quaſi rugendo, ignuda co'l cilicio in doſſo, hà l'ali ne gli homeri; e di ſopra v'appariſce vn ſplendore; con vna corona.

LA penitenza è piangere i mali passati, hauendo proposito non più commettergli, così dicono Sant'Ambrogio, e San Girolamo, ed altri Teologi, è di più vn dispiacere delle commesse colpe, ponendole affatto in obliuione, per non più commetterle, come diceua l'Apostolo. *Vnum autem, quæ quidem retro sunt obliuiscës, adeavero, quæ priora sunt, extendens meipsum.*

La penitenza non è altro, ch'vn afflittione, ò dolore de gli errori commessi, e per ciò il peccatore deue affliger se stesso, dandosi a' digiuni, orationi, vigilie, discipline, ed altre afflittioni, il che da'tristi conuertiti si fà, per ottener perdono da Dio, quale non abandona, nè rifiuta la penitenza d'vn cor contrito, conforme disse il Profeta. *Cor contritum, & humiliatum Deus non despicies.* Stando sempre pronto alla misericordia, e da' boni si fà per acquistar merito appresso il Signore, e per preseruarsi dal male, ringratiandolo, che s'habbi mantenuto dal non offenderlo, e si fà ancora per i peccati, c'hauria posuto commettere, se Dio non l'hauesse dato la sua gratia, ed ancora per mostrare atto scambieuole al Saluatore, in voler patire per amor suo, per quel, ch'egli hà patito per noi, come Francesco, che desideraua hauer le stimmate, per eguagliarsegli ne'dolori della passione, e finalmente ancora si fà la penitenza da'boni, hauendo gli occhi a tanti peccati, che commettono i reprobi del mondo.

Con la penitenza si placa il Signore, s'acquista il perdono, si fà aumento di virtù, ed il meriti, nè v'è cosa, che facci scampare l'ira del giudice irato, quanto quella. *Si pœnitentiam non egerimus, incidemus in manus Dei, & non in manus hominum.* E'l Saluatore altresì nè fauellò. *Progenies viperarum, quis demostrauit vobis fugere à ventura ira? facite ergo fructum dignum pœnitentiæ.* La penitenza (dic'Agostino.) senza fallo cancella i peccati, e nel fine della vita farà ottener ogni bene.

E penitenza indarno (dice il medemo) quella, che la sequente colpa imbratta, e a niente giouano i lamenti, se si replicaranno i peccati, e niente vale il chieder perdono de' mali, e di nouo reiterar il male.

Sant'Ambrogio dice, Peccò Dauide, il che sogliono far i Reggi, ma ne sè la penitenza, e pianse amaramente, il che non sogliono far'i Reggi: confessò la colpa, ed ottenne il perdono.

Quello, che veramente si pente (dice Gregorio Papa) non abborrisce la fatica della penitenza, mà qualunque cosa se l'agiunge per lo peccato, con la coscienza l'abraccia.

Il cauallo indomito (dice il deuoto Bernardo) lo domano i flagelli, e l'anima empia, e senza pietà le lagrime continue.

E Lattantio Firmiano dice, ch' è altro la penitenza, ch'vn affirmare, e confessare non voler più peccare.

Sforzisi, dunque, ogni Christiano non differir la penitenza, e farla da douero con cor contrito, e con lagrime, nè ritornar giamai al vomito de gli errori.

> *Quem sceleris, noxaque grauis benè*
> 　　*pœnitet, illi*
> *Perpetuus lachrymis obruit ora*
> 　　*dolor.*
> *Nam qui post lachrymas ad inania*
> 　　*gaudia sese*
> *Transtulit, ex lachrymis commo-*
> 　　　　　　　　　　　　　　*da*

4 sent. d. 14

Philipp. 3 c. 13

Ps. 50 D. 19

Ecclesiast. 2 D. 22

Matth. 3 B. 7

August. de Ecc. dog. c. 48

Idem in soliloquio.

Ambr. de Dauid lib. 1

Gregor. in hom. 40

Bernar. in quod. ser.

Lact. Firm. diuin insti. lib. 6 c. 13

da nulla tulit,
Qui sua nunc fletu plectit, sauoque
dolore .
Crimina , nunc risu diffluit im-
modico
Est velut is, lachrymis qui cum ce-
lebrauit amici
Funera, mox epulis nubila mæsta
fugat .

Si dipigne da donna ingenocchiata la penitenza, ed incuruata
a terra con la corona in mano, per
segno, che s'humilia a Dio, e gli
chiede humilmente perdono, che
molto vale appò lui l'humilta del
peccatore, e l'oratione gli penetra
il cuore, essendo frettoloso, ed
ispedito messaggiero, che giunge
a'll'orecchie di lui, e mentre ora
così humilmente, manda sospiri,
quasi ruggendo per dolore dell'
offese fatte al Signore, e que' sospiri, han gran potenza di volare
àl Cielo. Il tauolino co'l pane, ed
acqua, è ia segno del digiuno, in-
strumento assai atto a mortificare
il corpo, ed affliggerlo, e solleuar
altresi la mente. Tiene il cilicio in
dosso, conche gela la carne, ri-
ducendola in seruitù dello spirito,
e discaccia la forza delle tentationi di Satanasso. Hà vna sferza, ò
disciplina auanti, con che parimente s'affligge . Per fine di sopra
v'è vna corona, con vn sblendo-
re, che sembrano il regno de'cieli,
che s'appressa a quelli, che si danno al pentirsi dell'errore, ed alla
penitenza.

Alla **Scrittura Sacra.** Si dipigne
la penitenza da donna ingenocchiata, ed incuruata in terra, con
la corona in mano, come faceua
Dauide. *Humiliabam in ieiunio ani-* *Ps.34 B.13*
mam meam, & oratio mea in sinu meo
conuertetur. Stà incuruata, ed humiliata. *Miser factus sum, & curua-* *Id.37 A. 7*
tus sum vsque in finem : tota die con-
tristatus ingrediebar . Ed altroue.
Humiliata est in puluere anima mea. *Id.43 D.25*
Ruggisce, sospirando per duo-
lo. *Afflictus sum, humiliatus sum ni-* *Idë 37 B.9*
mis ; rugiebam à gemitu cordis mei.
Il tauolino co'l pane, ed acqua, per
lo digiuno. *Operui in ieiunio animam* *Idë 68 B.ij*
meam. Il cilicio si è per rintuzzare
alle moleste tentationi . *Cum mihi* *Idë 34 C.13*
molesti essent induebar cilicio. Hà l'ali
a gli homeri, perche la penitenza
solleua i cuori humani a Dio. *Ascë-* *Idë 83 B. 6*
siones in corde suo disposuit in valle
lachrymarum in loco, quem posuit.
Tiene la disciplina auanti, con che
si sferza, com' esortaua il Profeta.
Apprahandite disciplinam, ne quande *Id. 2 C.12*
trascatur Dominus ; & pereatis de via
iusta. Ed altroue . *Ego in flagella* *Idem*
paratus sum, & dolor, &c. E'l Sa-
uio a tal proposito . *Flagelli pla-* *Ecclesiast.*
ga liuore fecit. E finalmente l'appa- *28 C.21*
risce la corona, per segno del re-
gno de'Cieli, che s'appressa, oue
si fà penitenza, còme ben disse
San Matteo. *Pænitentiam agita ; &* *Matth. 4*
appropinquabit regnum Cœlorum. *C.17*

C.

PENITENZA VNO DÉ'
SACRAMENTI. G. 143.

Huomo in piedi veftito d'habito verde, e lungo, co'piedi sù vna tauola con due chiaui in vna mano, in vn'altra vn vafo preggieuole di manna; a' piedi gli fia vn'
huomo proftrato co'l veftimento, oue fiano molte
lingue, vna sferza, ed vna borfa dipinte, e vomiti
dalla bocca vn Dragone, ed vn ferpe grande.

Hoftienfe

LA penitenza, ch'è vno de'fette
Sacramenti, ò pure la confeffione, è vna declaratione legitima-
mente fatta dal penitente in prefenza del Sacerdote. Ouero la
confeffione facramentale è quella,

4 fent. d.12
q. 3 art. 2

per la quale il nafcofto morbo cô
la fperanza del perdono fi manifefta, come dicono i facri Teologi, e'l Padre Sant'Agoftino. Ne
deue l'huomo tirars' indietro da
quefto diuino Sacramento, per nô

Ecclefiaft.
4 D. 31

battere in grauiffimi mali. *Non
confundaris confiteri peccata tua: & ne
fubycias te omni homini pro peccato.*
Quindi s'attingne la pietà diuina,
ed ogni bene, che fpera l'anima

Pr. 28 B. 13

Chriftiaua. *Qui abfcondit fcelera fua,
non dirigetur; qui autem confeffus fuerit, & reliquarit ea mifericordiam con-
fequetur.* Deue ogni Chriftiano effer amico di cotanto beneficio,
ch'il Saluatore hà lafciato per la
fua falute, che nomerollo ftrada
della vita fpirituale, refugio de'
peccatori, dritto fentiero d'anime
erranti, luogo ficuro doue ricou-
ranfi gli eletti, vero porto, e ue fi
riparano i fideli, amena campagna, oue fi racolgono i fiori di fante virtù, giardino gloriofo, oue a
diportar fi veggiono gli Angelici
fpirti, e onde traggon motiuo
d'empirfi di contenti, e gioie, ricchiffimo teforo della diuinità, al-

bergo pur troppo fourano di predeftinati, riporto delle più fine
gemme delle gratie, miniera di
Celefti ricchezze, ed aiuto opor-
tuniffimo alla falute, a cui tutti gli
altri fauori, e beni fpirituali cedono il luogo, e la palma. *Corde cre-
ditur ad iuftitiam, ore autem confeffio
fit ad falutem.*

Rom. x. B.

Si deue frequentare quefto diuino Sacramento da' Chriftiani,
quali mentre caggiono ne' peccati,
e pongons' in difparte dal Signore, è bene che vi faccino ritorno per mezzo della confeffione, nè punto fgomentarfi, hauendo gli occhi alla fua Diuina pieta.
Quindi lo Spirito fanto fotto ofcure parole accennò altiffimo miftero; *Efhraim ficut auis euolauit
gloria eorum &c.* Che volfe quì dire, che Effraino in guifa d'vccello
era fuolacchiato, fe non che per
quefto Effraino s'intende il peccare, che fiaua nelle mani di Dio per
la gratia, e giuftitia. *Iuftorum anima in manu Dei funt.* E poicia il mifero allettato dal Diauolo co'vezzi, e dal mondo co'piaceri, e dalla
carne co'diletti, fe ne fuggì, dandos' al volo per ifciagura, e parche faceffe alla guifa dell'vccello,
che ftand' inmano d'vn fanciullo,
come fugge mai più riterna, ed
io dirò, ch'gl'è quel corbo mandato

Ofea. 9. C. ij

Sap. 3 A. 1

dato da Noè, per vedere nel mondo se fossero cessate l'acque del diluuio, ch'allettato da quelle carni putride di corpi morti, non curò più tornar nell'Arca; Parimente il peccatore partesi dall'arca della gratia, restando a gustar'i cadaueri fetidi di gusti mondani, nè punto abbada far più ritorno, per gustar i piaceri diuini, ò quanto faria bene, che ritornasse per mezzo di questo Sacramento necessario per la salute. O huomo (diceua il padre Sant' Agostino.) temi di confessar i tuoi peccati? Quel ch'io sò nella confessione, lo sò meno di quel che non sò. Perche ti vergogni di confessar i tuoi peccati? Io son peccatore come tu sei, ed huomo come sei tù.

Aug. super Psal.

La confessione sana, e giustifica, e quella dona perdono alli peccati; Ogni speme consiste nella confessione; Nella confessione è luogo di misericordia; Nè vi è tanto gran peccato, ch'in quella non troui perdono, dice Isidoro.

Isid. lib. 1 c. 12

Basta al penitéte la cófessione, la quale diãzi offerisce a Dio, e poscia al Sacerdote, il quale s'accosta come oratore, per i diletti de' penitenti, dice Leone Papa; O beata confessione, che toglie via l'eterno opprobrio, imperoche il tutto che troua di male la penitenza, per tutti secoli lo rende assoluto, e cancellato, dice Cassiodoro.

Leo Pap & hab. de pan. d. 1 sufficit

Cassio. sup. Psal. 77

Il medico (dice Sant'Anselmo) all' infermo, che manifesta la sua infermità, non deue negar la medicina.

Ansel. sup. Psal. 6

Nè (dice Ambrogio) può esser niuno giustificato dal peccato, se l'istesso peccato non haurà dianzi confessato. Il rimedio, dunque del peccato è la cófessione, e'l dolore.

Ambr. lib. de parad.

Cum quædam immodicum fundit parte ægra cruorem,

Vt medeare malo, vena secanda tibi est:

Sic tibi cum celerem minitantur crimina mortem,

Numinis inque tuum iam cadit ira caput:

Te ferias tuãq; in te ipsum desœuiat ira.

Sic etenim magni concidet ira Dei.

Nam se se excusat, quicumq; accusat: in ultum,

Et finit hunc, qui se non finit, esse Deus.

S'ammette la speranza di perdono in questo Sacramento, dunque vi sta bene il verde vestimento; che stia in piedi quest'huomo, sembra l'autorità grande del Sacerdote, a cui s'apre, e scuopre il morbo del peccato, ch'a niun'altro è lecito farlo, etiandio nel precinto di morte. L'habito lungo pur è segno d'autorità, per ciò i Religiosi l'osseruano. Tiene due chiaui in vna mano, per accennar la molt'autorità di sciorre, e di legare in Cielo, ed in terra, data da Christo al ministro di questo Sacramento. O pure le due chiaui del confessore, dell'ordine, e della giuridittione, come dicono i Canonisti. La tauola sotto i piedi, per chiamarsi da' Santi Padri questo Sacraméto. *Tabula post naufragium.* A simiglianza di que', che nel mare patiscono borrasca, e rottura della naue, che corre per l'onde empetuose, quando ogn' vno si sforza far busca d'vn legno, ò tauola, che sù l'acque leggiermente mantenesi, di che si vale per ricourarsi nel porto, e non farsi preda dell' acque voraci miserabilmente, così accade al Christiano, il quale persa la giustitia originale nella borrasca del cómesso fallo nel terrestre Paradiso, nel primo

ceppo

ceppo, che fù Adamo, e la gratia in vece di quella, hauuta nel battefmo, che fi perde per la naue aperta nell'acque della colpa attuale, per faluarfi dunque la vita fpirituale, e non fommergerfi nell'onde infernali, dee correr a quefta fanta tauola della penitenza, e della confeffione, oue di nuouo riceuerà la perduta gratia, per cancellarfi iui il peccato in tutto. Il vafo della manna, la quale è dolciffima, fi è per la molta dolcezza della gratia, che fi riceue, dopo difcacciato l'amariffimo affentio della colpa, e fi come la manna, che dal Cielo difcendeua a gli Ifraeliti, gli daua quel gufto, che voleuano, talmente quefta di sì celefte, e fublime Sacramento dona a tutt'i giufti, quel, che fanno bramare, ò pure fi come quella manna haueua forza di raprefentare al gufto la dolcezza de' pomi, ed altresì e l'ammarezza, ò afprezza de' cepolle; così quì da' boni, che rettamente fi confeffano, fi gufta la dolcezza della carità, e gratia, e da' trifti, che fintamente l'efercitano, l'afprezza di nuouo peccato, e maggiore oftinatione, e'l feuero giudicio di Dio; sì ancora quefta manna è tipo di vittoria al Chriftiano, che vince il diauolo in quefto facramento, a quale fe gli dà nome di vincitore, e d'huomo ch'è in gratia di Dio. L'huomo proftrato a terra fembra il penitente humiliato, e baffato a'piedi del confeffore. Le lingue nel veftimento dinotano la confeffione della bocca. La sferza, la contritione; e la borfa l'elemofine, ò altra cofa da farfi dal penitente, che fono le trè parti materiali della penitenzà. *Oris confeffio,*

cordis contrictio, & operis fatisfactio. Il dragone, e'l ferpe, che gli efcono di bocca, fembrano i peccati più velenofi di loro, che fi tolgono via dall'anima in quefto facramento.

Alla Scrittura facra. Tiene queft'huomo il veftimento verde, per la fperanza del perdono; che vi è in quefto facramento. *Bonæ fpei feci-*　*Sap. 12 C.* *fti filios tuos.* La tauola dopo il nau-　19 fragio, ch'è refugio a' peccatori, della quale allegoricamente ne fauellò Dauide. *Altiffimum pofuifti*　*Pf. 90 B.9* *refugium meum.* Le due chiaui della poteftà, che fimboleggiano in quefto facramento, il legare, e fciorre. *Quacunq; ligaueris fuper terram,*　*Matth. 16* *erunt ligata & in Cælis, & quacunque*　*C. 19* *folueris fuper terram erunt foluta &* *in Cælis.* Il vafo della manna dolciffima, che fi dà a quei, che vincono il diauolo nella confeffione, ed acquiftano nome nuouo di buoni chriftiani. *Vincenti dabo man-*　*Apoc. 2 C.* *na abfconditum, & nomen nouum.*　17 L'huomo proftrato nella confeffione. *Humiliatus fum, & conturba-*　*Pf. 87 D.16* *tus fum,* Così parlaua Dauide in perfona di fe penitente. Le lingue, che fono nel veftimento, per la confeffione della bocca, come diffe l'ifteffo. *Dixi confitebor aduerfum*　*Pf. 50 D.19* *me iniuftitiam meam Domino.* La sferza per la contritione, che deu'effer molto grande, della quale parlò Geremia. *Velut mare contri-*　*Hier. Tre.* *Stio tua.* La borfa dell'elemofine,　2 D.13 con che fi fod sfà alla penitenza de' peccati. *Peccata tua eleemofynis*　*Dan. 4 E.* *redime, & ficut aqua extinguit ignē,*　24 *ita eleemofyna extinguit peccatum.* Butta quefto huomo penitente vn gran dragone, ch'è l'antico ferpente del peccato. *Et proiectus eft ille*　*Apocal.12* *drago magnus, & ferpens antiquus.*　*B. 9*

P E·

PENITENZA DIFFERITA DAL PECCATORE. G. 144.

Vn Agricoltore, quale ftà fopra vn campo con vna Zappa in mano afpettando la pioggia, e le tempere, harà vn Coruo nell'altra mano, gli farà dietro vn albero d'Oliuo, fotto'l quale faranno le tauole della legge buttate, e dal Cielo defcenderà vn gran folgore bruggiante verfo il capo di queft' Agricoltore.

LA penitenza, che differifce il mifero, ed oftinato peccatore, è per caufa del molto affetto, che tiene a quefto mondo fallace, e per l'amor di fe fteffo, e della propria concupifcenza, e molte fiate tratto dalle vocationi interne di Dio, vorrebbe lafciar l'errore, e farne penitenza, mà fubito fopra fatto da' penfieri mondani, e fenfuali, che lo trattengono fortemente legato, refta così, e benche il mifero habbi a memoria l'ira di Dio, ch' in vn tratto fuol sfauillare contro i peccatori; fubito fe gli fòminiftra da fatanaffo la gran pietà di quello, facédogli vedere effer grande cotáto, e che l'vfa fouéte, mà che l'ira, e'l furore è picciolo, e poco vfato da lui, e con quefto fi trattiene tanto lungo tépo nell'errore, e quante fiate ò mifero fin nell'eftremo de gli anni fuoi, ne rimane in vna finale impenitenza fotto protefto di volerla fare all' vltimo della vita, ch'al più fpeffo non riefce a' Chriftiani miferabili, foprafatti da' penfieri sì ch mer... ... and'anne alla fcrittura facra... ...e n'haremo qualch'ombra di quar... perfuado. Nelle canzone fpirituali fur raffembrate dallo Spofo le belle chiome della diletta alla porpora d'vn Rè, ligata, ò accopiata con certi canali. *Coma capitis tui ficut purpura Regis iunɛta canalibus.* Che vuol dir fanto fpofo, che raffembri le chiome della tua cara fpofa alla porpora? che fembianza v' è infra quelle; la porpora e veftimento da coprir il corpo, ed i capelli il capo, più tofto doueui (al parer mio) eguagliarle a tante fila d'oro, ò pure ad altro, con cui foffero più fimiglianti, mà ad vna vefte regale, non sò come vadi bene il voftro fauellare: altiffimo Sacramento in vero ftà velato fotto sì ofcura fimiglianza, e tanto più, che con quefta porpora vi fono i canali accopiati, e che canali foft quefti? e come poffono conuenire con vna vefte d'vn Rè? enimma ben ofcuro dello Spirito Santo, oue i facri Dottori danno vari intelletti; Ruberto Abbate, la Chiofa, Vgone Cardinale, ed altri dicono, che per le chiome s'intendono i penfieri della mente, quali fi raffomigliano alla porpora regale, ch'è la paffione di Chrifto, fecondo Ruberto Abbate, e colà han mira i miferi peccatori, per volerfi faluare, e al vigore di quel fangue fparfo nel

Cæt 7.B.5.

Rup. Abb.
Glof. & Vg.
Car. fuper
Cant.

X x   la

la croce, ed eglino frà tanto vogliono viuere a lor modo, ah ch'in darno gli riesce, perche è mistieri a' Christiani cooperare con questo diuino sangue, ò vero. *Coma capitis tui sicut purpura regis.* Tengono i miseri mortali infra tante frenesie, c'hanno nel capo, per quanti colori, freggi, ed ornamenti sono nella porpora d'vn Rè, di voler far penitenza all'vltimo della vita, e così in tutto il corso dell'anni loro viuono più da infideli, che da Christiani, perche han mira all'hora volersi saluare, ed a quel tempo estremo vóler far penitenza, voler piangere, e confessar i peccati; ah miseri. *Coma capitis tui sicut purpura regis.* Mà. *Iuncta canalibus.* Vi s'accoppiano i canali, per doue scorreranno all'inferno, è per doue faranno vscita in vero i lor pazzi disegni, e diaboliche soggestioni: ed io vò dichiarar questo diuino pensiero di sì alta scrittura con vn essempio famigliare. Serà per caso vn gentil'huomo, ch'in casa sua harrà vna cisterna, mà vota d'acqua, per esser consumata ne gli estiui tempi, nel primo autunno poi egli haueria desio di nuouo si riempisse, occorra vna tal notte, che stando in letto, sente che fà grandissima pioggia, onde si colma di piaceri, inueggendo frà se, che fà di nuouo acquisto d'acque per tante, che per all'hora ne caggiono in terra, esce di letto subito al far del giorno, e dianzi ch'in altr'affare s'impieghi, vassene a fissar gli occhi alla cisterna, p vagheggiar l'acque nuouamente haunte, oue mira di là, e di quà, e nulla vede, restando pieno di merauiglia, ch'in sì copiosa pioggia, ch'a douitia s'è receuuta, iui non apparisce vna gocciola

d'acque, volgesi a caso in disparte, e scorge l'acquedotti, ò canali guasti, e rotti, e l'acqua tutta versata per terra, e ad vn hora resta attristato, colmo di dispiacere, e beffeggiato; hor in guisa altre tale volea dir lo Spirito santo auerrà a' peccatori sciocchi del mondo, che differiscono la penitenza da giorno in giorno, hauendo mira volerla far nel fine della vita, ed all'hora far ritorno a Dio, i lor pensieri (volea dire) sono grandi, ed in varie maniere s'immaginano far penitenza all'vltimo, più c'habbi mai bellezze la porpora, e freggi, mà miseri, che tal veste và inestata co'canali, per doue scorreranno l'acque delle gratie, e della salute, e restaraño séza humori di meriti, e gloria, si rôperanno i canali dell'occasione di saluarsi, che per all'hora è molto difficile, hauendo atteso a votar il vaso dell'anima di tutti beni, per volergli riacquistare nel fine della vita, quando hauranno i canali rotti dell'amore, e caiità, facendo quel bene, non per amor del Signore, mà per timore della morte, e dell'inferno, e così restaranno senz'acqua di salute, si romperanno i canali, perche all'hora saranno lasciati dal peccato, non questi da loro, e così non harranno acque di saluezza, e moriranno i miseri, qual vissero, ed apunto come disse il dottissimo Cesario; *Hac animaduersione percutitur peccator, vt moriendo obliuiscatur sui, qui viuendo oblitus est Dei.* Visse il Christiano dimenticato di Dio, del Paradiso, e della propria salute, e così sbalordito morirà, senza punto abadarui, oppresso dal dolore, che lascia il mondo, e i beni terreni, co'quali stà cotanto auitticchiato, nè pensarà ad altro soprapreso dal

Idem Ibid.

Cesare

Io dal dolore della morte, che vorria schifare, nè pensarà altrimenti al morire. *Coma capitis, tui sicut purpura regis iuncta canalibus.* Quel misero, che così ostinatamente tiene in suo potere l'altrui robba, senza volerla mai restituire, sotto protesto ch'al fine della vita farebbe legato, e la lasciarebbe, ma. *Coma capitis tui sicut purpura regis iuncta canalibus.* Iddio per giusto suo giuditio farà, che muora senza fauella, e non habbi tempo d'eseguire quest'vltima volontà, e muora dannato. Quell'altro, ch'in tutta la sua vita visse da crapulone, e qual porco diforme nelle sporchezze della carne, con animo all'vltimo volersene ritenere, e farne penitenza, non sapendo, che l'habbi d'auenire vna morte all'improuiso, e morir in mal stato, ò morir vcciso, ò pure sbalordito in braccia alla concubina, e andar' nelle penaci fiamme d'inferno con infamia perpetua, e'l corpo suo sepelirsi, oue s'allogano le bestie, come apunto allegorò Geremia d'vn tale scelerato, ed *Hierem. 22* empio. *Sepultura Asini sepelietur pu-* *E. 19* *trefactus, & proiectus extra portas Hie-* *rusalem.* Hor questo e'l pensiero sottile dello Spirito Santo da douersi molto notare da ogni Christiano.

Quindi questa penitenza, che procrastina rassembrasi all'Agricultore, quale stà da giorno in giorno aspettando le pioggie, per coltiuar la terra, differendo la coltura, conforme differisce la pioggia, ch'alle volte se ne passano mesi, e mesi a non descender sù la terra, ed infra questo egli sciocco stà impedito, che dourebbe attendere alle sue fatiche, e lasciar fare al Signore; ò pure è metafora del peccatore, ch'aspetta da gior-

noin giorno a far la penitenza, in guisa dell'aspettare della pioggia, che fà con desio giornalmente l'Agricoltore su'l campo, che questo dinota altresì il coruo, c'hà in vna mano, alla cui maniera sempre il peccatore dice. *Cras, cras.* Dimani farò bene, dimani mi conuerterò a Dio, hauendo sempre l'occhio alla misericordia di lui, per la quale persuadesi douersi trattener l'ira, che non gli soprauenghi, sembrata per l'albero dell'oliuo, simbolo di misericordia, e che si come quello giamai perde le foglie; così parimente è sempre pronta la diuina pietà. Le tauole della legge buttate a terra significano, che da questa speranza di far bene, e dal procrastinare la penitenza, n'auuiene, che fra tanto la legge di Dio si dissipa, si caccia sotto' piedi, nè s'osserua punto, e per fine dopo qualche patienza del Signore, gli descende dal cielo il folgore fiammeggiante dell'ira, e fà che muora malamente, e vadi all'eterna dannatione.

Alla Scrittura Sacra. L'Agricoltore aspetta con patienza la pioggia, e'l tempo di far buon frutto, conforme il peccatore con empia patienza aspetta per conuertirsi. *Ecce Agricola expettat pretiosum fru-* *Iacob. 5 B.* *ctum terra: patienter ferens, donec* *7* *temporaneum accipiat, & serotinum.* Attende l'Agricoltore alle possessioni instantemente, come il peccatore all'acquisto terreno, differendo di far bene, e l'Ecclesiastico l'auisò il tutto. *Noli attende ad* *Ecclesiast.* *possesiones iniquas, & ne dixeris: est* *5 A. 1* *mihi sufficiens vita. Nil enim proderit* *in tempore vindicta, & adductionis.* Il Corbo col cras, simbolo della dilatione di penitenza. *Non tardas* *Idē 5 B. 8* *conuerti ad Dominum, & ne differas*

X x 2 *de*

Idë 5 E. 6

de die in diem. L'Albero dell'Oliuo ſi è per la miſericordia, a che hà gli occhi il reprobo, come gli diſ-ſuadeua il Sauio. *Ne dicas miſeratio Domini magna eſt, multitudinis pec-catorum meorum miſerebitur.* Le ta-uole della legge per terra, il che ſi

caggiona dal procraſtinare la pe-nitenza. *Tempus faciendi Domine, diſſipauerunt legem tuam.* E finalmen te il fulmine dell'ira di Dio, che ſi ſoſpigne ſu'l capo del peccatore. *Subito enim veniet ira illius, & in tempore vindicta diſperdet te.*

Pſal. 118
q. 126

Eccleſiaſt.
5 *B.*9

PENSIERO BVONO. G. 145.

Huomo di bell'aſpetto, haurà la chioma lunga, e ſparſa
ſu'l collo, e ricadente ſù gli homeri, qual ſerà bian-
cha, e negra miſchiata, haurà in vna mano vna luce,
ò ſplendore, e nell' altra vna morte, ed vna ghirlanda
di fiori, che gli pende frà le dita, ed'appreſſo gli ſerà
vn' Aquila.

IL pēſiero buono è principio, ed origine d'ogni bene, che fà il Chriſtiano, e ſe la radice dell'albe-ro ſarà buona, e dolce, altreſì anco-ſi, ſaporiti, e riguardeuoli ſaran-no i frutti; Il penſiero è qual ra-dice, a cui correſpondono i frutti dell'opre. Il penſiero, ò la cogita-tione per eſſer buona, ò vitioſa, nó hà da intenderſi per quel primo moto, che fà lo'ntelletto, mà che ſia deliberato, e determinato, oue conſiſte il vitio, ò la virtù. Il pen-ſiero buono è circa l'attioni virtu-oſe, le quali drizzano noi altri al fine della ſalute. Penſiero felice chiamerò quello infra gli altri, che ſara verſo gli errori commeſſi có-tro la ſanta legge del Signore, in penſar quante fiate s'è poſta in oblio, e dolerſene amaramente, come riſoluea di fare il gran Pro-feta di Dio Eſaia. *Recogitabo tibi omnes annos meos in amaritudine ani-ma mea.* E buttare amare lagrime, per duolo di tanti falli commeſſi; Penſiero è queſto, che reconcilia ço'l Signore, lo placa, lo toglie

Iſ. 38 D. 15

dallo ſdegno, lo prouoca all'amo-re, e fà, che l'anima da errante, ch' ell'era, ſi facci figliola di lui. Queſto è'l penſiero, che ſcioglie le ſerrature del Cielo, ed hà ingreſ-ſo colà, queſto ſolleua gli animi baſſi dalle terrene cure, alzandogli a coſe, che mai finiſcono, e fà giu-bilare i ſourani ſpirti del Paradiſo. *Gaudium eſt Angelis Dei ſuper vnò peccatore poenitentiam agente.* Que-ſto è il felice penſiero, che trattie-ne i cuori alla conſideratione del ſommo fattore, ed alla carità di lui, con che tutte le coſe reduſſe dal niente all'eſſere, e le raggio-neuoli, oltre ciò, le fè capaci d'e-terni beni; le ſolleua a conſiderare le promeſſe beate, i preparati be-ni, i contenti da per ſempre go-derſi, l'amore, che ſi cambia in furore contro chi l'abandona, e ne tien poca ſtima, l'ira del Padre cambiato in giudice, la pena eter-na, l'eterne repulſe, e per fine le miſerie indicibili. E altreſì alto penſiero in drizzarſi a meditare l'hora della morte, l'vltima delle
più

Luc. 15 *B.*7

più cofe terribili, quando fi fuela-
ranno l'occulte colpe,il douer andare auanti vn giudice irato,e ad
vn fupremo tribunale,oue non fi
troua nè mezzo, nè fauore, quando fi prepararanno infaufti accu-
fatori, dolofi teftimoni, delitti
enormiffimi, giudicio tanto giufto, e feuero,fentenza in appella-
bile, determinatione irreuocabile, pene eterne mai più vdite, da
eferguirfi da miniftri fieriffimi ne-
micizche per ciò con lagrime efortaua Dauide a far difcefa col penfiero in quel fine della vita, e a
Pf.54C.16 quelle pene. *Defcendant in infernum
viuentes.* E pregaua il Signore gli
notificaffe quell'hora della morte.
Idë38A.5 *Notum fac mihi Domine finem meum.*
Hor così fono i penfieri buoni, e
fimili.Si dipigne raggioneuolmente il penfiero buono da huomo
bello, perche egli è molto bello, e grato al Signore; è bello
in fe fteffo, perche il buon penfiero partorifce buon' opra. Hà la
chioma lunga, e fparfa fu'l collo,
che fembra l'animo coraggiofo, e
magnanimo, che fempre fi dà alle
buone cogitationi,ed alte,rifiutan
do le baffe;e' naturali dicono,ch'il
Leone hà i capegli lunghi fopra'l
collo, mà quelli, che nafcono per
adulterio dal Leopardo, ne ftanno
di fenza, parimente chi degenera
dal ben penfare, adulterando le
diuine leggi, ftà fenza fi belli capelli di buoni penfieri,che per effi
nelle facre carti s'intendono le
cogitationi da mête,come quel
Matth. 10 detto di Chrifto. *Veftri capilli capi-*
C,30 *tis omnes numerati funt.* Cioè d'ogni
picciola imaginatione fi tien con-
to appò il Signore. Sono negri, e
Arift. lib. bianchi,e fecondo Ariftotele,i ne-
phifionom. gri fembrano la rettitudine della

mente, ed i bianchi la maturità di
quella. La luce, o'l fplendore,che
tiene in vna mano, qual forge in
alto, dinota ch'il vero, e fanto
penfiero deue drizzarfi a Dio, e
al Paradifo, fembrato per quefto
lume contrario all'ofcurità di Satanaffo, e dell'inferno. La tefta di
morti nell'altra mano, per fegno
della felice confideratione di quel
la,che fouente fà fuggire i vitij,e'
peccati, e fà far fequela di virtù,
fèbrate per la ghirlanda,ed in fine
v'è l'Aquila, quale fecondo Pie- **Pier. Vale.**
rio, perche vola in alto, è Gero- **lib. 19**
glifico d'alti, e fourani penfieri,
come Giouanni, perche tant'alto
folleuoffi con la mente, fe gli dà
l'imprefa dell'aquila volante in
aria.
    Alla fcrittura facra. Si dipigne
il penfiero da huomo bello colla
chioma fu'l collo negra, e negra,
che lodata molto fù dallo fpofo
quella dell'anima eletta, ch'era
in guifa d'vna vefte regale freg-
giata di vari colori; *Coma capitis* **Cant.7B.5**
tui ficut purpura regis. Ed i capelli
dello fpofo, come le capre, che
foglion'effer bianche, e negre
mifchiate; *Capilli capitis tui ficut* **Ibi. 4 & 6**
greges caprarum. La luce in mano, **C. 4**
perche que' penfieri fi riuolgono
a Dio; *Cogitatio eorum apud altiffi-* **Sap.5C.16**
mum. La morte per la cogitatio-
ne di lei, e la ghirlanda per la
fuga de' peccati,ed elettione del-
le virtù; *Memorare nouiffima tua,* **Ecclefiaft.**
& in æternum non peccabis. E per **7 D. 40**
fine v'è l'Aquila, per l'altezza de'
penfieri buoni, ch'all' alto delle
virtù fi drizzano, e non al baffo di
vitij,diuifando perciò Dauide;
Accedet homo ad cor altum; & exal- **Pf. 63 B. 8**
tabitur Deus.

PENSIERO MALO. G. 146.

Huomo d'aspetto diforme, co' capelli sparti, infra quali
sono molti vermi, che rodono, e molti di tai capelli
cascano in terra, terrà vna mano al cuore, onde sgorgano fuora molti serpi velenosi, d'appresso vi saranno
molt'altri serpi, ch' ispeditamente fuggono, reducendosi al niente, e dall'altra parte vi sarà vna nottula.

IL pensiero cattiuo è contrarijs-
fimo al buono, ed oue quegli è
radice del bene, questi è vero origine del male, ch'alberga in profano cuore, che romarò (senz'aui
farmi male) ricettacolo d'errori,
retinenza di maluaggie bestie, nido di serpi velenosi, luogo inculto
d'errori, pietra durissima, deserto
pieno di spine, ed in fine horrédo
luogo, e letto di Dragoni, che
forse ciò volle allegorare il fauel-
Is 34 C.13 lare d'Esaia . *Et erit cubile draco-*
num, & pascua structionum. Essendo
qual Dragoni veracissimi i mali
pésieri tragugianti le virtù Christiane, benche lo Spirito santo
l'appellasse volpicelle piene di
malitia, e dolo, che rodono ogni
germoglio di bene dell'anime
Cant. 2 D. Christiane. *Capite nobis vulpes par-*
15 *uulas, quæ demoliuntur vineas.* Pensieri cattiui profanat' i cuori humani, lacci d'eterne pene, strade
de più graui errori, vehicoli di
vitij, origine delle trasgressioni,
fallaci miniere d'enormi delitti,
catene, ch'arrestano l'anime, potenti braccia, che traggono dal
ben viuere, bestie deuoratrici
le perfettioni, e saette, ch'osano
colpire il gran Signore della gloria. *Aduersum me omnes cogitationes*
Ps.55 A.6 *eorum in malum.* Trouarasi più fu-
nesto albergo, e cuore più crude-
le di quello del Christiano, che fà

ritegno di profani pensieri, che
tolgono dal bene, e reducano a
manifeste ruine . Qual più laberinto intricato, qual luogo più
inculto, alpestro, ed horrido di
lui, oue sono i bassi d'Inferno, e
precipitij d'eterne pene, che sono
i pensieri cattiui, qualinon pensieri dirò, mà tante spade, che feriscono altrui, tanti strali, che s'auuentano ad humani petti, e tanti
dardi, e tante velenose spine, che
nel pungere in vn baleno vccidono l'anime misere. Ed onde trasse
origine la ruina del mondo, sol
che da lui, che con infausto augurio poggiò nel seno della mente de' primi nostri ceppi, in pen-
sare a quel pomo, quanto gradito fosse, quanto dolce, e suaue al
gusto, quanto facile al prendersi,
nel tranguggiarlo deletteuole ;
quanto sembrogli picciolo il precetto del Signore, che'l vietò, come facile l'emenda, e'l perdono,
quanto frale l'errare fin da principio, e come Iddio fosse scemo
d'ira, e di sdegno, onde poscia simigliantemente sù rempito ado-
uitia di maluaggio pensiero, parto d'Inferno, il mondo tutto. Pensiero cattiuo in fine, onde sgorgano i mali, com'i ruscelli da'
fonti i rami dalle radici, le pioggie dalle nubbi, da' fiori i frutti
dal sole il lume, dalle tenebre,
l'ho r-

l'horrore, dalla luce il diletto, dal duolo il pianto, dal contento i sollazzi, e dal fuoco l'incenerirsi. Maledetto penfiero cattiuo, che di lui le rime piangono, e le profe ftillano amare lagrime, ogn'vn' lo fugga, ogn' vn lo repulfi, come nemico, da cui la morte fi riceue ogn'hora.

Hieron. in epift. ad De medriad.

Il Padre S. Girolamo dice, ciò ch'è male dire, è peranche male il penfarlo, è dunque cofa molto perfetta affuefar gli animi, che con vigilanza difcernino i lor penfieri.

Aug. lib. 4 cont. petic.

I noftri penfieri (dice il gran Padre Agoftino) non fono nella noftra poteftà.

Greg. lib. 2 moral.

All'hora (dice San Gregorio) giongiamo alla fomma della perfettione, quando fuperiamo gli vitij eftremi, e togliamo via peranche i cattiui penfieri della mente. E l'ifteffo dice, che le menti de gli eletti fe ritrouano in sè alcuni penfieri lafciui, tofto gli confumano con l'ardore della penitenza, nè permettono quelli dilatarfi in piaceri carnali.

Idē lib. 12

Che cosa è il penfiero (fecondo Caffiodoro) fe non vn'imprudente rifpetto dell'animo prono al vagare.

Caffio. fuf. Pfal. 38

Qualunque fiata tu non penfi del Signore, perfuadeti hauer perfo il tempo, dice Cefareo.

Cefar. monit. 2 c. 3

Cominciamo (dice l'ifteffo) ad amar i boni penfieri, e tofto Iddio fi degnarà liberarne da' cattiui.

Idem in collo. patr.

Quindi fi dipigne da huomo d'afpetto diforme, per la diformità, che tiene il mal penfiero, qual'è dell'ifteffa fpecie dell'ogetto, di che fi penfa. Tiene infra' capelli i vermi, che rodono, per fegno, che così rodono!, e confumano quegli i cuori humani; molti pofcia di que' capelli cafcano

in giù, e fi diradicano dalla cotenna, fimigliantemente permettendo Iddio fi toglin via i penfieri cattiui, e riefchino in darno. Tiene la mano al cuore, onde fanno vfcita molti ferpi velenofi, fembrando, che dall'empio cuore fi danno fuora i cattiui penfieri, a' quali cotanto egli è inchinato. I ferpi, che fuggono, s'intendono per quell'iftefſi, che fuanifcono, perche le male cogitationi, non hanno mai buon fine, nè Idio gli fà riufcire, e tutte le chimere, e le frenefie humane riefcono ò al niente, ò in altra maniera, che fi machinano.

La nottula (dice Pierio) è animale notturno, che fempre medita cofe infaufte, e fempre corre a cofe male, come i cattiui penfieri, che fi drizzano a mal fire.

Pier lib. 20 fol. 204

Alla Scrittura facra. Si dipigne il penfiero cattiuo da huomo co' capelli mifchiati con vermi, che rodono, dalli quali fi dilunga Iddio. *Cogitationes mea diffipatæ funt torquentes cor meum.* E la fapienza dice. *Auferet fe à cogitationibus, quæ funt fine intellectu.* E queft'era la peffima cogitatione, di che parlò Ezzecchiello. *Et cogitabis cogitationem peffimam.* I capelli, che caggiono, fono i cattiui penfieri, ch' Iddio li fradica affatto. *Cogitationes autem impiorum eradicabuntur.* Hà la mano al cuore, onde fann'vfcita tanti ferpi di cattiui penfieri. *Ex corde exeunt cogitationes mala.* I ferpi, che fuggono, e fuanifcono, perche così diftrugge Iddio i cattiui penfieri. *Dominus diffipat confilia gentium, reprobat autem cogitationes populorum, & reprobat confilia principum.* La nottula finalmente infaufta, che medita cofe male, in guifa dell'human cuore. *Senfus enim, & cogitatio humani*

Iob 17 C. ÿ

Sap. 1 B. 5

Ezzech. 38 C. 10

Pro. 1 ſA. ÿ

Matth. 17 B. 19

Pſ. 32 B. 4

Genef. 8 D. 21

Zacch. 1. *A.4*

mani cordis ad malum prona funt. E *peffimis.* Ed Ofea altresì. *Non da-* *Ofea 5 A.4*
Zaccaria. *Conuertimini de vijs ve-* *bunt cogitationes fuas, vt reuerean-*
ftris malis, & de cogitationibus veftris *tur ad Deum fuum.*

PERDITA DELLA GRATIA DI DIO. G.147.

Vna donna di bell'afpetto, mà fatta laida in tutto sì nel
volto, come nell'altre membra, ftà con vefte negra
tutta lacerata, le cafca di capo vna corona, d'appreffo le farà vna Città depopolata, e defolata, che tutta
uia fi và deftruggendo, negli edificij, oue fpatiano
quantità di formiche, auanti la cui porta è vna ruota
cafcata in terra, e dalla deftra mano le cafca vaghiffimo ramufcello di rofe cremefine.

LA perdita, che fà l'anima della
gratia di Dio, è gran perdita, e
gran ruina le reca, hauendo nello
ftato dell'innocenza creato l'anima d'Adamo, e datole la giuftitia
originale, quale per la colpa infieme con tutti pofteri, che radical-
mente erano ne'fuoi lôbi, la perfe,
in vece di cui nel facro battefmo
fi dona la gratia gratù faciente ad
ogn'anima, qualpofcia trafcurata,
ch'è, perde per la nuoua colpa
mortale, il che le reca la maggior
ruina, e la più grande ftragge, il
maggior crudo fcempio, e l'adiuiene il più fatto horribile, che
mai l'onde vltrici, fpumanti, ed
horride nel vafto mare abbiffaffe-
ro empetuofamente mifera naue,
dopo rotte le forti funi, e l'albero, fpiccate l'anchora ferme, tolto
via il dritto timone, fquarciato le
bianche vele, perfa la boffola con-
dutrice, e dopo fatto fcemo d'ardire l'animofo Peloto, con cui
tutti gli altri miferi fi fan preda
dell'onde, e cibo di pefci, ma tutto ciò è ombra affai picciola in

paragonandofi alla perdita della
gratia di Dio; Nè mai inuitto capitano fè in qualunque vittoria,
che pur gloriofa fi foffe, ftragge sì
grande, che poffa pareggiare al
fatto fpirituale dell'anima, fenza
la gratia; nè mai rocca affediata
da'nemici fi riduffe a tal ruina, nè
berfaglio, in cui fi fcoccano empe-
tuofe faette, per forza di potenti
braccia, riceuè fimigliante male;
nè fulmine celefte, che mai ca-
fcaffe fopra duriffimo marmo, farebbe per ridurlo in sì minute fca-
glie, come quelle, a che fi riduce
l'anima miferabile dalla faetta
acuta, che fe l'auuenta dalla diuina mano, mentre è fequeftrata
da lei; Nè Gerofolima guftò giamai fatto d'arme sì terribile nella
fua deftruttione, anzi fù fempre
in gloriofa pace, s'al pari dell'anima battagliata dalla nemica colpa, co'l facco fatto in torno alle
ricchezze douitiofe della gratia;
Nè Tito, nè Vefpefiano, che ferno la vendetta della morte
del Saluatore, altrimenti dan-
neg-

neggiorno cotanto, nè la ruina di Troia, qual fù ridotta in cenere, apparendoue il folo campo funefte, così con duoli, e lagrime celebrato. *Hic est campus in quo Troya fuit.* E quefte, ed altre ftraggi vie più crudeli, che ferno giamai gli huomini in terra, al pari della perdita della gratia, lo le raffembro qual picciola goccia d'acque, all'ampietà del vafto pelago, inguifa ch'il fecretario di Chrifto, hauendo gli occhi all'ira grande di Dio nel giorno del giuditio, che douea effer'ifmifurata contro infelici peccatori, nomò carrafine piene di picciole goccie d'acqua quella, che moftra adeffo a' tempi noftri. *Effudit feptem phialas iræ Dei in terram.* Gran fatto in vero è la perdita della diuina gratia, che fà l'anima in tutto miferabile, Quindi con Geroglifico affai viuace dipignefi vna donna di bell'afpetto, e proportionati lineamenti, che tal'è l'anima, bella, proportionata, e capace di Dio, così creata, mà tofto (infelice ch'ell'è) fi rende diforme, e moftruofa, effendo fcema del gran teforo della gratia, ch'in tutto l'arricchiua, e la facea rauuifar riguardeuole da ciafcheduno. Ha vicino vna Città fenza popolo, che tutta via fi diftrugge, ch'in tal guifa ell'è fenza il commercio del Signore, ch'in lei per gratia habitaua. E Pierio Valeriano adduce per viuo Geroglifico de'luochi depopulati, le formiche, che fogliono (benche piccioli, ed inermi animali) deftrugger le Città, e fin a'noftri tempi fù fcorta vna miferia cotale, che nelle culle hà rofe le faccie di bambini; formiche crudeli poffiamo dire, effer gl'indomiti incétiui della noftra concupifcenza, che deftruggono la Città dell'ani-

ma noftra. Grande è la fembianza d'vna Città depopulata, e deftrutta con l'anima, che fimilmente appare fenza Dio, ed oue da quella in prima partes'il Prencipe, pofcia i Corteggiani, i nobili, ed ignobili tutti, che fola fe ne rimane; dalla Città dell'anima altretanto, quando è in difgratia, fà partenza il gran Prencipe Iddio, che le volge il tergo, per far che miferamente refti, partono i fpirti angelici veri fuoi corteggiani, i nobili che fono i giufti, ed eletti, che la fuggono com'appe ftata, e per fine l'ignobili, che fembrano tutte le genti, appò le quali aduiiene odiofa, ed abomineuole. E nella ruina di quella v'è pur fembianza, ch'in prima fi ruinano il facro tempio, e'l palaggio del Prencipe, e nell'anima infelice daffi crollo al tempio sì famofo della fede, debilitandos'in tutto, e raffredandofi, fi fa inferma, e morta, ch'indi in poi ferue per berfaglio, oue auuenta con indicibile crudeltà i fuoi ftrali Satanaffo, per far ch'vccifa refti, e dannata; il palaggio del Prencipe, ch'è la carità affatto vien fpenta, e in verfo Iddio, e'l profìimo; Si ruinano pofcia i Caftelli, in che mantiene fperanza la Città, per non effer offefa da' nemici, perdendofi la viuace fpeme del Cielo; Si ruinano colà i palaggi di nobili, e quì le potenze fuperiori dell'intelletto, memoria, e volontà in tutto date al male, i fenfi interiori, e le potenze ancora, ogn'hor crefcendo l'irafcibile e la concupifcenza, ed in fine tutte le cofe fi riducono alla deftruttione, fimbolo di fenfi efteriori, che fi danno precipitofamente al male, ò gran ruina in vero da non poterfi narrare. La

Apot, 16 A

Pier. Vale. lib. 8 ibi de formica.

Y y   ruota

ruota cascata in terra (secondo Pierio) sembra la ruina, e l'infortunio cattiuo d'Imperadori, ed altri grandi, che per ciò stà cascata in terra, sembrando la perdita del suo dominio, e delle sue grandezze. Hà la veste negra, che ben vedoua-si può dire senza il suo proprio sposo Iddio, e raggioneuolmente può far pianto lugubre; è lacerata, per i colpi senza pietà riceuuti da denti crudeli del Dragone infernale, da cui fù morta, e diuorata. Il ramoscelio di rose (per sentenza dell'istesso Principe de' Geroglifici) significa la gratia, ed i Poeti finsero, che la rosa dianzi bianca, co'l sangue vscito da Venere, punta che fù nel piè, diuenne purpurea, e siane lecito tracciar gli alpestri luoghi fauolosi per far trouata di fine rose, e viole; rosa cotale è la gratia, che contiene il bianco dell'innocenza co'l rosso della carità, mà quando l'anima la perde, si fà cascar questa rosa finissima con molto suo scorno, e dishonore, e da tutti è beffeggiata, e scernita, mentre dal colmo delle grandezze dell'amicitia di Dio, ou'era, si riduce miseramente nelle brutture del peccato, come disse il piangente Geremia. *Omnes qui glorificabant eam,*

Pier. Vale. lib. 55 ibi de Veprib.

Tren. 1 D. 8 & 9

spreuerunt illam, quia viderunt ignominiam eius. Ed altroue. *Sordes eius in pedibus eius, nec recordata est finis sui, deposita est vehementer non habens consolatorem.* Ed altroue. *Dederunt pretiosa quæq; pro cibo, ad refocillandam animam.*

Idē 1 D. ij.

Alla Scrittura Sacra. Si dipigne la perdita della gratia da Donna di bell'aspetto, mà fatta in tutto disforme, per hauer perso il primo decoro. *Et egressus est à filia Syon omnis decor eius: facti sunt Principes eius velut arietes non inuenientes pascũa, &c.* La Città destrutta, che sembro la destruttione de' suoi beni, fauellàdone così allegoricamēte l'istesso. *Ciuitates eius exustæ sunt.* Ed' vna Città dell'anima sola senza gente altroue ne diuisò l'istesso. *Quomodo sedet sola Ciuitas plena Populo.* Piena d'errori, e vituperi, mà senza gente, che sono le virtù. Stà vestita di luttuoso manto, qual vedoua dolorosa. *Quasi Vidua domina gentium, non est qui consoletur eam ex omnibus caris eius.* Quale fà amaro pianto. *Faciam planctum velut Draconum, & luctum, quasi struthionum.* E'l ramoscello di rose cremisine, che gli casca, per vltimo, che simboleggia la perdita della gratia. *Exiccatum est fœnum, & cecidit flos, quia spiritus Domini sufflauit in eo.*

Tren. 1 B. 6

Hier. 2 D.

Tren. 1 A.

Idem ibid.

Mich. 1 C. 8

Hier. 40 B. 9

PERSECVTIONE PER LA
GIVSTITIA. G. 148.

Donna con veſtimento nobile di color verde, con vn ramo di balſamo in mano, e ch' a piedi le ſiano molti
ramoſcelli dell' iſteſſo balſamo, che ſpuntano di terra,
eſſendoui vn ciel ſtellato, ſtà ella riuoltata di faccia
allegra, e parla con vno, che gli tira di pietre, e lě butta vna fune per allacciarle i piedi, ed infra quella fune
vi ſono certi fiori.

LA persecutione per la giustitia è l'esser perseguitato per
quella, il che è atto di mirabile
perfettione vsato dal più santo de'
santi in terra, e da tutti suoi seguaci, quali per le virtù, e per la predicatione del vero, e del giusto,
sono stati odiati dal mondo, perseguitati da' scelerati, ed empi, e
per fine ridotti a' patiboli, ou'han
finito la vita con gloriosa morte,
volando nel cielo a riceuer l'Impero del beato Regno, come gli
fù promesso dal Saluatore; *Beati*
qui persecutionem patiuntur propter
iustitiam, quoniam ipsorum est re-
gnum cælorum. L'esser perseguitato per difender la verità, e la vera
legge è grandissima, ed ammette gran lume del Signore, e
grandissima carità; attione è questa fatta solamente da huomini
perfettissimi colmi d'ogni santità,
quali si mostrorono fortissimi, ed
intrepidissimi contro tiranni del
mondo, che con le minaccie gli
rendeuane più animosi, e co'petti
adamantini, e le promesse, e
lusinghe, più veri dispreggiatori
di falsi Dei, e di profana religione; ed in vero (senza che mal
m'auuisi punto)ne' sembianti erano più Angeli, che huomini, e le
loro intrepidezze rauuisauâsi più
di Dio, che loro, mentre che fiori gli pareano i martiri;e'tormenti, e più tosto sembrauangli lau-
tissime mense, e come fossero inuitati a delicatissime viuande.
Tanquam ad epulas inuitatæ. Andauano le Sante Verginelle a'
martiri, e v'andauano con tanti
gusti, e contenti altresì i Santi
Apostoli; *Ibant Apostoli gaudentes*
à conspectu concily. I supplici pare-
uangli campi freggiati di rose,
oue andassero a' diporti, le per-
cosse l'erano gemme, le ferite

Matth. 5
*A.*10

Act. 5 G. 41

ricami, l'ingiurie promesse gra-
tiose, i ministri fieri amorosi messi,
gli stromenti crudeli, con che si
martirizauano, e restauano vccisi,
gioie, margarite, perle, rubini,
ed ogn'altro dipreggio, le prig-
gioni oscure, e sordide palaggi
regali, il fuoco letti, e piume de-
litiose, ed in fine la morte li sembraua vita, il che parmi più cosa
Celeste, che terrena, e più diuina,
che humana; mercè dirò ch'eran'
ispecialmente fauoriti dal sommo
aiuto, da cui rihauean forze
ogn'hora, per soffrire, e se gli facea più che di Diamanti i cuori, e
i petti, e le risposte, e le fauelle
erano dello Spirito Santo, quì alludendo la somma verità. *Cum*
fueritis ante reges, & præsides nolite
cogitare quomodo, aut quid loquamini,
dabitur enim vobis in illa hora quid
*loquamini.*E che da Dio gli veniua
l'esser talmente incorati, ed esser
a douitia pieni d'ardire, e colmi
di sapienza, andianne a' casti colloquij, ed alti Epitalami,che sco-
priremo sì sublime Sacramento.
Vna fiata il diletto Sposo vago
d'hauer contezza di quanto era
mistieri alla cotanto amata Sposa,
fè richiesta, che far doueasi a quella nel giorno, che sarebbe fauellata, ed interrogata d'alcune cose.
Soror nostra parua, & vbera non ha-
bet. Mentre è picciola sorella, e
nò ha le poppe ordinarie da Donna. *Quid faciemus sorori nostræ in die,*
quando alloquenda est? si murus est
ædificemus super eum propugnacula
argentea: si ostium est compingamus il-
lud tabulis cedrinis. Mà che volei
dire diuino sposo in tal guisa di
fauellare? che la tua sorella fosse
picciola nella statura, e ne gli anni, e nelle poppe mancheuole, e
che doueuasele fare, mentre haueuano altri da fauellarle; ed ella
haueua

Matth. 10
B. 19

Cant. 8 B. 8

hauea da rispódere?mà che prepà ratione è questa, per douer fauellare , appreſtar muro da batterie con alta fortezza,e porta ben monita di tauole di cedro , in vero che per cercar mai che ne faceſſe in tutte le ſcritture, non mi venne veduto il ſimile più difficile , ed oſcuro,oue i Santi Padri varie intelligenze vi recano , mà diameſi licenza infra tante lanci d'Illuſtri Caualieri , poſſa impugnarui vna picciola ſpada ed intender per queſta picciola ſorella l'anima Chriſtiana , ed vna di quelle , che cotanto patì per amor di Chriſto, già che più fiate vien chiamata ſpoſa, e ſorella ne' cantici ſpirituali ſteſſi.Sorella picciola era ne' ſembianti, per eſſer vna ſemplice creatura , ò pur picciola al pari dell'inuittiſſime impreſe , a che s'eſponeua, com' al patire ingiurioſa morte , per difenſione della fede,e le poppe ſimbolo dell'amore non v'erano , ò pure eran picciole , perche grandiſſimo amore ſi richiedeua per tal miſtiero, che faremo dunque (diceua lo Spirito Santo) a queſta picciola ſorella, ò ſpoſa dell'anima nel giorno della ſua paſſione, quando harà da riſpondere a' tiranni crudeliſſimi, quando haurà a dar conto della Chriſtiana fede , quando haurà da predicarla in preſenza di tutti arditamente, e che le faremo ? inueggendo tanti contrari all'Euangelo,alla vera legge, ed a Chriſto ſuo capitano ? che , quando vedrà la morte , e'tormenti eſſerle d'appreſſo ? ben riſponde . *Si murus eſt ædificemus ſuper eum propugnacula argentea.* S'è muro d'intrepidezza, ò di ſcienza ordinaria naturale, non baſta, per riſpondere a que miniſtri d'inferno,ſoggeriti da Satanaſſo, e miſtiero rizzar

in lei altezza di ſcienza diuina , pura,e netta come l'argento,e che ad vn'hora reſtino confuſi, ed hauendo le poppe picciole,con poco latte d'amore , fà biſogno ingrandirle, e dar l'amor grande , e carità ſmiſurata, per poſſer ſoffrire i dolori,e difender la Chriſtiana religione . *Si murus eſt ædificemus ſuper eum propugnacula argētea.* Se l'animo di lei , e'l cuore ſon forti come muro , non baſta , per reſiſtere a' colpi , è miſtieri farui luoghi da batterie , fortezze ineſpugnabili , e darle forze inuincibili , che ſiano non da huomo, mà da Dio,nè baſta il muro di pietra, mà d'argento , e di finiſſimo , e fortiſſimo metallo.S'è porta la lor carne, che facilmente può aprirſi, e piegarſi per tema de'tormenti. e corromperſi per promeſſe , ed offerte di beni temporali. *Conpingamus illud talibus cedrinis.*Ch'è legno forte, ed incorrottibile, auualuandola d'vn cuore animoſiſſmo, habile a ſpreggiar'ogni tormento, ed ogni terrena forza. *Si murus eſt ædificemus ſuper eum propugnacula argentea, ſi oſtium eſt conpingamus illud tabulis cedrinis.* Ed ecco l'anima diuenuta rocca fauoritiſſima, valeuole a ſoffrire ogni, diſaggio da'nemici , auualorata però dall' agiuto diuino del ſuo Spoſo,ch'el la tutta baldanzoſa più oltre vantoſſene . *Ego murus , & vbera mea quaſi turres.* Io per fauore del mio Dio ſon vn muro fortiſſimo , per reſiſtere a' colpi , e reſpignere le nemiche forze, e muro altreſì di ſcienza , per confondergli , e l'amor mio è grandiſſimo, ed altiſſimo più d'ogni torre . *Ex quo facta ſum coram eo , quaſi pacem reperiens.* Ecco le guerre, le tirannidi , le minaccie, i tormenti, la morte,ed ogn' altro di nemici del mio Signore ,

gnore, con che perſuadeuanſi debellarmi, il tutto mi s'è cambiato in pace, e quiete, il tutto in contento, e gioia, e queſto è 'l ſacramento, ch'era velato ſott'oſcure parole dello Spirito ſanto; con che ſpiegaſi adonta di nemici perſecutori, eſſer cambiati tutti mali in bene, i flagelli in vittorie, e trofei, il ſangue in preggiatiſsimi rubbini di gloria, e le diuerſe pene in ricchiſsime corone di ſempiterna pace. Felici dunque i giuſti, fatti degni dell'aiuto del Signore, e d'eſſer perſeguitati per amor ſuo, mutandoſegli ciaſcheduna coſa di male, in corone, e glorioſe palme.

> Quod plerumq; mali in Sanctos
> ſauire ſinuntur:
> Quodq; bonis praui, ſape nocere quaunt:
> Absq; Dei metu non fit; qui corda ſuorum
> Hic etiam bellis glorificanda probat,
> Creſcunt virtutum palma, creſcuntq; corona
> Mutantur mundi pralia pace Dei.

Si dipigne queſt'heroica virtù d'eſſer perſeguitato per la giuſtitia da donna veſtita di nobil veſtimento, eſſendo frà tutte le virtù nobiliſsima, contenendo la patienza, in hauer maltrattamenti per lo douere, ed oue il giuſto douerbe eſſer adorato dal mondo, per lo bene sì grande, ch'egli fà (com'è proprio dell'ingrato) gli rende allo 'ncontro gran male, il che richiede gran patienza. E di color verde tal veſtimento, ombreggiando la ſpeme de' giuſti perſeguitati ingiuſtamente, di douer'eſſer guiderdonati da Dio per vn'atto di tanta pietà, e bontà. Il ramo di balſamo ſembra le

virtù, e buon opre del giuſto, con che dà odore, ed eſempio al mondo, conforme il balſamo è di sì fino odore, e pianta di tanto valore, ſembrando queſto ancora il ciel ſtellato, che così ſia freggiata di bontà l'anima del giuſto perſeguitato, conforme ſtà ricamato il Cielo di ſtelle. Le piante ancor di balſamo, che ſpuntano di terra, apparendo di bel nuouo, dinotano che le virtù all'hora fan moſtra, e s'approuano, quando la perſona è perſequitata, e ſoffre con patienza. Stà riuoltata con faccia allegra ad vno, che le tira di pietre, ſembrando ch'il giuſto facci del bene a tutti, cioè, gli predichi, gl'inſegni la via del Cielo, ed altro, e quelli in cambio d'hauerlo in bene, gli tirano delle pietre ingratamente, in ricompenſa di tant'vtile ſpirituale. E per fine le tende il laccio, ò fune dell'inſidie, e tradimenti, col dirne male, per ſcreditarlo, e renderlo odioſo a tutti, acciò ciaſcuno ſe l'auuenti ſopra, come idomita fiera, e poſcia per voler del Signore quelle funi d'inſidie, e tradimenti, fatti a' buoni, ſi conuertono in tanti fiori di honore, e gloria, perche maggiormente ſi ſcuopre la lor virtù in que' lacci ingiuſtamente teſegli da' maligni,

Alla ſcrittura ſacra. Si dipigne la perſecutione per la giuſtitia da donna co'l nobil veſtimento, per la nobiltà della vita, e delle virtù, de' quali parlò Dauide; *Nobiles eorum in manicis ferreis.* Poiche l'opre, ſembrate per le maniche, ſono forti, e reſiſtono in guiſa del ferro. E verde queſto veſtimento, moſtrando la beata ſpeme di tali giuſti perſeguitati con tanta patienza, come dicea Paolo, fauellando di quegli; *Vt per pa-*

Pſal. 149
B. 8.

Rom. 15
A. 4

patientiam , & confolationem fcriptu-
rarum fpem habeamus. V'è 'l ramo
di balfamo delle virtù odorofe
dell'anima eletta , diuifandone
Ecclefiaſt. così lo Spirito fanto ; *Sicut cinna-*
24 E. 20 *momum , & balfamum aromatizans*
odorem dedi. I ramofcelli piccioli,
che fpuntano , alla cui fembianza
rámpollano , e fi conofcono i beni
del giufto con la patienza , c'hà
nel male , procacciatofegli , come
Prouer. 19 diffe il fauio ; *Doctrina iuſt per pa-*
tientiam nofcitur. E delle ftelle rutilanti in bel cielo , ch'ombreggia-
Baruc 3 D. no le virtù , diuisò Baruc ; *Stella*
34 *autem dederunt lumen in cuſtodijs*
fuis , & latate funt. Stà riuoltata
di faccia ad vno , che le tira pietre , quando ella attualmente le
fà del bene , e di ciò a lui foc-
cefso parlò Dauide ; *Retribuebant* *Pfal.* 118
mihi mala pro bonis, ſterilitatem ani- *M. 61*
ma mea. E per fine il laccio dell'
infidie, e funi de' mali, che le tendono i peccatori ; *Funes peccato-*
rum circumplexi funt me. Quali pofcia fe le conuertono in tanti fiori
d'honore , e gloria , e chiarezza
di fama ; *Funes ceciderunt mihi in* *Idẽ 15 D.ʒ*
*præclaris.*Significando ciò i fiori in-
frapofti alla fune , auuentata per
allacciar' il giufto.

PIGRITIA. G. 149.

Donna fcapillata , con la chioma fparfa , e pendente ,
quale ftà fedendo , e dorme con vna mano fotto la
mafcella , ftà ricouerta con ftraccio manto , vedendo-
fi folamente la faccia , e quella mano alla mafcella ,
vicino a lei nella ftrada v'è certa quantità di fpine ;
ed vn Leone .

LA pigritia non è altro folo ,
ch'vna fredezza , ò vn certo
languore , per efeguire l'opre debite , e neceffarie. Quefto nome
Pigritia viene da piger , quafi
æger. Il Pigro ftà fempre fopra
fatto da penfiero irrefoluto , e da
timore , quindi non efeguifce , nè
manda ad effetto alcuna buon'o-
pra , raprefentandofegli tofto , che
s'accinge, per darui di piglio, gran
difficultà , non fapendo il mifero ,
ch'ogni cofa l'adiuiene facile, e di
molta ageuolezza , quando fi rifolue ; fatto fi è quefto , che parmi
effer' ombreggiato nel libro delle
regal' imprefe in quel, ch' occorfe
ad Elia, mentre ftaua in quel monte per ordine del Signore , per fauellare con effo lui, fentì in prima
grandiffimo rumore , ed vna tempefta all'improuifo, pofcia vdì vn
venticciolo, che fpirò dolcemen-
te fentendofi la voce. *Non in com-* 3 Reg. 19.
motione Dominus , non in igne Domi-
nus. Che volea fembrare , quefto fatto con sì fatte parole , che
s'vdirono da Elia ? fol che quello,
che perfuadeuo dianzi , che fu'l
principio , quando la perfona
vuol impiegarfi in alcun' opra
buona , appalefanfegli molti dubbi , e molte tempefte di difficultà ,
mà douebbe fapere, ch'ad vn'hora
iftefsa; che fi sbraccia , per darfi al
ben fare , fi diftolgono tutti gl'intoppi ,

toppi, ceſſanō tutti dubbi, ſi raſ-
ſerenano le tempeſte, ſi rappacifi-
ca il cuore, e ſi fà colmo d'ardire,
ſentendo vna dolcezza grande
nell' opra buona, che comincia,
e a punto la ſuauità del dolce ven
to della gratia del Signore, che
le fà compagnia in tal bene, ren-
dendol' il tutto facile. Hor togli-
no via ogni freddezza i Chriſtiani, per darſi al ſeruigio di Dio, ed
ogni pigritia, quale ſecondo il P,
San Gregorio non è altro, ch' vna
deiettione languida nell' eſercitio
lodabile della virtù, quindi ſtà
ſempre trattenuto il pigro, nè ſi fà
animo, per alzarſi al ben oprare,
ch'a tal propoſito altri ben fauellò.

Perſ. ſat. 5

Cras hoc fiet, idem cras fiet quid?
  quaſi magnum
Nempè diem donas? ſed cum lux
  altera venit,
Iam cras heſternum conſumpſi-
  mus: ecce aliud cras
Egerit hos annos, & ſemper pau-
  lum erit vltra.
Nam quam vis prope te, quam
  vis temone ſub vno
Vertentem ſe ſe fruſtra ſectabere
  cantum.
Cum rota poſterior curras, & in
  axe ſecundo.

Grande altreſì è la pigritia di
molti, e la negligenza in abbracciar le virtù, ne poſſono diſto-
glierſi, e ſlacciarſi da' infami lacci
d'errori, oue i miſeri han fatto vn'
habito lungo.

Sæpe quis inſtituit ſceleratam abrū-
  pere vitam,
Atque Deſ toto pectore iuſſa
  ſequi.
Sed tamen in vitijs hæret miſer, at-
  que ſeneſcit:
Nec, qua mente frequens partu-
  rit, illa parit.
Haud aliter quam qui ſomno gra-

uiore ſepultus
Quem tenet, hunc fruſtra de-
  ſeruiſſe cupit.
At ſi quis clamet, Pulſo iam ſurge
  ſopore.
Mox mox iſtud ait: dormit at
  vſque tamen.

Quindi ſi dipigne ſedente per la
poco ſollicitudine, c'hà alle coſe
debite, e come foſſe immobile ſenza penſiero veruno, in guiſa di
quelli, che tutto il giorno perdono
il tempo ſedendo; nè han penſiero
delle coſe proprie, e buone, mà
han molti penſieri di coſe male,
che queſto è il proprio della pigritia, ò accidia, ò otio, darſi a' vari
penſieri, quindi tiene la chioma
ſcapigliata, e ſparta, prima, per
dimoſtrare l'eſſere della pigritia,
in non accomodarla, conforme
conuiene alla modeſtia delle donne prudenti, e ſaggie, ſecondo, per
che ſono ſimbolo de' pēſieri, ſembrando che coſì volano, e ſono
ſparſi, com' i capelli, in mille coſe indebite. Il dormire ſembra, che
la Pigritia non fa attendere ad
opre buone, e virtuoſe, mà fà
ſtare la perſona coſì retinente, e
relaſſata; la mano, c'hà ſotto la gola, è ſegno della ſua Pigritia, il
ſtraccio manto dinota la pouertà,
effetto della Pigritia, che per non
attendere a' negotij debiti, onde
adiuiene il vitto, e veſtito neceſſario, l'huomo ſi ritroua in miſerie. Stà couerta per lo freddo, dinotando la freddezza nel ben
oprare, ch'è parto del vitio della
Pigritia. Nella ſtrada vi ſono molte ſpine, perche al pigro ogni coſa gli par difficile, e non tantoſto
vuol porre le mani a qualch' impreſa, che ſe l'appreſentano le ſpine delle difficultà; e'l Leone ſimil-
mente è animale, che dà terrore,
e ſpauento, perche d'ogni coſa
  s'atte-

s'atterrifce il pigro, e fi fpauenta, e fpecialmente quando vuol impiegars' in qualch'opra buona, e fpirituale, ò vincere qualche vitio, ò tentatione, de repente fe gli fà incontro vn Leone ferociffimo di dubbio, che lo fpauenta, e'd atterrifce, tirandolo in vn tratto all'indietro.

Alla Scrittura Sacra. Si dipinge da donna fedente la Pigritia, per la tardanza del moto, e per la fua negligenza. *Pedes eorum pigri funt ad ambulandum.* Stà dormendo, E ne' prouerbi fi dice. *Vfque quo piger dormis.* Stà colla mano alla mafcella. *Abfcondit piger manus fub afcella fua, & laborat fi ad os fuum èas conuerterit.* Stà fcapigliata per i penfieri vari mali, c'hà. *Sicut oftium vertitur in cardine fuo, ita piger in*

Sap.15 D. 16
Pro. 6 A.9

Pr.26B.15

Idem 13

lectulo fuo. Quafi diceffe, fi come la portafi riuolge nel fuo luogo, così egli co'l corpo nel letto, e nella mente hà vari penfieri, che lo confumano, in guifa che diffe il fauio: *Defideria occidunt pigrum.* Stà couerta co'l manto, per la fua freddezza, c'hà nell'oprare. *Propter frigus piger arare noluit: mendicabit ergo atate, & non dabitur illi.* E ftraccio il manto, per la pouertà. *Omnis autem piger femper in egeftate eft.* Hà nella ftrada le fpine delle difficultà. *Iter pigrorum quafi fepes fpinarum.* E finalmente v'è 'l leone del dubbio, che lo fgomenta in ogni cofa. *Dicit piger leo eft in via, & laena in itineribus.* E così ftà irrefoluto in ogni cofa. *Vult, & non vult piger.* Effendo diftolto dal timore da ogni attione. *Pigrū deijcit timor.*

Pr.21D.25

Pro.20A.4

Pro.21A.5

Pr.15C.19

Pr.26B.13

Pro.13 A.4

Pro.18 B.8

POVERTA' DI SPIRITO. G. 150.

Donna di faccia pallida, e magra, mà allegra, fana, e gagliarda, col veftimento fquarciato, con l'ali a gli homeri, e'l volto verfo il Cielo, oue fe le moftra vna corona ingemmàta, tenghi in vna mano vn mazzetto di fiori, e nell'altra vn picciolo pane, ftia co' piedi fopra vna pietra quadrata, fotto' quali farà vn corno di douitia pieno di gioie, e danari.

SI dipigne la pouertà, fauellando di quella di fpirito, ch'è la verace pouertate, da donna con faccia fcolorata, pallida, e magra, non effendo altro la pouerta, che mancamento delle cofe temporali, quali s'abbandonano voluntariamente per amor di Dio, dandofi chi di lei è vago alla penitenza, all'aftinenze, a' digiuni, diicipline, quindi ftà di faccia magra, e liuida, mà allegra, perche

nò ftà oppreffo, chi la poffede da mondane cure, e da cupidigia, ch'adducono cotanta noia a' mortali, mà in tutto s'alloga nelle diuine fperàze, ed all'infinita prouidéza. Stà con faccia auuenéte, per la letitia interiore, che poffede della diuina gratia, e per la pace, e tranquillità dell'animo, ftando in tutto appoggiato a Dio, fapendo che'l Diauolo non hà tanto dominio fopra lui, quanto n'hà

Z z   fopra

sopra vn ricco auaro, e cupido del mondo. Il lupo per naturale inftinto fdegna quelle pecore derelitte da' paftori per ftanchezza, ò infirmità, mà fi gira in verfo le più belle, e graffe; così facendo Satanaffo lupo voraciffimo d'Inferno, queft' huomini ingraffati piedi di ricchezze, ed altri beni di quefta vita, ftudia come poffa hauergli nelle mani, non tanto abbadando a' miferabili. L'alberi, che fono fcemi di frutti, niuno gli molefta, ftando ficuri, pauoneggiandofi sì fronzuti, e belli, e vagheggiandofi le verdi chiome; mà quelli, che ne fon copiofi, fono berfagli di paffaggieri, ch'ogn'vno vi colpifce con pietre, ò con baftoni; in guifa fimigliàte i poueri, non hauendo quefti frutti temporali, niuno gli accifma, nè reca noia, fi che han cagione, oltre il piacere interiore, hauer ancora l'efterno di quefta vita, qual fe gli rende pacifica, e tranquilla, hauendo altresì le verdi foglie di fpeme di falute, e le chiome pur troppo adorne, e vaghe di meriti. L'ali fembrano la facilità, con che s'ergono i poueri di fpirito alle celefti confiderationi, non hauendo occupationi temporali, nè impedimento alcuno. Quindi diceua il moral Gregorio. *Qui mihi onus diuitiarum abftulit, me ad currendum citius expediuit.* Le penne fignificano la contemplatione, e l'ergerfi a contemplar l'eterni beni dal Paradifo. *Quid per pennas, nifi volatus exprimitur?* Diceua Gregorio fteffo. E gli vccelli facilmente s'ergono in aria, per hauer paucità di corpo, e perche le penne fon concaue di dentro, ed infraponendouefi l'aria, facilmente furgono co'l volo in alto; così i poueri, ftando priui di cofe terre-

Gregor. in moral.

Greg in expofit. fuper Ezzecch. perfeɛ.

ne, e corporali, hanno le potenze concaue, e vote di penfieri mondani, ou'infrapongono l'aria purgato del lume, e de 'doni di Dio, cõ ageuolezza ergendos'in cielo, oue ftanno co'guardi fiffi. Tiene il volto verfo colafsù, in fegno, che quefti tali difpreggiatori del mondo fono co'l corpo folo in terra, mà co'l penfiero nell'eterne beatezze; fe gli moftra altresì la corona del regno di Dio, del quale fi fanno padroni, dandofegl'in merito del difpreggio delle cofe terrene. Il mazzetto di fiori dinòta, che quel poco, c'hanno, lo poffedono, e godono in pace, ombreggiata per i fiori, ed vn pane fia pur duro, ed infipido lo mangiano con gufto; per contrario i grandi del mondo, c'han tante varietà di ricchezze, ò quante fpine d'affanni v'hanno infrapofte, e quanti ramarici ftanno velati nelle lor laute menfe, e quanti amari bocconi, e quanto veleno fucchion' ogn' hora. Stà fopra vna pietra quadrata, fimbolo della giuftitia, con che viuono, e dell'opre virtuofe, di che ftan colme i poueri, e'l corno di douitia fotto' piedi fi è per lo difpreggio de' beni temporali, appreggiandogli vn niente.

Alla Scrittura Sacra. Si dipigne la pouertà di fpirto co'l volto magro, ed allegro, per la pace, che poffiede, adaggiandofele il parlare di Dauide. *Fadus eft in pace locus eius.* Ed Efaia. *Pauperes fiducialiter requiefcent.* Stà fana, e robufta meglio de'ricchi. *Melius eft pauper fanus, & fortis viribus, quam diues imbecillis, & flagellatus malitia.* Tiene l'ali per volare. *Cum tempus fuerit in altum alas erigit, derides equum, & afcenforem eius.* Effendo eletto da Dio fpecialmente nel

Pf. 75 A. 3
If. 14 G. 30

Ecclefiaft. 30 B. 14

Iob 36 C. 18

Isa. 48 *B.* x.

nel corso della pouertà il biso-gnoso. *Elegi te in camino paupertatis.* Hà gli occhi in alto, onde se le mo-stra la corona del regno de' cieli, di che si fan possesori i poueri. *Bea-ti pauperes spiritu; quoniam ipsorum est regnum cælorum.* Il mazzetto di fiori, che sembrano la pace, con che possiede il poco. *Melior est pu-gillus cum requie, quam plena vtraq; manus cum labore, & afflictione ani-mi.* E Dauide. *Melius est modicum iusto, super diuitias peccatorum mul-tas.* Tiene il picciolo pane, qual gode, e mangia con pace, ed alle-grezza vie più migliore d'ogn' al-

Matth. 5
A. 4

Ecclesiast.
4 *B,* 6

Ps. 36 *B.* 16

tra viuanda. *Melior est buccella sic-ca cum gaudio, quam domus plena vi-ctimis cum iurgio.* La pietra qua-drata della giustitia, e bontà del pouero, di che fauellò il Sauio. *Homo indigens misericors est: & me-lior est pauper, quā vir mēdax.* Il cor-no di douitia sotto' piedi, perche il tutto dispreggia, e nulla cosa ama in terra, nè anco le ricchezze, essendo cose, ch' al più sono dan-neuoli, ed a molti trascurati han recato la dannatione. *Multos enim perdidit aurum, & argentum, & vs-que ad cor regū extendit. & conuertit.*

Pr. 17 *A.* 1

Ibidem 19
D. 22

Ecclesiast.
8 *A.* 3

POVERTA DI VIRTV. G. 151.

Donna vaga, e bella, mà pouerà, e cieca, col vestimen-to tutto tignato pieno di rughe, tenghi nelle mani vna canna frondosa, e verdeggiante, d' appresso le stiano molt'alberi d'olmi secchi, ricouerti da nubbi senz'acqua, e vegganfi varie stelle.

QVanta diformità tenghi vn anima scema di virtù, e d'opre buone, non potreb-be spiegarsi dal più eloquente, che mai si fosse, stando insieme priua di Dio, e della sua gloria, e per conseguenza disolata di tutti beni, nè saprei imaginarmi qual cosa di vaghezza, ò d' vtile può essere, oue non mira il Signore, e non affiste con la sua santa gratia, e qual più isuentura può mai ha-uersi da vn'anima bella, quanto a' doni naturali, insieme con vn corpo altresì di belle fattezze, e che da lei vi fiano lungi le virtù, al sicuro mi rassembra qual albe-ro pieno di foglie, e pauoneggia-te di fiori, mà senza niun frutto, com'apunto era quel fico infrut-

tuoso, che maledisse il Saluatore; *Et videns fici arborem vnam secus viam venit ad eam, & nihil inuenit, nisi folia tantum, & ait illi: Nun-quam ex te fructus nascatur in sem-piternum: & arefacta est continuo ficulnea.* C'hora m' auueggio del fauellare del piangente Geremia; *Quomodo sedet sola Ciuitas plena po-pulo, facta est quasi vidua domina gentium.* Oue descriue vna Città sola, mà piena di gente, dice, ch' ell' è vedoua vestita di bruno manto, mà Signora, e padrona di molte genti, oue per la Città s'in-tende l'anima conforme l'inten-dimento d' Agostino sopra quel detto di Dauide; *Nisi Dominus cu-stodierit Ciuitatem: in vanum labo-rauerunt qui ædificat eam.* Oue dice,

Matth. 21
B, 19

Tre. 1 *A.* 1

*Aug. super
Psal.* 126
A. 1

Zz 2   che

che non si possono custodire i nostri desieri, se non dal Signore, ch'iscorge il tutto, dunque l'anima Christiana è questa Città così vaga, e bella quanto a' sembianti, benche Nicolò de Lira, e la Chiosa ordinaria v'intendino la Città di Gerusalemme piena d'habitatori, che sono le bellezze naturali, le perspicacità, lo'ngegno, e la venustà della carne, ou'ella gode peranche habitarui a' diporti, mà sola senza hauer punto di bene spirituale, e senza niun', amore, ò affetto al suo Creatore, il che la rende diformissima; è signora de' suoi sensi, ed hà dominio sopra tutto'l composito, e tal fiata signora di vassalli, mà vedoua vestita di bruno manto, per la perdita del suo caro sposo, denudata della candida veste della gratia, e siegue; *Non est qui consoletur eam ex omnibus caris eius*. La misera si riduce a termine; ch'il mondo, la carne, e'l demonio, che furonli cotanti cari, l'abbandonaranno, che le dichino pur vna parola di gusto, i sensi, i beni di questa vita, ed ogn' altro, ch'amò le volgeranno il tergo. Ed altroue altresì fauellò l'istesso Profeta con oscure parole, e d'acconcio; *Filij Syon inclyti, & amicti auro primo: quomodo reputati sunt in vasa testea, opus manuum figuli?* Oue volle alludere all'anime Christiane belle, adorne, ed in tutto riguardeuoli, mà ad vn hora fur rauisate tanti vasi di terra, ed opra d'vn figolo maestro di vasi frali. Come santo Profeta de repente fur cambiati questi figlioli sì nobili, belli, e vaghi, ingemmati tutti d'oro finissimo, in vasi di terra corrottibili? certo sì che di gran fatta è cotale adiuenimento, e credo (senz'auisarmi

male) che per questi figlioli così adorni, intendesse lo Spirito Santo l'anime Christiane vaghé per i doni hauuti nella creatione; e per la gratia della Christiana fede; *Pulcherrima erant forma similes auro primo*, legge il Caldeo, e i Settanta, *Eleuati in auro*. Mà tosto veggonsi senza cotal beltade di bon' opre, come tanti vasi di terra vile, ch'incontenente si fanno in mille pezzi, procuri, dunque, accoppiar con quest'oro della bellezza prima hauuta dal Signore, la vaghezza delle sante virtù, che cotanto rendono bellà l'anima eletta; *Quam pulchra es, quam pulchra es, oculi tui columbarum*. Così lodandola lo sposo diuino.

Quindi si dipigne la pouertà da donna bella, e vaga, ma pouera, e cieca, e mal vestita, perche molti del mondo, c'hanno bell' apparenza nel corpo, eloquenza nel parlare, prudenza nelle cose di questa vita, e molta esperienza, mà perche abbondano d'opre cattiue, sono in tutto poueri, e ciechi, non iscorgendo il precipitio, oue vanno a parare, e le rupi, oue sono per precipitarsi. Il vestimento tignato, e pieno di rughe sembra, che l'opre di costoro etiandio buone, sono inualide, di poco frutto, di poco valore, e dispiaceuoli a Dio. La canna nelle mani, ch'è bella di fuora, mà vota di dentro, è simbolo espresso d'vno, c'hà bella vita, e male operationi vote di merito, ch'a nulla vagliono, come la canna, che poco, ò nulla serue, nè vale per forza niuna. Gli alberi d'olmi secchi dinotano i peccatori, che non oprano bene, e con ragione vengono comparati all'olmi senza frutti,

solo

De Lyra, & glos. hic

Tren.4 A. 2

Cald. Septuag.

Cät. 1D. 14

folo boni per ombra , come i cattiui chriftiani , che nel mondo folo vagliono per ombra , e numero, adulterando il fine di Dio, che l'hà creati per i beni del Cielo. Son ricouerti da' nubbi fenz'acqua , il che fembra , che fono fedeli, mà empi , e douendo hauer l'acqua della gratia , fono fecchi d'ogni bene ; v' apparifcono , per fine , le ftelle effendo in guifa di quelle errant' i peccatori , e mobili.

Alla fcrittura facra. Si dipigne la pouerta di virtù bella , ma pouera ; *Ego vir videns paupertatem* *Tren.3.A 1* *meam in virga indignationis eius.* E cieca , alludendo quì Sofonia. *Et tribulabo homines, & ambulabunt* *Soph. 1 D.* *vt cæci, quia Domino peccauerunt : &* *17* *effundetur fanguis eorum ficut humus, & corpora eirum ficut ftercora.*

Co'l veftimento tignato ; *Et facti* *Ifa.64 B.5* *fumus vt immundus omnes nos , &* *quafi pannus menftruata vniuerfa iu-* *ftitia noftra.* E Giobbe fauellando in perfona di coftoro , diffe ; *Qui* *Iob 13 D.28* *quafi putredo confumendus fum , &* *quafi veftimentum , quod comeditur* *à tinea.* La canna vota della quale diuisò San Matteo ; *Quid exiftis* *Matth. 11* *in defertum videre ? arundinem ven-* *A. 7* *to agitatam?* Gli olmi fecchi ricouerti da' nubbi fenz'acqua con tante ftelle ; *Hi funt in epulis fuis* *Iud. C. 12* *macula , conuiuantes fine timore ,* *femetipfos pafcentes, nubes fine aqua,* *qua à ventis circumferuntur , arbo-* *res autumnales, infructuofa , bis mor-* *tua, eradicata fluctus feri maris , di-* *fpumantes fuas confufiones , fidera er-* *rantia , quibus procella tenebrarum* *feruata eft in aternum.*

PRE

PREDESTINATIONE. G. 153.

Donna riccamente veſtita con molte mani, e piedi depinti al veſtimento, habbi i capegli ricci, biondi, ęd
intrecciaţi co' fila d'oro, sù'l capo tenghi vn vaſo, oue
fiano doi occhi, e in mano vn criuo, ſtando in atto di
cribrare il grano, ed habbi vn libro grande d'appreſſo.

   LA Predeſtinatione) ſecondo   vn'elettione per gratia della diui-
il Padre Sant' Agoſtino) è   na volontà. La predeſtinatione
                                              al.

altresì è cognitione della futura beatitudine de gli huomini, e la prescienza nell' opposito è cognitione della dannatione.

La predestinatione è l'elettione, ch' Iddio ab eterno ha fatto d'alcuni eletti alla gloria, e benche non sapponga meriti da parte di quelli, tutta fiata mai seguiranno cotale elettione senza l'opre buone, come disse l' istesso. *Non quia futuros nos tales esse præsciuit, ideo elegit, sed vt essemus tales per ipsam_electionem sua gratia, qua gratificauit nos in dilectione sily sui.* Si richiedono dunque l'opre nostre buone, per seguir l'atto di essa elettione, essendo mistieri a tutti affattigarci nell' osseruanza della legge, e per esser l'atto della predestinatione côtingête, nô necessario, ciascheduno può esser del numero de' predestinati, osseruando i precetti del Signore. E mi par di di mostrar questo diuino Sacramento con vn fatto, che si legge esser occorso a Scipione Africano, che volendo venir alla strette con vn'esercito contrario, doi de' Capitani suoi andorono all' Oracolo a dimandar se douessero in quella battaglia portarne la palma, e fù ad vno di quelli risposto di sì, ed all'altro di nò, per lo che si mossero gli animi di tutti Soldati, e cominciorno a venire in qualche timore, dubitando della peggio, venne ciò all'orecchie di Scipione, qual tosto appalesò il dubbio, e dichiarò la contrarietà delle risposte, dicendo esser tutte due vere in vari sensi, cioè se i combattenti in quella pugna si portassero valorosamente colmi d'animo, e d'ardire, sarebbono vittoriosi, altrimenti ne restarebbono di sotto con vergogna, e scorno; hor in tal guisa parmi di

Aug. lib de prædestin. Sanctorum

dire del fatto de'Christiani, s'eglino porteransi da valorosi, ed incorati nel seruigio del Signore, e nell' osseruanza della sua legge, senza dubbio veruno hauranno la palma, e'l trionfo glorioso del cielo, mà se faranno l'opposito l'auerà la perdita, e con ogni dissonore restaranno vinti in mano di Satanasso, che ciò volle dire tal fiata il Saluatore. *Regnum cælorum vim patitur, & violenti rapiunt illud.* *Matth. ÿ B.* E mistiere patire, per acquistar il Cielo, ed esser coraggioso combattente nella battaglia contro' nemici, nè bisogna acquistarlo in altra guisa, solo con vn' ardente pugna, e valoroso combattiméto.

Ed io hora m'auueggio d'vn altissimo arcano di Dio, ricouerto sotto parole vie più d'ogn'altre oscure nelle canzone spirituali, ou'il diletto fauellando dell'anima eletta, e predestinata, dice. *Vna est columba mea, perfecta mea, vna est matris sua electa genitricis sua.* E più oltre si merauiglia della sua molta beltade, in esser com' vna rutilante Aurora messaggiera della luce, vaga come la luna, e adorna, e gaia com'il Sole. *Quæ est ista, quæ progreditur quasi aurora consurgens, pulchra vt luna, electa vt Sol.* E dopo tante vaghezze, la rassembra ad vna schiera ben ordinata di Soldati, che guardano le fortezze. *Terribilis vt castrorum acies ordinata.* Come s'accopiano queste due cose, beltà d'Aurora, Venustà della luna, e splendor del Sole co' Soldati combattenti? se non che con altissimo stile và discriuendo il mistero della predestinatione dell' anima santa alla gloria, ch' in virtù di quella superchia l'Aurora, la luna, il sole, ed ogn'altra cosa creata in bellezza, essendo eletta a quella gloria beata

Cant. 6 B. 8

Idem ibid.

beata fenza fuoi meriti, e fatta herede del celefte regno, mà l'è miftieri così vaga come è, per mantenerfi cotale, ed efequir il beato
fine, c'habbi qual Soldato ne'mani la fpada, e valorofamente com-
batta co'nemici, per riportarne
vittoria. *Terribilis vt caftrorum acies
ordinata.* Mortificando i fenfi, e le
paffioni, ed altresì hauer fempre
pronta la volontà per vbbidire al
Signore, e farfi così del numero
de'veri predeftinati.

Quindi diffe Fulgentio. Quefta
è la caufa della diuina predeftinatione ne' fanti, la preparatione della giuftificatione, e l'adottio
ne, quale, perche non meritaua la
volontà mala dell' huomo, non è
caufa di quella, e non fola la
buona volontà di Dio.

La predeftinatione (dice Agoftino) è cagione a molti di ftar
nel bene, e a nullo di cafcar nel
male. Due focietà (dice l'ifteffo)
fono de gli huomini, de'quali vna
predeftinata hà da regnare in
eterno con Dio, e l'altra hà d'andar co'Demoni nell'inferno.

Confidentemente confeffiamo
effer la predeftinatione de gli elet
ti alla vita, e de' reprobi alla mor
te, così dice il Confeglio di Va-
lenza.

Si dipigne la predeftinatione da
donna riccamente veftita co' capelli sì vaghi, ed intrecciati con
fila d'oro, che fembrano i penfieri
nobili, e fublimi, come fono quelli di Dio fpecialmente nell'atto
della predeftinatione ab eterno,
preuidendo in prima tutti quelli
della maffa della creatione, e pofcia elegendone alcuni alla gloria, e quefto fembrano li doi occhi, ch'à in capo, la preuifione
dell'intelletto, ò prefcientia di tutte le creature, che tanto vuol di-

re prefcientia, quanto preuifione
(dice il Dottor Sottile) ò pure
la femplice prefcienza è per i dannati prefciti, dopo preuifti finalmente nel male, e l'elettione alla
gloria, e per gli eletti, benche
quefto fia atto della volontà, quale non è occhio, mà lo fuppone,
fur dunque quelli predeftinati
fenza niuna preuifione di meriti,
nè di quelli di Chrifto fteffo, effen
do ftata fatta la predeftinatione
per mera volontà di Dio, con che
fur predeftinati alla gloria effentiale, ch'è l'atto della predeftinatione, quale fù fenza merito veruno, meritò fi bene Chrifto a noi
l'apertura del cielo, che da per noi
non poffea farfi, nè mai vi ferria-
mo entrati, meritò la reconcilia-
tione del Padre, e l'efecutione del
l'ifteffa gloria, douendoui concor
rere la volontà, e difpofitione de
gli eletti; nè Chrifto meritò, effendo ftato predeftinato in guifa
de gli altri eletti fenza merito, nè
cótraria quello fi diceffe, ch'è migliore hauer il premio per meriti,
che fenza, perche quì vi fù l'eccellenza grande del premio, quale fà
che fia meglio hauerfi féza meriti,
ed anco deu'appreggiarfi la gran
liberalità del donatore, ch'a merito niuno voller riguardare, ma'l
tutto fè per fua gentiliffima, ed
infinita liberalità, come fottil-
mente, e con altiera intelligenza
dice il Prencipe de' Teologi. Il
Criuo, che tiene, ftando in'atto di
cribrare il grano, fembra che frà
tutte le creature raggioneuoli pre
uifte da Dio, quanto a'termini
femplici, de' quali pofcia fè le
compleffioni, e determinationi, ò
elettioni d'alcuni alla gloria, fecondo il beneplacito della fua diuina volontà, ch'adiuiene in guifa del cribrar del grano, che refta

Fulg. lib. 1
ad monim.
pag. 45 *edi.*
Bril. in oct.
form. 1587

Aug. lib. 3
de lib. arb.
Idê lib. 15
de Ciu. Dei
c. D.

Concil. Va-
lent. anno
885 *Can.* 3

sta nel cribro, ò vaglio, e l'immonditie, e la poluere caggiono in terra; così gli eletti, qual frumento purgatò, rimangono nel disopra nell'elettione del Cielo, e i dannati nell'abisso dell'inferno, benche quest' atto sia contingente, ed in senso diuiso il predestinato, potendo peccare, può dannarsi, e parimente si dice del dannato, che può predestinarsi nella maniera detta, nè il predestinare, ò reprobare passano nel preterito, mà sempre nel presente, e nel *nunc æternitatis.* E ben dice Scoto.

Scot. in 1 sent. d. 40 q. vnic. S D. Qualibet predestinatio coexistit præteritis, qua præterierunt, non tamen ipsa præterijt. E le cose dette di Dio di diuersi tempi. *Prout ei competunt.* Non significano le parti del tempo misuranti quell'atto, mà insieme significano quel *nunc* dell'eternità, quasi misurando quell'atto, in quanto è coesistente a più parti del tempo, e perciò. *Idem est predestinare, predestinasse, & predestinaturum esse.* E così è contingente l'uno, come l'altro, perche altro non è, se non il, *nunc*, dell'eternità, che misura quell'atto, quale non è in preterito, nè nel presente, nè passato, mà coesistente a tutti questi. Le mani, e' piedi sembrano l'opre, come diceua Dauide; *Et opus manuum nostrarum dirige.* Che per eccellenza s'attribuiscono a quelli, ch'Iddio, benche quanto al prim'atto, predestina senza la preuisione dell'opere, qual noi chiamiamo la gloria essentiale, poscia quanto a gli altri atti si suppongono l'opre nostre, come dice il Padre San Bonauentura. Ed in fine il libro sembra quello della legge, laqua-

Psal. 89. D.

le è mezzo per la salute, ò predestinatione, ò esecutione di quella, douendosi osseruare da' Christiani.

Alla scrittura sacra. Tiene gli occhi in capo la Predestinatione, perche ab eterno hà preuisto tutte le creature, ed in speciale l'elette, per predestinarle, come dice San Paolo; *Nam quos præsciuit, & predestinauit conformes fieri imagini sily sui.* E sè parliamo della prescienza de' dannati, i cui peccati fur prima preuisti; *Præsciebat enim, & futura illorum.* I capelli, che sono i pensieri mirabili della preuisione, ed elettione, che fà Iddio, quali si terminano negli eletti; *Quos autem predestinauit, hos & vocauit: & quos vocauit, hos & iustificauit, quos autem iustificauit: illos & glorificauit.* Il cribro nelle mani, che dinota la scelta, ò l'elettione de' predestinati infra tante creature; *Ecce enim mandabo ego, & concutiam in omnibus gentibus domum Israel, sicut concutitur in cribro, & non cadet lapillus super terram.* E'l grano, che resta nel cribro, sembra gli eletti; *Quid enim bonum eius est, & quid pulchrum eius, nisi frumentum electorum,* Le mani, e' piedi nel vestimento significano l'opre; che richiedonsi nell'esecutione della predestinatione; *Quapropter fratres magis satagite, vt per bona opera certam vestram vocationem, & electionem faciatis: hæc enim facientes non peccabis aliquando.* Ed in fine v'è il libro della legge, e de'. precetti da osseruarsi dal predestinato, per andare alla vera vita; *Si vis ad vitam ingredi, serua mandata.*

Rom. 8 F. 29

Sap. ig A. 2

Rom. 8 K. 30

Amos 9 C. 9

Zacch. 9 D. 17.

2 Pet. 1 B. x

Matth. 11 B. 27

PREDICATIONE VANGELICA G. 153.

Donna vagamente veſtita, sù'l cui capo farà vn ſplendore,ò raggio,che da Cielo le diſcende, in vna mano
haurà vna tròba, e nell'altra vn mazzo di fiori; farà di
faccia bellá, mà alquanto ſeuera, haurà i piedi ornati con belliſsimi pianelli dorati, ſtando in atto di
camino ; a' piedi ie ſarà vn vaſo, da doue fà vſcita
vn ſerpe, il quale ributta con vn piede, e certe catene
buttate in terra.

LA predicatione euangelica è
ſtata inſtituita da Chriſto Signor noſtro, ed egli fù il primo
predicatore., benche Giouanni lo
preueniſſe, egli però fù il primo
maeſtro, che inſegnaſſe la nuoua,
e vera dottrina alle genti. Quindi
l'officio della predecatione è'l
più nobile, che vi ſia, eſſendo ſtato eſercitato da Chriſto, e conuiene, e ben ſtà ad ogni ſtato di
perſona, ſia pur grande, e nobile,
nella quale ſi ſuppone il lume
ſpeciale, che Dio dona a que', ch'
euangelizzano alle genti. E la
predicatione vangelica di Chriſto
vfficio nobiliſſimo, eſſendo inſti-
tuito da vn Signore di tant'autorità, quale dianzi, che lo laſciaſ-
ſe al mondo, per douerſi fare,
vols' egli eſſercitarlo con tanta
caità ardente. *Iter faciebat Ieſus*
Luc. 18 *A* *per caſtella predicans, & euangeli-*
zans Regnum Dei. E dirò eſſer,vno
de' più principali eſerciti), che
poſſino mai fare i miniſtri, di
Chriſto, ſi per cauſa dell'attione
cotanto nobile, com'è predicar
l'euangelo, com'anco per lo fine,
ch'è la ſalute dell'anime. Si dee
fare ſenza fallo da' religioſi ſpecialmente, quindi nel lembo della
veſte del ſommo Sacerdote co-

mandaua il Signore vi pendeſſero
i campanelli, per ſignificare queſt'officio de' Sacerdoti, e come
debbono eſſer tutti voce,e ſuono,
per deſtar gli animi, occupati ne'
tranſitori beni del mondo, alla
ſuperna conſideratione del cielo.
Officio è queſto, che dè farſi ſi
colla voce, mà molto più all'o-
pre, perche di quel predicatore,
la cui vita ſi ſpreggia, non reſta
altro,ſolo ſi ſpreggi la dottrina,
dice Gregorio Papa, nè credo ſi
poſſa far peggio,quanto predicare altrui quello, c'hà miſtieri di
bon'opre, di che l'Apoſtolo tanto
pauentaua. *Ne cum alys praedicaue-*
rim ipſe reprobus efficiar. E paionmi
que', ch'ad altri predicano, ed altrimenti pongono in opre, come
la face acceſa, che conſumandoſi,
ad altrui ſomminiſtra lume, hor
dunque inſegni prima d'oprar
bene, e poſcia d'inſegnar i popoli
il predicatore euangelico.

Quello raccoglie i frutti della
predicatione,che promette buoni
ſemi d'operationi, imperoche
l'autorità del fauellare ſi perde,
quando la voce non è aiutata
dall'opere, dice il medemo.

All'hora (dice l'iſteſſo) è il ſermone viuo, ed efficace, quando
del

Exod. 28
*C.*33

Greg. Pap.
ſup. Euan.
lib. 1 *hom.*
6

Greg. Pap.
lib. 1 *mora*

Idem mor.
30 *in fine*

del predicatore v'è pura santità, e virtuosa perfettione.

Ambr. sup. Luc.

Sant'Ambrogio dice, douer esser alieno dal predicatore l'andar da casa in casa vagando, douendo star serrato, ed occuparsi così ne' studi, come nell'orationi. Quell'è l'ecclesiastico dottore, che muoue le lagrime, no'l riso, che corregge i peccatori, e dice nullo esser beato, e nullo felice, così scriue Agostino.

Aug. super Isaia

San Gio. Chrisostomo dice, chi prende l'officio della predicatione non è mistiere esser molle, mà risoluto, robusto, e forte, nè deue niuno prenderlo, se non è apparecchiato mille volte, per esporsi alla morte.

Ioa. Chris. de laudib. Diu. Paul. hom. 6

E per fine (dic'Agostino) L'Angelo è interpretato nuncio, e ciascheduno, ò prete, o laico, ò Vescouo, che fauella di Dio, come giugne alla vita eterna, meritamente vien Angelo nomato.

August in. super Apoc. hom. 2

E però si dipigne da donna vaga, e bella per la molta bellezza di questa santo officio. Hà il lume, ò raggio in capo, ch'è il lume, che Dio dona a' predicatori suoi, senza il quale quest'vfficio non si farrebbe. Hà la tromba in vna mano, perche chi predica la parola del Signore fa l'vfficio di tromba, che desta i sonnachiosi da' peccati, ed accende gli animi di codardi nelle virtù, che sembrano a prima faccia difficili ad acquistarsi, e come la tromba nell'eserciti dà coraggio a' Soldati, e vigore, e solleua i caualli, acciò nella pugna non temino i nemici; così per virtù del suono della santa predicatione non si temono i nemici dell'anima. Il mazzo di fiori è simbolo della virtù, il cui fine principale chiede la predicatione, e piantarle ne' Christiani. Il vaso

poscia, da dou' esce vn serpe, è Geroglifico di vitij, che dissuade, e si ributtano con questa predicatione. Hà la faccia bella, mà seuera, perche chi fà quest'vfficio, deue vsare seuerità, ed asprezzi in riprendere que', che non osseruano la legge del Signore, ed all'hora si rende bello quest'vfficio, e tiene il natural ritratto. Quindi errano quelli, che si danno alle scelture, alle frase, e belle parole, e ad altre cose, che rèdono attenti gli animi, e dan prorito, ed armonico suono all'orecchie, mà poco frutto all'anime, ch'in cambio di far piacere al Signore, in esercitar quest'vfficio di tant'importanza, e carità, se gli rendono abbomineuoli. Hà i piedi sì ornati, sembrando i passi felici, che danno i Predicatori, quando camina no per predicare alle genti, Le catene sono gerogl fico di vitij, secondo Pierio, che legano l'anime nostre, e l'allacceiano, con quelle de' diauoli. Le tiene in terra, in segno che la santa parola del Signore, predicata con spirito, atterra i vitij, togliendogli via dall'anime.

Pier. Vale. lib. 40 fol. 520

Alla scrittura sacra. Si dipigne la predicatione Vangelica da donna vaga, e bella, su'l cui capo farà vn lume, ò raggio, per la virtù, ch'Iddio dona a chi fà til' vfficio. *Dominus dabit verbum euangelizantibus virtute multa.* Ed egli ancora somministra la sapienza, e l'apre la bocca. *Ego dabo os, & sapientiam, & ipse aperit ora Propheta rum.* E dauide ciò pregaua al Signore. *Domine labia mea aperies, & os meum annunciabit laudem tuam.* La tromba d lla voce terribile contro' tristi. *Quasi tuba exalta vocem tuam, annuncia populo meo scelera eorum.* La faccia seuera si è per

Pf. 67 B. 12

Luc. 21 B. 15

Idem Psal. 50 B. 17

Isa. 58 A. 1

Aaa 2 la

la riprenfione áfpra, *Argue obfecra,*
increpa in omni patientia, & doßrina.
Il mazzo di fiori in mano, perche
hà per fine di piantare le virtù,
però quefto predicaua Dauide.
Fac bonitatem; & pafceris in diuitijs
eius. Ed altroue diffuadeua il male, e perfuadeua il bene. *Diuerte à*
malo, & fac bonum : inquire parcem,
& perfequere eam.

Stà in atto di camino, perche i
predicatori fempre vanno in viag
gio a predicare, come dicea San
Paolo. *Quomodo prædicabunt, nifi*
mittantur. E fcorrono per tutto. *Et*

Tim.2 A.4
Pf.36 A. 4
Ib.33C. 14
Rom. 10
C. 15

quidem in omnem terram exiuit fonus
eorum, & in fines orbis terræ verba
eorum. I piedi belli dorati, perche
è viaggio belliffimo, ed vtiliffimo
per la falute dell'anime. *Quam fpe-*
ciofi pedes Euangelizantium pacem,
Euangelizantium bona. Le catene
buttat' in terra fimbolo di vitij,
ch' incatenano l'anime noftre in
mano del diauolo, ch' a San Pietro quefto fembrorono, quando
gli cafcorono dalle mani, figni ficando forfe l'hauer lafciato il giu
daefmo, per feguir Chrifto.
Et ceciderunt catenæ de manibus fuis.

Ibid.D. 28
Ibidë c. 15
Act. Apoft.
12 B. 7

PRELATVRA. G. 154.

Donna veftita con veftimento graue di color negro, con
vn Sole in capo, quale fà motiuo di porre il piè inanzi, tiene in vna mano vna verga occhiuta, ed vn libro
alquanto grande, a'piedi le fia vn'Aquila, ed vn Leone frà due colonne, dall'altra parte ftia vn Drágone,
che fà fegno di nocerla, ed ella con vn baftone lo ributta.

SI dipigne la prelatura da donna con veftimento negro,
graue, e con vn fole in capo, e fà
fegno di porre il piè inanzi, in fegno, che la prelatura è quella, che
precede tutti, e tutti eccede in
merito, e grandezze, che quefto
vuol dire. *Prælatura, fiue prælatus,*
quafi præ alijs latus. Stato, che ftà
innanzi a gli altri nella potefta,
dignità, dominio, e nella fcienza,
che per ciò fà quel motiuo di por
re il piè innanzi, per fegno ch' il
Prelato, o'l Principe a tutti precede nelle cofe dette, ed altresì
dee nella vita, ed efempio, che
per ciò fe gli pone il Sole in capo,
ch'è lucidiffimo, douendo dar lu-

me a gli altri con la fiaccola accefa della fua buona vita, acciò quel
li tratti dall'efempio fuo, s'animi-
fchino, ed auualorino al ben' o-
prare, ch' affai fà più l'efempio
d'vn Prelato Ecclefiaftico, ed vn
Prencipe fecolare, che le lor predicationi, e dottrine. *Nam fatis*
mouent magis exempla quam verba.
O pure il Sole fembra la communità de'Superiori in effer ordinati
a tutti con l'aiuto, conforme
quello fofpigne per tutte le parti
i fuoi rai, e'l tutto illumina, così il Prelato, e'l Prencipe debbon'
effere communi a tutti, tanto nel
gouerno, come nella giuftitia,
nel benefricare, è caftigare, fenza
far'

Adag.

far punto eccettione di perfona, nè moſtrarſi più beneuoli a' ricchi, ch'a' poueri, nè più a' nobili, ch'ad ignobili. La verga occhiuta ombreggia la grande, e molta cura, e diligenza, che debbono hauer il buon Prelato, e'l Principe Chriſtiano verſo i ſudditi,ſappendo c'hà da render conto di misfat ti loro, e ſeueramente eſſer caſtigati da Dio per le loro negligenze, quando non ſaranno veri ſuperiori, e paſtori, mà vili mercenari. Muouagli quell'eſempio regiſtrato ne'libri de'Reggi; quãdo il popolo di Dio hauea errato, diſe la ſcrittura. *Commouit Deus Dauid in eos.* Diede vna moſſa, ed vn'vrta a Dauide, perche ſe il Popolo hauea errato, egli n'era ſtato caggione, per lo mal gouerno, ò per non hauerlo inſegnato, ò corretto. E Seneca non diſſe, che ſi douea incolpare il maeſtro, mentre ſi vedeano certe traſcuragini nel Diſcepolo. Nè vale la ſcuſa, che non ſanno i defetti de'ſudditi, che li deuono ſapere, ed vſarui ogni ſtudio, per emendargli, però il Sole gli ſta ſu'l capo, loco alto della perſona, perche grande deu' eſſer la cura, che deueno tenere, p ſapere i mali, che ſi fanno nel lor gouerno, per caſtigargli, ed i beni per premiarli. E ſappino ancora, che quanto è grande la lor dignità, tanto ſaranno graui i lor tormenti nell'inferno, ſe mancheranno dal debito. *Potentes potenter tormenta patientur.* E Dauide ringratiaua Iddio d'eſſer ſtato liberato dall'inferno inferiore. *Liberaſti me Domine ex inferno inferiori.* Luogo infimo di colà, che Dio coſtituiſce a' cattiui ſuperiori, per le cui colpe tanti ſe ne dannano, e per lo mal gouerno loro, di che Dauide fù libero, quaſi diceſſe, Si-

Reg. 2. 24 A. 4

Senec.

Cap. 6 V. 7

Pſ. 85 C. 13

gnore io ti ringratio, che m'hai dato tanto lume, per ben gouernare, acciò foſſe libero da quell' atroci pene, debite a'mali Reggi, e pigri gouernatori. Il libro nelle mani ſembra la ſcienza, e prudenza, che deu'hauere il buon Prelato, e'l Prencipe, con la quale deueno eccedere tutti, per poſſere ben intendere le leggi, e per ſapere quanto gli fà meſtieri nel lor gouerno, nè deueno hauer in caſa buffoni, adulatori, riportatori, ed altre perſone indegne, mà procurar d'hauer perſone dotte, e di bona vita, e d'honore, moſſi da' rari eſempi d'vn Rè Tolomeo d'Egitto, c'hebbe ſettanta interpreti del Popolo Hebreo, e fè trasferire la ſcrittura ſacra, facendo quell'autentica verſione di ſettanta, che giornalmente i ſacri Teologi ſe ne ſeruono per autorità del lor predicare. Aleſandro il magno, c'hebbe tanti Maeſtri accorti, ed eccelſi, come Ariſtotele, lume del noſtro ſecolo, ed Aleſſandro Caliſtone, dal quale inſegnò le naturalezze delle coſe. Giulio Ceſare, che fù gran Filoſofo, ed amico di ſcientifici. Traiano, c'hebbe Plinio, e Plutarco. Carlo Magno, che ſommamente amò i dotti, ed hebbe per Maeſtro il dottiſſimo Aleuino. E Carlo traſportò il Studio da Roma in Parigi. Queſti ſono gli eſempi, oue ſi deuono ſpecchiare i grandi, infra quali molti ve ne ſono amici di giocatori, d'appaſsionati, d'intereſſati, ed'ignoranti, che l'iſtroiſcono in mill'errori, e coſe indegne, che danno mal ſuono all'orecchie di ciaſcheduno, e macchiano la lor nobiltà; quali, p nudrire le lor paſsioni, ed intereſsi, fanno, che ſi fauoriſchino perſone indegniſsime, e poche volte, ò nul

Tolomeus Rex Ægipt

la ſe

la se gli fan sapere i bisogni de lor stati. E se ne' Principi secolari fanno mal sentire simil cose, che sia de' Prelati di Santa Chiesa, hor se ne guardino sommamente, hauendo la dottrina d' Ambrogio Santo. *Polleat (inquit) prelatus sapientia, & dottrina, vt non solum subditos doceat, sed etiam hæreses conterat, & repellat.* L' Aquila, e 'l Leone ben gli stanno, essendo questi Rè de gli animali terrestri, e quella Reina de gli vccelli, in segno, ch' il prelato, che dinota quest' Aquila, deue volar in alto per la perfettione, che si suppone ritrouars' in lui, e se i Religiosi tendono a quella, e sono proficienti, egli si suppone esserui gionto, ed esser perfetto. Il leone animal coraggioso, e magnanimo prendesi per lo Prencipe secolare, quale non deue atterrirsi punto, per le forze di qualunque huomo si sia, per non far la giustitia, mà esser fortissimo, qual leone è magnanimo, e nobile d' animo, in far benefici, e carità a tutti, essendo di più nemico del diforme mostro dell' interesse, veleno delle leggi, corruttela del giusto, e mezzo efficace per corrompere qualsiuoglia huomo giusto; deue mostrar questa magnanimità altresì in perdonar l' ingiurie, cosa da grandi, ch' il vendicarsene è cosa da plebeo, come disse Traiano al suo nemico, dopo esaltato all' impero. *Euasisti Imperator sum effectus.* Come che non conuenisse ad vn grande il vendicarsi. La deue ancora mostrare con l' esempio del Leone, che sequendo vna fiera, se quella gli vorrà resistere, la sbrana tosto, mà se gli fà segni d' humiltà, la perdona, ed accarezza; così i superbi destruggergli, e gli humili guiderdonargli, e questo sù anco-

Ambr. in Pastoral.

ra il documento d' Aristotele. *Parcere subiectis, debellare superbos.* Stà il Leone infra le due colonne, che sembrano gli doi tribunali, vno Ecclesiastico, e l' altro Secolare, quali debbono stare con drittura, ed ogn' vno nel suo luogo, prima l' Ecclesiastico, e poscia il secolare, nè vno ingerirsi alla giurisdittione dell' altro.

Aueriamo il tutto con la scrittura sacra. La prelatura si dipigne da donna con vestimento graue, e nobile, in segno della grã dignità, e autorità, della quale parlo l' Ecclesiastico. *Statuit illi testamentum pacis, & principem fecit eum, vt sit illi sacerdotij dignitas in æternum.* Il sole, ch' è lucerna dell' vniuerso su' l capo, per l' esempio, acciò sia da tutti visto. *Luceat lux vestram coram hominibus, vt videant opera vestra bona.* E questa è la lucerna sopra il candeliero. *Non potest ciuitas abscondi supra montem posita, neque accendunt lucernam, & ponunt eam sub modio, sed sub candelabrum.* O pure perche il Superiore deue giouare a tutti senza passione, inguisa del sole, come diuisò San Paolo in persona del buon Prelato. *Omnibus omnia factus sum, vt omnes facerem saluos.* Tiene la verga occhiuta, er la vigilanza, qual vidde Geremia. *Virgam vigilantem ego video.* Il libro della scienza, di che parlò San Paolo stesso. *Abundetis fide spe, & sermone, & scientia.* L' Aquila della prelatura spirituale. *Aquila grandis magnarum alarum.* Vista da Ezzecchiello, ed esaltata sù la casa di Dio, in Osea. *Quasi Aquila super domum Domini.* Il Leone si è per la fortezza, il quale non teme niuno animale, così deu' esser' il Superiore. *Leo fortissimus bestiarum ad nullius pauebit occursum.* E come si di-

Aristot.

Ecclesiast. 45 A. 16

Matth. 5 B. 16

Idem ibid.

1 *Cor.* 9 D. 22

Hier. 1 C. ij

2 *Cor.* 8 B. 7

Ezzech. 17 A. 3

Osea 8 A. 1

Prou. 30 D. 30

Ibi.20 A. 2

fi dice ne' prouerbi . *Sicut rugitus leonis* (ch' atterrifce , e fpauenta tutti) *ita & terror regis.* Le due colonne, che fono allegorate , nelle gambe dello Spofo. *Crura illius columnæ marmoreæ.* E'l Dragone

conculcato, per fine , ch'obbreggia i mondani da conculcarfi . *Super afpidem, & bafilifcum ambula-* *bis , & conculçabis leonem, & draco-* *nem.*

Pf.90 C.13

PRENCIPE MONDANO, G. 155.

Huomo riccamente veftito fedente sù vn alto trono, harrà in vna mano vna corona regale , e nell'altra vna Rondine. a' piedi vi feranno vn Leone , ed vn Cane con vna fafcia fopra.

IL Prencipe ficome è grande , e nobile, così deu' effer generofo, e gentile, ed in tutto gratiofo, e benigno , ftandogli così bene (fenz'auifarmi male) la nobiltà, e l'eccellenza , come la benignità, e cortefia, nè deue mai permettere vn perfonaggio tale , che da' fuoi piedi parta niuno fenza gratia, e co'l volto turbato, che certo merita effer priuo di tal grádezza quello, nel cui petto nó regnano à douitia proprietà cotali, e indegnamente s'vfurpa il gentiliffimo nome di Prencipe, mentre vorrà folo a gli altri prefidere nel dominio, ed effergli fcemo, e fcarfo di fauori, e benefici, douendofi ritrouar in lui grandiffima liberalità inuerfo tutti. E fe fiam vaghi faper che che cofa facci i Prencipi mali , dirò che fia in prima la molta licenza, la copia di molte cofe, i cattiui amici, i fcelerati miniftri, e cortigiani ftolti , ed empi, e quelche più importa l'ignoranza delle cofe del gouerno, e della republica. Quindi diffe Diocletiano Imperadore, non effer cofa più difficile, che l'imperare. Quante fiate s'vnifcono i maluaggi del mondo , e fe

ne vanno dal Prencipe per ingannarlo , e gli danno vn falfo confeglio, dicendo quel, che fia da prouarfi, ed egli l'accetta per vero, e perche fe ne ftà ferrato in cafa, non conofce le cofe vere, nè le vede, è forzato faper quel, che fe gli riferifce , e così fà giudice delle cofe quelli, che non fono, nè deue, nè è giufto, occorrédo fenza fallo, come riferifce Flauio, quel che diceua Diocletiano, ch'il buon Prencipe, ò Rè fi vende molte fiate.

Flau. Va- *pis in Au-* *reliano.*

Debbono i Prencipi non folo attender all'armi , mà alle virtù, ed ifpecialmente alla clemenza, douendogli effer cari i fudditi, e la lunga memoria , c'han defio di lafciar di fe nel mondo, fi perpetua con le virtù efercitate , così dice Aureliano Vittorio ; E la Republica fi gouerna colla bona vita del Prencipe, dice l'ifteffo , a che debbono molt'attendere , effendo fpecchi , oue i vaffalli fi mirano fouente. Niente (dirò) ritrouarfi più male in quefti, quanto la crudeltà, e l'ignoranza , con che poffono facilmente battere nel colmo di tutti errori . E parmi di dirgli ancora, non effer in loro cofa più glo-

Aurel. Vit. *lib. de Cæfa* *ribus.*

gloriofa; nè più degna di lode, e di palma, quanto la benignità, e la mifericordia a tutti conueniente, ed eſſi particolarmente, eſſendo atti conuenienti molto a' grandi, andando ineſtati con la lor dignità, ed eccellenza; e quanto fdegno (dice Cornelio Tacito) hanno contro' nemici, tanta magnificenza, ed amore allo'ncontro debbono hauere inuerfo i fudditi, imperoche i trionfi, e le vittorie in tal guifa, e per mezzo loro s'acquiſtano, e nel fine di queſto mio difcorfo dirò, che quelli molte fiate errano, in dādo tal'hora gouerni ad huomini di mala vita, fi che Ariſtotele diceua; eſſer meglio, ch'vna Città fi gouerni da vn buon huomo, che da vna ottima legge. In tanto, ch'vna fiata occorfe al Rè Antiocho (come narra Plutarco) andar con molti de'fuoi vaſſalli ad vna cacciagione, oue fi difperfe, e di lungo da'feguaci, fi che la fera fi riduſſe in cafa d'vn pouero villano, oue incognitamente giunfe, e ſman giò con tutti di cafa famigliarmēte, e nel mangiare fi difcorfe da coloro, ch'il Rè Antioche (ch'era prefente, mà incognito) era buon Rè, mà che daua vfficj ad amici cattiui, al che egli non rifpofe pūto, venendo il dì feguente la compagnia de' fuoi vaſſalli, ch'inſeme andauano cacciando, ond'egli venne conofciuto, fi fè appreſtar la porpora, e'l diadema, dicendo hieri prima inteſi là verità intorno alle mie cofe, e credo fenza dubbio veruno mutaſſi coſtumi nel modo di gouernare, e volle dire, che dianzi non haueua intefo fauellare, fe non adulatori, e buggiardi, da' quali fommamente fi deuono guardare i grandi.

Il gran Padre Agoſtino dice.

Il Rè quando non è giuſto è tiranno, e'l triſto fi rende feruo di tanti Signori, di quanti hà vitij, dice l'iſteſſo.

Gregorio Papa dice, ch'il fommo loco fi regge bene, quando quello, che regna più fignoreggia i vitij, ch'i vaſſalli.

Qual pecorella in mezo i lupi? e qual colomba in mezo i falconi, è il fuddito infra cattiui Signori, e l'empio Prencipe è a guifa di leone infellonito, ed vn'orfo famelico fopra il pouero populo, così dice Chrifoſtomo.

Si dipigne il Prencipe riccamente veſtito, per moſtrarfi la fua magnificenza, e grandezza, Siede sù l'alto trono, per fegno del fuo dominio, ò pure per dinotar la fua autorità, a quale conuiene il giudicar'altrui, e gouernare. La corona regale, c'hà in mano, è geroglifico di virtù, fecondo 'l Prencipe de' Geroglifici, per fegno, che i Reggi, ed altri grandi del mondo non debbono folamente apparir coronati di grandezze, mà di virtù, e d'opre buone, che queſte lo fan' più grande, e lo rendono più fublime, che mille corone, e poco importa l'hauerl'in capo, fe le mani, che dinotano l'oprare, non faranno freggiate d'oro, e di gemme d'efempio viuace, douendo fapere, ch'oue non fon quelle cofe, non v'è regno, nè dominio, e quelli Reggi, ed altri grandi, che fono vitiofi, e cattiui, poffono con raggione annouerarfi infra' plebei. La rondine (a quelche diſſe l'iſteſſo Prencipe) ombreggia l'egualità, e la giuſtitia, per eſſer così vniforme a cibar i propri parti, nè più vno, che l'altro, come debbon far quelli, che prefedono, e gouernano, dar'a ciafcheduno

Tac. Annal. lib. 12

Ariſt. lib. 3 Polit.

Plut. in Apo.

Auguſt. de Ciuit. Dei lib. 4 c. 4

Gregor. 26 moral.

Chrifoſtom. fuper illud Matth. 10 ficut ouis medio lupo rū hom. 32

Pier. Vale. lib. 22 ibi.

Pier. Vale. lib. 22 de Hirundine

duno egualmente, come fi tratta di giuftitia, e far gratie; Altresì per quefta rondine s'intende la ruina, che tal fiata fogliono ricere i grandi da gli amici, e famigliari, ò che malamente gli confultino con l'adulationi, ò con indurli a' vitij, ò pure fe nè guardino da' tradimenti, come moftrò quella rondine, qual garriua *In Alexa.* grandemente fu'l capo d'Aleffan- *vita* dro, che dormiua, il che intefe Ariftande Telmifeo per l'infidie, e machinationi di famigliari domeftici contro quel famofo Rè. V'è il leone animal coragiofo, e magnanimo, per fegno che quefte debbon' effere le loro principali virtù, e farui ftudio particolaré, per farne acquifto, e fe pur la natura nò gl'inchinaffe, acciò le faccino violenza, inuitando la clemenza di queft'animale, in perdonar chi fe gli humilia, e caftigar i fuperbi, ed arroganti. E per fi- *Pier.Vale.* ne il cane con la fafcia fopra, ch'è *lib.161. de* fimbolo, conforme Pierio, del le- *cane* gislatore, e del Prencipe, che deu'effer fedele in tutte le cofe, come è tal animale inuerfo 'l padrone, e la fafcia fopra, fecondo Pericle Atenefe, dinota l'honore,

e la dignità, ch'anticamente fi daua a quelli del magiftrato, e quì l'honor grande, e la honoreuol dignità del Prencipe.

Alla fcrittura facra. Si dipigne da huomo coronato, e riccamente veftito il Prencipe, ch'in tal guifa n'appariua quello fourano. *Date gloriam Deo fuper Ifrael magni-* **Pf 67D.35** *ficentia eius in nubibus.* Se quefti fiede sù l'alto trono, quegli su'l maeftofo Cielo. *Sedet ad dexteram ma-* **Heb.1 A.3** *ieftatis in excelfis* Ha la corona nelle mani, per fegno delle virtù. *Beata terra, cuius Rex nobilis eft:* **Ecclefiaft.** Oue fi fauella di virtù, e d'opre **10D.17** buone. Il leone, in guifa del quale deu'effer coraggiofo, e magnanimo, in penfare, ed efeguir'attioni, ed imprefe di valore, così nello fpirito, come nelle cofe del mondo, in maniera che diffe il fauio. *Dediq; cor meum, v fcirem pruden-* **Ecclefiaft.** *tiam, atque doctrinam.* E per fine il **1 D.17** cane, ch' allude alla fedeltà del Prencipe. *Vir fidelis multum lauda-* **Pro, 28 C.** *bitur, qui autem feftinat ditari non* **20** *erit innocens.* E fia a fembianza dell'auguftiffimo Prencipe del Cielo. *Fidelis Dominus in omnibus ver-* **Pfal. 144** *bis fuis, & fanctus in omnibus operi-* **C.13** *bus fuis,*

PRODIGALITA'. G. 156.

Donna, che con vna mano fi toglie di capo tutti gli ornamenti, per dargli altrui, e con l'altra fi comincia a fpogliar la propria vefte, anco per darla via, vicino hà vn albero fecco, ed vna canna altresì fecca, ed in terra ftarà vna tromba.

LA prodigalità è vn certo vitio, che dona ogni cofa, fenza punto penfare a fe fteffo, nè a'fuoi

parenti, nè a bifogni, nè tiene regula niuna nel dare, mà precipitofamente dà a tutti, e pofcia ritro-

Bbb

trouafi quel tale, in cui regna que
ſto vitio, pouero, e mendico · La
prodigalità (dice San Tomaſo) è
circa il poſſedere la pecunia, non
come ſoprabódante, mà come deficiente in quella. E ſempre peccato (ſecondo l'iſteſſo) non principalmente per la quantità · del
dare, mà per l' inordinato dare a
chi non ſi deue, per le cauſe, per
che ſi dà, e perche non come ſi
deue. Viene queſto nome dal verbo hebreo Achal, che vuol dire,
deuorauit, perche ogni coſa deuo-
ra, benche (ſecondo Egidio) ſia
male incurabile, mà non l'Auaritia.

La legge interdice l' amminiſ-
ſtratione delle robbe al furioſo,
e al Prodigo, e finche perſiſteran
no ne' lor mali, vuole ſe li diâ il
Curatore.

· Il dare è coſa di molta lode, ha
uendolo commandato il Saluatore, e determinato eſſer miglior
coſa del riceuere. *Beatius eſt magis
dare, quam accipere;* Tuttafiata,
non è bene batter nell'eſtremo, e
dar ogni coſa prodigamente fauellando di quel, che ſi dà a'mondani. E Seneca vedendo vno, ch'
ogni coſa donaua, ed a tutti gra-
tificaua, diſſe, malamente morirai
tù, che le gratie verginelle l'hai
conuertite in meretrici, quaſi diceſſe, il dare, ch'è coſa cotanto
buona, ed atto così nobile, tu per
che ſei prodigo, hai guaſto, e corrotto sì gratioſo bene. Quindi ſi
dipigne da vna Donna, che dopo
hauer ogni coſa donato, ſi reduce
a donar le proprie veſti, facendo
così i ſciocchi, che zoppicano di
cotal vitio. Tiene vicino l'albero
ſecco, perche molte fiate gli alberi s' inaridiſcono, per far molto
sforzo nel germogliare, e in produr frutti, e così mancandogli

l'humido radicale principio della
vita, ſi ſeccano; talmente a punto
adiuiene al prodigo, ch'ogni coſa
ruina, e conſuma con meretrici,
giuochi, ed altri vitij, e poſcia ſi
riduce all'eſterminio, ed in termine tale, che ſi muore a fama, com'
auuenne al Figliol Prodigo del
Vangelo, che conſumò ogni coſa
prodigamente nel viuere, ed appreſſo le meretrici, finche ſi riduſſe all'altrui ſeruitù, ed a mangiar
cibi d'animali immondi. La canna
ſecca, ch'è ſimbolo della pazzia,
per eſſer vota, ſembra, ch' in gran
maniera vi ſi reduce vn tale,
che non diſcorre di quel gli fà
miſtieri, e di quel, che co'l tempo
può ſuccedergli. La tromba ſembra la fama del Prodigo cattiua,
che vola, e ſi ſente per tutto, conforme il ſuono della tromba, perche ciaſcheduno lo porta in bocca, e lo beffeggia, tenendolo per
ſcemo, e di poco, ò niun giuditio.

Alla Scrittura Sacra. La Prodigalità ſi dipigne da donna, ch'ogni
coſa dona, fin' i veſtimenti, e ſempre dona. Il che fù auiſato dal
Sauio a chi patiſſe di tal vitio.
*Fili mi ſi ſpoponderis pro amico tuo,
defixiſti apud extraneum manû tuam:
illaqueatus es verbis oris tui, & ca-
ptus proprijs ſermonibus.* L' albero
ſecco, in ſegno, ch'il Prodigo ogni
ogni coſa dona, e ſi riduce alle
miſerie, a punto come il Prodigo
tocco di ſopra. *Et poſtquam omnia
conſumaſſet, facta eſt famis valida in regione illa, & ipſe capit agere, & abyt, & adheſit vni ciuium
regionis illius, & miſit illum in vil-
lam, vt paſceret porcos, & cupiebat
implere vêtum ſuum de ſiliquis, quas
porci mandubant, & nemo illi dabat.*
La tromba per fine ſembra la mala fama del Prodigo, e i mali ch'
ogn'hor ſe ne dicono. *Sapiens corde
prae-*

22 q. 119
art. I

Egid. lib. 2
c. 18 de re-
gimi. princ.

Vlpian. ff.
de curat.
fur. dan.

Aſſ. 20 C.
35

Seneca.

Pro. 6 A. 1

Luc. 15 D. 15

Prou. X. B. 8

præcepta suscipit: Stultus cæditur latus. Essendo da douero pazzo vno di questi, che buttano 'l lor hauere, ch'ad acquistarlo vi si fatigò cotanto.

PROTETTIONE DIVINA. G. 157.

Donna con ali grandi, e sparsi, sotto lequali vi seranno due giouanetti, haurà il petto di ferro, da vna parte v'è vn Anchora, e dall'altra certe rondinelle picciole, ed vn quadro di pittura.

LA protettione diuina è quella difensione, che fà Iddio alle creature, e specialmente a quelle, che sperano, s'appoggiano, e si ricourano sotto 'l suo pietoso manto, spreggiand'ogn'altra protettione, ed aiuto. E il nostro Iddio, qual Duce, ò Capitano di numeroso esercito, che non già i propri Soldati ferisce, ed offende, ma gli difende, e protegge, e dispreggia si bene, e procaccia ruina a que', che non militano sotto la sua bandiera, altretanto il nostro inuittissimo, e famosissimo Duce Iddio, a quell' huomini, ch'altroue sperano, e sotto altra protettione annidano, egli li trauaglia, e souente gli permette disaggi, per contrario poscia, a chi in lui spera, e sotto le sue braccia si nasconde, vengono le gratie, e i fauori, così confessò Dauide essergli auuenuto, mentre professaua star' al rollo, ed ascritto alla militia del suo Dio, per comparire in campo da guerriere armato di diuino agiuto contro' nemici. *Protexisti me Deus à conuentu malignantium, à multitudine operantium iniquitatem.* Sacrosanta protettione, e riparo pieno di saluezza, refuggio il più sicuro frà tutti, luogo oue i nemici rauuisansi per inaccessibili sentieri, difesa la più sicura del mondo, e cortile ben munito di fortissime mura, che tal'è la protettione diuina, oue stà sicuro a diporto, ed a bellagio il Christiano. Nè giamai starebbe nauicella dopo le tempeste dell'orgoglioso mare sì riparata in porto, nè Soldato in fortissima rocca difeso, e saluo, nè mai combattente sotto l'antica insegna d'esperto Capitano, quanto sicuro, e franco stassene il Christiano sotto 'l beato scudo della diuina ptettione. Ilche diuisò viuacemēte Esaia. *Proteget Dominus exercitum Israel, protegens, liberans, transiens, & saluans.* Quante conditioni a bella posta v'accoppia il Profeta, ben degne d'esprimere la santa, e caritatiua protettione, ch'Iddio tiene delle sue creature. In maniera particulare vagheggio quest'amorosa protettione del sempiterno Signore della maestà verso gli affannati, e tribolati, come quelli, con chi tant'egli gode, e si diletta, e quelli con ispecial fauore protegge, ed aiuta, e di quanto dico nè fà testimonianza il santo Dauide. *Deus refugium factus es nobis adiutor, & protector in tribulationibus.*

Sicurissima è la diuina protettione, sotto la quale l'anima nostra riposa

Ps. 63 A. 2

Isa. 31 C. 5

Psal. 45 A.

riposa con aggi, e piaceri, e con
ogni sicurtà. Quindi la santa sposa vnafiata andaua dicendo. *Sub*
vmbra illius, quæ desideraueram sedi,
& fructus illius dulces gutturi meo;
e di che ombra fauellasti santa
sposa? oue cotanto eri a' diporti,
e staui con gusti, e spassi sedente?
e che luoco felice era cotesto? i
cui frutti ti si resero così dolci?
Secondo l'intendimento d'Vgone Cardinale, quest' ombra è la
diuina protettione, oue sicuramente si ricoura l'anima nostra,
ed oue ne stà tutta sicura da' mali, e da oltraggi de' nemici fieris-
simi d'inferno; quindi i frutti del
suo sposo, del merito, e della gratia pendenti nell'albero della redentione, li son così dolci, e soa-
ui, non possendogli amareggiar'i
nostri nemici co'l veleno del peccato, mentr'ella stà riparata sot-
t'il braccio diuino della sua gratia, e mentre in ogni sua bisogno
hà ricorso a quello, nè punto confida nelle proprie forze. Bellissima dunq; è la protettione del Signore, c'hà verso noi altri, che da
bella donna si dipigne, e con ali
grandi, in segno che grandi sono
l'aiuti, e le gratie, che fà a chi
si fida in lui, e ricorre alle sue san-
tissime braccia; E i doi giouanetti sembrano i diuoti, che ciò fanno. Il petto di forte ferro dinota
di quanto potere sia la sua protettione, che i strali di nemici non vi
giungono a colpire, e se giungono, non offendono. L'Anchora
Pier. Vale.
lib. 45
(secondo Pierio) sembraua appresso gli Egittij il refugio, l'aiuto, e la protettione, che se tal'hora hauessero hauuto qualche bor-
rascha di tempesta, si seruiuano
dell'Anchora della protettione, ed
aiuto d'altrui, che posseua difen-
dergli, come appunto è quello

del Signore anchora fortissima,
per farne difesa da ogni borra-
scha di contrari venti di questa
vita; E le rondinelle appresso l'i-
stesso Pier. sembrano il chiedere
aiuto, come dee fare il Christiano ne' suoi bisogni, gridare al Signore, qual altro Dauide. *Ad te*
Domine clamabo, Deus meus ne sileas
à me. E se siam pur vaghi al fine
porui vn quadro di pittura, ch'è
simbolo della buggia, poiche
quanto è più viuace più mostra
il falso, ed inganna, sembrando,
che chi facesse ricorso ad altro p
aiuto, ò chiedesse ripararsi sott'
altra protettione, che quella di
Dio, restarebbe sicuramente ingannato.

Alla Sacra scrittura. Si dipigne
con ali grandi la diuina protettione, sotto le quali desiaua ripararsi Dauide. *Sub vmbra alarum*
tuarum protege me. I giouanetti,
che vi stanno, sembrano quelli,
che vi sperano. *Sub vmbra alarum*
tuarum sperabunt. Il petto di ferro
si è, per la fortezza della sua protettione, della quale fauellò l'istesso. *Diligam te Domine fortitudo mea.*
Dominus firmamentum, & refugium
meum, & liberator meus. Ed altroue
l'istesso. *Dominus fortitudo plebis suæ.*
V'è l'Anchora della diuina speranza, della quale parlaua San
Paolo. *Qui confugimus, vt spem pro-*
positam teneremus, quam velut An-
choram habemus animæ tutam, ac fir-
mam. Le rondinelle dinotano il
dimandar aiuto, che aprendo sem
pre la bocca, e vedendo le madri,
gridano fortemente, come dicea
Ezzecchia. *Sicut pullus hirundinis,*
sic clamabo. E per fine la pittura è
Geroglifico della buggia, perche
chi pretende hauer altra protettione, che quella di Dio, resta ingannato, ed è bugiarda protettione,

Cant.2 A 3

Vgo Card.
sup. 2 Cant.

Idē lib. 22

Ps. 27 A. 1

Ps. 16 B. 9

Idē 16. B. 8

Idē 17 A. 1

Idē 27 B. 8

Heb. 6 D. 19

Is. 38 C. 14

ne, che però Iddio forridendo, fcherniua il fuo populo, mentre pretendea ftarfene fotto altra protettione, pur troppo bnggiarda,

Deut. 31
E. 37

che fotto la fua. *Vbi funt Dij, in quibus habebant fiduciam, &c. furgant, opitulentur vobis, & in neceffitate vos protegant.*

PRVDENZA. G. 158.

Donna con bella faccia, e con acconciatura marauigliofa di capo, fu'l quale v'è vn Giacinto, tenga nella deftra mano vn compaffo grande, e l'Arcipendolo, ftia in atto di camino in verfo vna Città, e per ftrada troui alcuni ferpi, nella mano finiftra tenghi vna face accefa riuoltata al cuore, e fotto' piedi vn' huomo armato d'armi bianche.

LA prudenza vna delle virtù Cardinali, non è altro, che faper euitare le cofe nociue, e procurare con ogni ftudio le cofe vtili. E Ifidoro dice *Prudens, feu prouidens dicitur quafi procul videns,* perche preuede i cafi futuri, e quel, che può facilmente foccedere. La Prudenza (dice il filofofo) è vna retta ragione delle cofe da farfi.

Ifidor.libr. Ethimol.

Arift. 6 & hic

Cicer.lib.2 Rector.

O pure, come dice Cicerone, è vna fciéza delle cofe buone, e male. Ha per cofe contrarie la ftoltitia, e la dementia. Quattro fono le parti di sì alta virtù, l'Aftutia della mente, con che fi dà configlio, ò fi fà giudicio nelle cofe d'importanza. Seconda é l'Intelligenza, con che fi confiderano quelle cofe, che fono, e da doue fono. Terza è la Memoria, quale fecondo Cicero. è parte integrale della Prudenza, ed è delle cofe preterite. E quarta è la Prouidenza, con che s'hà gli occhi a cofe future dianzi fi faccino.

Aug.lib.de Ciuit. Dei

Il gran Padre Agoftino dice, chi fenza il Saluatore, e fenza la vera

fapienza fi perfuade effer prudente, non è fano di mente, mà infermo, non prudente, mà ftolto, ed in continua pazzia ftarà, e continua cecità.

& hab. 16. q. 3. can. qui fine.

Siate (dice Girolamo) prudenti, come i ferpenti, perche la prudenza fenza bontà è malitia, e la fimplicità fenza raggione è ftoltitia.

Hiero. fup. Ofeam

Non più prontamente al giufto, ch'al prudente commettiamo i negotij importanti, dice Ambrogio, è la fapienza (perfuadeuas'il fauio) douerfi nomar forella, e la prudenza amica ftretta, e cara.

Amb.lib.2 offic.8. pro 7.

Il vero fauio, e prudente dirò effer quello, che fpreggia tutte le cofe vane del mondo, folamente amando la virtù, cofa di preggio e d' vtile.

Spernit turpe lucrum prudens,
  adefq; fuperbas
Spernit inauratas marmoreafq; trabes
Spernit ebur gemmas, argentum, aulea, tapetas
Spernit opes vafta luxuriemq; domus

Sper-

Spernit odoratas veftes auroq;
  triclices,
Spernit delicias,Cypris,amor-
  que tuas
Spernit compofita damnofa im-
  pendia menfe
Spernit res , hodie , quas rude
  vulgus amat
Spernit , & inuidiam fcelerata
  murmura lingua,
Spernit clamofi iurgia vana
  fori ,
Omne malum(breuiter)prudens
  Spernitq; fugitq;
virtutemq; bona gaudia men-
  tis habet.

Quindi fi dipigne bella la prudenza', effendo belliffima virtù ;
Stà acconcia di capo, oue rifiedo-
no i fenfi communi , e la fantafia,
e dicefi per eccellenza efferui l'intelligenza, per fegno, che quefta
virtù và accoppiata con gran
fcienza, e la fapienza, e la prudenza (dice Arifto.) adiuengono da
longhezza d'efperienze , quindi
ritrouafi più ne' vecchi, che ne'
giouani , perche hanno più fatta
efperienza del mondo ;

Hà il Giacinto fu'l capo , quale
è di mediocre fplendore,così quefta virtù richiede vna certa mifura di mediocrità nelle cofe .

Il compaffo, e l'arcipendolo,
che fono mifure , perche il fauio
oltre che dee fare tutte le fue cofe con pefo, e mifura , anco dinotano il tempo, quale fecondo i Filofofi. *Eft menfura motus*, perche la
prudenza hà da confiderar bene
le cofe paffate, le prefenti, e future , per poffer ben gouernare, e
far che le cofe habbino d'hauer
buon fine. Il compaffo fembra,
che vi vuol gran tempo,fin che la
perfona aquifti l'habito della prudenza , procedendo (come habbiam detto) da lunghe efperien-

ze. Quefta virtù è quella, con che
fi reggono , e ben gouernano le
Città, ed oue ella non giugne,non
può effer perfetto regimento . Si
dipigne pur in atto di caminare,
effendo ella la vera ftrada di giun
gere alla perfettione Chriftiana,
e più affai valeuole dell'altre virtù; anzi fe quelle non feranno re-
golate con quefta , fempre faranno imperfette , come diffe il gloriofo Antonio da Vienna nel dubbio , ch' a' fuoi monaci propofe
vna fiata , qual foffe quella virtù,
ch'introduceua più alla pfettione
Chriftiana,molte rifpofte vi furono , e molte virtù s'affignorono,
ma'l gloriofo Santo ben diffe, douer effer la prudenza , che regola
tutte l'altre,nè gioua l'effer humile, ò altro,nè l'effer giufto,fe quefte virtù non han per timone la
Prudenza, per fuggir'il male , e
procurar l' vtile, e confiderare,
oue fi può errare, ed oue non , ed
andar bilanciando le cofe paffate,
con le prefenti , e future . Troua
per ftrada certi ferpi , che fono
fimbolo della prudenza, c'hauendo vn corpo così lungo, preueg-
gono(,hauédo gli occhi a dietro)
come debbano fcamparlo,ed inan
zi come ripararlo in qualche fo-
rame, tenendo fempre cuftodito
il capo, in guifa che dee far il
Chriftiano penfare il paffato, e'l
futuro, per ben gouernarfi , e tener cuftodia del capo, ch'è la fede,e la gratia del Signore.Vi fi richiede la fapiéza, p' hauer la pru-
déza, di cui è tipo il lume accefo.
L'huomo armato per fine fotto'
piedi fi è,perche la prudenza cal-
peftra la fuperbia , e molti , c'han
voluto fare di valorofi, e forti, e
far più del potere , fenza penfare
al douere , fono ftati fuperati , e
vinti da huomini prudenti; ò pure

re tiene l'huomo armato sotto' piedi, perche è assai migliore esser prudente, che forte,

Alla scritt sacra. Si dipigne bella la Prudenza specialmente nel capo, per la dottrina, e sapienza, che s'accoppiano con questa virtù. *Ecclesiast.* *I D. 17* *Dedique cor meum, vt scirem prudentiam, atq; doctrinam.* La gemma del Giacinto su'l capo della pruden- *Pro. 17 B. 8* za. *Gemma gratissima expectatio præstolantis: quocunque se vertit prudenter intelligit.* Hà il compasso grande, e l'arcipendolo, che sembrano il tempo, che preuede, e il molto tempo, che si richiede ad acqui- *Iob 12 B. 12* starsi l'habito di prudenza. *In antiquis est sapiètia, & in multo tempore prudentia.* Stà in atto di camino verso vna Città, per lo gouerno di quella, a che si richiede il giu- *Ecclesiast.* *10 A. 3* ditio de' prudenti. *Ciuitates inhabitabuntur per sensum prudentium;*

ò vero stà in atto di camino, per che ella è strada, per venire alla santità, così esortandosi per bocca del sauio. *Ambulate per vias pru-* *Prou. 9 B. 6* *dentia,* e per lo stesso. *Scientia Sanctorum prudentia.* I serpi, che troua per strada, a' quali rassembrò i veri prudenti il Saluatore. *Estote* *Matth. 10* *ergo prudentes sicut serpentes, & sim-* *C. 16* *plices sicut columba.* La face accesa verso il cuore, perche nel cuor dell'huomo saggio stà la sapienza, di cui è simbolo la luce. *In cor-* *Pro. 14 D. 33* *de prudentis requiescit sapientia.* E l'huomo armato per vltimo sott' i piedi è simbolo della fortezza, di cui è migliore la prudenza. *Me-* *Sap. 1 A. 6* *lior est sapientia, quam vires, & vir prudens quam fortis,* ò vero tal'huomo superbo sembra esser atterrato dalla prudenza, come disse il paziente. *Prudentia eius percussit su-* *Iob 26 D. 12* *perbum.*

RICCHEZZE. G. 159.

Donna di bell'aſpetto, con ricchiſsimo veſtimento, ſu'l
quale vi ſarà vna cartoſcina ſcritta, Diuus, con vna
mano fà ſegno di porgere altrui vna picciola moneta, e con l'altra di pigliare vna borſa piena d'oro, haurà vn cornucopia pieno d'argento, ed oro, ſu'l quale
vi ſarà vna nottula, ed appreſſo le ſarà vna colonna.

LE ricchezze altro non fono, che beni di fortuna, quali vengono a gli huomini in quefta vita, e fe al Prencipe de' Geroglifici crederemo. In Egira Città d'Achaia v'era vn' Idolo della fortuna con vn corno di douitia in mano, e vicino v' era il Dio d'Amore alato, per fegno che fono beni di fortuna (forfe) e per l'amore, che chiunque gli porta, e l'ali, perche volano da vno ad vn'altro, come diffe il fauio. *Ne erigas oculos tuos ad opes, quas non potes habere: quia facient fibi pennas, & quafi Aquila volabunt in cælum.* Sono le ricchezze da per fe fteffe buone a chi sà feruirfene in bene, e sà goderfele giuftamente, come diffe l'Ecclefiaftico. *Et omni homini dedit Deus diuitias, atq; fubftantiã, poteftatemq; tribuit, vt commendat ex eis, vt fruatur parte fua, & lætetur de labore fuo: hoc eft donum Dei.* Sono buone a' buoni, e male a' trifti; e mi pare douergli raffembrare alla mifteriofa verga di Mosè, che buttata in terra diueniua crudeliffimo ferpe, per infettaré co'l fuo veleno, e per vccidere altrui con la fua rabbia, mà forta in alto diueniua viftofiffima, e riguardeuolifima verga; Parimente le ricchezze buttate per disauentura nel terreftre cuore dell'auaro, e nell' indurato petto, oue annida l'ingordigia, e nel dominio d'animo plebeo, e vile, ed eccole in vn tratto vorace dragone, non che ferpe velenofo, e crudo, atto a diuorar chi le poffiede nell'inferno: mà per contrario, fe faranno in vn animo nobile, che le fpenda conforme al douere, eccole infiorata verga, degna d'effer tocca da reggie mani. Il concetto parmi del Sauio, che fauellò d'huomini accorti, e ricchi di fenno,

che ben fanno feruirfi d' vn dono cotanto, datogli dal Signore, come fono le ricchezze, che non folo fonogli vna fiorita verga, mà vna corona ben degna di pompe. *Corona fapientium diuitia eorum: fatuitas ftultorum imprudentia.* Ricchezze, con che gli huomini fi reducono al felice ftato della magnificenza, al culmine dell'honori, al graduato poffeffo di nobiltà, al magnifico commercio de' grandi, al fourano trono di Reggi, all'alto honore delle corone, ad eminente dominio de' fcettri, ed a' fupremi titoli di gloriofi imperi; Con che s'illuftrano le profapie, fi mantengono l'antiche grandezze, fi prolungano i felici ftati, fi ftabilifcono i proprij poffeffi, fi congregano gli efferciti, fi vincono le pugne, e s'atterrano i nemici, e reconfi altresì gli Heroi a trionfar d'altrui, non con altro, folo con l'honorate ricchezze. Con che fi fà redentione dell'anima cattiua dalle tartaree parti? fe non con le ricchezze, per fentenza del Sauio. *Redemptio animæ viri diuitiæ fua.* Vi s'eftinguono le fiamme d'errori da tutti cuori, co'l difpenfarle altrui, *Ignem ardentem extinguit aquâ, & elemofyna refiftit peccatis.* Vi s'accumula celefte teforo di gloria. *Facite vobis facculos, qui non veterafcunt, thefaurum non deficientem in cælis.* Vi s'aggiugne priuileggio di diuina beneditione, con che fi coftituifcono i fortunati ricchi lungi da ciafcuna afflittione. *Benedictio Domini diuites facit, nec fociabitur ei afflittio.* Vi fi fan gloriofi gli humili, e i ricchi altieri humili, e baffi. *Gloriætur autem frater humilis in exaltatione fua, dices autem in humilitate fua.* Vi fi godono infieme da chi ne poffiede; la pace, e'l giubilo della

C c c con-

Pier. Vale, lib. 46
Pro. 23 A. 5
Ecc. 5 D. 18
Pr. 14 C. 24
Pro. 13 B, 8
Ecclefiaft. 3 D. 33
Luc. 12 E, 33
Pr. 10 C. 22
Iacob. 1 B. x

Ecclef. 23

confcienza, come diuisò l'Ecclefiaftico. *Bona est substantia, cui non*
est peccatum in conscentia.

Hieron. in
ep.ad falut.

Fù di parere Girolamo, che le
ricchezze ben vfate non nuoco-
no, nè la pouertà fà più comen-
dabile il pouero, che quelle il
ricco.

Ambrof in
Pfal. 118

Ambrogio diffe, non effer ingiufte le ricchezze, perche l'oro,
ò l'argento fiano ingiufti, mà fono ingiufte, quando non tolgono
all'auaritia il bifogno, e l'affetto
del più cumularne.

Bern fer.4

L'oro,e l'argento(dice Bernardo) nè fono boni, nè mali, quant'
alla bontà dell'animo, mà l'vfo è
buono, l'abufo malo, la tollecitu-
dine peggiore, e'l chiederne con
affetto reca brutezza grande.

Aug. fuper
Pfal. 61

Agoftino dice, chi non hà ricchezze, non le defideri, e chi n'hà
non fi gonfi, non è male l'hauerne, mà poru'il cuore, nè dannano quel cuore, che le fpende, mà
che le riconde con grand'affetto.

Riputo più facile le ricchezze
da difpreggiarfi da chi n'hà, che

Greg. lib. 2
moral.

riputarle vile, e fpreggiarle, chi
non hà, così dice Gregorio.

I ricchi non s'efcludono dal di-
fcipulato di Chrifto,perche Matteo fù ricco,e difcepolo,non ama-

Rab. fuper
Matth. 26

tore però della pecunia, mà largo
diftributore, così dice Rabano.

Non dee reprenderfi l'huomo,
perche fà acquifto di ricchezze,
mà perche vi fonda la fperanza,e
la fiducia della vita, e le niega a'

Beda in gl.
fup.Luc.12

poueri, a quali deue farne parte,
acciò foffe riceuuto ne gli eterni
tabernacoli, dice Beda.

Arist lib.1
Eth. cap.6

Ed Ariftotile diffe,l'effer ricco
s'accoglie in parte di virtù, mentre ne vergono molti commodi.

Idem lib.2
Reth.c 16
Idē 1 rep.
cap.6

E l'ifteffo in vn'altro luogo dice.
Le ricchezze effere vna felice
pazzia. E'l medemo altroue diffe,

che l'arte di ritrouar la pecunia
non è nata dalla natura, mà cred'
io dall'ingordigia humana.

Ne è poffibile (dic'egli ancora) viuere in otio fenza ricchez-

Idem lib.4
rep.cap 6
Plutar. in
ligur.

ze. E Plutarco. Le ricchezze, e pouertà fono ftati antichi morbi delle republiche.

Hor dunque ciechi fono i mondani, ed in tutto erranti, quando
fon priui di sì beato lume, che le
ricchezze debbonfi godere, e poffedere a fine, per feruirfene ne'
fuoi bifogni, e per foccorrerne altrui, ne poru' in effe affetto veruno, perche fon cofe tranfitorie, e
felici ftimo quelli, che fapranno
commutarle in ricchezze del Cielo, ou'è miftieri teforizzare, e non
in terra; e dicafi così

Quis fapere hunc dicat, cereris
qui condit in imo
Munera, nec fuperis collocat
illa locis?
Non minus infanit fua, qui non
condit olimpo,
Sed credit terra, quas malè
feruat opes.
Vis te igitur tua non pereant,
non pabula blattis
Suppeditent, furis non me-
tuantq́ manus?
Pauperibus fer opem, promptufq́
alimenta miniftra,
Conferuabis opes hac ratione
tuas.

Si dipigneno le ricchezze da Donna di bell'afpetto con vaghiffimo,
e ricchiffimo veftimento, perche
belliffime fono a chi sà feruirfene,
e lo rendono vago,e bello appreffo a tutti. La cartofcina, che v'è
fopra con la parola, Diuus, che
tanto vuol dire diues,quafi diuus,
participando molto il ricco delle
diuine grandezze. Dona vna picciola moneta; mà riceue vna borfa di gran quantità di valore,figni-
ficando.

ficando, che chi dona delle ricchezze per amor di Dio con animo nobile, e gentile nè riceue da quello in Cielo gran copia, ed a punto cento di più, conforme dice Gregorio. *Qui carnales affectus propter fidem Christi, & predicationem Euangely contempferint, & diuitias, atq; faculi voluptates, centuplum accipient, & vità aternam poffidebnnt.* Il Cornucopia d'argento, e d'oro, sembra le ricchezze, e l'abbondâza de' beni. La colonna accenna la sublimità della gloria, conforme Pierio, d'applicarsi al ricco. La nottula, dice Plutarco, significa la pecunia, e le ricchèzze, c' hauendo penfiero Gilippo di trasportare copia di pecunia in Lacedemonia n'occultò parte fotto fua cafa, mà perche a que' tempi vi era legge, che i feruidori non foffero creduti contro i padroni, mentre contro loro teftificauano; diffe vno di quelli in giudicio, che fotto la cafa del fuo Padrone vi erà quantità di nottule, non poffendo accufarlo apettamente, il che effendo intefo da' giudici accorti, reintegrorno la Republica del danaio, e

Greg. Pap.
lib. 3 in
Matth.

Pier. vt fu
pra
Plut. in vi
ta Lyfand.

Pier.lib.20
ibi de nott.

così poi in altre occafioni lo dimandorono co'l nome di nottula.

Alla Scrittura facra. Si dipigneno da donna di gran bellezza le ricchezze, come in fatti fono belle, e belli i ricchi. *Homines diuites in virtute pulchritudinis ftudium habentes: pacificantes in domibus fuis.* La cartofcina col detto. *Diuus, quafi diues,* come diuisò l' Ecclefiaftico. *Beatus diues, qui inuentus eft fine macula, qui poft aurum non abys, nec fperauit in pecunia thefauris.* Dona il picciolo dono, per riceuere il cento di più. *Centuplum acipiet, & vitam aternam poffidebit.* Il Cornucopia delle ricchezze, defiderate da Salomone moderatamente. *Mendicitatem, & diuitias ne dederis mihi: tribue tantum victui meo neceffaria.* La colonna, che fembra la gloria de' ricchi. *Omnes ifti in generationibus fuis gloriam adepti funt.* La nottula per fine, che dinota la pecunia nafcofta, a guifa delle finte nottule fotto la cafa di Gilippo, come fè quel cattiuo feguo del Vangelo. *Fodit in terram, & abfcondit pecuniam Domini fui.*

Ecclefiaft.
44 A. 6

Idem 31

Matth. 19
D. 29

Pro.30 E.8

Ecclef. 44

Matth. 25
D. 22

SACRIFICIO. G. 160.

Huomo, il quale in vna mano tiene vn mazzo di fiori, e con l'altra fi tocca il cuore, che moftra, tiene auanti vn'altare, fu'l quale vi ftà vna vittima, che fi bruggia.

IL facrificio propriamente è vna cofa debitamente fatta ad honore folo di Dio, per placarlo, dice San Tomafo. Ne è altro il facrificio, ch' vna offerta, che fi fà al Signore, e fi fà a fine per impetrare la fua fanta gratia, e gloria, e così non folo con l'offerire a Dio i vitelli, ed altri animali fe li

Tho. 22. q.
81 art. 4

fà offerta, come anticamente nel tempo della legge di natura, quâd'hebbe origine quefto modo di facrificare, mà più verò facrficio è offerire a Dio i propri cuori, e l'opre virtuofe; e'l proprio facrificio del Chriftiano è quello, quando offerua la diuina legge, e ftudia al più che può di non offen

C c c 2 dere

I Reg. 2 I
E. 22

dere fua diuina Maeftà, e vbidir-
la in quanto fi degna commandare, e così s'intende quel detto.
Melior eft obedientia, quam victime.
Il Signore più fi fente fodisfatto,
quando i Chriftiani offeruano la
fua legge, che gli commanda con
tant'amore, che fegl' offerifchi
qualunque facrificio. Altresì è facrificio quello, quando il Chriftiano hà contritione vera de'
fuoi peccati, e tal'è quando con
vere lacrime gli confeffa al fuo
padre fpirituale ; E fe nelle
parti Indiali retrouanfi nefarie
genti, che fe fteffi a gl' Idoli fi fa-
crificano, con vcciderfi alla lor
prefenza ; come ne gli antichi
tempi foleano altri facrificare i
proprifigli, e figlie a' Demoni,
quanto più noi Chriftiani dobbiamo facrificare al vero Signore, con vccidere non noi, mà i
noftri vitij, buttando amare lacrime, facrificando i noftri cuori,
dandogli morte, con togherui
da quelli tutte le paffioni, e tutti
cattiui penfieri, facrificare figli, e
figlie, con educargli bene, ed infegnargli opre virtuofe, che tali fono i veri facrifici, che l'aggradano cotanto, comé fi dice in Mala-
chia. *Et placebit Domino facrificium*
Malach. 3
A. 4
Iuda, & Hierufalem ficut dies feculi,
& ficut anni antiqui. Stimano facrificio, ch' habbi da effer molto
grato al Signore alcuni, c' han
viffuto malamente, in hauer tolto
l'altrui foftanza, e pofcia voglion
rifcuoterfi di ciò, con far alcun'
offerte, ò doni alle Chiefe, fotto
protefto douergli valere per reftitutione, miferi, e forfennati,
che ftimo quefti tali, c'han tanto
danneggiato altrui nella robba, e
forfe nell'honore, e fama, e pofcia
perfuadonfi, che l'elemofina fatta
alla Chiefa fia bafteuole alla re-

ftitutione, potendola fare alle proprie perfone danneggiate, fappino quefti fciocchi, ed ottenebrati
da Satanaffo, che nè Dio, nè la
Chiefa tengono meftieri del lor
hauere mal acquiftato, mà fono
obligati fotto pena d'eterna dannatione reftituire al proprio padrone la fama, ò robba, e che fi
fia, nè fdegnino di gratia ponde-
rar vna fentenza del Sauio da ftu-
pire a tal propofito. *Qui offert fa-*
Ecclefiaft.
34 D. 24
crificium ex fubftantia pauperũ, quaſi
qui victimat filium in confectu patris
fui. Chi offerifce a Dio della foftanza de' poueri, cioè di quel,
c'hà rubbato, e tolto, fotto pretefto di reftitutione, per togherfi
via i fcrupoli. *Quafi qui filium vi-*
ctimat in cospectu patris fui. Se tal'
hora vn' huomo fcelerato vcci-
deffe il figlio in prefenza del proprio Padre, che cofa di gufto, ò
di contento l'addurebbe, forfe'l
prouocarebbe a bene, o'l prouo-
carebb●d amore? non certo, mà
a odio, e fdegno, e a dar di piglio
alla fpada, per vendicar la morte
dell'vcifo figlio; sì accade, e non
altrimenti nel fatto di colui, vuol
dir il Sauio) che toglie la robba,
ò fama altrui, fenza targli l'inte-
ra reftitutione, e ne fà elemofina
a qualche Chiefa, ò ad altro, che
tien bifogno, fotto pretefto di reftituire il mal tolto, egli diuiene
odiofo a Dio più tofto, prouocan-
dolo ad ira, e a fdegno, per lo
danno recato al proffimo fuo, fi
che il vero facrificio farebbe reftituire a' padroni, per far cofa
conforme le leggi, e grata al giuftiffimo Dio, ch' ardentemente
brama, ch'a ciafcheduno fi dia
il fuo. E per fine del noftro difcorfo concludiamo, compiacerfi più
il Signore dell' opre buone, delle
virtù, ed offeruanze de' mortali,
che

che di qualunque sacrificio, che mai gli facessero con lor pietosi affetti, come quel Poeta ne' suoi carmi sententiosi il disse.

Ouod.epist. 19

Non boue mactato celestia numina gaudent.
Sed quæ præstanda est, & sine teste fides.

Ed altri.

& Plutar. Rod. Prol.

Atque hoc scelesti illi manimum inducunt suum
Iouem se placare donis hostijs,
Et operam, & sumptum perdunt: ideo fit, quia
Nihil et acceptum est à periuris supplicij.

Si dipigne dunque il sacrificio da huomo con vn mazzo di fiori in vna mano, dinotanti l'opre virtuose, ch'anticamente v'è pur stato costume di sacrificar l'herbe, ed i fiori, e non animali, come dice Pierio. Così deuono i veri Christiani l'opre, e gli affetti offerirgli a Dio, in segno di fargli cosa grata in maniera grande, e fargli vero, ed accetto sacrificio. Si tocca con l'altra mano il cuore, qual mostra, perche l'offerte, che si fanno a Dio, debbono esser con vero cuore; ed animo sincero di pia-

Pie. lib.27 fol 600 D.

cer solamente a lui Signore, di tutte le creature, da cui hanno hauto l'essere, e riceuono la conseruatione. L'altare col l'animale, che si bruggia, è ritratto d'antichi sacrifici, a sembianza de' quali dobbiamo offerirgli quelli di più valore, come sono i già detti.

Alla Scrittura Sacra. Si dipigne il sacrificio da huomo con vn mazzo di fiori, che sembrano l'opre buone, e virtuose da offerirsi al Signore, per fargli honoreuol sacrificio. *Sacrificium sanctificationis offeres Domino, &c.* Ed altroue. *Fili si habes, benefac tecum, & Deo dignas oblationes offer.* Si tocca il cuore, che di cuore vuol esser l'offerta, qual se gli fà; *Cor contritum, & humiliatum Deus non despicies.* Cuore dell'huomo, qual vie più di qualunque cosa egli desia, chiedendolo colmo di brame. *Prebe fili mi cor tuum mihi.* E per fine v'è'l sacrificio sù l'altare; *Afferte mane victimas vestras, tribus diebus, decimas vestras;* E Dauide; *Tunc acceptabis sacrificium iustitiæ oblationes, & holocausta, tunc impones super altare tuum vitulos.*

Ecclesiast. 7 35
Idem 14B.

Psal. 50 D.

Pro. 23 C.

Amos 4 A
4
*Ps.*50D.21

SAPIENZA. G. 161.

Donna di bell' aspetto, di volto venerando, e maturo, c'habbi più del senile, che giouenile, hà l'ali a gli homeri, tenghi auanti la faccia vna nuouola, nel petto vna ricca gioia, in mano vna palla d'oro, ed in vn'altra vna face accesa, a' piedi le sia vn lepre, ed vn ceruo, che stanno co' piedi dentro vn ruscello d'acqua chiarissima.

Molto differisce la sapieza dalla prudenza, perche la sapieza propriamete è delle cose humane, e diuine, che versano sola-

solamente nella cognizione dell'intelletto, la scienza è delle cose naturali, e raggioneuoli, e la prudenza è delle cose humane da farsi, e trattarsi in questa vita, e così la sapienza è superiore, e di maggior perfettione di quelle, qual è di quattro sorti, la prima dicesi diuina, e superiore, ed è il figliol di Dio, sapienza increata, prodotta per l'atto dell'intelletto dianzi gli anni eterni, intendente l'essenza sua, come suo vero, e proportionato oggetto, comprendendolo quanto sia mai comprensibile, e di quella parlò il Sauio.

Eclesiaſt. *Ego ex ore Altiſſimi prodiui primoge-*
44 A. 5 *nita ante omnem creaturam*. La seconda si noma sapienza illustrata, ed interna, ed è quella, c'hanno i Santi, colla quale conoscono Iddio, i Cieli, e quanto si racchiude nell'esser loro, l'osseruanza della legge, e ciò che piace a sua diuina Maestà. La terza è la sapienza mondana, la quale gli huomini l'vsano nelle mondane cose, e nell'acquisto delle grandezze, dell'honori, e glorie di questa vita, della quale fauellò San Paolo;
I Cor. 3 *Sapientia enim huius mundi, stultia*
D. 19 *est apud Deum*. La quarta si chiama deprauata, ed è quella del diauolo, quale da se limpidissima, hauendo la cognitione delle specie, datagli da Dio, mà per la malitia è molto ingombrata, ed occecata, è così lasciando in disparte la prima, ch'è sapienza increata, la terza sapienza mondana, e la quarta sapienza diabolica, facciamo raggionamento della seconda, ch'è quella de' Santi di Dio, e così la sapienza è vna virtù, colla quale l'anime sanno quel, che gli fà mistiere per la lor salute, e dicesi sapienza, *à sapio is*, che *sapit*, ò vero a sapore, secon-

do Isidoro, perche, *habet saporem* *rerum, & causarum, & cognitionem* *rerum altiſſimarum*, *nam sapientia* *nihil aliud est*, *quà rerum altiſſimarū* *cognitio, & causariī*, dice il Filosofo, *Ariſt. lib. I* hauendo cognizione delle cause *methaphiſ.* note più alla natura, ch'a noi, e delle cose celesti, intellettuali, ed eterne. Quindi i Santi del Signore han dispreggiato veramente il mondo, perche con questa virtù sono venuti in cognitione vera di quella prima sostanza creatrice del tutto, ed hanno hauuto contezza del cielo, e di que' beni eterni, che realmente si deuono sapere da tutti, e questa è la vera sapienza, poiche la cognitione del le cose terrene è stoltitia appresso Iddio, essendo cognitione di cose transitorie, e corrottibili. La sapienza è virtù rarissima, che sdegna le cose terrene, ergendosi alla consideratione d'alti misteri, e come sourano lume non sospigne i suoi rai in terra, mà nel Cielo, non in cose caduche, e frali, mà in alte, e sublimi, non transitorie, e fugaci, mà stabili, ed eterne; ella come virtù altiera non imprende a specolar' oggetti; ch'in vn tratto s'isposſano, come i terrestri, e vili; mà sormonta sù l'alto Olimpo del Paradiso, oue internasi ne gl'infiniti abissi delle magnificenze diuine, ne' profondi misteri, ne gli occulti arcani, ed ineffabili sacramenti, ch'altroue non ricouransi come degno ricetto, e proportionato albergo, che nel diuino petto, e nella sempiterna essenza del Facitor de' Cieli; ella co'l lume di quella ammira cotanto lume nella luce, e splendore infinito della regal Maestà sua, come cantò il Citarista beato; *In lumine tuo videbimus lumen*. *Pſ. 35 B. x* Ella racchiude quanto mai stà velato
lato

lato ne' nascosti abbissi dell'eterno sapere, mentre co' vanni dorati della sua sublime cognitione s'estolle, e'l piè beato poggia sù gli alti giri delle sfere celesti; *Gy-* *Ecclesiast. 24 A. 3* *rum Cæli circuiui sola, & profundum abissi penetrauit*. Chi mai stimossi valeuole annouerar gli atomi, e le minute arene del vasto mare? che per nó dar negli errori, nò appello infiniti, mà si hò mai innumerabili, e ch'oltre l'human sapere si disten dono? Chi le goccie, ò stille della pioggia, l'altezza di Cieli, il largo campo della terra, e la profondità dell' abbissi? sù le cui spalle ella si fà sostegno, chi giamai fù basteuole hauerne contez- *Ecclesiast. 1 A 2* za? *Arenam maris, & pluuiæ guttas, & dies sæculi quis dinumerauit? Altitudinem cæli, & latitudinem terræ, & profundum abyssi, quis dimensus est.* Sapienza cognitione altissima, ch' eccede ogn'humana, e creata facultà, che giugne a dar contezza di quanto si è detto, ed a cognoscer quantunque di bello creò il sommo fattore, quanto con mirabile ornamento, ed artificio stabilì sù gli orbi, quanto vi sia più sù frà'l supremo cielo, frà l'Angeliche schiere, ed in fin giunge a penetrare il vero lume dell' infinito Iddio, quale co'l splendido ammanto della sua luce infinita a chiunque si nasconde: dunque è più di preggio, e stima d'ogn'altra cosa preggiatissima, nè può contraporsi a lei cosa veruna, per trabboccante che sia nel valore, nell'eccellenza, nella dignità, *Prou.8 B ij* nel preggio. *Melior est enim sapientia cunctis pratiosissimis, & omnis desiderabile ei non potest comparari.* Questo è la total sapienza del- *Aug. super Psal. 70* l'huomo (dice Agostino) il sapere, ch'egli à niente da per se, per che ciò, ch'egli è, è da Dio, ed a

quello si drizza il tutto. Questa è la vera distintione (dice l'istesso) *Idem lib. de Trin.* che ritrouasi frà la sapienza, e scienza, ch'a quella le conuenghi la cognitione delle cose eterne, ed a questa la ragioneuol cognitione delle cose temporali. La prima sapienza è la vita lodabile, ed vna pura mente ap- *Nazianz. in Apolog.* press'Iddio, per la quale gli huomini puri a Dio puro, ed i Santi al Santo de' Santi son congionti, ed vniti, dice Nazianzeno. Quella è la vera sapienza, la *Gregor. in moral.* quale non consiste in parole, mà nelle virtù, dice Gregorio Papa. Nè è possibile (dice l'istesso) che *Idem ibid.* gli huomini possin venire alla vera sapienza, mentre stanno ingannati con la fiducia della lor falsa sapienza. Non s'ama cosa più ardente del la sapienza, nè si possiede cosa *Ricc. de contempl. 1* più dolce, quindi è, che gli huomini voglion esser saui, mà pochi vi posson essere, dice Riccardo. E la sapienza vna scienza di *Arist. lib. Rect.* molte cose mirabili, dice Aristotile. Ed è scienza di cose sempiter- *Alpharab. lib. de diui. Philos.* ne, dice Alpharab. La sapienza (dice il Dottor Angelico) con la quale noi sappiamo, e siamo saui, è vna certa *D.Tho.22 q. 23* participatione della sapienza di nina, la quale è l'istesso Iddio. Ed ogni sapienza è scienza, in quanto è delle conclusioni, mà *Idem 1. 2. 57 art. 2.* differisce da tutte scienze in quanto è di Prencipi, dice l'istesso. E'l Poeta Venusino pur disse, fauellando di lei. *Horat. 1 epist. 1 9*

Virtus est vitium fuggere, & sapientia prima
Stultitia caruisse,

Ed altri *Iuuen. 13*

Magna quidem, sacrique dat
precepta libellis,

Vi.

Plaut.
Trin.

Victrix fortuna sapientia.

E di più altri

*Sapientia atatis condimentum
eſt : ſapiens atati cibus eſt.
Non atate , verum ingenio adi-
piſcitur ſapientia.*

Quindi ſi dipigne con volto bello la ſapienza, per eſſere belliſſima virtù frà tutte , e c'habbia del
ſenile , non hauendo ſembianza
giouenile, ed imperfetta , conſer-
uandoſi più ella ne' vecchi , che
ne' giouani ſenſuali , mà ne' vecchi però di vita immaculata,e ne'
giouani ancora, com'erano molti
Santi, e Sante in età giouenile,mà
vecchi, ed annoſi di coſtumi , e di
vita irreprenſibile . Hà l'ali a gli
homeri, perche ſepara l'anime
dalle mondane coſe,conducendo-
le nel cielo per la cognitione , ed
acquiſto di lui . Hà la nuuola
auanti gli occhi , in ſegno che non
vede , nè và ſpeculando le coſe
terrene, mà quelle , che ſon dalle
nuuole in sù, quali ſono le celeſti,
ed eterne, oue conſiſte la vera ſapienza. La ricca gioia nel petto
ombreggia , ch' infra le maggior
ricchezze, che l'huomo poſſa hauere in queſta vita , è queſta ſapienza. Hà la palla d'oro nelle
mani,ch'è metallo chiaro , e mondo , e di molto valore , altretanto
la ſapienza rende gli huomini
chiari, e mondi nella vita , dando
ſplendore ancora a gli altri co'l
loro eſempio ; l'oro è metallo
ponderoſo, participando più della ſolidità del ſolfore , che della
ſottigliezza dell'aria ; così i Santi
participando più di Dio , che del
mondo, ſono maturi, e graui ne'
coſtumi. Hà la face acceſa, per lo
ſplendore di queſta virtù , e per la
mondítia, c'hanno i Santi del Signore, abbandonando , e calpeſtrando il ſordido mondo,e le ſue

caduche pompe , ſceme di tutti
honori, e glorie, rendendoſi chia-
riſſimi, e pompoſiſſmi auant' Iddio: è chiara queſta virtù , perche
dà cognitione di coſe ſourane , e
celeſti, come ſono quell'immortali , ſequeſtrate da ogni coſa terrena , materiale , e peregrina , oue
caggiono le macchie, e le brutture.
Vi ſono il lepre, e'l ceruo animali timidi, e fuggitiui, perche la
ſapienza è principio vero , e certo del timor di Dio , e fà fuggire
tutto quello , che può indurre il
giuſto timoroſo nell' offenſioni
della diuina legge . V'è per fine
il ruſcello d'acqua limpidiſſima,
e criſtallina , ſembrando la limpi-
dezza di queſt'acqua celeſte della
ſapienza beuuta da' Santi illuminati dal Signore, quali ſi raſſembrano alle pecchie, e prendino
l'eſſempio da quelle , come gli ſi
dice. *Vade ad apem, & diſce , quam
ſit operoſa.* Che non beue ſe l'acqua non è chiariſſima , e ſe dianzi
non ſe ne tolgon' via l' immonditie, facendo così gli eletti, e mondi , che diſcacciano in prima ogni
coſa , che gli poſſa nuocere alla
ſalute , ed iſpoſſargli del vigore
della gratia di Dio, e poſcia beuono delle coſe terrene con ogni
douuta ſobrietà.

Alla ſcrittura ſacra. Si dipigne
bella la ſapienza, e ſpecialmente
ne' vecchi di coſtumi ; *Quam ſpe- Eccleſiaſt.*
cioſa veteranis ſapientia , & glorioſis 25 A. 7
intellectus, & concilium. Bella è , e
preggieuole più d'ogn'altro ; *Pre- Eccleſiaſt.*
tioſior eſt ſapientia , & gloria , parua, 10 A. 2
& ad tempus ſtultitia. Tiene la
nuuola sù gli occhi, perche non
è verſata nella cognitione de' terreni, e mondani oggetti , mà immortali, ed eterni ; *Quoniam im- Sap.8D.18*
mortalis eſt in cognitione ſapientia : &
in amicitia illius delectatio bona . Hà
la

la gemma ricca nel petto, per le ricchezze del cielo, c'hà chi la posfiede; *Diuitia falutis fapientia, & fcientia : timor Domini ipfe eft thefaurus eius.* Hà l'ali, perche conduce gli huomini al perpetuo Regno de' Cieli; *Concupifcentia itaq́ fapientia deducit ad Regnum perpetuum.* Hà la palla d'oro in vna mano, per efler metallo chiaro, e rifplendente, a cui fi rafsembra; *Habebo propter hanc claritatem ad turbas,& honorem apud feniores iuuenis.* E'l grande, e fapientifsimo Iddio apparendo a Daniello in humana fembianza, per fegno della fua chiarezza, l'apparue cinto d'oro finifsimo; *Et ecce vir vnus veftitus lineis, & renes eius accinti auro obrizo, & corpus eius quafi chryfolitus, &c.* Hà nell'altra mano la face accefa, per la chiarezza di lei, hauuta da Santi fenza macchia; *Nihil inquinatum in eam in-*

Ifa.33 B.6

Sap.6C.21

Mem 8C.x

Daniel. 10 A.5

Sap.7C.25

currit. Participando quefta di quell'altra fapienza pur troppo lucida, ch'è fpecchio fenza macchia; *Candor enim lucis aterna, & fpeculum fine macula Dei Maieftatis, & imago bonitatis illius.* Vi fono il lepre, e'l ceruo a piedi, fimbolo del timore, eflendo del vero timor di Dio origine la fapienza, come diffe Dauide; *Initium fapientia timor Domini.* E'l Sauio; *Timor Domini principium fapientia;* e l'ifteffo, *Quia omnis fapientia timor Dei.* E per fine il rufcello di limpidifsim'acqua; *Et aqua fapientia falutaris potabit illum;* Eflendo molto chiara la fapienza; *Clara eft, qua nunquam marcefcit fapientia, & facilè videtur ab his, qui diligunt eam.* E per efler chiara non fi beue, fe non dall'anime perfette, e non peccatrici, perche.; *In maleuolam animam non introibit fapientia.*

Idem ibid.

Pfal. 110 B. 10

Pro.1 A.7 Ecclefiaf. 19 C. 18 Sap.1 A 2

Idẽ 6 B.13

Sap. 1 A.4

SAPIENZA DIVINA. G. 162.

Giouane vaga, e bella, nel cui veftimento vi fono depinte cert' orecchi, e mani, fotto i piedi harrà vna palla rotonda, d'ambe le parti di lei vi faranno due monti, fopra d'vno farrà vn fcettro, e sù l'altro vna fpada, e vn libro, haurà nelle mani trè palle, e'l mare d'appreffo.

LA Sapienza infinita è procedente dall'inefauftifsimo fonte della memoria feconda del Padre, per cui fi mantengono i fcettri, le corone, e gl' imperi. *Per me Princeps imperant.* Per cui i grandi del mondo adoprano il potente braccio della giuftitia, e dan foftegno, e fundamento alle leggi, con che giudicano giuftamente.

Pro.8 C.10

Per me reges regnant, & potentes decernunt inftitiam, & legum conditores iufta decernunt. La fapienza diuina è'l braccio potentifsimo del conciftoro diuino, per lo quale tutte le cofe dal niente vengono all'effere, e per lui fi moftra l'inuittifsima potenza fua, alla quale niun'altra può fronteggiare. *Fecit potentiam in braccio fuo.* Per l'impe-

Ibidem

Luc.1 E.51

ro fuo fono creati i Cieli , per abbellire il largo giro dell'vniuerfo,
che vagamente l'adornano. *Verbo*
Domini Cali firmati funt. Per lei fono freggiati di rutilanti ftelle, fa-
cédoui altresì infrà quelle pôpo-
fa moftra due luminari sì vaghi
del Sole, e della luna. *Quia ipfe di-*
xit, & facta funt , ipfe mandauit, &
creata funt. Nel principio furon
creati i Cieli, come fi dice nella
Genefi . *In principio creauit Deus*
Cælum , & terram. Per qual principio s'hà intendimento del verbo ineffabile , conuenendo peranche a tutte le perfone diuine il
creare , effendo cofa ed eftra ;
Nam opera Trinitatis ad extra funt
indiuifa, dice Agoftino , hauendo
vn principio produttiuo , ch'è la
volontà diuina , quale egualmente è in tutte trè le perfone, è dunque la produttione, ò creatione
delle creature, cofa che conuiene
communemente a tutte trè , mà
per appropriatione folamente al
figliolo , com' al Padre l'onnipotenza, ed allo fpirito fanto la bontà; così a lui il creare , conuenen-
dogli la fapicuza, di cui è proprio
l'attò del produrre. Potentiffimo
Verbo eterno , fapienza increata
del Padre , fplendore dell' eterna
luce , vero fole di giuftitia , fourano Rè di tutte le nationi, il quale hà vnito il Cielo colla terra,
ch'in tutto erano di partiti , e gli
huomini co'fourani fpirti, fin co'l
grande Iddio con vnione hipofta-
tica nel fuppofito diuino,oue vni
con nodo ftrettiffimo la natura
diuina infieme coll' humana ; *Ipfe*
enim eft pax noftra, qui fecit vtraque
vnum. Hor fi dipigne la fapienza
increata, e diuina da giouane vaga, e bella, che tiene l'orecchie, e
mani depinte nel veftimento, che
fembrano la fapienza, come refe-

rifce Pierio, ch'in guifa tale face-
uano fimulacro i Lacedemoni cô
quattro orecchie, e quattro mani,
per fegno , che volentieri fenti-
uans' i lor bifogni, e con la lor fapienza i Dei prouedeuano. E bella, e vaga, non effendo altro, ch'il
figliol di Dio,il quale fù prodotto
ab eterno dall' intelletto paterno
per ineffabil modo naturale, e neceffario , che però fi dipigne da
giouane , per effer dopo il Padre,
non di tempo, nè di natura, mà fo-
laméte d'origine, effendo prodotto da quello ; è bello perche è Iddio, com'il Padre, in cui non può
cadere imperfettione veruna. Hà
trè palle nella mano , perche trè
fono le perfone diuine , ed vna è
nell'altra per la circuminceffione,
nè vna precede l'altra , fe non nel
modo detto d' origine , mà fono
eguali in tutte le diuine, ed infinite perfettioni , e fe v'appare inegualità , come la paternità folamente al Padre , la filiatione folo
al figliolo , e la fpiratione paffiua
allo fpirito fanto folo,fi è , perche
quefte cofe fono enti non quanti,
e non dicono nè perfettione , nè
imperfettione, come dice il Dottor Sottile ; quindi è inegualità,
che non toglie perfettione alcuna , mà reftando fi bene in tutte
le cofe effentiali indifferéza. Hà la
palla fotto i piedi, che fébra l'eternità di quefta fapienza , ò vero il
mondo tutto da lei gouernato, ò
pure perche il tutto fi produce
per opra del Verbo attributiua-
mente. I monti ombreggiano, che
da lei fon fatti , e prima di loro è
quefta fapienza,però le fono vicino a' piedi. V'è lo fcettro, perche
tutti i domini, tutti i regni, e tutti
l'imperi fono eretti, e gouernati
da lei , e la fpada della giuftitia
anco per lei fi regge , com' altresì
l'offer-

Pf. 32 *B. 6*

Pfal. 148
A. 5

Gen. 1 *A.* 1

Eph. 2 *C.* 14

Pier. Vale.
lib. 33.

Scot. in quo
libet

l'offeruanza della legge fi mantiene, fignificata per lo libro. Il mare, che v'è per fine, dinota l'immenfità di quefta fa pienza, in fem bianza che fono innumerabili le goccie d'acque, ed è quello fmifurato nella grandezza.

Alla fcrittura facra. Si dipigne la fapienza eterna da giouane, per effere dopo d'origine del Padre, e prima di tutte le creature. *Ego* **Ecclefiaft.** *ex ore Altiffimi prodiui primogenita* **24 A. 5** *ante omnem creaturam.* Le trè palle nelle mani fono le trè perfone diuine. *Vnus eft Altiffimus creator omnipotens.* Ecco la perfona. *Et Rex potens.* Ecco la feconda. *Et metuen-* **Idé I A. 2** *dus nimis.* Ecco la terza. *Sedens fuper thronum illius, & Dominus Deus.* La palla dell'eternità fotto i piedi.

Prior omnium creata eft fapientia, & intellectus prudentia ab œuo. E di più. **Ibidem** *Omnis fapientia à Domino Deo eft, & cum illo fuit femper: & eft ante auum.* **Ibidem** O pure la palla accenna il mondo da lei gouernato. *Tua autem Pater* **Sap.14 A.3** *prouidentia gubernat* I monti dopo lei generati. *Ante omnes colles ego* **Pro.8 C.17** *parturiebar.* Lo fcettro del dominio. *Per me reges regnant, per me Principes imperant.* La fpada della giuftitia. *Et Potentes decernunt inftitiam.* **Ibidem** Il libro della legge da lei creata, e per via di lei offeruata. *Per me legum conditores iufta decernunt.* Come s'è detto di fopra. Il mare, le cui arene, e gocciole fono innumerabili, fembra l'immenfità fua. *Arenam maris, & pluuia guttas, &* **Ecclefiaft.** *dies faculi quis dinnumerauit?* **I A. 2**

SAPIENZA MONDANA. G. 163.

Donna veftita di color canciante, farà cieca, e terrà abbaffato vn veftimento per terra, ed vn libro, vicino in vn lato le farà vn fonte fecco con alcune foglie fecche di fopra, e nell'altro vna cafa fmantellata.

LA Sapienza mondana è quella, c'hanno gli huomini delle cofe di quefta vita, fapendo induftriofamente viuere, e far acquifto di gloria, d'honor mondano, di ricchezze, e ftati fublimi, non abbadando, che fia tempo perfo, douendolo fpendere in feruigio di Dio, come fãno i faui della fapienza vera, ed illuftrata, e come ferno i Santi, ed oue quefti ogni lor ftudio, e fpeculatione pongono in ritrouar la traccia beata del Cielo, e contemplar quelle cofe fublimi, c'hanno perpetuamente a godere, quefti la fmaltifcono in ritrouar i gradi

mondani, in giugnere alle terrene glorie, e colmarfi di tranfitori beni, Sapienza mondana, che non ardifco nomarla di cotal nome ben degno di fapienza, effendole più acconcio, e di propofito il nome di ftoltezza, come l'adaggiò l'Apoftolo San Paolo illuminato cotanto. *Nonne ftultam fecit Deus fapien-* **I Cor.I C.** *tiam huius mundi?* Non sò fe lume, **20** ò tenebre, ò cofa, che drizzi al fapere, ò all'ignoranza, dirolla? ò ch'occiechi l'human' intelletto, ò pur l'illumini? cofa dirò fi bene effer quella, ch'altrui rende fenza cognitione del vero bene, dunque ben cieca, dunque conduttrice all'errori , e all'ignoranza fi è *Ibidem* 21 *Non cognouit mundus per fapientiam Deum* Sapienza terrena, che miferabilmente corrompe l'humane menti , trahendole in difparte dal dritto fentiero della verità , infegnandole i veri errori, che conducono alla morte iftefla ; non effendo ella altro, che capital nemica di *Rom.8 B.7* Dio. *Quoniam fapientia carnis inimica eft Deo* . Per quella s' indrizzano in cotant'errori i mondani , effendo genitrice dell' humane fuperbie, delle tranfitorie pompe, delle fugaci glorie , delle grandezze sì frali di quefta vita, de gli honori sì momentanei , e di contenti , che racchiudono sì pochi piaceri , e diletti. Ella quando non è accompagnata con la giuftitia , e colla verità, è flagello del mondo, ruina de' regni, veleno de gli huomini, ftragge dell' anime , banditrice di virtù, recatrice di vane, e di fuperbe imprefe , inuentrice di letigi , e fuoco bruggiante i cuori humani, ou' altro non vi fufcita , ch'odij, riffe, e paffioni , e in fine vniuerfal ruina di tutti , che profeffano far conto di lor fuperbi configli, e fcelerati dogmi . Ella fù l'origine d'ogni fuperbia , per lei folleuoronfi cotanto per l' adietro l'arroganti genti a voler impadronirfi, e fignoreggiar per tutto , da lei fur ammaeftrati l'orgogliofo Aleffandro, ed i Romani altieri , a voler porre il piè per tutte le reggioni, e ciafcheduno foggiogare fotto l' Impero loro. Ella conduffe gli Anibali, i Cefari, ed i Pompei in alterezza tale, ed in ardente defio di regnare . Sapienza , che per i fuoi mali, qual partorifce, e per la molta confufione, che genera ne gli huomini, e per hauer largo dominio, e grande offeruanza nel mondo, fe gli toglie l'effere, ed affatto

diftruggefi con giufte raggioni dal fommo Iddio. *Perdam fapientiam fapientium , & prudentiam prudētium reprobabo* Quindi fi dipigne da donna quefta baffa fapienza veftita di color canciante , per effer più tofto da dirfegli pazzia , e ftoltezza, che fapienza, fembrando quella sì fatto colore, che cambia , e muta, fimbolo di pazzia. E cieca perche non vede quel, che le conuiene, nè fi conduce per lo fentiero pur troppo felice del Cielo, oue fi traffero gli eletti, mà per ftrade caduche, che facilmente recano a' perigliofi balfi d' Inferno ; è cieca, ed vn ch' è cieco non conofce , dinotando ch' il mondo , infegnando quefta fapienza così di poco valore , è ben cieco , e ftolto , che mai conobbe la vera, ed alta fapienza, che fù il Saluatore, quale per la falute di tutti fi fè efangue in Croce . Tiene il veftimento abbaffato, per terra, in fegno d' effer fcema, perche quefta fapienza và fpeculando le cofe terrene, il che è manifefto fegno di pazzia , lafciando le celefti. Il libro pur in terra fimboleggia , che non da Dio è quefta fapienza infaufta , mà dal mondo, ò dall'intelletto humano deprauato acquiftata con aftutie Sataniche. Il fonte accenna in prima il cattiuo effetto, e'l fine di quefta fapienza , poiche ficome il fonte dopo le fatiche in fabricarlo, ed ornarlo di belli marmi con lauorio eccellente, e dopo l'induftre vfate, in conduruì l'acque , è grande diffauentura, che non ne mandi fuora , e verfi, mà fe ne ftij fecco, ed arido; così la fapienza mondana, c'hà il fine fecco, e fcemo d'humore, ch'al niente riduconfi tutt' i fuoi effetti, che da lei traggon'origine; è dunque quella fonte fenz'acque, ricouerto di fecche foglie di pazzie,

1 Cor. 1 C. 19

che

che si troncano, e si consumano, reducendosi al fine in atomi impercettibili del non essere, ò poco menche tale. La casa smantellata, per fine sembra il poc' vtile, che si riceue da questa sapienza mondana, e molte fiate ruina grande.

Alla Scrittura Sacra. Si dipigne di color canciante la sapienza mondana, per essere falsa, e più tosto stoltitia. *Sapientia enim huius mundi stultitia est apud Deum.* E cieca questa donna, perche è cieco chi camina con questa sapienza, come vi caminò il mondo, che non conobbe il suo fattore. *Et mundus eum non cognouit.* Il vestimento per terra, perche perde questa sapienza il decoro, facendo tall'attione. *Perdidisti sapien-*

I Cor. 3 B. 19

Ioa. 1 D. 19

Ezech. 28 E. 17

tiam tuam in decore tuo. Il libro per terra, per segno, che non viene da Dio vna sì cattiua, ed erronea sapienza, mà altronde. *Non in persuasibilibus humanæ sapientiæ verbis, sed in ostensione spiritus, & virtutis.* Il fonte secco si è per lo cattiuo fine di quello, e perche Iddio la disperde, come in tal fonte l'acqua, in maniera si diffi di sopra. *Perdam sapientiam sapientium &c.* E per fine la casa smantellata, per che in guisa simigliante sarà ruinato, e scemo di tutti beni, chi si vale di cotal frenesia, più tosto che sapienza, e vedrassi in tutto esterminato. *Tanquam domus exterminata. sic fatuo sapientia, & scientia insensato inenarrabilia verba.*

1 Cor. 2 A. 4

Idē 1 C. 19

Ecclesiast. 21 C. 21

SEN.

SENSO. G. 164.

Huomo, che caualca vn fiero cauallo senza freno, qual
corre sboccatamente, hà vna spada in mano, sembrando voler ferire, e nell'altra vna palla di piombo pendente, e'l mare vicino, ond'esce vn dragone.

IL Senso è potenza naturale esteriori corporali, e somministra
esteriore, che sente gli oggetti allo 'ntelletto le specie, facendo
quello

quello paſſaggio per i ſenſi interiori, come dice il Filoſofo. *Omnis*
noſtra cognitio ortum habet à ſenſu.
E non è coſa nello 'ntelletto , che
dianzi non ſia ne' ſenſi , eſſendo
queſti le prime porte , oue fanno
ingreſſo tutte le ſpecie da ſommi-
niſtrarſi alle potentie ſuperiori.
S.Tho. 1.1. Il ſenſo ſecondo San Tomaſo è
q. 76 ar. 3 potenza paſſiua, ed i ſenſi eſteriori ſono cinque ſolo, ſecōdo i mo-
di della mutatione dell' oggetti,
Idem 1. 1. ciò è viſo, vdito, guſto, olfatto, e
q 78 ar. 3 tatto, ſecondo lo ſteſſo. Li ſenſi in-
Ariſ. lib. teriori (ſecondo Ariſtotele) ſono
mem. c. 1 quattro conforme a' quattro modi dell' operationi ; ciò è il ſenſo
commune, l'imaginatiua, e l'eſti-
matiua, ne gli altri animali; ò vero cogitatiua nell'huomo , e me-
moratiua , benche Auicenna ven'
aggiunga vn' altro, ch'è la fanta-
Idem lib. de ſia. Co'l ſenſo (dice Ariſtotile)
ſenſ. c. 1 non conoſciamo le coſe preterite,
nè future, mà ſolo le preſenti: e
co'l ſenſo ſteſſo dell'animale, noi
diſtinguiamo da quelli, che non
ſono animali. Il ſenſo, perche è
coſa corporale, dunque è più im-
perfetto dello ſpirito, e della raggione, ed è (ò noi miſeri) quello , che procaccia ogni lite con
eſſa , e molte fiate nella pugna è
vittorioſo , e nella prima zuffa ; a
che vennero nel terreſtre Paradiſo in perſona d'Adamo , trionfò
per far a lui, ed a tutta la poſteri-
tà ruina indicibile , e ſpogliar
l'huomo della bella veſte della
giuſtitia originale , e riempirlo di
perpetue miſerie, e continoui duo
li, e mi par, che ſi fè tant' animo-
ſo, vincendola per all' hora, e riportandone vittoria, che di continuo le ſpediſce eſercito fortiſſimo, per darle aſſalti terribili , e
ſoggiogarla in tutto ſotto la ſua
tirannide, e queſt'era la pugna, di

che fauellaua l'Apoſtolo . *Video* *Rom. 7 D.*
aliam legem in membris meis repu- *23*
gnantem legi mentis mea . Queſt'è
l'eſercito furioſo, e la ſua tiranni-
ca legge , il voler viuere a ſuo
modo, e porre a ſacco , e ruina la
mente raggioneuole. Senſo rapa-
ce, che rubba il decoro delle virtù
all'anima Chriſtiana, ed è caggione , che quella Signoreggino i
tartarei moſtri, ſe l'aprino le voragini dell'abiſſo, e ſe le ſerrino per
ſuo eterno duolo le beate porte
del Cielo. E gl'è altreſi caggione,
che l'anima creatura ſpirituale di
tanta nobiltà, c'hà per fine la gloria, ed è capace di Dio , e della
ſua heredità, venghi (ò diſſauentura grande)in obliuione di quello, e d'ogni ſuo bene, e per le for-
zè , e battaglie , che le procaccia
ogn'hora, ſe ne ſtij ſonnacchioſa,
è da maluaggia incantaggione op
preſſa , e fuora di ſe , che ne pure
ſi riſolua d'ergerſi alla cognitione
delle ſue infelici miſerie, e ruine
quaſi irreparabili . L'anima , che
da niente è fatta la più nobile
creatura, che garreggia(dopo ſu-
perate l'altre tutte) fin con gli angeli beati, e poco men, non pareggia, e pure alle forze di lui è ſupe-
rata , e vinta , e fatta da preggieuole Signora, ſchiaua d'altrui, al-
lacciata con mille nodi di peccati, e altre tante catene d'oſtina-
tioni , e quaſi non diſſi venuta in
ſeruitù , ſenza mai più liberarſe-
ne , ſe non ſi riſolue erger le ſue
bandiere, e moſtrargli il ſuo valore. Maledetto ſenſo ruina dell'anima, nemico della raggione , di-
ſtruttore della memoria, profana-
tore dello 'ntelletto, e quello, che
riduce, e trahe ad ogni mal'opra
la volontà ; ed in fine , quanto di
bello è in queſta creatura raggioneuole dell'huomo, il tutto ſi profana

fana per le viuaci forze, e potenti incentiui, dell'empio, e maluaggio fenfo. Quindi fi dipinge da huomo, che caualca vn cauallo fenza freno, che sbocccheuolmente corre, affalendo chiunque fe l'abbatte, auuentandofegli fopra fieramente, fenza riparo, ripieno di feroce ardire, colmo di naturale orgoglio, e auuampando di fierezza, al fine trabocca in precipitij, che tal'è apunto il fenfo, in guifa del cauallo, che corre fenza ritegno a moftrare la fua fierezza contro la raggione, ergendofele fopra, come fieriffimo, ch'egl'è, ed in tutto sboccato, e in tal guifa calpeftratela, ambi caggiono con empito in dirupi danneuofi. La fpada, che tiene in mano, fembra il ferire, e'l combattimento, che fà con la raggione, procacciandole fempre guerra, e queft'era la repugnante legge, che s'inferifce nella mente di Paulo Apoftolo, com'habbiam detto. La palla di piombo graue fembra la grauezza di lui, ch'aggraua l'anima mifera con la corrutela della virtù, che per Geroglifico di così fatta cofa fe ne feruì Zaccaria, qual vidde quella donna co'l piombo imboccato. *Et mifit maffam plumbeam in os eius.* Il mare vicino ombreggia l'inftabiltà della carne,

Zac. 5 C. 8

che giamai ftà in vn termine, hora fi fente debole, hora forte, hora repugna allo fpirito, ed hora s'accheta; e per fine da quefto mare inftabile del fenfo efce il dragone del peccato, effendo parto di lui, per far forza alla raggione, che fi peruerta, e l'affenti.

Alla Scrittura Sacra. Si dipinge il fenfo da cauallo fenza freno, che corre al precipitio. *Equus indomitus euadit durus, & filius remiffus euadet preces;* ed Amos, *Afcenfor aqui non faluabit animam fuam.* Tiene la fpada in mano, per combattere contro la raggione. *Equus paratur ad diem belli, &c.* E San Paulo pur diffe di quefto fiero combattente. *Caro enim concupifcit aduerfus fpiritum, fpiritus autem aduerfus carnem, hac enim fibi inuicem aduerfantur vt non quacumque vultis illa faciatis.* Il piombo della grauezza, con che aggraua l'anima. *Corpus enim quod corrumpitur, aggrauat animam.* Il mare dinota l'incoftanza del fenfo, e della fua concupifcenza, come diffe la fapienza. *Et inconftantia concupifcentia tranfuertit fenfum, &c.* E'l dragone, ch'è'l peccato, qual nafce da quello, per effer prono al peccare, come diffe Iddio. *Senfus enim, & cogitatio humani cordis in malum prona funt ab adolefcentia fua.*

Ecclefiaft. 30 A. 15
Ames 2 C. 15

Pr. 21 D. 31

Gal. 5 C. 17

Sap. 9 D. 15

Idē 4 G. 13

Gen. 8 D. 21

SERVITV DI DIO. G. 165.

Donna allegra co'l volto riuoltato al Cielo, coronata d'oro, terrà il libro della legge in vna mano, e nell'altra vna catena d'oro tutta ingemmata, nella cui fommità vi farà vna Croce, le faranno a' piedi vn cane, ed vn'albero pieno di poma.

La

LA seruitù di Dio è feliciſſima ſeruitù, la quale inſieme inſieme è ſeruitù, e dominio; ſeruitù dolce, honorata, e ſenza fatica è quella, colla quale il giuſto ſerue Dio Signore vniuerſale, tenendo dominio non ſolo di ſe ſteſſo, non eſſendo ſoggetto ad alcuno, come chi ſerue il módo, e'l diauolo, mà del celeſte regno. Seruitù, che non ſoffre fatica, nè ſente trauaglio, mà è ſuaue giogo, ed allegrezza grande l'impiegarſi nel ſeruigio d'eſſo Signore, oue in cambio di patire ſi gode, in cambio di durar fatica, ſi ſtà in aggi, e ripoſi, e per douer ſudare, e ſtentare, ſi ſtà ne' felici poggi della gratia. Seruitù beata, c'hà per fine eterno premio, e per ſtipendio l'iſteſſo Signore, a cui ſi ſerue. Seruitù, ch' ammette corteggio ſourano al ſeruidore, ed è vagheggiata dal Signore, e ſe gli altri in eſſer ſeruiti ſpreggiano ſouente la ſeruitù, e malamente la remunerano, in que ſta s'appreggia ineſtimalbilmente ogni picciolo motiuo di fatica, e nè con oro, ed argento, ò terreni honori ſi guiderdona vn tal ſeruire, mà con eterne retributioni. O felice chi s'impiega in eſſo, e ch'ogn'altro ſpreggia, per darſi a lui, e'l tutto rifiuta, per porſi in ſi ſoaue ſeruigio del gran Signore della maeſtà, al quale fin' i reggi, ed Imperadori (ſapendo di quanta ſtima foſſe, e quanto degno ſia il Signore da ſeruirſi, e di quanto valore) allegramente han ſpreggiato le terrene ſeruitù, e fattoſi ſerui del vero Rè del Cielo, da douerſi adorare ſeruire da tutte le creature. Il gran Padre Agoſtino, fauellando di queſta ſeruitù, diſſe. Tu Chriſtiano, deui ſeruire al vero Rè, acciò tu poſſi regnare, e vuoi che la tua carne ſerui l'a-

Aug. ſuper Ioan.

nima tuà, fà che quella ſerui a Dio. Il Padre Sant' Ambrogio dice, vno che camina velocemente al ſeruigio del Signore, s'apparecchia vna guerra, per farla contro il noſtro capital nemico.

Ambroſ. in moral.

Non può niuno (dice l'iſteſſo) ſeruire a Dio, ed eſſer grato a' ſuoi nemici, e coſì quegli ſi niega amico a quel tale, volendo piacere al nemico di quello. Il buono (dice Agoſtino) etiandio che ſerua è libero, ma'l triſto, benche regni, è ſeruo, nè d'vn huomo ſolo, ma di tanti ſignori, quanti ſon vitij, a chi ſerue.

Idem hom. ſup. Ezech.

Aug. lib. de Ciu. Dei.

La condittione (dice l'iſteſſo) della ſeruitù raggioneuolmente intendeſi eſſer poſta ſu'l peccatore per ſeruire altrui.

Idem ibid. lib. 20

E libertà al ſauio, mà al ſtolto il dominare è ſeruitù, e quel, ch' è peggio, ch' a pochi domina, mà a più ſignori ſerue, ſeruendo il miſero alle proprie paſſioni, e cupidigie, il cui dominio notte, e giorno tiene dentro di ſe, e coſì patiſce ſempre tal ſeruitù intollerabile, dice San Girolamo.

Hieron. in epiſtol. ad Simplic.

Si dipigne dunque la vera ſeruitù di Dio con ragione da donna allegra, ſtando fuora dalla miſera ſeruitù del peccato, che rende gli animi malinconici. Stà con la faccia riuolta al cielo coſì allegra, perche gioiſce in tal ſeruigio, e ſpreggia ogni coſa, chi ſi dà al ſeruir di quello, ſolo a lui attende, ed a lui ſpera. Stà coronato d'oro, per la differenza dell' altre ſeruitù, che ſembrano ſoggettioni, mà queſta tiene dominio di coſe eterne, ed è ordinario regnare, eſſendo coſì adagio di Santi Padri. *Seruire Deo regnare eſt.* La catena d'oro ſi è per ſegno, ch' è ſeruitù, mà honoreuole, degna, e nobile.

Sanctorum; Patr. Ada. gium

nobile; conforme l'oro è metallo nobilissimo, nè è seruitù di soggettione, e vile, sembrata per la catena di ferro, con che stanno legati i serui del peccato, e del diauolo. La Croce nella summità, è segno, con che sono segnati gli eletti seruidori, e predestinati del Signore. Il libro della legge, quale studia per ben seruire al suo Dio. Il cane è geroglifico di fedeltà, essendo fidelissimo il vero seruidore del grande Iddio, al quale hà dato i suoi negotij importanti, ed egli li maneggia bene, ed in auanzo, come il negotio della santa fede, per fruttificarui, e tenerla accopiata colla carità, il negotio della legge sua di ben custodirla, ed osseruarla, gli negotij di tanti talenti dati al Christiano, acciò vi guadagnasse, come quello della scienza, della cognitione di lui, e del Cielo, il dono de' sacramenti, della predicatione, ò che importanti negotij; deue dunque esser fedele in maneggiarli, e non far che vi si perda, in guisa fù domandato a quel seruo del Vangelo, che l'haueua ben maneggiato. *Domine duo talenta tradidisti mihi, ecce alia duo super lucratus sum.* Ed a quell'altro seruo infedele, che riceuè i talenti, e gli nascose. *Abiens fodit in terram, & abscondit pecuniam Domini sui.* Conforme fà il Christiano, che non sà negotiare i talenti receuuti da Dio, come quello della fede, de' sacramenti, della scienza, e predicatione, ed altri, quali nasconde, nè se ne sà seruire, perdendogli così vilmente, e codardamente. E per fine v'è l'albero di pomi carrico, perche è seruitù questa, che porta grandissimo frutto di vita eterna.

Alla Scrittura sacra. Si dipigne

Matth. 25 F. 22

la seruitù di Dio allegra, esortando Dauide. *Seruite Domino in laetitia.* E San Paolo. *Domino seruientes, spe gaudentes, in tribulatione patiêtes.* Sta colla faccia inuerso il Cielo, perche colassù è vaga solamente seruire, e colà spera. *Spes eius in Domino Deo ipsius: qui fecit caelum, & terram.* Stà coronata d'oro, perche gode il priuilegio di tal seruitù, ch'è'l reggio dominio, del quale diuisò l'Ecclesiastico. *Qui timet Dominum honorat parentes: & quasi Dominis seruiet his, &c.* E Dauide ancora il disse, che si pauoneggiano da Reggi i seruitori del Signore. *In conueniendo populos in vnum: & Reges vt seruiant Domino.* E'l Sauio. *Manus fortium dominabitur, qui autem remissa est, tributis seruiet.* Che sembra la seruitù, ò perche domina i propri sensi, ed appetiti, come disse l'Ecclesiastico. *Seruo sensato liberi seruiunt.* Il libro della legge, alla quale seruiua San Paolo. *Condelector enim legi Dei, secundum interiorem hominem.* Tiene la catena d'oro, in segno di seruitù honorata, e degna, essendo non solo seruo, mà signore insieme, facendolo pareggiar a se cotal Signor beato. *Et sicut seruus: sic Dominus eius.* Ed è seruo parimente grande, come Dauide Rè. *Et suscitabo super eas pastorem vnum, qui pascat eas, seruum meum Dauid.* Seruo priuileggiato, ed eletto com' Esaia. *Seruus meus es tu, elegi te, & non abieci te.* V'è il segno della Croce, segno de' serui veri di Dio, e predestinati. *Nolite nocere terrae, & mari, neq; arboribus, quoadusq; signemus seruos Dei nostri in frontibus eorum.* Il cane si è per vera fedeltà, come fù detto al seruo fedele del Vangelo. *Euge serue bone, & fidelis, quia in pauca fuisti fidelis: supra multa te constituam.* E per fine l'albero

Ps.99 A.1
Rom.12 C.12

Psal. 145 A.6

Ecclesiast. 3 B.8

Psal. 101 D 23
Pro. 12 D.24

Ecclesiast. 10 D. 28

Rom. 7 D.22

Isa. 24 A2

Ezech. 34 F.23

Isa. 41 B.9

Apoc. 7 A3

Matth. 25 D. 21

bero coronato di frutti, ombreggia ritributione di questa seruitù.

Pr. 13 D. 21 *Iustis retribuentur bo na.* E Dauide.
Psal. 118 *Retribue seruo tuo viuifica me.* E San
C. 17

Paolo. *Nunc vero liberati à peccato,* Rom. 6 C.
serui autem facti Deo: habetis fru- 22
ctum in sanctificationem, finem verò
vitam æternam.

SERVITV DEL PECCATO. G. 166.

Huomo brutto, e cieco co'l capello in testa, con vn graue
peso in spalla, con veste tutta lacerata, terrà ad vn
piede vna catena legata, ed in mano vna testa di
morte, vicino gli farà vn leone, ed vn agnello, e per
terra vicino a' piedi vna corona.

LA seruitù del peccato non è
altro, solo quella condescen-
denza, che fà il miser'humo a'moti sensuali, e quella sequela del
senso senza freno contro'l moto
retto della ragione, ch'in maniera
tale dassi l'huomo alla seruitù del
peccato, ch'ogn'altro di buono
pone in obliuione, facendosi seruo, e schiauo, non solo di quegli,
ma del diauolo; poiche ritrouandosi nel feruore della colpa, si fà
soggetto a quella, e non può ad
vn certo modo tirarsi a dietro,
per l'habito fatto e conforme il
seruo stà soggetto al padrone, e
puntualmente l'obedisce, e lo segue; così il peccatore pieno di
sciagure al peccato, e al diauolo
origine di quello, l'osserua, e
siegue da passo in passo; O miser'
huomo creatura così nobile, crea
ta da Dio per lo suo seruigio, e
che poscia si dia in seruitù così
vile, senza che n'habbi da riceuer
mai guiderdone, nè mercè, se non
di pene eterne. Si dipigne dunque
questa dura seruitù da huomo
così brutto, che tal'è questo stato, ed infeliciffimo, standosi soggetto al peccato, e al diauolo im-

pijffimo tiranno. E cieco, perche
non vede a chi debba seruire; vn
cieco, che stà nella piazza, non
vede il misero a chi si dona in seruitù, se farà nobile, ricco, e signore quello, a cui vorà seruire, mà
tal' hora seruirà il più vile della
Città; facendo altretanto il misero, ed ottenebrato peccatore, lasciando in disparte la seruitù del
vero Signore, ch'è Iddio, e s'impiega in seruitù così vile, come è
quella de peccato, e del diauolo,
creatura ignobilissima, diuenuto
tale per i suoi misfatti. Tiene il
cappello in capo, geroglifico di
cattiua seruitù, secondo Pier.; ed *Pier. Vale.*
appresso Aulo Gellio, quando vn *lib. 40 Aul.*
padrone vendea vn seruidore pi- *gell. 7 c. 4*
leato, era segno di mal seruidore, e
così non possea esser rinfacciato
d'hauer venduto cosa mala, che
già v'era il segno. Lo peso, che
tiene sù le spalle, è quello grauissimo della colpa, che mai peso se
l'eguagliò, nè ritrouossi maggiore; peso, che non lascia riposare
qualunque huomo si sia, dando ri-
morsi pungentissimi di conscienza. La veste lacerata ombreggia,
che l'huomo, mentre si ritroua in

E e e 2   questo

questo stato infelice. Stà lacerato, ferito, e miserabile nelle virtù, e ne' meriti, non possendo far cosa, che sia accetta a sua Diuina Maestà. La catena legata al piede è ben segno di vera seruitù, in che si troua il peccatore. La testa di morte dinota questa esser la retributione, il fine, e lo stipendio del peccato. Il leone sembra la fortezza del peccatore in seruire al peccato, al mondo, ed alla carne, che mai si stanca, e ogn'hor si rende più forte, e più s'auualora, e se gli recano sempre di presente noue occasioni di seruire al diauolo, ed all'errore, nè giamai lascia l'impresa, qual leone in seguir gli altri animali più gagliardi nelle forze, e veloci nel corso; che però è depinto altresì da huomo, non da donna questa miserabil seruitù, per le forze, ch' accenna hauer più quegli, di questa; e per significare, che fortissimo si mostra ciascuno, che vi si riduce a suo mal grado. Mà v'è l'agnello, ch'ombreggia la conditione, e proprietà de' peccatori in esser forti per lo mondo, e peccati, ed agnelli deboli per seruire a Dio; forti per lo senso, deboli, e frali per la ragione; animosi leoni per l'imprese difficili del mondo, mà vili agnelletti per qualsiuoglia cosa spirituale, benche picciola. E per fine la corona, ch'è per terra vicino a' piedi, è geroglifico della virtù, e della giustia, in segno che chi stà nel peccato, le ributta, e se le caccia sotto' piedi per dispreggio.

Alla scrittura sacra. Si dipigne

la seruitù da huomo brutto, per la bruttezza del peccato, come diuisò Daniello. *Quia non esset inuenta in ea res turpis;* Fauellandosi di Susanna, che recusò la colpa. E cieca questa seruitù; *Quis est cæcus, nisi seruus,* disse Esaia. Tiene la veste lacerata, ch'a tal proposito fauellò Ezzecchiello; *Et confractus es, & lacerasti omnem humerum eorum.* La catena al piede, in segno di vera seruitù del peccato; *Quia erit semen eius accola in terra aliena: & seruituti eos subycient.* La testa di morte, ch'è 'l fine, e'l preggio del peccato; *Stipendia enim peccati mors.* Il leone forte, a cui si pareggia il forte peccatore in questa seruitù; *Quoniam ego quasi læna Ephraim, & quasi catulus leonis domui Iuda.* Che Effraino vuol dire viuacemente peccatore. E Geremia lo pennelleggiò vn toro fortissimo; *Castigasti me, & eruditus sum, quasi iuuenculus indomitus, conuerte me, & conuertar.* Mà se siam vaghi ammirarlo vn debole agnello, e delicato fanciullo per seruire a Dio, lo ritrouaremo in Geremia stesso; *Si filius honorabilis mihi Ephraim si puer delicatus, quia ex quo locutus sum de eo, &c.* E la corona per fine della giustitia, e libertà per terra, di che fauellò l'Apostolo, *Sed propter subintroductos falsos fratres, qui sub introserunt explorare libertatem nostram, quam habemus in Christo Iesu, vt nos in seruitutem redigerent.* E Dauide, accennò esser abbandonato dalla virtù, in guisa che fosse atterrata. *Dereliquit me virtus mea.*

Daniel. 13 C. 63

Is. 24 C. 19

Ezecch. 29 B. 7

Act. 7 A. 6

Rom. 6 D. 23

Oseas D. 14

Hierem. 31 C. 18

Idem ibidē

Ad Gal. 2 A. 2

Psal. 37 B. ij

SERVITV DEL DIAVOLO. G. 167.

Donna d'aspetto fiero, e terribile, e con occhi spauenteuoli, coronata di ferro, quale con vna catena porta
vn giouane legato al collo, per portarlo a precipitare,
le saranno vicino vna tigre, ed vn pauone, e sotto
piedi diuersi armi.

LA misera seruitù del diauolo, quale può al sicuro appellarsi infelicissima seruitù, è quella soggettione, nella quale il peccatore si troua, stando in peccato mortale, ed ischierando sotto'l superbo impero di satanasso, quale sotto la sua tirannide ogn'hor
procaccia farui condutta di gen-
te, sì per la sua altiera superbia,
con che sempre fin dal principio
della sua creatione volle egua-
gliarsi a Dio, cercando erigere
tribunale assoluto da quello, e far
corte in disparte da lui, e s'egli
ammira, che (conforme si dee) è
seguitato da tutte le creature, e
adorato, al pari vorrebbe l'empio, e profano recar molte genti
sotto'l suo dominio, e superba
tirannide; com'anco per l'odio,
che porta alla generatione humana, e perciò non manca giamai
allettar con piaceri, illusioni, ed
apparenze di cose voluttuose del
mondo, e della carne, in tanto,
che'l maledetto superbo pur si riduce a signoreggiar molti, quali
miserabilmente gli stanno in seruitù, ed egli ne dispone a suo modo, facendosi prestar vbidienza in
tutti commandamenti possibili.
Gran cosa si è certo ridursi vn
huomo a seruire cō tanta sollecitudine, ed isquisitezza vn capital
suo nemico, ch'ogn'hor procaccia la sua ruina, e la dannatione,
ed ou'egli lo dourebbe fuggire,
lo siegue, e l'vbidisce, e fa ogni
forzo, per essergli schiauo da catena, lasciando la dolcissima, e
nobilissima seruitù. del gran signore della Maestà, che vuol esser seruito per amore, e con pietoso affetto. *In funiculis Adam tra-*
ham eos, in vinculis charitatis, &
ero eis, quasi exaltans iugum super
maxillas eorum. Mà quello vuol
esser seruito con tirannico impero; e s'era detto d'Alessandro, che
Regum est seruos habere reges. E pur
fauellaua di terreni Reggi; che sia
da dirsi del Rè di reggi, e del supremo Monarca, quanto è più Rè
d'autorità, e di maggior grandezza, e noi seruitori, degni non d'altra corona, e regno, se'l seruiamo,
che di quello di cieli eterno, ed
infinito, come dirà il Saluatore.
Venite benedicti Patris mei, possidete
paratum vobis Regnum à constitutione
mundi. Solea dir Plutarco, che
con tant'occhi riguardar'erano
l'opre de'mortali dal lume sourano, per quante stelle, e luci adornano i Cieli, e'l grand' Iddio, ch'è
tutt'occhi, ch'altro non vuol dire,
che. *Videns,* egli guarda le nostr'o-
pre, e vagheggia con altri tanti
occhi, e più che non sono stelle, e
giri celesti, e ne gode in maniera
grande; e Baruch diceua al Signore, che riguardasse l'opre
de' suoi eletti, e seruidori.

Osea ij A. 4

Adag.
Alexand.

Matth. 25
C. 34

Re-

Baruc.2 D.
16

Respice Domine de domo sanƐta tua in eos, & inclina aurem tuam, & exaudi nos: aperi oculos tuos, & vide. E'l Chriſtiano forſennato vuol darſi alla ſeruitù del diauolo tiranno, che non vede, nè aggrada la ſeruitù, che ſe gli fà, che tanto diſpiace all'Apoſtolo San Paolo.

Rom. 1 C.
25

Qui commutauerunt veritatem Dei in mendecium, & coluerunt, & ſeruierunt creatura potius, quam Creatori. Anzi ſono cotanti sfacciati i peccatori, ch'oltre che ſeruono a chi non deuono, vogliono per coadiutòre, e ſcorta nella lor barbara ſeruitù l'iſteſſo Iddio con le gratie dategli, e co' fauori, e benefici, ſpendendo 'l tutto in ſeruigio del peccato, e del diauolo, come ſe ne lamentaua per Eſaia.

If. 43 D.24

Veruntamen me ſeruire feciſti in peccatis tuis, & præbuiſti mihi laborem in iniquitatibus tuis. O grandiſſimo errore, ò grauiſſimo peccato è la ſeruitù di ſatanaſſo, ſeruitù ch'ammette tanta vergogna, e sfacciataggine, eſſendo così diforme, oue i peccatori vi perdono la fama, l'honore, ed in tutto la reputatione, come ſono tanti peccati fatti contro la diuina legge, in coſe, da che non ſi raccoglie niun vtile, ò frutto, ſolo, ò miſerabili, l'eterna perditione, e la morte ſempiternale, come chiaramente il diſſe la lingua del Cielo,

Rom. 6 D.
21

e'l vaſo d'elettione. *Quem fructum habuiſtis, tunc in illis, in quibus erueſcitis: nam finis illorum mors eſt.* Che preggio haranno dal diauolo, e dal peccato? non altro ſolo di morte. *Stipendia peccati mors.* Confuſione, vituperio, obbrobrio, ruſſore, e rinfacciamenti grandi. Si dipigne dunque queſta ſeruitù da donna d'aſpetto terribile, e fiero, che tal'è ſatanaſſo iniquo, a cui ſi preſta. Hà gli occhi ſpauenteuoli,

Idē ibidem
D.13

ch'atterriſcono tutti, e tutti ſpauenta co'l guardo della ſua tentatione. E coronata di ferro, per ſegno della ſua crudel tirannide, e barbaro dominio, falſo, aſpro, crudo, e indomito. Reca con vna catena vn giouane legato al collo, ch'è l'anima miſera da lui incantenata con le ſue luſinghe, allettamenti mondani, e falſe promeſſe, e la conduce a precipitarlo nell' inferno, ou'è la ſua ſtanza, eſſendo queſto il ſuo principale intento, perche tanto s'affatiga. Hà vicino la tigre, ch'è animale molto crudele, eſſendo egli crudeliſſimo nella ſua tirànide. Il Pauone, geroglifico della ſuperbia, ſimigliàte al quale è ſuperbiſſimo ſatanaſſo, é da ciò moſſo vuol ſeruitù, e che ſe gli ſtij ſoggetto, per la ſua preſuntione, ed arroganza. L'armi diuerſi, c'hà ſotto i piedi, ſono i diuerſi modi, l'aſtutie, gl'inganni, e le varie ſtrade, con che inganna gli huomini, e con che preſume indirettamente mantenerſi nel ſuo dominio de' peccatori.

Alla Scrittura ſacra. Si dipigne da terribile il diauolo, e con occhi ſpauenteuoli, perche tiene in ſeruitù l'huomo, fauellando di quello Giobbe. *Hoſtis meus terribilibus oculis me intuitus eſt.* Tiene legato l'huomo, per portarlo al precipitio. *Qui decipit iuſtos in via mala: in interritu ſuo corruet* E San Gio. nelle ſue reuelationi dice. *Beſtia, quam vidiſti fuit, & non eſt, & aſcenſura eſt de abyſſo, & in interritum ibit.* La tigre crudele, in ſegno della ſua crudel tirannide. *Quia ecce ego ſuſcitabo Chaldeos gentem amaram, & velocem, ambulantem ſuper latitudinem terra, vt poſſideat tabernacula non ſua.* Il Pauone, per la ſua ſuperbia, che di lui parlò Geremia.

Iob 16 B.x

Pro. 28 B.x

Apoc.17 B.
8

Babacuc. 1
C. 6

Hier. 49
C. 16

mia. *Arrogantia tua decepit : & superbia cordis tui.* E per fine i molt' armi, con che cerca difendere il suo superbo regno, e falso dominio, e distruggere l'altrui pace, de' qual'armi, ò pure d'vn armaria intiera, parlò Ezzecchiello. *Et turres tuas destruet in armatura sua.* Cercando distruggere l'alte torri de' virtù del Christiano.

Ezech 26,
B. 9

SOLITVDINE. G. 168.

Donna, che ftà frà certi monti, ed alberi, terrà fotto' piedi molti fiori, di che è fmaltato quel terreno, in vna mano haurà vna sferza, e nell'altra vn' afciucatoio, con che s'afciuga le lacrime da gli occhi, auanti le farà vn Pellicano, ed vn lepre, e nell'aria fopra vn ramo vn aquilotto, ed vn paffere folitario.

L A folitudine è gran mezzo di fuggire i peccati, mentre per quella l'huomo fi difparte dal mondo pieno d'inganni, e dalle terrene conuerfationi, oue fouente hà parte il diauolo per i molti peccati, ch'iui fi commettono. La fditudine appartiene alla fantità della vita, nella quale molt' huomini Santi, fuggendo il mondo, fi danno all'orationi, meditationi, ed all'acquifto d'altre fante virtù, ed i Santi l'haueuano per prouerbio, e propofitione certa, che la folitudine è radice di non peccare. Noi fappiamo, che gli vccelli nobili non fogliono frequentare le conuerfationi de gli huomini, o pratticarui vicino, mà ftarfene retirati ne' deferti, come l'Aquile, la Fenice, ed altre, così gli huomini d'animo nobile, e virtuofo deuono fuggir l'humane prattiche; l'Aquila nobiliffima di Dauide così fola fe ne ftaua. *Ecce elongaui fu-*

Pfal. 54 *B.*

giens, & manfi in folitudine. E la Fenice del piangente, mà felice Geremia, pur folo fe ne ftaua. *Solus*

ier. 15 *D.*

debeam, quoniam comminatione re-plefti me. Ed al beato Antonio così dal Cielo s'auisò per diuina voce. *Si vis faluari fuge homines.* E'l mio gran Padre Francefco norma di fantità, fcopo di virtù, e ritratto dell'eccellenze Chriftiane, egli fù altresì sépre amico della folitudine, de' luoghi retirati, oue gli huomini non v'haueano addito, intáto che p darfegli douuta lode, fi dice che; *Quærebat loca amica meroribus.* E chi altro conuerfaua nel mondo, egli nelle folitudini, chi cercaua i fpaffi, egli le fatiche, chi i folazzi, egli i pianti, ed in fine chi le delicie, egli i luoghi pieni di malinconie, per rallegrarfi con più commodità col fuo Chrifto, dandofi ad amorofiffime meditationi, ne'quali fouente fentiuanfi infiammate voci. *Deus meus, & omnia* Solitudine, diro co'l Dottor Angelico; Non effere d'effenza della perfettione, mà congruo ftromento alla contemplatione, benche non all'attione, e così raffembrami quella vn vaghiffimo giardino, oue gode l'anima fpirituale gentiliffime vaghezze di vari ro-

In off. S.
Franc. ex
D. Bonau.

Tho. 2.2. *q.*
188 *art.* 8

fai

sai d'orationi vocali, e mentali, hora cogliendo vna bianca rosa della salutatione di Maria, hora vna cremesina dell'oratione Dominicale, colà si godono le vere delicie, i veri piaceri, e' contenti, nella solitudine horto del Signore. *Et ponet desertum eius quasi delicias, & solitudinem eius, quasi hortum Domini.* Se dalla parte primiera di giardino cotanto ameno riuolgesi, v'ammira rosai pur lieti delle meditationi, e vi coglie finissime rose, internandosi ne' pensieri beati del paradiso, se quindi s'agira oue sono le viole mammole della meditatione dell'vniuersal giuditio, essendo vaga d'alcuni pensieri di timore, c' hà del sourano giudice, se quinci inuerso le vaghe spalliere di gelsomini della misericordia di quello, fà tolta di fiori d'animo, e confidanza nel Signore, e se per fine in questo giardino brama prendere de' finissimi gigli delle grandezze di lui, dell'innocenza, e pietà, pur con aggi può farlo. O beata solitudine, ò felice giardino dunque, ò anima felice, che'l gode, e v'habita, che i santi amici suoi, ne godono, sentendosi volétieri le lor voci amorose dal signore, come tal fiata fù vago d'vdir la sua sposa. *Qua habitas in hortis amici auscultant: fac me audire vocem tuã.* Colà sentonsi le voci amorose, e i sospiri infocati. Solitudine, ò mare ampissimo, oue s'imbarca la naue beata dell'anima, per portar preggiate merci di virtù, e felici mercadantie al porto del Cielo al gran Rè di gloria, che possiamle dire quello di San. *Facta est quasi nauis institoris de longe portas panem suum.* Dirò che sia vn Cellaio, oue sono pretiosi vini d'amori, e carità, onde n'attingne l'ani-

ma diuota gratiosissimi liquori di virtù, e gratie, oue s'ubriaca d'infiãmati affetti in verso il Signore, ed oue gusta i soauissimi nettari della sua gloria. *Bibite amici, & inebriamini carissimi.* La sposa, vna tal fiata vi fù condotta, ed inuestita d'ardente carità, e d'infocat'amore dal suo sposo. *Introduxit me rex in cellaria sua, exultabimus, & letabimur in te memores vberum tuorum super vinum.* Conseruatoio dirò esser la solitudine, e la ritiratezza specialmente de' Religiosi, oue conseruano lo spirito il timor di Iddio, e la cognitione delle sue grandezze, e benefici fatti a noi; ò pur ridotto, ò tesoro, oue si conseruano le margarite del Signore, e gli Adamanti finissimi de' veri serui suoi amadori, che questi forse erano icelati i tesori, de' quali promettea Iddio farne ricca l'anima a douitia. *Et dabo tibi thesauros absconditos, & arcana secretorum.*

Caggiona là santa solitudine là cognitione della contemplatione delle celesti cose, come diuisò lo spirito santo in persona dell'anima spirituale, che si reduße à solitario viuere. *Girum cæli circuiui sola.* Porta l'anima souente a veder la gloria del Signore, con gli alti pensieri della mente, come leggesi di quegli nell'Esodo. *Respexerunt ad solitudinem, & ecce gloria Domini apparuit in nubbe.* Vi si gusta molto nella solitudine, oue s'aquista lo vero spirito. *Habitat in solitudine iudicium.* Ed altroue. *Exultabit solitudo, & florebit sicut lilium.* Et per fine colà si tracciano le vere, & dritte strade del Signore. *Rectas facite in solitudine semitas Dei nostri.*

Si dipigne da donna dunque la solitudine, che stà solitaria frà mon-

Isa. 51 A,

Cant. 8 D.

Prou. 31 E.

Cant. 5 E.

Idem 1 A.

Isa. 35 A.

Ecclesiast. 24 A.

Exod. 16 C.

Isai. 32 D.

Idem 35 A

Idem 40 A

mōti, e felue poiche colà fi fon
retirati que', c'han profeffato hauer quefta fanta maniera di virtù,
vero mezzo per non errare, ne'
quali luoghi vi fono molti fiori,
per le molte virtù, e diuotioni vi
s'aquiflano, ò quante n'aquifto-
rono i Macharij, gli Hilarioni, e
gli Antonij, ed altri vaghi di tanto bene, la sferza, qual tiene in
vna mano, fembra la penitenza, a
che fi danno gli huomini folitarij,
ch'oue i mandani fi veggiono co'
ftromenti da fpaffi, e da giochi,
quelli d'afflittioni, e macerationi
della carne, come difcipline,cate-
ne,ed altri. Il faccioletto, con che
s'afciuga le lagrime,fi è,che piangono i diuoti i lor peccati nelle
fante folitudini. Il Pellicano le
ftà auanti, ch'è animale affai amico delle folitudini, e s'a naturali
Pierio lib. crederemo,è animale affai macro,
20 ibi de e fecco, e Pierio diffe, effer Gero-
Pellicano glifico della folitudine, e'l medē-
mo può dirfi altresì del lepore,
effer animale folitario, fuggendo l'altrui prattiche, poiche difficilmente s'accompagna con vn'
altro della fua fpecie, nè mai infieme habita nel fuo ricetto. L'A-

quilotti parimente fono Geroglifico della folitudine, per nidifica-
re l'aquile in deferti, e dirupi
molti folitarij, e'l paffer folitario
l'ifteffa cofa fembra.

Alla Scrittura Sacra. Si dipigne
da Donna, che ftà fola frà monti,
e felue, la folitudine, inguifa che
defideraua Geremia. *Quis dabit me* | *Hier. 9 A.*
in folitudine diuerforium viatorum,
& derelinquam populum meum, &
recedam ab eis. Ed Ofea. *Propter hoc* | *Ofea 2 C.*
ecce ego lactabo eam, & ducam eam
in folitudinem, & loquar ad cor eius.
Doue fono molt' alberi, e molti
fiori, come diuifò Efaia. *Dabo in* | *Ifaia 41 E.*
folitudinem cedrum, fpinam,& myr-
tum, & lignum oliua: ponam in de-
ferto abietem, vlmum, & buxum fi-
mul. La sferza fi è per lo gaftigo,e
penitenza, che folitariamente fa-
ceua l'Apoftolo San Paulo. *Sed ca-* | *1 Cor. 9 D.*
ftigo corpus meum, & in feruitutem
redigo. Ed in fine v'è l'afciugatoio,
per le lagrime, che butta vn' anima folitaria, rāmentandofi fouen-
te l'offefe fatte al fuo Dio. *Recedite* | *Ifa. 22 B.*
à me, amare flebo. Nolite incumbere,
vt confolemini me fuper vaftitate filia
populi mei.

SPATIO DELL' HVMANA VITA. G. 169.

Huomo ignudo, quale tiene in vna mano vna mifura, ò
mezza canna,e nell'altra vn picciolo triangolo,ftà in
atto di correre fortemente, effendogli vicino vn ho-
rologio, ed vn ragno, che teffe la tela.

LO fpatio, e'l corfo della vita
humana è molto terminato,e
picciolo,e i dottori affegnano mol
te raggioni,ch'adeffo a tēpi noftri
fpecialmente fia così,traboccando
tofto la noftra vita,recandos'al fi-

ne; molti differo, che prima del
diluuio i cibi erano più di foftanza, e manteneuano più in vita, i
quali pofcia diuennero di minor
poffa, perche le molt'acque, ch'
Iddio mandò fopra la terra, la re-
F f f   fero

fero infruttuofa , e deminuirono
infieme con quella le cofe, ch'erano atte a produrre. Mà lafciando
da parte tutti gli altri pareri , che
fono molti,parmi di dire,che foffe
abbreuiata molto la vita noftra
per caggione del peccato , come
il Sauio ben diffe. *Audi fili , & fu-*
fcipe verba mea, vt multiplicentur ti-
bi anni vita. Dice , che fe l'huomo
haueffe dato orecchie alle diuine
parole, ed offeruatole, gli farreb-
bono multiplicati l'anni,mà altrimenti farebbono abbreuiati, s'hu-
eſſe voluto viuere licentiofa-
mente, come diffe ancora. *Anni*
impiorum breuiabuntur . La malitia
dunque rende breue la vita , lo
diffe chiaramente il fereniffimo
Rè Dauide. *Viri fanguinum.* Che
fono i peccatori. *Et dolofi non dimi-*
diabunt dies fuos. Diuifandolo altresì l'Ecclefiaftico.*Ne impie agas mul-*
tum , & noli effe ftultus , nè moriaris
in tempore non tuo. Ch'è il tempo
prefto , ed accelerato , nel quale
alle volte fi muore , nè permette
Iddio, ch'effendo gli huomini vitiofi cotanto , regnino molto fopra la terra.

Breuiffima dunque è la vita
humana , ch'in vn tratto fcorre
più velocemente,che mai l'acqua
di rapidiffimo torrente al vafto
mare , come diffe la donna The-
cuite a Dauide: *Omnes morimus, &*
ficut aqua delabimur in terram . Più
breuemente paffa, che la vigilia,ò
guardia, che fi fà nelle fortezze al
tempo di notte , inguifa che diffe
Dauide. *Et cuftodia in nocte, qua pro*
nihilo habentur , eorum anni erunt.
Vita humana, vita miferabile piena di miferie, d'affittioni,di fcia-
gure, e dolori,e piena di ponture,
ed'affanni. Vita, nella quale fempre fi geme , e languifce , quindi
ben diffe la fapienza . *Et primam*

vocem fimilem omnibus emifi plorans.
Infieme infieme vennero al mondo la vita noftra,e'l pianto; fubito
creato Adamo fi vidde la guerra
ne'fenfi , e nella raggione ; tofto fe
fentirono le voci adirate di Dio,
le minaccie,l'efpulfioni dal terreſtre Paradifo, ed all'hora a punto
s'vdirono le maledittioni,i pefi, le
fatiche per acquiftare il vitto, e'l
fudore cominciò a fpargerfi per
douerfi mangiare il pane. *In fudo-*
re vultus tui vifceris pane tuo. Si minacciorono i dolori del parto alla
Donna. *In dolore paries filios.*Facendola foggetta all'huomo. *Sub viri*
poteftate eris. S'ordinò che la terra
germogliaffe triboli , e fpine. *Spi-*
nas, & tribulos germinabit tibi. In
fine ad vn' hora creato l'huomo,
apparuero le miferie infieme,dun-
que non refti marauiglia in noi ,
e fiam ricchi di mali, perche quelli
fono affociati con noi , e la caggione fin dal principio della noſtra creatione fù la colpa infaufta
dell'errante Adamo, ed anco perche.*Homo nafcitur ad laborem.* Non
a' folazzi, e piaceri , non a' gufti,
non a'letitie, e giubili,non a' glorie,e trionfi,non a' domini,ò grandezze, non a' regni, ò imperi , mà
a cento, e mille dolori, lagrime, e
miferie, poiche fubito germinato
il peccato, fe gli minacciorono da
Dio. *Multiplicabo erumnas tuas , &*
conceptus tuos . E l' Ecclefiaftico.
Cunct dies eius doloribus, & erumnis
pleni funt.

è la vita humana , da cui lungi
fono i piaceri, e' diletti , e benche
ne gli huomini fempre v'alberghi viuace fpeme di gioire, e fol-
lazzare , nientedimeno fempre
(ò mifer huomo) gli rimane di-
lufa, e vana, perche in cambio di
godere. fempre l'auuengono difgufti,

Marginal references (left column):
Pro. 4 E.x
Idem 10 *D.*27
*Ecclefiaft. 7 C.*18
2 Reg. 14 *C.*14
*Pfal.*9 *A.*4
*Sap.*7 *A.*

Marginal references (right column):
Gen. 3 D.
Ibidem
Ibidem
Ibidem
Iob 5 B.
Gen.3 C.
Ecclefiaft. 2 D. 23

gufti, in vece di piaceri, ogn' hor l'accadono cafi infaufti,e per voler ripofare, abbondano ogn' hor le fatiche , e'l Sauio l' accennò.

*Prou.*16 B
Ecclefiaft.
8 D

Anima laborantis laborat. E l'Eccle-fiaftico. *Quanto plus laborauerit ad querendum , tanto minus inueniat.* E fe pure qui s'hanno contenti, fono (a quel, che l'efperienza ra-ra maeftra di tutti infegna) con-trapefati da molti difgufti , ed in fine , vanno accopiati , ed accor-dat'infieme beni , e mali in quefta vita, e s'altri diffe , quefto mondo effere vna mufica,oue per fentirfi dolci concenti , è miftieri vi con-corrino varie voci di baffo, di te-nore , d'alto , e foprano , di baffo di pouertà, e miferie,di tenore di commodità, d'alto di confolatio-ni , e foprano di dolcezze , ò pur acciò fi fenti dolc'armonia, vi fan bifogno le voci dolci di piaceri, di delitie , di ricchezze , di gran-dezze , di titoli, ed ogn'altro, ch' apporta gioia, e follazzo , mà pur richiedonfi le graui de' trauagli, e l'acute d'afflittioni, e miferie, e così temprandos'infieme, par che fi caggiona certa melodia , e gli huomini foffrono volentieri i di-faggi, per i piaceri , che s'hanno, e così temprano pur l'affetto .

Dunque mentre l'humana vita è così miferabile è molto meglio, che fi tronchi fubito il filo di quel la,e che fi finifchino le miferie, ed anco nõ molto s'offéda il Signore.

Greg.in moral.

Quindi il Padre San Gregorio di-ce , che ciò auuiene per diuino confeglio, che tofto fi finifchi la vita , ciò è per gli eletti , acciò in cambio d'amare il Paradifo , non amino quefta vita. Non è vera vi-ta , fe non doue fi viue felicemen-te , nè vera incorruttiõe, fe non doue la falute non fi corrompe per niun dolore , dice Agoftino.

Non è cofa (dice Girolamo) che più inganna , che'l non fapere gli huomini lo fpatio breue del viue-re,pche fi promettono longa vita. Però le menti de'trifti cõmettono grã d'errori , perche s'imaginano viuer molto, mà li giufti , perche cõfiderano la breuità della lor vi-ta lafciano le fuperbie,e l'immon-de colpe, dice Gregorio Papa . è di tãti mali piena quefta vita,che la morte non è pena, mà rimedio, dice Ambrogio . Che cofa è il lungamente viuere, fe non longa-mente penare, però non dobbia-mo hauer defiderio viuer molto, perche reftiamo ingannati, effen-do la morte molto proffima,e noi la ftimiamo effer lontana , dice il gran Padre Agoftino . L' humana vita dunque tiene il corfo alla morte , quale è vicina a tutti, e però diciamo .

Hieron-epift. 79

*Gregor. in mora. lib.*3

Ambr. fer. de quadra.

Auguft.de verbis Dei fer. 17

Fallimur , & caci mortem pro-
cul effe putamus
Illa tamen medio corpore
claufa latet
Quandcquidem ex illa,cua pri-
mum nafcimur hora
It vita iuncto mors comes itra
pede
Partem aliquam vita femper
furatur , & ipfam
Diminuit vitam qualibet
hora tuam
Et morimur fenfim, & momen-
to extinguimur vno
Non fecus,ac lampas deficien-
te oleo
Mors nihil vt perimat , tamen
ipfo in tempore prefto eft
Quin non , ah miferis ? dum
loquimur, morimur.

Si dipigne lo fpatio dell'huma-na vita da huomo , che tiene vna mifura in mano , la quale , fecon-do Pier. è geroglifico della bre-uità della vita. Tiene vn trian-

Pier. Vale. lib 33 *fol.* 377

F ff 2   go-

goletto nell'altra mano, per ispiegare il fauoloso pensiero delle tre parche figlie di Demogene, finte da poeti, ò vero secondo Cicerone, figlie di Erebo, e della notte, che dinotano il principio, il mezzo, e'l fine della vita, ò vero presente, preterito, è futuro, la prima è Cloto, che tiene la rocca, e significa il principio della vita. Lachesi la seconda, che fila, dinota il tempo, che si viue. E Atropos la terza rompe il filo fatto, e questa è la morte, che tronca il filo della vita, I Latini poeti antichi appellorono queste trè Parche Nona, Decima, e Morta, e sono dette Parche, perche a niffuno perdonano, com'altri ne raggionò. Lo stamo, che le parche al fuso auolgono, a Filli mia gridaua, ò Cloto, ò Lachasi, ed altri, Le vecchie son le parche, che con tali, Stami filano vite a voi mortali. Corre fortemente, perche così corre la vita nostra al niente, e più velocemente di quelli, che corrono al pallio. V'è'l ragno,

Sannaz.

Ariost.

che teffe la tela, così rompendos' il filo di nostra vita, come quella, ed è così debole, e frale, perdendofi per ogni picciola fcoffa d'infermità, in guifa che quella ad ogni picciolissimo colpo si rompe, e come ancora vna donna, che teffe vna tela, laqual finita, fubito la tronca dal telaio.

Alla Scrittura facra. Tiene la mifura, ch'ombreggia quella della vita, come diuisò Dauide. *Ecce mensurabiles posuisti dies meos, & substantia mea, tanquam nihilum ante te; Ecce veteras posuisti dies meos;* legge il greco, perche fubito a tempi nostri, parche s'inuecchiano questi giorni, e finischino. Il triangulo delle Parche, ch'abbreuiano la vita. *Nunquid non paucitas dierum meorum finietur breui.* Stà in atto di correre. *Dies mei velociores fuerunt cursore,* dice il patiente. Et per fine il ragno, e la tela, com' egli ancor diffe. *Dies mei velocius transierunt, q̃ à texente tela succiditur, & consumpti sunt absq̃ ulla spe.*

Psal. 38 B.

Iob 10 D.

Ibid. 9 C.

Idem 7 B.

SPERANZA VNA DELLE VIRTV TEOLOGALI. G. 170.

Donna bella con verde veſtimento tutto pieno di foglie
d'oliue, con la faccia riuolta in ſù nel Cielo, con vn
albero grande di cedro d'appreſſo, i cui rami le faccino ombra, tenghi ſotto' piedi ſcettri, corone, e
quantità di denari, e gioie.

E La Speranza vna virtù teologale, qual non è altro, che sperare in Dio, ed in quelle cose, che non si veggono, come sono gli eterni beni del Paradiso, de' quali parlaua San Paolo. *Quod oculus non vidit, nec auris audiuit, nec in cor hominis ascendit, qua praparauit Deus ijs, qui diligunt illum.* E'l Padre Sant'Agostino dice, che la speranza è vna virtù, con la quale si spera giungere a quel, che si crede. E dunque la speranza vna virtù di vedere quelle cose, che si credono, non confidandosi hauerle da se stesso, mà da Dio. La speranza suppone la fede, come fundamento, e come cosa, che mostra quel, che s'hà da sperare, qual prima si crede; è da notare, che queste trè virtù teologali, come Fede, Speranza, e Carità, vna suppone l'altra nella giustificatione, nè è basteuole mai vna senza l'altre, e molte volte par che le scritture attribuiscono la giustificatione alla fede, molte volte alla speranza, ed alla carità, mà sempre vna suppone l'altra, nè mai s'intendono assolutamente. *Credidit Abraam Deo, & reputatum est illi ad iustitiam.* Dunque fù giustificato per la sola fede? si risponde, non con la fede esplicitamente, ed assolutamènte, mà insieme con la speranza, e carità. *Spe enim salui facti sumus.* Dice l'Apostolo. Dunque con la sola speranza, similmente si suppone la fede, e la carità, e'l detto di Christo alla Madalena. *Remittuntur ei peccata multa: quoniam dilexit multum.* Oue par, che la giustificatione di Madalena, e'l pdono si spiccorono dall'amore, e carità, si bene, mà hebbe la fede dianzi in credere a Christo, che fosse il Messia, e che la potesse perdonare, e che le douesse do-

I Cor. 2 C. 9

Augu. lib. Dei

Gen. 15 B. 6

Rom. 8 E. 24

Luc. 7 G. 47

po'l perdono donar'il Cielo. Siche concludiamo, che queste virtù sono inanellate, come in vna catena, e sempre vanno insieme, però diceua San Paolo. *Nunc autem manent, fides, spes, charitas, idest semper simul manent, tria hac, maior autem horum est charitas.* Come virtù indiuisibili, nè vna, per esser perfetta, può star senza l'altra. Speranza del Christiano d'hauer a goder i beni sopranaturali promessi dal Signore, che gli facilita tutte le fatiche, e sia pur difficile l'impresa, che fà diuenirla facilissima; per che il giogo di Christo chiamasi dolce, e suaue? mercè a cotesta speme del guiderdone; Perche cotanti inuitti guerrieri così sono baldanzosamente andati alle battaglie, oue souente si perde la vita, han mostrato coraggio grande, e valorosamente combattuto, per la speranza della vittoria, e dell'honore, con che sperauano immortalarsi, e per l'honoratissimi trionfi, ou'appariuano ghirlandati ne' falcati carri co'trofei de'vinti nemici; Altresì furono in Sata Chiesa inuittissimi Heroi de' Santi del Signore, che mostrorono possente valore nelle pugne contro'l mondo, il demonio, e la carne, contro i superbi tiranni del mondo, e persecutori della fede di Christo, solo per le speranze dell'inclito fine, oue haueano a conseguire vn eterno preggio, e la vittoria del Cielo con eterni trionfi, calpestrando i nemici; ed hebbero sempre speme viuacissima nel Signore, il quale mai non abbandonò que', c'hebbero in lui sicura speme, e confuse chi confidò in se medesmo, così diuisando la scrittura sacra. *Quoniam non derelinquis prasumentes de te, & prasumentes de se, & sua virtute gloriantes, humilias.* E'l Santo Giobbe

I Cor. 13 D

Indith. 6 D. 15

Iob 13 *C.*

Pro. 16 *C.*

*Pſal.*31 *C.*

*Pſal.*25 *A.*

Auguſt. in Pſal. 3

Idem de charit.

Ambroſ. ad Flexan.

Hieron. in epiſt.

Gregor. in moral.

Idem ibid.

Giobbe fù confidentiſſimo nella verace ſpeme del Signore. *Etiam ſi occideric me, in ipſo ſperabo.* E'l ſauio. *Et qui ſperat in Domino beatus eſt.* Speranza, che ſempre porta vtile. *Sperantem in Domino miſericordia circundabit.* Speranza, che toglie tutti i mali, come diceua Dauide. *In Domino ſperans non infirmabor.* Speranza deu'eſſer nel Chriſtiano, mentre è quì, di douer andare in Paradiſo. Il gran Padre Agoſtino dice, queſta vita mortale eſſer ſpeme della vita immortale. Chi gode nella ſperanza (dice l'iſteſſo) harrà la coſa ſperata, mà chi non hà quella, non potrà ottener queſta.

All'hora ſi dee ſperare nella diuina miſericordia, quando ſarran mancati l'aiuti humani, dice Ambrogio.

Ogni peſo ſi ſuol far leggiero, mentre ſi penſa al preggio di quello: e la ſperanza del premio è ſollazzo di fatiche, dice San Girolamo.

La ſperanza ſolleua all'eternità (dice Gregorio) perloche non ſente i mali eſteriori, che tolera.

Chi ſtabiliſce la ſperanza nella creatura (dice l'iſteſſo) diſpera del Creatore, ſiche ſi deue ſperare nel Signore, e non in altro.

Si dipinge dunque la ſperanza da donna veſtita con veſtimento verde, tutto freggiato di foglie d'oliuo, perche il verde è ſimbolo della ſperanza, che per ciò nella primauera ſi veſtono di foglie l'alberi con ſperanza, c'habbino a pdur frutti, e le foglie verdi d'oliuo ſembrano la perpetuità della ſperanza, che ſempre chi la poſſiede ſpera, mà dee coſe perpetue, ed eterne, e l'oliuo frutto bello, e gratioſo ſi è per la bellezza, e per l'vtile di queſta virtù. Tiene la

faccia inuerſo'l cielo, per ſegno che ſolamente ſi ſpera in Dio, che può veramente giouare. Hà i rami dell'albero di cedro, che le fann'ombra, dinotando, che l'anima, c'hà ſpeme in Dio, ſtà ricouerta, ed altresì raſſignata ſotto la protettione, e volontà di quello, ch'è potentiſſimo, e fortiſſimo a difenderla, ſignificato per la fortezza del cedro, i cui rami la ricuoprono. I ſcettri, le corone, i danari, e gioie, che tiene ſotto' piedi, dinotano che nò ſpera ne gli huomini, nè a' grandi del mondo, nè a' fauori, nè a' ricchezze, nè a coſa alcuna, mà ſolamente a Dio ſommo bene, che chiunque può ſolleuare, e trarre in diſparte da' miſerie.

Alla Scrittura Sacra. Si dipigne con veſtimento verde la ſperanza, perche ſpera i frutti di vita eterna. *Dedit conſolationem æternam, & ſpem bonam in gratia.* E'l medemo altroue. *Per quem, & habemus acceſſum per fidem in gratiam iſtam, in qua ſtamus, & gloriamur in ſpe gloriæ filiorū Dei.* Le foglie dell'Oliuo dinotanti la beltade del frutto, e la ſpeme del Chriſtiano ſolamente in Dio. *Ego autem ſicut oliua fructifera in Domo Dei, ſperaui in miſericordia Dei in æternum, &c.* Bella è certo, e verdeggiante, eſſendo ſimbolo dell'immortalità. *Spes eorum immortalitate plena eſt.* E anco ſimbolo della ſperanza delle virtù, alludendo quì il Sauio. *Quaſi oliua ſpecioſa in campis.* E d'vna tal oliua bella, frondoſa, ricca, e coronata di frutti, diuisò Geremia. *Oliuam vberem, pulchram, fructiferam ſpecioſam vocauit Dominus, &c.* Ed Oſea. *Erit quaſi oliua gloria eius, & odor eius, &c.* Tiene la faccia verſo'l Cielo, perche ſolo a Dio ſi dee ſperare con Dauide. *In te Domine ſperaui non confundar in æternum.* E l'iſteſſo.

2 *Theſ.* 2 D. 15

*Rom.*5 *A.*2

*Pſ.*51 *B.*10

*Sap.*3 *A.*4

Eccleſiaſt. 27 *B.*19

Hier. ij *C.* 16

Oſ. 14 *C.*7

*Pſ.*30 *A.* 1

In

Idẽ 56 A.2   *In vmbra alarum tuarum sperabo.*
Tiene corone, e scettri sotto' piedi, perche non si dee sperare a' *Idem 145*   grandi del mondo. *Nolite confidere A.3*   *in principibus, in filijs hominum, in quibús non est salus.* Nè alle ricchez-

ze, e gioie, che colà giù pur sono, onde i giusti debbono distoglier' il cuore, e l'affetto, come esortaua il Profeta. *Diuitia in affluant no-* *Idẽ 61 C.ij* *lite cor apponere.*

SPERANZA MONDAÑA. G. 171.

Donna appiccata per le chiome ad vn' albero alle sponde d'vn rapidissimo fiume, le cui radici stiano scouerte, e suelte dal corrente dell' acque, d'appresso sia vn' ombra con vna cartoscina in mano, ou'è scritto, Nihil, e dall'altra parte vna canna vota.

LA Speranza mondana è sperare a cose non eterne, mà temporali, non stabili, mà transitorie, non vere, mà fallaci, e buggiarde, ed è proprietà ordinaria del mondo di mostrarsi cortese, e liberale, e quasi non dissi prodigo in tutto, mà come giunge al voler attendere in fatti quel, che sì largamente promette, è misero, e vie più di chiunque auaro, e retinente al dare, e tal' hora quel, che la notte promette, su'l matino lo niega, come fece al pouero Giuda, a cui forse promesse felicità dal tradimento, che douea far a Christo, mà tosto si mostrò auaro, e discortese, dandogli solamente vna fune, per recars'in aria a gioco de' venti. E quel ricco del Vangelo non egli s'auisò tante ricchezze, piaceri, e contenti, per le vane promesse del mondo? che per ciò fa- *Luc. 12 C.*   uellò a se stesso. *Anima mea habes* *19*   *multa bona reposita in annos plurimos.* Conuienti dare a' piaceri, e spassi, attenda pur a' gusti, ed a' bellaggi, che se' felice, attenda al mangia- *Ibidem*   re, e bere con diletto. *Requiesce, commede, bibe, epulare.* O gran beni

teneasi racchiusi nel pugno, per le larghe promesse del mondo, come fù al stringere il misero, e al domandar le promesse, gli fù risposto. *Stulte hac nocte repetunt animam tuam a te.* Venendogli la morte all'improuiso in vn baleno, non bisogna dunque confidarsi del mondo fallace, ch'assai promette, e nulla attende, siche può ben dirsi al mondano, chi si fà da lui lusingare con promesse quel, ch'altri disse. E nulla stringo, e tutt'il mondo abbraccio. Egli è per mostrarti in vn subito vna grandezza, vn titolo, ò altra cosa bella, mà è métitore, non bisogna farui niun fundamento, nè porui speranza veruna.

Si dipigne per la mòdana sperança vna donna appicata ad vn albero alla riua del fiume, le cui radici sono suelte, e tosto che'l fiume inonda, finisce sradicar que' pochi capegli, ò picciole radici, restate sotto terra, e così l'albero casca, nel corso dell'acque, ed insieme la Donna, in segno ch'è cosa molto frale, e leggiera la speranza mondana, e chi l'hà, stà per cascare nel fiume delle vanità, e sommergersi gerfi nel nienté a che fpera. Stà appiccata per i capelli, che fembrano i penfieri, e l'effer appicchato è cofa difshonorata, per accennare il gran difshonore, ch'è ad vn huomo, c'hà lume di Dio, e di fede, ftar appoggiato co' penfieri alle mondane cofe, che fono vn'albero, qual ftà per cadere, e fouente cafca, e quelli, che vi fi fidano, reftano affogati, e priui di fperanza, e di ciò, che vi haueano fondato. Fù Geroglifico di fperanza fallace Giunone così finta con vna mano da fopra le nuouole, ed ella pendente infra l'aria, e la terra, fembrando la vana fperanza de' mondani, e l'inganno, chi riceuono per cotal fpeme buggiarda; ed altresì dicono di coteſta Giunone, ch'effendo follicitata da Xifione all'atto venereo, ella gli fè apparire dalle nubbi vn corpo, che ritenea l'imagine di fe fteffa folamente, però era finta, colla quale l'ingannato Xifione dormì; il che parmi auuenire a' mortali, hauendo tanto defio di goder cofe terrene, hauendoui fondato tanta fperanza, al fine folamente l'imagine godono di quelle, e non altrimenti i propri beni. L'ombra co'l detto, Nihil, perche a punto al niente s'appoggia chi fpera, e ftabilifce il piè nelle cofe di quefto mondo. E'l medemo fteffo fembra

Pier. Vale.
lib. hierogl.
comm de
fimul Deo-
rum cuiuf-
dam viri.

la canna vota, ch'è cofa frale, e di poche forze, e facile a fcuoterfi da' venti.

Alla Scrittura Sacra. La Donna, che ftà appiccata all'albero, e cafca nel fiume, così cafcando ne' fuoi difegni, e ne'penfieri del mòdo, chi vi fpera, inguifa che diceua Dauide. *Decidant à cogitationibus fuis, fecundum multitudinem impietatum eorum expelle eos.* Il fiume, oue fi fommerge, delle qual acque parlò Geremia, in cui fi fommergono gli huomini per le mondane fperanze. *Inundauerunt aqua fuper caput meum, dixi: perij. Inuocaui nomen tuum Domine de lacu nouiffimo.* Perche fono buggiarde, *Facta eft mihi quafi mendacium aquarum infidelium.* E quando t'imagini habbino a folleuarti, t'abbiffano. La cartofcina co'l detto, *Nihil.* L'ifteffo Geremia teftificò le cofe mondane oue s'oppoggia fperanza tale, effer niente. *Afpexi terram, & ecce vacua erat, & nihil.* Non effendoui cofa, in che fi poteffe fidare. E la canna vota per fine di niun valore, e molto frale, in fimiglianza di cui fono le cofe mondane, mifurando con quella vn' Angelo la Città Gerufalemme, perche frali, e tranfitorie erano le fue cofe, e' fuoi beni. *Et menfus eft Ciuitatem de arundine aurea poft ftadia duodecim millia, &c.*

Pf. 5 C. 12

Tren. 3
F. 54

Hiere. 15
D. 18

Idē 4 E. 23

Apoc. 21
D. 16

SPERANZA NELLE RICCHEZZE DI QVESTA VITA. G. 172.

Donna, che tenghi in mano vna borfa piena d'oro, e fra le dita le pendino catene, collane, e gioie, e nell'altra mano tenghi vn ramo fecco, ed in capo vna pietra lunare, in difparte vi farà vn' huomo, che camina verfo vn lume.

Ggg Spe-

SPeranza pur troppo vana, e vota d'ogni bene parmi quella de'mondani, che pongono nelle terrene ricchezze, essendo quelle cose transitorie, e di valor niuno, che tanto dispiacquero al nostro Christo, e suoi seguaci, togliendo via l'humana mente dal bene spirituale. Quindi disse la Sapienza, esser vota speranza quella, e fatiche senza niun frutto, ed opre pur troppo inutili, e mal spese. *Vacua est spes illorū, & labores sine fructu, & inutilia eorū opera;* e'l Saluatore chiamolle spine pūgēti, ed inganno di mortali. *Et alij sunt, qui in spinis, hi sunt qui verbum audiunt, & erumna saculi, & deceptio diuitiarum, &c.* Sono spine le ricchezze ingānneuoli, la cui speranza vana, e'l desio si sparge ne gli humani cuori, oue sono come tante spine, che gli pungono, e trasiggono.

Sap. 3 B. ij.

Marc. 4 C. 19

Le vere ricchezze (dice il gran Padre Agostino) e stabili, quali dopo hauute non le possiamo perdere, sono quelle del Cielo.

August. in Matth.

L'oro è materia di fatiche (dice l'istesso) e pericolo di ch'il possiede, debolezza di virtù, cattiuo signore, e seruo traditore.

Idem de verb. Dom.

E che gioua la cassa piena di robbe, se vota è la conscienza? che gioua al ricco quel, c'hà, se non hà Iddio, c'hà dato il tutto? dice l'istesso.

Idē ser. 12

Le ricchezze non sono peccato, mà è peccato non distribuirle a' poueri, dice San Gio. Chrisostomo.

Chrisost. in homel.

Qual più cosa miserabile (dice Girolamo) che per i denari non far conto di Dio.

Hieron. in epist.

E difficil cosa, ch'il ricco non sia superbo, togli via la superbia, e non noceranno le ricchezze, dice Agostino.

August. in ser. 24

La sequela delle ricchezze è la lussuria, l'ira intemperata, l'ingiusto furore, la superba arroganza, ed ogn'altro moto irraggioneuole, dice Chrisostomo.

Chrisost. lib. 1 quod. nem. led.

Hor dunque contenendo tanti mali le ricchezze non egli sarà pazzo, chi vorrà fondarui le sue speranze, e non in Dio signore di tutti beni, e largo donatore a tutti in ogni bisogno, come gli cantaua il Santo Dauide tutto pieno di gioia, e d'allegrezza. *Exultabit cor meum in salutari tuo, cantabo Domino, qui bona tribuit mihi, & psallam nomini Domini altissimi.* Hor dunque ciascuno dee non in terra, mà in Dio, e nell'alto Cielo tesorizzare, e'l vero frutto di ciò dee porsi in beneficar i poueri, per ritrouar vero tesoro colassù.

Ps. 12 A. 6

Tum furit horribilis pardus, ti-
grisq; leo
Cum canea inclusos arcta re-
pentè tenet.
Sic etiam nunquam furit aurum
immanius, arca
Quam cum illud Dominus
claudere parcus amat,
Quid facies igitur, ne te fera
vulneret ista,
Qua quo plus clausa est plus
feritatis habet.
Solue feram, pascens quas aspera
vexat egestas.
Protinus hac mitis redditur
arte fera.

Speranza dunque nell'humane ricchezze è molto vana, che per ciò si dipigne con vna borsa di denari, collane, catene, e gioie in vna mano, perche a queste spera il pazzo mondano, queste cose desidera, ed in queste appoggia tutt'i suoi pensieri, e speranze, quali, che son'altro, ch'vn legno secco fecco per lo fuoco? quindi lo tiene nell'altra mano. La pietra lunare, che fi muta a' vari moti della luna; come mutanfi le ricchezze hora in vna mano, ed hora in vn' altra; perche dunque confidaruefi gli huomini, effendo beni fallaci di fortuna? L'huomo co'l baftone, che camina verfo vn lume grande, è'l giufto, come a punto fù Giacob, al cui effempio fi fpecchi ciafcuno, che partì di cafa, tolta la prima genitura al fratello, folo con vn baftone in mano, e tutta la fua fperanza la ferbò in Dio, fenza voler nè oro, nè argento dalla paterna cafa; in guifa che dee fare ogni Chriftiano.

Alla Scrittura Sacra. Donna, che tiene la borfa di denari, ed altre gioie, in cùi fi fida l'huomo, il che è fenza fallo fperanza vana, qual deue toglier via, hauendo *Nauum* 2 cattiuo fine. *Diripite argentum, diri-* *C.9* *pite aurum, & non eft finis diuitiarum* *ex omnibus vafis defiderabilibus.* Il ramo fecco, in fegno ch' è fperanza vana, e ch'è pouero molto

chi fi fida in quelle, delle quali parlaua Giobbe. *Spes hipocrita peri-* *bit.* Poiche hipocrita può nomarfi il Chriftiano, c'hà nome di Chri- *Iob 8. C. 13* fto, e non fiegue i fuoi veftigi, che mai fundò le fue fperanze in hauere, ed è ricco quello, ma pur'è miferabile. *Eft quafi diues, cum nihil* *Pro. 13 A.* *habeat: & eft quafi pauper, cum in* *7* *multis aiuitys fit.* Calca, e mutafi da vn luogo ad vn'altro, qual legno fecco, chi fpera, e confida nelle ricchezze. *Qui confidit in diuitys* *Id. ij. D. 26* *fuis corruet.*) La pietra lunare, in fegno della mutatione, ed inganno, che ritrouanfi in sì vana fperanza, di che fauellò Chrifto. *Et* *Matth.* 15 *fallacia diuitiarum fuffocat verbum:* *B. 21* *& fine fruttu efficitur.* E'l medemo. *Et deceptio diuitiarum, & circa reli-* *Marc. 4 B.* *qua concupifcentia introeuntes fuffocat* *19* *verbum, &c.* L'huomo, che camina col baftone è'l giufto, qual di fopra vi s'intefe il gran Giacob, che fperaua in Dio, e Dauide lo teftifica. *Beatus cuius Deus Iacob,* *Pfal.* 145 *fpes eius in Domino Deo ipfius.* *A. 6*

SPERANZA NE' GRANDI DEL MONDO, E LOR FAVORI. G. 173.

Donna veftita di color canciante, fedente fopra vn fepolcro, oue fiano corone, e mitre, vicino vi fia vn albero di pino, sù'l quale v'afcende vna pianta d'hedera, ed harrà nelle mani quefta dónna vn ramo di mandorlo fiorito.

FRà l'altre fperanze vane, ch' habbiam raccontato, quefta c'hanno gli huomini a' grandi del mondo, a lor fauori, ed aiuti, parmi più vana, e pazza fperanza infra tutte l'altre, non douendo fidarfi niuno a cotali grandi del

mondo, per douer effere folleuati, ed aiutati ne' lor bifogni, atteffo fono di tal proprietà coftoro, che volentieri riceuono piaceri, e doni, mà come trattafi di fargli altrui è meftieri non penfarui, e mal fentono il parlare del fauio.

Non fit porrecta manus tua ad accipiendum , & ad dandum collecta .
Perche eglino fanno il contrario, riceuono volentieri , mà nel dare non fi trouano facilmente . Sono altresì gl'isteffi di naturalezza tale , che volentieri pongono in obliuione i receuuti benefici, le feruitù, i trauagli, e le fatiche de' poueri feruidori, mà quando fi tratta di remunerargli, non fanno trouar la ftrada ; ò pure fe gli veniffe fatto qualche difpiacere, per picciolo che foffe, il terrebono a memoria eternamente ; etiandio ch'altr' il faceffe fenz' animo di fargli offefa ; hor qnefta è la conditione de' grandi del mondo, fatta però riferba d'alcuni d'animo gentile, e magnanimo, dunque fe così è, com' è vero, e certo, hauendo contezza tutti dall'efperienza rara maeftra, chi ardirà perfuader' il contrario, non effer fcemi, e forfennati coloro , che vorranno abbadare a quelli, ed appoggiarfi con qualche fpeme ne' lor' aiuti, e fauori; faccin dunque ricorfo al più grande de' grandi, e fignor de' fignori Dio benedetto, la cui proprietà è beneficare altrui , e guiderdonare per ogni picciolo piacere, ò feruitù, che fe gli fà, come diceua il gran Dauide. *Et retribuet mihi Dominus fecundum iuftitiam meam : & fecundum puritatem manum mearum in confpe ctu oculorum eius.*

Pf. 17C, 25 .

Hor dipingafi vna sì vana fperanza a' grandi del mondo da donna veftita di color canciante, in fegno di ftoltitia , e varietà di fenno , lafciando l' huomo d'appoggiarfi a gli huomini del mondo deboli, e frali , ed ombre pur troppo fugaci Stà fedendo fopra vn fepolcro , oue fono corone , e mitre, fembrando che così i pren-

cipi, ed altri fignori, come prelati, in cui molti ergono fperanza, in vn tratto s' eftinguono di vita, perdendos' il tutto . L'albero di Pino sì grande, fopra di cui afcende la pianta d' hedera , è fegno che fouente accade a cotal pianta afcender fopra gli alberi alti , e nel meglio, ch'ella fpera ftar con aggi, e diftenderfi fopra i rami di quelli , e crefcere in gran maniera, fi feccono gli alberi, ò fi troncano, e così cafcando in terra, ella parimente cafca , e fi fecca , perdendo ogni fua glòria, com'auuiene apunto a quelli , che folamente s' appoggiano ad alberi mondani de' grandi , fono troncati quelli dalla morte, reftando altresì loro sbaffati in terra. Il ramo fiorito in mano, fecondo Pier. è fimbolo di fperanza, effendo che i fiori fempre danno fperanza di douer recar' i frutti , mà fouente ingannano , mentre per qualche euento contrario fogliono i fiori non partorire i frutti, come al più auuiene al prefontuofo mandorlo, che dianzi tutti gli alberi caua i fiori nel rigido d' freddo inuerno , dal quale reftano fecchi , e fatti marci, da che cauiamo al propofito la vana fperanza , che fondano in cofe deboli di quefta vita , ch'al meglio , che fperano da' fiori i frutti di loro intenti, marcifcono dal freddo del mal' efito , in che fpeffe fiate occorrono le terrene cofe.

Pier. Vale. lib. 55

Alla Scrittura facra. Si dipigne la fperanza ne' grandi di color canciante, per la ftoltitia di chi vi fi confida, della quale parlò il Sauio, *Sapiens timet, & declinat à malo, ftultus transfilit , & confidit .* Che forfi di quefti poueri, e pazzi parlò Geremia, che non fanno la ftrada di Dio , oue debbono ricorre-

Pr. 14B. 16

re

re per aiuto,e non a gli huomini.

Hie.5 A.3 *Forsitan pauperes sunt, & stulti, ignorantes viam Domini, iudicium Dei sui.* Sede questa donna sopra il sepolcro,oue co' grandi si sepelisce la speranza di mortali,e s'annihila. come viuamente ne fa-
Psal. 145 A.4 uellò il Profeta. *Exibit spiritus eius, & reuertetur interram suam.* E questo è il grande,e'l prencipe, che muore. *In illa die peribunt omne, cogitationes eorum.* Ecco la speranza, e tutti pensieri. L'albero, che casca,sono i prencipi, a'quali non deue sperarsi, nè confidare.

Nolite confidere in principibus, & in filijs hominum:in quibus non est salus. Anzi v'è la maledittione del Signore. *Maledictus homo, qui confidit* *Hier. 17 A.5* *in homine.* E per fine i fiori secchi della persa speranza,che così parlò il Sauio. *Et vacua est spes illorum,* *Sap.3D.22* *& labores sine fructu,& inutilia opera eorum: & si celerius defuncti fuerint, non habebunt spem.* Mà riponga la speranza nel Signore, chi vuol esser'esaudito, ilquale è immortale, e mai mancheuole. *Quo-* *Ps.37C.16* *niam in te Domine speraui : tu exaudies me Domine Deus meus.*

SPERANZA NEL PROPRIO INGEGNO. G. 174.

Donna ne' sembianti molto ardita, tengi in vna mano vna saetta con trè punte, nell'altra vna face spenta, da vna parte le siano molti gigli, ed vccelli, frà quali vi siano alcuni polli di corbi, e dall'altra parte vno scettro, sopra'l quale sarrà vna ricchissima corona.

LA Speranza nel proprio ingegno non è altro, che quella confidenza, c'hà l'huomo in se stesso,nel proprio lume,e nella natural cognitione, con che pretende voler far gran cose, voler aiutarsi, arricchirsi, giugnere a' gradi, honori, e dignità, il che quanto sia speranza vana, e confidenza sciocca, qualunque huomo si sia può ben conoscerlo.Quindi molti del mondo, che forsennati nomarò, confidati nel lor debil ingegno, e poche forze, pretesero far cose di consideratione grande, mà si sono visti i miseri senza poter oprar cosa nulla, ed ogn' hor restar'in dietro ne'lor disegni: e quanto più chiesero con viue

forze, ed anelante ardire, trarsi inanzi, più si viddero caduti, e sbassati ; il che fù mera volontà del Signore, per voler confondere il lor' orgoglio, ed ignoranza, mentre voleano sperare non in Dio, mà in loro istessi : e quanto ciò sia male ben lo diuisò il Sauio. *Qui autem confidit in cogitationibus* *Pro.2 A.2* *suis impie agit.* E Geremia. *Ecce vos* *Hier.7 B.8* *confiditis in sermonibus mendacij, qui non proderunt vobis.* E mestiere,ch'il Christiano riponghi la sua speranza in Dio, e la sua fidanza, come diceua Dauide. *In te Domine spe-* *Ps. 30 A.* *raui non confundar in æternum.* Deue dunque sperare, e confidare in Dio ciascuno, nè in se stesso, nè in altro, senza il quale

quale non è valeuole, nè anco dir
vna parola, come diffe l'Apoftolo
San Paolo. *Et nemo poteſt dicere Do-*
minus Iefus, niſi in ſpiritu ſanƈto. Ed
egli il tutto attribuì, ch'era in fe
fteſſo, alla diuina gratia. *Gratia Dei*
ſum, id quod ſum: & gratia Dei in
me vacua non fuit.

Si dipigne dunque cotal fperanza nel proprio ingegno da donna
ardita, per lo molto prefumere di
coloro, che fi fidano alle proprie
forze, ed al proprio ingegno, e non
a Dio. Tiene vno ftrale con trè
punte, qual'è conforme a quello
d'Hercole parimente così, e fembra l'ingegno humano, ò la forza
dell'intelligenza, per diftenderfi
quello nelle cofe celefti, terrene,
ed infernali, ò pure per la tripar-
tita Filofofia, la quale intende, co-
m'è la matematica, la natural Filofofia, e la metafifica, ò teologia,
ò pure conforme alla diuifione di
Socrate, la fottigliezza del diuidere, e diffinire, l'ofcurità delle cofe
appertenenti alla natura, ò pur
quelle, ch'appertengono alla vita,
ed a' coftumi. Tiene la face fpenta, in fegno eh' all' hora a punto,
che l'huomo s'imagina col proprio ingegno, e fcienza faper'i negotij, fargli con diligenza, e re-
durgli a fine; all' hora iftefſa fi
fmorza la face del lume naturale,
reftando ingombrato, nè sà quel,
che fi faccia. I gigli, ed altri fiori
danno a conofcere, che quegli nõ
han ragione, nè ingegno, nè difcorfo, nè fatigano in cofa alcuna,
mà la lor bellezza, e pompa, ch'altrui moftrano cõ gran vaghezza,
àdiuiene folamente da Dio lor fattore. I polli de' corbi lafciati (a
quel che dicono i naturali) da lor
progenitori, mentre dopo nati ca-
uano le penne bianche, parendogli degenerar dalla lor negrezza,

1 Cor. 12
A. 3

Ibidem 15
B, 10

lib. 1 hier.
comm. Deo
rum.

e così come parti adulterini l'abbandonano, mà quelli ammaeftrati dal lume naturale, aprono le
fauci al cielo inuerfo il lor creatore, e quindi auuiengli la ruggiada, con che fi nutrifcono, finche
fi faccino negre le bianche piume, e fiano accettati da' Padri, e
madri per propri parti; così deu-
riamo far noi ne' noftri bifogni,
darci nelle mani del Signore, onde può nafcere ogni noftro aiuto,
ed ogni noftro riparo. Lo fcettro
reale, e maeftofa corona, che fono nell' altra parte, fembrano il
regno de' Cieli, e che i Christiani
debbono tralafciar ogni cofa, e
cercar quello, nè per la prouifio-
ne di cofe temporali volgergl' il
tergo; mà prima hauer gli occhi
colàsù, ond' è per nafcere ogni
lor foccorfo, il che facilmente
può mancargli, quando con folle-
citudine vi s'occupano in quelle,
non anteponendo ad ogn'altro la
lor falute; e certo dee recar marauiglia l' abufo profano, che
fuol fpeffo ritrouarfi frà Chriftiani, com'è il procacciar le cofe
temporali, fperando nelle proprie
forze, e con quelle aiutarfi, che
per ciò tralafciano i beni dell'anima, e fan poco conto delle cofe
fpirituali; attendino pur i mondani ingannati alle parole del Signo
re. *Ideo dico vobis ne ſolliciti ſitis ani-*
ma veſtra, quid manducetis, neque
corpori veſtro, quid induamini. Nonne
anima plus eſt, quam eſca, & corpus
pluſquam veſtimentum?

Alla fcrittura facra. Si dipigne
la fperanza, ò confidenza nel proprio ingegno da donna audace,
della cui audacia, e prefuntione
parlò il fauio; *O profumptio ne-*
quiſſima, vnde creata es cooperire ari-
dam malitia, & doloſitate illius?
La faetta con trè punte, per lo 'n-
ge-

Matth. 6
C. 25

Ecclefiaft.
37 A 3

Idem 14
D. 23

Iob 21 B.
17

Matth. 6
D. 26

gegno, ò intelligenza fottile ; *Qui excogitat vias illius in corde fuo , & in abfconditis fuis intelligens .* La face del proprio giuditio fpenta, della quale parlò Giobbe ; *Quoties lucerna impiorum extinguetur, & fuperueniet eis inundatio, & dolores &c.* I gigli, e gli vccelli, fimbolo della prouidenza diuina, a cui fi dè fperare ; *Confiderate lilia agri , quomodo crefcunt , non laborant , neque nent ;* E più oltre ; *Refpicite volati-*

lia cæli , quoniam non ferunt , neq; metunt, neq; congregant in horrea, & pater vefter celeftis pafcit illa. I polli de' corbi ; *Qui dat iumentis efcam ipforum, & pullis coruorum inuocantibus eum.* Lo fcettro, e la corona, per fine , che fembrano il Regno, di Dio , prima da cercarfi, onde dependono tutte le cofe ; *Querite ergo primum Regnum Dei, & iuftitiam eius ; & hæc omnia adijcientur vobis.*

Pfal. 146
B. 8

Matth. 6
D. 33

SVCCHIATOR DI SANGVE, O rubbatore de' beni altrui. G. 175.

Huomo, che tenghi in mano vna borfa, vna collana, ed altre gioie, mà ftà co'l veftimento ftracciato, e con vna catena al piede, e vicino gli farà vna teftudine marina, harrà vn ferpe, ed vna fiamma in tefta, ed a' fuoi piedi ftarrà vn huomo veftito d' habito pouerifsimo.

SVcchiatori di fangue nomanfi coloro, che viuono de' beni altrui, e che rubbano a tanti poueri, adoffandogli mille calunie, ed oppreffioni, e quanti fono di quelli, che s'impiegano ad illeciti negotij, e con vfure bramano fodisfar l' ingorde voglie della lor cupidigia, e dell'acquifto infatiabile ; ò miferi, ch'oltre non permette il giuft' Iddio, che quì ne godano, ftando ogn'hoi vie più miferi, e fitibondi di poffedere ; gli refta debito di fodisfare, al che mai non reduconfi gl' inaueduti che fono, e non reftituendo il mal tranguggiato, nè anco fe gli rimette il peccato, ed in bona confequenza non fono in ftato di falute ; In quefto differifce tal peccato dagli altri, ch'oue quelli fi

cancellano co'l pentirfi, e co'l tirarfene in dietro, quefto richiede oltre ciò, l' intiera fodisfattione dell'ingoiati beni altrui; ben dunque fi dee guardare ogn'vno da quefto veleno della robba aliena, che recata, ch'è vna volta in cafa, non fi mai più caua fuori ; e già vedefi per efperienza in tanti, che notoriamente fi fanno, c'han tolto gli altrui beni, e prima fono andati all'altro fecolo, c' habbin mai fodisfatto vn picciol quadrino, ed in ciò il diauolo s'affatica più, ch'in niun'altro peccato, fapendo, com'è ferratura del cielo, ed apertura delle voragini d'inferno. E fenza fallo peccato di grande abbomineuolezza quello di torre la robba d'altri, e fucchiar il fangue a' poueri, onde adiuengono all'

all'huomò cotante miferie, e ruine nella fama, e nell'honore tal fiata; ed io hora m'auueggio del fauellare, che fè lo Spirito fanto dell'anima eletta, facendo fimiglieuole il fuo nafo all'alta torre di Libano, quale riguarda in verfo Damafco, hauendofi così ne' cafti colloqui, ed amorofi epitalami. *Nafus tuus ficut turris libani, quæ refpicit contra Damafcum* Come ftaua d'accoòncio vn nafo di tant'altezza nella faccia sì ricca di beltade, e vie più d'ogn'altra riguardeuole, e vaga della fanta fpofa, e per tralafciar in quefto paffo i cotanti pareri di facri Dottori, vò con la licenza loro dir, che quì fauella lo fpofo alla fua diletta, mà perche fono di tanta fimiglianza, ed amore, mi conuerrà dire dello Spofo diuino, quel, ch'egli diffe alla fua amata fpofa, e ch'egli habbi il nafo fi grande, s'intende per l'ira, e fdegno, che tal'hora l'annida nel petto, ficome fogliamo dir noi ad vno, che n'adduce moleftia, e di gratia nòn mi recar più trauagli, ch'al fine mi fai falir la zuffa fu'l nafo, il che fcorgefi in alcuni animali, ch'ifdegnati, che fono, mandano fumo, e quafi sfauillano fiamme per le narici, fiche per lo nafo dello fpofo s'hà intendimento dell'ira, e furor di Dio, ch'è fimiglieuole, e grande, quanto vna torre, mà che riguarda la Città di Damafco, ch'era nemica al Popolo di Dio, per fegno, che fdegno tale lo moftra contro fuòi nemici, e fpecialméte contro i rubbatori di beni'altrui, effendo Damafco interpetrato. *Bibens fanguinem.* Che vuol dire fucchiator di fangue de' poueri, e bifognofi, contro il quale auuentarà faette, e dardi di vendetta, facendone crudeliffima

ftragge. E gran peccato dunque il preder i beni d'altri, mentre Iddio, e per moftrarfi contro tal'errore cotanto fdegnato. E'l Padre Sant'Agoftino parlando di tal fatto, dice, ch'vno, che rubba, acquifta vna vefte, mà perde la fede, e dou'è il lucro colà è il danno; il guadagno è in caffa, e'l danno nella confcienza. Hà dunque il forfennato fucchiator di fangue vna borfa in mano, vna collana, ed altre gioie, per fegno che mai non ceffa di rubbare, nè refta per altrò, fe non dal non poffere, mà mifero, e cieco, ch'egl'è, ftà pure con tutto il latrocinio auolto nelle miferie, e fotto'l tetto delle calamità, non permettendo Iddio, ch'vn'huomo poffa goderfi l'ingiuftamente acquiftato, e così l'incontra altre tale, ch'altri fan con effo, egli rubba a tanti poueri ne' fuoi, maneggi, ed offici, e i fuòi maggiori di lui più ingordi, rubbano a lui, che gli ftà ben l'Adaggio. *Furem fur cognofcit, & lupum lupus.* E quante fiate (ò cafo ftrano) rubbano per neceffirà, bifognando fempre porgere, e prefetare, e per ogni picciola diffalta al fin del fine, gli vien tolta ogni cofa, e male, e bene acquiftata, e così i miferi rubbano per altri, fenza che ne godino in maniera alcuna, ò gran cecità. E quefto fembra la teftudine marina, fecondo Pierio, vno, ch'è potente, e viene nelle mani d'vn più potente, e Plinio dice, che la teftudine marina, ed infpecialmente quelle del mar'Indico, oue ne fono affai, e grandi, ed oue è più grande la forza del Sole, mentr'ella fopranata all'acque, vien tanto fificata dalla virtù folare, che non hà potenza di nuouo fommergerfi nell'onde, e così è prefa facilmente,

Cat. 7 B.4

Adag.

Pier. Val. lib. 28

Plin. lib. 9 cap. 10

mente, ò s'eftingue di vita; così ad vno, che cafca nelle forze d'vn trifto più ricco, e potente di lui, gli toglie tutto l'hauere, fenza poterfene aiutare, e molte fiate la vita; fi racordino dunque di che gli dice il Sauio a non mefchiarfi con più grandi, e ricchi di loro. *Et ditiori te ne focius fueris. Quid communicabit cacabus ad ollam? quando enim fe colliferint confringetur. Diues iniufte egit, & fremet: pauper autem lafus tacebit.* Tiene la catena al piede, per l'obligo grande, che tengono per quel, ch'è d'altrui, e per la feruitù, c'hanno continuamente al Diauolo. Il Serpe, e la fiamma in tefta ombreggiano le pene, che l'afpettano, fi per lo male, ch' oprano, com' altresì per tante lagrime de' poueri, che reftano fparte per le loro crudeli oppreffioni. Il Pouero a' fuoi piedi fi mal veftito è quello da lui oppreffo, e rubbato, che ne dimanda vendetta al Signore.

Alla Scrittura Sacta. Si dipigne il fucchiator di fangue da huomo, che tiene vna borfa, vna collana, ed altre cofe rubbate, del quale allegoricamente fauellò Ofea. *Et fur ingreffus eft fpolians, latrunculus foris.* Stà co'l veftimento ftracciato, perche fempre fi troua in bifogno, per diuino giuditio. *Alij diuidunt propria, & ditiores fiunt: alij rapiunt non fua, & femper in egeftate funt.* Tiene la catena per la feruitù del Diauolo, che così fù allegorato dal Prefeta Geremia. *Migrauit Iudas propter afflictionem, & multitudinem feruitutis.* La teftudine marina, che gl'è vicino, è Geroglifico di cafcare nelle mani, e di dare ad vno più potente di lui, ed è giuditio retto di Dio, che fia mifurato di quella mifura, ch' altrui mifura. *In qua menfura menfi fueritis, rementietur vobis, & adijcietur vobis.* Egli rubba, e così anco farà rubbato da più potenti, e ricchi. *Qui calumniatur pauperem, vt augeat diuitias fuas, dabit ipfe ditiori, & egebit.* Ed altroue. *Non grandis eft culpa, cum quis furatus fuerit: furatur enim vt efurientem impleat animam: deprahenfus quoque reddet feptuplum, & omnem fubftantiam domus fua tradet.* Tiene la fiamma, e'l ferpe in tefta, per le pene, che merita. *Via peccatorum complanata lapidibus, & in fine illorum inferi, & tenebra, & pana.* E per fine gli ftà quel mifero a piedi, ch'à tal propofito parlò Abacuc. *Et taces deuorante impio iuftiorem fe, &c.*

margin references:
Ecclefiaft. 13 A. 3
Ofea 7 A. 2
Pr. ij. D. 24
Tren. 1 A. 3
Marc. 4 C. 24
Pro. 22 C. 16
Pro. 6 D. 30
Ecclefiaft. 21 B. 11
Abac. 1 B. 13

SVPERBIA. G. 176.

Donna altiera veftita di porpora, coronata, con l'ali a gli homeri, con vna mano tiene vna canna, e coll'altra vn'Aquila, hà legati i piedi con vna catena, e mentre fà forza di volar in alto, trabocca all'ingiù, fotto' piedi tenghi vna corona, e d'appreffo le fia vn fonte con vn ferpe auuolto fpauenteuole.

LA Superbia è vn appetito d'vna peruerfa grandezza, ed eftollenza, dice il Padre Sant'Ago ftino. E'l Padre San Tomafo dice,

margin references:
22. q. 162 art. 2 in q.

de malo q.
8 art. 2

che la superbia è vn' inordinato appetito della propria eccellenza contro la regola, e misura, che l'è stata prefissa da Dio, e così si dice.

Superbia à superbiendo, vel supereundo, vel supergradiendo, quia vult superuidert, quam est.

Gran miseria è l'huomo superbo (dice Agostino) mà maggior misericordia è l' humile Iddio,

Aug. de ca
techiz. iud.

Il verme delle ricchezze è la superbia (dice l'istesso) ed è difficil cosa, che non sia superbo vn ricco, togli via la superbia, e le ricchezze non noceranno.

Idĕ ser. 31

La superbia, e la cupidità (dice Bernardo) sono vn vitio istesso, in tanto, che nè la superbia, senza la cupidità, nè questa senza quella posson ritrouarsi.

Berna. ser.
17 ad foro.

La superbia l'Angelo fè diuenir diauolo, ed all'huomo recò la morte, togliendogli la beatezza; è madre dunque sì infausto errore di tutti vitij, fonte de' sceleraggini, e vena de gli errori, dice Cassiodoro.

Cassio. sup.
Psal. 18

La superbia (dice Vgone) è vn'estolléza vitiosa, quale dispreggiando l' inferiore, brama di dominar' i pari, e superiori.

Vgo. lib. 1
de anima.

Quella dall'altezza di cielo precipita nel basso, onde l'humiltà solleua in alto; l'Angiolo di quindi cascò nelle tartaree parti, e l'huomo humile ascende colassù, dice Bernardo.

Bern. ser.
3 resurrect.
Domini.

Si dipigne dunque la superbia da donna altiera, vestita di porpora, ch'è vestimento regale rosso, e fiammeggiante, per lo molto desio, c'hà d' ingrandirsi, e d'ascender sù gli altri. Tiene la corona, perche il superbo vuol soprastare, e dominar tutti.

Hà l'ali a gli homeri per volare, ch'altra brama non hà il superbo, che voler' ascender sopra tutti, e stimarsi più de gli altri; e voler far opre, che si preferischino a quelle d'altrui. Tiene la canna, in segno della sua pazzia, e leggierezza, che da ciò è recato in tal frenesia, essendo vna delle figliole principali della superbia. La leggierezza della mente, ed al più la superbia casca nell'animi instabili, e leggieri; e questa leggierezza l'induce a quattro specie di superbia, secondo San Gregorio, e San Tomaso. La prima, che'l bene, c'hà, presume hauerlo da se stesso. La seconda è, che quel bene, c'hà da Dio, l'habbi per suoi meriti. La terza, vantarsi d' hauer quel, che non hà. La quarta, dispreggia tutti gli altri, e desidera esser veduto c'habbi quel, che non hà, siche perciò hà la canna nelle mani vota, che dinota la leggierezza, essendo così detto dal Sauio. *Quid superbit terra, & cines?* Certo hà dell' innaturale, ch'vno, ch' è terra, quale naturalmente douria stimarsi tale, ed hauer inchinatione là, e che poscia voglia tanto inalzarsi, lasciando la consideratione di quella, hauendo in breue da risoluersi in quella, ò misero, ch'apunto s'adiuiene in guisa della terra stessa, quale stà ferma, e stabile, mà s' il vento si rinserra nelle sue viscere, facendo forza, la scuote, e la fà molto tremare, e così molte fiate ruina gli suoi edifici; altretanto accade a quest'huomo di terra, che doureb-be star nel suo saldo, e non stimarsi più che terra, mà venendogli' il vento, e la borea dell' alterezza, eccolo che scuote, casca, e si ruina, che, A cascar và chi troppo in alto sale; e volendo porre le mani a certe imprese grandi, al fine ne resta di sotto confuso, ruinato, impouerito, conquassato, diminu-

to

Gregor. 23
moral.
S. Tho. 22
q 192 ar. 4

Ecclesiast.
10 A. 9

to nella gloria, nella fama, e nell'honore, fi che non vi è miglior cofa, che ftar nella fua mifura. e nel fuo grado, e far quanto può, nè quanto richiede la fua frenefia. L'Aquila è animale, che vola in alto più d'ogn'altro vccello; a pun to come vola il maledetto fuperbo, qual vuole afcendere fopra gli altri, ed al meglio che vuol forger sù, refta legato da vna catena, e trabbocca in giù, volendo Iddio così confondere queft' altieri, facendogli reftar sbaffati, e confufi, com'adiuenne al mifero Lucifero, ed al noftro primo Padre Adamo, quelli, per voler' effere fimile a Dio, ritrouoffi in terra il più vile di tutte le creature, e quefti, per voler hauere la fcienza di Dio, fi ritrouò ignorante, e confufamente cauato da' beni del paradifo terre-ftre, e fpogliato della bellezza della giuftitia originale; e di tanti doni hauuti da Dio, e fatto ad vn' hora foggetto a tante miferie, La corona, che tiene fotto i piedi, fembra, ch' i fuperbi fono sbaffati da Dio, e quelle grandezze, che falzamente, ed indebitamente s'affumono, il Signore le cambia in vituperi. Il fote, che v'è per fine, qual è origine di fiumi, fembra effer parimente la fuperbia di tutti peccati, e'l ferpe auuolto alle bile, per effer fimigliante a lui la detta fuperbia.

Alla Srittura facra. Si dipigne da donna altiera la fuperbia, fauellando di quella San Paolo. *Non* 1 *Tim.* 3 *A.* 6 *neophytum: ne in fuperbiam elatus, in iudicium incidat diaboli.* E veftita di porpora, per l'imaginatiua altiera, di che fauellò Dauide. *Dum* *Pfa.x.A.* 2 *fuperbit impius incenditur pauper.* Tie ne la corona, in fegno di fuperbia. *Va corona fuperbia.* E l'ali 2 gli ho- *Is.* 28 *A.* 1 meri, per fegno del volo de' fuperbi in alto. *Superbia eorum, qui te* *Pf.* 73 *D.* 23 *oderunt, afcendit femper.* La canna vota in mano, fi è per la ftultitia de' fuperbi. *Homines ftulti non vide-* *Ecclefiaft.* 15 *B.* 7 *runt eam, longe enim abeft à fuperbia, & dolo.* L'Aquila ancora è tipo de' fuperbi, che così vogliono volare, de' quali diuisò Efaia *Affument* *Is.* 40 *G.* 31 *pennas ficut Aquila, currunt &c.* E di tali altieri pur fauellò Giobbe. *Sicut Aquila volant ad efcam.* *Iob* 9 *C.* 26 Hà i piedi legati con la catena, e mentre fà forza di volare, cafca all'ingiù. *Et comprahendantur in fu-* *Pf.* 58 *C.* 13 *perbia fua.* La corona fotto i piedi. *Pedibus conculcabitur corona fuperbia.* *Is.* 28 *A.* 4 V' è il fonte, ch' è origine di tutti fiumi, come parimente la fuperbia di tutti mali. *Initiu fuperbia hominis,* *Ecclefiaft.* 10 *B.* 15 *apoftatare à Deo, quoniam ab eo, qui fecit illum receffit cor eius, quoniam initium omnis peccati eft fuperbia.* E'l ferpe in fine auuolto al fonte, ch' è animale odibile, in guifa di quefto deteftabil vitio. *Odibilis co-* *Idem ibid. A.* 7 *ram Deo, & hominibus fuperbia: & execrabilis omnibus iniquitas gentium.*

TEMPERANZA. G. 177.

Donna veſtita d' habito bianco, e modeſto, che ſtà co'
piedi ſopra vna beſtia feroce, tiene il libro della legge innanzi la faccia, con vna tazza di vino temperato
con acqua.

Tull. lib. 1. L A Temperanza (ſecondo Tul- gione, c' hà la perſona ſopra gli
Rhet.   lio) è vn dominio della rag- empiti della libidine, ed altri mo-
                                              ti de'

ti de'senfi. O pure (secondo Cicerone) è vn sommo, e moderato
dominio della raggione ne' moti
della libidine, ed in tutti gli altri,
secondo il medemo ; le sue parti
sono la clemenza, la continenza,
e la modestia.

Nella temperanza (dice Agostino) grandissimamente si riguarda, e si richiede la cura dell'ho-
nesto, e la consideratione del decoro.

Se in ogni peccato vuoi esser
superiore (dice Ambrogio) non
chieder con diligenza le cose altrui, imperoche molte cose sono
in te, delle quali hai altro sospetto, fà dunque riso della felicità de
gli altri, e rammaricati delle cose
auuerse.

Non solo consiste la temperanza in toglier via le cose souerchie,
mà in buscar le necessarie, dice il
diuoto Bernardo; è la temperanza
altresì (dice lo stesso) vn raffrenar della cupidità, inuerso quelle
cose, che carnalmente dilettano.

Nè vogli viuere delicatamente,
nè farti ricco, nè esser cupido di
gloria, impercioche queste cose
sono corruttione della vita, e noi
non siamo corrottibili, dice il medemo.

Stà bene dunque a gli huomini
il moderato, e parco viuere, com'
altri disse.

Quod si quis vera vitam ratio-
ne gubernet :
Diuitiæ grandes homini sunt
viuere parce,
Æquo animo, neque enim est

Cicer. lib.
Rhet. &
idem

Augu. lib.
de morib.
Eccles.

Ambr. de
off. hom. 1
in Ezzecc.

Bern. super
Cant. ser.
23
Idem hom.
de villico.
vniq.

Idé in ser.
paruis ser.
6

Lucretius.

---

vsquam penuria parui.

E Seneca.

Quod vult habet, qui velle quod
satis est potest,

Quindi si dipigne la temperanza dà donna, che stia sopra vna
bestia, calpestrandola, per segno
ch'vno, ch'è temperato supera i
moti dell'animo, e le naturali passioni, come quelli della libidine,
cupidigia, ed altre, e non eccede
punto i termini della legge, questo sembrando quel libro, che tiene auanti gli occhi, che ne fà stima, e non vuol trasgredirla. La
tazza co'l vino téperato có acqua
sembra propriamente la temperanza in tutte le cose, qual nasce
dalla modestia, ch'è sua specie
particolare insieme colla verecondia, astinenza, moderanza, honestà, ed altre.

Alla Scrittura sacra, Si dipigne
la temperanza co' piedi sopra vna
bestia, che sono le passioni humane, ed i sensi temperati, e regolati
dalla raggione, come diceua San
Paolo. *Sentio in membris meis aliam*
legem, repugnantem legi mentis meæ;
Ed ecco la vera temperanza. *Ego*
seruo legi Dei. Il libro della legge
auanti gli occhi, dellaquale diuisò Dauide. *Scrutabor legem tuam,*
& custodiam illam in toto corde meo ;
E del vino mescolato con acqua
fauellò Esaia, *Vinum tuum mixtum*
est aqua. E cotesto era il vino della
modestia, e temperanza, sicome
disse il sauio, che tutti esortaua a
berne. *Bibite vinum, quod miscui*
vobis.

Rom. 7 E
24

Psal. 118
H.24

Isa. 1 F.22

Prou. 9 B.5

TESTIMONIANZA FALSA. G. 178.

Donna veſtita di color canciante, haurà ſu'l capo vn
fuoco acceſo, d'appreſſo le ſarà vn fulmine, che caſca
dal Cielo, tiene nelle mani vna ſpada, ed vna ſaetta
per frecciare altrui, hauendo vicino vn çielo.

LA teſtimonianza falſa è pec-cato abomineuoliſſimo, sì per l'ingiuria, che ſi fà a Dio, qual reca in teſtimonio di coſa falſa, com'anco per lo molto, ed ingiurioſo danno, che ſuol'eſſere al proſſimo; Il veleno, ch' il ſerpente hà ne' denti, è da per ſe male, mà è aſſai peggiore quando ſi diffonde in altri, ed auuelena le genti; così la falſità, e la buggia, benche da per sè ſia mala, è vietata dalla legge diuina. *Non loqueris contra proximum tuum falſum teſtimonium*. Niente di meno aſſai peggiore ſi è, nocendo altrui.

A tre perſone (dice Iſidoro) è nociuo il teſtimonio falſo, primieramente a Dio, il quale ſi diſpreggia co'l pergiuro, al Giudice, qual inganna co'l mentire, ed all'innocente, qual noce colla teſtimonianza falſa.

Tardamente ſi ritroua la falſità della buggia ne' teſtimonij falſi, quando ſtaranno inſieme, mà quando ſaranno ſeparati, co' l'eſamine del Giudice toſto ſi manifeſtaranno, dice l'iſteſſo.

In doi teſtimonij, ò tre conſiſte ogni parola, mà in quelli, ch' il giorno inanzi, ò l'altro non furono nemici, acciò adirati non habbino deſiderio di nocere, ò pur leſi, non voglino vendicarſi; dice Ambrogio.

Nullo è più certo del figliolo, perche non sà fingere, mà ſchiettamente confeſſa; dice Iſidoro.

E così ſi dipinge tal falſità nel teſtificare da donna, veſtita di color cangiante per le varietà, che ſogliono hauer quelli, oue regna ſimil' vitio di dir coſe falſe. Il fuoco in teſta dinota l'ira, e l'odio grande, ch' Iddio porta a ſimili falſari, quali ſono diretti contro la verità, appropriata ſpecialmente a lui. Il fulmine con la velocità, e co'l diſcendere repentinamente, che fà dal cielo, ſembra quella preſtezza, c'hà il falſario in teſtificare contro'l proſſimo, ch' il tutto dice buggiardamente, ſenz' eſſere dimandato; e quella velocità nel dire, e quel diſcorrere così volentieri è ſegno chiaro, che'l teſtimonio ſia appaſſionato, e non dica il vero in giuditio, nè ſi dè ammettere la ſua depoſitione, douendo in ciò il giudice eſſere molto accorto, e notare tal preſtezza, che moſtra buggia, e falſità. La ſpada, e la ſaetta, c' hà nelle mani, ſembrano, che più nocumento porta la falſa teſtimonianza, ch' altrimenti quelle nel ferire. E finalmente il Cielo, per prenderlo in tal ſignificato, dimoſtra, che ſicome non è poſſibile, c'huomo nato in terra non ſia ſotto il cerchio celeſte, parimente non può eſſer falſario ſenza punitione euidente, e ſenza che gli caggino di Cielo duri flagelli.

Alla

Exod. 20
C. 19

*Iſidor. de
ſumm. bo.*

Idem ibid.

Ambr. epi.
66

Iſid. vt ſup.

Allá Scrittura facra. Stà veftita di color canciante la teftimonianza falfa, per le molte frodi, ch'opra nò que', c'hanno tal vitio. *Et fraudes labia eorum loquuntur,* Ed altroue. *Qui autem mentitur teftis eft fraudulentus.* Il fuoco su'l capo, per l'odio, che Dio gli porta, come diuisò il Sauio. *Sex funt qua odit Dominus & feptimum deteftatur. Oculos fublimes, linguam mendacem, manus effundentes fanguinem innoxium, cor machinans cogitationes peffimas, pedes veloces ad currendum in malum, proferentem mendacia, teftem fallacem, & qui feminat inter fratres*

Prouer. 24 *A.* 1
Idē 12C.17
Idē 6 C.16

discordias. La fpada, e la faetta; fimigliante a quali è'l falfo teftimonio. *Iaculum, & gladius, & fagitta acuta, homo qui loquitur contra proximum fuum falfum teftimonium.* Il fulmine repentino fembra il teftimonio falfo, che volentieri depone. *Qui autem teftis eft repentinus, concinnat linguam mendacy.* E finalmente il cielo, fott'il quale ficome non è poffibile, che non ftiamo tutti, cosi non andarà impunito il falfario, perche non refta fenza penitenza quefto peccato. *Teftis falfus non erit impunitus, & qui mendacia loquitur non effugiet.*

*Id.*25 C.18
*Id.*11 C.9
*Id.*19 *A.*5

TIMOR DI DIO. G. 179.

Huömo co'l volto allegro, e ridente, coronato di corona freggiata di varie gemme, con vn corno di douitia in mano pieno d'argento, e d'oro, ed altre preggiate gioie, vicino tenghi vn cielo tutto occhiuto, e molti libri fotto i piedi.

Arift. lib. 2 *et hic c* 4
Idē Rhett.

Ioa. Dama fc. lib. 2 *c.* 15

IL timore (fecondo Ariftotile) è vn efpettatione di male; ò pure (dice l'ifteffo) è vna certa perturbatione, ò dolore, che preuiene dall'imaginatione del futuro male; mà quefto è timore ordinario humano, il quale non fà al prefente difcorfo. Damafceno lo diuife in fei membri, in Dapocagine, Erubefcenza, Verecondia, Ammiratione, Stupore, ed Angonia. Mà qui fi fauella del timor di Dio, quale ftà accoppiaco con amore, che non ammette fimili imperfettioni, effendo religiofo, e timor diuoto anneffo con la carità, che piace cotanto a fua diuina Maeftà, in guifa ch'auisò il Sauio, douerfi temere, come creatore vniuerfale; *Vnus eft al-*

tiffimus, creator omnium, omnipotens, & metuendus nimis; E Giouanni efortaua al medemo; *Timete Dominum, & date illi honorem.*

Santiffimo timore del Signore, onde nafcono tutti noftro beni, ed ogni noftro merito, e come da fonte viuo fgorgono a douitia; nomarollo principio della noftra falute, fpada acuta, con che fi danno in fuga i nemici, fchermo, con che riparanfi gli eletti, porto, oue fi ricourano l'anime amanti, mezzo efficace per aggregar finiffime gemme di virtù, sferza, ch'atterrifce i demoni, fentiero ficuriffimo d'elettione, luogo di piaceri ameniffimo, oue vaggheggiano, e diportano i predeftinati, prato aprico di riguardeuol

Ecclefiaft. 1 *A.* 8
Apoc. 14 *B* 7.

deuol

deuol fiori d'osseruanze, fonte di carità ardente, germoglio verdeggiante di meriti, principio delle nostre beatezze, sostegno di tutte l'opre spirituali, e motiuo, onde spiccansi le brame, e gli amorosi affetti d'impiegarsi anelante chiunque nel seruigio del Signore;ogn'vno dúque si sbracci per farne acquisto,ed altro non brami, ch'esserne colmo, e ricco, onde l'auuerrà ogni bene, ogni contento, e gioia nell'anima, e nel corpo, quì giù in terra, e nel Celeste Olimpo. *Timenti Dominum bene erit in extremis, & in die obitus sui benedicetur.* Egli contiene la pienezza della sapienza; *Plenitudo sapientia est timere Deum.* E la raunanza di tutte le glorie, e grandezze; *Timor Domini gloria; & gloriatio, & latitia, & corona exultationis.*

Il presente timore(dice il gran Padre Agostino) genera la sempiterna sicurtà, temi dunque Iddio, ch'è sopra tutti, e non temerai l'huomo. E quando (dice lo stesso) si fà il bene non per amor della giustitia, mà per timor della pena, all'hora il bene non si fà bene, nè si fà nel cuore quel, che vedesi nell'opre, quando vorria l'huomo più tosto non farlo, se potesse senza penitenza.

Chi teme Iddio,niente dispreggia,il temer'Iddio è non preterire le cose, che s'hanno a fare, dice Gregorio Papa. Nella strada del Signore si comincia dal timore, per diuenire alla fortezza; imperoche auiene come nella strada del secolo, che l'audacia genera fortezza,così dice lo stesso.

Il timor humano genera diffidenza, ma'l diuino la fermezza di speranza, dice Cassiodoro;mentre

tu intendi (dice il medemo) ch'il tuo signore egl' è cotanto dolce, attendi che cosa ami; sicome attendi tu giusto che cosa temi, acciò eccitato d'ambidoi dall'amore, e dal timore,custodischi la sua legge.

Si dipigne dunque con volto allegro il timor di Dio, perche, chi l'hà, stà lieto, e ridente, hauendo insieme con esso, e co'l zelo di non offenderlo l'amor suo, stando altresì sicuro di fuggir l'eterni mali dell'inferno.Stagli bene la corona ricca di pietre pretiose della sapienza di Dio,il cui origine è'l timor suo,ch'è la medema sapiēza.

Il corno di douitia si è per segno del ricchissimo tesoro, istimando più il timor di Dio, ch'altretanto vn gran tesoro di questa vita. Il cielo occhiuto dinota l'empireo, oue per eccellenza dicesi esser Iddio,ch'altro non vuol dire che vidente, e perche colà degnasi farsi vagheggiare, e godere, ben che con la sua infinita essenza,potenza, e realtà sij in ogni parte. Gli occhi sembrano, ch'in Cielo v'è la visione di faccia a faccia, con la quale s'ammira Iddio viuo, e vero. I libri sotto i piedi accennano, ch'il detto timore è la vera sapienza, quale fà l'huomo in tutto dottissimo, hauendo di più contezza, ch'ogni scienza di questa vita è vera pazzia, come diuisò l'Apostolo. *Sapientia huius mundi stultitia est apud Deum.*E come scienze stolte quelle di questo mondo, sembrate per i libri, il timor di Dio le calpestra.

Aueriamo il tutto con la scrittura sacra. Stà co'l volto allegro, e ridente il timor di Dio, perche chi n'è arricchito giubila,e si rallegra, essendo a ciò inuitato da Salomone. *Benefacere,& latari.* Stà

Corona

Marginal references (left):
Ecclesiast. I B. 12
Idem ibid. C.20
Idem ibid. B. 11
Aug. idem sup. Psal.
Idem cont. Pelagium lib. 2
Gregor. in moral.
Idem ibid.
Cassiod. in Psal. 24

Marginal references (right):
Idem In Psal. 45.
Ecclesiast. I C.22

coronato di corona di fapienza. *Corona fapientia timor Domini .* Il corno di douitia del Celefte tefo- ro del timor di Dio. *Diuitia falutis, & fapientia, & fcientia: timor Domini ipfe eft thefaurus.* Il Cielo occhiu- to, ch'è'l Paradifo · *Timor Domini eft ficut Paradifus benedictionis ;* Ed i libri fotto' piedi, perche poffiede la vera fapienza di Dio, come fo- pra ciò fauellò Giobbe. *Timor Domini , ipfe eft fapientia;* E'l Regal Profeta. *Initium fapientia timor Domini .* E lo Spirito fanto ne' pro- uerbi . *Timor Domini difciplina fapientia .*

*Ifa.*33 *B.*6

Ecclefiaft. 40 *D.*20

Iob 28 *D.* 28

*Pf.*110 *B.*9

Prouer. 15 *D.*33

TRIBOLATIONE. G. 180.

Donna zoppa , qual camina velocemente per vie mala- geuoli, tutte piene di fpine, triboli, fterpi, e fafsi, s'in- drizza verfo vna porta fontuofa , in mezzo la quale v'apparifce vno fcettro .

*Genef.*3 C. 18

LA tribolatione è vn efercitio, che Iddio manda a gli huo- mini per bene , ò per dargli meri- to, com' a' giufti, ò per agionger merito , come a' fanti, ò per aui- fare , e correggere, come a' pec- catori , e così fempre per bene, e per cauarne frutto noftro Signo- re tribola gli homini in quefta vi- ta. La tribolatione fi denomina da' triboli , perche dopo ch' Adamo peccò, fù maledetta la terra. *Maledicta terra in opere tuo fpinas , & tribulos germinabit tibi.* E per all'ho- ra cominciorono i mali a gli huo- mini, ed oue in prima tutte le co- fe foccedeuangl' in bene , hoggi quafi tutte in male; origine di ciò fù'l peccato feminato sù la terra, venendo al più per i peccati l'a- uerfità, e' difaggi , acciò i pecca- tori s'auertino dal mal fare .

La tribolatione è vero mezzo, per lo che a gli huomini adiuen- gono tutt'i beni , e ben felici gli ftimarei, s'haueffero contezza dell'eccellenze , delle grandezze, e de' molti preggi, e doni, di che fi fan degni per cotal mezzo , anzi perfuadomi ; non effer felicità, ch'il Signore è fi vago di conce- dere a' mortali, che non la dia per quefta ftrada del patire , e'l Para- difo fteffo, qual chiaramente fcor- gefi in que', che foffrono i difaggi di quefta vita con patienza : e frà mille luochi della fcrittura facra, oue potrebbe auerarfi, è molto d'acconcio, e di propofito quello della Genefi, oue fù ombreggiato con viuaci colori nella perfona del gran Patriarca Giacob, il qua- le foggerito dalla madre , tolfe con iftrane maniere la primoge- nitura al fuo fratello Efaù ; onde per far fcampo della vita , fù gli meftieri fpiccarfi tofto dalle na- tiue fponde , e condurfi in paefi lontani della Mefopotania, nel cui camino molti mifteri , e Sacra- menti. fi fuelano , partiffi il Santo Giacob fuggitiuo, e tremante, po- uero d'arnefe, e ricco d'aiuto del Signore , e giugnendo nel monte Betel , oue cominciorono i fuoi felici auguri, s'adormentò la fera, fopponendofi vna pietra al capo, e fu'l principio della quiete vid.

Genef. 28

Iii · de

de quella felice ſcala, per cui aſcendeuano, e deſcendeuano gli Angioli del Paradiſo, e nella ſommità s'appaleſaua il Rè del Cielo, ſiche fù eſtrema l'allegrezza di lui in sì beata viſione; alzoſſi di là al far del giorno, e ſeguitò il ſuo camino nel paeſe già detto, oue giunto dimorò in caſa di Laban per alquanto di tempo, mà al fine non potendo ſoffrire più l'empito naturale, che l'inchinaua al girne oue nacque, tornoſſene, e nel camino ſi recò di nuouo in quell'iſteſſo monte Betel, e benche foſſe hora di paſſar inanzi non volle, perche ſapea quanto di bene gli adiuenne colà vn'altra fiata, e preparandoſi al dormire, forſe per goder qualche contento; l'occorſe coſa d'altra maniera, che dianzi, accoſtandoſegli vn Angiolo, che per tutta quella notte lo tenne in vigilia, *Ibidem 32* lottando ſeco, e trauagliandolo, al fine glitoccò vn nerbo nel fianco, onde ne rimaſe zoppo; Pouero Giacob quando gl'era miſtiere ha uer più le gambe forti, per fuggir l'ira del fratello, a cui tolſe la primogenitura, all'hora appunto ſi trouò zoppo; mà naſce grandiſſima difficultà, come coſtui foſſe in prima arricchito di doni, ed honorato dà Dio in queſto monte, co'l apparirgli nel Cielo, e moſtrargli la ſua gloria, ed hora allo'ncontro gli permette sì notabil male? onde naſce queſta diuerſità, non da Dio, eſſendo im- *Malach. 3* mutabile. *Ego enim Dominus, & non* *B. 6* *mutor.* Non da Giacob, perche era l'iſteſſo dell'altra fiata, e con egual giuſtitia, non dal monte, per che era gia'l medemo, altronde dunq; adiuiene coteſta diuerſità: e ſotto cotal fatto diſſuguale ſtan velati altiſſimi arcani del Signo-

re, che ſcopronſi ne' diuerſi portenti dell'iſteſſo Patriarca; Mentr'egli partì di propria caſa ſi poſe in via pouero, miſerabile, perſeguitato, e colmo d'auuerſità, e diſaggi, non hauendo altro ſeco, con cui doueſſe conſolarſi ne'ſuoi duoli, ch'vn ſol baſtone, che gli era ſoſtegno, e ſocio; all'hora Iddio benedetto vero conſolator d'afflitti volle guiderdonarlo colla viſta della beata gloria, qual volontieri moſtra a cotal afflitti, mà nel ritorno quando veniua colmo di felicità, e proſperoſo con moglie, e figli, non conueniua ſe gli deſſero contenti di Cielo, mentre a douitia n'era colmato dal mondo, anzi fù diuino il giudicio in far', che diueniſſe zoppo, per moſtrare a gli huomini l'vtile, e'l fine, che recano i beni temporali, e come ritrouanſi zoppi, e dietro nel camino delle virtù, per caggione di quelle, e credo voleſſe dir'il Signore (m'imagino) ò Giacob che tù pretendi veder la mia gloria, com'altreſì io feci vn'altra fiata, tù mal t'auiſi, perche all'hora n'andaui fuggitiuo, perſeguitato, ed in ogni maniera pieno di trauagli, dunque a me conueniua aiutarti, e darti qualche piacere, e mentre il mondo ti ſpreggiaua, e ributtaua, io ſenza fallo douea abracciarti, mà adeſſo, ch'egli fallace ch'è, ti tien grande, e fauſtoſo, con diletti, e piaceri, ed ogn'hor ti reca a' diporti, non ſolo non voglio darti piacere con la mia viſta, mà c'habbi trauagli, e diſaggi da vn Angiolo, ſiche ne reſti zoppo, perche la mia gloria volentieri la ſcuopro a' tribolati, non a' glorioſi in terra, e queſto è'l ſacramento, ricouerto ſotto il diſugual adiuenimento di Giacob, felice dunque

que quel tale, ch'abracciarà volontieri, e con patienza i casi auersi, ch'il Signore si degna mandargli, con che non altro intende, che farlo suo fauorito, ricco d'honore, e beatezza.

Quanto (dice il gran Padre Agostino) saremo afflitti in questo secolo da' persecutioni, da' pouertà, da' potenza di remici, e da' crudeltà di morbi, tanto dopo la resurrettione nel futuro harremo preggi maggiori.

Augult. in epi. ad Ciprianum.

Ciascheduno iniquo, che si permette esser prosperato in questa vita, è mistieri acciò sia eletto del Signore , douer essere ritenuto sott' il freno del flagello, dice Gregorio Papa.

Gregor. in lib. moral.

Mentre (diceua il medemo) reconosco Giobbe nel sterquilinio, Giouanni famellico nella solitudine , Pietro disteso nel patibulo , Giacomo decollato da Herode , vengo in pensiero quanto nel futuro Iddio cruciarà i reprobi, affligendo con tanta durezza i suoi amadori.

Idem ibid.

Noi afflitti perdiamo le cose terrene, mà soffrendo humilmente l'afflittioni , moltiplichiamo le cose Celesti, dice l'istesso.

Idem ibid.

Non vi sdegnate (dice Beda) se i tristi in questo mondo fioriscono, e voi siate afflitti , perche non è della Christiana religione l'esser' esaltato in questo mondo, mà depressi; quelli non hanno niente in Cielo , e voi niente nel mondo, mà con la speranza di quel bene, alquale aspirate, di qualsiuoglia cosa, che v'auerrà in questa vita douete rallegrarune. Che perciò si dipigne là tribolatione da Donna, che camina per strade malageuoli infra triboli, sterpi, e sassi, perche de' diuersi trauagli, che sono in terra,

Bed. in ep. in Iacob. C

e de' diuersi modi di tribolationi, che sono nel mondo, si serue il Signore per nostro bene; mà è zoppa questa donna, il che è pur effetto di tribolatione, imperoche vn tribolato in questa vita par che sia zoppo , quando l'adiuiene qualche male, con che s'arresta nelle prosperità , e lo fà trattenere dietro gli altri, ò nell'honore, ò robba, ò altro; mà camina velocemente inuerso vna porta , oue aparisce vn scettro, per segno che le tribolationi sono mezzi per essere esaltato, nè s'acquista mai grado d'eminenza , se prima non si patisce qualche affanno; e la maggior parte de' grandi di questa vita giunsero nelle grandezze per la strada del patir disaggi, ed affanni . E per fine lo scettro significa il regno , il dominio , e la porta del paradiso , oue frettolosamente drizzano i passi i tribolati, che soffrono patientemente.

Alla Sacra scrittura. La tribolatione è zoppa per li trauagli, mà accelera il caminare, per condur quelli nell'esaltatione, come parlò Christo d'vn tribolato. *Bonũ tibi est ad vitam ingredi debilem, vel claudum, quam duas manus, vel duos pedes habentem mitti in ignem æternum.* Camina nelle tribolationi, ma velocemente, per lo preggio, ch'aspetta il tribolato *Multiplicatæ sunt infirmitates eorum; postea accelerauerunt;* Camina per strade malageuoli, come diceua Baruc. *Delicati mei ambulauerunt vias asperas;* E Dauide. *Quantas ostendisti mihi tribulationes multas, & malas: & conuersus viuificasti me.* E per fine si drizza inuerso vna porta sontuosa, ou' è vno scettro, che dinota i gradi di questa vita, e quelli del paradiso, come l'Euangelo diuisò di Christo nostro Saluatore . *Sic*

Matth. 18 A, 8

Ps. 15 A. 4

Baruc. 4 E. 26 Ps. 70 D. 20

Lus.24 G.
46
Act. 14 B.
21

Apoc. 1 B.
9

oportebat pati *Christum*, *& ita intra-*
re in Regnum Cælorum; E negli atti
Apoſtolici. *Per multas tribulationes*
oportet intrare in Regnum Dei, E San
Giouanni reſtrins' il regno frà la
tribolatione, e la patienza. *Ego*

Ioannes frater veſter, *& particeps*
in tribulatione, *& regno*, *& patien-*
tia; poiche frà queſte due coſe ſi
troua il vero Regno, e'l vero Dominio;

TRIBOLATIONE DEL GIVSTO. G. 181.

Donna, qual tiene vn ramo fecco vicino, mà nella punta fiorito, ed vna fiamma di fuoco, hà vn mazzo
di fpiche in vna mano, e nell'altra vn ramo d'oliuo,
e nel veftimento vna mano depinta, che munge vna
poppa.

LA Tribolatione del giufto, è peccatore, a cui l'adiuiene per i
molto differente da quella del i fuoi errori, ed acciò fe ne sbri-
g hi,

ghi, ed emendi, mà il giufto per
agïuugergli merito, e per farne
pruoua,come fù al gloriofo Giobbe ,,qual' era huomo giufto, e timorofo del Signore,e p maggiormente approuarlo, e dargli merito, e per farlo chiaro fpecchio di
patienza al mondo, quindi feueramente sferzollo nella perfona,
ne' figli, nella robba,ed in quanto
hauea, fin gli amici fegl'incrude-
lirono, recandogli noia, dicendo,
che per i fuoi peccati era così da
Dio trattato; Beato dunque quel
huomo giufto,ch'il Signore fi degna toccar con la fua dolce, ed
amorofa mano.

La tribolatione al giufto non è
altro , che luogo da fpafli , e piaceri, e luogo, ou'egli è inuitato a
diportar co'l Signore, e vie più
gode in quella il giufto, che i
mondani ne' contenti del mondo,
e più gli rende diletto la pouertate, le miserie, e i difaggi, ch'allo'ncontro a' mondani fenfuali le
commodità, le gandezze, e le cofe, ch' ogn' hor gli vengono profpere ; e ciò fi è perche Iddio gli
fomminiftra ogni bene,e gli cambia i dolori in contenti, le pene in
gufti, e l'afflittioni in folazzi. E fe
di quanto fi narra vorremo rauui
farne vn Sacramento fotto vn'o-
fcuro velo del fauellare, ch' vna
fiata fe il gran Profeta di Dio ne'
fuoi poemi fpirituali, tornerà in
acconcio, e di propofito molto.
Dominus (diff' egli) *opem ferat illi*
fuper lectum doloris eius; Oue fauellò del giufto tribolato , dicendo
ch' il Signore gli darà aiuto, ò
pur ricchezze, e profperità fu'l
letto del fuo dolore; Dauide mio,
fin' hora fiffando i guardi sù la foglia del tuo poema,non hò punto
contezza del tuo penfiero,nè poffo darmi a credere, che tal fatto

*Pf.*40 *A.* 4

fia il Signore per oprare ad vn_'
hora fu'l letto di chiunque fi fia,
e s'egl'è letto cotefto di dolore, e
di lagrime, come vi s' appreftano
l'aiuto ,,e le ricchézze ? e fe cur
cotefte cofe vi s'appalefano,com'
il chiami letto di dolore?ed oue il
Signore fà moftra de' fuoi beni,
non fia poffibile allogaruefi dolore. In vero,ch'altiffimo è il fegre-
to velato fotto l'enimma dello
Spirito Santo : che per ftralciarla
dee per letto tale intenderfi, conforme l'Intendimento dell'incognito, e Nicolò dell'Ira,per quello del giufto, che fouente ftà ricouerto di lacrime,d'infermitati,
e d'affanni,come quello dell'ifteffo Profeta Santo . *Lachrymis meis*
ftratum meum rigabo. Benche il Padre Sant' Agoftino , e San Girolamo v' intendino per quefto letto
di dolore l'infermità della carne,
ch'aggraua l' anima ; Mà quefto
letto è vagheggiato da gli occhi
diuini , quali giamaï fi diftolgono dalla cafa del giufto, e tribu-
lato , come diuisò il medemo citarifta. *Oculi Domini fuper iuftos,* &
aures eius ad preces eorum. Hor quiui fiffando le luci , ed ifcorgendo
quanto fi foffre difaggi,ed auuerfità per amor fuo , tofto fà ricca
l'anima di forze , e di poffanza ; e
a douitia la colma di tutte'ricchezze, di piaceri, e gufti, e fà (ò
grandezza del Signore) ch' infra
dolori campeggino i contenti,in-
fra le pouertà vi fijno i poderi , e
le faculta , infra perfecutioni fi
ftabilifchi la pace, e quiete,ed infra difaggi mondani lampeggi-
no le beatezze del paradifo.*Domi-*
nus opem ferat illi fuper lectum dolo-
ris eius. Chi dunque non vorrà
con animo lieto abbracciar i difpiaceri , e deuenir incorato , per
farne allo fpeffo hauuta , fe fotto
quegli

Incogn.
Nicol, hic

*Pfal.*6 *B.*7

Auguft. &
Hyero, hic

*Id.*33*C.*16

quegli velanſi i guſti dell'alto Olimpo, chi vorrà volger il tergo all'auuerſità di queſta vita, ſe di ſotto vi ſi celano le ſourane dolcezze, e chi per fine rifiuterà il patire, e i diſaggi, e le ponture delle ſpine atroci di dolori, ſe ſottó'cotali ſtromenti del Signore vi s'accogliono il cielo, e la corona regale della gratia, e da gli eletti con nuoua ritrouata s'inuola la gloria beata. Anzi, dirò che Paradiſo iſteſſo ſia il giuſto tribolato, e s'il vedere Iddio è la beatitudine coll'atto dello'ntelletto, come

Thom.
Scot.

Bonauen.

diſſe il dottor Angelico, o'l goderlo colla volontà con Scoto, ò nell'vno, e nell'altro, conform'il Padre San Bonauentura, dunque al pari l'anima, ou'è vago vagheggiar egli con gli occhi ſuoi, e goderui cotanto, altreſi ſerà Paradiſo ſenza dubio veruno, caggionato da quelli.

Quindi ſi dipinge la tribolatione del giuſto da Donna con vn ramo ſecco, mà nella punta fiorito, in ſegno che la tribolatione dell'huomo giuſto par coſa ſecca a poco illuminati del mondo, malageuole, mà in fatti hà la punta verdeggiante, e fiorita, eſſendo coſa di molto preggio, la fiamma di fuoco dinota, che ſi come in quello s'affina, e purga l'oro; in guiſa ſimiglieuole il giuſto in tutto ſi proua, e ſi perfettiona nel fuoco dell'affanni. Le ſpiche di grano, quali tiene in mano, che nell'aia ſi calpeſtrano, onde n'anuiene il frumento sì lucido, e bello; alludono al giuſto calpeſtrato dal mondo, ed afflitto da' trauagli, ch'aduiene qual frumento eletto, vago, e adorno.

Pier. Vale.
lib. 55

O pur le ſpiche, ſecondo Pierio, ſono Geroglifico di prouento, acquiſtandone molto l'anima tribo-

lata, ò pure per le ſpiche intendeſi la ſtaggione eſtiua, vaga, bella, che coſì leggeſi appreſſo Iaſone. *Stabat nude Æſtas, & ſpica ſerta ferebat*. Nel qual tempo v'è la raccolta cotanto amata del frumento, raſſembrandoſi à quella del Cielo, da raccorſi da chi ſoffre con guſto i diſaggi per amor del Signore. Il ramo d'oliuo ſempre verde, è per ſegno che ſempre verdeggia il giuſto tribolato, e ſempre viuerà campeggiante cô alta pompa, e vaga, come l'oliua. La mano finalmente depinta, che munge il latte, ſi è perche quella di Dio mentre percuote, par che ſia dura, mà in fatti è dolce più del latte ſteſſo, con che nudriſce i giuſti co'l trauagliare, alla guiſa ch'il bambino ſi nutre di latte.

Iaſon.

Alla ſcrittura ſacra. Il ramo ſecco in mano, per la tribolatione del giuſto, come diſſe il ſauio. *Folia tua comedat, & fructus tuos perdat &c relinquaris velut lignum aridum*. Ed Ezzecchiello, *Siccabit omnes palmites eius, & areſcet*. Nella ſommità della verga, ò ramo vi ſono le foglie, e' fiori per lo bene di quella; *Et frondere feci lignum aridum*. La fiamma del fuoco, oue ſi purga l'oro; *Argentum igne examinatum*; Ed altroue il medemo Profeta; *Igne nos examinaſti, ſicut examinatur argentum*. E queſta era la ſtoltitia, della quale parlaua S. Paolo dell'huomo, che non intende queſta purgatione, ò eſamine ſpirituale fatta nella tribolatione; *Animalis autem homo non percipit ea, quæ ſunt ſpiritus Dei, ſtultitia eſt illi, & non poteſt percipere ea, quæ ſunt ſpiritus Dei, qui ſpiritualiter examinatur*; Oue parla del giuſto tribolato. Vi ſono le ſpiche del grano tritato, che d'vna tal tritatura ſpirituale del giuſto ſimile

Eccleſiaſt.
6 A. 3

Ezecc. 17
C. 9

Idem ibid.

Pſ. 65 B. x

1*Cor.* 2D. 4

al

Ifa.21 C.x al granō diuisò Efaia; *Contrita sunt in terra tritura mea, & filia area mea.* Effendo aia di Dio la tribolatione, oue dolcemente vien calpeſtrata l'anima eletta ſua figliola, diuenēdo colà bella, e lucida, per la gratia, che nè riporta, al pari del grano infra la paglia. V'è la mano di Dio, con ch'è sferzato, *Iob 19. C. 13* e tocco il giuſto; *Manus Dòmini tetigit me*, diſſe il patiente. Mà mano che preme il latte d'amore, e di pietà, nè tu mi percuoteſti (volea dire) mà dolcemente m'hai tocco, in guiſa che ſi munge la

poppa; *Sicut lac mulſiſti me.* E per *Ide 10 E.6* fine v'è il ramo verde d'oliua, della perpetuità delle beatezze de' giuſti tribolati, che ſenza fallo acquiſtano in merito de'beni opra, ti per la pietà del Signore; *Iuſti Sap.5 C.16 autem in perpetuum viuent, & apud Dominum eſt merces eorum.* O pure la mano ſembra, ch'Iddio manda a' giuſti le tribolationi, e per caggione di lui ne vengono ſcampati, com'a tal propoſito fauellò Dauide. *Et ex omnibus tribulatio- Fſ.33 A.5 nibus meis eripuit me.*

TRIBOLATIONE DEL PECCATORE. G.182.

Donna, che tiene in vna mano vna sferza di funicello, e nell'altra vn maglio, vicino le ſarà vn rampollo, ò ramo tenere, ed harrà da vna parte vn leone col freno in bocca.

LA tribolatione del peccatore è differente da quella del giuſto, ch'oue a queſti l'adiuiene per dargli merito, a quegli per correggerlo, e purgarlo dal male. La tribolatione Iddio la manda per freno all'ingiuſto Chriſtiano, e per ritenerlo nel corſo de'vitij, e gli diſaggi ſono in guiſa di ſpine, che'l trattengono; come tal ſiata vn'viandante, che camina velocemente, s'intoppa in vna ſpina acuta, e s'arreſta, che non può più mouerſi, altri, c'hà poca contezza del fatto, iſtima all'hora ſuentura occorſa a coſtui, mà non sà, che ſe più oltre ſcorrea, ritrouaua i ladri, che l'harèbbono ſpogliato, ed vccifo, ſi che fù fauor'iſpeciale l'eſſer punto nel piede, per far ſcampo dal periglio, che ſopra ſtauagli; hor altretanto auuiene

al peccatore, che sboccatamente, e a redini abbandonate corre per la ſtrada de' vitij, troua vna ſpina di diſaggio, d'infirmità, ò perſecutione, ò altro, ogn'vno pretende eſſer caſo ſtrano, e diſſauenturato accadutogli, mà non è tale, anzi ſorte venturoſa, e fauor grande, non ſeguendo l'incominciata ſtrada d'inferno, per buona reſolutione fatta, ò promeſſa al Signore in tal trauaglio. Il concetto è di Dauide. *Conuerſus Pſ.31 A.4 ſum in arumna mea, dum configitur ſpina.* Io velocemente correa per la ſtrada della perditione, ma'l mio Iddio mi fauorì con vna ſpina nel piè di perſecutione deſtatomi a punto dal proprio figlio, onde m'auuidi del mio errore, e non giunſi ou'erano i ladri infernali, che m'harrebbō dato eterna mor-

morte. Sono senza fallo auiso l'auerfità a'Chriftiani per auifargl'il Cielo, e ricordargli l'amor del Signore, qual han pofto in oblio, come tal fiata il figliolo fi fcorda del Padre, e della fua amoreuolezza, per darfi alle vanità, che per ciò lo percuote, e flaggella, acciò difmetta l'amor profano, e s'accofti al fuo da padre amorofo, e così con que'caftighi lo và difponendo all'amore; è della fapienza il penfiero. *In paucis vexati, in multis bene difponentur.* I figlioli ingrati, e peccatori dimenticati del vero Padre Iddio, da lui vengon battuti con qualche trauaglio di pouertà, ò perdita di dignità, ò altro. *In paucis vexati:* Perche con poche cofe, e piccioli trauagli. *Mà in multis bene difponentur:* Vengonfi a difporre all'amicitia fua, ed a riceuer la gratia. *Quoniam Deus tentauit eos, & inuenit illos dignos fe.* Il figliol prodigo quando hauerebbe conofciuto l'error fuo, in hauer lafciato la cafa propria, e'l paterno amore, fe non foffe ftato tocco dalla pouertà, confumando la fua portione, ed afflitto dalla fame, che fugli miftiere mangiar co'porcife a Dauide, che gli fè venir nel cuore l'amor del Signore, ed accender la fiamma, e la brama della fua legge, che cotanto vi fi diede a meditarla, ed offeruarla? mercè alle tribolationi, all'anguftie, e a' difaggi, che'l pcoffero, onde ne diuêne auuedu to, e fauorito infieme. *Tribulatio, & anguftitia inuenerunt me, & lex tua meditatio mea eft.* Le fante tribolationi fono auifi del Signore, penfino bene i Chriftiani, quando hanno qualche difaggio, ò di perdita di robbe, ò di figli, ò di fanità, ò altro, ch'il Signore vuole aui fargli con quefta maniera d'auifi,

Sap. 3 *A.* 5

Pfal. 118 *Sade.* 143

quali paiongli ftrani, che forfe ftanno auuiluppati in qualche peccato, di che più fiate ne fono ftati accennati il lafciaffero, ò per via della fua gratia; e del lume interno, ò con voci di Padri fpirituali, e perche non vbidirono a padre di pietà cotanta, toglie la sferza de' trauagli, con che pretende fciorre i lacci legati, adoprando quella per mezzo della lor falute.

Si dipigne dunque da donna la tribolatione del peccatore, che tiene vna sferza fatta di funicello, quale fembra il difaggio, con che è tocco da Dio, per farlo rauedere dell'errori, acciò fen'emendi, e cambi coftumi, ed opre; ò pure è sferza di funicello la tribolatione del peccatore, perche quando il mifero non fi diftoglie dal male, gli è prefaggio, d'eterne pene, e fi come quando vno sferza, quella fune fa'l circolo per tutto il corpo, così al peccatore miferabile, fe gli prepara circolo d'eternità di pene, in quefta vita egl'è percoffo da'tribolationi, da'quali mentre non caua niun frutto, l'au gurano quelle d'inferno eterne, ed infinite. Il maglio doma la durezza del ferro, com'altresì co'l maglio della tribolatione la durezza, ed oftinatione del trifto, ed empio. V'è il Leone co'l freno, ch'è animal fieriffimo, e pur fi fà domeftico colla famigliarità; parimente la durezza, e l'oftinatione d'vn trafgreffore de' precetti del Signore, fi fà piaceuole co'l frequente patir difaggi, ed affanni, oue fi fcuopre l'amicitia, e gratia di Dio, che v'affifte; e per fine il tenero rampollo, e fleffibile, che l'è d'apreffo, quale ad ogni vento fi piega, dimoftra che per ogni fcoffa di difaggio, e d'affan-

no dè humiliarſi al Signore il peccatore, e ridurſi alla oſſeruanza
della ſua legge .

Alla Scrittura Sacra. Si dipigne
la tribolatione del peccatore da
donna,che tiene in mano la sferza
di funicello, ch' vna tal coſa volea pigliare Iddio vna fiata, per
caſtigarlo. *Aſſumpſi mihi duas vir-*
gas, vnam vocaui funiculum . Per
caſtigare il peccatore, *& aliam de-*
corem , per remunerar' il giuſto.
Che sferza de' peccatori oſtinati,
e preſaggio d' inferno fù quella,
che preſe il Saluatore contro l'hebrei nel tempio . *Fecit quaſi flagel-*
lum de funiculis . Il maglio, che
doma il ferro. *Ferrum ferro ex acui-*
*tur;*col ferro de gli affanni s'acui-
ſce l'huomo duro,e forte nell'iniquità,recandoſi alla ſtrada di Dio.

Zacch. 11
E. 7

Ioa.2 C.15
Pr.27C.17

Parata ſunt deriſoribus iudicia , &
mallei percutientes ſtultorum corpori-
bus . E quaſi maglio duro ſono ancora le parole aſpre di Dio al
peccatore.*Verba mea quaſi ignis, &*
quaſi malleus conterens petram . Il
rampollo, che ſi piega, ſi come
quello nella correttione. *Priuſquà*
humiliarer, ego deliqui. E ſe lo vogliamo qual rampollo humiliato,
e baſſato, e fatto amoroſo della
legge di Dio. *Humilaſti me, vt di-*
ſcam mandata tua. Il Leone sì fiero
domato dal freno, ſembra il mal
Chriſtiano, che qual altro Leone
vien fatto manſueto dalla tribolatione, volendolo così ſbaſſar' il
Signore. *Et quieſcere faciam ſuper-*
biam inſidelium , & arrogantiam for-
tium humiliabo.

Pro. 19 D.
29

Hierem.23
F.29

Pſal. 118
Teth. 67

Iſ.13 C.ij.

Idem 118
Iod. 73

.VANAGLORIA. G. 183.

Donna co' capelli ſparſi in alto, terrà depinte nel veſtimento molte lingue, e mani; tiri con vna fune gagliardamente vna colonna, ed a' piedi le ſiano alcuni
vaſi, e molta quantità di formiche.

L A vanagloria è vn moto diſordinato dell'animo,col qua
le alcuno deſidera la propria ſol-
leuatione alla gloria. O pure la
vanagloria,ſe vogliamo dire, che
ſia vniforme alla iattanza, è vna
certa coſa,per la quale vno s'inalza ſopra quel, ch'è, ò più di quello, ò pure ſopra quello, ch' altri
ſtimano di lui, ſecondo il dottor
Angelico.

La Vanagloria è cattiuo vitio
molt'odioſo al Signore,nè permet
te che ſtia molto in piedi,mà toſto
il diſtrugga.Quindi Dauide vidde
quell'empio così eleuato in alto,e

22 q. 100
art. 3

gonfio. *Vidi impium ſuper exalta-*
tum , & eleuatum ſicut cedros libani.
diede il Profeta vn ſolo paſſo inan
zi, e riuoltoſſi,ed era in vn baleno
caſcato. *Traſiui, & ecce non erat,*ſubito crollò il miſero, nè potè per
poco induggio ſtarui l' altura,
ou'empiamente,e fuora del merito era aſceſo, nè credo foſſero in
vari tempi que' moti, ſi che s' in
alto traſcuratamente volò colle
piume del vano penſiero, e co'
vanni non d'oro già, mà di viliſſimo piombo, agitandol' il vento
dell'alterigia, con moto altre tale
all'ingiù ratto in luogo vie più
dell'

Pſ.36 D.35

dell'ordinario baſſo ripieno di confuſione caſcò. E parmi, che più de gli altr'errori ſi tronchi toſto il filo a coteſto della vanagloria, nè vuole il Signore, che molto reſt'in piedi, e pur sò quanto ſia grande nella patienza, quanto ſoffre, e quanto diſſimuli gli errori, per far moſtra dell'inſigne bandiera della ſua famoſa, ed infinita pietà. *Quia benignus, & miſericors eſt, patiens, & multa miſericordia, & præſtabilis ſuper malitia.* Ed Eſaia ancora in perſona ſua. *Tacui, ſemper ſilui, patiens fui.* E pur come ſi tratta di ſimil peccato, par che toſto dia di piglio alla sferza, nè ſolamente percuote, mà vccide, fà ſtragge, e moſtra furor grande. E qual fù più il peccato di Dauide in toglier la moglie d'Vria, e dargli morte, per poſſerla più francamente godere con tanto ſcandalo del regno, ò pur la vanagloria, in che occorſe, numerando l'eſercito, niente di meno quello ſofferſe con patienza, ed per queſto ſi viddero coſe mirabili, ed vcciſioni indicibili, e dianzi per più graue errore commeſſo, non ſi moſſe il Signore. E miſtieri dunque dire, che ſia vitio abomineuole, nè vuole che molto regni, mà che de repente ſi tolga dal mondo.

Il Santo Giobbe fauellò infra gli altri luoghi difficilmente vna fiata, ſiche biſogna faticar molto, per hauer chiaro lume delle ſue parole. *Et lætatum eſt in abſcondito cor meum, & oſculatus ſum manum meam in ore meo;* E ſiegue. *Quæ eſt iniquitas maxima, & negatio contra Deum altiſſimum.* Che voleui dire patientiſſimo Giobbe? dunque è tant'errore il rallegrarſi nel cuore naſcoſtamente, e l'hauerti bagiato la mano con la bocca mentre dite eſſere grandiſſima iniquità, e ne-

gatione contro l'altiſſimo Dio? cèrto ch'il voſtro fauellare mi rende in maniera grande ingombrato, nè sò che debba dirmi, nè come daru'intelletto a Scrittura sì difficile; è gran fatto queſto, e che voleui dire con raggionamento ſi velato? Altiſſimo Sacramento è per ſcuoprire il patiente, benche ſotto oſcure parole; quì egli parlaua dell'allegrezza interna, che ſentono i vanaglorioſi, e quel piacere, c'hanno, che voli la fama delle lor grandezze, e ciò fannò di naſcoſto alcune fiate con ſimulate fintioni. *Et lætatum eſt cor meum, &c. Et oſculatus ſum manum meam in ore meo;* Per le mani chiaramente s'intendono l'opre, come diceua Dauide; *Opus manuum mearum, &c.* Perche principalmente le mani, e i piedi ſono quelli, ch'oprano, e s'intende quì l'effetto per la cauſa, come tal'hora per la bocca s'intende la fauella; hor volea dire, io per diſſauentura hò alzato la mia mano nella bocca, cioè hò tolto l'opre mie, e poſtogli nella bocca, ond'eſcono le parole, con che l'hò lodate, l'hò ingrandite, l'hò eſaltate per vana gloria, acciò ſi vedeſſero più di quel, che ſono, mi ſon compiaciuto che per tutto ſi ſapeſſero, e che ciaſcheduno le lodaſſe, ed io foſſe ſtimato huomo grande, mentr'opraua in sì fatta guiſa, e che il ribombo della mia fama ſi ſentiſſe per ogni torno; hoime, volea dire. *Quæ eſt iniquitas maxima, & negatio contra Deum altiſſimum;* Queſto fatto è gran peccato, iniquità grandiſſima, e la maggiore, che mai ſi foſſe, e apunto il negare l'altiſſimo Dio; come Giobbe a tanto giugne coteſto peccato a ſuo malgrado, che faci negare Iddio? ſi, perche ſi toglie quell'honore, che ſolamente

Iohel. 2 C. 13

Iſ. 42 C. 14

Iob 31 C. 27

1 *Tim* I
*D.*17

a lui conuiene, come diceua
l'Apoſtolo, *Regi ſæculorum immortali, & inuiſibili,, ſoli Deo honor, &
gloria;* e quella gloria d'ogn'opra,
che ſpetta al gran Padre de' Cieli,
ſiche come ſe gli toglie, e niega,
che altro ſi fà da qualunque huomo ſi ſia, ſe non che togliergli di
capo la corona, e lo ſcettro dell'
Impero, mentre ſe gli leua la gloria, dunque ſi niega, volea dir
Giobbe, e parche ſi formi vn
nuouo Iddio in terra il vanaglorioſo, negando colla ſua molta
preſuntione quel, che ſolamente
accade al vero Dio, com'è la gloria, e l'honore, hor queſt'era il
penſiero ſottile dello Spirito ſanto, onde ſi ſcuopre chiaramente
di quanto male incomparabile ſia
queſto peſſimo vitio, cotanto poſto in vſo frà mortali, e sì poco
ſtimato è conoſciuto; peccato è
in fine de' maggiori che ſiano.
Dunque deue il Chriſtiano fare
il tutto a gloria del Signore, ed
all'hora ſi moſtraranno più le ſue
grandezze, e riſplenderà più il decoro della virtù, come dice San

*Chriſoſt. ſu
per*

Giouanni Chriſoſtomo, vuoi moſtrare il ſublime, e'l più alto della tua virtù, non voler andar dietro a cotal grandezza, e all'hora
quel, che farai lo moſtrarai con
maggior gloria, e magnificenza.

*Aug. lib. x
de Ciu. Dei*

La iattanza, ò pur vanagloria (dice Agoſtino) non è vitio dell'humana lode, mà vitio dell'anima
peruerſa, che l'ama, diſpreggian-
do la teſtimonianza della conſcienza. Il Padre San Bernardo

*Bernard.
ſuper cant.
ſer.* 10

dice ch'è mirabile la iattanza,
che non può niuno eſſer tenuto
ſanto, ſe non apparue in tutto ſcelerato. Niuno ſi douria gloriare

*Amb. &ha
aur 6 q.* 1
*can. imite-
res ſcianus*

dice S. Ambrogio, imperoche San
Pietro diſſe, *Etiam ſi oportuerit me
mori tecū non te negabo,* e pur caſcò,

e Dauide pur diſſe. *Ego dixi in
abundantia mea non mouebor in æternum.* Mà confeſſa eſſergli manca-
ta vna tal gloria quando diſſe;
*Auertiſti faciem tuam à me, & factus
ſum conturbatus.* E ſtoltitia il lo-
darſi, e perdere l'opra, e la mercede.

*Stultus eſt, qui facta infecta fa-
cere verbis poſtulat.*

*Heu mihi non tutum eſt, quod
ames laudare ſodali.*

*Cum tibi laudanti credidit, ille
ſubit*

*Plautus in
Epidico.*

*Et Oui. lib.
I. art. amā
di*

Si dipigne dunque la vanagloria da donna giouane, in ſegno
ch'il vanaglorioſo ſembra eſſere di
poco ſapere, di poca potenza, e
prudenza, conforme a' giouani,
gloriandoſi vanamente in coſe
baſſe, e vili di queſta vita. Tiene i
capegli ſparti in alto per l'aria, i
quali nella ſcrittura ſacra ſouente
ſi prendono per i penſieri, e coſì
ſembrano quell'altezza, che non
è altro la vanagloria ch'inalzarſi
ſopra i ſuoi meriti. Tira con tutte
le forze vna colonna, ch'è geroglifico di gloria, deſiderando di
tirare a ſe ogni lode, ed ogni gloria, e ſe foſſe poſſibile vorrebbe
colui macchiato di queſto vitio
tutta la gloria, e l'honore di tutti
gli huomini inſieme; e quel, ch'è
peggio, che vorrebbe molte coſe
che non gli conuengono, nè potrà
mai hauerle, come ſcienze, ò ricchezze, ò nobiltà, ò altro. Le molte
lingue, ò mani depinte nel veſtimento ſembrano le parole, e l'o-
pre, come habbiam detto di ſopra,
volendo con voci ingrandir la ſua
gloria, e che l'opre ſue buone da
tutti ſi lodaſſero, e s'ingrandiſſero,
mà non penſa, che, *ſordeſcit laus in
ore proprio.* Li molti vaſi ſignificano i deſij, ò gli affetti di sì mondana gloria, che nè vorrebbe rem-
pir-

pir tutt' i vafi delle fue potenze.
E per fine le formiche, fecondo
Pier. Valeriano fono fegno di mol
titudine di nemici, che danneggiano l'altrui beni, Come occorfe a Nerone Imperadore, a cui
parue vedere in fonno quantità
di formiche alati, quali gli vola-
uano fopra per coprirlo, ilche fù
fegno, e prefaggio della moltitudine, che congiurò contro lui, in
dargli morte. E Tiberio nelle fue
delitie, e piaceri tenea vn ferpe,
per fuo fpaffo, quale fù diuorato
da formiche, e gl'indouini auifo-
rono fi guardaffe da moltitudine
di gente, da che fi caua, le formiche fembrar danno, e ruina;
come quì all'anima, ch'acquifta
virtù, fe le defta vna congiura di
iattanza, di gloria vana, ed alterigia, ed in tutto fi ruina, e fi perde, in guifa che cotefti animali
ftanno di nafcofto, e fe auifanfi
oue fiano biade, ò altro da mangiare, fubito vi corrono a danneg-
giare; cosi quelle s'apprefentano,
per deuorare tutto il cibo fpirituale dell'anima, e quanto mai
bene farà, il tutto farà diuorato,
e perfo.

Alla fcrittura facra aueras' il
tutto. Si dipigne la vanagloria da
donna, che tiene i capelli riuoltati in alto, che fono gli altieri pen-

ri, e le vane cogitationi, di chi
ha quefto vitio, come diceua
Dauide; *Dominus fcit cogitationes* *Pf. 93 B. 11*
hominum quoniam vanæ funt. Le
lingue, e mani depinte nella vefte
fono le voci di gloria, con che
vorrebbe ingrandir l'opre fue,
come diceua Dauide; *Nolite mul-* *1 Reg. 2*
tiplicare loqui fublimia gloriantes. *A. 3*
Tira la colonna della gloria, che
vorrebbe a fe; *Vfquequo peccatores* *Pf. 93 A. 5*
Dominus: vfquequo peccatores gloria-
buntur. Chiedono i peccatori glo-
ria nelle ricchezze; *In multitudi-* *Id. 28 A. 7*
ne diuitiarum fuarum gloriantur.
Altri nella carne; *Quoniam multi*
gloriantur fecundum carnem. Altri
fi gloriano del male, che fanno;
Vfquequo peccatores gloriabuntur, & *2 Cor. 11*
effabuntur, & loquentur iniquitatem. *D. 18*
ed altroue. *Quid gloriaris in mali-* *Pf. 93 A. 3*
tia qui potens es in iniquitate? I molti vafi de' cattiui affetti di gloria;
Fraudulenti vafa peffima funt: ipfe *If. 51 A 3*
enim cogitationes concinnauit ad per-
dendos mites in fermone &c. Che vafi
pieni di frode fi dicono i vanagloriofi, frodando, e rubbando la
gloria al Signore. E per fine le formiche, che recano ruina, come
quella ch'auuiene all'anime, alche
hebbe gli occhi ancor Dauide;
Et irritauerunt eum in adinuentioni- *Pfal. 105*
bus fuis, & multiplicata eft in eis rui- *E. 29*
na.

VANAGLORIA NELLE COSE
SPIRITVALI. G. 184.

Donna con gli occhi, che guardino la terra, e verfo i
piedi, fembra far elemofina d'vn pouero, e con quel-
l'iffeffa mano tenghi i Pater noftri, ò corona da orare,
ed infieme vna tromba da fonare, le fiano vicino molti gionchi marini, e con l'altra mano tenghi parte
della vefte alzata, fembrando hauer tolto dell'acqua
d'vn fonte, che l'è appreffo.   Errore

Rrore grandiſſimo del Chriſtiano è ſenza fallo il redurſi a far bene ſolamente per parere, e per far moſtrar al mondo, e perche ſi dichi il tale fà queſto, fa quell'altro di bene, mi par ſenz'altro ciò auuenire da poco ſenno, da pazzia, e da animo baſſo, e vile, che richiede guiderdono del ſuo ben fare da chi non può darglielo, che'l mòdo ſcarſo, e ſcemo d'ogni hauere, e que' beni, ch' il Signore largo remuneratore del tutto l'haurebbe a ricompenſare con trabboccheuole ricompenzà, eſſendo ſolito per poca fatica dar gran preggio, e per vna coſa (come dice il Vangelo) cento, e la vita eterna, quello forſennato, e priuo in tutto di raggione corre dietro ad vna boria populare, e ad vn ſuono, ch' altro non acquiſtano i vaghi di glorie vane ch'vn mondono applauſo, ed vn poco di vento di non sò che, e non tengono in preggio (ò pazzia mai più vdita la ſimigliante)tante fatiche, tanti ſtenti, che patiſcono per godere vn niente di piacer mondano. Mi par ch' auuenghi a queſti tali ſcemi di diſcorſo quel, che fingono di Narciſſo giouane belliſſimo figlio di Liropè Ninfa, e Cerſiſo fiume di Boetia, il quale ſpecchiandoſi nel fonte, di ſe medemo s'acceſe ſi di fiammeggiante amóre, che ne morì, e fù conuertito in fiore del ſuo nome; altre tàle parmi di coſtoro sì voti di ſenno, c'han deſio di mondana gloria, e del bene, ch'oprano in terra, nè appreggiano quello del Cielo, e qual Narciſſo s' ammirano nel fonte del lor bene, e s'inuaghiſcono della propria figura, ò gloria, ſi che pazzi che ſono ſolamente ſi mutano in fiore d'vn poco d'applauſo di venticciolo, e d'vna

picciola vaghezza, com'il fiore, che toſto langue, perdendo toſto ogni coſa, e diuenendo al niente. E di Plinio diceſi, ch'eſſendo vago informarſi del calore del monte Veſuuio, e d'onde vſciuano que' denſi, e negri vapori, vi volle andare a contemplar il luogo, e mentr' era per viaggio, leuoſſi vn vento, e'l monte cominciò a ſoſpigner fiamme, e odor ſulfureo, e così inuolto il miſero nè morì; come apunto accade a chi vuol compiacerſi aſſaggiar' il caldo delle mondane glorie, e aſcender nell' alto mònte di pazzia, per guſtar quel vento sì bruggiante di gloria vana, toſto vedeſi bruggiato in tutto, e caſcato confuſamente in terra, e andare nel baratro d'inferno. Diſſauentura grande di coſtoro, ch' il proprio bene auuelenano col male di queſto vitio, ed in cambio di far bene, commettono graue peccato. Mentre per iattanza ſi paſce vn pouero, etiamdio quell' opra di miſericordia ſi conuerte in colpa, dice Iſidoro. Nè queſto vitio ſolamète ſi moſtra co'l ſplendore delle grandezze, delle pompe, ed ornamenti del corpo, mà pure con le brutture, e viltà di quello, ilche è maggior pericolo, facendo ingan- no ſotto preteſto, che ſi ſerue, e piace al Signore, così dice Agoſtino.

Si dipigne dunque la vanagloria da donna, i cui occhi riguardano in terra verſo i piedi, in ſegno ch' il vanaglorioſo non hà gli occhi, ò penſieri in'alto al Signore, mà alla terra, e a gli huomini, per eſſergli grato, e per hauer'applauſo frà quelli, e non per piacere a Dio. Fà l'elemoſina ad vn pouero, e fà l'oratione, mà inſieme v'è la tromba, hauendo deſio ſi ſp argeſſe per ogni torno la fama

ma

Iſid. de ſummo bo. lib. 3

Augu. ſer. Dom. in monte.

ma fua, e'l bene, che fà, ch'ogn'
vno lo lodaffe, per gonfiarfi di glo
ria; il contrario certo han fatto i
Santi delSignore, ch'ogni lor opra
buona ferno di nafcofto, per far fo
lamente quello la vagheggiaffe.
I gionchi marini fono verace fimbolo della gloria vana, ch'in niun
conto fan frutto, folamente quel
fiorino nella cima, come apunto
fono i vanagloriofi fenza foglie
di virtù, e frutti di merito, folo
quel poco fiore d'apparenza efter
na contengono. La vefte, con che
par che prenda l'acqua dal fonte,
accenna gran miftero, ed apunto i vanagloriofi dal fonte
inefaufto, che'l grand'Iddio, prendono acqua col manto, che fubito corre a terra, e refta voto, e
arido, come fanno i miferi, facendo bene per apparenza, in vn tratto perdono l'acqua delle fatiche,
reftando aridi, e fcemi di tutti meriti.

Pf.16 C. ij

Alla fcrittura facra. Hà gli occhi
baffi nella terra, e, a' piedi la vana
gloria, fauellādone accōciamente
Dauide. *Oculos fuos ftatuerunt decli-*
nare in terram. E l'Ecclefiafte. *Sa-*
Ecclefiaft.
cap.2 C.14 *pientis oculi in capite eius: ftultus in*

tenebris ambulat. Ch' ofcurità può
chiamarfi quell' abbadare in terra, e non a Dio nel bene, che fi fà.
L'elemofina, l'orationi, ed altri
beni, ch'opra, s'accoppiano con
la tromba, e quefta è propriamente la gloria vana, volendo che fi
fappino, il che efpreffamente pro-
hibì il Saluatore. *Attendite ne iu-* *Matth. 6*
A. 1
ftitiam veftram faciatis coram homi-
nibus, vt videamini ab eis: alioquin
mercedem non habebitis apud patrem
veftrum, qui in Cælis eft. Cum ergo
facis eleemofynā noli tuba canere ante
te, ficut hypocrita faciunt in finago-
gis, & in uicis, vt bono rificentur ab
hominibus. Dell'acque tolte col veftimento, ne fauellò il Sauio. *Quis* *Pr.30 A.4*
colligauit aquas quafi in veftimento?
Quis fufcitauit omnes terminos terræ?
E del fonte inefaufto dell' acque
della vita Iddio, il Profeta. *Apud* *Pf.35 B. x*
te eft fons vita, & in lumine tuo vi-
debimus lumen. E per fine i gionchi marini, che folo fiorifcono
nella punta, alla guifa di vanagloriofi, c'hanno vn fol fiorino d'apparenza, de quali fauellò Efaia. *If.35 C. 7*
In cubilibus, in quibus Dragones ha-
bitabant.

V A N I T A. G. 184.

Donna pompofamente veftita di bella faccia, ed artifi-
ciofamente abbellita, haurà in vna mano vn libro,
fu'l quale vi farà vna vampa di fuoco, ed in vn'altra
terrà varie cofe, come vna borfa di danari, vna collana, ed altre cofe varie, a' piedi le faranno vn ramo-
fcello d'vn albero, & molt'iftromenti da faticare,
come vna zappa, vna fcure, ed vn Arcipendolo.

L A vanità non è altro, fe non
vna cofa, la quale in sè non
hà ftabiltà, e fermezza, mà con-

tiene vacuità, ed inutiltà, e così
ogni creatura dicefi cofa vana,
per non hauer da sè fermezza, e
fta-

Pf. 38 B. 6

ftabiltà alcuna ; imperoche da sè
fi redurria al niente , s'Iddio non
la conferuaffe,così mi par d'intédere il detto del Salmifta; *Verum-
tamen vniuerfa vanitas omnis homo
viuens.* V' è poscia la vanità delle
cofe mondane , che non contengono nè fermezza , nè fono ftabili in modo veruno , e quando la
perfona fà qualch' opra , il cui fine, che dee regularla , non è drizzato a cofa ftabile,e ferma,peran-
che dicefi opra vana , e vanità
fteffa . E noi tutti,e quanto fi fcorge in quefta vita mortale , il tutto
parmi miferabil vanità , e cofa
che tofto paffa, e fi riduce al niente , come chiaramente diuifollo

Sap. 5 A. 9

il fauio ; *Tranfierunt omnia illa
tanquam vmbra, & tanquam nun-
sius percurrens.*

　　Habbiamo dunque raggioneuolmente dipinto la vanità mondana da donna pompofamente
veftita , e con molta bellezza , il
che fi fuol fare fpecialmente dalle donne a fine d'effer vagheggiate, e per effer vifte belle , e quanto quefto fia vanità , e fine voto
d'ogni valore , ftabiltà , ed vtile,
ciafcheduno lo sà bene , dunque
quefta è la propria vanità . Il libro , e' hà nelle mani , fembra
quell'efercitio,e fatica de' ftudiofi nelle fcienze,che frà gli huomini ftimafi cofa di valore,e fermezza, e cofa di molt' honore , tutta
fiata fe non fi drizza a fine buono,
come fi è per piacere a Dio , per
fuggir l'otio,per fapere quel, che
fà vtile all'anima, e quel , che gli
noce, e per poterfi honeftamente
procacciar' il vitto fenz'altro cattiuo fine,pur è vanità quel ftudio,
ed è cofa vota , come la vampa,
ò fiamma del fuoco, che tofto fi
riduce al niente , e fi rifolue, ch'è
vero geroglifico della vanità ;

com'altresì il vento ; E tanto più
farà vanità , e pazzia , e cofa de-
meritoria, quando fi fà a fine d'ar-
ricchirfi, d'ingrandirfi , di dominare , e per far che fi diuolghi , e
fi fparghi la fama fua , fenz' altro
quefti fono fini molto vani. Nell'
altra mano tiene vna borfa , vna
collana , ed altre cofe fimili , ch'
accennano vanità , mentre fono
drizzate a fine mondano, ed a gloria del mondo . E per fine i vari
ftromenti da fatiche , che fono a'
piedi, come fi può dire d'ogn'altra cofa , quando non fono drizzate a buon fine , conforme comanda il Signore , tutti fi riducono a vanità efpreffa.

　　Allà fcrittùra facra . Si dipigne
la vanità da donna pompofamente veftita , e con artificiofa bellez-
za , ilche è vanità ; *Fallax gratià,* Pro. 31 D.
& vana eft pulchritudo . Tiene il libro, che fembra le fcienze , e' ftu-
di, ch'altresì fono vanità nel mo- Ecclefiaft.
do già detto ; *Nam cum àlius labo-* 1 D. 30
*ret (dice il fauio) in fapientià, &
doctrinà, & follicitudine, homini otio-
fo quæfita dimittit : & hoc ergo vanitas,& magnum malum:* E vani fono
quelli (dice l'ifteffo)che non han- Sap. 13 A. 1
no la fcienza del Signore; *Vani au-
tem funt omnes homines, in quibus nõ
fubeft fcientia Dei* Hà la borfa de'denari, ed altre cofe di preggio, per
l'amore, che s'hà alle ricchezze, e Ecclefiaft.
queft'è vanità ; *Qui amat diuitias* 5 C. 9
*fructum non capiet ex eis , & hoc ergo
vanitas* . Le parole pur fon vane,
quando nòn fon ben dette ; *Quorũ* Pfal. 143
os locutum eft vanitatem. E per fine B. 8
tutte l'altre cofe ; che non fi driz- Ecclefiaft.
zano a Dio vero fine d'ogni bene, 1 C. 14
fono così,e fono cofe,ch'affliggono fenza far punto di giouamento, e d'vtile; *Vidi'cuncta , quæ fiunt
fub fole, & ecce vniuerfa vanitas, &
afflictio fpiritus.*

VBI

VBIDIENZA. A. G. 186.

Donna di bell'aspetto con due gioie all'orecchie, con
veste lunga, nella quale siano depinte molt'orecchie,
habbi in vna mano vn ramo, e nell'altra vna corona,
a' piedi alla parte di dietro vi farà vn Vitello, e dauanti vna Talpa.

L'Vbidienza è vna virtù, con
la quale il Chriſtiano per
amor del Signore ſi ſoggetta ad
vn'altro, e l'obediſce; E l'obedienza gràdiſſima virtù, e di grandiſſimo merito, mentre l'huomo
nega la propria volontà, per eſeguire l'altrui volere, come i ſerno
i Santi Apoſtoli, per obedire a
Chriſto; E coſa molto picciola
l'abbandonare l'huomo quant'hà,
mà grande l'abbandonare, e negare il proprio volere, che perciò San Pietro, e gli altri Apoſtoli pretendeano hauer laſciato
gran coſe, benche haueſſero laſciato vn niente, mentre haueano negato il proprio volere,
e l'affetto, e ſottopoſtolo a quello
del lor Maeſtro Chriſto; *Ecce nos*
Matth. 18
C.
relinquimus omnia, & ſequti ſumus
te, &c.
Se ne valſe il Saluatore di queſta
rara virtù, poiche per vbidire al
Padre, non curò eſporſi alla morte, ed Iſaac (che queſto fatto allegorò)con tanta prontezza andò
nel monte, per eſſere ſacrificato
dal Padre Abramo, quale per vbidire a Dio, toſto volle eſeguirlo,
che perciò fù fatto di gran progenie, e Padre di molte genti.E queſta ſanta virtù fondamento della
Religione inſieme altreſì con la
fede di Santa Chieſa, vbidendo i
Chriſtiani a' commandamenti di

Dio, dalche ſe ne caua cotanto
frutto, ch'è ineffabile;ilche è faci-
ſſilimo ad oſſeruarſi da huomini
mortificati col fauor diuino, richie-
dendoſi vn'ardente carità, ed amore, non eſſendo altro l'vbidienza
(ſecondo Anſelmo)ch'affettione,
ò amore della volontà congionta
con Iddio, ed vna ſoggettione del
la propria volontà (come dice
Damaſceno) e coſi l'vbidienza
non deue ſpiccarſi da timore, ò
da proprio vtile, mà da amore,
prendendo l'origin ſuo da quello. L'vbidienza è rariſſima virtù,
che rende l'huomo cotanto mortificato, e ſoggetto alli diuini precetti, che non fa conto di ſe ſteſſo,
nè d'hauere, nè di mondana riputatione, nè di grandezza, nè di
qualurque altra coſa, per adem-
pire il diuin volere, e niente giouarebbe all'huomo l'eſſer coronato con l'inſigne corona della
fede, ſe non vi foſſe queſta finiſſi-
ma margarica dell'vbidienza, per
eſeguire co'fatti quello, che ſi crede con la mente. Virtù rariſſima,
qual dirò eſſer ſoſtegno della
fede, fondamento della Religione, decoro dell'anima, ſprone al
ben oprare, motiuo, onde ſi ſpicca la vera ſantità, prato de' più
fini fiori, ou'il Signore gode varie eccellenze chriſtiane nell'anime giuſte, ſtrada della ſalute,

Io Damaſ.
lib. 3 *c.* 4

sentiero, che giamai fè errante niun viatore, che lo tracciò. Virtù, che dianzi la predicasse al mondo il grand'Iddio, volle osseruarla in fatti nella persona del proprio figlio, facendolo obediente al venire in terra, nè punto fè stima del suo altissimo legnaggio d'infinita eccellenza, volendo con tutto ciò ricourirlo di cenere vile, e terra, che fù la nostra mortal spoglia, con che non isdegnò courir l'immensa Deità nell'augustissimo supposito, ou'erano due nature così differenti in infinito, *Phil. 2 A.* *In similitudinem hominum factus, & habitu inuentus vt homo;* Tutto per esperimentare in se stesso questa rarissima virtù, dianzi che la diuolgasse infra le genti. Nè ritrouasi (al parer mio) cosa, che più si drizzi a contrariar l'humana superbia, quanto la santa vbidienza, che perciò fù visto così pronto il figliuol di Dio a tutte le cose, fin'alla morte di croce, come dice l'Apostolo; *Factus obediens vsq; ad mortem, mortem autem crucis.* E si fù per rintuzzare la superbia, e l'orgoglio del nostro primo padre Adamo, che mostrò, non vbidendo al diuino precetto, mangiando il vietato pomo; egli per contrario fù vbidientissimo, non solo ad vna cosa, e facile, com'era quella di non mangiare vn pomo, mà ad altre cose di maggior importanza, come fur le già dette. E dunque contro veleno, e antitodo perfettissimo contro la superbia l'vbidienza, quindi nella scuola di Christo se ne facea tanto conto, così persuadendo a Pietro, dopo venuto al suo colleg-*Ioa. 21 E,* gio. *Cum esses iunior cingebas te, & ambulabas vbi volebas, cum autem senueris extendes manus tuas & alius te cinget, & ducet quo tu non vis.*

Ibidem.

All'hora eri in tua potestà di fare ciò, che voleui, hora non è così, siamo in tempo di rintuzzar l'orgoglio, e la superbia, sapendo quanta ruina è venuta nel mondo per quella, essendo mestieri, ch'io venisse in terra a soffrir tanto, per destruggerla. Con questa si mantengono le Religioni, essendo il fondamento di quelle, il qual destrutto, peranche quelle si destruggerebbono, con quella gli eserciti mantengono le battaglie, e senza lei non si farebbe cosa veruna, ed in fine il mondo non potrebbe star'in piedi, s'ella non hauesse dominio, e nò s'osseruasse. E sì vago il Signore di questa riguardeuolissima virtù, e nè fà tanto conto, ch'egli non ostante che sia Dio Patrone, e Signore vniuersale, al cui cenno tutte le creature vbidiscono, pur inuaghito di lei, vuol seruirsene, e gustarne, mentre s'humilia souente all'vbidienza delle creature, che ben lo disse lo Spirito santo in Giosue; *Obediente Domino voci hominis.* Ch' *Iosu. 10 C.* al semplice suo parlare fè arrestar'il sole, e quátúque volte obedisce a'suoi amadori, che non tantosto l'han chiesto vn piacere, che l'eseguisce, etiandio (dice Dauide) sente la preparatione de'lor cuori, in voler dimandare alcuna cosa; *Preparationem cordis* *Psal. 9 G.* *eorum audiuit auris tua.* Si deue vbidire (dice Agostino) e che co-*August. de* sa più iniqua ritrouasi, che l'huo-*oper. mona-* mo voglia essere vbidito da'suoi *chorum.* minori, e poscia non vogli vbidire a'suoi maggiori? E ordine naturale (dice l'istesso) nel mon-*Idem lib. 9* do, che le donne seruino a gli huo-*Gen. & ha-* mini, i figli a'padri, e madri, per-*betur 33 q.* che in quelli risplende l'atto di *5 c. estorde.* giustitia, e ch'il minore serua il maggiore. Non hà possuto mostrar

Ambr. in Pfal.

ftràr Iddio pur perfettamente (dice Ambrogio) quanto fia il bene dell' vbidienza, fe non c'hà prohibito a gli huomini ancora quella cofa, che non era mala, e fe la fola vbidenza hebbe la palma, la diffubidienza ritrouò la pena. Il

Bernar. de precett. & difpenfat.

vero vbediente (dice Bernardo) non procraftina il precetto, mà fubito prepara l'orecchie all'vdito, la lingua alla voce, i piedi al camino, le mani all'opra, e fi raccoglie tutto di dentro, e fi difpone prontamente, per efeguire il precetto di chi commanda. Non

Ibidem

attende il vero vbidiente qual fia quel, che fi commanda, mà è folo coutento, che fi commanda, dice il medemo. Si dè offeruare l'vbidienza. (dice Gregorio) non per

Gregor.lib. 12 moral.

timor feruile, mà con affetto di carità, non per timore della pena, mà per amore della giuftitia. (E

Idem lib. 35 moral.

l'ifteffo dice) che l'vbidienza è virtù, che tutte l'altre inferifce nella mente, e così inferite le conferua.

Si dipigne l'vbidienza dunque da donna il cui veftimento è pieno d'orecchie, effendo quelle gero glifico di tal virtù, perche fentendo il precetto l'vbidente l'efeguifce, che perciò nella fcrittura facra, Mosè co'l fangue, che fi fparfe nel facrificio, vnfe l'orecchia deftra d'Aron, e fuoi fighioli, in fegno di douer effere vbidienti a Dio in tutte le cofe; e nella Cantica lo fpofo vien raffembrato alla Capria, ch'è animale d'vdito

Cant. 8 D.

fottiliffimo. *Fugge dilecte mi, & affimilare Caprea hinnuloq; ceruorum &c,* Per fegno della perfettiffima vbidienza; e gli Egittij (fe-

Pier.lib.23

condo Pierio) poneano l'orecchia per geroglifico dell'vbidienza, quindi tiene le gioie all'orecchie, in fegno della prontezza dell'vdi-

to, per vbidire a chi commanda. Tiene in vna mano vn ramo che fi piega, e quefto da tutti venti è dominato, e da tutti fcoffo, ed a tutti vbidifce, inchinandofi ad'ogni lor foffio, così l'vbidiente, che per ciò fi fà vero herede di Dio. V'è il vitello, mà di dietro, perche i facrifici anticamente fi faceano fpecialmente con queft'animale, ftà di dietro, perche l'vbidienza è migliore, e più grata al Signore, ch'i facrifici fteffi, come dice San Gregorio, quella antiporfi a' facrifici,

Gregor.lib. 35 moral.

perche in quelli s'vccide la carne aliena, mà quì s'ammazza il proprio volere. E per vltimo v'è la Talpa, ch'è animale cieco, perche cieca fi dipigne l'vbidienza, douendofi efeguire fenza replica, ed obedire femplicente al fuperiore in ciò, che vorrà commandare, mentre non è cofa, che contradice all'anima; come ne fù tanto zelofo il mio Padre San Francefco, ch'a ciò efortò i fuoi Frati, fi ch' vna fiata commandò, che fi piantaffero le piante al rouerfo con le radici fopra, e le frondi fotto, e germogliorono per opra di sì rara virtù dell'vbidienza. Vuoi effer Sauio (dice Bernardo) fij vbidiente, fi com'è fcritto. *Fili con-*

Ber. in fer. de epifan. Ecclef.1 D.

cupifcens fapientiam, conferua iuftitiam, & Deus præbebit illam tibi. Il morbo della diffubidienza, (dice Hugone) procede dalla gonfiezza

Hug 12 de abufionib.

della fuperbia, fi come la marcia putrida dalla ferita, e così dalla fuperbia ne fcatorifce il difpreggio. Quando alcuno con più diligenza vbidifce, tanto maggior gratia otterrà (dice Ariftotile) e Tacito pur diffe, quant'vno è più pronto al piacere, ed vbidire, tanto più farà inalzato con honore, e ricchezze.

Alla Scrittura Sacra. Si dipigne

l'vbidienza da Donna con le gioie all'orecchie, e co'l veſtimento pieno d'orecchie depinte, quali ſembrano l'vbidienza, che però dicea Dauide; *Aures autem feciſti mihi*; Per farle pronte all'vbidire il Signore, e lo ſpoſo all'anima eletta volle arricchirle l'orecchie di murene ingemmate d'oro finiſſimo; *Murenulas aureas faciemus tibi, vermiculatas argento*; Acciò ſi rendeſſero apertiſſime a ſentire i diuini precetti, ed vbidirgli. Hà nelle mani vn ramo, che volentieri ſi piega a tutti venti, per ſegno della pronta vbidienza, come diceua San Paolo; *Omnis anima poteſtatibus ſublimioribus ſubdita*

Pſal. 39 B. 7

Cant. 1 C. 10

Rom. 13 A. 1

ſit. Hà la corona, che merita vn' vbidiente, ch'è ſimile al figliuol di Dio, di cui è proprio la corona. *Et eris tu velut filius Altiſſimi obediens, &c.* Il vitello ombreggia il ſacrificio di minor valore dell'vbidienza; *Melior eſt enim obedientia, quam victima.* E per fine la Talpa cieca, che cieco deu' eſſere l'vbidiente, in non riguardar a che ſe gli commanda, nè chi commanda, mà vbidire a tutte le coſe; *Serui obedite per omnia Dominis carnalibus, non ad oculum ſeruientes, quaſi hominibus placentes, ſed in ſimplicitate cordis, timentes Deum.*

Eccleſiaſt. 4 B.

1 *Reg.* 15 E.

Coloſ. 3 D. 22

VEC-

VECCHIO RICCO, ED AVARO. G. 187.

Huomo incuruato, che beue in vn fonte, e sempre hà
più sete, tiene nel vestimento molte mani depinte con
vna cartoscina, che dice, Pessimum, ha in mano vn
ramo pieno di verdi foglie, e fiori, e stà colla faccia inuerso la parte d'Oriente.

G Rande è la miseria di morta-   alla cupidigia, che siamo a tempi
 li in esser cotanto inchinati   nostri gionti a segno tale, ch'altro

par che non ſi ſtudia, nè ad altro s'hà mira, nè altro ſi penſa, ſe non come ſi poſſa far acquiſto di robba; è gran fatto queſto ſpecialmente a' Chriſtiani, e' han lume di fede, e del Paradiſo, quali ben ſanno quanto gl'impediſchino ed annoino cotali penſieri, per far profitto nelle virtù, e nello ſpirito. E ſe a ciaſcheduno apporta calamità, e miſeria tal coſa, che ſia da dirſi d'vn huomo d'età, e vecchio vicino al douer render lo ſpirito; ſenza fallo è calamitoſa miſeria, e contro ſegno della ſua dannatione, mentr' è gionto in tempo, che douerebbe porre il tutto in oblio, e ſolamente darſi a' penſieri del Signore, e a porſi in rimembranza la vita paſſata, e le molte offeſe fatte a quello, come diceua Eſaia. *Recogitabo tibi omnes annos meos.* Andar ramentandoſi tanti tempi malamente ſpeſi nella giouentù dietro i giochi, le conuerſationi, i piaceri, ſenſualità, carnalità, pompe, grandezze, capricci del mondo, duelli, punti, raggion di ſtati, e tant' altre coſe, in che malamente vi ſpeſe il tempo, ch' è irrecuperabile, e mandar prieghi al Signore col real profeta. *Delicta iuuentutis mea, & ignorantias meas ne memineris Domine.* Andarſi di più ramentando tanti beni ſpirituali, ch' egli ſcioccamente hà perſo, per non ſò che, come frequenze di Sacramenti, occupationi in orationi, meditationi, aſtinenze, diggiuni, denári buttati a mille vanità, ſenza farn' elemoſine, tanti pochi riſpetti portati alle Chieſe co' l poco frequentarle, e ben poco hauer honorato, e riſpettato i miniſtri di Dio, a queſte, ed altre coſe ſimili deue qualunque Chriſtiano attendere, e ſpecialmente dee farlo vn vec-

Iſ.38 C.15

Pſ.24 B.7

chio, il cui ſangue gli è raffredato nelle vene, la terra ogn' hor lo richiama, e le ſepolture nel vederlo, par che con mutole voci dichino noi ſtiamo pronte per te, ed ogn'hora t'aſpettiamo: ed egli miſero, e pazzo, e ſcemo in tutto, e forſennato in cambio di far quanto dico, e deue, vuol darſi all'acquiſto, a' deſij di terreni beni, all' hauer danari per ſua dannatione, ò miſerabile, ò cieco, ò in tutto inaueduto. è miſeria humana realmẽte, che tanto deploraua quel gran Rè di giudea, dicendo, hoime che debbo fare in terra, i miei deſij ogn' hor più più creſcono. *Fuerunt mihi lacrymæ meæ panes die, ac noctæ.* Le mie lacrime mi furono pane giorno, e notte, che voleui dir Santo Profeta in tal parlare, che le lacrime ti deueniuano pane giorno, e notte? ſe pur ſappiamo eſſer differenti, e che l'vno è humore, ò acqua, e ſmorza la ſete, e l'altro è pane, che l'accende, hoime queſta è la calamità terrena, e l'humana miſeria, c'hora piango amaramente, che mentre io beuo di queſt' acque dell' hauer del mondo, m' imagino con queſto ſmorzarmi la ſete, mà diſſauentura grande, ch' ogn' hor mi s'accende più, e mi ſembra pane ſalito in bocca, e coſi hò più ſete d'hauere, e quanto più hò, più hò deſio d'acquiſtare, e s'altra eſperienza mi mancaſſe, lo prouo in me, che da niente ſon gionto a tant'altezza di Rè grande, nè queſt' acque poſſono anchor leuarmi l'ardore, ogn' hor più bruggio d'affetto di più grandezze, nè ſò che debba fare, in fine è naturalezza humana; e Giobbe egli per anche ſi querelaua di ciò, mà gli erano già 'eſtinti alquanto caldi deſij, al fine dopo gionto a qualche

Pſa.41 A.4

che termine di perfettione diſſe. *Cogitationes meæ diſſipatæ ſunt: torquentes cor meum* Pur confeſſa, che gli tormentauano il cuore queſti penſieri d'hauere, ed altri. Quindi con ogni raggione hò depinto il ricco auaro, ed altresì vecchio, da vno che beue in vn fonte, e ch'ogn'hor habbi più ſete, perche le ricchezze, e gli altri beni di queſta vita non tolgono via la ſete, e'l deſio di ſempre più farne acquiſto, comé diſſe la ſapienza increata!, parlando colla felice Sammaritana ; *Si quis biberit ex hac aqua ſitiet iterum.* Volendo alludere all' acque delli terreni, e dell' humani affetti, ch'ogn'hor creſcono, quanto più ſe ne guſta, ſpecialmente delle ricchezze, che quanto più ſe n'acquiſtano tanto maggiormente creſcon le brame, e s'accendono i cuori humani al volerne più, qual miſeria ſcorgeſi ne' vecchi più, dice S. Girolamo; *Omnia vitia in ſene ſeneſcunt ſola auaritia iuueneſcit ;* Eſſendo proprio de' vecchi l'eſſere auaro, e voler ricchezze, e quantúq; più nè poſſedono, più n'appetiſcono, perche, *Semper eget auarus ;* Sempre nella ſua idea vi ſtà l'imaginatiua del biſogno, e che non gli manchi, lo diſſe chiaramente Dauide; *Diuites eguerunt, & exurierunt.*

Il Padre S. Agoſtino dice, non eſſer ſolo auaro quello, che deſidera le coſe aliene, mà che con cupidigia riſerba le proprie. Il miſero auaro (dice l'iſteſſo) dianzi che guadagni per ſe ſteſſo, e che prenda, è preſo. L'auaro è ſimile all'inferno, (dice l'iſteſſo) il quale per quanti n'habbi deuorato; giamai dice, *ſatis eſt,* parimente direbbe il miſero auaro ſe tutt' i teſori l'andaſſero in mano. E cieco l'auaro, eſſendo ricco co'l creder-

Iob 17 C.ij

Ioa.4 B.13

Hieron. in quod.ſer.

Pſ.33 B.11

Aug.in ſer.

Idem ibid.

In epiſtola

ſi tale, mà non che'l vegga, imaginandoſi mai veder niente. O cieco dice Agoſtino, tu ami la pecunia, qual mai vedrai, con cecità la poſſederai; e così morirai, e quel che poſſiedi l'harrai à laſciare.

Tanto manca all'auaro (dice Girolamo) quel, c'hà, quanto quel, che non hà; al liberale, che crede, tutto il mondo gli è di ricchezze; e vn'infidele; come l'auaro hà di biſogno d'vn minimo caualluccio. All'auaro dice l'iſteſſo tanto manca quel, c'hà, quanto quel, che non hà, perche ò deſia quelle coſe, che non hà, ò ſe l'hà teme di non perderle, e mentre è nelle coſe auuerſe, ſpera la proſpere, ſe nelle proſpere teme l'auuerſe, e così ſempre ſtà calamitoſo, dice l'iſteſſo Girolamo. Nientr' altro è l'auaro, che borſa de'Prencipi, Cellaio di latroni, riſſa di paréti, e fiſchio ò voce frà gli huomini, così dice l'iſteſſo. In fine (dice Gregorio) la mente dell'Auaro, quel che dianzi chiedeua d'abbondanza, per ripoſo, poſcia per cuſtodirlo più grauemente fatica. Quì il miſero bruggia di fuoco di concupiſcenza, e poi bruggiarà di fuoco di pena eterna, dice l'iſteſſo. Ben dunque quegli diſſe.

lib. de doct Chriſt,

Hieron. ad Paulinum.

Idem in quod.ſer.

Gregor. in mor.lib.15.

Idé in hom.

Qui nummos, aurumque recondit: neſcius vti
Compoſitis, metuenſq; velut contingere ſacrum ?

Orat. ſer. lib.2 ſat. 3.

E'l medemo.

Nimirum inſanus paucis videatur, eo quod
Maxima pars hominum morbo iactatur eodem.
Quærat Auarus opes, & quæ laſſavit eundo
Æquora periuro naufragus ore bibat.
Falſus erit teſtis, vēdet piuria ſūma
Exigua

Ibidem

Oui.Amor. lib.3

Eleg 10 iauenal. ſat; 14

Exigua, Cereris tangens ama-
raú̇q pedemq̇.

Si dipigne il vecchio ricco, ed
auaro, che ftà beuendo in vn fonte, ed ogn'hor'hà più fete, in fegno
ch'egl'è infatiabile, e giamai fi ve
de pieno, conforme dicefi. *Quo*
plus funt potæ, plus fitiuntur aquæ. E
tanto più nè vorrebbe l'Auaro di
beni, quanto maggiormente n'è fà
acquifto. *Crefcit amor nummi, quan-*
tum ipfa pecunia crefcit. Tiene molte mani depinte nel veftimento,
che fono metafora dell'oprare, at-
tribuendofi a quelle, come ftromenti principali, in fegno ch'il
vecchio ricco, ed auaro in quell'
età di poche forze più che mai
s'affatica, e tien maneggi ne' negotij, per far acquifto, e quel ch'è
peggio, che non acquifta a niuno,
e per effer vecchio, e non poffer
diffenderfi è rubbato, e fri dato, fi
che fatica per niuno, ch'è più
trafguragine. V'è la cartofcina
con la parolá; Peffimum; Che realmente non folo è cofa mala, mà
nel fupremo è peffima, ch'vn
vecchio, c'hà fatto efperienza
delle mondane cofe, quanto fiano
tranfitorie, e vili, e quanto fiano
inganneuoli, e male perl'anima, e
pur egli non sà feruirfi di cotal Fi
lofofia, mà occiecato, ch'è v'abbada, e vi fpende malamente il têpo,
dunque a tal fatta miglior titolo
non fe gli può dare, che di cofa
peffima. Ed oltre il naturale appetito d'aquiftare, v'è di più, ben
che ftia per effer diuorato [dalla
terra da hora in hora, che fempre
hà fpeme di più viuere, e longa-
mente viuere, quindi tiene il ramo
di verdi foglie, e fiori, oue hà vn
cuore pendête, quale fecódo Pierio, fembra la vita, e le foglie ver-

*Pier.lib.*34

di, e'fiori, rapresentandofegli fempre la verde età, ed in fiorata giouanezza, e vorrebbe ogn' hor ri-
nouellarfi ne gli anni, e quefto altresì fignifica l'hauer la faccia riuoltata in verfo l'Oriente del nafcere, e del viuere, e non l'occidente della morte, che gli fopraftà al capo, il che è euidentiffima
cecità. Il ferpe per fine, ch'è vicino, in fembianza di cui è efecra-
bile, e odiofo a tutti quefto miferabil vecchio sì auaro.

Alla Scrittura Sacra. Si dipigne
il vecchio auaro, che beuendo,
ogn'hor più gli crefce il defio di
bere, hauendo fempre più fete di
ricchezze, come diffe Giobbe. *Et*
bibent fitientes diuitias eius. Ed Efaia.
Egeni, & pauperes quærunt aquas, &
non funt: lingua eorum fiti aruit. Tiene molte mani nella vefte, per l'o-
prare, col detto; Peffimum; Poiche peffima occupatione la nomò
il Sauio. *Occupationem hanc peffi-*
mam dedit filijs hominum. Tiene la
faccia in verfo l'oriente, e'l verde, ed infiorato ramo, ch'odora,
in guifa che vidde Ezzecchiello
que' vecchioni. *Et ecce in oftio tem-*
pli Domini inter veftibulum, & alta-
re, quafi viginti quinque viri dorfa
habentes contra templum Domini, &
facies ad orientem, & adorabant ad
ortum folis, &c. E più oltre. *Et ecce*
applicant ramum ad nares fuas. E
per fine v'è il ferpe odibile, conforme al quale è coftui sì ingordo
d'hauere, odiando cotanto Salomone fimil razza di gente. *Tres fpe-*
cies odiuit anima mea, pauperem fu-
perbum: diuitem mendacem: fenem
fatuum, & infenfatum. Quæ in iu-
uentute tua non congregafti, quomodo
in feneĉtute tua inuenies?

*Iob.*50 B.5

*Ifai.*41.D.
17.

*Ecclef.*1.C.
13.

*Ezzech.*8.
F.16.

Ecclefiaft.
25. A. 3.

VERGINITA'. G. 188.

Donna giouane di bello, e gratioſo aſpetto, lieta, e gioconda, i cui capelli ſarranno vagamente intrecciati,
inanellati, e legati con fettuccia di ſeta cremeſina,
campeggiandoui finiſſimo ſmeraldo frà quelli, ſarà
veſtita di bianco con vn candido giglio in vna mano, e nell'altra terrà trè lampadi acceſe in vn triangolo, e allo'ncontro le ſarà vn ſcettro regale ſopra
vna tauola.

LA Verginità è vna integrità
di mente, e di corpo, come
ſono ſtate in S. Chieſa tante Verginelle incorrotte, ſpoſe di Chriſto, e ſpecialmente fù la glorioſa
Vergine, ch'a tal propoſito parlò
San Paolo. *Deſpondi enim vos vni*
viro Virginem caſtam exibere Chriſto.
E dono tanto particulare queſto
della Verginità, che ſommamente
piace a gli occhi di Dio, a cui per
eſſer Rè di Reggi, conuiene prendere queſte ſpoſe così illibate; come ſono le ſante Vergini, infrà
quali la prima fù Maria Reina
altiera. E dono, e gratia tale queſto della Verginità, che dopo perſo è irrecuperabile, nè può remediarſi in niun conto, repugnan-
do ancora alla potenza di Dio, la
quale ſolamente non può far queſto, che le coſe fatte non ſiano fatte, perche repugnarebbe, dopo
perſa la Virginità, non è poſſibile,
che tal coſa non ſia perſa, dunque
chi ſarà, che non terrà queſto dono in grādiſſima ſtima. Dono dirò
eſſere di ſmiſurata bellezza, mētre
cotanto aggrada all'innocentiſſi-
mo Signore della gloria. Verginita
tà candore ſplendidiſſimo, ch'ab-
belliſce l'anima, ch'orna le menti,

2 Cor. II
A.2

rettifica la volontà, facendole
pronte al diuin'amore, ed all'oſſeruanza de' commandamenti del
Signore. La Verginita fà, che l'a-
nima facilmente s'impieghi a far
raccolta di fiori di virtù, ella fà
ſtrada alla perfettione, e per ca-
gion di lei, e per conſeruarla,
tant'huomini, e donne ſi ſono dati al diſpreggio del mondo, delle
pompe, delle glorie, ed honori
mondani, dandoſi ad aſpre penitenze, a' trauagli, orationi, digiuni, diſcipline, ed altre aſprezze,
fin che queſto vaghiſſimo fiore hà
portato, e partorito vn'altro pur-
purino fiore pur di marauiglioſa
bellezza, ch'è ſtato lo ſpargimēto
di ſangue per amor del Signore, ſi
che può chiamarſi al ſicuro la
Verginità pianta, che produce il
dilettiſſimo parto del ſanto martirio, poiche da lei ſi ſpicca. Nè
(dice S. Ambrogio) è lodabile la
Verginità, perche ſi ritroua ne'
martiri, mà perche hà forza di
far gli martiri, chi dunque può cō
humana facultà comprendere
quel, che la Natura non hà ſerrato frà le ſue leggi, com' è queſto
dono. La Verginità (dice l'iſteſſo Sant' Ambrogio) è venuta di

Ambr. lib.
I de Virg.

Idem ibid.

M m m   Cie-

Cielo,acciò s'inuitaffe in terra, ed
ella peranche tolfe l'eterno verbo dal paterno feno.

La Vergine del Signore non
deue inalzare fe fteffa, nè con iattanza di parlare, nè con la nobiltà
del fuo genere, nè con ricchezze,
mà deue ftare nella fua humiltà,
lib. ad fac.　e pouertà, mentre viue, per effer'
virg.　accetta a Chrifto, dice il medemo;
è buona la pudicitia congiugale
De fant. vi　(dice l'ifteffo) mà è migliore la
duit.　continenza virginale, ò viduale.

O quanto è grande la gratia
della Virginità, che meritò effer'
eletta tempio di Dio, nel quale
habitò corporalmente la pienezza
Ambr lib.　della Diuinità, dice il Padre Sant'
de offic.　Ambrogio fteffo. E fiore la Virginità, fiore il martirio (dice Gre-
Gregor. in　gorio) e fiore l'attione buona:
Ezzacch.　Nell'horto è la virginità, nel campo il martirio, e la buon'opra nel-
la cafa dello Spofo.

La Vergine di carne, non di
Ifi. de fum.　mente, niun premio promeffo ot-
bono lib. 2　tiene da Dio, dice Sant'Ifidoro.

La Virginità è Sorella de gli
Angioli, riportando vittoria della
Hieron. in　libidine, è Regina di virtù, e pof-
Cipria. lib.　feffione di tutti beni, dice Cipria-
de Virg.　no. E'l Padre San Girolamo diffe,
con ragione mandarfi l'Angelo al-
fer. de Af-　la Vergine, perche fempre la Ver-
fumpt.　ginità hebbe ftrettezza, ò parentela con que' fourani fpirti. E così
diciamo in lode della Virginità da
conferuarfi per mezzo dell' integrità della fede, e della mente.

Carnis Virginitas in tacto corpore
habetur,
Virginitas anima eft intemerata
fides.
Qua fine corporei, nil prodeft cura
pudoris
Sed mentis pietas auget vtrumq;
bonum.

Quindi fi dipigne da Giouanet-

ta vaga, e bella la Virginità, per
effere virtù di grandiffima bellezza. Hà i capelli intrecciati vagamente con naftro di feta cre-
mefina, perche con quefta virtù
vi corrono belliffimi penfieri, raf-
fembrati a i capelli, cioè vi fia vna
fede integra, vna fperanza foda,
ed vna carità fincera, che quefto
fembra il color cremefino a punto; in guifa che l'hebbero quelle
fante Verginelle, come vna Cate-
rina, vna Cecilia, Lucia, e tant'
altre. Il fmeraldo è finiffima gemma di color verde, il quale fecon-
do Pier. è Geroglifico della Ver-　*Pier. Vale.*
ginità, ed è efperimentato, che　*lib. 41*
toccandofi vno con quefta gem-
ma, fubito gli ceffa l'appetito di
Venere; e l' Aftrologi la confa-
crorono alla celefte Venere, per
effere pietra, che fembra purità, e
candidezza, la quale era valeuole
ad impetrare il cófenfo, ò cócorfo
della fua virtù; e'l gran Plutone
ancora fù di parere, effer gemma,
c'haueffe valore di retiner la purità, e caftità. Il veftimento bianco ombreggia l'innocenza, e purità di quefto ftato, del che ancora accenna effer Geroglifico
nella Scrittura Sacra il candido
Giglio. Le lampadi accefe fembrano il fuoco dell'amore, che
deuono portare le Vergini al loro
Spofo, e l'oglio della fecondità
delle virtù; che per ciò quelle del
Vangelo furono reputate pazze,
e ftolte, perche non portorono l'o-
glio delle buon'opre, ch' all' hora
le vergini poffono andare arditamente ad incontrar lo fpofo Chrifto, quando vanno co'l fuoco della carità, ed oglio della buona vita, come quelle cinque prudenti,
che adornorono le lor lampadi,
entrando co'l fpofo nelle fourane
nozze del Cielo; e l'altre pazze
fur

Matth. 25
A. 12

fur cauate via , e ne anche cono-
fciute . *Amen dico vobis nefcio vos.*
Lo fcettro fopra la tauola , che le
ftà allo'ncontro , fembra l'Impero , e'l Regno , di cui fi fà degno
quefto dono così preggiato,ò pure il gran Rè, ch'è Chrifto Signore , padrone , e fpofo delle vergini, ch'altr'oggetto non hanno , nè
penfiero, che di piacere a quello.

Alla Scrittura Sacra.Si dipigne
la Verginità da giouanetta bella,
Pf. 44 *A.* 2
effendo bella la dòna Vergine.*Specie tua, & pulchritudine tua,&c.* Stà
Idem ibid.
lieta, e gioconda. *Adducentur regi
virgines poft eam, proxima eius afferentur tibi , afferentur in latitia , &
exultatione .* E Geremia così preuidde la Vergine intatta , lieta , e
1 Cor. 7 *F.*
33
feftofa.*Tunc latabitur virgo in Choro, Iuuenes , & Senes fimul.* I vaghi
capelli fembrano i penfieri nobili
della Vergine verfo Iddio,penfan-
Apoc. 21
F. 19
do folo a lui , e non ad altro . *Et
virgo cogitat , qua Domini funt , vt fit
fanfta corpore,& fpiritu.* Lo fmeraldo pietra pretiofa di color verde,
che tiene in capo,è in fegno della
fperanza,che le Vergini ripongo-
no folamente in Dio, e fia hora_,

effendo pietra di così viridità,che
frà tutte le verdi tiene il principato, per fignificato di cofa di valore, e d'eccellenza, com'è la purità , ed innocenza, che debbonfi
ritrouare in cotal ftato virginale,
quindi con lei frà l'altre pietre,fù
fatto il fondamento dell'alma Città del Cielo , come diffe San Gio.
nelle fue reuelationi.*Et fundamen-*
Apoc. 21
F. 19
*ta muri Ciuitatis, omni lapide pretio-
fo ornata, fundamentum primum Ia-
fpis:fecundum Saphirus: tertium Cal-
cedonius : quartum Smaragdus , &c.*
Il bianco veftimento.*Omni tempore*
Ecclefiaft.
9 C. 8
fint veftimenta tua candida . Il giglio candido, a cui il Signore raffembrò la fua diletta , e vergine.
Sicut lilium inter fpinas.fic amica mea
Cät. 2 *A.* 2
inter filias. Le trè lampadi accefe,
per la luce, e fplendore dell'innocenza,calore della carità,ed oglio
delle virtù , di che ornorono le
lampadi quelle vergini del Vangelo, per incontrarfi collo fpofo.
Qua accipientes lampades fuas, exie-
Matth. 25
A. 1
Ide ibid. 6
runt obuiam fponfo , & fponfa. E più
oltre;*Ecce fponfus venit exite obuiam
ei ; tunc furrexerunt omnes Virgines
illa , & ornauerunt lampades fuas.*

VERGINITA. G. 189.

Donna bella con la corona, e l'aureola fopra di pretiofe
gemme, haurà vna collana tutta d'oro con la gemma
Afterite,le farà vn cilicio a' piedi, in vna mano haurà
vn'altra corona, e nell'altra vna vite con molti grap-
pi d'vua per far vino,le farà vn efame d'Api d'appreffo, e fotto piedi vari ftromenti, come fpade , lancie,
e fcudi.

LA Verginità è dono fpeciale
della noftra natura, il quale_
non è egli altrimenti commandato da Dio, mà lafciato in arbitrio, e folamente di confeglio,
mà affolutamente è migliore, che

1 Cor. 7
C. 1

non è la congiuntione in matrimonio, e più stato perfetto, come dice San Paolo. *De Virginibus præceptum Domini non habeo. Qui nubet benefacit, & qui non nubet melius facit*. Però sappino le Vergini, che l'è mistieri star molto vigilanti, per conseruarsi questo dono singolare, e per poter far raccolta di molte virtù, ch'il Diauolo assai s'ingegna addurle tentationi più che a i corrotti Del scorpione raconta Plinio, che più aspramente morde le vergini, che gli altri, simbolo del Diauolo, che punge con le tentationi più loro di tutti, ò pure se con l'integrità del corpo non accoppiaranno quella della mente, e se con questa virtù non harranno l'altre, seueramente saranno morsicate dal Scorpione infernale. Accompagnino dunque la bellezza del corpo, con quella della mente, e dell' opre virtuose.

Augufl. in
Pfal. 27

Che gioua l'integrità della carne (dice Agostino) corrotta la mente? è meglio vn'humil matrimonio, ch'vna superba Verginità.

Idem in
Pfal. 17

Che cosa è la verginità della mente, (dice l'istesso) se non vna fede integra, vna ferma speranza, ed vna sincera carità. Vna Vergine del Signore, (dice il medemo) non dee andar co'l corpo ornato, nè con la chioma, nè con gli occhi alzati, e lieti, mà co'crini verso la terra, e co'l volto dimesso, acciò non induchi in se amori vili, e perischi; ed acciò non sia caggione di far perdere gli altri,

Id. lib. ad
fac. Virg.

Nè (dice l'istesso) vna Vergine, che cerca Christo, deu' essere volgata nelle strade con voci altiere, nè co'l camino sollecito, mà d'aspetto vile, ferrata in casa piena di deuotione. La Verginità è vn' alto

Glof. 9 Gen.

monte, al quale esorta l'Angelo ad ascendere, mà chi non può

vegga restarsene in Segor, monte più basso, cio è nel legitimo matrimonio, perche è meglio vsare vn bene mediocre, che precipitare per luochi scoscesi, e per aspri dirupi di libidine, dice la Chiosa Trapassa (dice il Padre Sant'Ambrogio) la verginità la conditione dell'humana natura, per la quale gli huomini si rasembrano a gli Angeli; imperoche la vittoria delle Vergini è maggiore di quella de gli Angeli, perche quegli viuono senza carne, ma le Vergini in questa trionfano. Quindi altri disse al proposito del bel fiore della Virginità da conseruarsi.

Ambr. de
viduit.

Catull. in
Epital.

Vt flos in septis secretus nascitur
hortis
Ignotus pecori, nullo contusus
aratro,
Quem mulcent aura, firmat sol
educat imber,
Multi illum pueri, multa optaue-
re puella,
Idem cum tenui carptus defloruit
vngui,
Nulli illum pueri nulla optauere
puella,
Sic virgo dum intacta manet,
tum chara suis: sed
Cum castum ammisit polluto
corpore florem,
Nec pueris iucunda manet, nec
cara puellis.

Si dipinge la Verginità da Donna bella con vna corona in capo, che specialmente le conuiene, per esser sposa di quel gran Rè di gloria. L'Aureola è priuileggio particolare delle Vergini, e gloria accidentale, che si darà all'anime loro in Cielo. Hà la collana d'oro al collo cò la gèma chiamata Asterite, la quale è relucente com' vna stella, e chi la porta sopra, gli fà lume, come fanno i raggi d'vna stella apunto, per segno che le

Ver-

Vergini deuono portare con queſta gema della Verginità lo ſplendore della vita , e la luce del buono eſſempio, ò vero il lume interno della diuina gratia, ed eſterno
della carità al proſſimo. Il Prencipe de' Geroglifici fù di parere, che
la collana foſſe Geroglifico di virtù ſolida, e del preggio di tal virtù , e d'opra aſſai lodabile , come
mi pare apunto la Verginità, quale richiede virtù, ed animo forte,
e ſtabile, per mantenerſi ; Plinio,
ed Aulo Gellio diſſero, la collana,
e l'Armilla , ò braccialetto eſſer
preggi della virtù militare, ch'a-
punto conuiene alla Verginità, la
quale hà meſtieri di ſempre combattere con graui tentationi ; per
conſeruarſi, coſì nell'interno, come nell'eſterno è il cilicio in terra,
per ſegno che queſto dono ſi conſerua con l'aſprezza della vita , e
con la patienza, e che difficilmente ſi mantiene nelle mondane delitie, ne' piaceri, e ſpaſſi, e nell'vſo
delle crapule; mà ne' digiuni, vigilie, ed aſtenenze ; come fè vna
Santa Chiara, ed vna Cecilia, che
di lei diceſi. *Cilicio membra doma-*
bat. L'altra corona in mano è ſimbolo dell' opre virtuoſe , che ſon
proprio di queſto dono. Nell'altra
mano tiene vna vite, ch'è Geroglifico dell'elettione, a cui ſi paragonò Chriſto capo de gli eletti.
Ego ſum vitis, vos palmites. E'l vino
è ſimbolo dell' amore, che deue
portare la Vergine ſolamente a
Dio , ed a niun altro ; per ſegno
che la verginità ſi ſpicca dall'amor
particolare, che ſi porta a Dio ;
benche Pierio dica , la vite eſſer
contraria alle vergini, per caggione del vino, che prouoca l'appetito di Venere, pure ſia lecito quì
intenderla coſì, e ch'il vino ſembri l'amore, che biſogna hauer la

Vergine al Signore, per conſerua-
re la Verginità. L'eſame d'api ombreggia la monditia della' conſcienza, poiche di quella è molto
amico queſt' animale, che giamai
corre a fiore cattiuo , ò ad acqua
immonda, come deuono far le Vergini, in fuggire i fiori apparenti, e
vani de' piaceri mondani , e l'acque putride de' terreni affetti, ed
inuitare la ſolitudine di queſt'ani
male, per ſeruire Iddio. Pierio dice, che l'Api mirabilmente odiano
quelli , che ſi danno al coito, e
tanto gli huomini, quanto le
Donne, che di proſſimo l'han'vſa-
to , gli perſeguono , per morder-
gli , come Vergilio ancora diſſe
l'api eſſer monde delle coſe di
Venere .

Illud adeo placuiſſe apibus mira-
   bere morem
Quod nec concubitu indulgent,
   nec corpora ſegnes
In Venerem ſoluunt , aut fœtus
   mixtibus edunt
Verum ipſe folijs natos, & ſuaui-
   bus herbis ore legunt .

Altri diſſero, che l'api foſſero mi-
niſtre ſacre di Cerere ; altri Ninfe
preſidi de' ſacrifici , ed altri , che
ſi compiaceſſero molto delle coſe
ſacre ; e per fine hà ſotto i piedi
ſpade, lancie, ed altri ſtromenti,
per ſegno che non ne fà conto la
vergine, per conſeruarſi queſto
dono, nè del morire ſteſſo , come
ferno tante, quali più toſto s'eleſ-
ſero la morte , che perdere il ſin-
golariſſimo dono della Verginità;
ò pure dinotano queſt'armi la
continua pugna, che le fanno il
ſenſo, e'l diauolo, perciò è miſtieri ſtar ſempre deſte, per mantenerſi tali.

Alla ſcrittura ſacra. Si dipigne
da donna bella, e coronata la
Verginità, ch' a tal propoſito chia
mò

Pier. Vale.
lib. 11

Idem lib. 7
C. 28

Eccleſa in
off. S. Cecil.

Ioa. 15 A.

Pier. li. 53

lib. 26 pre-
cept. conin.

Virgil.

mò lo Spirito fanto la diletta fpofa, per coronarla di Verginal corona ; *Veni de libano fponfa mea, veni de libano , veni : coronaberis de capite &c.* Sù la quale vi ftà l'Aureola della gloria accidentale , fimile a quella ; che fi comandaua douerfi porre sù la tauola del pro pitiatorio; *Et ipfi labio coronam in terra filem altam quatuor digitis : Et fuper illam alteram coronam Aureolam.* La collana al collo tutta indorata, che di propofito nè fauellò il fauio ; *Vt adatur gratia capiti tuo ; & torques collo tuo .* Il cilicio, per la penitenza ; *Accinti funt cilicijs , abierunt in terram capita fua Virgines Hierufalem.* L'altra corona in mano fembra l'opra virtuofa, per douerfi conferuare, di che parlò San Paolo a' Corinti ; *Exi-*

Cant.4 B.8

Ext. 25 C. 25

Pro.1 A.9

1 Cor.7 D. 26

ftimo ergo hoc bonum effe propter inftantem neceffitatem . La vite con l'vua, per far vino , che dinota l'amore delle Vergini ; *Quid enim bonum eius eft, & quid pulcrum eius, nifi frumentum electorum , & vinum germinans virgines ?* L'ape ingegnofa , a quale Santa Chiefa rafembrò la Vergine Cecilia ; *Cecilia tibi , quafi Apis argomentofa deferuit.* Le fpade per fine , lancie, ed altri ftromenti , di che non temerono le Vergini, per conferuarfi quefto dono, anzi valorofamente vinfero nella pugna co'l fauor diuino, che però diffe lo Spirito fanto in perfona di ciafcheduna di quelle ; *Confitebor nomini tuo : Quoniam adiutor , & protector factus es mihi, & liberafti corpus, meum à perditione.*

Zac.9 D.17

Ecclefia in offi.S.Cecil.

Ecclefiaft. 51 A 3

VERITA. G. 190.

Vna Verginella femplice ignuda, e bella con vn fol manto fchietto auuolto al petto , e alle parte pudende , dalla cui faccia efce vn fplendore , ch'illumina d'intorno , tiene la faccia verfo il Cielo , in vna mano tiene vna Città, e nell'altra vn libro, fu'l quale è vn fole, a' piedi le farà vn leone ferito, ed vna tigre.

LA verità è bellifsima , e nobilifsima virtù , per effer ché tutte le cofe caminano per dritto fentiero, quando caminano per la ftrada di lei, e fi ritrouano in buon ftato , atto a conferuarfi nell'effere, e ficome la buggia è zoppa , cieca, di niun valore, e confumatrice dell'effere: la verità per contrario, il cui proprio è il vero , è vidente , ch' il tutto fcorge , e fà vedere ; hà buone gambe, perche giuge tutte le cofe, e per nafcofte

che fiano , incognite , e celate da lei fi giungono, e fi reducono in termine di manifestarfi a tutti ; è vehicolo dell'effere, e ftretifsimo proprio conuertibile con lui, non effendo altro l' effere , che'l vero, e'l vero è l'effere fteffo, conforme manifefta con veraci difputationi l'indagatore della natura nella fua fourana Filofofia . Grande, ed inuincibile è la verità nel mondo , come fi dice in efdra. *Super omnia vincit veritas.*

3 Heb. 44

E lo　35

Augu∫t. ad
Chri∫tian.
lib. de libe-
ro arb.

E là medemo. *Nonne magnificus est qui hæc facit, & veritas magna fortior præomnibus.* E' la verità dolce, ed amara, dice Agostino, quando è dolce perdona, e cura, quando è amara. Se della verità si prende scandalo, dice l'istesso, è più vtile, che si permetta nascere lo scandalo, che lasciarsi la verità. Senza niuna comparatione (dice Girolamo) è più la beltate della verità de'Christiani,che non era quella d'Elena famosa fra' Greci. Erra ciascheduno, che si persuade conoscer la verità, se malamente viue. Il Padre S. Ambrogio dice, quelli, che liberamente predicano senza adulatione la verità, riprendendo i fatti della mala vita, è mistiere che non habbino gratia appresso gli huomini,essendo questa la conditione di lei(dice l'istesso) che l'inimicitie sempre la persequeno, si come le finte, e cattiue amicitie s'acquistano per l'adulatione. Non solamente (dice Bernardo) è traditore della verità quello, che in cambio di lei dice la buggia, mà chi non liberamente la difende, douendo farlo; è di tal conditione (dice l'istesso) l'errore, e la falsità, che tosto inuecchia, e manca, etiandio che non habbi molestia, mà la verità per contrario sia pure impugnata, che sempre cresce, ed augmenta, e per fine (dice il medemo) questa sola libera, salua, e laua. Dee dunque seguirsi, ed amarsi questa gran virtù, e sentirsi volentieri, com'altri disse

Epi∫tol. ad
Hieron. lib.
de agon.
Chri∫t.
Glo∫. in ∮1,
ad Cor. 9

Ibidem

Bern. super
Matth.

Mart.8.75

Dic verum mihi, Marce: dic amabo

E Seneca

Quid verba quæris? veritas odit moras

Ed altri disse quanto sia spiaceuole

Terent.
And. 11

Namq̃ hoc tempore, Obsequium amicos, veritas odium parit.

Si dipigne da Verginella semplice la verità, che tal purità in lei ritrouasi, quale in vna Donzella incorrotta, non hauendo corruttione di falso pensiero, che corrompe le cose, ed accidentalmente l'intelletto nostro, come si fà perfetto con la verità opposita. Igniuda si dipigne la verità, per che ella tutte le cose mira, e fa chiare, e non deue vestirsi con altro ornamento, che così non sarà verità, mà buggia. E questo sembra altresì l'habito schietto, e semplice la semplicità di quella, poiche ogni picciola parola fuora di lei, che vi s'aggiugne, ò altro, l'altera e la rende difforme, e fuora dell'esser proprio. E vaga, e bella, perche qualunque animo virtuoso innamora, e per esser anchora proprio ogetto dell'intelletto, e proprio parto di lui, quando è fuora d'ogni errore, e nell' esser naturale in formar i concetti. L'esce vn splendore dalla faccia, che molti illumina, non essendo altro questa virtù che lume, ch'il tutto fà lucido, e tutte le cose oscure, ed immanifeste, ella in apparire co'l suo splendore, le rende suelate, e chiare, siche le possiamo dar titolo (come diedero molti al tempo) di sapientissima, perche ogni cosa scuopre, e benche per longhezza di tempo stia nascosta, pure alla fine fà vscita, sospignendo i suoi fauoriti, e risplendenti rai, sgombrando le tenebre dell'ignoranza, e dell'errore, e'l tenebroso abisso della buggia, dunque la verità è madre del vero, che senza fallo se le fà douuto parto, sorella del tempo, ch'insiem'il tutto scuoprono, è co-

Pier. Vale.
lib. 44 fol.
470

ronz

rona del ben viuere, che per lei nel mondo si conserua lo scettro regale de' grandi, il cui dominio per l'assistenza sua si regge, e si conserua, è lume del mondo, che senza lei tenebroso starebbe, guida delle genti, qual tramontana stella de' nauiganti, essendo per essa condotte frà l'onde spumanti, ed horride del vasto mare del mondo, al ripararsi nel sicuro porto del ben viuere, sostegno del graue peso delle mondane cure, ed infelici trauagli di questa valle di miserie soffredo ogn'vno il tutto con felice speme del douersi auerar gli oracoli, che le fatiche al fine han per termine il riposo, e la quiete, e per vltimo è dritto sentiero del Cielo, oue si tracciano le vere strade del Paradiso, e quin di scorgonsi le conduttrici osseruanze, e'l beato fine della gloria. Hà la faccia verso il Cielo, perche colasù conduce la verità, ò pure perche è cosa più tosto celeste, che terrena; ò pure inuerso colà si volge, per mirare, ond' hà origine, essendo l'esser suo diuino, e l'istesso Dio, ch'altro non è che verità purissima. Hà in vna mano vna Città, ombreggiando, che le Città, le Republiche, i Regni, e gl'Imperi per lei si reggono, e si mantengono. E'l libro della legge, e de' precetti di Dio, ch'altro non sono, che verità, e fondati in quella. Hà nell'altra mano il sole, perche fà l'officio di quello, ch'illumina, riscalda, e sgombra le tenebre, quest' istesso facendo lei, illumina le menti humane, e sgombra le tenebre dell'ignoranza, acquistandosi per lei la vera cognitione delle scienze, risca'da di più l'affetto ad ogni bene, ed anco secondo Pierio è sola, ed vna com' il sole la

verità. Tiene il leone a' piedi, qual sembra la fortezza di questa virtù, ch'è la più forte, che sia, non possendo niuno resistere alle sue possanze inuitte, che quanto più se le tiran colpi, per offenderla, e nasconderla, ella più si fà forte schermo col suo molto potere, più apparendo baldanzosa con animoso coraggio; è ferito il leone, perche da' maligni spirti ogn' hor si chiede ferirla con le menzogne, cercando fin darle morte, per posser seminare a lor gusto buggie, non apparendo quella nel mondo, nè ritrouandosi. E la tigre per fine, ch'è animale obliuioso, scordandosi di propi parti per le strade, mentre và al fonte a riguardarsi, ò mètre corre per giù gere altrui; in simigliante guisa a'nostri tèpi è posta in obliuione questa virtù, non ritrouandosi, ogn'vno correndo dietro gli errori, e' peccati, che da buggia, e da ignoranza traggon l'origine.

Alla sacra scrittura. Si dipinge da Vergine la verità pura, e semplice, della quale allegoricamente parlò Geremia; *Latabitur virgo in choro, iuuenes, senes simul; E* della semplicità di lei, che s'hà da giusti, diuisò Salomone; *Simplicitas iustorum diriget eos;* E se siam vaghi ammirarla da Vergine con semplice ornamento; *Nunquam obliuiscetur virgo ornamenti sui &c.* L'esce vno splèdore, e la luce dalla faccia, poiche sotto nome di luce, pregò il Profeta Reale il Signore, acciò la mandasse in terra; *Emitte lucem tuam, & veritatem tuam: ipsa me deduxerunt, & adduxerunt in montem sanctum tuum &c.* Hà la faccia verso il Cielo, perche verso colà s'incamina questa virtù; *Misericordia tua in calo, & veritas tua vsq; ad nubes;*

Ouero

Cier. 31 .13

Pro ij A 3

Hier. 2 *G.* 32

*Ps.*42 *A*, 3

*Id.*35 *B.*7

Ouero perche è l'istessa cosa con Dio, che habita colasù; *Et spiritus' est qui testificatur, quoniam Christus est veritas.* O vero perche è fattura di lui. *Et veritas per Iesum Christum facta est.* Hà vna Città in mano, gouernandosi le Città, i Regni, e gl' Imperi, e' Reggi stessi per lei. *Misericordia, & veritas custodiunt Regem, & roboratur clementia tronus eius.* Conseruandosi la Città del Cielo, e chiamandosi Città di verità. *Vocabitur Ierusalem Ciuitas veritatis.* Il raggio solare della verità, ch'illumina, com'illumina il Signore, ch'è l'istessa verità, come diuisò Dauide. *Illumi-*

Ioa.1 C.18

Pro. 20 D. 28

Zac. 8 A.3

Psa.75 A.5

nans tu mirabiliter à mötibus æternis. Il Leone si è per la fortezza di lei. *Vnus scripsit, forte est vinum. Alius scripsit fortior est rex. Tertius scripsit, fortiores sunt mulieres, super omnia au tem vincit veritas.* E 'l libro de' precetti di Dio. *Omnia mandata tua veritas.* E ferito il Leone, ed vciso, come la verità da' tristi, che l'odiano. *Corruit in platea veritas.* E posta in obliuione per fine, che ciò significa la tigre. *Facta est in obliuione veritas.* Anzi non ritrouas' in conto nullo nel mondo. *Non est enim veritas, & non est misericordia, & non est scientia Dei in terra.*

3 Esd. 3 A 10

Ps. 118 L. 86

Isa.9 C.14

Idem 59 C.15

Osea 4 A.2

VIGILANZA. G. 191.

Donna, che stia assai desta con vna verga in mano piena d'occhi, e nell' altra vn gran splendore, da vna parte vi sia vn Leone, e dall'altra vn Lepre.

LA Vigilanza non è altro, ch' vna viuacità di spirito, ed vn star sempre l'huomo accorto a' negotij, e desto a tutte le cose, che gli potrebbono occorrere, ò buone, ò male, e questa è la vigilanza dell' anima; mà quella del corpo è vna diffusione, ed vna remissione di spirito per l'organi, sensi, e passioni, secondo Aristotele. La Vigilanza dell' anima è molto necessaria a gli huomini, per farsi accorti nelle cose del mondo, e ad ogn' incontro della fortuna; e così vigilante si dice quell' huomo, il quale si forza al possibile non incorrere in cose, che gli possono far pregiudicio all'honore, ed alla fama, che per ciò via tutt'i modi, per far l'officio suo conforme al giusto, e al douere; mà sopra

Arist. lib. de sens. & sensat.

tutto fà mestieri all'huomo la vigilanza nelle cose côcernenti la salute, e che stia empre vigilantissimo, per euitar ciò, che gli potesse far commettere peccato, e farlo diuenire in disgratia del Signore, ed esser molto vigilante, ed accorto come debba, e possa compiacerlo, offeruando il suo santo volere, conforme han fatto i Santi, ch'ogn'altro studio abbandonororo, ed attesero quì, acciò non solo fossero in vita vigilanti all' oprar bene, mà al star apparecchiati, per ostare a' graui incontri di Satanasso, e farsi fortissimi alle sue terribili tentationi, stando alla destra di ciascheduno, per auuersarlo nella strada della salute, come disse Zaccaria. *Et satan stabat à dextris eius, & vt aduersaretur ei.*

Zacc. 3 C.

N n n   E co-

Luc. 2. C. E come auisò a Pierio. *Simon, Simon ecce Satanas expetiuit vos, vt cribraret sicut triticum.* E per ritrouarsi finalmente vigilanti nel fine della vita, tanto incerto a' mortali, racordandosi del sententioso detto del Vangelo. *Vigilate, quia nescitis neque diem, neque horam.*

Matt. 25 C. Si dipigne dunque la vigilanza da donna desta, ed accorta con vna verga in mano piena d'occhi, che sembrano la vigilanza dell'anima, del che anco è tipo la verga, quale appresso gli Egitij daua segno di prudenza, e d'astutia virtuosa, conforme dice Pier. *Pier.lib.15* Il splendore nell'altra mano sembra l'effetto, e'l fine della vigilanza, ch'è Iddio, simboleggiato sotto metafora di splendore, perche gli accorti, prudenti, e vigilanti in questa vita lo trouano, e non i sonnacchiosi ne' vitij, e peccati. Il Leone, e'l lepre sono doi animali assai desti, e vigilanti, e conforme dice Pier. steffo significauano appresso gli Egitij medemi la vigilanza, e la custodia, hauendo osseruato, che giamai aprono tanto gli occhi, se non quando dormono, si che dormendo vigilano, e per adagio dicesi. *Leporinus somnus.* Sono animali differenti il Leone, e'l lepre, l'vno tanto debole, l'altro tanto forte, l'vno tanto' animoso, e l'altro tanto timido, che sono effetti dell'huomo vigilante, quale debole si stima in non presumere molto di se stesso, mà starsene sempre basso, humile, e forte, appoggiandosi alla diuina gratia, timido per non offendere Iddio, ed animoso, hauendo fortezza, e guida sicura nel ben' oprare.

Alla scrittura sacra. Stà desta, ed accorta la vigilanza, conforme diceua S. Paolo; *Non dormiamus sicut cateri, sed vigilemus, & sobrij simus;* Ed acciò esortaua S. Pietro ancora; *Fratres sobrij estote, & vigilate.* La verga occhiuta nelle mani, a tal fine mostrata da Dio a Geremia, che vigilasse, ch'egli la nomò tale; *Virgam vigilantem ego video.* Lo splendore sembra Iddio, quale si ritroua dal vigilante; *Qui mane vigilat ad me inuenient me.* Il leone, e'l lepre, che dormono, ed all'hora vigilano, come apunto diceua lo sposo; *Ego dormio, & cor meum vigilat.* La timidezza del lepre, qual fà beati gli huomini; *Beatus homo, qui semper est pauidus* E'l leone sembra forte simile al quale è 'l prudente, giusto, e saggio; *Vir sapiens fortis est.*

Thess. 5 A. *1 Pet. 5 B.* *Hier.1* *Pro.8 B.17* *Cant. 5 A.* *Sap. 6 A.*

VIRTV. G. 192.

Donna di vago, e lieto aspetto, con gli occhi riguardanti in alto, oue scorge vna vaga ghirlanda intessuta di fogli e di Cedro, di Cipresso, e Cinnamomo, haurà in dosso su'l proprio vestimento vna pelle di leone, in vna mano terrà vn Arcipendolo, e nell'altra vna palma, e sotto' piedi vn serpe, quale stà frà certi fiori.

LA Virtù non è altro, ch'vna diſpoſitione della mente, con la quale ella aſſente alla raggione. Il Padre Sant'Agoſtino dice, la virtù eſſer vn'habito della mente ben'agiuſtata, e generalmente in quella di Lucio vero, ſi dipigne per lo Bellerofonte giouane elegantiſſimo ſu'l cauallo Pagaſeo, che con vn dardo acutiſſimo feriſce la Chimera, che gli ſtà ſotto' piedi, quale in buon ſenſo morale rapreſenta vna certa varietà di vitij. *Virtus;* Nell'Hebreo, ſi dice Cheſedeh, cioè beneficenzia, e Thummah, cioè perfettone, ò vero integrità. La Virtù per voler-ſi dichiarare quanto al nome, vuol dire, *Vires tuens,* Perche è defendi-trice, e ſeruatrice delle forze, ò vero vuol dire, *Virtus ideſt, Virium ſtatus,* ò vero, *Virilis actus,* Perche la virtù fà lo ſtato virile, e forte, non laſciandoſi l'huomo vir-tuoſo giamai vincere, nè con le tribolationi ſi dà terrore, nè con piaceri s'inganna, nè con violen-ze vien depreſſo. Virtù che da tut-ti dee eſſere ſeguita, ed abbraccia-ta, ed ogni forzo, e ſtudio, che ſi fà, dè farſi, per venir'all'acquiſto di lei; ed i Romani, che furono norma del viuere morale, ſappia-mò bene, che giamai conduceua-no niuno a' trionfi, ed a' glorie, ſe prima non era condotto, e non faceua paſſaggio per lo tempio della virtù. Virtù dunque guida, e ſcorta dell'alto viuere, ſentiero, che conduce a glorios'impreſe, norma del ben eſſere, gloria di grandi heroi, preggio d'inuitti Chriſtiani, trofeo di gran Prenci-pi, domatrice di moſtri, ſubiu-gatrice d'errori, banditrice d'ogni male, ſpreggiatrice di delicie, ec-celléza di corraggioſi petti, e có-duttrice d'huomini vigoroſi, e

forti ad alti, e glorioſi titoli.

Il gran Padre Agoſtino dice, che la virtù tanto più dee ſtimarſi, quanto più diſpreggia coſe male, e vili, ed è di gran virtù luttare con la felicità, mà di gran felicità ſi è non eſſer vinto da quella. In queſta vita non è virtù ſe non amare quel, che ſi deue; ed è pru-denza il non diſcoſtarſi da quello, per qualunque modeſtia, ò piace-re, dice l'iſteſſo. La Mente (dice il medemo) nó può hauer vn regno, ò vna grandezza di virtù, ſe prima non haurà diſcacciato vn regno di vitij. Non è virtù (dice Giro-lamo) il non poſſer peccare, mà'l non volere, douendoſi tenere una perſeueranza di volontà, acciò s'inuiti la ſemplice infantia, e l'u-ſo inuiti la natura. Chi manca a ſe ſteſſo, per accoſtarſi alla virtù, perde quel, ch'è ſuo, mà acquiſta quel, ch'è eterno, dice il medemo. O bel circolo, ſe la giuſtitia chie-de la prudenza, ritroua la fortez-za, reduce in libertà la temperan-za; poſſiede, acciò la giuſtitia ſia nell'affetto, la prudenza nell'intel-leto, la fortezza nell'effetto, e la temperanza nell'uſo, dice l'iſteſſo S'acoſtano in tal maniera, e ſono coſì incatenate le virtù (dice l'i-ſteſſo) che a chi una ne manca, mancano tutte, e chi una è ſo-la, le poſſiede tutte. Non ritroua-ſi niuna eſortatione a virtù mi-gliore, com'è alla racordanza de' peccati, dice Hugone. Seneca diſ-ſe, Niuna poſſeſſione, ò domi-nio d'oro, ò d'argento dee più ſtimarſi, che la virtù. Niuno può eſſer beato ſenza virtù, hauendo, e poſſedendo le coſe chiare, ed eter-ne; e non v'è coſa (dice l'iſteſ-ſo) più amabile di quella, quale ac quiſtata da alcuno, ouunque ſarà frà le genti, ſarà ſempre amato.

E con gran preggio, ed in ogni luogo fi ftima la uirtù, dice Valerio Maffimo. Dipigneſi dunque ella felice da Donna di uago aſpetto, e lieto, che belliffima è in uero, come quella, ch'a tutte le coſe compare il ſuo decoro, ed ogn'altro ſenza lei è ſenza beltade. Hà lieto il ſembiante, fuggendo da lei il dolore, ch'eternamente ſtanza ne' uitj abbomineuoli, che per ciò i ſanti, e ſante di Dio lieti, e feſteuoli ogn'hor uedeanſi, com'amadori delle uirtù, e banditori de' uitj. Stà riguardando in alto proprio di lei, non volgendoſi mai al baſſo d'errori, anzi lo ſdegna, e abborre, ſolo ergendoſi ne' luoghi alti, e ſublimi dell'honori, e grandezze degni di sì alta uirtù, e glorioſa Se l'appreſta una ghirlanda, douédo ſtar ghirlandata la uirtù, e ſe di cedro ſorte in prima, fi è per additare la ſua alta proſapia; è forte, perche forte fà gli animi, oue s'acquiſta. Il Cipreſſo è albero medicinale, e lugubre, in ſegno ch'ella conſerua da ogni corruttela di male, eſſendo lugubre, e mortificata ancora. Il cinnamomo è herba ſecca, calda, ed aromatica, eſſendo quella ſecca, e ſcema di cattiui humori, calda di carità, e profumata, accogliendo ogni odore, ed ogni lode, ſpargendoſi per tutto l'odore, della ſua fama.

La Pelle di Leone ſu'l veſtimento ſembra (ſecondo Pier.) la uirtù, e gli antichi ſeruiuanſene per ciò, e tal fatta altresì piacque ad Hercule valoroſo; E Diogene riguardando un tale con una ſimil veſte, che mal gli ſtaua, diſſe. *Et quid tu virtutis indumentum vituperas?* E non ſolo la pelle del leone, mà d'ogn'altro animale corraggioſo, fù coſtume appreſſo gli antichi, porla per ſegno di valore, e d'ec-

cellenza, come fi raccoglie ne' commentari d'Apollonio; e quì ancor dicaſi, ch'il veſtimento del leone ſembri l'eccellente couertura, che tiene colui, che poſſiede la uirtù, qual lo ripara da ogn' altro, che voleſſe offenderlo. L'arcipendolo, ch'è miſura del artefici nelle fabriche, dinota la uirtù conſiſter nella miſura di ſe ſteſſo, in non tirarſi più oltre, nè ch' egli, nè altri il tragga dianzi, più da quel, che merita; e di più accenna la miſura, il ſottoporre, che dee far l'huomo ſagace, e virtuoſo di ſenſi, e naturali paſſioni ſotto il dominio della ragione, ch'all'hora fi fà acquiſto di vera uirtù; ò pure l'Arcipendolo all' hora rende compita, e giuſta l'opra dell'artefice, quando quel filo, ò legnetto co'l piombino ſtà nel mezzo, per ſegno della ben fatta, e dritta poſitione deli' edificio, ſimboleggiando che la uirtù conſiſte nel mezzo, non nell' eſtremi, ed è miſtieri, che l'huomo fi ſappi regolare nelle coſe, non abbracciando nè l'uno, nè l'altro eſtremo, mà ſolo il mezzo, ou'ella conſiſte. La palma, che tiene nell'altra mano, è effetto di lei, riceuendo ſempre il trionfo, e'l vanto in tutte le coſe. Il ſerpe velenoſo ſotto i piedi accenna l'oppoſitione grande del ſuo contrario, ch'è'l vitio, quale all'hora vien depreſſo ſotto i piedi, quando s'acquiſta l'habito della uirtù; e ſe per fine il ſerpe ſtà fra fiori, ſiano il di ciò ſignificato le fiorite delitie, e' piaceri di queſta vita, che quai fiori inuaghiſcono il ſenſo humano, e ſouente partoriſcono velenoſi ſerpi di mali, dandoſi bando per quelle alla virtù, come diſſe il ghirlandato Poeta. La gola, e'l ſonno, e l'otioſe

piu-

piume,hanno dal mondo ogni virtù bandita ; facciafi dunque forza
da gli huomini per farne acquifto
a douitia , e fuggire al più che fi
può i piaceri, e' diletti, l'otio,e le
piume,ed auezzarfi al patire, dandofi all'afprezze,a' vigilie,ed aftinenze .

Alla facra fcrittura . Si dipigne
la virtù da donna allegra , e bella ,
che talmente chiamò l'anima eletta abbellita da virtù lo fpofo ;
Cât.7 C.9   *Quam pulcra es, & decora cariffima.*
E lieta ancora fi dipigne, per l'in-
terno gaudio,c'ha l'anima virtuofa ,'fauellandone d'acconcio il fa-
Pro. 15 B.   uio ; *Cor gaudens exilarat faciem;*
13
Soph. 3.C.   E Sofonia inuitaua l'anima vir-
14   tuofa al giubilo ; *Lauda filia Sion :*
iubila Ifrael : latare , & exulta in
omni corde filia Hierufalem . Tiene
gli occhi alzati in alto , perche
colà riguarda co' penfieri , così
diuifando del giufto virtuofo l'Ec
Ecclefiaft.   clefiaftico ; *Virtutem altitudinis cali*
17 D. 31

*ipfe confpicit , & omnes homines ter-
ra , & cinis .* Oue ammira vaga
ghirlanda di cedro del felice libano, al cui pari fù folleuata l'ani-
ma virtuofa, e fanta ; *Quafi cedrus*   *Ecclefiaft.*
exaltata fum in libano . Ha la vefte   *24 B. 17*
leonina fimbolo della virtù,ò for-
tezza. *Confurge, confurge induere for-*   *Ifai.51 B.*
titudinem brachium Domini. Che for
fe quì allufe il parlare di Baruc.
Et induere decore , & honore eius,   *Baruc.5 A.*
qua à Deo tibi eft fempiterna gloria.
I'Arcipendolo della mifura,ò giu
fta pofitione delle potenze , ha-
uendo quì l'occhio il fauio ; *Vir-*   *Sap. 12 C.*
tus enim tua, iuftitia initium eft. Hà   *16*
nell'altra mano la palma, ch'in
cotal guifa vidde Giouanni l'ani-
me elette trionfanti ; *Et Palma in*   *Apoc.7 C.x*
manibus eorum. E'l ferpe in fine
conculcato fotto i piedi ombreggia il male inimico della virtù,
così dicendo Ezzechiello ; *Infuper,*   *Ezzec.34*
& reliquias pafcuarum veftrarum con   *E. 18*
culcaftis pedibus veftris.

VITA HVMANA. G. 193.

Donna di baffa ftatura con vn vafo in tefta, oue fono
molti vermi, fpini, e fterpi con vn fiore in vna mano,
e nell'altra vn'ombra , haurà fotto i piedi vna fpada,
vn fcudo, l'arcò, e le freccie,ed altr' armi bellici,e gli
fia d'apreffo vna pianta fecca , oue folo fia vna foglia
agitata dal vento.

LA vita humana è di molta
breuità , e fpecialmente a'
tempi noftri è molto diminuta,co-
me s'è detto di fopra,perche i peccati,breuiano la vita,ed in tal fatto reluce la pietà di Dio , che vedendo gli huomini così oftinati al
male, e ch'ogn'hor crefce,confor-
me gli crefce la vità, fe molto vi-

ueffero molti, e molti farebbono i
peccati ; nafce ancora per lo difordinato viuere,ch'hoggi fi fà nel
mondo in varie cofe ; ò pure per i
molti trauagli , e graui penfieri,
fe l'abbreuia la vita ; ò perche i
frutti, con che fi foftentano gli
huomini,'fono di poco valore,per
caggione del diluuio,come altresì
hab-

habbiamo di sopra toccato, ò per queste raggioni, ò per altre breuissima è la vita humana, nè si fidi niuno al lungo viuere.

August. de verb.Dom. serm. 17

E breue la vita (dice Agostino) e la breuità è molt' incerta. Che cosa è il longamente viuere (dice l'istesso,) se non correre al fine della vita? Nulla cosa è più fugace del secolo, & delle sue cose, le quali perdiamo, mentre l'habbiamo; I Filosofi diuidono questa vita in sette età, e noi in quelle ci mutiamo speditamente, non sapendo il termine della morte, così dice il Padre San Girolamo.

Id.ser. 40

Quindi questa Donna, che rasembra la vita humana è di bassa statura, per tal breuità di viuere, e pieno di miserie, trauagli, ed affanni, che però tiene sul capo il vaso con i vermi, che dinotano le miserie humane, non essendo altro questa vita, che valle di miserie piena; i spini, e sterpi sembrano le molte afflittioni, e' disaggi, che quì si soffrono; tiene il fiore in vna mano, poiche conforme egli per poco apparisce bello, mà tosto langue; così la vita humana in vn tratto si riduce al niente; e questo sembra ancora l'ombra nell'altra mano, ch' vn'ombra, ed vn niente è questa vita; L'armi belli-

ci sotto' piedi sono per segno del continuo cóbattimento, c'hà l'huomo in terra contr' il Diauolo, il mondo, e la carne; ed in fine fra'l senso, e la raggione è guerra ordinariamente, e la vita humana è vna guerra stessa sopra la terra; La pianta secca con vna sola foglia secca sembra, che tanto siamo in questa vita; e senza niun'humore, e tutt' il giorno siamo agitati dal vento delle tribolationi.

Alla Scrittura Sacra. Si dipinge di bassa statura con vn vaso di vermi, e spini la vita humana, per esser picciola, e breue, e colma di miserie, come dice Giobbe. *Homo natus de muliere breui viuens tempore, repletur multis miserijs.* Il fiore, che subito si fà marcio, cóforme la vita humana, e l'ombra, che tosto sparisce. *Qui quasi flos egreditur, & conteritur, & fugit velut vmbra.* L'armi bellici sotto' piedi, ch' accenanno esser' vna guerra ordinaria la vita dell' huomo. *Militia est vita hominis super terram.* La foglia secca sola in vna pianta secca d'appresso, agitata dal vento, ch' è simbolo della nostra vita sì arida, agitata dal Vento delle miserie terrene. *Contra folium, quod vento rapitur ostendis potentiam tuam, & stipulam siccam persequeris.*

Iob 14 A.

Iob 7 A.

Iob 13 D.

VITA HVMANA. G. 194.

Donna, quale con la rocca fila, & gli casca il fuso in terra, rompendos' il filo, hà nell'altra mano vn segno di nubbe, sotto' piedi vna corona, e lo scettro, le pende alla parte del cuore vn bellissimo Adamante, ed indisparte v'è vna faccia, che soffia il vento.

LA vita humana miserabile, che corre al niente, qual rapido fiume al mare, e qual vccello al lido, e fiera, seguitata da cacciatori,

ciatori, che ratto s'imbofca; così ella giugne al fuo fine, ch'è la morte. Quindi fi dipigne da Donna, che fila, così filandofi, e crefcendo la noftra vita, conforme il filo nel fufo, mà il fufo cafca fouente in terra, rompendos' il filo, ch'è quello della noftravita, ò'l ftame del noftro viuere, cafcado quefto noftro corpo, qual fufo in terra. Tiene nel capo vn fegno di nubbe, ch'apunto così fi finifce la vita noftra, com'in vn tratto fi fgombra la Nubbe nell'aria. Le pende alla parte del cuore vn Adamate preggieuole, in fegno che la vita humana depende dal cuore, oue fono i fpiriti vitali, il qual fubito, ch'è offefo, finifce la vita, dunque più d'ogn' altro membro bifogna ben guardarlo. Il vento, che foffia, non effendo altro fe non com' vn vento la vita, paffando così tofto qual vento l'effere humano.

Alla facra fcrittura. La donna co'l fufo, che fila, e fi rompe;

Et erit vita tua quafi pendens ante te; Timebis nocte, & die, & non credes vita tua. Ch'è il fofo pendente, che cafca dopo rott' il filo. La nubbe, perche così paffa fubito la vita, come quella fi fgombra; Et tranfibit vita noftra tanquam veftigium nubis, & ficut nebula diffoluetur, &c. Hà la corona, e lo fcettro fotto' piedi, perche deue l'huomo difpreggiar' le grandezze, hauendo tante miferie in terra, nè sà doue l'hanno a condurre; Quid neceffe eft homini maiora fe quarere, cum ignoret, quid conducat fibi in vita fua numero dierum peregrinationis fua, & tempore, quod velut vmbra preteryt? L'Adamante al cuore, onde depende la vita, che però deue ferbarfi; Omni cuftodia ferua cor tuum, quia ex ipfo vita procedit. E per fine il vento fimigliante alla vita, come diceua Giobbe; Memento quia ventus eft vita mea.

Deut. 28
G. 66

Sap. 2 A. 3

Ecclefiaft. A. 1

Pro. 4 D. 24

Iob 7 A. 7

VITTORIA DI S. CHIESA.　G. 195.

Donna di bell' afpetto veftita di porpora, al cui lembo
vi fono alcuni campanelli, e melegrane dipinti, è
coronata; tiene vna collana arricchita d'adamanti, e
faffiri, nel petto harrà vn fulgido fole, in vna mano
vn fcettro, e nell' altra vn fulmine, le ftà d'appreffo
vna naue con doi Anchora, ed vn'albero d'alloro, ed
vno di palma, fu'l quale v' è vn' Aquila.

Santa

SAnta Chiefa Cattholica, ch'altro non fona, che congregatione, ò vnione di fedeli, fondata,
e ftabilita dal noftro Saluatore
Chrifto Giesù, e combattuta, e
trauagliata da tanti fuoi nemici,
che tutti al fine fuperò, e vinfe,
ed è rimafta vittoriofa, e trionfante, ed hà ftabilito il piè fopra
tutte l'altre falfe Chiefe; fi che le
conuiene giuftiffimo titolo di Signora, di grande, di padrona, e
d'Imperatrice, per effere veracif-
fima, fondata dal vero, e real Signore del mondo, e figlio di Dio;
oue l'altre fon fondate da buggiardi, da falfi ingannatori, e vili, in cui mai s'è vifto efito di niun
bene, nè fi fcouerfe niuna verità;
fi che in gran maniera miferi, ed
occecati da Satanaffo fono que',
ch'albergano fotto sì falfi tetti, e
fi veftono di sì buggiardi manti,
ftando in denfiffime tenebre d'errori, fuggendo la vera, e fourana
luce della noftra madre Santa
Chiefa Cattolica, degna che tutt'
il mondo l'honori, tutte le creature fe le proftrino, tutt'i domini, fe
le pieghino, tutti regni fe le humilijno, e che tutti gl'Imperi, e
Monarchie depofitino le corone
auanti i fublimi piedi di lei. Ella
ben può nomarfi vincitrice vittoriofa, hauendo riceuuto gloriofa vittoria di tutti contrari, e fpecialmente trionfando di quel capital nemico Prencipe delle tenebre, Capitano dell'abiffi infernali, e Duce d'ogni fmarrito fpirito,
calpeftrandolo con molto fuo af-
fronto, ed ingiuria; nè fur mai
bafteuoli le fue aftutie, nè le vane
fuperftitioni, nè buggiardi errori,
ed ingannenoli feméze di fue falfe
dottrine, che feminò nel mondo,
con che cercò far condotta di
ciafcheduno fotto' fuoi dogmi da

ogni verità alieni, per fmantellar
le mura di queft'inclita, fublime,
ed inuitta Città di Santa Chiefa;
nè fur di valor niuno le fue predicationi, le fuggeftioni, i falfi
oracoli, i buggiardi prodigi, le
finte apparitioni, le vane promef-
fe, il viuere licentiofo, le grandezze, i titoli, e le pur troppo efe-
crande glorie, che promettea
a' fuoi. Nè gli giouò mai, per
trionfare di quella, il redurre eferciti, l'erger muraglie di fortezze,
prendendo l'armi per mano di
tanti Imperadori, con che perfe-
quitolla a morte, facendone ftrage, con dar bando a' Chriftiani,
fpauentandogli con tormenti, con
annhichilargli'l nome, con toglier
via dal mondo il lor commercio,
con fargli a chiunque abomineuoli, conducendo a' fupplici crudeli chi folo gli nominaffe, e per
fine conducendogli ad obbro-
briofe morti; mà 'l tutto fù nulla,
che le minuzzerie, e gli atomi
di quelli fufcitorono in tanti valorofi giganti, per fargli pugna; il
fangue innocente fparto diuenne
fortezze, baftioni, e rocche
fortiffime, con che fi deftruffero
tutt'i nemici della fede, quale fi feminò per tutto; e dal niente n'v-
fciua l'effere, dalla morte di quelli ftabiliuas' in piedi la vita, dal
perdere di fauella s'erguano le
trombe della predication vangelica, dall'atterragli con la morte
furgeuano pur in aria alle prefen-
ze loro, ed a lor onta predicaua-
no Chrifto crucifo; ed oue per-
fuadèuanfi eftinguere col ferire,
fgorgaua felice propagatione, ed
oue col fdegno voleano, e con l'i-
ra porre in oblio l'effercito di
Chrifto, quello fù ordinato per
mai morire, e per erigere Maufu-
lei, ò piramidi d'eterna memoria
O o o   di

di sì ſtrauagante trionfo, che niuno ſe l'eguagliò al mondo, nè pa-
reggiollo giamai. Dunque è Santa
Chieſa noſtra verace madre, onde
vſcirono i felici parti di Chriſtiani con feliciſſimo euento, oue l'al
tre ſerno abbomineuoli aborti.
Ella è noſtra guida, e ſcorta, ella
ch'in vn tempo fù Nauicella combattuta da tempeſte maritime, hora è condotta dal prattichiſſimo
Peloto Pietro Apoſtolo al fermo
lido, e ſtabile a ripararſi, oue tà
dono regale di ſue ricchezze a'
credenti, compartendogli la vittoria, ed i receuuti honori, facendo pompa con glorioſi trofei,
ſe ne gli affanni, e nel combattere
l'appreſſorno, tornagli d'acconcio altreſì participare de'riporta-
ti beni, come diſſe l'Apoſtolo;

2 Cor. 1 B.
8

Scientes quod ſicut ſocij paſſionum eſtis,
ſic eritis, & conſolationis.

Santa Chieſa vera madre de'
credenti è diſſeminata ſopra tutta la terra, dice Irineo, il cui fondamento è colonna, e l'Euangelo
è lo ſpirito della vita; E d'Impero, e dominio tale (dice Agoſtino) che ſempre creſcerà, finche
s'adempiſchi il profetico parlare;

Aug. ſuper
Matth.
Irin. lib. 3
cap. 11
Pſa. 71 B. 8

Dominabitur à mari vſq; ad mare,
& à flumine, vſq; ad terminos orbis
terrarum. Ella come vera padrona ſignoreggiarà tutto l'vniuerſo, e tutti riconoſceranno la ſanta
verità della ſua fede.

E la Chieſa vna certa forma di
giuſtitia (dice Ambrogio, ed
Agoſtino) cioè vna commune
legge, vn commun' impero, in
commune ora, opra, ed è tentata,
e ſenza la ſocietà di lei, nè il batteſmo, nè l'opra della miſericordia, nè altro giouarebbe.

Ambr. lib.
offi. 1 c. 28
& Aug de
fide ad Pet.

Non preſume la Chieſa (dice
Bernardo) di propri meriti, ma di
quelli di Chriſto. Queſta gran-

Bernard.
in ſer. 6

ſpoſa di lui (dice l'iſteſſo) niuna
coſa tien per più glorioſa, e ſublime, quanto ſoffrire obbrobri, e
patir vilipendi per Chriſto ſuo
caro ſpoſo. Ed è dice (l'iſteſſo)
mezzana fra'l Cielo luogo de'
buoni, e l'inferno de' mali; ella
riceue indifferentemente i buoni,
e'triſti; come nell'arca di Noè vi
furono gli animali feroci, ed i
manſueti.

Id. in Cāt.

Idem in
Matt. 22

Quella è la vera Chieſa, ch'oſſerua la fede intiera di Chriſto
(dice Girolamo) ed altroue afferma il medemo, eſſer quella a guiſa della luna, c'hau' aumenti, e
decrementi; Diminuì con le perſecutioni, e martiri de' Santi, mà
all'hora più crebbe; Nè (dice
l'iſteſſo) conſiſte nelle muraglie,
mà nella verità dell' oſſeruanza
de'precetti, e leggi.

Hieron. in
ſymb. Ruff.

Idem lib. 4
exameron.
cap. 8
Idē Pſ. 133

E queſta è la proprietà della
Chieſa (dice Hilario) ch'all'ho-
vinca, quando è percoſſa; all'hora intenda, mentr'è ripreſa; ed
all'hora ottenghi, quando s'abbandona; ſe mai nemico per for-
zoſo, ch' e' foſſe la potè vincere,
e ruinare. Ella non s'edifica con
l'oro, mà più toſto ſi diſtrugge,
dice Solpit. è differente la Chieſa
dalla Sinagoga (dice Rabbano)
perche quella diceſi vocatione, e
queſta congregatione, e le coſe
irragioneuoli ſi poſſono congregare, mà non chiamare. E per fine diciamo, che Santa Chieſa reſta vincitrice, mentr'altri le muo-
uon guerra, ed è vittorioſa, mentre chiedon'offenderla

Hilar. de
Trin.

Ser. dia. 1

Qui tibi bella mouet, genitrix
   ſanctiſſima, non te
Ladis, at ipſe ſuum traijcit
   enſe caput,
Calce ferit ſtimulum nam ſe mi-
   ſer ipſe cruentas:
Quidq; puta ſtimulo, ſe dare
   damna,

damna, capit
Atq; eadem patimur , qua rupi
allifa procella
Alluitur rupes: frangitur vn-
da minax
Fortior es cælo, calumq; & terra
peribunt :
At tu Sponfa Dei , tempus in
omne manes.

Si dipigne dunque la vittoria
di Santa Chiefa da donna veftita
di porpora , ch'è veftimento regale, per effer Regina , e Signora
vniuerfale del mondo , fpofata
co'l Rè di Reggi Chrifto Signor
noftro, in guifa che'l fauio diffe ;
Filia Hierufalem venite , videte Re-
gem Salomonem , diademate corona-
tum, quo coronauit eum mater fua,
in die defponfationis,& latitia. A piedi della quale vi fono i capanelli,
e melagrane ombreggiant' il vero
facerdotio, che fi coferua in lei, co
Exod. 28 me s'ordinaua nell'Efodo, doueffe
portar quelli il Sacerdote nel lem-
bo della vefte; ed ancora fembrano l'vnione de' fedeli , vnendogli
la capana co'l fuono , congregan-
dos' infieme , alla guifa che fotto
vna cortice d'vna melagrana fi
racchiudono, e s'vnifcono molti
rampolli. E coronata come Regi-
Pier.lib.41 na verace, effendo appreffo Pierio altresì geroglifico di verità la
corona , ed anco fembra le leggi
Idem ibid. appreffo l'ifteffo , per fignificare,
che le vere, e Chriftiane leggi da
violarfi,e che conducono ad eterni premi, offeruandofi,fono da lei
fundate , e s'vnifcono molti
fundate , e promulgate a' fedeli.
La collana d'oro dinota l'opre
lodabili,e fpirituali ceremonie di
Veget. & S.Chiefa,così dice Veggetio, e A-
Ada. ant. damantio; mà è ingemmata d'ada
fup. Ezec. manti,e faffiri,e gl'vni fecódo Val.
Picr.Vale. fono fegno di fortezza,ed appreffo
lib 41 i greci chiamauans' indomite gê-
Orat.epif.1 me; Ed appref's'Horatio fembrano

l'animofità inuerfo le cofe contrarie. Ed anco appreffo l'ifteffo
Valeriano nel luogo citato, l'ine-
fpugnabiltà, refiftendo a'gagliardi cólpi di martelli , rendendofi
ogn'hor piu duri, e folidi,e altresì chi l'vfa. Quindi a' Diti fi fin-
geuano i petti adamantini, le tartaree porte , e le colonne effer fa-
bricate di dette pietre;il che chia
ramente accenna in prima la fortezza inuincibile di Santa Chiefa,
l'animofità grande de'fuoi Soldati, e Capitani , contro l'auuerfari
della fede ; e parimente l'inefpu-
gnabiltà, ed inuincibiltà in tutte
le fue battaglie.Gli altri,che fono
i faffiri, quali arrichifcono quefta
facrofanta collana , fono, dice l'i- **Idem loco**
fteffo Valer. nel medemo luogo **cit.**
di fopra , appreffo l'antichi, e
moderni fignificato d' Impero , e
fommo facerdotio , riportando
quefte valorofe pietre virtù celefti da Gioue, e da Saturno, ch'indrizzano a cotali euenti , come
Gioue al Regno, ò all' Impero, e
Saturno al fommo Sacerdotio, e
ambidui nella maggior altezza ,
che giamai poffonfi confiderare
fono in Santa Chiefa. Tiene vn
fulgido fole nel petto , quale fecondo Pier. fembra la detta mae- **Idem loco**
ftà dell' Impero , e fi come il Sole **cit.**
e Padre vniuerfale delle generazioni naturali ; così ella è madre
de tutte le generazioni fpirituali ;
e come quello per tutto eftende,
e fofpigne i fuoi rai ; così ella il
fuo dominio; è fignificato ancora
il fole d'humiltà, illuminando parimente le cofe preggieuoli , e le
vili ; inguifa ch' ella tutti raguna
fotto'l fuo dominio , ed annouera
tutti buoni , e cattiui . E dicafi di
lei l'oraculo del fole, ch' altri dif-
fe del fuo fpofo. *Qui oriri facit fo-* **Matth. 5**
lem fuum fuper bonos,& malos. Com- **G. 45**

partendo a tutti la luce delle sue gratie, lo scettro, c'hà in vna mano, è simbolo ancora del regno pur troppo felice, e stabile della Chiesa, a cui tutti regni cedono. Nell'altra mano tiene vn fulmine, c'hà vari significati, prima, ch'oue troua durezza fà stragge grandi; quindi Alesandro il magno, ed i Romani se ne seruiuano per impresa, alludendo alle lor potenze, e forze inuincibili, significando, ch'oue ritrouauano durezza, e chi volesse ostare alle lor forze, l'harrebbono cagionato ruina, e destruttione, mà a chi si piegaua a loro, e se gli humiliaua, l'harrebono fatto piaceri, e gratie; in maniera ch'il fulgure a cose molli, e frali non danneggia; e questa è vera Impresa di Santa Chiesa, c'hà destrutto, ed annihilato con le sue potentissime forze chi l'hà voluto resistere, e repugnare; come gli hebrei, ch'hora si ritrouano così dispersi, e così in poco numero, e tanto poco, c'hor mai par' essersene per sà la memoria. Gl'Imperadori superbi, che direttamente la contrariorno, non solamente non vi sono, mà per le sue forze restorono annichilati, hauendogl'in tutto tolto il dominio, e lo scettro, stabilendo l'Impero suo nell'alma Città di Roma a lor onta, oue faustosamente regnauano. Et però Geroglifico si è il fulmine appresso *Pier. Vale. lib. 43* Valeriano di propagatione, e diffusione di fama, hauendo Santa Chiesa propagato infiniti credenti, e di lei è fama pur troppo diffusa per l'vniuerso Se di clemenza (come dice l'istesso) stando così scolpito nella medaglia di Pio Antonino, e Nerua; qual più clemenza grande, e piaceuolezza in far gratie, e fauori della pieto-

sa madre Santa Chiesa, non solo, a' cattolici, mà anche a' suoi nemici, per picciolo conoscimento, c'habbino de' suoi errori. La Naue, e l'Anchora l'antichi Egitij posero per segno di refuggio, e tutela, essendo così a pieno ella di tutte l'anime Christiane; e per fine v'è vn albero d'allore, che simboleggia l'Imperatoria maestà, e'l trionfale honore, come narra Pier. Valer. essendo altresì *Pier. Vale. lib. 50* l'alloro insigne trofeo di trionfadori, ilche cauasi nõ solo da quel, che dice Ouidio. *Ouid.*

Tuducibus latis aderis cum lata triumphum.

Vox canet, & longas visent Capitolia pompas.

Mà ancora si sà chiaro da molti sepolcri di grandi, oue stà scolpita questa pianta; e gli antichi vincitori dopo i trionfi recauano la ghirlanda d'alloro, di che eran sì gloriosamente coronati al Dio Gioue, e nel suo seno la lasciauano con molt'honore. L'Albero di palma, ch'ancor v'è, quale non cede a peso veruno, anzi più s'estolle con quello, resistendo alle forze; rasembra Santa Chiesa resistente al graue peso delle forze potenti de' nemici, per cui giamai piegosì, anzi ogn'hor fù vista sorger vie più d'ogn'altro all'insù. E l'Aquila, che v'è sopra per fine regina dell'vccelli, è simbolo del dominio di lei; ed anco, secondo Valer. appresso li sacerdoti *Pier. Vale. lib. 19* d'Egitto, della sede ben fondata, quando però portaua vn sasso nell'artigli; com'apunto è fondata la Sede di Pietro sopra stabilissima pietra.

Alla scrittura sacra. Si dipigne la Santa Chiesa da donna vestita di porpora, e coronata, per esser sposa, e Regina del sõmo Rè Christo

fto Giesù, ch'in guifa di Gierufa-
lemme tutta adorna qual vaga
fpofa fù rauuifata da Giouanni;
Vidi Ciuitatem Sanctam Hierufalem
nouam descendentem de Calo, à Deo
paratam, sicut Sponsam ornatam viro
suo. V'è la collana con adamanti
di fortezza, della quale parlò il
Citarifta Dauide; *Fortitudinem*
meam ad te cuftodiam. Gli faffiri del
fommo facerdotio, del quale
parlò San Paolo; *Translato enim*
facerdotio, neceffe eft, vt & legis trans-
latio fiat; E prima di lui l'Ecclefiaftico; *Fungi facerdotio, & habere*
laudem, in nomine ipfius, & offerre
&c. Hà nel petto vn fole lucidiffimo, che fembra l'vniuerfalità del
fuo dominio; *Dominabitur (dice*
Dauide) *à mari vfq; ad mare, &*
a flumine vfq; ad ter &c. O pure la
maeftà dell'Impero; *Multiplicabi-*
tur eius imperium, & pacis non erit
finis; Come dicefi del fuo fpofo,
e con ragione di lei altresì dir fi
può. Lo fcettro del Regno; *Et*
fceptrum in manu eius, poteftas, &
imperium; E così promettea

Iddio al fuo popolo, foggiogar-
lo al fcettro regale di quella; *Subi-*
ciam vos in fceptro meo, & inducam
vos in vinculis fæderis; Hauendo lo
fcettro della fama, e del nome vni
uerfale; *Et memoriale tuum in gene-* *Pfal. 101*
rationem, & generationem. V'è la *B. 13*
naue per tutela, e refugio, hauendo quì gli occhi il Profeta Reale;
Altiffimum pofuifti refugium tuum. *Pf. 90 A. 9*
La palma per la fortezza, che non
cede a niun pefo; *Hæc tibi fcribo,* *1 Tim. 3*
&c. vt fcias quomodo oporteat te in *C. 15*
Domo Dei conuerfari, quæ eft Ecclefia
Dei viui, columna, & firmamentum
veritatis. L'Aquila, c'hà la pietra
nell'artigli, fembra la Chiefa ben
fondata, come diffe il Saluatore a
San Pietro; *Et ego dico tibi, quia tu* *Matth. 16*
es Petrus, & fuper hanc petram edifi- *c. 18*
cabo Ecclefiam meam, & portæ inferi
non præualebunt aduerfus eam; E fono fondamenti tali, le cui pietre
fono incaftrate con ordine mera-
uigliofo; *Ecce ego fternam per ordi-*
nem lapides tuos, & fundabo te in *If. 54 C. 11*
faphiris &c.

VITTORIA, CH'IL GIVSTO PORTA
DEL MONDO. G. 196.

Vn'huomo coronato di verde alloro, sù la qual corona,
ò girlanda vi farà vna teffitura di fiori vari, haurà l'ali
negli homeri, terrà vna bandiera alla mano deftra,
e colla finiftra foftenghi vna colonna, ftia co' piedi
fopra vna palla rotonda, effendouene vn'altra in
difparte buttata per terra.

Il giufto amico di Dio vince il
mondo fuo nemico, mortifican
do fe fteffo, e le fue paffioni, e poco abbadando alle vanità terrene,

quali fon cagione della dannatione di tanti, che v'abbadano, e
vi corrono dietro, imaginandos'i
miferi effer gran cofe, e colà effere

re i veri contenti ; nè conoſcono, ò forſenati, ch'altro non ſono, ch'ombra di contenti, e di piaceri, apparenze di diletti, ed inganni di Satanaſſo. Mondo, che fà sì bella, e leggiadra apparenza, e viſta riguardeuole, con che tira gli huomini a ſe ciechi, e poco accorti, che non conoſcono le ſue miſerie, e le ſue frodi, poi che permette bene, e reca male, piaceri, e dà dolori. Quindi ſi dipigne queſta Vittoria per vn'huomo coronato di alloro, il quale è di natura verde aſſai, e tal viridità così d'eſtate, come d'inuerno ſempre la conſerua, ſembrando la conſeruatione del giuſto, che fà del verde delle virtù, hauendole ſempre ſeco, che lo reduſſero a trionfar del mondo co'l abbandonarlo, e poco ſtimarlo, e col mortificarſi in ogni vanità, appreſtatagli da quello. Quindi hà la corona d'alloro, con che ſi honorauano le tempie di trionfadori negli antichi tempi dell'Aguſta Città di Roma; è metafora altresì l'alloro della ſicurtà, per far ſicuro chiunque n'hà ſopra, ò vi s'auuicina da'folgori, da'fantaſmi, da'vermini, e da'tigne, che ſogliono corrompere i veſtimenti. Il giuſto ſe ne corona nella vittoria del mondo, ſtando ſicuro di tal trionfo, e de'fulmini infernali, e de'vermi dell'eterna corruttione. La ghirlanda di fiori, perche quello, ch'abbandona il mondo, e lo vince, ben può dirſi rinouellare qual infiorata primauera, e dar' a tutti fragantia ſuauiſſima coll'eſſempio ſuo eccellente. Hà l'ali negli homeri, che ſono Geroglifico di vittoria, e di gloria, ſecondo Pier. e l'Aſtoro, ò Falcore ſembra pur la vittoria, volando più in alto di tutti gli altri vccelli, e

Pier.lib.21

ben ſe gli può dar'il nome di glorioſo, e vittorioſo; L'ali viſte da Ciro, che ſtauano negli homeri di Dario Rè, e ch'vna ombraua l'Aſia, ſtendendos'in verſo là, e l'altra l'Europa, il che augurogli famoſiſſima vittoria. E'l grã Antiocho, c'haueua fatto tante prodezze nelle battaglie, riportando vittoria con pompoſiſſima gloria di tante Città; e ſoggiogato tante genti, fù chiamato alato, e col proprio nome di Falcone, che tanto vola; e conforme notano Euſtatio, e Pauſania, alle muſe fur poſte le corone conteſte di penne, c'haueuano tolto alle Serene coll'impulſo di Giunone, quali haueuano ſuperato, il che fù ſegno chiaro di vittoria; in ſomma le penne, e l'ali ombreggiano la vittoria, e'l volo della fama, che s'acquiſta per quella; hor queſt'ali habbiamo poſto al giuſto, che trionfa, e riporta vittoria del mondo, volando ſopra i beni frali, e tranſitori piaceri, punto non attuffandos'in quelli, come coſe vili, e baſſe, e come coſe, che riempono di bruttura l'anima, ſolleuandoſi pero a' maggior beni ſpirituali, calpeſtrando quanto vi foſſe mai nel mondo. E coronato d'alloro, qual'è ſimbolo di vittoria, come molte fiate s'è conoſciuto, e ſpecialmente nella caſa d'Aleſandro Seuero allhora figliolo, naſcendo vicino ad vn'albore di perſico belliſſima pianta di Lauro, che frà vn' Anno ſuperò il Perſico, ed i Saui indouini prediſſero, che quel figliolo doueſſe ſuperare i Perſi, come già auuenne, e ſotto l'Impero ſuo primieramente furſoggiogati i Perſi ſotto' Romani, e Virgilio del vittorioſo parlando, diſſe. *Viridique aduolat tempora lauros*; E l'Imperadori Romani mandauano

Modyſſ, Batic.

Eneid. li. 5

o

uano, le lettere auuolte frà rami d'Alloro, effendo noncij felici di vittoria, quali chiamauanfi lettere laureate. Quindi diffe Ouidio. *Non ego victrices lauro redimere tabellas. Nec Veneris media ponere in ede morer.* Sembra dunque la ghirlanda d'Alloro sù la.teftà del giufto la glorio fa vittoria, e'l pompofo trionfo, che riporta del vinto mondo. La bandiera, c'hà nelle mani, è fegno di vittoria, che tale fuol' appreftarfi a' vincitori, ed è fegno per anche del preggio; e la colonna, che regge col l'altra mano fembra l'hauer fpreggiato il mondo, e le fue glorie, raffembrate per quella, e che pofcia fia fatto colonna imobile per l'edificio del Celefte Tempio del Paradifo.Hà la palla rotoda, che fembra il mondo fotto' piedi, per difpreggiarlo, effendo così male, e come cofa immonda,e per triôfar di quello. La palla, che ftà buttata in difparte vicino vn legno fecco fi è perche il giufto hauendo vinto il mondo, lo ributta come cofa indegna, ed a punto come cofa mala degna del fupplicio d'vn legno, ò altro patibolo infame.

Alla Scrittura Sacra. Stà coronato d'Alloro chi trionfa del mondo, per la vittoria, che fembra il lauro. *Omne quod natum eſt ex Deo vincit mundum.* Stà tal vincitore ghirlandato di fiori, perche come quegli germoglia, ed apparifce

Epiſt. adatic.& habetur,et alib.

Ioa.5 A. 4

bello in cotal vittoria. *Et florebit quaſi lilium. Germinans germinabit, & exultabit, &c.* L'Ali, che tiene a gli homeri, fono per fegno di trionfo, e di vittoria, ch' in guifa tale defideraua Dauide fe gl' impiumaffero l' ali, per dar fegno d' hauer trionfato del mondo, e poterfene formontar col volo negli alti cieli a ripofare. *Quis dabit mihi pennas ſicut columba, & volabo, & requiefcam.* La bandiera della vittoria, e del trionfo altresì accenna il premio d'eterni beni. *Qui vicerit poſſidebit hæc,& ero illi Deus.* La colonna della fortezza,con che hà vinto,e fpreggiato il mondo. *Qui vicerit faciam illum columnam in templo Dei mei.* Hà il mondo fotto' piedi, dal giufto vinto, e fuperato, che Chrifto calpeftrandolo diffe. *Confidite, ego vici mundum;* O pur per quefta palla, ch'è'l mondo,s'intende la fortezza di quello vinta, che così parlò Sofonia. *Quoniam attenuabo robur eius;* O pur le fordidezze, e l'imunditie di lui calpeftrate. *Sordes eius ſub pedibus eius.* E finalmente la palla del detto mondo buttata in difparte, come cofa tranfitoria. *Præterit enim figura huius mundi.* E d'appreffo a vn legno, come cofa abbomineuole, e fcelerata degna di patibolo, in guifa che parue all' Apoftolo vn diforme cruciffifo. *Per quem mihi mundus crucifixus eſt, & ego mundo.*

Iſa.33 A.1

Pſ.54 B. 7

Apoc.21 B. 7

Apoc. 3 C. 12

Io.16 D.31

Soph. 2 D. 14

Tren.1 C.9

1 Cor.7 F. 51

Gal.6D.14

VIT.

VITTORIA, C'HA'L GIVSTO DEL DEMONIO. G. 197.

Huomo con vn fcudo imbracciato, con che par'habbia riparato molti colpi, tiene vn piede fopra vn ferociffi- mo leone, hà gli occhi molto rilucenti, che mirano di lontano, tiene in mano vn'hafta, con che'l ferifce, ed vn'arco; vicino al Leone vi fono molti fterpi, e faffi, ed vn precipitio grande, e in difparte ferraui vn Gallo.

IL Diauolo è creatura fpiritua- le, ed Angelo di belliffima na- tura, e vaghiffima nelle natura- lezze, piena di tutte fcienze, mà per lo peccato egl'è diuenuto molto brutto, e la bellezza fua è mutata, e la fcienza ftà ofcurata, ed ottenebrata, e fempre indriz- zata al male; le fue naturalezze fono reftate intiere dopo l'effergli dato bando dal Cielo per la rub- bellione, che fè; mà le cofe gratui- te l'hà perfo, e la fciéza (com'hab biam detto) è molto deprauata, ed occiecata, con che tutt'il gior- no và girando, ed affaticandofi per l'altrui dannatione, com'il Prencipe della Chiefa efortaua tutti alla fobrietà, e vigilanza, per fcampar l'aftutie infaufte di sì noftro capital nemico, ch'ogn' hor tenta noi altri al male. *Sobrÿ* *eftote, & vigilate; quia aduerfarius* *vefter diabolus tanquam leo rugiens,* *circuit, querens, quem deuoret.* Alla guifa di feroce, ed infellonito leo- ne và fempre d'intorno, come poffa afforbir l'anime Chriftiane, è ben miftieri, dice San Pietro, ftar vigilante fuora del fonno, e dell' otio. Sono grandiffime, e potentif- fime le fue forze, e'l fuo defio fià-

1 *Pet.* 5 *B.*
16

meggiante è di moftrarle contro noi, e procacciarne la dannatio- ne; fpiccoffi quefta nemicitia di sì tartareo moftro contro l'humana natura dall'inuidia, di che fi riem- pì, quando per riparare a'noftri mali il Verbo Eterno affunfe la noftra carne, ch'era di minor conditione, e nobiltà della natu- ra de gli Angioli, all'hora apunte fcoppiò d'inuidia, e contraffe nemicitia contro noi; ò pure co- me dice Bafilio, perche è capitalif- fimo nemico di Dio, apoftatando da quello per la fua fuperbia, e non potendo farne vendetta, per effer vn piccioliffimo vermiccio- lo, pareggiando al gran Signore de gli eferciti, e Rè di Reggi; fe la prende con gli huomini, ou'è l'imagine di quello, a guifa della pantera nemica dell'huomo, che ritrouando la fua figúra, contro quella sfoga l'ira, e lo fdegno, c'hà contro quello, non potendolo far contr'effo; parimente auuiene in cotal fatto, non potendo quegli contro Dio, s'auuenta contro l'i- magin fua, ch'è l'huomo. *Inuafor* *hominis* (dice l'ifteffo Dottore) *Quia inuafor eft Dei.* E fono tante, e tali le furiofe forze di colui, che

fù

fù meſtieri al gran figliol di Dio venir dall'alto Cielo in terra, per deprimerlo . *In hoc apparuit filius Dei, vt diſſoluat opera diaboli.* Diſſe Gio. come in fatti vi reſtò il miſero debellato, e ſneruato nelle forze, benche non per ciò reſta da oprarſi cô ogni ſtudio, per cagionarne ruina, e moſtrar le ſue forze, ch'ancor ſon molte, de' quali non pauenta il giuſto, nè punto daſſi per vinto, mà animoſamente s'inferiſce contro di sì maledetta beſtia, reſiſtendo a'ſuoi gagliardi aſſalti, riparandos'i colpi finche'l diſcaccia da ſe trionfandone, e riportandone glorioſa vittoria. Parche ſiano come neceſſarie le tentationi di Satanaſſo (dice il Padre San Gregorio) nè l'anima mai ſi ſepararia dal corpo, ſe non foſſe tentata da quello; nè v'haueria poteſta alcuna, ſe nô viueſſe all'vſo d'animale immondo, e ſe pure l'haueſſe, non per indurla alla perditione, mà per approuarla. Dunque deueſi temere più (dice l'iſteſſo) la potenza del Diauolo, che l'offeſa di Dio, cioè deueſi più temere delle ſue tentationi, acciò non induchino a quella.

La volontà di Satanaſſo ſempre è ingiuſta, mà mai è ingiuſta la poteſtà, bauendo la volontà da ſe, mà la poteſtà di tentare da Dio, quale permette, che tenti, dice l'iſteſſo.

Il Diauolo, quando cerca ingannare alcuno, prima intende, e conſidera la natura di quello, e l'inchinatione, oue ſia atto a péccare, e pſcia vi s'adopra a farlo caſcare, così dice Iſidoro.

Che coſa più malegna del noſtro auuerſario (dice Agoſtino) il quale ſuſcitò la guerra in cielo, la frode nel Paradiſo, l'odio

fra' primi fratelli, e la zizania, c'hà ſeminato in tutte l'opre noſtre. Egli nel mangiare hà poſto la gola, nella generatione la luſſuria, nella conuerſatione l'inuidia, nel gouerno l'Auaritia, nella correttione l'ira, nell'eſſercitio l'Accidia, e nel dominio la ſuperbia.

L'interne cogitationi dell'animo noi ne ſiamo certi, ch'egli non le vegga (dice l'iſteſſo) mà col moto del corpo, e da certe congetture, noi ſappiamo per eſperienza, che le conoſchi; ed in fine quello ſolo conoſce i ſecreti del cuore, di cui ſi diſſe; *Tu ſolus noſti corda filiorum hominum;* Ch'è Iddio.

Nè s'inferirebbe il Diauolo côtro noi (dice'l medemo) ſe non gli ſommaniſtraſſimo le forze, co' noſtri vitij, e ſe non ſe gli deſſe luogo d'entrare.

E officio de'Demoni (dice Bernardo) ſuggerire i mali a noi, mà il noſtro è non conſentire, e quante volte gli reſiſtiamo, tante volte il ſuperiamo, e glorifichiamo gli Angioli, ed honoriamo Iddio, il quale viſita, acciò pugniamo, aiuta acciò vinciamo, e dà fortezza, acciò nô manchiamo. Guardianci fratelli di non dar luogo alle ſue tentationi, come diſſe San Paolo. *Nolite locum dare diabolo ;)* Perche ſubito ch'egli vede alcuna virtù in noi, ſi sforza di deſtruggerla.

Semina cum quadam Chriſtus tibi
    mittit ab alto
Hac tibi ne rapiat miluus ab ore
    caue.
Peruigil excubias agito, nam peruigil hoſtis
Excubat, vt rapiat munera miſſa tibi
Vt genuiſſe matem te perſpicit illite
    cuttis

Ppp   Vt

Margin notes (left):
1 Io.3 D.8
Greg.ſuper Lucam
Idem lib.2 moral.
Iſi.de ſum. bon. lib 3
Auguſt. in ſerm.4

Margin notes (right):
Id. de diff. Eccleſiaſt. dogmat.
Idem ſuper homel. 3
Ber. in ſer.
Epheſ.4 F 27

Vt neces, hunc, Pharÿ gens tru-
culenta ducis
Natus vt est in te Christus, rex
impius ipsum
Protinus horrenda tollere morte
cupit .

Prudentissimo dunque è l'huomo giusto, che sà guardarsi dalle
sue astutie, e ripararsi da' suoi
colpi, e trionfar di quello co'l diuino aiuto. Quindi si dipigne da
huomo co'l scudo al braccio, con
che s'hà riparato i colpi grandi,
che Satanasso l'auentò, che sono
le sue tentationi, sapendo conoscer le sue astutie, ed euitar le sue
molte malignità, e machinationi.
Tiene però il piè sopra vn Leone,
ch'è il Demonio, che per quello
ombreggiandosi la sua molta feri-
tate, restando di sotto tutto confuso, e vinto. Hà gli occhi lucidi,
e spauenteuoli, con che mira sempre, oue possa far preda. I balsi, le
rupi, e' sassi, che gli sono di sotto,
dinotano il precipitio della sua
eterna dannatione, oue vorrebbe
condurre noi tutti, per hauer pari, e compagni. Stà ferito da vn'
asta, e saettato dall'arco, che sono
l'orationi del giusto, e' digiuni,
che lo recano in fuga, come disse Christo. *Hoc genus Demoniorum*
non eicitur, nisi in ieiunio, & oratio-
ne; Ed anco la gratia di Dio, che
somministra aiuto, e forza contro vn nemico sì forte. Il gallo per
fine fù Geroglifico di vittoria appresso gli Spartiati, e quãdo supe-
rauano gli nemici in battaglia,
lo sacrificauano a' loro Dei; ed i
Romani (dice Pier.) sacrificaua-

Pier. lib. 3

Iuuenalis.

no all'hora vn bue, com'altri disse.
Duc in capitolia, creatumque Bouem;
E fù per accennar' il detto signifi-
cato; hor' il gallo è simbolo della
vittoria, ch' il giusto riporta del
Diauolo, essendo (a quel, che di-

cono i naturali) capitalissimo suo
nemico il leone, che di niun'animale pauenta, e fugge, solo del
gallo; quindi fù grandissimo Sacramento nella passione di Christo trouarsi vn gallo, e che can-
tasse nella negation di Pietro, in
segno che'l gran leone del diauolo per la forza, e merito di cotal
passione, e morte beata, era sbi-
gottito, e posto in fuga dal mondo; mà quì sembra la vittoria del
giusto, e'l terrore di Satanasso vinto da lui.

Alla scrittura sacra. Si dipigne
la vittoria del giusto contro satanasso da huomo forte, e valoroso con vn scudo, con che hà riparato i colpi, del quale parlò Daui-
de; *Scuto circundabit te veritas eius,* Ps 90 C.5
non timebis a timore nocturno. Tiene
il piè sopra'l leone; *Super aspidem,* Id. ib. C. 30
& basiliscum ambulabis & conculca-
bis leonem, & draconem. Hà i dirupi, e balsi vicino, e sassosi luoghi;
In petris manet, & in preruptis sili- Iob 36 D. 18
cibus commoratur, atq; in accessis ru-
pibus. Tiene gli occhi splendidi,
che guardano di lung', contem-
plando per far preda; *Inde contem-* Id. ib. H 19
platur escam, & de longe oculi eius
prospiciunt. Stà ferito da vn'asta, e
dall'arco, e saette; *Super ipsum sona-* Ibid. C. 22
bit pharetra, vibrabit hasta, & clypeus.
E così vinto se ne stà sotto' piedi
di quest'armato, qual'hau'vbidito
alle parole dell'Apostolo, in armar
si per tal mistero; *Induite vos arma-* Ephe. 6 B. g
turam Dei, vt possitis stare aduersus in
sidias diaboli. E per fine v'è 'l gallo
della fortezza, e virtù del giusto,
da cui fugge il leone del diauolo,
come disse Geremia; *Confusus est* Hierem. 50
Bel, & victus est Menodach, confusa A. 2
sunt sculptilia eius, &c. E talmente
restarà per sempre senza l'intento,
e la vittoria, alludẽdo quì Amos;
Et fortis non obtinebit virtutem suam; Amos 2 D.

VIT- 14

VITTORIA DEL GIVSTO, CHE RIPORTA DELLA CARNE .G. 198.

Huomo valorofo, qual toglie via di capo ad vna donna gli ornamenti con vna mano, e co' l'altra le vefte vn cilicio, hauendo in quell'iftefla mano vna difciplina pendente, a' piedi di quella donna vi farà vn pane, ed vn tauolino, su'l quale vi farà vn bocale d'acqua, ed in difparte vn leone, vna grù, ed vna talpa.

LA Vittoria, ch' il giufto riporta della carne, è frà tutte l'altre mirabile, effendo hoggi in tanta corruttela quefto vitio nel mondo, ed in tanto dominio, com'altresì l'affetto di fe fteffo, di parenti, ed amici, che per ciò fi commettono tanti errori, ed ingiuftitie, non facendo conto il mifer' huomo de' precetti del Signore, per cotali affetti.

E mancheuole lo fpirito (dice-
Aug. fup. ua il gran Padre Agoftino) oue ri-
Ioann. fiede la carne, e quando quella fi mantiene in morbidezze, lo fpirito fi nutre nelle durezze. Vuoi (di-
Ibidem ce l'ifteffo) che la carne ferua all'anima tua, cominci l'anima prima a feruire il Signore; e così feruirai il Rè, acciò ti poffa reggere. Nè è mala la carne fe ftà fenza il male della concupifcenza, dice l'ifteffo.

Il Padre S. Gregorio dice, men-
Gregor. in tre la carne ftà nell'aftinenze, e at-
moral. tende all'orationi, fi può dire, ch' ella ftia nell' altare à facrificarfi, acciò vadi l'odore alle narici del
Idem ibid. Signore. E quelli (dice il medemo) riceuono maggior tentationi dalla carne, che più fi dilettano ne' vezzi, e piaceri di quella, deuefi dunque mortificare, per vincerla.

Quindi habbiamo depinto cotal vittoria da huomo valorofo, quale toglie di capo ad vna donna di bell'afpetto gli vani artificι, come ferte di fiori, collane, ed altre cofe, fembrando che lo fpirito, qual hà fempre pugna colla carne, per volerla mortificare, la reduce ad vn certo modo di vinere affai modefto, togliendole i vezzi, e' piaceri, con che ella fuol sfodrar la fpada contro lui, e per cambio di quelle, e di drappi pompofi, l'adoffa ruuido cilicio. Hà la difciplina in mano, con la quale fi mortifica la carne, acciò paffino i caldi incentiui, e moti sfrenati di quella; e quefto fembra altresì il pane, e l'acqua cioè l'aftinenza, perche fi rende quella mortificata, e debole, acciò non fi rubelli. Il cane, ch'è a' piedi, fecondo Pier. fembra l'animo impuro del carnale, e la vehemenza, con che fi dà alla libidine, conforme il cane fiegue con diffordinato affetto il lepore; e gli corrè dietro con tutte le fue forze, com' altri diffe ne' fuoi carmi.

Vt canis in vacuo, leporem cum *Ouidius*
Gallicus aruo
Vidit, & hic pradam pedibus pe-
tit, ille falutem
Alter inhafuro fimilis iam
Ppp 2 *iamq;*

iamque tenere
Sperat , & extenſio ſtringit ve-
ſtigia roſtro.
Alter in ambiguo eſt , an ſit
comprenſus , & ipſis
Morſibus eripitur , tangentiaque
ora relinquit
Sic Deus, & Virgo eſt, hic ſpe ce-
ler , illa timore
Qui tamen inſequitur pennis
adiutus amoris.
Ocyor eſt , requiemque negat .

La cenere v'è pure , per ſpar-
gerla nel capo, in ſegno di mortificatione, e per deprimere cotant'
affetto , che per tal miſtero nel
vecchio teſtamento ſe ne ſeruiua-
no, come gli Niniuiti,ed altri penitenti. Vi ſono poſcia molt'animali , come il leone , che ſembra
la fortezza, e'l poco timore , c'hà
il giuſto di diuenir traſcurato ne'
vani piaceri della carne, mentr'attende alle dette mortificationi,an-
zi ogn' hor più s'auualora , e diuien forte , qual leone , che così
chiamollo lo Spirito Santo, e con
Pro. 28 A. petto tale. *Iuſtus quaſi leo confidens*
ſine terrore erit. V' è la grù animal
vigilante , che non facilmente è
vcciſa da' cacciatori , anzi dormendo tutte , ſempre vna reſta a
far la guardia, tenendo vna pietra
nell'artiglio , acciò non ſia tra-
ſportata dal ſonno ; il che ſembra
la vigilanza del giuſto , eſſendo
ſempre deſto,e vigilante alla propria ſalute , che queſto vuol dir
vigilante , diligente, e deſto a'negotij ; ò pur eſſer di ſpirito viuace, tanto nel corpo,quánto nell'a-
nima, e farſi deſto a'diuerſi incontri della fortuna ; è fuggitiuo dal
ſonno queſt'vccello, in ſegno che
dee fuggirlo il giuſto nelle delicio
ſe piume, onde ſi bâdiſce la virtù.
E p fine v'è la talpa cieca, p ſignificar l'intrepidezza de'giuſti, che

non han mira, nè a'parenti, nè ad
altri, mà ſi fan ciechi, oue vi corre il pericolo della coſcienza; e
quanti ſono di quelli per contrario , che ſi fan ligare. da' paſſioni
di parenti, ò amici,commettendo
mille traſgreſſioni nella giuſtitià.

Alla Scritturà Sacra. Si dipigne
la vittoria,ò trionfo,che l'huomo
riporta della carne, da vno , che
toglie via gli ornamenti da quella, per mortificarla, come diceua
l'Apoſtolo. *Mortificate membra ve-*   *Col. 3 A.5*
ſtra , quæ ſunt ſuper terram : fornica-
tionem,immunditiam,libidinem,con-
cupiſcentiam malam, &c. Ed a'Ro-
mani ; *Quia propter te mortificamur*   *Rom. 8 G.*
tota die, aſtimati ſumus ſicut oues oc-   *36*
ciſionis. E valoroſo queſt'huomò,
che però vien mortificata la car-
ne ; *Mortificatus quidem carne,viui-*   *1 Pet.3 C.*
ficatus autem ſpiritu ; E con tal vi-   *18*
gore ſi riduce a porſi il cilicio di
mortificatione, come faceua il
gran Dauide cotanto mortificato;
Cum mihi moleſti eſſent (ſcilicet   *Pſ.34 D.13*
ſenſus, & caro mea) induebar cilicio ;
La diſciplina per lo caſtigo del
corpo ; *Caſtigo corpus meum, & in*   *1 Cor.9 D.*
ſeruitutem redigo ; La cenere di   *27*
mortificatione, della quale ſi co-
pri il Santo Giobbe ; *Operui cinere*   *Iob 16 C.*
carnem meam ; Ed in quella face-   *16*
ua la ſua penitenza ; *Idcirco ipſe me*
reprehendò , & ago pœnitentiam in
fauilla, & cinere ; E 'l Santo Da-
niello; *Rogare, & deprecari in ſacco,*   *Dan.9 A 3*
& cinere. Il pane , ed acqua del
digiuno, e aſſinèza,che indeboli-
ſcono la carne repugnante ; *Genua*   *Pſal. 108*
mea infirmata ſunt à ieiunio. Il leo-   *D. 24*
ne baldanzoſo ſi è per la fortezza
dello ſpirito , e per lo poco timo-
rè, c'ha 'l giuſto, come diceua il
medemo ; *Non timebo quid faciat*   *Pſa.55 B.5*
mihi caro. La grù , per la vigilan-
za, che ſi richiede, come eſortaua l'Apoſtolo a Timoteo ; *Tu ve-*
           ro

2 Tim. 4
A. 5

Luc. 8 C. 21

ro *vigila, in omnibus labora opus fac*
Euangelista. La talpa, per effer
cieco il giufto a non abbadare a'
fenfi, ne a' pafsioni di parenti, come fè il Saluatore, ch'effendogli
detto, ch'i fuoi difcepoli, e la madre erano fuora, rifpofe; *Mater*

mea, & fratres mei funt, qui verbum
Dei audiunt, & faciunt; Che però
efortaua ad abbandonargli; *fi quis*
venit ad me, & nõ odit patrem fuum,
& matrem, & vxorem, filios, & fra-
tres adhuc autem, & animam fuam
non poteſt meũ̃ effe difcipulus. Id. 14 F. 26

VOLVTTA' O' PIACER MONDANO. G. 199.

Huòmo giouane tutto pompofo, tiene in vna mano vn
ramo di mirto, e nell'altra vn ferpe, vicino vi ferà vn
fume, che forge in'alto, gli è d'appreffo vna tauola,
oue fono veftiti fontuofi, carti, dadi, e denari, e gioie,
e di fotto v'apparifce vna voragine, onde forgono
tante fiamme.

Arift. lib.
2 de Rhet.

Ifid. in Sy-
non.

Augug. de
fing. Cler.

LA Voluttà, ò piacer del mon
do è vn certo moto dell'animo, dice Ariftotile, ed vna totale
affettione, che fenfibilmente camina nella natura. O vero fecondo Ifidoro, il piacere è vna inchinatione della mente con certa
fuauità, che fdrucciola a cofe illecite. O pure la voluttà, ò piacer mondano è quella dilettatio-
ne, che fi prendono gli huomini
nell'vfo delle cofe terrene, e vane, e la compiacenza, c'hanno di
tal'vfo, il che è piacer cattiuo, e
danneuole. Deuono lafciare in
ogni maniera gli huomini i piaceri del mondo, e pors'in difparte,
per non effer tormentati da quelli, dice il Padre S. Agoftino; è meno ftimulato da' piaceri quello,
ch'è doue non è frequenza di piaceri, e quello, che non vede le ricchezze meno è trauagliato dall'
Auaritia, dice il medemo; è veleno il mondano piacere, ch'auuelena gli huomini, nè mai fi fatia
d'vccidere; e'l Padre San Girola-

mo dice, ch'il piacere fempre hà
fame di fe, cioè di più hauerne, e
paffato ch'egl'è, non fatia. Nè al
molto del piacere fi fodisfà, mà
fempre appetifce fame di fe fteſ-
fo, nè sà fatiarfi con perpetui cibi,
dice Sant'Ambroggio. E a guifa
del cane il piacere (dice Chrifoftomo) che fe s'accarezza vi ftà,
e fi nutre, mà fe fi difcaccia, fugge. Si come la naue (dice l'iſteſſo)
piena d'acqua non può cauarfi
fuora; così l'huomo dato alle
crapule, ed all'vbriachezza
fommerge la ragione.
Sono miferie i piaceri di quefta
vita, e fe ben fi confiderano altro
non fono, (al parer mio) che
trauagli, afflittioni, e dolori, e chi
gli fiegue, fiegue i difgufti del mõdo, ed affaggia le ponture, e'ramarici di quello.

epift. ad
Dam. Pap.

Sup. Luc. 6

homel. 12
tom. 6

homel. 9 in
Genef.

Quem fcabies vrget, tenet hun-
ctam nulla voluptas.
Infrictio fequitur maior, & in-
de dolor
Querendis opibus gaudens inſa
dat

dat auarus :
Quæsitas sequitur cura, gra-
uisq; metus.
Sic quoq; qui molles risus, &
gaudia carnis
Persequitur, liber quemq; Ve-
nusq; inuant.
Huius erit tandem risus sardo-
nius, huius I.
Lætitia in luctum desinit,
inq; Crucem.

Hor dipingasi il mondano piacere, ò voluttà, da vn giouane pom-
poso, ch'in vna mano tiene vn ramo di mirto, ch' apresso il Pren-
Pier.lib.50 cipe de'Geroglifici è significato de
piacere, ò venereà voluttà, essen-
do arboscello sì gratioso dedicato
alla delicatissima Venere, e tutti,
che la depigneno, sempre le pongono, la ghirlanda di mirto in
testa. E i fauolisti racontano la
fauola d'Ecate, che fù tante volte
sollecitata da Fauno suo Padre, al
quale ricusando, fù battuta col ramo di mirto, finche fù conuertito
in serpe, il che sembra il piacere
della carne. Il serpe nell'altra ma-
Lib.14 no appresso l'istesso accenna la
voluttà, ò piacere, ed egli fù, che
co'mò Eua di brama del vietato
pomo; serpe è'l piacer mondano,
che morde l'anima, ed auuelena
più d'ogni serpe velenosissimo.
Gli è vicino vn fumo, per segno
ch'è piacer vano, voto, e senz'v-
tile niuno, e senza fermezza, tanto
questo della carne, quant'ogn'altro del mondo, passando subito,
non hauend'altro, ch'vn'apparenza in guisa del fumo, che tosto
adiuiene al niète; sembra peràche
il fumo la vana speranza de'peccatori, e'l cattiuo fine, che siegue
i mondani piaceri, quali si disper-
gono, com'il fumo; ò pure questi
è presagio dell'ira di Dio, come
Lib. 47 dice Pier. Valer. non ritrouandosi

fumo, oue non è fuoco, come dis-
se Dauide. *Fumus ascendit in ira* *Psa. 71 B.*
eius Douendo senza fallo gustarla
qualunque huomo si darà in preda a'piaceri cotali. La tauola, oue
sono i vestiti sontuosi, in che tan-
t'hoggi si dilettano i mondani; le
carti, e'dadi da giochi, anch'è vno
di piaceri frequentati, e' danari,
e gioie, in che tanto s'afficano, per
farne acquisto, possedergli, e
spendergli in vanità, e piaceri,
osceni. Mà per fine v'è la voragine, ou'appariscono le fiamme, che
sembrano quelle d'Inferno, degno
fine di sì infami piaceri, e frutto
da lor recato a'pazzi, e scemi
della terra.

Alla Scrittura Sacra. La voluttà, ò piacer mondano apparisce
da giouane vano, dato alle vanità,
Adolescentia. & voluptas vana sunt.
Ed Esaia. *Væ quæ trahitis iniquita-*
tem in funiculis vanitatis. E fra gli
àltri piaceri, in che s'ingannano i
mondani, vno è quello della car-
ne. *Vadam, & affluam delicys, &* *Ecclesiast.*
fruar bonis. Et vidi quoq; φ hoc esset *2 A.1*
vanitas. E questo significano il ramo del mirto, e'l serpe mortifero,
di che è peggio la carnalità, e l'i-
stessa donna. *Inueni amariorem mor-* *Ecclesiast.*
te mulierem. Il fumo, che subito *7 D.27*
passa, così volando i piaceri. *Id-*
circo erunt quasi nubes matutina, &
sicut ros matutinus præteriens, sicut
puluis turbine raptus ex aere; Che
tutte breuemente passano. *Et sicut*
fumus de fumario. Il fumo di più
sèbra la vana pazzia de'peccatori,
che si danno a simili piaceri. *Quo-* *Os. 13 A3.*
niam spes impy tanquam lanugo est,
quæ à vento tollitur, &c & tanquam
fumus, qui à vento diffusus est. La tauola, oue stanno i vestimenti,
per vestirsi sontuosamente i mondani. *Væ qui opulenti estis in Sion, &*
confiditis in monte Sammaria:optima-
tes

Hier. 15 D. 17

tes capita populorum, ingredientes pom patice domum Ifrael. Vi fono le carte, e' dadi, cole male da giocatori, fchifate dal Santo Geremia. Non fedi cum concilio ludentium, & gloriatus, &c Vi fono i danari, le gioie, e le ricchezze, che fono vanità ancora. *Quid nobis profruit fuperbia? aut diuitiarum iactantia quid cotulit nobis?* E per vltimo v'è la vóragine d'inferno, ch'è il termine, e'l fine di sì infelici piaceri, *Ambulafti in voluntatibus eorum, vt darem te in perditionem.*

Sap. 5 M. 8

Mich. 6 D. 16

V S V R A. G. 200.

Donna, che tiene in vna mano vna mifura picciola, e nell'altra vna grande, in guifa di mezza canna, a' piedi le faranno vn ramo verde, e vn rofpo.

L'Vfura è quando vno impresta alcuna cofa ad vn' altro, e vuole più della forte principale, e questa è la reale; la mentale è quando impresta alcuna cofa, mà non dimanda il più, mà tiene speranza d'hauerlo; ò pure venendo il tempo d'effer fodisfatto, non vuol afpettar più fe non fe gli dà alcuna cofa di più; ò perche fà afpetto, vende più dell'ordinario, quando però non vi concorrono certe conditioni, come dicono i Canonifti. Questo peccato è molto graue, per togliersi la robba altrui indebitamente, obligando fempre alla reftitutione.

Aug fuper Pf. 26 & ha betur 14 q. 3 C. 5 Faneraue- ris.

Se tu (dice Agoftino) darai ò denari, ò altra cofa ad impresto al tuo proffimo, ed afpetti riceuer più di quello gli darai, in cio deu' effer non lodato, mà vituperato molto.

Ambr. lib. de bonomor tis, & hab. 14 q. 4 can. Equisvfur.

Ciafcheduno (dice Ambrogio) che riceue per l'vfura, commete latrocinio, e non viue in gratia del Signore. E errore, che fi deue molto caftigare, nafcendo fouente la careftia da gli vfurari, e la crudeltà ancora in verfo i bifognofi, e poueri.

Quot tepeant hiemes, aftiuaq;

tempora rurfum.
Algida fint, fruges terra negetq; fuas.
Define mirari, ftultafq; explode querelas
Hoc etenim lafi poftulat ira Dei.
Nam quia iam nobis funt ferrea pectora, reddit,
Cælum etiam nobis durius are Deus.
Et quia iam nummos gignunt per fænora nummi
Ante ferax tellus definit effe ferax.

Si dipigne l'vfura da Donna, ch' in vna mano hà vna mifura picciola, e nell' altra vna grande, in fegno, che l'vfura è il dar' vna mifura, ò quantità di robbe, e volerne vna maggiore. Il ramo verde, c' hà a' piedi, ombreggia la fperanza dell' vfuraro di riceuere più di quel, che dà ad impresto; e'l rofpo, che non fi fatia di terra, fembra il maledetto affetto dell' vfuraro, che mai fi fatia, e fempre defidera, ed hà bifogno.

Alla Scrittura Sacra. Tiene le due mifure, ch'accenano l'vfura, prohibita dal Signore. *Pecuniam tuam non dabis ad vfuram, & frugum*

Leuit. 26 E. 36

gum super abundantiam non exiges. Il ramo verde della speranza di riceuer più di quel si dà, il che fù dal Saluatore esortato, e comandato a non farsi. *Bene facite, & mutuum date , nihil inde sperantes.* E per fine il rospo vorace , ed insatiabile,che simboleggia l'auaro, e l'vsuraro , tutto contrario al giusto d'animo gentile , e nobile,

Luc. 6 E. 25

che l'altrui beni non desiderò, nè diede ad vsura giamai . *Qui pecuniam suam non dedit ad vsuram, & munera super innocentem non accepit.* E nel Deuteronomio si prohibiua ancora questo dar ad vsura . *Non phœnerabis fratri tuo pecuniam ad vsuram , nec fruges , nec quamlibet aliam rem.*

Psa.14 B.5

Deut.23 D, 19

I L   F I N E.

Errori occorsi nel stampare.

pag.	col.	errori	correttioni	pag.	col.	errori	correttioni
70	2	iunimur	iungimur	209	1	Humltà	Humltà
110	1	i cui	in cui	209	1	sostego	sostegno
112	1	pe 5	per	215	2	solleua	solleuata
112	1	figate	fiate	211	2	per stata	p esser stata
112	1	cette	sette	219	2	Alessanstri	Alesandri
112	1	mauallo	cauallo	224	1	Quelli	con quelli
112	2	Paule	Paulo	225	1	magnificauit	magnificaui
128	1	mondo	mondano	226	1	corne	corna
135	1	Auerias'	Aueris'	226	1	ingannarsi	ingannarei
138	2	ma per	e di più	227	1	posson's'	possons'
141	2	mertali	mortali	237	1	coloribus	solaribus
145	1	borze	borce	242	1	radiua	gradiua
151	2	Deo	E leo	248	1	sopra qllo donna	sopra qllo della donna
169	1	tralasciar	stralciar				
170	2	ate oculus	ante oculos	254	1	lunghi	lungi
178	2	sodolicio	sodalicio	261	1	quelle	quello
179	1	malo	male	272	1	vi è	vie
183	2	tento	tanto	277	1	vigliare	vigilare
188	1	fermasi	farmesi	343	1	diletti	delitti
193	1	immontia	immonditia	362	1	piedi	pieni
193	1	celatisi	celati si	385	2	dices	diues
194	1	distar	distat	412	2	veteras	veteres
199	2	ispecchiarnosi	ispecchiarsi	466	1	Picrio	Pietro
205	2	freggiata	freggrata				

Imprimatur.   Lælius Tastius Vic.General.Neap.

Aloysius Riccius Canon. dep. vidit.
Mag. Fr. Philocalus Caputus Carmelita Curiæ Archiep.
 Theologus dep. vidit.